中国城市规划学会学术成果

创新技术·赋能规划·慧享未来
——2021年中国城市规划信息化年会论文集

CHUANGXIN JISHU · FUNENG GUIHUA · HUIXIANG WEILAI
2021 NIAN ZHONGGUO CHENGSHI GUIHUA XINXIHUA NIANHUI LUNWENJI

中国城市规划学会城市规划新技术应用学术委员会
广 州 市 规 划 和 自 然 资 源 自 动 化 中 心　　●编著

广西科学技术出版社

图书在版编目（CIP）数据

创新技术·赋能规划·慧享未来：2021年中国城市规划信息化年会论文集 / 中国城市规划学会城市规划新技术应用学术委员会，广州市规划和自然资源自动化中心编著. —南宁：广西科学技术出版社，2021.11

ISBN 978-7-5551-1693-6

Ⅰ．①创… Ⅱ．①中… ②广… Ⅲ．①城市规划—信息化—中国—文集 Ⅳ．①TU984.2-39

中国版本图书馆CIP数据核字(2021)第209154号

创新技术·赋能规划·慧享未来
——2021年中国城市规划信息化年会论文集

中国城市规划学会城市规划新技术应用学术委员会
广州市规划和自然资源自动化中心 编著

责任编辑：程　思　苏深灿　　　　　责任校对：吴书丽
责任印制：韦文印　　　　　　　　　装帧设计：樊乙莹　韦娇林

出　版　人：卢培钊　　　　　　　　出版发行：广西科学技术出版社
社　　　址：广西南宁市东葛路66号　邮政编码：530023
网　　　址：http://www.gxkjs.com

印　　　刷：广西民族印刷包装集团有限公司
地　　　址：广西南宁市高新区高新三路1号　邮政编码：530007
开　　　本：889mm×1194mm　1/16
字　　　数：850千字　　　　　　　　印　　张：28.25
版　　　次：2021年11月第1版　　　　印　　次：2021年11月第1次印刷
书　　　号：ISBN 978-7-5551-1693-6
定　　　价：168.00元

编　委　会

目 录

第一篇
国土空间规划新技术

国土空间规划全生命周期管控指标体系思考

——以雄安数字孪生城市建设实践为例

□李媛媛

摘要：国土空间规划全生命周期管控指标体系作为新时代以信息化促进治理升级背景下实现城市空间精细化管控的衡量目标与核心抓手，不仅实现了规划、建设、管理三大环节，生产、生活、生态三类空间的全面统筹，同时在数字空间与物理实体同生共长的过程中彰显治理标准化与数据资产化新思维。本文提出从依托规划专业知识的城市发展目标拆解落实和融合信息化技术的空间治理规则开发，实现两个层面构建管控指标体系，并结合雄安实践经验，对管控目标的分拆与落实、结合管控手段的规则制定、指标运行评价与更新完善机制三大核心问题进行探讨。

关键词：国土空间规划；全生命周期；数字孪生城市；管控指标体系

国土空间规划是随时代变迁，在生态文明体制改革背景下形成的新生事物，是促进国家治理体系和治理能力现代化的必然要求。党的十九大对现代经济体系建设、生态文明体制改革和社会治理创新等作出了战略部署，为把握国土空间规划使命指明了方向。在新时代治理升级驱动下，面向国土空间规划全生命周期的管控，不仅需要新理念、新方法的支撑，更需要充分利用新一代信息技术对规划编制、审查、实施、监测、评估、预警全环节数字化、智慧化赋能，实现全要素覆盖、全专业协同，满足城市精细化治理需求。

20世纪90年代以来，数字技术革命对中国城市发展和治理的影响不断加深，随着"数字中国""智慧城市"等概念的兴起与发展，我国城市治理数字化转型也正经历从量变到质变的过程，"数字孪生城市"成为当今城市治理能力现代化的热点话题。"数字孪生城市"的本质是以新一代信息技术为依托，实现城市级别的数据精准映射、全面感知与信息虚实互动，并可通过智能分析提供决策支撑，为物理城市健康可持续发展与数字经济的崛起奠定基础。

各级国土空间规划目标侧重不同，本文以侧重实施性的市级国土空间规划为研究重点，其全生命周期管控作为实现现代城市可持续发展目标的重要支撑与关键抓手，在时代驱动下正经历由传统粗放式开发建设向科学规划、高质量建设与精细化管理全面升级的变革阶段。以"数字城市与现实城市同步规划、同步建设"作为发展理念的雄安新区，通过搭建表达全域空间的一体化规划建设管理平台，充分发挥数字孪生技术在空间治理中的积极作用，以业务流程和管控指标为两大核心保障，推动国土空间规划全生命周期管控手段升级。

1 数字孪生城市下的全生命周期管控指标体系

全生命周期管控指标体系是从周期的联系贯穿和目标的系统衡量两个层面，对市级国土空间规划进行全面梳理，践行可持续发展的空间蓝图。以实现城市发展目标为内核的管控指标，不能脱离于管控技术手段而自成体系，依托数字孪生城市的建设发展与技术创新，管控指标体系的深层内涵不仅包括对国土空间规划目标的拆解与衡量，还涵盖以标准化数据为内核的治理逻辑和管控手段。

数字孪生城市促使物理空间与虚拟空间的交互关系得到普遍关注，数据作为这两个空间信息流转的核心载体与主要形式，其映射精度与信息有效性对国土空间规划编制、审查、实施、监测、评估、预警等具有重要意义，而以数据为基础的目标管控与决策支撑，更是集中体现了政府治理能力与服务水平。全生命周期管控指标体系集中反映了从"经验"到"精准"、从"分散"到"协同"、从"人治"到"智治"治理改革模式下，在充分发挥数据价值的基础上，政府在国土空间规划领域的管理与服务目标，代表了政府的管控方向与治理精度。

数字孪生城市建设背景下的国土空间规划全生命周期管控指标体系，不仅仅统筹了规划、建设、管理三大环节，明确了各阶段在土地利用、空间管控、资源分配、生态保护、城市专项等方面的目标要求，更重要的是在数字空间与物理实体同生共长的过程中，彰显了治理标准化与数据资产化的新思维。

一方面，全生命周期管控指标体系聚焦政府在国土空间规划领域的管控与服务职能，将发展需求目标化，将治理需求规则化，实现了审查尺度的统一与审查过程的标准化；另一方面，在对物理空间映射、信息汇聚过程中，管控指标体系立足于数据思维，统筹考量各指标项数据来源、计算规则及规则实现所需的数据支撑，驱动数字城市空间数据及其属性信息有效积累，通过建立起各类数据与治理、服务行为的内在知识谱系，实现数据资源的可计量、可交互，进而实现数据资源背后所映射的以空间为载体的系列行为的衡量与管控，最终形成具有共享开放性与深度开发能力的数据资产，赋能城市可持续发展。

2 管控指标体系构建研究分析

《中共中央 国务院关于建立国土空间规划体系并监督实施的若干意见》中明确指出，国土空间规划体系"是保障国家战略有效实施、促进国家治理体系和治理能力现代化、实现'两个一百年'奋斗目标和中华民族伟大复兴中国梦的必然要求"。对国土空间规划全生命周期协同管控的探索，不能仅仅局限在规划领域的摸索实践，还应上升到推动空间规划适应国家治理体系现代化的新高度，践行"以信息化促进城市治理模式更新"的新发展思路，抓住数字孪生城市建设新机遇，依托新一代信息技术赋能国土空间规划的全要素管控和城市精细化治理。因此，管控指标体系的构建要重点把握依托规划专业知识的城市发展目标拆解落实和融合信息化技术的空间治理规则开发实现这两个层面（图1）。

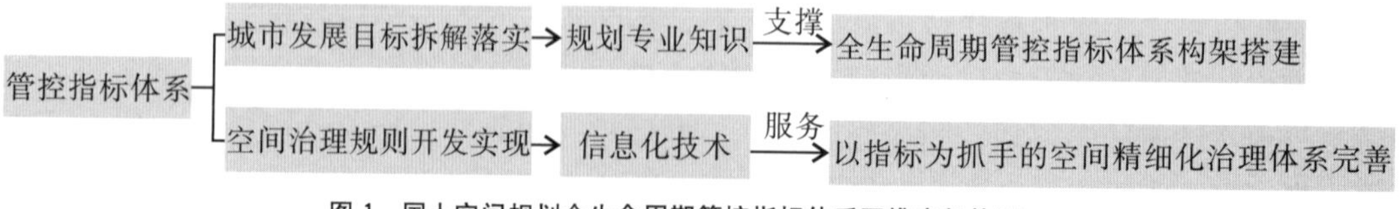

图1 国土空间规划全生命周期管控指标体系双维度架构图

2.1 城市发展目标拆解落实

管控指标体系的构建，首先要立足国土空间规划使命和职责，推进"多规合一"，以时间和空间双维度，统筹生产、生活、生态，维护城市空间的开发利用，协调社会公共利益与资源。

（1）时间维度：全生命周期贯通。

国土空间规划的编制审查、用途管制、实施监督、监测评估等环节具有显著的阶段特征与管控侧重要点，指标体系的构建应充分尊重其生命周期性并重点把握城市发展目标的贯通传递。围绕基础现状、总体规划与专项规划、详细规划、方案设计、施工、竣工验收与运维管理的不同阶段，立足国土空间规划各阶段使命，指标的筛选首先从规划的总量约束、底线控制上明确发展目标与管控要求，然后依托详细规划将目标分解，并分区对城市空间管控要求细化，接着将细化要求落实到各工程建设项目上，最后考虑城市运维管理与下一轮规划调整需求来完善指标体系。最终按照分级管控、层层传递的逻辑，可保障指标体系实现自上而下、逐步细化的全生命周期管控行为和要求（图2），切实将"一张蓝图绘到底"。

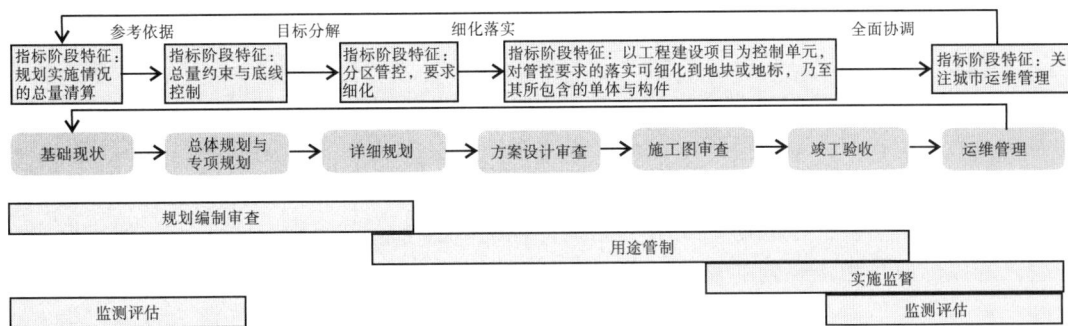

图2　分级管控、层层传递的管控指标体系逻辑示意图

（2）空间维度：全空间要素覆盖。

每一个国土空间单元都承载着城市发展目标，指标体系的构建也不能忽视对生产、生活与生态空间科学布局的管控，指标项的选择要全面统筹包括建设区与非建设区在内的全域空间，并根据不同区域建设目标差异定制管控要求。其中，在建设区范围内，根据各项管控指标对应的空间颗粒度，探索在"城市—组团—街区—地块—单体—构件"不同空间层级上的目标拆解与管控落实，横向协调同一空间级别的整体衔接，纵向统筹不同空间由粗到细的管控需求，解析相应形态与属性要求，最终形成"横向到边、纵向到底"的空间精准治理架构。

2.2 空间治理规则开发实现

为推动国土空间规划的实施与监管，各地积极探索以践行"多规合一"为基础、以落实政府公共职能为目标、以改革行政审批为核心的信息化政务平台，在尊重业务需求、统筹业务流程的前提下，汇聚规划、建设、管理全流程数据资源，创新以数据为核心、以数字孪生技术为保障的治理手段，支撑现实城市高质量发展。指标体系作为信息化平台智能管控、决策支撑的核心逻辑，在其构建过程中不能忽视与治理手段的结合。虽然各指标项的选择源于对城市全方面、多层次发展目标的衡量，但一项标指的完善离不开治理手段下实现管控行为的条件、规则及方式。

（1）前提条件：统一与指标关联的数据标准。

数据是以可识别、抽象化的符号对客观事物性质、状态及相互关系的结果展示，具有不同表现形式与归纳逻辑，若不加以规范，将难以依托统一的信息化平台发挥数据价值。映射物理空间实体并体现空间属性信息的数据是各项指标管控行为发生的直接承载对象，在指标制定过程中，要明确满足规则校核的关联数据，规范名称，确定参数类型及相关属性字段要求，为计算机的有效提取与计算奠定基础。

（2）管控规则：以服务管理为导向制定逻辑规则。

指标规则的制定，要以服务国土空间管控为导向，遵循"纵向统一要求"与"横向对比拉通"原则，统筹规则的多领域普适性和专业、片区特色带来的差异性，构建"通用＋专用"的多维度指标体系结构。此外，针对不同条件下管控目标的差异，首先需要区分指标规则实现逻辑是否一致，若实现逻辑相同、仅达标衡量条件不同则可归纳为同一项指标，如在中央商务区与滨水景观区的不同控高要求；若规则实现逻辑不同则应归纳为不同指标并注意在指标名称上加以区分，如单地块容积率与多地块平衡的容积率（多地块平衡的可允许单地块容积率突破管控值）。

（3）审核方式：根据指标强控力度选择审核方式。

依据国土空间规划体系在国土空间开发保护中的战略引领和刚性管控作用，对照明确各项指标的强控力度，并以此为基础确定指标审核方式。根据审核方式的差异，可分为自动审核、自动备案、人工审核三大基本类型。自动审核类指标多为对映射实体的空间及其属性信息的校核，通过与管控要求的比对支撑现实城市决策；自动备案类指标多为对象识别与属性记录，记录结果或作为下一阶段管控依据，或用于运维管理的信息查询与追溯；人工审核类指标则多见于现阶段难以形成可量化规则的管控要点，如风貌形象等，它更强调人工判断的灵活性，在一定程度上可避免机器审查的僵化。基于管控场景与现实条件的复杂性，可将两种及以上方式组合用于一项指标的审核，以提高管理效率。

3 基于雄安实践的核心问题思考

雄安新区作为以新发展理念引领的现代化新型城市，在创新发展、城市治理等方面先行先试、率先突破，形成了城市全生命周期信息化管理的技术骨架，搭建了表达全域空间的一体化信息平台，探索了一套覆盖规划建设、管控全流程，保障了上位管控有效下达与下级实施及时反馈的管控指标体系，使新区在践行数字孪生城市建设与落实三维模型审核方面走在前列，进而为规划的实施管控与空间的精细化治理积累了丰富经验。

基于雄安的实践探索，在国土空间规划全生命周期管控指标体系的制定与实施过程中要注意把握以下核心问题。

（1）管控目标的分拆与落实。

对城市发展目标的分级拆解与层层落实是筛选指标构建体系的核心依据，基于管控目的，大致可将指标分为发展目标与建设标准两大类。发展目标类指标强调战略性，多在底线或上限控制上提出要求，如建设用地规模、绿化覆盖率等，在管控要求上多以总量控制为主；建设标准类指标侧重技术性，多为保障目标实现的专业通用标准，如防洪标准、抗震设防标准等，具有统一技术要求。结合不同管控阶段，在目标分拆与落实过程中，建设标准类指标容易实现一以贯之，而发展目标类指标在传递上容易发生断层，尤其是总量控制目标在分期、分区建设过程中对局部要求的拆解难以明确而造成空间管控过程失控，最终需要通过总量清算后进行修补。

全生命周期管控指标体系的发展完善，不能忽略在不同空间维度对发展目标类指标的分拆，这在一定程度上也推动了规划实施的优化完善。

（2）结合管控手段的规则制定。

构建国土空间规划全生命周期管控指标体系的本质在于服务空间管理，关键在于管得住，而实现有效管控的前置条件则是结合管控手段的规则界定。传统的审核管理方式多依靠人员经验判断，在一些规则界定模糊的事项处理上具有主观性与经验依赖性。随着计算机辅助审查的发展与应用，能依托程序语言实现开发并用于空间管控的规则必定是界定清晰的。当然，受限于技术发展水平，计算机在面临复杂场景判断时具有一定的局限性。以建筑高度指标为例，在高度计算时会根据屋顶形式、屋顶突出物差异选取不同计算高点，而这种多情况判断的识别与计算在转换为程序语言时操作复杂，最终为了实现计算机自动管控目的，规则会在一定程度上向易转换开发方向倾斜，而这种妥协会随着技术发展进步有所改善。

（3）指标运行评价与更新完善机制。

全生命周期管控指标体系的构建工作是一个长期、动态的过程，具有政策属性，而指标开发、规则实现更是受到新一代信息技术发展水平的影响。作为体现政府治理能力、管控精度与服务水平的系统成果，全生命周期管控指标体系亟须建立指标运行评价与更新完善机制，及时发现指标运行过程中不适应管理实践的各类问题，优化指标计算规则与开发实现方式，通过回归制度本身，保障指标体系的科学性、适用性与权威性。

［参考文献］
[1] 杨保军，陈鹏，董珂，等. 生态文明背景下的国土空间规划体系构建 [J]. 城市规划学刊，2019
（4）：16-23.
[2] 杨滔，杨保军，鲍巧玲，等. 数字孪生城市与城市信息模型（CIM）思辨：以雄安新区规划建设BIM 管理平台项目为例 [J]. 城乡建设，2021（2）：34-37.
[3] 杨俊宴. 从数字设计到数字管控：第四代城市设计范型的威海探索 [J]. 城市规划学刊，2020（2）：109-118.
[4] 迟有忠. BIM 技术在工程建设项目规划管理中的应用探索 [C] //南京市国土资源信息中心，江苏省测绘地理信息学会. 南京市国土资源信息中心 30 周年学术交流会论文集. 南京：《现代测绘》编辑部，2020：3.
[5] 王翌飞. 基于 BIM 开展工程建设项目报建审批的实践探索 [J]. 住宅与房地产，2019（26）：44-47.

［作者简介］
李媛媛，硕士，雄安城市规划设计研究院有限公司数字城市设计研究所设计师。

城市收缩背景下的县级城市国土空间规划

——以龙江县为例

□卢太琳

摘要：近年来，随着我国城镇化进程的快速发展，大城市的人口虹吸效应越发明显，东北地区城市陷入收缩发展窘境，许多中小城镇面临巨大的人口流失压力。国家发展和改革委员会于 2019 年 4 月发布《2019 年新型城镇化建设重点任务》，首次明确提出"收缩型城市"概念，对收缩型中小城市提出转变增量规划思维、存量集约发展的要求。在国土空间规划体系变革新背景下，如何应对收缩城市人口流失、经济下滑形势成为规划从业者们必须面对的问题。本文从收缩现象最明显的东北地区入手，以黑龙江省齐齐哈尔市龙江县为研究对象，从人口、经济、城市建设三方面分析龙江县城市收缩特征，结合龙江县空间规划势力，探索城市收缩背景下县域国土空间规划策略，以期为同类型城市应对人口流失、人口老龄化严重等问题提出解决之法。

关键词：龙江县；收缩城市；国土空间规划；规划策略

1 收缩城市的研究背景与研究意义

随着我国城镇化进程的不断推进，各大城镇也开始从"高速增长"转变为"高质量发展"，经济、人口增长开始逐渐放缓，加之大城市的人口虹吸效应不断增强，许多中小城镇存在明显的人口外流现象，城市发展进入收缩阶段。东北地区由于地处偏远，气候恶劣，重工业发展红利不再，人口流失、经济萎靡现象尤为严重，收缩成为东北地区发展的新态势。

在国土空间规划体系变革背景下，各单位都在积极探索国土空间规划编制的科学路径，中小城镇的人口流失、经济衰退问题成为新时代规划从业者面临的重大挑战，过去一味追求增量式的规划也悄然向存量、减量转变。2019 年，国家发展和改革委员会颁布《2019 年新型城镇化建设重点任务》，首次提到"收缩型城市"概念，指出收缩型中小城市要"瘦身强体"，转变惯性的增量规划思维，严控增量、盘活存量，引导人口和公共资源向城区集中；次年颁布的《2020 年新型城镇化建设和城乡融合发展重点任务》中再次强调收缩型城市要"瘦身强体"，指明增长与收缩并重的城镇化发展思路。

近年来，受东北地区整体发展动力不足的大环境影响，龙江县出现人口减少、老龄化加剧、产业结构严重畸形等城市收缩典型症状，县域社会经济的进一步发展受阻，对县域国土空间规划提出考验。规划从业者及地方政府应正确认识城市收缩，正视收缩带来的危险，同时也要挖掘收缩蕴藏的机遇，通过科学合理的规划，实现城市的有序收缩。本文以我国东北地区的龙江县为例，探索城市收缩背景下县域国土空间规划策略，以期为同类型城市应对人口流失、人口老龄化严重等问题提出解决之法。

2　收缩城市研究现状

城市收缩是城市发展过程中普遍且客观存在的现象，20 世纪西方国家因受去工业化、郊区化等因素影响，城市出现不同程度的人口流失和城市空心化现象，而我国由于城镇化起步晚，城市收缩现象直到近年才逐渐凸显，导致我国对收缩城市的研究起步相对较晚。目前国内外对于收缩城市的研究主要聚焦在以下四个角度。

（1）收缩城市的界定标准。1988 年德国学者 Häußermann H. 和 W. Siebel 在德国城市去工业化背景下首次将城市人口不断减少、经济持续下滑的现象描述为收缩城市。之后学者们结合全球化、信息化等发展背景，从人口结构、经济发展、城市建设、生态环境、社会文化等多角度出发，不断完善收缩城市的概念及界定标准，国内学者罗小龙、龙瀛等人进行了详细论述。

（2）收缩城市类型划分。国内外学者基于不同视角，依据城市空间形态、城区空间尺度、人口、空间与经济增长关系等，将收缩城市分为四类：资源枯竭型城市、产业变迁导致收缩的城市、偏远城市、大城市虹吸产生的周边收缩城市。

（3）收缩城市定量研究方法。国内学者刘合林、张伟、郭源园、李郇等人结合社会经济、地理空间统计类、地理景观类指标对收缩城市进行了定量研究。

（4）收缩城市的影响机制。目前国内外学者多从政治、经济、人口、空间变化出发探讨收缩城市的影响机制，国内学者普遍认为区域一体化、产业结构调整、人口老龄化等对我国收缩城市有极其明显的影响。

对近 10 年黑龙江省各地级市的人口变动数据进行统计分析，2019 年人口规模大于 500 万的城市有哈尔滨、齐齐哈尔、绥化三市，从 2010—2019 年人口整体变动情况来看，整个黑龙江省均处于人口不断流失中（表 1）。从城市收缩的大背景看，自然增长视角下黑龙江省所有地级市的人口结构都表现为衰退模式，人口老龄化、生育率降低现象加重；机械变动视角下黑龙江省吸引力不强，人口流失持续加剧。进一步分析黑龙江省经济发展状况，人均 GDP 最高的大庆市、哈尔滨市人口减少速度相对较慢，而黑河市虽然人均 GDP 较高，但受制于地理区位偏远且气候恶劣，人口流失情况在黑龙江省处于中游水平。综合判断各城镇的产业结构，大多数城镇存在产业种类单一、产业结构畸形等问题，大多县级市第一产业比重过大，明显高过第二、第三产业，相邻县城间同质化严重，难以形成发展合力。

表 1　2010—2019 年黑龙江省各地级市人口变化表

单位：万人

城市/地区	2010 年	2011 年	2012 年	2013 年	2014 年	2015 年	2016 年	2017 年	2018 年	2019 年
哈尔滨	992.0	993.3	993.5	995.2	987.3	961.4	962.1	955.0	951.5	951.3
齐齐哈尔	568.1	567.4	559.1	557.0	553.2	549.4	544.5	533.7	529.7	526.7
鸡西	189.2	188.9	185.9	186.6	183.6	181.2	180.7	175.0	172.7	169.4
鹤岗	109.1	108.8	108.5	107.8	107.0	105.6	103.6	100.9	99.5	98.5
双鸭山	151.6	151.2	150.4	149.8	149.0	147.4	144.6	142.3	140.9	140.7
大庆	279.8	281.6	281.7	282.6	278.0	277.5	277.8	277.8	275.5	274.7
伊春	127.0	126.3	124.1	123.2	122.9	121.2	117.6	115.9	114.1	112.4

续表

城市/地区	2010 年	2011 年	2012 年	2013 年	2014 年	2015 年	2016 年	2017 年	2018 年	2019 年
佳木斯	252.7	250.5	248.1	250.9	241.4	237.5	237.5	234.5	233.3	232.0
七台河	92.9	92.7	92.4	92.0	88.2	83.1	80.1	78.6	77.7	77.0
牡丹江	268.9	267.2	266.4	272.0	263.5	262.0	259.2	254.8	252.5	250.4
黑河	173.3	173.1	172.8	171.5	169.7	167.9	162.8	160.5	159.3	158.1
绥化	586.2	581.9	577.0	555.7	553.2	548.5	543.4	527.6	524.7	521.7
大兴安岭	52.0	51.6	51.1	50.8	49.9	47.2	45.1	43.9	43.0	41.7

3 龙江城市收缩特征分析

3.1 人口持续外流，机械增长下降为主因

2011—2018 年，龙江县总人口从 61.2 万人持续下滑至 57.8 万人，且龙江县户籍人口从自然增长角度看略有增加，机械增长角度看则呈现出高速下滑的态势，人口持续外流现象明显（图 1）。2019 年，龙江县净流出人口达到 16.4 万人，大量的人口外流加剧了地区人口老龄化问题，龙江县 60 岁以上老年人占比从 2011 年的 11.9％不断增长至 2019 年的 18.9％。

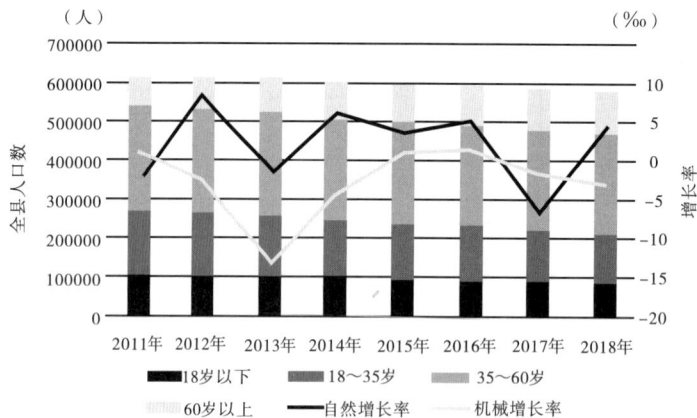

图 1　2011—2018 年龙江县人口变动情况

3.2 经济增长乏力，产业结构畸形

从 2011—2018 年龙江县经济发展情况来看（图 2），地区生产总值和人均 GDP 虽然总体上处于不断增长的趋势，但近年来 GDP 增速放缓，城市经济增长缺乏动力。除此之外，龙江县产业结构发展畸形，产业链条短，产业发展层次低，产品附加值有待提高。龙江县产业发展层次低主要表现在以下几个方面：①第一产业占比过高，接近 50％，产品以水稻、玉米、肉牛等初级产品为主；②农副产品等特色产业深加工层次较低，规模较小，缺少品牌效应和聚集效应的加持；③第三产业中的商贸物流业服务设施建设匮乏，发展水平较低，辐射范围有限，旅游业产品单一，县域内旅游资源缺乏整合，未形成精品旅游路线。

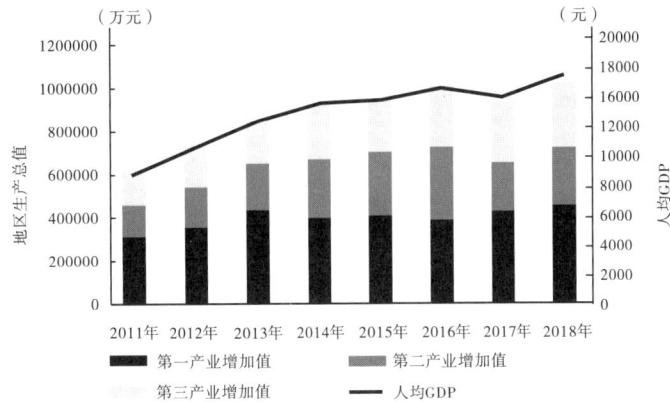

图2 2011—2018年龙江县经济发展情况

3.3 城区各类设施建设滞后，城市景观风貌不显

龙江县的公共服务设施和市政设施品质较差，总量较小，建设水平有待进一步提高。中心城区在社区及卫生服务中心、大型科研机构、文化场所等公共服务设施方面建设水平较低，难以满足居民需求，供水管道、污水处理设施等部分市政设施老旧，各类事故频发。龙江县生活垃圾处理率、通信普及率在齐齐哈尔市中具有较大优势，但人均绿地面积、公园覆盖率等指标则处于较低水平。

4 收缩背景下国土空间规划转型发展路径

4.1 科学预测人口规模，控制中心城区开发范围，合理划定弹性开发边界

目前政府及规划从业者仍缺乏对存量、减量的城市发展的正确认知，规划中进行人口预测时不顾客观情况坚持预测人口规模扩张。在国土空间规划"高质量发展和高品质生活"思想指导下，县级城市应正确审视自身发展情况，深入探讨城镇人口变化与城镇用地规模的关系，根据人口预测合理定位城镇等级规模，在存量、减量思想的指导下，收紧弹性开发区域面积，结合用地发展情况确定城市开发边界，强化底线管控思维。通过对城镇用地规模进行收缩调整，加强县城中心城区的紧凑式发展，聚集区域人口、资源和产业优势，实现城镇绿色发展。

4.2 强化优势产业支撑作用，促进产城融合

在收缩发展的背景下，县域国土空间规划要以地方特色资源为基础，以绿色发展、循环发展思想为指导，突出自身优势产业，促进生产要素在县域内的流动聚集，优化产业布局，调整产业结构，实现各乡镇的产业分工。通过加强优势产业的支撑作用，为城镇居民提供充足的就业岗位并提升居民收入水平，推进产业扩大发展与城镇空间收缩建设的融合，实现各城镇的良性互动、协同发展。

4.3 把握城市收缩机遇，优化城市空间形态，提高城市品质

以"塑造高品质城乡人居环境"思想为抓手，把握城市收缩带来的发展契机，明确收缩城市中心仍应加强功能承载职能，强化县城中心服务能力。未来城市收缩极有可能会伴随空置建筑和用地，规划应谨慎处理空置问题，加强城市存量建设，减少非必要的新增开发用地，规避

过去城市建设中盲目增加开发用地现象，合理利用空置建筑及土地，适当转化为城市绿地，改造升级为更高品质的工业用地或居住用地，以及按实际需求置换成医疗、教育、市政、商业功能用地，在提升土地利用效率、实现节约集约发展的同时提升城市品质，改善居民生活环境，增强人文关怀和居民归属感。

5 龙江县国土空间规划实践策略

5.1 城市定位稳中有进，发展目标适当收缩

龙江县国土空间规划中重新审视城市定位，与上版城市总体规划相比，龙江县城市定位稳中有进，齐齐哈尔市卫星城市定位保持不变，依托地理区位和交通区位，在旅游、商贸物流、下游产业承接等方面深化与齐齐哈尔市区交流，继续承担齐齐哈尔市城区功能疏散，实现功能对接和协作互补；建设连通黑龙江、吉林、内蒙古的商贸流通新城，强调龙江县农副产品的加工、流通、销售在黑、吉、蒙三省（区）交界处的影响力，打造综合物流服务基地；建设低碳环保的生态宜居城市，强调城市环境的改善及城市居民生活质量的提高。

收缩背景下，规划对龙江县域及中心城区人口进行科学预测，规划近期至 2025 年龙江县域人口主动收缩至 57.2 万人，2050 年县域人口 58.0 万人。

5.2 延伸产业链条，构建多元化产业发展体系

规划按照龙江县的资源禀赋状况及目前各种产业的发展现状和潜力，将产业划分为三大类进行有序发展，着力构建"5＋3＋2"特色产业体系，包括提升壮大"五大主导产业"——玉米全株产业、现代畜牧产业、绿色食品产业、铜产业、环保新能源产业，持续完善"三大现代服务业"——特色旅游产业、康养产业、电子商务产业，发展培育"两大新兴产业"——数字经济产业、商贸物流产业，构建龙江县多元化的产业发展体系。通过发挥资源优势，重点发展支撑产业，形成龙江县"一核多点，三园五区"的产业空间总体布局。

5.3 重视生态安全建设，构筑生态空间格局

规划中强调生态安全建设，坚持节约优先、保护优先、自然恢复为主的方针，依据生态保护重要性评价，维持山水自然地貌特征，改善流域水系网络、区域绿岛绿廊的系统性、整体性和连通性，统筹山水林田湖草等各类要素，全县划定生物多样性、水源涵养、生态畜牧、防风固沙等多角度生态系统保护格局，构建生态安全格局和整体的生态网络。

基于已有的生态红线、林业、草原等数据，以及龙江哈拉海省级自然保护区特色风貌，沿雅鲁河一带划定生态保护格局。哈拉海乡的龙江哈拉海省级自然保护区在保护物种多样性方面起到引领作用，雅鲁河一带则为保证饮水安全提供有力支撑。因此，初步划定保护优先、绿色发展的生态空间格局。

5.4 强化区域联系，统筹县域空间布局，促进城乡协调发展

提升中心城区和重点镇集聚辐射能力，增强城镇集聚效益，优化城乡资源要素配置，推进城乡统筹、城乡一体、产业互动、节约集约、生态宜居、和谐发展，城市、城镇、新型农村社区协调发展、互促共进。规划应抛弃传统的盲目扩张思想，顺应收缩城市发展态势，各城镇分工有序，形成"一主一副、一圈多点"的城镇空间结构。其中，"一主"指中心城镇龙江镇，

"一副"指副中心城镇景星镇，"一圈"指龙江县沿主要交通通道向齐齐哈尔延伸的经济发展核心圈层，"多点"则为其他各乡镇。

6 结语

作为东北地区人口流失严重、产业结构畸形的农业型城镇，龙江县是典型的东北地区收缩型县城。本文从龙江县城市收缩特征出发，对影响龙江县发展的收缩因素进行研判，提出国土空间规划转型发展路径，结合龙江县国土空间规划实践策略进行论述，期望能为同类型县级国土空间规划提供示范。

[参考文献]

[1] 顾从伟. 东北地区收缩城市的现象分析与策略研究 [D]. 大连：大连理工大学，2017.

[2] HÄUßERMANN H, SIEBEL W. Die schrumpfende stadt und die stadtsoziologie [M]. Wiesbaden：vs verlag für sozialwissenschaften, 1988：78-94.

[3] 周恺，钱芳芳. 收缩城市：逆增长情景下的城市发展路径研究进展 [J]. 现代城市研究，2015 (9)：2-13.

[4] 罗小龙. 城市收缩的机制与类型 [J]. 城市规划，2018 (3)：107-108.

[5] 龙瀛，吴康，王江浩. 中国收缩城市及其研究框架 [J]. 现代城市研究，2015 (9)：14-19.

[6] BLANCO H, ALBERTI M, FORSYTH A, et al. Hot, congested, crowded and diverse：emerging research agendas in planning [J]. Progress in planning, 2009 (4)：153-205.

[7] 张学良，张明斗，肖航. 成渝城市群城市收缩的空间格局与形成机制研究 [J]. 重庆大学学报（社会科学版），2018 (6)：1-14.

[8] 杨东峰，龙瀛，杨文诗，等. 人口流失与空间扩张：中国快速城市化进程中的城市收缩悖论 [J]. 现代城市研究，2015 (9)：20-25.

[9] WIECHMANN T, PALLAGST K M. Urban shrinkage in Germany and the USA：a comparison of transformation patterns and local strategies [J]. International journal of urban and regional research, 2012 (2)：261-280.

[10] 刘合林. 收缩城市量化计算方法进展 [J]. 现代城市研究，2016 (2)：17-22.

[11] 张伟，单芬芬，郑财贵，等. 我国城市收缩的多维度识别及其驱动机制分析 [J]. 城市发展研究，2019 (3)：32-40.

[12] 郭源园，李莉. 中国收缩城市及其发展的负外部性 [J]. 地理科学，2019 (1)：52-60.

[13] 李郇，杜志威，李先锋. 珠江三角洲城镇收缩的空间分布与机制 [J]. 现代城市研究，2015 (9)：36-43.

[作者简介]
卢太琳，助理规划师，黑龙江省设计集团规划设计师。

数字孪生城市研究进展及其在国土空间规划中的应用

□许　涛，都嘉城，邓靖凡，吴婉琳，支昊宁，周双敏，王　苗

摘要：自 2017 年中国信息通信研究院提出"数字孪生城市"概念以来，数字孪生城市在国内迅速发展，已应用到雄安新区 CIM（城市信息模型）、BIM（建筑信息模型）管理平台、杭州都市圈"新城建"等国土空间规划项目中。本文遵循"提炼关键概念—梳理发展历程—分析理论成果—总结实践经验"的研究思路，采用文献研究、定量分析、个案分析、经验总结等研究方法，分析数字孪生城市作为技术手段在国土空间规划研究与实践中的关键作用，聚焦 CSS（城市仿真系统）等相关模型与核心技术，探究数字孪生城市理论与应用发展的未来。研究发现，数字孪生城市及其相关模型和技术为国土空间规划应用项目的科学性、实时性、交互性及可操作性提供了核心技术支撑，在智慧城市和大数据时代背景的未来必将在居民城市体验方面发挥更重要的作用。

关键词：数字孪生城市；智慧城市；文献计量；国土空间规划

当今信息时代，国内外城市纷纷由数字城市出发，向智慧城市进行探索，为新的城市建设方案积累经验。《中共中央关于制定国民经济和社会发展第十四个五年规划和二〇三五年远景目标的建议》中强调了"加快数字化发展""构建国土开发保护新格局"。阿姆斯特丹的"ASC（Amsterdam Smart City，阿姆斯特丹智慧城市）"计划发展至今，已包括生活、工作、交通、公共设施和开放数据等领域。但智慧城市建设在实践中也暴露出许多不足：缺乏长期的发展规划与配套措施政策规范，缺少群众与企业的参与，过度依靠政府投资，产业拉动效应低等。要解决这些问题，必须有更具整体性、脉络性的城市规划技术做支撑，从源头上避免城市模式的不合理。

当下，以"智能互联"为核心内容的"工业革命 4.0"正在展开。借助最新技术，城市空间将向更加以人为本的方向发展（图1）。从微观上，每一个个体在进行行为选择时需要更多的定制化科学性的算法推荐。从宏观上，以土地用途为核心的功能布局及结构，要逐渐向以人为核心的方向发展，为人类的生存和发展提供更加适配的空间要素布局。这些目标均要求我们采用更为先进的城市规划技术性方案，综合城市中复杂多样的人居数据，寻找满足全方位、多层次、宽领域需求的最优解去塑造城市的未来。

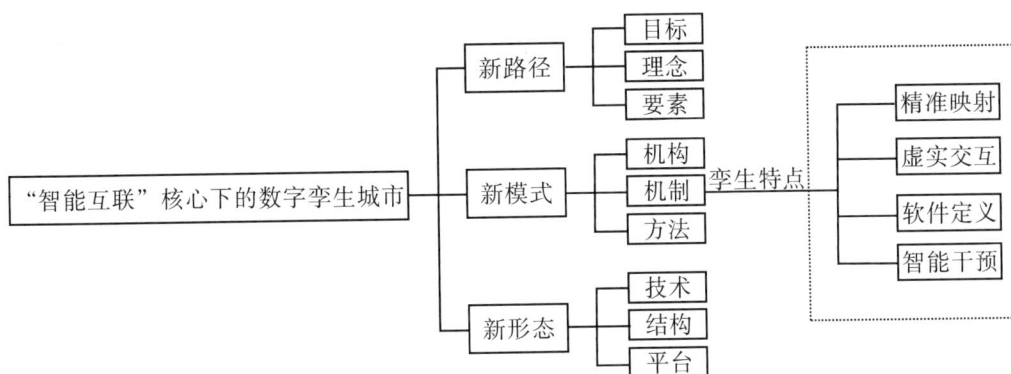

图 1　数字孪生城市特点

随着社会要求提高、科学技术进步、政府政策引导等发展大趋势，"数字孪生城市"的概念应运而生。随着国外技术的引进、对国外成果的学习与自身的探索，我国于 2017 年由中国信息通信研究院提出"以数字孪生城市推进新型智慧城市建设"的创新理念。由于其具有独特的实践性与前瞻性，此理念一经公布，便引起民众强烈反响。此后的一年，数字孪生城市也在多地发展。《河北雄安新区规划纲要》中指出："坚持数字城市与现实城市同步规划、同步建设，打造具有深度学习能力、全球领先的数字城市。"雄安新区成为国内数字孪生城市建设的"领头羊"。2019—2020 年，全国多地有关数字孪生城市的政策由区（市）级到省级，由点及面、由东部到西部加速扩散式发展。

3 年多来，中国信息信通研究院分别发表《数字孪生城市研究报告（2018 年）》《数字孪生城市研究报告（2019 年）》《数字孪生城市白皮书（2020 年）》，作为数字孪生城市从概念培育、技术架构、建设实施落地的理论支撑与总结。目前，还有更多数字孪生城市的研究成果亟须结合最新实践经验整理总结，指导未来的城市建设管理。

1　数字孪生城市概念的发展历程

1.1　数字孪生城市的内涵

所谓数字孪生，就是把复杂的物理实体在一个虚拟的世界中直接进行一种等价的数字映射，以实现针对物理对象的科学有效的管控。而数字孪生城市就是一个虚拟世界在整个虚拟世界里的一种数字映射，是数字孪生技术在城市建设中的应用。它将是支撑智慧城市、数字城市、国土空间规划现代化的关键技术体系，更是城市综合建设与管理的未来发展新形态（图 2）。

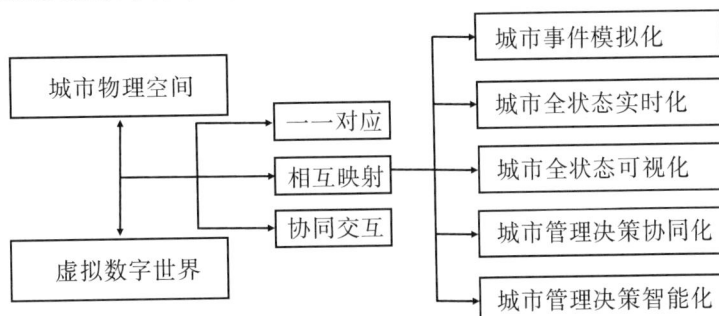

图 2　数字孪生城市与现实城市的概念界定

1.2 数字孪生城市概念的发展历程

根据文献的调研及分析，数字孪生城市在国内外的发展历程呈现以下特点：起源于尖端制造业，依托城市信息模型等技术建立，国际起步早、国内起步晚，依靠大数据获取模型信息等。梳理其具体历程见表1。

表1 国内外数字孪生城市发展历程对比

时期	数字孪生技术在国际的发展	数字孪生技术在国内的发展
初期	2002年，密歇根大学的 Michael Grieves 将其命名为"信息镜像模型"，而后美国国防部引入了"数字孪生"的概念，并将其作为解决航天飞行器健康维护等问题的技术手段	2017年，中国科协智能制造学会联合体曾在世界智能制造大会上将数字孪生列为世界智能制造的十大科技进展之一。国内高校学者如北京航空航天大学教授陶飞、华南理工大学的数字孪生实验室都对此展开了深入研究
中期	进入21世纪，美国和德国都建立了 Cyber-Physical System（CPS），即"信息—物理系统"，作为核心支撑技术推动尖端制造业的发展。CPS的目标是实现物理世界和信息世界的交互融合。而数字孪生技术刚好可以支撑新一代技术如大数据、人工智能等在虚拟数据空间模拟物质世界的运行、管理与操作。由此，数字孪生技术成了CPS系统的技术核心。而建筑与城市规划行业也是庞大的制造业，由此，数字孪生技术已经并将更加在城市建设中发挥中流砥柱的技术作用	2018年，《河北雄安新区规划纲要》中，数字孪生城市的概念首次被提出：将物理世界的数字化映射，通过将人、车、物、空间等城市数据全域覆盖，形成可视、可控、可管的数字孪生城市。这要求数字经济占城市地区生产总值比重超过80%、大数据在城市精细化治理和应急管理中的贡献率超过90%、基础设施智能化水平超过90%，高速宽带实现千兆入户、万兆入企等
现在	2012年，NASA（美国航空航天局）明确了数字孪生的具体定义：数字孪生是指充分利用物理模型、传感器、运行历史等数据，集成多学科、多尺度的仿真过程，它反映对应物质世界产品的全生命周期过程，是实体产品在虚拟世界中的镜像。如今，"数字新加坡""数字温哥华"等数字孪生城市的实地项目也涌现于世界各地	2020年4月，国家发展改革委在《2020年新型城镇化建设和城乡融合发展重点任务》中提出"实施创新型智慧城市行动"，这也说明了数字孪生城市技术是符合我国城市化与基础设施建设国情要求的，是为高效处理城市复杂巨系统，秩序化运行城市机器所需要的

1.3 数字孪生城市与相关概念辨析

1.3.1 智慧城市

智慧城市是使用现代信息化技术手段来让城市居民生活变得更便捷，城市运行变得更智慧，此概念在21世纪初由IBM公司提出。我国智慧城市概念最早是2016年在南京提出的。目前，我国的智慧城市发展建设正处于高速发展阶段，并走在世界前列。如杭州市运用了阿里巴巴云计算技术，提高城市管理服务、旅游资源整合、交通基建运输效率。然而，我国智慧城市发展也存在诸多问题，最大的问题是缺乏数字化技术的支持，数字孪生城市在智能城市建设中非常必要。

1.3.2 数字城市

数字城市主要是建立城市管理、城市服务的高效信息化平台。它引入城市物资、实时信息、人力资源、政策规划等众多信息，可以容纳城市经济、就业物流、医疗养老、交通基建、人文活动等诸多信息，在规划、建设、运营、管理及应急效率方面功勋卓著。

1.3.3 智慧城市、数字城市与数字孪生城市之间的关系

智慧城市、数字城市与数字孪生城市三者之间有着密不可分的关系（图3）。

数字城市与数字孪生城市都被认为是实现智慧城市的重要技术平台，数字城市可以为实现智慧城市建设和发展服务提供高效的信息流，是实时服务于城市管理、居民日常生活和便捷化基础上的实时信息交互平台；而数字孪生城市的出现则被认为是中国数字城市发展的一个重要阶段。

数字孪生城市是未来智慧城市的技术核心和中流砥柱，而智慧城市的建设也将完善数字孪生技术以更加适应建筑业的独特性。它不局限于城市服务管理，还有城市规划、建设、应急等一系列城市问题，涉及城市建设与生活方方面面，关联政府、居民、企业众多群体。

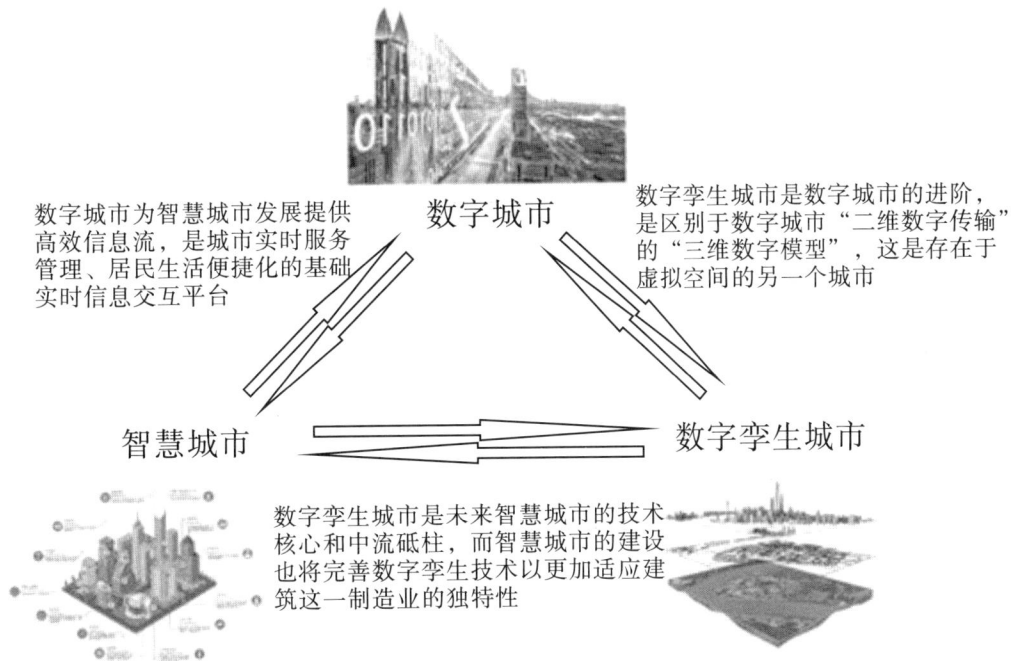

数字城市为智慧城市发展提供高效信息流，是城市实时服务管理、居民生活便捷化的基础实时信息交互平台

数字城市

数字孪生城市是数字城市的进阶，是区别于数字城市"二维数字传输"的"三维数字模型"，这是存在于虚拟空间的另一个城市

智慧城市

数字孪生城市

数字孪生城市是未来智慧城市的技术核心和中流砥柱，而智慧城市的建设也将完善数字孪生技术以更加适应建筑这一制造业的独特性

图3 数字城市、智慧城市、数字孪生城市三者关系示意图

2 基于 CiteSpace 的数字孪生城市研究进展

2.1 数据来源和研究方法

2.1.1 数据来源

本文的数据主要包括文献数据和专利数据。其中，文献数据来源包括 WOS（Web of Science）及中国知网，专利数据来源为世界知识产权组织和国家知识产权局。数据的时间跨度为2000—2020 年。

2.1.2 研究方法

通过 CiteSpace 软件进行文献数据的可视化处理，从年份、国家、关键词、聚类等多个维度进行分析。同时，将国内外文献数据分开处理，对比数字孪生城市在国内外发展的异同，前瞻未来的发展方向。

2.2 结果分析

2.2.1 国际发文情况

将发文量按国家或地区进行统计，美国发文量最多，其次是英国、韩国。我国的发文量位于第四，是发文量较多的国家之一，但与美国相比还有一定的差距。

2.2.2 国内发文情况

将发文量按年份进行统计，2000—2020 年，发文数量指数级递增。2017 年之前，文章数量变化不明显，且发文量较少；2017 年之后，发文数量大幅增加，说明数字孪生城市在近 5 年得到了广泛关注。

2.2.3 关键词分析

（1）国际文献。

在国际文献中，digital twin（数字孪生）和 smart city（智慧城市）的出现频率最高，这与国内文献的结果相似。略有不同的是，在国际文献中，IoT（物联网）、blockchain（区块链）等技术类的关键词相关性更高。

（2）国内文献。

对近 20 年国内相关文献中的重点词汇和热门话题进行了分析，数字孪生、智慧城市、物联网、CIM 是出现频率最高的几个关键词。其中，数字孪生和智慧城市出现频率最高，相关性也最大，而 CIM、物联网等技术类关键词出现频率较低，但与相关技术的关联性很强。

2.2.4 关键词聚类分析

（1）国际文献。

国际文献中很多关键词聚类集中在了应用场景，包括 smart parking（智能停车）、simulation（模拟仿真）、economic inclusivity（经济包容性）等。关键词聚类在应用场景上的增多，在一定程度上反映出国际文献的发展更加成熟。

（2）国内文献。

将关键词按照出现频率进行聚类分析，选取频率最高的 8 个聚类。在国内文献的前 8 个聚类中，云计算、数字化转型、BIM、降阶模型是技术导向的聚类，这说明数字孪生城市带动了一系列相关信息技术的发展。城市治理和公共安全则体现了数字孪生城市的应用场景。

2.2.5 关键词时空分析

（1）国际文献。

国际文献的关键词集中在 2013—2020 年。其中，2016 年左右出现了大量关键词。与国内文献相比，国际文献中的关键词出现较早，且数量较多，但与国内相比差距不大。

（2）国内文献。

将关键词按照提出的时间分类，可以看出关键词出现的先后关系，并且从时间轴上看到它们之间的关联性。从国内文献关键词时空分析可以看到，早在 2000 年之前，国内就提出了数字孪生和智慧城市的概念，但一直没有技术方面的突破。随着 21 世纪信息技术的迅速发展，数字孪生城市的技术在 2017 年左右开始爆发，与论文数量的爆发时间相一致。

2.3　专利数据分析

美国是拥有数字孪生城市相关专利权最多的国家，在各个国家中处于领先地位。中国的专利技术包括信息技术和场景应用两个方面，数量较少。将我国的文献信息与专利技术信息对比，可以看出数字孪生城市在我国的发展尚处于起步阶段，仍需大量的技术积累和应用实践。

3　数字孪生城市相关模型和技术

3.1　数字孪生城市模型

数字孪生城市模型可分为两大类：一种是支持数字孪生城市建设的基础模型，以 BIM、CIM 为代表；另一种是实际应用类模型，它们建立在底层构架已基本完善的前提下，被设计应用于具体的某些工作。

3.1.1　CIM 和 BIM

CIM 平台主要是以智慧城市信息大数据系统为研究基础，建立一个三维城市空间与信息模型的研究平台。作为目前现行的数字孪生城市研究框架的一个重要基础性模型，CIM 的概念从被广泛提出并运用到智慧城市与数字孪生城市研究中与另外两个技术的应用及其发展有着密不可分的联系：一个就是 BIM，另一个是三维数字地球。CIM 的作用就是将多重维度的信息附着于可视化的地球地理模型部件中，帮助使用者最直观地、整体地了解城市。

BIM 是将建筑的设计、建设等三维地球一般不直接表达的信息附着进模型的三维部件之中，并且将这些信息和施工进度、项目维修、专业协同挂钩，最终实现为 CIM 平台的建设奠定基础的技术平台。BIM 是构成城市管理系统 CIM 的一个根本要素，将所有建筑、道路、供水、花卉、园林等大量的数据集中和整理后形成一个全新的城市层次 CIM。

3.1.2　CSS

基于 BIM、CIM 并在其中分别加入一个城市的自然风、水、空气、污染物等大量环境气象数据，以及其他城市的大量人口、行业、信息、资源等和城市的经济社会与政治经济环境数据，使直接构成了城市环境数字化和 DSM（空间管理模型）的基本概念。可以简单地认为 DSM 是数据扩展版的 CIM。而 CSS 是在 DSM 技术发展日趋稳定后，以此为技术支持而建成的平台，承载着空间规划的相关信息，能够将城市规划、建设等从一个虚拟模型仿真视角中进行分析、预测。它基于 CIM 与 CFD（计算流体力学）理论等科学方法实现定量计算辅助决策，在城市环境仿真分析、城市内涝分析、仿真数据管理等方面已经取得了不错的实践效果。

CSS 和 CIM 完全不同。CSS 只是对解决具体的城市问题提供解决办法和建议，它不像 CIM 有建筑模型的组分与渲染等功能，相当于是一个基于 CIM 和 DSM 平台的插件。

总的来说，城市模拟仿真系统本身就是对于支持大规模数字孪生城市研究极为有用的技术手段。

3.2　数字孪生城市相关技术

除一系列与城市模型建设相关的技术外，和数字孪生城市研究直接产生较多联系的技术是人工智能技术，如智能交通、智能电网、智能医疗、智能家居和智能环保等。具体到某一项技术的层面，目前和数字孪生城市紧密相连并且趋于成熟的还有人脸识别技术、自然语言处理技术、深度学习技术（图 4）。

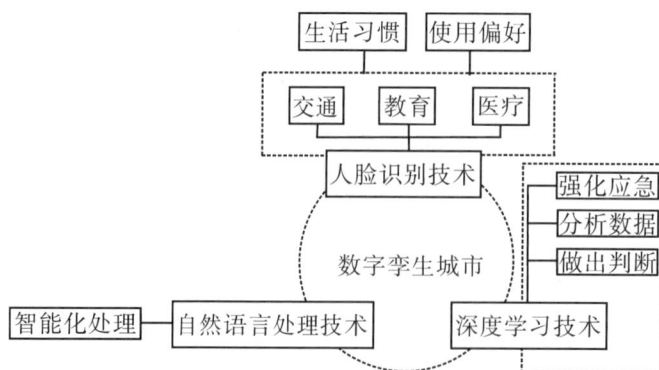

图4　数字孪生城市相关技术示意图

4　数字孪生城市在国土空间规划中的应用

数字孪生城市在理论和技术方面已经有了一定的发展，目前在我国国土空间规划中也取得了一定的应用成果。

4.1　雄安新区规划建设BIM管理平台项目

由于雄安新区规划建设、发展得相对较晚，因此其发展过程中大多沿用较新的技术与理念，BIM与CIM模型被提到了很高的重视程度。

在雄安新区BIM平台建设的最初便是将城市设计与运营融于一体。在搭建平台的时候，数据来源已经完全覆盖电网、交通、气象、水务、政务等设施系统的数据收集装置，并在不同层次上构建起城市复杂大系统。由此开始，数据开创了一种主动收集模式。在整体层面上，BIM平台以雄安新区创立目标为准绳。在BIM平台的建立上，以两个方向为主采集数据并调控服务。一是在数据的调控层次，按照"整合数据—数据结合实地—几何解析—审查"的步骤进行，其中审查包含形态方面的审查和在数字孪生城市建设中各项指标的审查，最后对应于建筑及构件，可以让每一步工作都紧紧扣住建设计划中的目标准则。二是在数据的收集层次，零件、地块、职能单元、城市，这些方面层层综合地运营城市生活数据，而这种严谨运算分析得到的结果也可以作为标准评估城市总体目标能否实现，从而达到服务的作用。

而在雄安新区的案例中，除了对数据的传统应用，还加入了更多新技术与发展可能，其特点如图5所示。

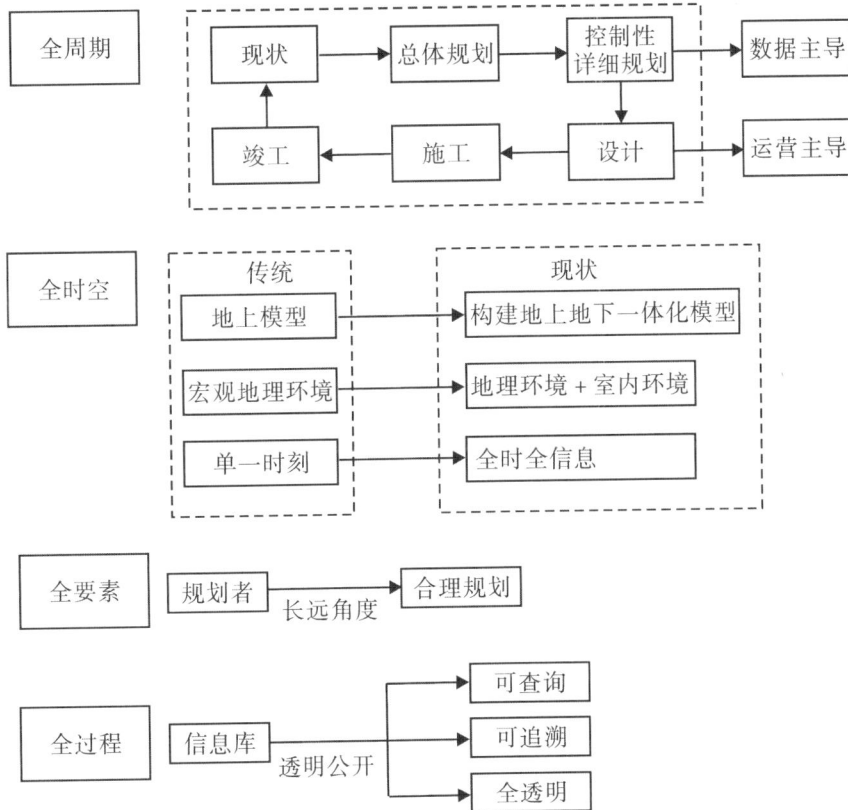

图 5　雄安新区数字模型搭建特点示意图

4.2　杭州都市圈"新城建"

相比雄安新区的稳健建设，杭州都市圈的建设更加新颖，也更加快速。住房和城乡建设部在全国选定了 16 个首批"新城建"试点城市，杭州作为其中之一，目前开展了这三方面的工作：CIM 平台、数字孪生城市（未来社区和未来城市）和城市大脑。

打造城市级 CIM 平台。杭州将要对市政基础设施三维全息建模，对城市主要的建筑、道路、园区、给排水设施等实现物联网设备和网络覆盖，将物联网实时动态数据与 CIM 数据结合，从而达到实时收取数据的目的。

4.3　"BIM＋GIS"建设数字孪生城市

浙江萧山七彩未来社区是国内较早进入数字孪生城市尝试的空间之一。在当地政策的支持及技术的发展下，其已经尝试通过 BIM、GIS 和 IoT 等新一代信息服务技术，搭建了可以对真实社区状态实时反映、量化分析、精确到空间的数字孪生社区，用软件平台虚拟化社区并管理业态，从而达到了一种新发展的局面（表 2）。

杭州 2016 年首创城市大脑，实现了为城市大脑"立法"。通过人工智能等的深度学习功能，清晰明了地在公共交通、基层治理、卫生等方面建立起网络架构，达到数字城市产业化、行政信息技术数字化、治理信息技术数字化。

国内的数字孪生城市发展在学习国外先进数字孪生城市、历经概念培育之后，大体已经步入落地实施阶段。在政府与产业界的重视下，技术标准、应用场景、配套机制等方面的创新发展势头迅猛。

表 2　数字孪生城市典型应用场景

序号	应用方向	长处概述	典型案例
1	城市规划仿真	形成全局最优决策	数字孪生助力上海"一网统管"
2	城市建设管理	项目进度可视化监控	雄安新区规划建设 BIM 管理平台
3	城市常态管理	"一盘棋"综合治理	江北新区打造数字孪生第一城、成都高新区构建智慧治理中心
4	交通信号仿真	最大化道路通行效能	西安智慧交通平台、北京微观交通仿真系统
5	安全与应急演练仿真应用	应急预案更加贴近实战，数字孪生助力提高应急救援能力	滨海新区建设数字孪生城市示范区
6	自然资源灾害类应用	利用数字孪生精准模拟	云南"三湖"生态智慧治理类应用基于数字孪生的风环境仿真推演
7	公共服务升级	工业生产流程类应用、交通物流类应用	孪生热电厂建设、天津数字孪生智慧港口

在各界努力之下，智慧城市的总规模的价值显著，2019 年已超过 9000 亿元，预计 2023 年超过 1.3 万亿元。数字孪生城市未来可期。

5　结语

数字孪生最开始是从 2002 年数字模型研究衍生而来的，以"信息镜像模型"的概念引入到航空工业等尖端制造业，并逐步成为支撑其发展的技术核心。数字孪生城市引入国土空间规划领域后，在规划合理性、信息通达性、实体互动性、政策参与度等方面发挥了重要作用。从国际到国内，从"数字新加坡"到雄安新区 BIM 平台项目搭建，数字孪生城市的应用实践项目不断生根发芽。

经过文献专利数据分析与国际实时对比，我国数字孪生城市研究呈现出近年增长速度快、相关技术关联性强、应用性强等特点，但也凸显出起步晚、理论体系不成熟、发明专利数少、重实用轻创造等问题。在其相关模型技术方面，我国重视 CIM、BIM 搭建，覆盖电网、交通、气象、水务、政务等全方面信息数据的模型为雄安新区、杭州都市圈等规划项目提供了核心技术支撑。

未来在"新基建"和"智慧城市"两手抓的背景下，数字孪生城市在国土空间规划中的应用将使其更加科学合理，在理论的基础上同时兼备可操作性。完善的数据模型将会大幅提高城市体验、政策制定、交通调度、洪涝预警等方面的工作效率、科学性与可操作性。

总之，数字孪生城市经过在国土空间规划领域的理论研究与实践应用，能够让国土空间规划制定更为合理、反馈更为及时、调度效率更高、民众参与度更高。未来数字信息模型的建设与完善能够提高居民的城市体验与生活幸福感，做到真正的规划造福人民。

［基金项目：国家自然科学基金青年项目"基于雨洪调蓄能力的城市绿地系统格局优化研究"（编号 51808385）；天津市创新平台项目"智慧化海绵城市规划建造技术公共服务平台"（编号 17PTGCCX00200）；高密度人居环境生态与节能教育部重点实验室开放课题基金"海绵城市建设背景

下的绿地建设系统优化途径"（编号 20210110）；天津大学自主创新基金"基于城市内涝防治的绿地系统优化途径"（编号 2021XSC-0131）；天津大学自主创新基金"城市历史景观视角下天津近代历史环境价值评价评估研究"（编号 2021XSC-0130）〕

〔参考文献〕

[1] 北京测绘战略发展处. 现代城市的未来，还看欧洲国家如何先行〔EB/OL〕.（2016-10-20）〔2021-05-03〕. https：//www.douban.com/note/587735740/.

[2] 师旭颖. 新型智慧城市乘势而上〔J〕. 互联网经济，2017（5）：34-37.

[3] 中国信息通信研究院. 数字孪生城市白皮书（2020 年）〔R/OL〕.（2020-12-29）〔2021-06-25〕. http：//www.caict.ac.cn/kxyj/qwfb/bps/202012/t20201217-366332.htm.

[4] 于勇，范胜廷，彭关伟，等. 数字孪生模型在产品构型管理中应用探讨〔J〕. 航空制造技术，2017（7）：41-45.

[5] 陶飞，刘蔚然，刘检华，等. 数字孪生及其应用探索〔J〕. 计算机集成制造系统，2018（1）：1-18.

[6] 吴杉. 加快建设新型智慧城市路径与对策研究〔J〕. 行政事业资产与财务，2021（14）：52-53.

[7] 陈宇. 数字城市的目标 智慧城市的新起点〔N〕. 中国建设报，2020-04-27（5）.

[8] 《中国建设报》编辑部. "洞见"数字孪生城市〔N〕. 中国建设报，2019-12-30（6）.

[9] 杨滔，张晔珵，秦潇雨. 城市信息模型（CIM）作为"城市数字领土"〔J〕. 北京规划建设，2020（6）：75-78.

[10] 中国信息通信研究院. 数字孪生城市研究报告（2019 年）〔R/OL〕.（2019-10-11）〔2021-05-21〕. https：//www.sohu.com/a/346277047_735021.

[11] 张丽娜，潘声勇. 构建地上地下一体化数字孪生城市〔J〕. 冶金与材料，2019（6）：158.

[12] 秦潇雨，杨滔. 方寸之间的无限空间：通感城市〔J〕. 城市设计，2020（2）：14-23.

〔作者简介〕

许　涛，博士，讲师，任职于天津大学建筑学院。

都嘉城，就读于天津大学建筑学院。

邓靖凡，就读于天津大学建筑学院。

吴婉琳，就读于天津大学建筑学院。

支昊宁，就读于天津大学建筑学院。

周双敏，就读于天津大学建筑学院。

王　苗，博士，讲师，任职于天津大学建筑学院。

多源数据融合的村庄布局研究

——以五莲县为例

□张晓飞，于善初，张宣峰，王雪梅

摘要： 在乡村振兴战略和国土空间规划编制背景下，需要考虑村庄发展特点与实际，优化村庄分类和布局，引导建设布局合理、产业兴旺、配套完善、环境优美、治理高效的农村社区和美丽乡村。本文梳理了七大类不同来源的数据，从识别村庄的基本特征入手，通过多源数据的融合分析，综合研判研究区内各村庄之间存在的差异，利用主成分分析和熵值法对村庄发展潜力进行评价、分类，最后通过位置分配模型，选定社区生活圈中心，优化村庄布局。以五莲县为例，利用多源数据，通过"特征识别—评价分类—优化布局"的技术路径，对县域村庄布局进行了优化。实践结果表明，提出的方法能够为村庄布局的优化提供重要支撑，是下一步推进乡村振兴战略实施、落实国土空间规划要求的基础，希望能为其他地区的村庄布局研究提供参考。

关键词： 村庄布局；多源数据；主成分分析；熵值法；位置分配；国土空间规划；乡村振兴

1 引言

2014年以来，中央文件陆续提出"农村土地三权分离"、"鼓励流转承包土地的经营权"、"允许农村集体经营建设用地入市"及"维护进城落户农民土地承包权、宅基地使用权、集体收益分配权"等策略措施，预示着以"创新农村集体经济运行机制""建立多元城镇化路径"等为主要推动的乡村发展将成为新常态下我国社会经济实现新跨越的重要契机。党的十九大提出实施乡村振兴战略，以发展为主体的乡村建设成为重要的时代议题。五莲县地貌类型以山地丘陵为主，耕地总量少且分散、集中连片程度低，间接导致村庄规模整体偏小、空心化程度偏高。农村地区传统落后的生产、生活方式对乡村的全面振兴已形成障碍，在新型城镇化战略背景下，必须对全域村庄布局进行系统优化，提振乡村发展动力，从提升农业生产效率、改善农村生活环境、提高农民生活水平等方面整体推动乡村地区发展，实现城乡一体化发展。新型城镇化背景下乡村地区建设用地规模合理缩减的趋势是稳定的，但过程是渐进的、复杂的，需要着重处理好减量规划的发展问题，解决好近期改善措施与长远规划目标之间的矛盾，并针对具有多种发展可能性的大规模农村居民点给予足够的发展空间与适当的约束干预。

在国土空间规划编制背景下，基于研究区面临的问题，本研究利用多源大数据融合分析，从村庄发展特征的系统总结出发，构建村庄发展潜力评价体系，合理确定村庄分类，优化村庄布局，以期为统筹城乡发展、优化镇村体系及推进乡村振兴战略实施提供参考。

2　总体技术路线

本研究利用社会经济类数据、调查监测类数据、调查问卷数据、手机信令大数据、百度热力图数据、POI（关注点）数据和夜间灯光遥感数据等多源数据进行融合分析，从区位条件、人口规模、人口流动、土地利用、产业经济、特色资源、公共服务设施和市政基础设施等各个方面对村庄发展特征进行系统总结，通过主成分分析和熵值法评价研究区内各村庄发展潜力，以此确定村庄分类，并结合GIS（地理信息系统）位置分配模型划分社区生活圈，优化村庄布局。在此基础上，对研究区内的公共服务与基础设施配套、产业发展引导、历史文化传承与风貌特色塑造、土地综合整治与生态修复和防灾减灾等方面进行合理配置与引导（图1）。

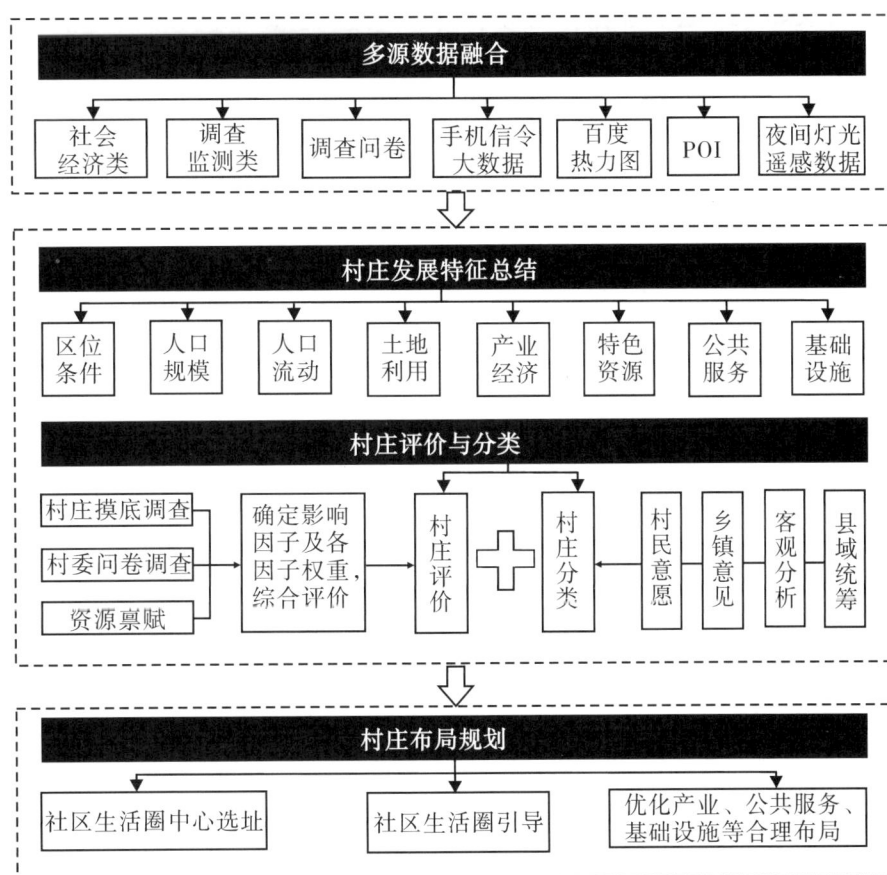

图1　总体技术路线图

3　研究区数据来源及处理

3.1　研究区说明

五莲县地处山东半岛西南部、日照市东北端，地理坐标东经 118°52′～119°33′、北纬 35°29′～35°59′，东临青岛西海岸新区，南接日照东港区，西连莒县，北靠诸城，总面积 1497 km²，辖12处乡镇（街道）553个村（居、社区），是全国生态示范区、中国最美县域、国家园林县城、全国休闲农业和乡村旅游示范县、全国农村污水处理示范县、全国电子商务进农村综合示范县。为统筹城乡发展、推进乡村振兴战略实施，需要确定村庄分类、优化村庄布局，本研究选择五莲县为验证实例，具有一定的典型性。

3.2 数据来源及预处理

数据来源包括社会经济类数据、调查监测类数据、调查问卷数据、手机信令大数据、百度热力图数据、POI数据和夜间灯光遥感数据等7大类。

社会经济类数据来源于官方统计，将其与空间信息建立联系，进行空间可视化表达；调查监测类数据主要来源于研究区相关部门，其本身为地理数据库形式，只需提取与研究相关的土地利用、路网等数据即可，不涉及保密事项；手机信令大数据采购于联通智慧足迹平台，数据已脱敏，其以村级行政区为统计分析单元，对研究区内的村庄人口规模、人口流动情况进行了统计归类，便于针对具体问题进行更深入的分析；百度热力图数据来自百度地图，通过对热力图等级的可视化分析，能够反映研究区不同日期不同时段的人口分布密度；POI数据来自高德地图，能够反映较详细的分类型可定位的兴趣点数据；夜间灯光遥感数据来自珞珈一号01星采集数据，经过简单的辐射亮度转换后即可用于后续分析。最后将各类数据与空间信息关联后，形成地理数据库，坐标系统一采用CGCS2000高斯克吕格投影3度分带。

4 多源数据融合优化村庄布局

4.1 村庄特征识别

利用多源数据从区位条件、人口规模、人口流动、土地利用、产业经济、特色资源、公共服务设施和市政基础设施等八个方面，对研究区内所有村庄的现状特征进行识别分析，为村庄分类奠定基础。

（1）区位条件。以调查监测类数据中的路网数据为基础，对研究区各村庄进行交通干线可达性分析，识别出国道、省道沿线的村庄可依托便利的交通条件发展旅游、物流等产业。

（2）人口规模。人口规模的分析包括户籍人口规模和常住人口规模的分析。根据研究区村庄摸底调查数据统计分析，可对各村庄的户籍人口规模进行分级。整体来看，研究区的人口分布相对均匀，城镇周边人口较密集，人口规模大的村庄具有成为中心村的潜力，在一定程度上可作为集聚提升类村庄发展带动规模较小的村庄。通过手机信令大数据分析，常住人口多的村庄吸引的外来就业人口也多，与镇村企业发展关系密切。

（3）人口流动。根据村庄摸底调查数据分析，农村人口整体呈流出状态，部分村庄在产业带动下有人口流入现象。研究区西北部的汪湖镇、许孟镇与高泽街道人口流失较为严重，以农业生产为主，外出务工人口进城的情况较多，在优化村庄布局时应考虑村庄人口空心化的严重程度，对村庄进行整合，集聚发展。利用手机信令大数据对工作日各村人口至城区通勤情况进行OD分析（图2、图3），发现至县城就业的人口来自17个村庄，主要分布在城区南部；至市北经济开发区就业的人口来自8个村庄，主要分布在开发区周边。

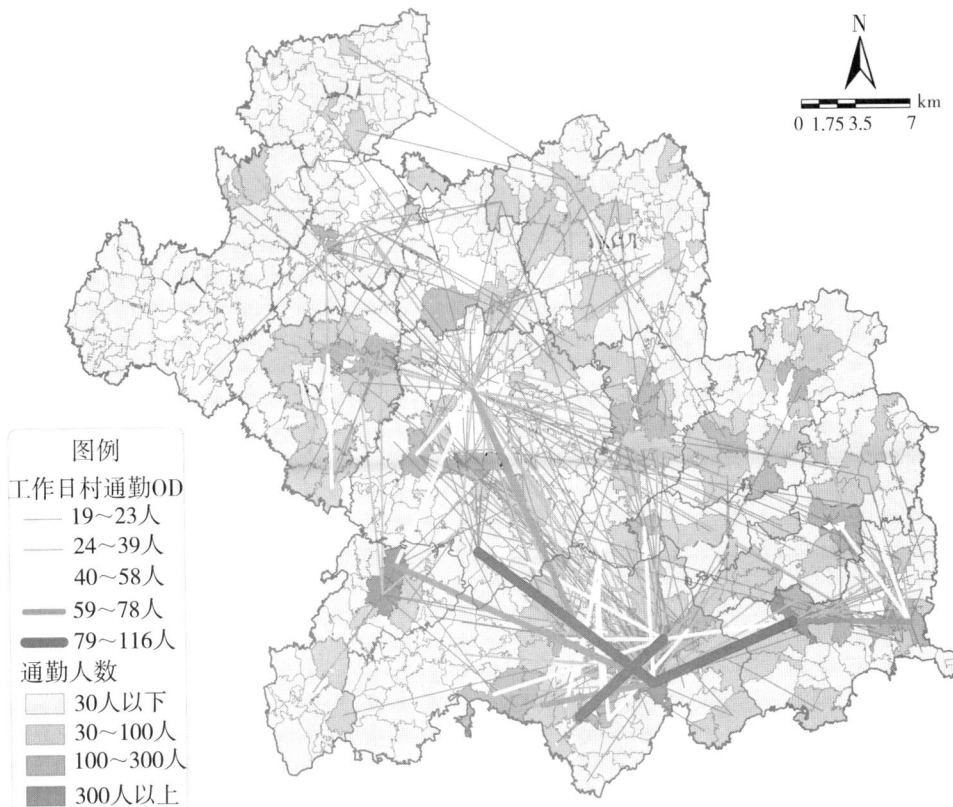

图 2 研究区工作日村通勤 OD 分析示意图

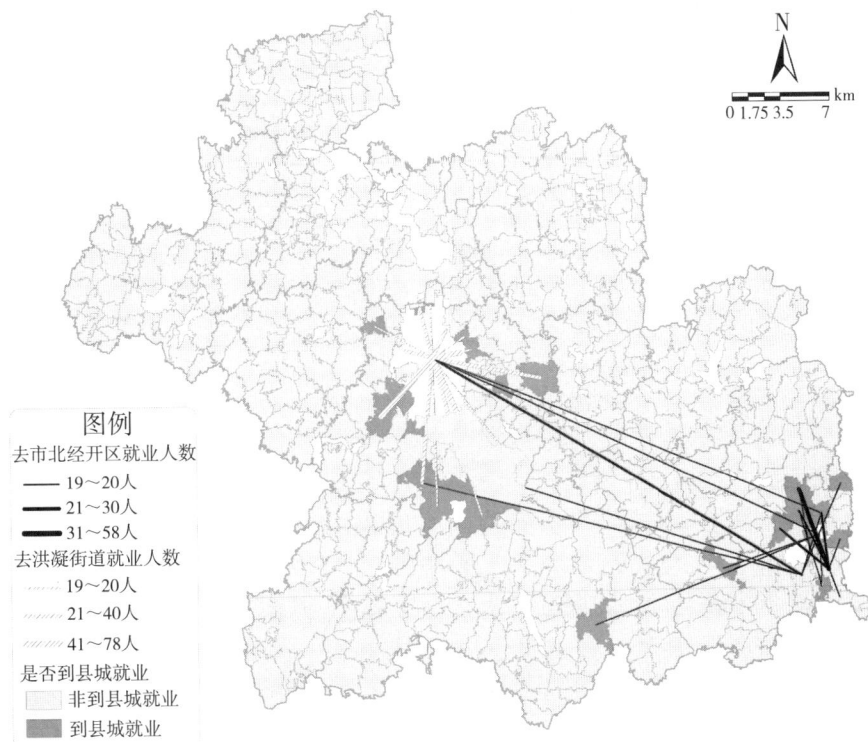

图 3 研究区就业人口分布及 OD 分析示意图

（4）土地利用。利用调查监测类数据和村庄摸底调查数据，从建设用地和耕地的总规模、人均占用量、土地流转情况、宅基地闲置率等方面进行统计分析。研究区西北部以平原、丘陵为主，耕地资源较多；东南部多为山地丘陵，旅游业发展较好。村庄人均建设用地整体分布比较平均，东南部的街头镇、风管委、潮河镇相对较高。西北部的高泽街道、汪湖镇、中至镇与东南部的风管委、街头镇、潮河镇与叩官镇土地流转情况最为显著。西部主要以农业生产为主，外出务工人口较多，宅基地闲置率较高。

（5）产业经济。根据村庄摸底调查表统计分析，风管委集体收入水平最高。通过夜间灯光遥感数据分析，夜光数据与产业园空间相关性较强，表征产业园对周边地区的人口与经济分布影响较大。利用手机信令大数据分析，国庆期间净流入人口主要分布在城区及风管委旅游区。百度热力图显示，国庆期间（2019年10月3日10时至15时），除高速公路、国道及城区外，风管委旅游区人口密度较大（图4）。

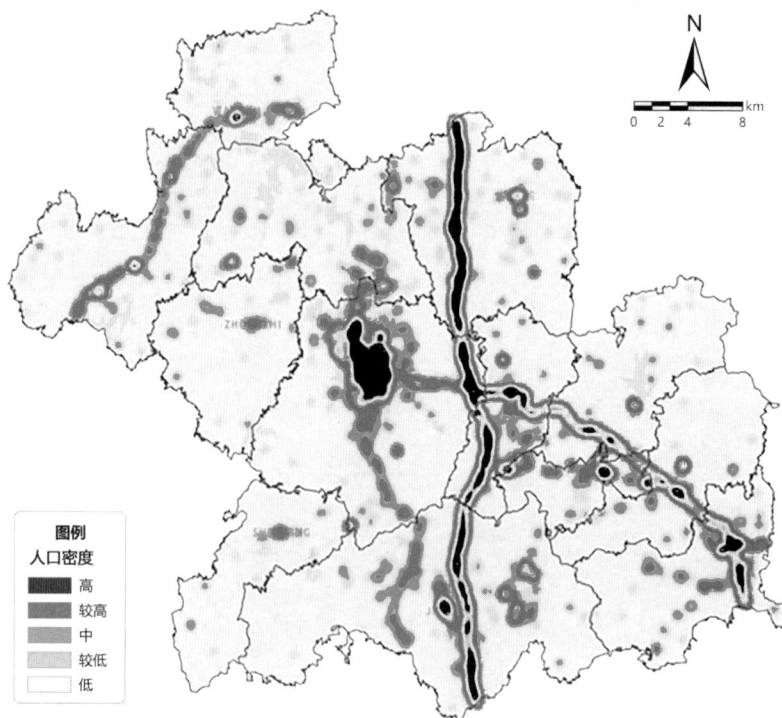

图 4　研究区国庆期间人口密度分布示意图

（6）公共服务设施。根据村庄摸底调查表和高德POI数据分析，研究区内小学的空间分布相对均匀；医疗点在空间上呈现差异化分布特征，中部建有医疗点的村庄相对密集，南北部医疗点分布相对稀疏；共100个村庄建有养老设施，占比为16.21%，养老设施的空间分布东部跟西部分布相对密集，基本满足村民的服务需求。总的来看，风管委、户部乡、松柏乡、叩官镇的村庄公共服务设施数量相对较少，明显低于平均水平。

（7）特色资源与市政基础设施均通过村庄摸底调查表统计分析判别。有国家级文物保护单位1个，省级文物保护单位4个。从旱厕改造户数、有无集中供暖情况来看，研究区各村庄市政基础设施整体配置水平较低，部分村庄定位不明确，设施供给较为落后，可适当进行整合。

通过多源数据的融合分析，可以识别出规模较大、区位条件较好、人口集中、设施齐全的村庄作为集聚提升类村庄，压煤压矿、人口流失严重、村庄规模小且区位差的村庄作为搬迁撤并类村庄等，但大部分村庄特征不明显，很难明确村庄类型，仍需进一步分析评价。

4.2 村庄发展潜力评价及分级分类

综合考虑研究区各村的现状特征，结合多源数据，梳理出用于评价研究区村庄发展潜力的基础评价因子。由于因子较多且因子间存在相关性，需要利用主成分分析模型提取最具代表性的主成分因子代替基础评价因子，并计算各村各主成分因子的得分，根据与主成分因子相关性最强的基础因子对村庄发展潜力的影响方向（正向影响或负向影响），判断主成分因子的影响方向，然后利用熵值法判断主成分因子权重，最终得到村庄发展潜力得分，以此作为村庄分类的基础依据。村庄发展潜力评价技术路线图如图5所示。

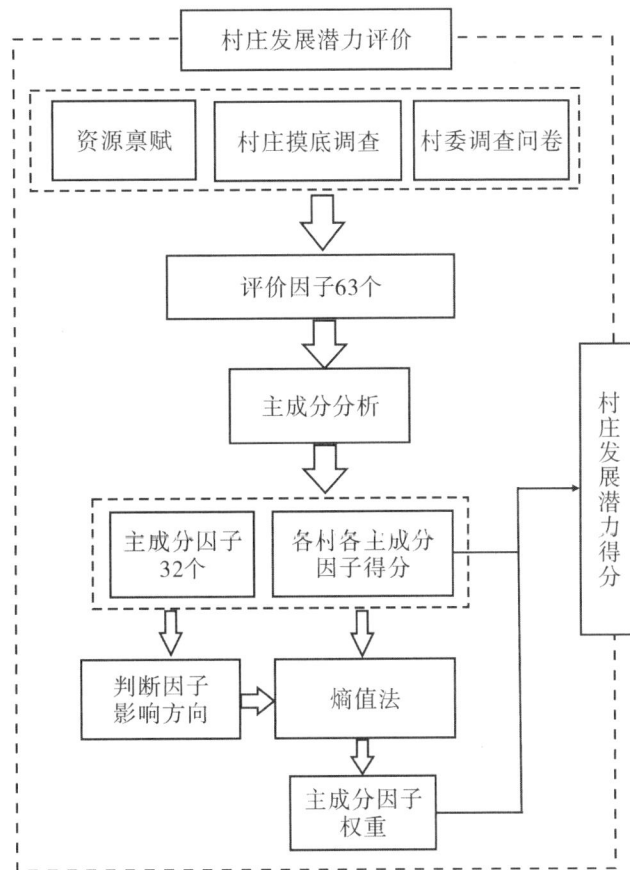

图5 村庄发展潜力评价技术路线图

（1）基础评价因子梳理。

根据村庄摸底调查表、村委调查问卷及五莲县县域内各类空间要素（主要包括文物保护单位、地热资源开采区、地质灾害点、地震断裂带、水源保护区、风景名胜区等），梳理得到用于评价研究区村庄发展潜力的基础评价因子，因子类别包括自然属性类、土地利用类、人口类、区位类、村庄建设类、产业经济类和村庄特色类，共计7大类63小类（表1）。

表 1　村庄发展潜力评价基础因子一览表

因子类别	基础评价因子	因子类别	基础评价因子
自然属性（11个）	是否为平原	村庄建设（19个）	宅基地总数
	是否为山区		闲置宅基地数量
	是否为丘陵		出租宅基地数量
	是否滨湖		是否为楼房集中居住
	有无地质灾害		危房栋数
	有无地震断裂带		公共服务设施数量
	是否有砂石黏土集中开采区		已改厕户数
	是否有地热资源开采区		垃圾箱数量
	是否有省级风景名胜区		生活污水是否集中处理
	是否有省级地质公园		是否有自来水供应
	宅基地是否在水源地一级保护区内		是否为集中供暖
土地利用（11个）	已流转土地面积		县域乡村建设规划中的村庄分类
	村庄面积		是否已编制规划
	村庄建设用地规模		户均宅基地数量
	人均建设用地面积		闲置宅基地占比
	土地流转比例		出租宅基地占比
	耕地规模		危房占比
	人均耕地面积		改厕户占比
	村庄建设用地占比		人均垃圾箱数
	集体经营性建设用地规模	产业经济（5个）	村集体年均收入
	集体经营性建设用地占比		村庄企业数量
	永久基本农田保护面积		村民人均年收入
人口（6个）	户籍户数		是否有农村电商
	户籍人数		每万元村集体年均收入地耗
	常住户数	村庄特色（8个）	有无乡村旅游
	常住人数		有无旅游资源
	空心化率		有无重点旅游项目
	老龄化率		是否为特色村
区位（3个）	中心村或基层村		文保单位等级
	是否距城区10 km以内		美丽乡村等级
	交通干线可达性		是否为传统村落
			是否为乡村振兴样板村

（2）主成分分析计算因子得分。

主成分分析法是用一组较少的不相关变量代替大量相关变量，同时尽可能保留初始变量的信息，这些推导所得的不相关变量称为主成分，它们是观测变量的线性组合。

首先利用 Cattell 碎石检验图和平行分析法，判断村庄发展潜力评价的初始主成分个数，分析结果如图 6 所示。交叉变化最大处之上和实线之上的 16 个主成分需要保留，然后进行主成分分析，由相关系数矩阵计算特征值及各个主成分的贡献率与累计贡献率。经调试发现，当主成分个数取 32 时，主成分的累计贡献率达 85.3%，可以较完整地表达原 63 个基础因子所表达的信息，同时得到各村庄 32 个主成分因子的分项得分。

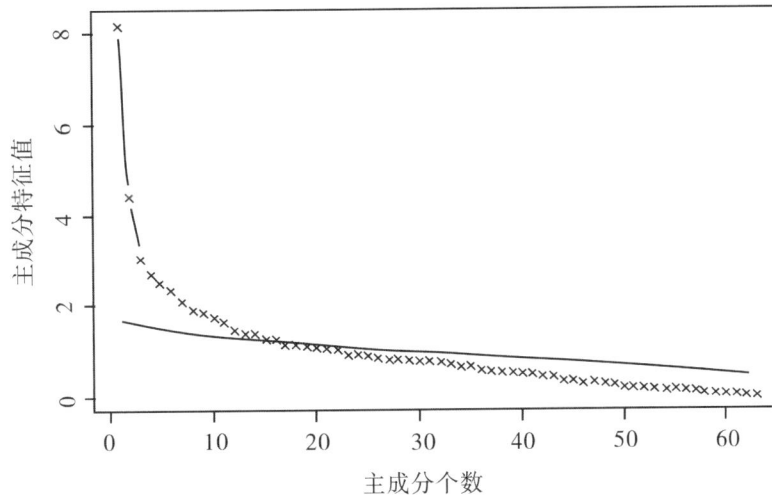

图 6　主成分个数判断图

（3）熵值法确定因子权重。

熵值法是用来判断某个指标的离散程度的数学方法。可以用熵值判断某个指标的离散程度，某个指标离散程度越大，说明该指标对综合评价结果的影响越大。因此，可根据各项指标的变异程度，利用信息熵计算出各个指标的权重，为多指标综合评价提供依据。

首先根据与主成分因子相关性最强的基础因子对村庄发展潜力的影响方向（正向影响或负向影响），判断主成分因子的影响方向，然后根据各村庄各主成分得分及主成分的影响方向输入熵值法计算模型，判断各主成分得分的离散程度，最后得到各主成分因子权重（表 2）。其中，主成分 RC22 权重值最高，为 0.0939，与之正相关性最强的基础评价因子是"是否为乡村振兴样板村"，代表正向影响。32 个主成分中，正向影响的指标有 21 个，负向影响的指标有 11 个。负向影响权重值最高的主成分是 RC26，权重为 0.0824，与之正相关性最强的基础评价因子是"是否为丘陵地带"。权重值在 0.05 以上的主成分有 9 个，涉及村庄特色、自然属性、村庄建设、人口、土地利用和产业经济等各方面，权重总和超过 59%。

表 2　主成分影响方向及权重一览表

主成分	与主成分最相关的评价因子	因子影响方向	因子影响权重
RC22	乡村振兴样板村	正向	0.0939
RC14	楼房居住	正向	0.0718
RC9	出租宅基地数量	正向	0.0618
RC13	省级地质公园和风景名胜区内	正向	0.0607

续表

主成分	与主成分最相关的评价因子	因子影响方向	因子影响权重
RC1	人口规模	正向	0.0595
RC23	是否有文保单位	正向	0.0537
RC8	集体经营性建设用地规模和村庄企业数量	正向	0.0536
RC12	土地流转规模	正向	0.0506
RC25	区位条件	正向	0.0474
RC3	旅游特色村	正向	0.0460
RC4	建设用地规模	正向	0.0439
RC24	传统村落	正向	0.0359
RC32	美丽乡村	正向	0.0333
RC19	集体经营性建设用地规模	正向	0.0314
RC27	村民人均年收入	正向	0.0306
RC2	人均耕地面积	正向	0.0236
RC6	已改厕户数	正向	0.0219
RC15	是否有自来水供应	正向	0.0193
RC28	中心村	正向	0.0136
RC31	是否有农村电商	正向	0.0093
RC29	有无重点旅游项目	正向	0.0057
RC26	丘陵地带	负向	0.0824
RC7	开采区内	负向	0.0195
RC5	老龄化和空心化率	负向	0.0082
RC18	地震断裂带	负向	0.0068
RC30	地热开采区	负向	0.0050
RC16	地质灾害	负向	0.0046
RC11	危房占比	负向	0.0027
RC21	每万元村集体年均收入地耗	负向	0.0011
RC10	户均宅基地数	负向	0.0008
RC17	闲置宅基地占比	负向	0.0007
RC20	是否在水源地保护区内	负向	0.0007

（4）村庄发展潜力评价。

根据各村庄各主成分的得分及主成分影响权重，加权求和得到各村庄发展潜力综合得分，利用 ArcGIS 自然间断点分级法，将村庄发展潜力得分划分为五级，形成村庄发展潜力初步评价结果（图7）。

在空间分布上，发展潜力较高的村庄集中分布在研究区东南部（图7位置1），主要原因在于该区域自然资源禀赋较高，旅游资源丰富，且临近经济开发区和产业园，具有良好的经济发展基础。受城区、国道342线和于里工业集中区带动，图7位置2区域内村庄发展潜力较高。

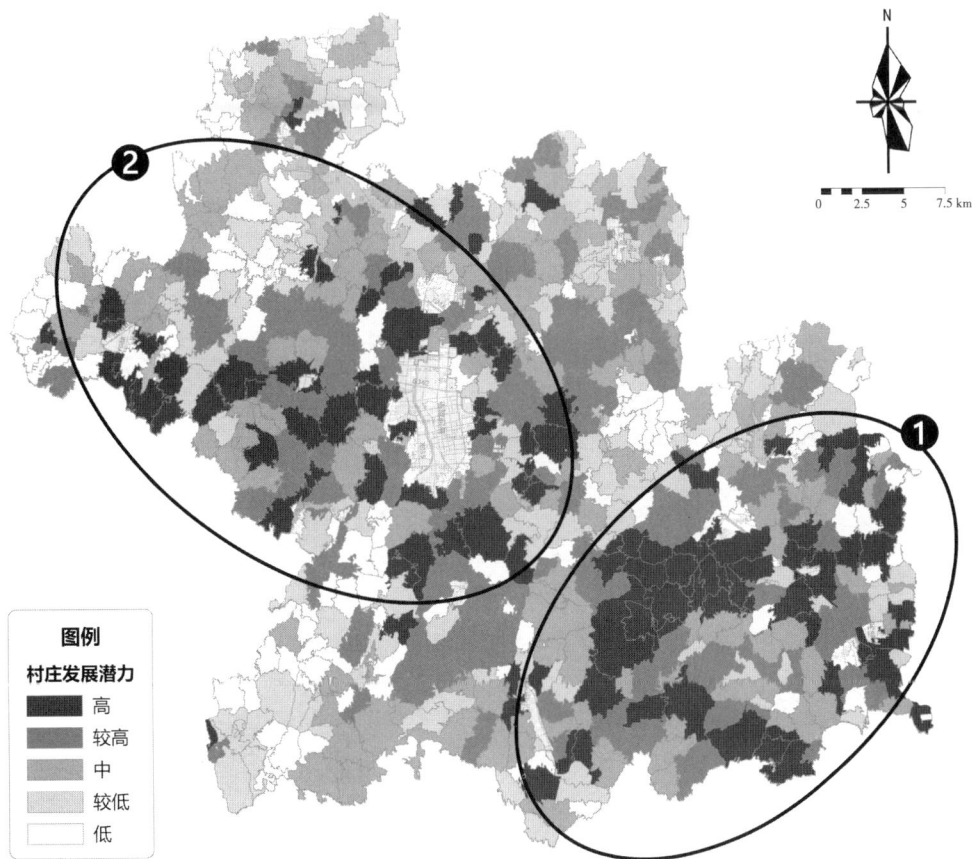

图7　五莲县村庄发展潜力评价分析示意图

基于评价体系，根据村庄显著特色、重大影响因素等对五莲县城镇开发边界外的483个行政村进行分类（图8）。其中，将具有历史文化底蕴和风貌特色予以保留保护的传统村落、特色景观旅游名村等特色资源丰富的村庄作为特色保护类，共19个，占比3.93%；将生存条件恶劣、生态环境脆弱、自然灾害频发、存在重大安全隐患（包括采矿塌陷区、湖库滩区、高压走廊、化工园区等）、重大项目建设占用或村民搬迁意愿强烈的村庄作为搬迁撤并类，共4个，占比0.83%；将城市及县城近郊区内，搬迁撤并类和特色保护类以外的村庄作为城郊融合类，共12个，占比2.48%；将以上分类之外区位条件相对较好、人口相对集中、公共服务及基础设施配套相对齐全的1个村庄，农业、工业贸易、休闲服务等产业突出、资源条件相对优越、已有一定发展基础的 170 个村庄，建设为美丽乡村的 8 个村庄，打造为乡村振兴样板村的 4 个村庄以及发展潜力评价综合得分在前 60% 的 214 个村庄，作为集聚提升类，共计 397 个村庄，占比 82.2%；暂时看不准、发展前景不明确的 51 个村庄作为其他类。

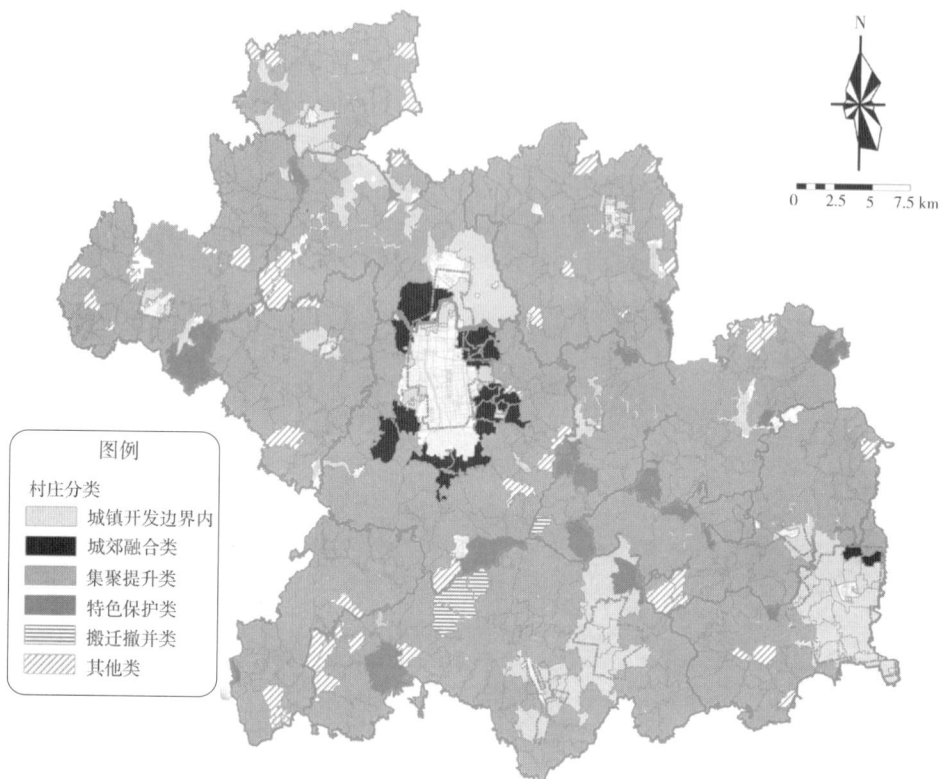

图 8　五莲县村庄分类规划图

4.3　社区生活圈划定及引导

按照"地域相邻、产业相近、人文相亲"的原则，结合村庄类型和村民意愿，衔接田园综合体、特色小镇、现代农业园等特色功能区域。考虑研究区地貌以低山丘陵为主，居民点分布较分散，乡村地区社区数量过少，居民出行距离过长，会导致社区可达性过低，设施使用效率降低，造成资源浪费。为提升乡村地区公共服务水平，提高居民享受公共服务的可达性和便捷程度，利用 ArcGIS 位置分配模型，以"最少社区生活圈中心数量且最大生活圈覆盖范围"为模型实现目标，以村庄发展潜力评价等级高、村庄规模较大、公共服务设施较齐全的集聚提升类或城郊融合类、特色保护类村庄为候选点，以各行政村村庄为请求点，以 2 km 为请求范围、3000～8000 人为容量上限，以镇街边界、功能分区、管区为选址障碍线，求解模型得到社区生活圈中心，然后根据模型生成的社区生活圈引导线确定社区生活圈内的村庄成员，经过经验修正后，最终形成研究区社区生活圈布局，进而引导搬迁撤并类村庄向城镇、生活圈中心集聚，合理配置产业要素，层级配置公共服务设施和基础设施，优化生活圈村庄布局（图 9）。

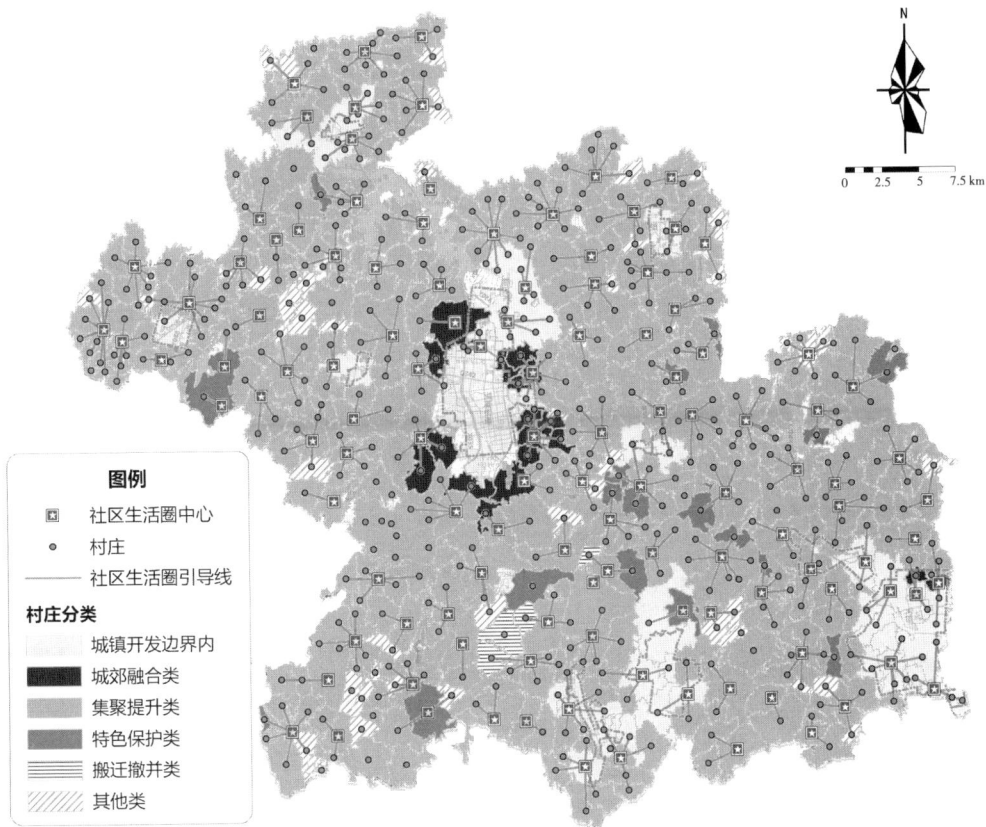

图 9 研究区社区生活圈位置分配分析示意图

5 结语

在乡村振兴战略和国土空间规划编制背景下，为践行乡村振兴发展理念，统筹城乡一体化发展，需要遵循乡村发展规律，利用多源数据融合分析，综合研判村庄发展特点与实际，通过优化村庄分类和布局，引导建设布局合理、产业兴旺、配套完善、环境优美、治理高效的农村社区和美丽乡村。本研究从识别村庄的基本特征入手，梳理与之相关的各类不同来源的数据，力求通过多源数据的融合分析，发现研究区内各村庄之间存在的差异，进而对村庄发展潜力进行评价分类，最后通过位置分配模型，选定社区生活圈中心，优化村庄布局。但村庄布局的优化不仅仅是技术分析的问题，还要重点尊重村民意愿，循序渐进地实现既定目标。希望在进一步地研究工作中，对多源数据进行更深入地融合分析，使分析结果更趋近科学合理。

[参考文献]

[1] 陈朋，孙思远，丁心悦，等. 县域乡村建设规划策略及郓城县实践 [J]. 规划师，2019（20）：75-82.

[2] 林舒敏. 习近平关于美丽乡村建设重要论述研究 [D]. 大连：大连海事大学，2020.

[3] 黄勇. 农村土地综合整治对农村聚居的影响 [D]. 长沙：湖南师范大学，2012.

[4] 孙德山，任靓. 基于主成分分析和递归神经网络的短期股票指数预测 [J]. 辽宁师范大学学报

（自然科学版），2019（3）：301-306.

[5] 赵丽，朱永明，付梅臣，等. 主成分分析法和熵值法在农村居民点集约利用评价中的比较 [J]. 农业工程学报，2012（7）：235-242.

[6] 周文芳. 基于生活圈理论的县域城乡公共服务设施布局研究：以凤翔县为例 [D]. 西安：长安大学，2016.

[7] 陈建滨，高梦薇，付洋，等. 基于城乡融合理念的新型镇村发展路径研究：以成都城乡融合发展单元为例 [J]. 城市规划，2020（8）：120-128.

[8] 张雪娜. 新型城镇化背景下辽宁省宜居乡村建设策略 [J]. 中国房地产业，2016（9）：100-101.

[作者简介]

张晓飞，硕士，助理工程师，任职于山东建筑大学设计集团有限公司。
于善初，硕士，工程师，山东建筑大学设计集团有限公司规划研究中心主任。
张宣峰，硕士，高级工程师，山东建筑大学设计集团有限公司总经理助理。
王雪梅，硕士，助理工程师，任职于山东建筑大学设计集团有限公司。

新技术应用下疫后城市医疗卫生设施规划探讨

——以长沙市为例

□孙思敏，阳国万，廖浩凯，王睿曈，熊　鹰

摘要： 2020 年初，长沙成为新冠肺炎疫情的重灾区，大量外省就医人口短时间内涌入长沙，长沙医疗卫生体系受到前所未有的挑战。本文剖析长沙市医疗卫生体系应对疫情突发之时，在规划预测、层级体系、主要指标、空间结构等方面的短板与不足，利用大数据分析人群分布特点、就医人口来源、医疗资源分布、交通便捷程度等就医影响因子，构建多维度的城市医疗条件与感染强度评价指标体系，模拟城市单个与多个污染源扩散态势与时间成本模型，对长沙城市医疗卫生设施的优化与提升提出建议。

关键词： 疫后时代；韧性城市；医疗卫生设施；专项规划；规划应对

1 现状问题：医疗卫生设施疫情下显短板

2020 年初，新冠肺炎疫情突如其来，长沙城市疫情总体防控到位，为打响经济保卫战提供了良好的保障，但也暴露出长沙市医疗服务体系在应对突发传染病方面依然存在突出短板（表1、表2）。

表 1 长沙与部分城市新冠肺炎疫情防控方案汇总一览表

城市	应对方案	使用设施	易感染点	临时空间
长沙	①进一步压实社区（村）、厂区、园区等防控责任。 ②对高铁、地铁、机场、商场、集市等人员密集场所，采取严控措施。 ③加强宾馆、酒店、敬老院、娱乐场所、旅游景区等的严格管理与关闭。 ④进一步落实"四早""四集中"，坚持中西医结合，充分发挥专家组作用，不断优化诊疗方案。 ⑤全面加强医院发热门诊规范管理，与其他门诊严格分开。 ⑥精心做好综合定点医院、隔离病区、核酸检测机构和场所、医疗物资、隔离场所等各应急准备	定点医院，设立发热门诊；抓好"家门口"防疫常态化	高铁、地铁、机场、码头、车站、商场、集市、农贸市场等人员密集场所	临时停车场、隔离场所

续表

城市	应对方案	使用设施	易感染点	临时空间
武汉	①守牢离鄂离汉通道，所有社区（村组）、居民点实施最小化单元阻隔，全天候封闭管理；加强监管场所、养老机构等特殊场所管控，关闭学校和企业及不必要的公共服务类场所，切断病毒传播途径。②以最快速度建成火神山医院、雷神山医院，建设方舱医院16家，设立定点医院255家、隔离房间22.5万间、救治床位11.7万张，对于前期病房床位不够的情况，临时征用民营医院、酒店、党校、高校等场所作为隔离点	定点医院，设立发热门诊，120救护车7×24小时待命，设置酒店隔离点、方舱医院等	华南海鲜批发市场、学校、养老机构、医院、公共交通	大型场馆建立方舱医院，征用部分民营医院、酒店、党校、高校等作为临时隔离点。社区、居民点出入口搭建体温监测站
杭州	①全市所有村庄、小区、单位实行封闭式管理，人员进出一律测温并出示有效证件。城市公共交通减少。②数字防疫：疫情地图（丁香园），互联网医院，在线义诊。③推出健康码通行模式，随后推广至全国。通过"大数据＋网格化"实施测控，对街区和市场进行限流。	定点医院，设立发热门诊，120救护车7×24小时待命，设置酒店隔离点	市场、学校、养老机构、医院、公共交通以及各种密闭狭小空间	所有村庄、小区以及公交站点、公共场所出入口搭建体温监测站
上海	①全域闭环式管理来自或途径疫情高风险地区的来沪返沪人员，全员进行14天集中隔离健康观察，2次新冠病毒核酸检测，阻断病毒传播途径。②机场、车站、码头等交通客运场（站）加强对来沪返沪人员的体温测量和健康码查验。③居村委、单位、学校和宾馆加强对来沪返沪人员的体温测量和本市健康码查验。	定点医院，设立发热门诊，120救护车7×24小时待命，设置酒店隔离点	市场、学校、养老机构、医院、公共交通以及各种封闭狭小空间	所有公交站点、大型交通枢纽、公共场所出入口搭建体温监测站
瑞丽	①发现本地病例后迅速展开全员核酸检测，并进行一周的居家隔离健康观察，非必要不出行；必要出行时由小区门卫做好登记、体温检测、扫码出入。除超市、药店、农贸市场外，其他经营场所一律停业。②强化边境管控，严厉打击非法偷越国（边）境者及组织者、容留者。	定点医院，设立发热门诊，120救护车7×24小时待命，设置酒店隔离点	市场、学校、养老机构、医院、公共交通以及各种封闭狭小空间	所有村庄、小区以及公交站点、公共场所出入口搭建体温监测站

表 2　长沙市和部分城市医疗卫生设施现状问题

城市	医疗资源优势	医疗设施布局	医疗设施体系	医疗设施利用效率	设施配置标准	疫情防控体系	医疗信息系统	基层卫生人员配置	医疗服务费用	基层公共服务团队专业素质
长沙	○	●	●	●	●	○	×	×	●	×
郑州	●	●	●	●	●	●	●	●	●	●
成都	●	●	●	●	●	●	●	×	●	×
杭州	●	●	●	●	●	●	○	●	×	●
重庆	●	●	●	●	●	●	●	●	●	●
武汉	○	●	●	●	●	●	●	●	●	●
株洲	●	●	●	●	●	●	●	×	●	×
湘潭	●	●	●	●	●	●	●	×	●	×

注：○表示较好；●表示一般；×表示较差。

一是医疗设施布局不均衡。城市之间、城市内部医疗设施布局不平衡。长沙市域优质医疗资源集中在长沙市中心城区范围以内，长沙都市区医院资源主要集中在雨花区、芙蓉区、开福区辖区内，望城区床位配置最少（图1、图2），导致部分市民较难实现就近就医，疫情期间会加速城市内部人口流动，易产生患者之间的交叉感染，而患者来往较多的大型综合医院附近成为疫情重灾区。

二是医疗设施体系不健全。各层级医疗设施职能不明确，三级医院负荷超标（图3）。基层医疗机构相对资源短缺，服务功能单一，大量可在基层医疗机构诊治的患者流向大医院（图4），在疫情期间该问题更为突出，普通患者与新冠肺炎患者同时涌入大医院，导致大医院超负荷运转，极易造成交叉感染。此外，各层级医疗设施上下衔接不畅，社区卫生服务机构与上级医院之间未建立有效的"双向转诊、分级医疗"制度，各层级医疗设施各行其是，其服务对象与服务范围各有差异，各层级医疗设施之间未实现联动发展，未能形成完整的应急体系，疫情一旦爆发，影响患者救治效率。

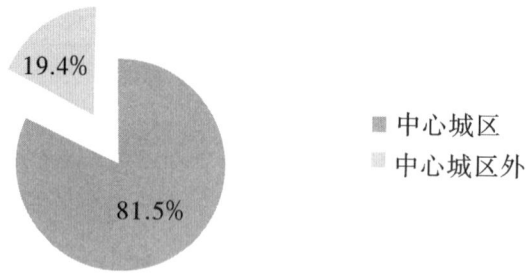

图 1 长沙市中心城区内外医疗卫生用地总量指标对比图

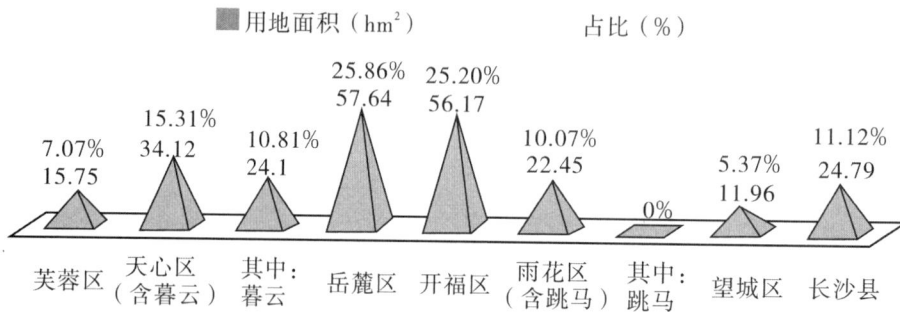

图 2 长沙市各行政区医疗设施用地对比图

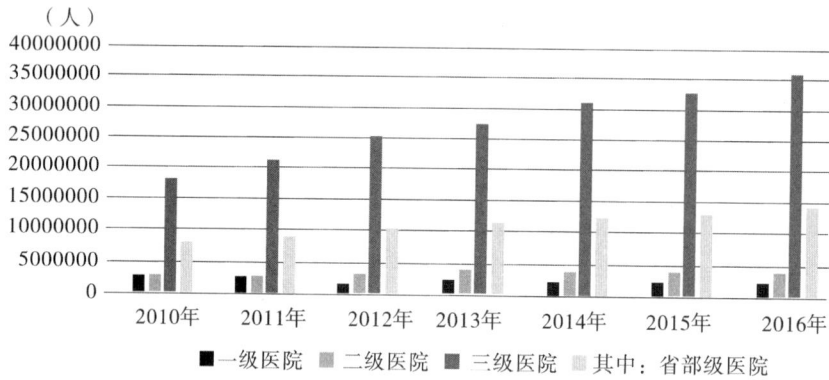

（1）各层级医院就诊人数对比图

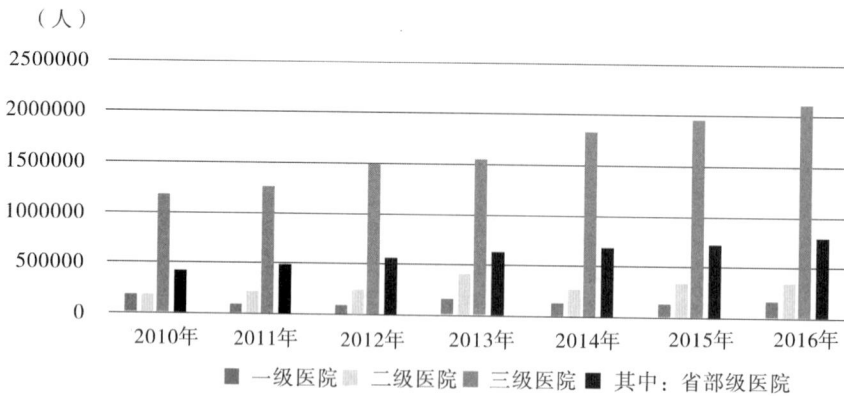

（2）各层等级医院诊疗人数对比图

图 3 2010—2016 年长沙市各层级医院就诊人数分摊一览图

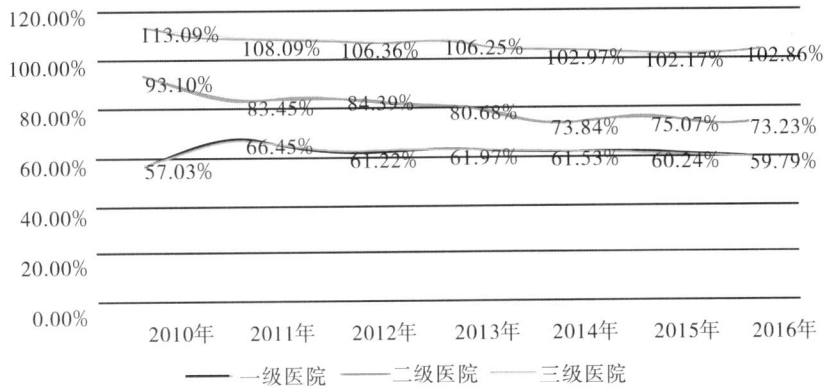

（1）长沙市不同层级医院床位利用率（不含省部级医院）

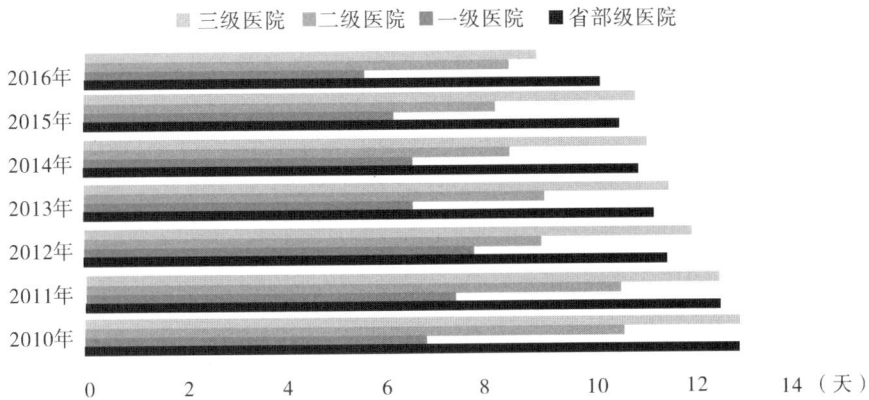

（2）各层级医院平均住院日

图 4　2010—2016 年长沙市各层级医院床位利用率和平均住院日分析

　　三是设施配置标准不合理（表3）。相关规范编制时间过久，指标确定的方法过于单一，尚未结合新技术的应用，仅通过城市规模限定医疗卫生设施的千人指标床位数、人均规划用地等指标，规划预测的精准性有待提高；规范忽略城市发展需求，未充分考虑流动人口、外省市就医人口的医疗卫生设施需求。

表 3　医疗卫生设施相关规范及其主要管控内容

条例名称	颁布部门	颁布时间（年）	主要内容
《医院分级管理办法》	卫生部	1989	依据医院功能、设施、技术力量等，医院共分三级十等；三级特等医院是最高级别的医院，接下来依次是三级甲等、乙等、丙等，二级甲等、乙等、丙等，一级甲等、乙等、丙等，共三级十等
《城市公共设施规划规范》	建设部等	2008	医疗卫生设施规划千人指标床位数（张/千人）、医疗卫生设施规划用地指标、疗养院规划用地指标、选址原则，并提出"大城市应规划预留应急医疗设施用地"
《综合医院建设标准》	卫生部	2008	综合医院的建设规模、综合医院建筑面积指标等

续表

条例名称	颁布部门	颁布时间（年）	主要内容
《中医医院建设标准》	国家中医药管理局	2008	预测方法、千人指标床位数（0.22～0.27 张/千人）、中医医院的建设规模、中医医院建设面积指标
《精神卫生专科医院建设标准（讨论稿）》	卫生部	2008	建筑规模与项目构成、建筑面积指标、规划布局与建设用地、建筑标准、医疗设备等
《疾病预防控制中心建设标准》	住建部、国家发改委	2009	疾病预防控制中心建筑面积指标应按省级 70 m^2/人、地级 65 m^2/人、县级 60 m^2/人确定（人指编制管理部门确定的疾病预防控制中心编制人员）
《卫生监督机构建设指导意见》	卫生部	2005	各级卫生监督机构开展日常工作所需各类用房，人均建筑面积应在 40 m^2 以上
《急救中心建设标准》	卫生部	2008	各级城市急救中心或独立建制的急救分中心、急救站配置标准、服务半径、配备救护车总数、用地面积指标与建筑面积指标等
《血站设置规划指导原则》	卫计委	2013	血站服务体系设置标准，定性配置为主
《社区卫生服务中心、站建设标准》	卫生部	2013	社区卫生服务中心（站）建设规模
《基层医疗卫生机构建设指导标准（修订版）》	长沙市卫生局	2013	床位设置、用房建筑面积等
《关于印发〈全民健康保障工程建设规划〉的通知》	国家发改委	2016	省、市（地）、县三级妇幼健康服务机构公共卫生业务用房指标及人员配置标准
《城市居住区规划设计标准》	中国城市规划设计研究院	2018	卫生服务中心（社区医院）、卫生服务站、门诊部等配置标准
《城市公共服务设施规划标准》（征求意见稿）	住建部等	2018	医院（医疗卫生设施分类、人均规划建设用地指标、医院选址、公立与社会办医院比例、各级医院按常住人口配置办法、各级医院单项建设用地控制指标、新建医院核心管控指标）、基层医疗卫生设施（选址原则与规划控制要求）、专业公共卫生设施（选址原则、人均规划建设用地、单项建设用地控制指标）

四是疫情防控体系不完善，医疗信息系统不发达。传染病专科医院机构和人员数量不足，现有机构比较分散、职能交叉、系统性和协调性较差，投入分散或低水平重复建设，未能充分发挥预防控制体系的整体功能。新冠病毒传播速度快、传播方式多，而获得患者轨迹信息相对滞后，疫情扩散的风险大大增加。

2 模型构建：多维度评估以支撑医疗专项

2.1 医疗设施配置评估模型

评估模型在划定长沙15分钟生活圈的基础上，从医疗护理、交通条件、疗养环境、应急医疗设施、人口分布、医疗感染空间等方面，对其医疗条件和感染强度分别进行评估，总共包含"七大评估维度""十大评估要素""二十七项评估指标"（表4、表5），再根据医疗条件和感染强度评估的差值，得出医疗设施需要加强部署的重点区域。从评估分析情况可以看出，河西生态环境较好，医疗资源配置标准相对更为高标准，因此医疗资源条件与感染强度相对均衡；二环内外的河东区域医疗资源相对集中，但由于人口密集度高、感染源多等综合因素，医疗资源条件弱于其可能感染强度，属于医疗资源加强配置区。此外，城市枢纽区域往往呈现医疗设施需要强化配置的高亮警示，这与其周边往来人流多、感染系数较高，且综合医院需要结合交通枢纽配套设置以便扩大其就医服务范围等特性是基本一致的。

表4 基于评估模型构建生活圈多维度医疗条件评价指标体系

维度层	权重值	要素层	权重值	具体指标层	权重值
医疗护理	0.406	医疗保健	0.441	三级医院覆盖度	0.401
				二级医院覆盖度	0.223
				一级医院覆盖度	0.155
				传染病二级专科医院覆盖度	0.221
		卫生服务	0.322	疾病预防控制中心覆盖度	0.427
				妇幼保健服务机构覆盖度	0.179
				急救医疗机构覆盖度	0.221
				血液机构覆盖度	0.173
		医疗科研	0.237	医药科研机构覆盖度	1.000
交通条件	0.243	交通设施	1.000	区域性大型交通枢纽覆盖度	0.379
				高速进出口覆盖度	0.356
				地铁站点覆盖度	0.134
				公交站点覆盖度	0.131
疗养环境	0.205	公园绿地	1.000	综合公园覆盖度	0.521
				社区公园覆盖度	0.325
				街旁绿地覆盖度	0.154
应急医疗设施	0.146	大型公共建筑	1.000	会展中心覆盖度	0.278
				体育场馆覆盖度	0.254
				大学、职业学校等覆盖度	0.234
				宾馆、酒店覆盖度	0.234

表5 基于评估模型构建生活圈多维度感染强度评价指标体系

维度层	权重值	要素层	权重值	具体指标层	权重值
人口分布	0.327	常住人口分布	0.437	居住小区覆盖度	1.000
		易感染人群分布	0.563	养老设施覆盖度	0.489
				幼儿园、学校覆盖度	0.511
医疗感染空间	0.278	医疗卫生服务感染源	1.000	三级医院覆盖度	0.289
				二级医院覆盖度	0.277
				一级医院覆盖度	0.221
				卫生服务机构覆盖度	0.213
交通条件	0.345	交通设施	1.000	区域性大型交通枢纽覆盖度	0.279
				地铁站点覆盖度	0.256
				公交站点覆盖度	0.234
				高速进出口覆盖度	0.231
易致病空间分布	0.245	易感染点（源）	1.000	集贸市场覆盖度	0.342
				垃圾站覆盖度	0.341
				养殖场覆盖度	0.317

2.2 感染时间成本评估模型

本研究利用OSM（开源地图）下载的道路网数据对道路进行了分类，由于该分类情况与我国实际不符，因此与我国城市道路分类进行匹配后，再结合研究区域——长沙市的实际情况，参考长沙城市总体规划、综合交通规划的道路分级分类；利用GIS（地理信息系统）重分类工具，对不同等级、类型的道路逐一进行速度赋值；再利用GIS成本距离工具，演算单个与多个感染源不同时间段的扩散范围。研究发现，感染源扩散度与其周边交通通达性成正比。假定城中心某一个感染源（集贸市场、垃圾站等）开始传播扩散，在无阻隔状态下，6 h可以影响长沙市整个都市区；而感染模型显示二环线、三环线及其环城绿带等对城市污染扩散具有一定的阻隔作用，建议结合环线及其高速出入口设置大型综合医院。结合长沙迁徙排名，西南湘潭迁入指数为3.08、东南株洲迁入指数为2.33、北面岳阳迁入指数为2.14，建议在以上三个方位重点设置传染病专科医院。

3　规划策略：刚性与弹性结合的平疫管控手法

3.1　重构：医疗卫生专项规划体系升级

2020 年 2 月，中央全面深化改革委员会第十二次会议上为韧性城市的疫情防控指明了方向："改革完善疾病预防控制体系""改革完善重大疫情防控救治体系""健全统一的应急物资保障体系"。经本次全国多城市抗疫经验总结与问题分析进一步证实，以医疗机构为核心的医疗卫生服务体系是提升城市韧性、落实"四早"的关键，而充分发挥传染病专科医院、综合医院、基层医疗卫生机构各主体作用，形成分工明确、合作有序、公私平衡的诊疗格局（图 5），是建立健全分级、分层、分流的传染病救治机制，提升应对重大疫情能力的基础；探索跨境医疗虚拟医院模式，减少诊断和治疗时间延误，是未来医疗改革的重要方向；制订并完善医疗应急预案并与城市防灾减灾、人防平战结合等一并考虑，是提升城市韧性的重要实施路径与主要抓手。

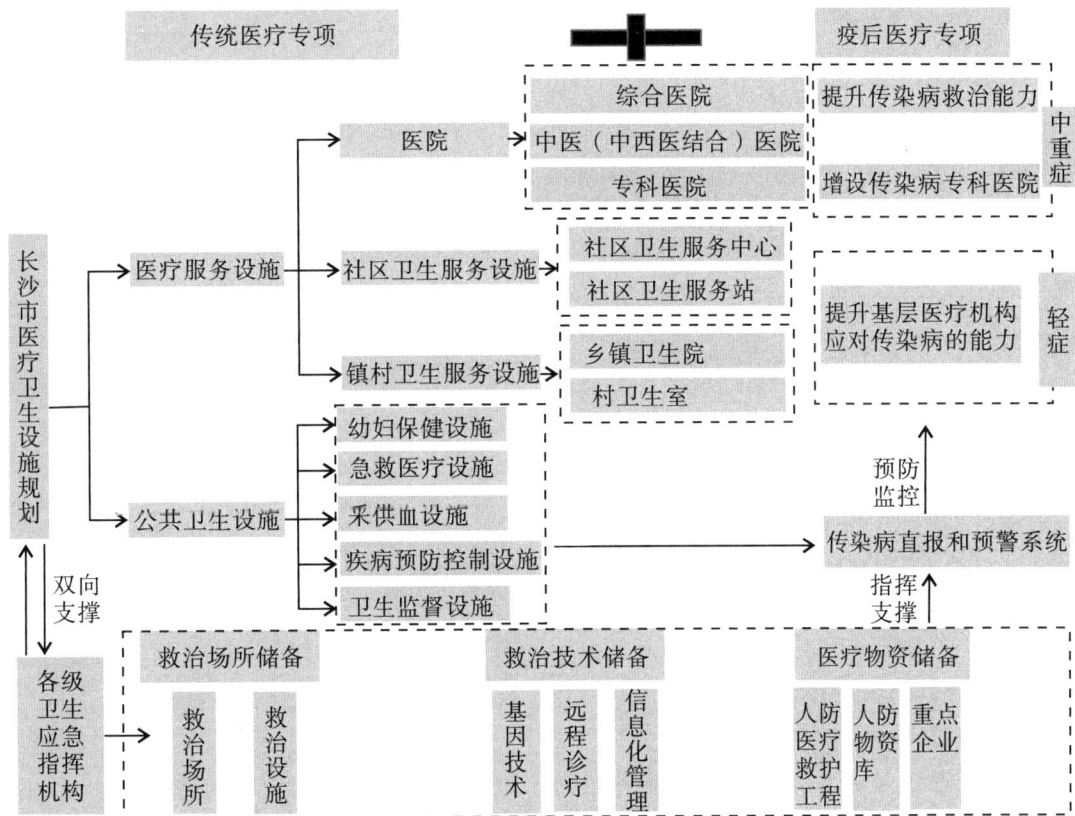

图 5　长沙市医疗卫生设施分级、分层、分流战略示意图

3.2　分区：医疗卫生资源战略结构布局

考虑长沙作为湖南省会城市、长江中游地区重要的中心城市的城市定位，顺应城市空间结构、公共中心体系、人口密度分布、用地余量与建设指标等，叠加外来人流交通流向数据分析，遴选大长沙医疗卫生设施五大战略区域即战略功能优化区、前沿功能拓展区、调整完善区、重点建设区、发展引导区（表 5），并对分区提出不同的规划策略，实现城市医疗资源有序配置。

表5　长沙市医疗卫生服务机构规划结构表

区域划分		所属分区	备注
1	战略功能优化区	主要是二环以内的区域	主要为长沙市都市区的旧城区，用地余量不多，省部级医院多在此集中，医疗设施用地多以优化整合为主，通过整合用地、内部挖潜、功能优化、设施提升进一步改善医疗服务环境，打造一批国内一流、国际知名的龙头名院群，引领中部优质医疗资源
2	前沿功能拓展区	以医疗服务、医学研发、医疗器械及生物医药产业为核心的地区	以浏阳生物医药工业新城板块为发展联动点，选长沙县未来高铁新城为医疗前沿功能辐射区，沿途利用周边乡镇，可打造医疗康健一条龙产业服务；引导空港新城结合新城中心引入三甲优质医疗科研资源入驻，建设辐射中部地区的医疗科学城和远程医疗中心
3	调整完善区	其他区域	城市发展其他区域，用地相对充足，通过调整完善，最大化优化医疗设施服务能力，重点是补足旧城区医疗设施缺口，均衡城乡医疗卫生设施布局
4	重点建设区	洋湖垸片、南部新城、梅溪湖片、望城经开区南片	主要为城市开发建设重点区域，以优先控制医疗设施用地为主。鼓励和扶持主城区龙头名院通过异地新建或新建分院的方式，结合新城中心建设三甲医院，支持新城中心的培育和发展。负责南部长株潭区域、西部宁乡区域、北部益阳岳阳区域等外围区域跨区域就医需求的诊治与分流
5	发展引导区	主要是在宁乡市域	提升宁乡中心城区的综合医院水平，利用宁乡疗养院、温泉等有利资源，打造以旅游康体医疗服务为主的疗养胜地

3.3　调整：城市医疗卫生服务设施优化

依据《城市公共服务设施规划标准》（2018）中的"医疗卫生设施设分类和设置规定"等相关规范，在校验长沙市医疗卫生设施专项规划完成各级各类医疗卫生设施配比与布局的基础上，结合生活圈多维度医疗条件和感染强度评估模型及其指标体系，分析大数据背景下人群分布特点、就医人口来源、医疗资源分布、交通便捷程度、易致病空间分布等就医影响因子，演算感染源扩散时间成本，实施最小化单元阻隔，进而优化调整疫情防控背景下长沙城市医疗卫生设施配置方案（表6）。

表6　长沙医疗卫生设施规划预测与优化调整一览表

设施类型		配置标准	预测数量	用地（新增）	考虑因子
医疗设施	综合医院	《长沙市区域医疗机构设置规划（2014—2020年）》要求根据服务人口数量和服务半径设置规划三级综合医院，可按30万人以上规划设置1所三级综合医院	三级医院28所	用地面积新增76.3 hm²左右	考虑流动人口和外来就医人口，本区域人口核密度分布；三级综合医院需要兼顾远程诊疗中心及信息化系统建设
		在新建区域，可根据人口增加设置二级综合医院，按10万～20万人可设置1所二级综合医院；在新开发区、城郊接合部及乡镇片区不受人口数量的限制	二级医院42～84所	用地面积新增193.2～386.4 hm²	
		根据人口设置按5万～10万人，可设置1所一级综合医院（含乡镇卫生院、社区卫生服务中心）	需要设置一级医院84～168所	用地面积新增25.2～50.4 hm²	
	中医医院	《中医医院建设标准》（2008）要求每千人口中医床位数宜按0.22～0.27张床测算。结合《长沙市区域医疗机构设置规划（2014—2020年）》要求对中医医院床位予以按比提升	中医医院10所，达到每千人口床位数0.75张	规划预测占地面积22.75 hm²	比规范需求大有盈余，满足长沙实际就医需求和行业发展要求
	专科医院	根据全市医疗资源的现状及专科医院的分布情况，根据医院床位比进行平衡	规划专科医院77所，床位数11000张，占地100余公顷	在城区内新规划设置14所二级及以上专科医院	考虑流动人口和外来人口就医，外围新建二级专科传染医院或者综合医院（传染科）
医疗/卫生设施	卫生服务中心/站	原则上1个街道设立1所由政府举办的社区卫生服务中心，服务人口3万～5万人；对距离社区卫生服务中心较远的居民小区，适当设置社区卫生服务站			建立15分钟社区卫生服务圈和社区卫生服务体系。兼顾居民健康信息收集与录入

续表

设施类型		配置标准	预测数量	用地（新增）	考虑因子
卫生设施	妇幼保健院	县以上（含县）妇幼保健机构的人员编制总额，一般按人口的1/10000配备，人均用地面积取55～65 m²		理论上需要编制人员840人，需用地5～6 hm²	
	疾病预防控制机构	疾病预防控制机构原则上省、市、区级各有1个		新增独立落实的用地为5.27 hm²	构建网络实验室，面对疫情突发的信息掌控
	医疗急救机构	按照《急救中心建设标准》（2008）：每个地市必须设1个急救中心或独立建制的急救分中心、急救站，且独立设置。一般宜按18～50 km²设1个分中心或急救站，其服务半径为3～5 km，人口密集的地区，服务半径可适当减小	需要26个急救中心或者急救站		中心城区急救半径应控制在4 km以内，郊区急救半径应控制在8～10 km
	采供血机构	保留现状16处献血屋（点），总占地1016 m²，多位于商业广场、超市、火车站等人流较多的地方。血液机构拟规划新增1处占地约6667 m²，建筑面积10000 m²的血液分中心，按照上一版专项规划落实用地，规划在范围内新增1处血液中心，占地13.64 hm²	拟规划新增28处采血点（屋），占地60～80米²/处。		
其他	临时医点	部分民营医院、酒店、党校、高校、外围体育场馆、文化馆等			多为应急医疗设施
	医疗物质储备	可结合人防物资库进行储备			新建人防医院，周围布置人防医疗物资储备库
	医疗信息系统	与科研机构联合，进行信息化管理中心、远程诊疗中心建设			
	公私医院比例	根据《城市公共服务设施规划标准》（征求意见稿），医院人均规划建设用地面积指标一栏公私医院配比1：0.455进行规划控制		公立医院占地547 hm²，社会办医院占地248.9 hm²	

3.4　防控：应对重大疫情能力强化提升

从区域、城市、社区三个层面分期、分级、划重点地进行防控。

（1）区域设施联动布局。将区域交通体系与医疗设施布局相结合，区域联动布局重大医疗设施及重要保障空间，建构起以大中城市为核心，综合土地使用、城市交通等方面，形成"多节点布控"的可防疫体系。

（2）城市设施重点强化。在区域卫生规划中，需要统筹考虑既有传染病威胁和新发传染病风险，合理配置卫生资源，强化传染病专科医院建设。考虑专科医院（传染病医院）的特殊性，在城市重要交通门户布局适量专科医院（传染病医院），在疫情发生时，将外来人口控制在城市边缘，减少城市中心区人口感染的风险。

（3）社区设施功能拓展。由于社区层面医疗设施功能单一，而大中型医院人员集中，容易形成交叉感染，扩大疫情感染面，加重大中医院负担，应拓展社区医疗设施功能，将社区医疗设施作为应对突发事件的储备，可迅速改造为大医院的特殊门诊，承接瞬时暴增的患者。以基层医疗机构救治轻症、包含县级医疗机构在内的综合医院和传染病专科医院救治中重症、部分大医院救治危重症为目标，完善相关法规，为各级机构进行相应的能力建设提供基础。

3.5　强化：启动编制公共卫生应急预案

（1）建立分区分院收治体系。结合等时生活圈划定不同分区，一个分区由综合医院、基层医院、临时医疗设施共同组成。其中，综合医院收治重症患者，基层医院收治普通患者，临时医疗设施收治轻症患者。分区内建立一对多传导式互助治理体系，一所综合医院对口多所基层医院，综合医院为基层医院提供技术支持，基层医院为综合医院分担普通患者流量。

（2）完善临时医疗设施布局。传染病的特征决定的就地隔离、就地观察、就地医治是传染病防控与治疗的有效手段，疫情一旦爆发，疫情所在地医疗设施不足以负担激增患者，患者就会外出就医，进而影响疫情控制效率。为解决这一问题，在规划编制层面应完善临时医疗设施布局。

一是将人与空间融合，双重识别易感人群和易致病空间（表7），针对特殊人群和特殊空间的分布格局与分布密度，结合城市周边开敞空间、用地余量、设施建设等，形成有效阻断的防控布点，根据防控布点布局临时医疗设施。

表7　易致病空间分类及其规划应对表

分类	典型空间	规划应对
易产生致病病原空间	携带病毒的动物所在的养殖场、菜市场（主要是野味市场），动物尸体或医院垃圾所在的垃圾场等	在城市边缘选址；远离居住区、学校等易传播疾病空间布局
易传播疾病空间	医院、学校	预留布局临时医疗设施的空间，实现平战快速转换、就近治疗；根据这类空间可容纳人数，布局相适应数量和设备的临时医疗设施

二是结合现状设施，复合利用空间，将体育馆、学校宿舍、宾馆、城市留白用地等现状空间改造为临时医疗设施（表8）。

表8 部分临时医疗设施改造评价表

改造前建筑类型	改造后建筑类型	改造基础条件	改造限制条件
会展中心	临时医疗中心	便于空间划分，可改造为多功能医疗中心	室内空间需改造和隔断
	应急储备仓库	空间开阔，可容纳物资空间大	
体育场馆	临时医疗中心	便于空间划分，可改造为多功能医疗中心	空间缺少分隔，有可能引起交叉感染；无顶场馆还需要盖顶
	应急储备仓库	空间开阔，可容纳物资空间大	缺少储备设施
学校	隔离点	空间有分隔，房间数量充足	室内空间需改造
宾馆	隔离点	空间有分隔	房间数量有限

（3）加强应急建设预案储备。一是论证不同人口规模下，临时医疗设施的数量、选址与布局；二是提前编制不同类型的现状设施应急改造方案；三是可以结合人防地下医院，综合考虑特殊情况下中重症患者的集中救治；四是疾病预防控制中心（简称"疾控中心"）、卫生院应充分发挥基层"哨点"作用。应加大疾病预防控制与临床相结合的业务培训，建设一支专业化的技术队伍。同时，配置必要的检测、检验设备，改造升级实验室，提高检测检验能力（表9）。

表9 应急医疗设施特征一览表

设施特征	具体要求
建造速度快	由于疫情传播速度快、范围广，确诊的患者日渐增加，而病房床位等应急医疗资源有限。在这种情况下，应急医疗设施必须加快建设速度，以满足紧急防疫的要求
防疫要求高	在患者确诊以后，需要及时送至医院进行集中和隔离治疗，为了防止病毒在医院内部感染以及与外部环境之间传播，应急医疗设施具有严格防疫的要求
灾后改造利用便捷	为了对灾后应急医疗设施进行高效利用，在其设计、建造和部品制备等环节中均考虑了拆除后部件和材料资源化利用的可能性，甚至考虑到建筑整体的可拆除、可更换、可循环性，用以实现在灾后将其改造为永久医疗设施；或拆除后经过消毒封存，在未来发生紧急情况时快速投入使用，真正达到应急设施高效利用的要求，从而减少资源浪费，促进可持续发展

（4）平疫结合、平战结合，与人防物资库共建共享。以人防划片为基础单元，建立完善公共卫生应急物资储备体系。通过建立科学合理的公共卫生应急战略物资储备制度，与人民防空工程地下物资库规划一起，编制全市应急物资保障总体规划，建立和完善物资保障应急预案。

3.6　创建：积极推进医疗卫生信息系统

通过建立层次分明的医疗卫生设施信息系统，信息传导机制和有效反应系统，在突发疫情之时，打好时间战。一是区域性医疗信息系统构建，实现医疗信息区域范围内实时共享；二是基层抗疫网络构建，通过疫情地图等方式，实现疫情信息公开透明；三是远程医疗服务体系构建，发挥远程医疗服务在疫情防控和筛查、重症患者会诊等方面的积极作用（表10）。

表10　各层级医疗卫生设施信息系统建设一览表

设施名称	具体要求	涉及规划设施
区域性医疗信息系统	按照《健康档案基本架构与数据标准（试行）》《医院信息系统基本功能规范》等标准的建设要求，以区域居民电子健康档案为中心，构建区域内互通共享的卫生信息数据平台，通过互联网向社会公众提供健康咨询、专家预约、个人会员健康档案查询等业务	大型疾控中心、大型区域综合医院、卫生服务中心等
基层抗疫网络	组织网络社会组织和互联网企业发挥优势。疫情期间，通过微信、快手等平台发布疫情信息；百度、腾讯、今日头条、抖音、新浪微博等会员单位陆续上线"抗击肺炎"专栏，向用户提供疫情最新动态、权威解读；新浪微博联动多家央媒、政务账号，每日发布谣言清单，并主动上报线索；在中国网络社会组织联合会及时协调指导下，通过主动捐款捐物、开展应急志愿服务等多种形式积极履行社会责任	卫生服务中心、卫生服务站、公益组织、互联网企业等
远程医疗服务体系	建立完善省、市、县、乡、村五级远程医疗服务体系，推动全省远程医疗服务持续健康发展，逐步形成全省完整、统一的远程医疗分级服务体系，实现优质医疗资源跨区域、跨机构享用。以5G通信技术为关乎人类生存和健康的医疗领域带来颠覆性的影响和变革。5G网络高速率、大带宽、低时延的特性，可有效保障远程手术的稳定性、可靠性和安全性，使专家可随时随地掌控手术进程和患者情况	远程医疗中心、大型区域综合医院、医疗科研实验室

4　结语

大规模疫情突发的背景之下，绝不是单个城市孤军作战可以解决的，区域性城市群整体防疫显得尤为重要。政府部门一要加大区域联合防控的设施用地配置与能力提升；二要强化政府对基本医疗服务的职责与投入；三要合理控制公立医院和民营医院的比例，保障基础民生，兼顾有序公平的医疗服务格局；四要健全社区卫生服务组织、综合医院和专科医院、中医医院合理分工的二级服务构架，提升医疗卫生设施应急与协作分诊能力；五要将医疗应急预案与城市防灾减灾、人防平战结合等融合起来统筹考虑，节约城市应急资源与设施配置；六要根据国土空间规划留白用地考虑应急医疗设施用地预留，以及明确城市其他大型公共空间作为应急医疗设施的弹性控制方案。以上内容均应该在城市医疗专项规划中得到明确落实。

［参考文献］

[1]　刘斐旸，彭然，黄佳伟，等. 城市应对突发公共卫生事件的规划策略：以武汉市为例［J］. 规划师，2020（5）：72-77.

[2]　黄经南，陈敏，李玉岭，等. 基于最优路径分析和两步移动搜索法的武汉市医疗卫生设施服务水

平评价与优化 [J]. 现代城市研究，2019 (8)：25-34.

[3] 马淇蔚，李咏华，邓婕. 城市医疗卫生服务设施的空间布局与功能评价：以香港特别行政区为例 [J]. 规划师，2016 (5)：104-110.

[4] 田莉，李经纬，欧阳伟，等. 城乡规划与公共健康的关系及跨学科研究框架构想 [J]. 城市规划学刊，2016 (2)：111-116.

[5] 金忠民，陆圆圆，申立. 超大城市卫生设施专项规划研究：上海的探索 [J]. 上海城市规划，2020 (2)：20-26.

[作者简介]

孙思敏，硕士，国家注册规划师、高级工程师，长沙市规划设计院有限责任公司信息研究中心主任。

阳国万，高级工程师，长沙市规划设计院有限责任公司副总经理。

廖浩凯，长沙市规划设计院有限责任公司信息研究员。

王睿瞳，助理工程师，任职于长沙市规划设计院有限责任公司。

熊　鹰，教授，博士生导师，长沙理工大学建筑学院党支部书记。

门户枢纽片区规划探索及倾斜摄影技术实践

——以孝感东站片区项目为例

□陈　剑，李　俊，包慧敏

摘要：生态文明和国土空间规划是当前时代热点，数字中国是未来发展方向。本文以孝感东站片区实践项目作为个案研究，探索空间规划语境下，城市门户枢纽片区的规划创新举措。规划提出打造 24 小时活力核心圈，激发片区活力；营造 TOD（以公共交通为导向的开发）公园，促进"人、城、境、业"的和谐统一；基于土地高质量发展视角优化开发强度；融入城市设计手段，塑造门户地标。同时，规划在倾斜摄影等新技术利用方面做出尝试，创新规划工作方法。

关键词：倾斜摄影；用途管制；智慧设计；治理管控；门户枢纽

1　研究背景

1.1　生态文明与空间规划

2013 年，党的十八届三中全会研究了全面深化改革的若干重大问题，提出加快生态文明制度建设；2015 年，《生态文明体制改革总体方案》出台；2018 年，我国开启新一轮大部制改革，组建自然资源部；2019 年，《中共中央　国务院关于建立国土空间规划体系并监督实施的若干意见》的发布，标志着国土空间规划体系顶层设计和"四梁八柱"基本形成，生态文明与国土空间规划成为时代热点。

1.2　数字中国转型

国家推动数字化转型变革，建设数字中国。"十四五"规划纲要提出，充分发挥海量数据和丰富应用场景优势，促进数字技术与实体经济深度融合，加快推动数字产业化，培育壮大人工智能、大数据、区块链、云计算等新兴数字产业，打造数字经济新优势。

《自然资源部办公厅关于开展国土空间规划"一张图"建设和现状评估工作的通知》（自然资源办发〔2019〕38 号）文件及发布的省、市级国土空间规划编制指南均提出，要充分利用大数据等技术手段分析研判，强调创新规划工作方法，强化城市设计、大数据、人工智能等技术手段对规划方案的辅助支撑作用，提升规划编制和管理水平。

2 孝感东站片区案例意义

孝感东站位于孝感城东新区中心，是汉孝城际铁路孝感境内的起点站，2016 年 12 月正式通车。作为武汉城市圈城铁——汉孝城铁将汉口中心区域、黄陂、东西湖、孝感紧密连接在一起，同时对于武汉北部临空经济区具有重要意义。

孝感城东新区规划建设始于 2004 年，经过近 20 年的发展已日趋成熟，同时也展露出新的问题。2019 年，孝感市委、市政府开始谋划孝感东站周边区域的开发保护工作，《孝感东站片区控制性详细规划及城市设计》被提上日程，规划范围北至环川北路立交，南至汉孝大道，西至汉孝铁路，东至董永路，规划面积约 60 hm²。在生态文明背景和国土空间规划改革新要求下，孝感东站片区作为城东新区的核心，成为孝感市规划建设的重要课题，同时也对其他城市门户枢纽片区或内部热点片区的发展具有参考意义。

3 孝感东站片区项目认识

3.1 城市未来战略门户

国家《中长期铁路网规划》勾画了新时期"八纵八横"高速铁路网的宏大蓝图，未来孝感东站、孝感北站、孝感汉川站将促使孝感全面进入高铁新时代。在"武汉城市圈"和"汉孝一体化"战略部署下，孝感东站势必成为孝感对接武汉的桥头堡，并协同天河机场临空经济区，共谋发展。因此，孝感东站片区将成为孝感重要的战略门户。

3.2 区域价值高地

目前，孝感东站周边区域交通条件日趋成熟，孝汉大道、董永路等多条主干道纵横联系。孝感最具景观价值的大型城市生态公园——槐荫公园，紧邻片区，生态景观优良。腹地有孝感市政府、银泰城及多个成熟居住楼盘，配套设施完善、人气聚集，孝感东站片区显然已成为未来区域价值高地。

3.3 开发利用品质不高，缺乏活力

孝感东站除站前广场外，缺乏其他公共配套设施。站前广场地下有少量商业设施，但由于缺乏联动，基本处于闲置状态。土地价值有待挖掘，城市门户形象亟待提升。

3.4 换乘不便，交通流线混杂迂回

出租车、社会车辆等均在统一入口进入地下停车场，且停车设施不足，缺乏临时停靠点。公共交通与各类交通绕站前广场顺时针混行，且交通流线与临街主干道董永路过境交通流互相干扰。随着未来客流量地不断增长，交通流线势必无法满足发展需要。

4 规划构思

基于以上分析，孝感东站片区项目的工作重点主要为如何打造孝感未来新地标，树立门户新形象；如何激发片区活力，集聚创新功能；如何有效组织交通和集散人群，一体化无缝换乘；如何平衡经济效益和环境品质，最大化开发价值。

5　规划举措与创新探索

5.1　由圈层理论到24小时活力核心圈

　　Schutz、Pol等国际学者通过对国外大量实践经验的总结和理论分析认为，高铁站场地区空间结构呈现明显的圈层拓展特征，以车站为中心，基本可以分为三个圈层（图1、表1）。

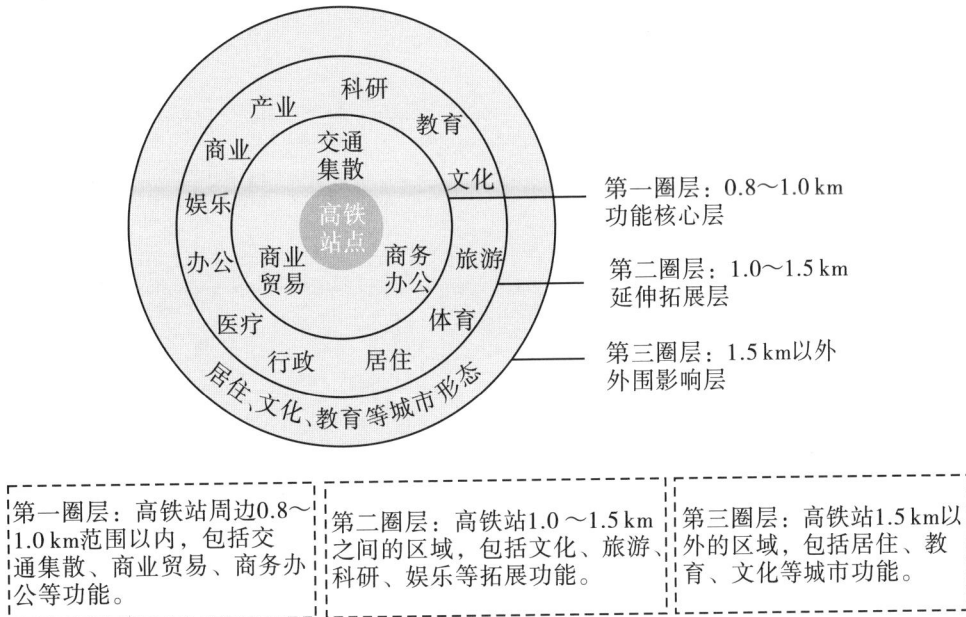

　　第一圈层：0.8～1.0 km
功能核心层

　　第二圈层：1.0～1.5 km
延伸拓展层

　　第三圈层：1.5 km以外
外围影响层

| 第一圈层：高铁站周边0.8～1.0 km范围以内，包括交通集散、商业贸易、商务办公等功能。 | 第二圈层：高铁站1.0～1.5 km之间的区域，包括文化、旅游、科研、娱乐等拓展功能。 | 第三圈层：高铁站1.5 km以外的区域，包括居住、教育、文化等城市功能。 |

图1　高铁站区圈层理论示意图

表1　高铁站区圈层特征比较表

项目	第一圈层	第二圈层	第三圈层
进入高铁的可达性	最高，直接联系，5～10 min（步行）	较高，间接联系，10～15 min（乘车），通过多种交通方式	整个市域，甚至周边相邻城市部分地区
平均规模	1～1.5 km²	3～5 km²	开放的城市区域
建筑密度与高度	非常高	相对较高	较高依赖于特殊功能
发展动力	高	较高	适度
主要影响方面	道路、用地布局、功能、地价、商业地产	功能、人口、投资、房地产、地价	无直接关联
边界界定	邻接地块，边界清晰	周边街坊，边界弱化	不直接体现在用地功能上，边界开放
高度关联的功能	餐饮、宾馆、商务、办公、信息、旅游	商务、办公、信息、居住、文化、教育、工业	无直接联系

　　本次规划片区位于第一圈层，是集交通集散、商业贸易、商务办公等最具开发价值的枢纽核心。因此，规划提出汇聚多元文化和创新功能，营造"24小时活力核心圈"的理念，将孝感东站片区定位为集交通集散、特色商业、文娱休闲、生态宜居于一体的现代化活力枢纽。

　　规划形成交通枢纽功能、商务办公功能、活力休闲功能、生态宜居功能四大功能板块（图2），以交通枢纽功能为核心，进一步细分布置了站前广场区、配套商业区、交通枢纽区、高层住宅区、中低层住宅区等11个功能分区。通过功能复合、用地混合等结构优化手段，由规模驱动转向结构驱动，体现生态文明新时代空间供给侧结构性改革要求，力图塑造成孝感城东新区的24小时活力核心圈（图2）。

图2　规划功能区示意图

5.2　基于公园城市理念的 TOD 公园营造

　　TOD概念最早由彼得·卡尔索尔普（Peter Calthorpe）在1992年提出，并在美国的一些城市得到推广应用。TOD倡导集工作、商业、文化、教育、居住等为一身，推动轨道交通换乘站点周边土地综合利用。

　　习近平总书记赴四川视察，在天府新区调研时首次提出"公园城市"全新理念和城市发展新范式。公园城市是将公园形态与城市空间的有机融合，生产生活生态空间相宜、自然经济社会人文相融合的复合系统，是"人、城、境、业"高度和谐统一的现代化城市。

　　规划立足当前生态文明背景，基于片区周边孝感槐荫公园优质生态资源，提出 TOD 公园理念，塑造"高铁＋城市综合体＋城市＋公园"的城市中心区，以绿色交通、绿色生活为切入点，倡导绿色生产方式和生活方式，以人民为中心，促进高质量发展和高品质生活。

5.2.1　立体耦合（"高铁＋城市综合体"）

　　规划根据交通设施之间的流量分析和相关性模拟，合理选址交通换乘枢纽、城市综合体等各类设施。充分利用地下空间，结合下沉广场、地下通道，加强与周边城市功能区的联系。

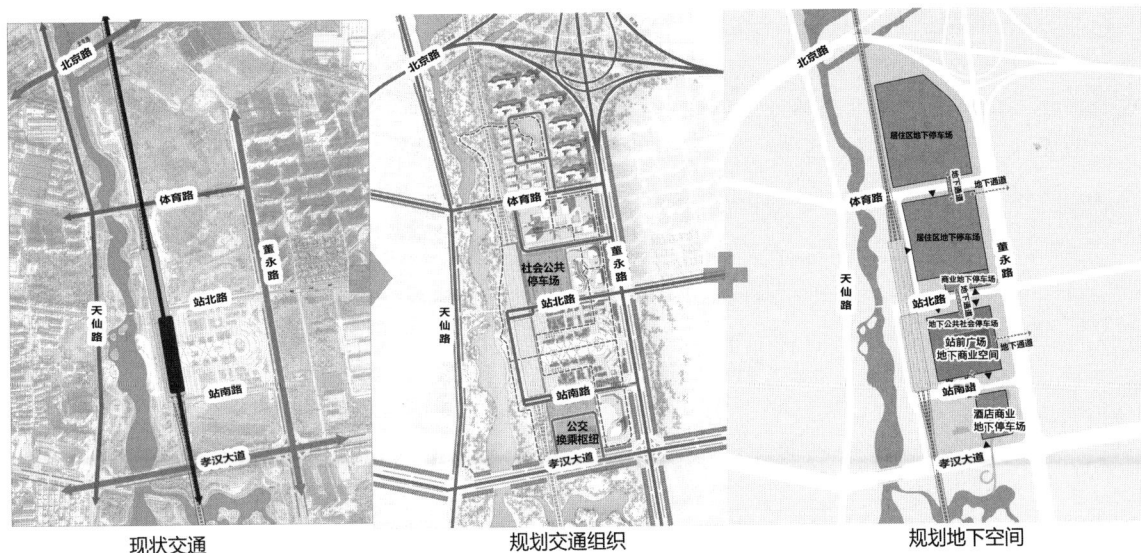

图3　交通立体耦合示意图

同时，倡导"小街区、密路网"的布局方式，通过增加内部组团联系道路和支路，设置步行空间，缝合城市交通和片区功能，加强站、城、园的耦合互动（图3）。

5.2.2　无缝衔接（"高铁＋城市"）

规划鼓励步行和公共交通优先，严格控制社会车辆配套设施比重。针对客运换乘、公交枢纽、出租车、社会车辆、人行、特种车辆交通流线分别梳理组织和衔接，增设各类交通设施和出入口，减少董永路交通压力。优化现状顺时针交通流线，改为逆时针为主的快进快出式流线组织，并设置临时停靠点，尽可能减少路口流线交叉以及人车混行矛盾（图4）。

凸显多元交通无缝换乘，以站前广场为核心，分析各换乘枢纽和节点人流特征，组织快速集散的立体化交通流线，突出多元交通换乘和立体化无缝衔接。

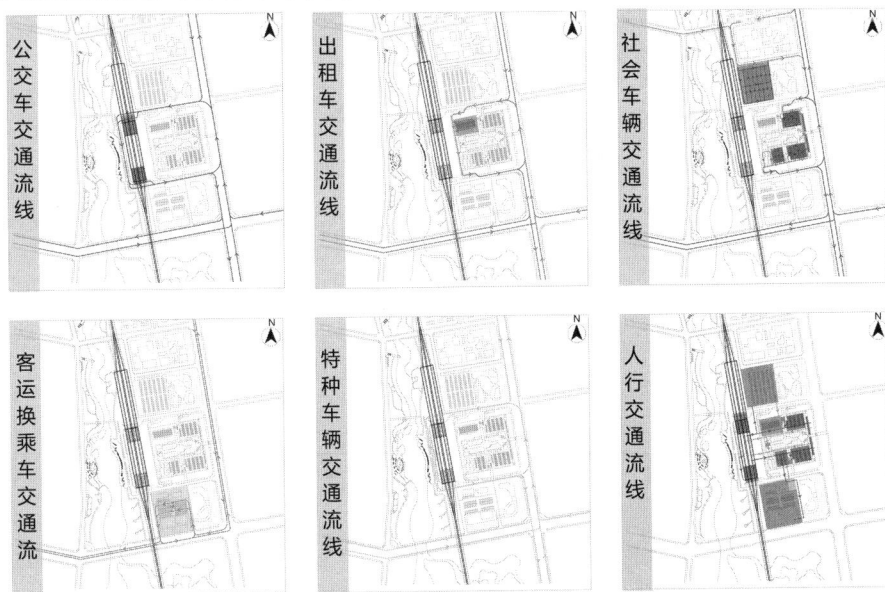

图4　各类交通流线组织示意图

5.2.3 绿色共享("城市综合体＋公园")

规划以槐荫公园为景观核心，站前广场为纽带，设置景观林荫道、中央慢行步道、空中步廊等，开发舒适的"绿色慢网"，连接多个景观节点、开敞空间、文化商业和创新服务公共空间等，形成绿色网络化空间组织模式（图5）。

图5　空间绿色共享示意图

通过将槐荫公园等生态资源引入片区，增加片区引流能力，将各类客群有效地向各组团和生活性后街疏解，加强片区产业入驻和人气集聚作用，实现生态、交通、商业、休闲等空间的相互渗透和共享，彰显片区特色和高质量、高品质发展。

5.3 尝试开创三维交互智慧设计新模式

传统规划设计大多基于CAD二维平面，并通过如Sketch Up等软件辅助实现三维规划方案的展示，尚谈不上真正意义的三维空间规划设计。本次规划试图融合倾斜摄影技术、3S技术等，打通技术壁垒，尝试开创三维规划设计新模式，实现全过程交互式规划设计。

5.3.1 基础调研阶段

利用倾斜摄影技术，增强现实体验式调研。通过无人机采集基地顶视、旁视等500余张影像，利用Drone2Map软件进行TIN空间三角网格计算和纹理映射，生成三维实景模型，建立逼真立体的虚拟城市环境，分辨率达0.058 m。

该技术的利用，一方面可作为现状调研的基础图件，减少现状调查的盲目性；另一方面可基于实景模型，进行高度、长度、面积、高程、坡度等的动态测量，为规划设计提供专题信息统计、调查数据（图6、图7）。

图 6　三维实景模型示意图

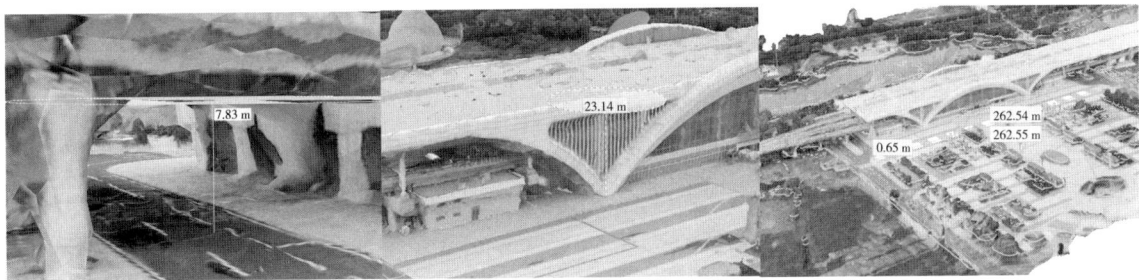

图 7　三维实景动态测量示意图

5.3.2　规划设计阶段

基于 ArcGIS Pro 平台，实现在三维逼真实景中交互式规划设计。通过统一三维实景模型和方案模型底图底数，利用地表二维分析、动态视域分析（图 8）、土方填挖分析、水文分析等各种三维空间分析工具和动态可视化技术，深度感知基地场景，提高设计效率。

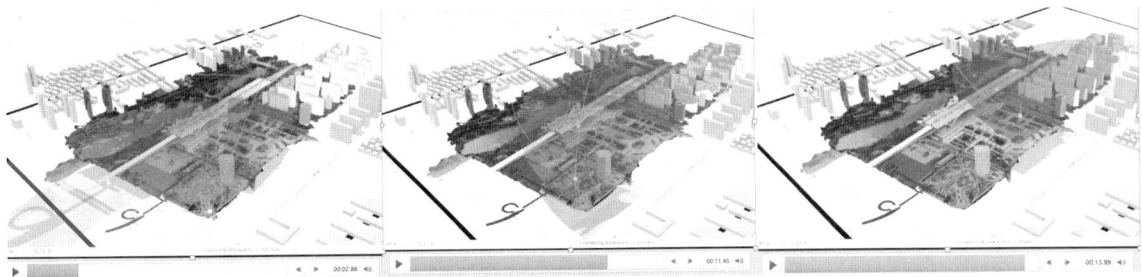

图 8　三维动态视域分析应用示意图

5.3.3　规划展示阶段

针对多方案输出三维动态视频展示，便于政府、业主、设计师等多方深入理解。分析设计方案与周边环境的协调性，从而对设计方案的合理性及方案潜在风险作出评估，保障规划设计成果科学可行（图 9）。

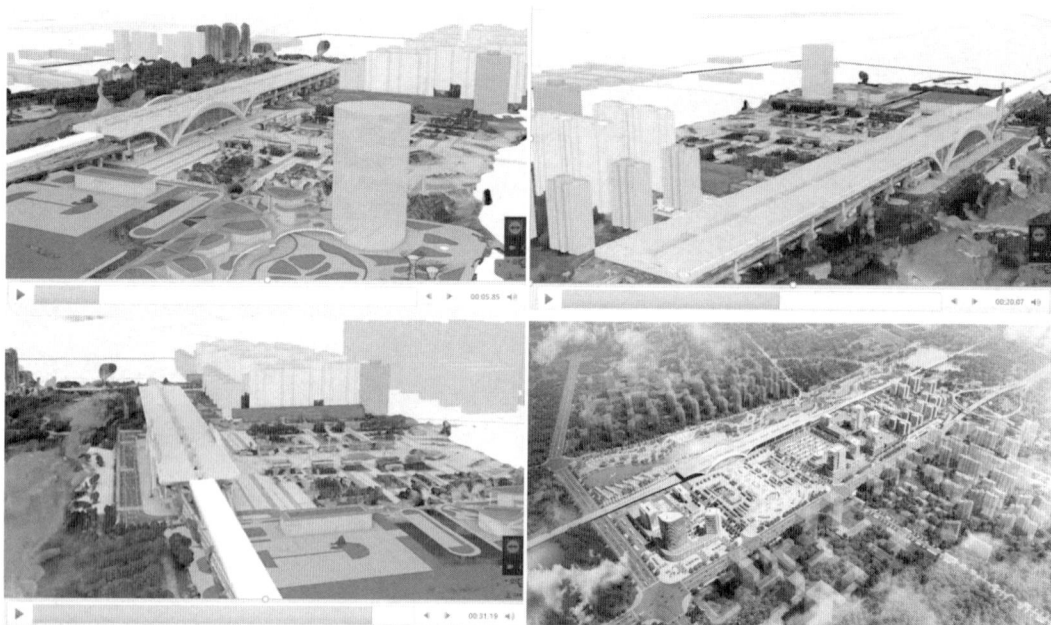

图 9　多方案动态分析与成果展示输出示意图

5.4　保护优先锚定底线，增质提效优化指标

首先，突出上位规划刚性内容传导，强化槐荫公园生态资源的保护与利用，结合规划"绿色慢网"，优先划定城市绿线。同时，保障片区交通及各类基础设施建设，统筹划定道路红线和城市黄线，并提出线位控制和点位控制等多种刚柔并济的管控方式。

其次，统筹平衡开发与保护的关系，向下传递指标。通过借鉴国内不同城市高铁站片区开发强度的经验，明确各类用地平均容积率。在此基础上，初步估算片区土地开发投入和可出让土地开发价值，在保障高质量、高品质前提下，促进土地效益最大化（图 10），并结合公示征求公众意见，反向优化片区强度分区和高度分区，综合明确指标体系，并分解各类用地开发强度指标，优化各地块控制指标。

通过聚焦孝感市地方政府、片区开发业主和市民等关注要素配置，保护优先，底线管控、协调权益，上传下导，实现片区开发保护增质提效。

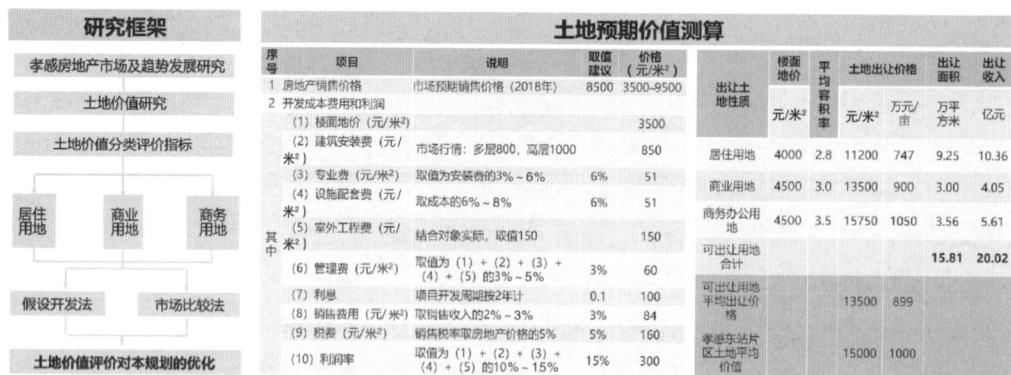

图 10　基于生态保护和土地效益最大化的开发强度研究示意图

5.5 门户地标、治理引导

规划划分编制单元—管理单元—街坊地块三级管控体系，立足打造"孝感门户之星，城东活力核心"的愿景目标，针对廊道、标志、界面、风貌等方面提出城市设计引导措施（图11）。

结合前文规划思想，将城市设计手段融入控制性详细规划管控图则中，形成"一图双则"（用地开发控制图则、城市设计控制指引图则）的管控方式，实现对空间的有效治理与引导（图12）。

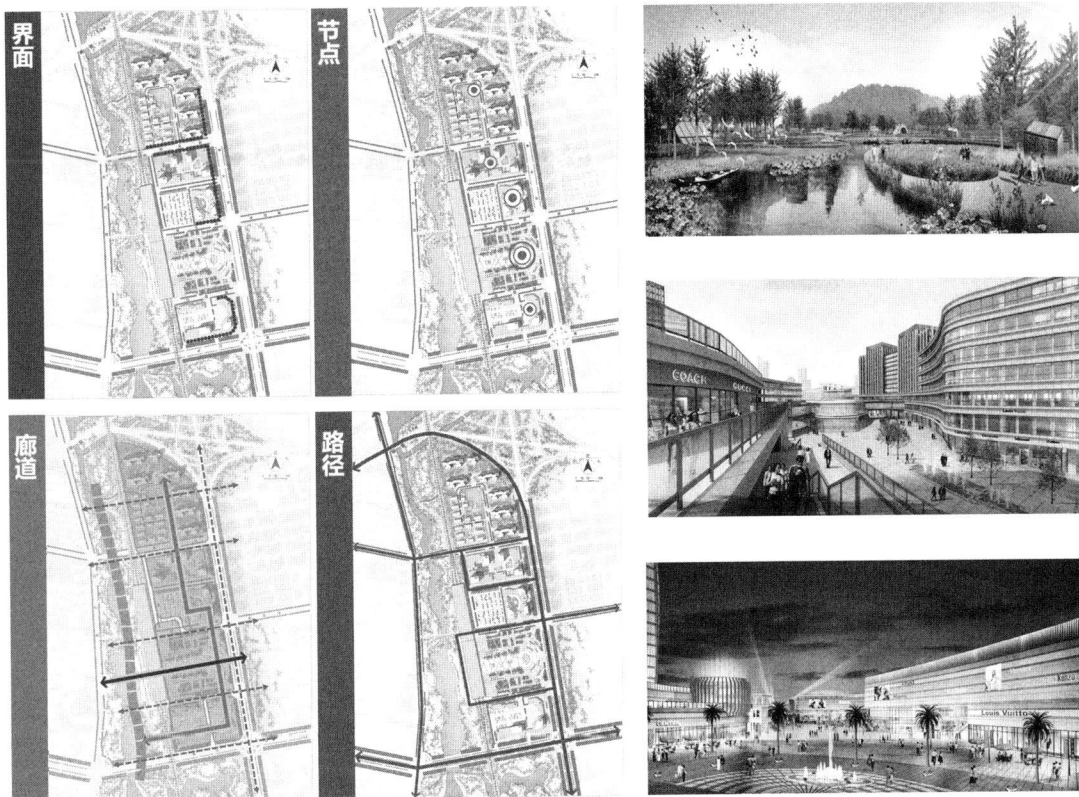

图 11 城市设计引导示意图

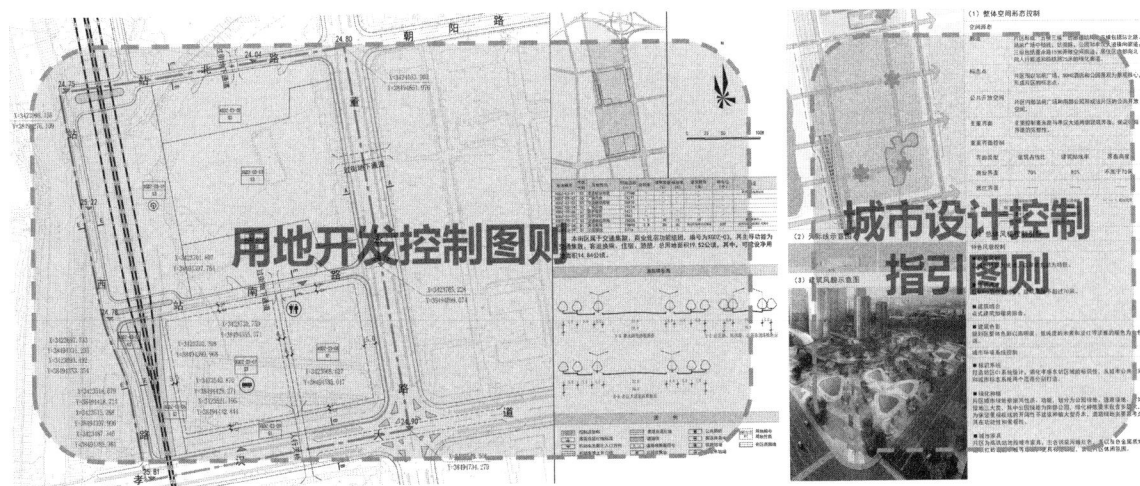

图 12 融入城市设计管控图则示意图

6 结语

2019 年末规划进行公示并获批，2020 年武西高铁孝感综合交通枢纽站获孝感市发展和改革委员会正式批复。同时，湖北省铁路建设投资集团有限责任公司与中国铁路工程集团有限公司签订铁路沿线综合开发项目，计划总投资 80 亿元，按照规划统筹开发利用孝感东站片区，孝感东站项目实践取得较好的综合开发保护效果。

未来国土空间规划应更多关注自然资源和生态产品，在多重利益博弈下的存量规划中，规划师作为独立的第三方人员，应当坚持生态优先，充分发挥专业才智和技术引领作用，探索实现多方平衡的方法和方式，促进国土空间提质增效，实现高质量、高品质发展。

未来城市需要中枢神经系统，城市会变得越来越智慧、越来越聪明，规划应积极创新工作方法，探索新技术利用，用人工智能迎接智能规划和城市未来。

[参考文献]

[1] 国务院新闻办公室. 建立国土空间规划体系并监督实施《若干意见》发布会 [EB/OL]. 国新网，(2019-05-27) [2021-08-09]. http：//www.scio.gov.cn/xwfbh/xwfbh/wqfbh/39595/40528/index.htm.

[2] 郑德高，杜宝东. 寻求节点交通价值与城市功能价值的平衡：探讨国内外高铁车站与机场等交通枢纽地区发展的理论与实践 [J]. 国际城市规划，2007 (1)：72-76.

[3] 李珊，史懿亭，符文颖. TOD 概念的发展及其中国化 [J]. 国际城市规划，2015 (3)：72-77.

[4] 吴志强. 公园城市：中国未来城市发展的必然选择 [N]. 四川日报，2020-09-28 (10).

[5] 贺捷. TOD 理念下步行化城市公共空间塑造：以厦门市马銮湾南岸片区城市设计为例 [J]. 城市规划学刊，2018 (S1)：89-93.

[6] 季松，段进. 高铁枢纽地区的规划设计应对策略：以南京南站为例 [J]. 规划师，2016 (3)：68-74.

[7] 鲁颖. TOD 4.0 导向下的深圳市轨道交通 4 号线"站城人一体化"规划策略 [J]. 规划师，2020 (21)：84-91.

[8] 吴志强. 人工智能推演未来城市规划 [J]. 经济导刊，2020 (1)：58-62.

[作者简介]

陈　剑，硕士，高级工程师，武汉永业赛博能规划勘测有限公司技术总监。

李　俊，规划师，任职于湖北省城市规划设计研究院有限公司。

包慧敏，硕士，规划师，任职于湖北省城市规划设计研究院有限公司。

第二篇
数据治理与数据赋能

工业遗产调查数据的信息化采集处理和分析应用研究

□宁德怀，周　昱，陈云波

摘要： 本文通过利用传统数据采集处理和信息化手段采集处理数据进行对比，体现了新测绘地理信息技术集成应用于工业遗产野外调查的优越性。使用昆明市工业遗产调查野外移动普查信息系统进行数据采集，经数据处理后，对工业遗产调查成果进行数据质量检查、入库，以实现工业遗产数据的一体化存储、管理、展示、分析和应用，达到工业遗产数据永久保护和利用的目的。

关键词： 工业遗产；数据采集；数据处理；成果入库；分析应用

工业遗产是工业文化的重要载体，记录了城市工业发展不同阶段的重要信息，见证了工业发展的历史进程。随着城市的飞速发展和产业结构的不断调整，部分工业建筑和设施渐渐被遗弃、荒废，很多工业遗产正在飞速消失。为对开展工业遗产保护利用工作奠定基础，有必要利用新的科学方法、技术手段，将采集的数据进一步实现信息化存储、处理、管理、分析和应用。

1　外业调查准备

使用工业遗产调查野外移动普查信息系统实施数据采集工作（图1），对数据进行实时记录和汇总，以及数据备份和导出，保证工业遗产外业调查的有效性和可靠性。调查方案确定后，需要将遥感影像图、地名库、1：500和1：2000地形图等基础数据分别进行切片制作形成*.tpk格式数据包文件，并将数据转换导入PAD，以实现辅助野外调查的信息化支撑（图2）。

图1　系统登录界面

图2　PAD导入遥感影像

2　外业数据采集和内业数据处理

野外采集的图形数据包括获取调查企业的企业点位、调查范围线、建筑轮廓线；属性数据包括企业（建筑）名称、始建年代、现有（原有）用途、工业类别、保存现状、价值评估、建筑面积等。数据采集有多种方式，包括手工记录、传统测量、GPS（全球定位系统）测量、遥感调绘等。传统的调查方式单一、效率很低，往往要耗费大量的人力、财力、物力。随着信息化的发展，GIS（地理信息系统）、GPS 和 RS 遥感的集成一体化应用已很成熟，完全可以利用新的测绘地理信息技术辅助开展工业遗产外业调查工作。

2.1　传统的数据采集和处理

传统的数据采集往往只能到达现场采集建筑属性、图片、文字等数据，图形数据要么通过测绘仪器采集，要么通过已有的地形图在内业勾勒调查范围线和建筑轮廓线，前者往往投入成本较高，后者可能由于地形图的现势不突出导致提取的图形和最新的影像底图不吻合，出现错位或偏差。获得的图形数据通常是 CAD 格式，属性数据和图形数据是分离的，需要大量的内业数据处理工作才能将 CAD 图形数据和表格属性数据合二为一，形成 GIS 数据入库，达到统计分析和应用决策的目的。

2.1.1　CAD 图形预处理

调查企业的图形成果是在地形图基础上编制的，地形底图在系统中已存在，不需要再次处理，只需要新建昆明 87 坐标 CAD 模板，并处理闭合、无建筑轮廓线等问题，将需要处理的点、线、面原坐标复制到模板图保存备用即可（图 3、图 4）。

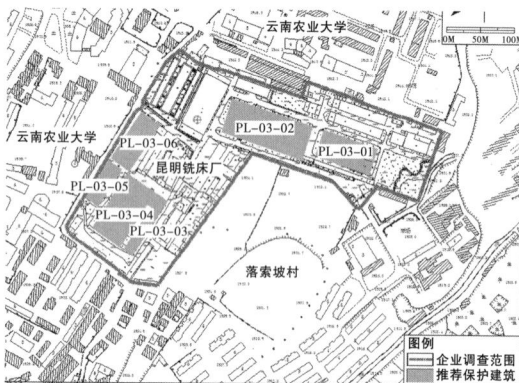

图 3　CAD 原始成果

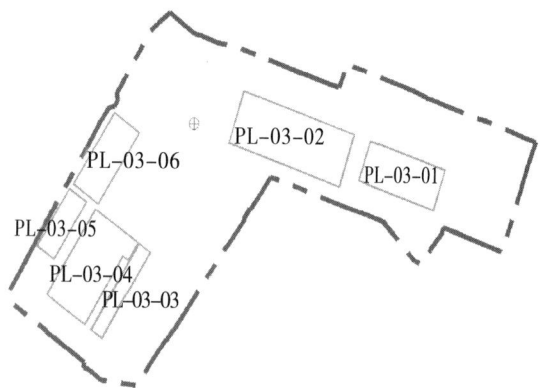

图 4　剔除地形图后的 CAD 图形

2.1.2　属性信息的规整

传统的属性数据源可能来自手工记录、Word 文档、Excel 表格等，需要将企业点位、企业轮廓线、建筑面所关联的属性信息分别按照标准提取出来，用于关联图形，实现图形和属性统一存储、管理、分析和应用。工业遗产调查的信息表共计 3 个，其中工业企业信息表包含企业编号、现名称、原名称、地址、始建年代、现有用途、原有用途、工业类别、保存现状、价值评估等调查信息；工业企业调查范围表包含企业编号、调查范围面积信息；建筑信息表包含建筑编号、建筑名称、建成年代、地址、县（区）级行政区划编码、现有用途、原有用途、工业类别、建筑质量、外立面用材、建筑结构、总建筑面积、主体建筑层数、保存现状、建筑特点等信息。表1和表2为部分字段信息。

表1　工业企业信息表（部分信息）

BH	QYMC	DZ	ND	XYT	YYT
GD-08	昆明焦化制气厂	大板桥镇沙沟村	1983	智慧物流＋	煤气供应
PL-03	昆明铣床厂	落索坡314号	1971	文化创意产业园区	工业生产
WH-12	昆明团山钢铁厂	黑林铺前街59号	1958	昆钢集团办公楼	钢铁生产
XS-07	普坪电厂	春雨路（碧鸡医院北）	1956	木材玻璃加工	火力发电

表2　建筑信息表（部分信息）

JZBH	JZMC	ND	YYT	ZL	WLMYC	JZJG
PL-03-01	小件加工车间	1970	工业生产	好	红砖	装配式钢混
PL-03-02	大件加工车间	1970	工业生产	好	红砖/水泥	砖混
PL-03-05	铸造车间	1960	工业生产	一般	红砖/水刷石	装配式钢混
WH-12-02	主办公楼	1958	办公	好	青砖/石材	砖混
GD-08-01	厂房	1983	煤气供应	差	钢材	钢混
XS-07-01	普坪电厂厂房	1956	火力发电	差	红砖	装配式钢混

2.1.3　CAD数据转换GIS数据

CAD图形数据虽不能关联对应的属性信息，但图层分类和要素表达都严格按照标准规范执行，其点、线、面、标注、填充图斑的线宽、填充色号等都按照标准先行的原则严格进行定义，因此CAD图形数据的规范性很强，在转GIS数据的过程中思路比较清晰，数据处理流程和技术路线亦相对简单。在正式处理数据前，要打开ArcMap关联上准备好的CAD文件夹，并打开POLYLINE图层导出一个SHP文件，为处理"工业企业范围"做准备；同时，打开POLYGON图层导出两个SHP文件，分别为处理"工业企业信息"和"建筑信息"做准备。

（1）图形数据关联属性数据。

图形和属性数据的关联通过企业编号或建筑编号进行图属互连，以处理建筑数据为例：第一步，打开编辑器，剔除多余要素，保留建筑轮廓线，保存编辑内容，停止编辑内容。第二步，关闭编辑器，打开属性表，新增字段"建筑编号"（文本类型50）；再打开编辑器，"开始编辑"输入建筑编号为"PL-03-01"；再次"保存编辑内容""停止编辑"，依据建筑编号"PL-03-01"连接图形和属性（选择"仅保留匹配记录"验证连接，注意要选择Excel表中的"建筑信息"表关联）。第三步，连接后要再次导出SHP格式文件"工业企业调查范围"，才能保存连接的属性。

（2）构建MDB文件。

首先，建立MDB文件，构建要素类，存放"工业企业信息""工业企业调查范围""建筑信息"三个要素层。由于保存现状、价值评估和建筑特点三个字段内容字数过多，ArcGIS无法连接或连接不全，故需要在各企业点的MDB文件下添加长度为5000的文本类型字段，用于存储相应的建筑保存现状、价值评估和建筑特点信息。然后，在要素数据集下分别将多个企业点的要素类进行合并，完成图属关联和相关数据处理，用于数据入库（图5）。

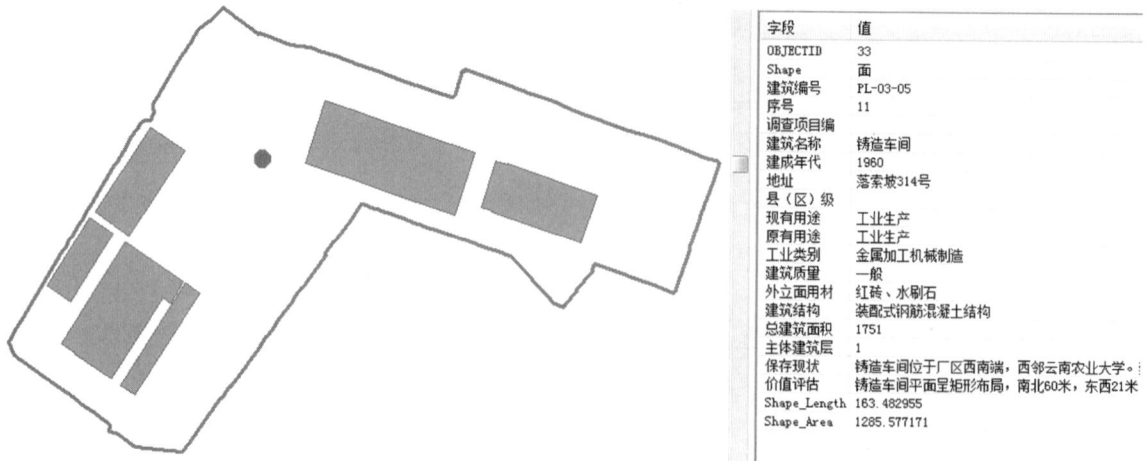

字段	值
OBJECTID	33
Shape	面
建筑编号	PL-03-05
序号	11
调查项目编	
建筑名称	铸造车间
建成年代	1960
地址	落索坡314号
县（区）级	
现有用途	工业生产
原有用途	工业生产
工业类别	金属加工机械制造
建筑质量	一般
外立面用材	红砖、水刷石
建筑结构	装配式钢筋混凝土结构
总建筑面积	1751
主体建筑层	1
保存现状	铸造车间位于厂区西南端，西邻云南农业大学。
价值评估	铸造车间平面呈矩形布局，南北80米，东西21米
Shape_Length	163.482955
Shape_Area	1285.577171

图5 PL-03-01建筑图形数据和属性数据关联界面

2.1.4 传统野外调查成果入库

数据处理后，矢量数据形成了符合入库规范要求的数据。但同时，在工业遗产野外调查过程中，我们采集了大量建筑的正面、背面、侧面照片数据，编制了对应的区位图、周边环境关系图、推荐保护建筑位置图、建筑（遗产）推荐保护分布图等图片数据；按照要求形成了图文并茂的工业企业调查表、建筑调查表、工业遗产建筑调查推荐保护名录等文档数据；当然，也可能生产部分其他格式的矢量数据。这些数据是工业遗产调查成果的重要组成部分，成果入库后需要和企业点位进行关联，方便资料的查询调用。因此，需要将所有过程资料和最终成果进行整理、处理和质量检查，满足入库要求。最终，利用专门开发的质量检查工具进行人机交互成果质量检测，并利用工业遗产野外调查成果专题入库工具进行入库，将宝贵的工业遗产资源信息形成一个模块，纳入昆明市历史文化名城保护地理信息系统中，通过集成，在智慧审批服务平台中实时加载、查询和调用数据，为自然资源规划信息化行政审批提供辅助决策支撑。

2.2 利用工业遗产调查野外移动普查信息系统进行数据采集入库

昆明市工业遗产调查野外移动普查信息系统是集3S技术、数据库技术于一体的野外普查App应用软件，它能以遥感影像和地形图作为底图，实现GPS自动定位，到野外调查现场实时采集工业遗产数据。获取的工业遗产建筑轮廓线及建筑信息可直接作为资源库进行查询、统计和分析使用，或者直接连接内网进行入库，避免大量的内业数据处理工作及数据处理过程中带来的误差。

2.2.1 野外调绘

数据采集主要是指采集工业遗产企业和建筑物的图形与属性信息，并进行记录，还要对重要信息进行标注。进入系统后，可利用GPS定位功能实时定位所处的地理空间位置，若GPS接收信号不佳，亦可进行手动定位；同时，可对RS影像图或地形图进行切换，用于辅助绘制满足精度要求的建筑轮廓线。调绘的工业遗产信息按规则分类分层存储，可方便显示和隐藏。工业企业和工业建筑是一对多的关系，一个企业大多包含多栋工业遗产建筑，因此首先需要采集工业企业点位数据，然后在此基础上采集建筑数据，保证数据关联的逻辑一致性和完整性。建筑轮廓线和工业企业调查范围线的采集过程和绘制CAD多段线类似，需要采集尽可能少的点又能保证轮廓线的形状和精度，避免因采集点过多造成数据冗余或因采集点过少致使图形失真。数据采集过程中，可灵活运用撤销、还原、掏空等功能，有效采集复杂结构的建筑轮廓线，如四合院形的建筑轮廓可利用掏空功能采集，数据导出后不影响拓扑分析（图6）。

图6　图形数据的采集界面

数据采集的内容除建筑名称、工业类别、建筑面积等基本信息外，还可采集照片、视频和音频（图7）。采集的照片可结合影像图和三维建筑模型进行工业遗产建筑实景虚拟，视频可无死角存储工业遗产建筑的室内外信息，音频可存储工业遗产建筑的价值评估和建筑特点信息。

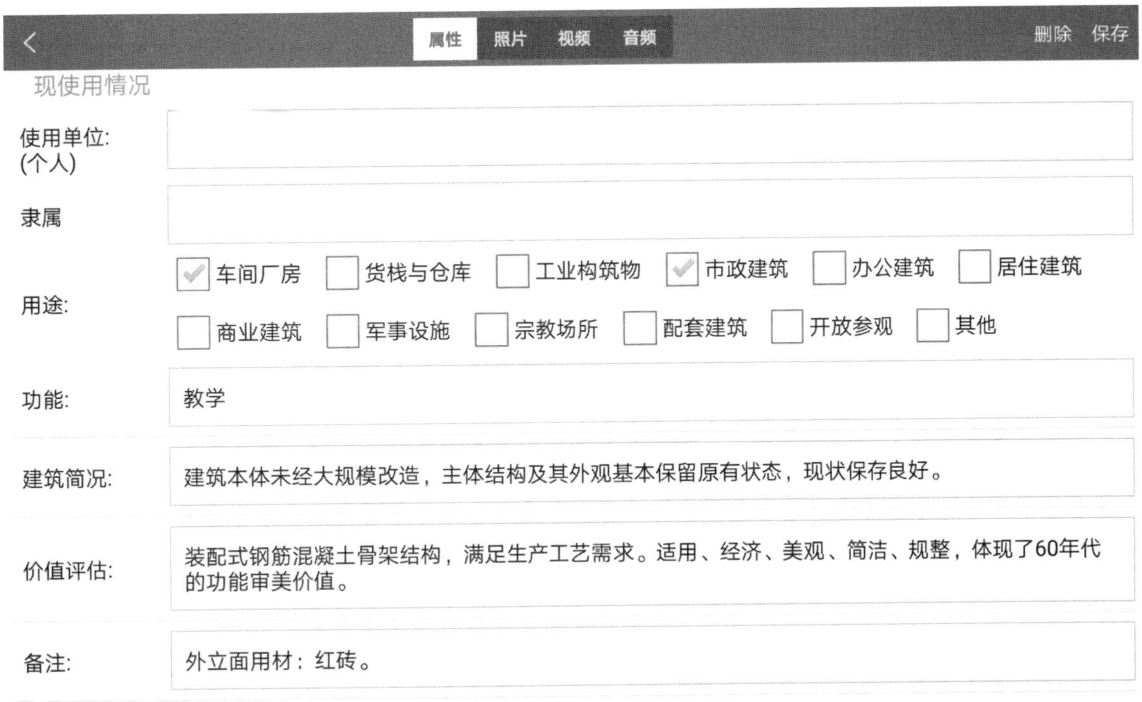

图7　属性数据的采集界面

2.2.2 数据导出导入

野外移动普查系统采用 SQLite 数据库，信息采集结束后，利用数据导出功能将数据导出到移动设备的指定目录下，生成 ＊.db 文件。然后将移动设备和电脑连接，将数据按照导入 SQLite 至 Oracle、导入 SQLite 至 MDB、导入 MDB 至 Oracle 三种方式导入。利用 ImportSQLiteData 的导入工具，按照 FeatureLayersInfo_GYYCDC_SQLite.xml 规则实现数据的转换导入。数据导入后，可对数据进行进一步的加工和处理，编制规范成果入库。

2.2.3 工业遗产成果入库

汇总整理、处理转换的标准成果需要通过部署软件入库，以实现成果展示、汇总统计和分析应用。成果入库前需要利用质量检查工具对坐标系统、数据完整性、正确性、规范性等进行数据质量检查，成果检查通过后由专门的入库人员进行入库。成果数据入库系统后，能形成一个显示研究遗产综合价值和遗产资源位置的专题地图。工业遗产数据及其相应成果被划分为规范的多个专题图层，对工业遗产数据进行分层分类设计，将工业遗产调查的空间数据和属性数据按照建库要求放入空间数据库内，可实现工业遗产调查数据及其相应编制成果的录入、组织、存储、管理、查询和可视化展示（图 8）。

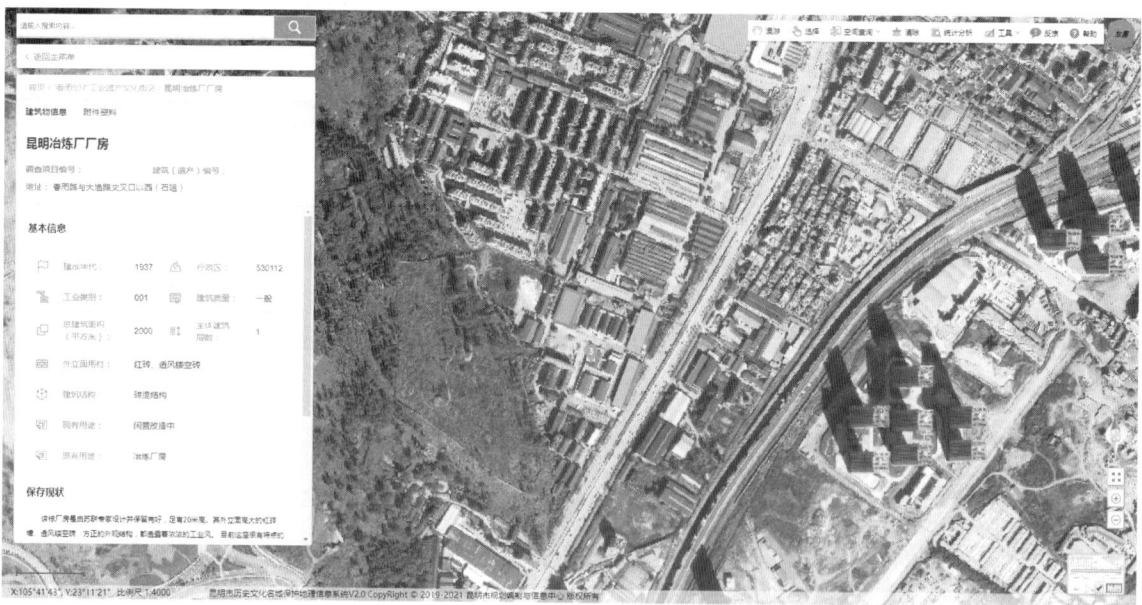

图 8　建筑信息查询界面

3　工业遗产成果数据的分析应用

成果入库后，可在系统的工业遗产模块查询和统计应用需求的数据。查询有位置查询、属性查询、图属互查三种方式。其中，属性查询主要根据企业（建筑）名称、企业（建筑）编号查询，系统会将查询结果自动定位显示，用户可获取自己想要的数据。统计可根据行政区、类别、面积、自定义区域等进行，输出统计分析报告。控制性详细规划数据和工业遗产数据一样，是智慧审批服务平台的子系统，我们可将控制性详细规划数据和工业遗产数据进行叠加分析（图 9），以研究工业遗产的分布状况和分布规律及其与其他用地的相互关系；将规划图中的工业用地与工业遗产数据进行相交分析，可得出未来规划前提下被拆除或被保留的工业遗产资源。

如图 10 所示，在推荐保护的 30 个企业点共计 76 栋工业建筑中，未来仅有 2 栋建筑被规划保留，其余现行的工业用地多数被规划为居住用地和商业商务用地。由此可见，工业遗产的保护力度极为不够，房地产开发和商业服务区的发展使工业遗产资源的保护面临困境，应该给予高度重视。

图 9　叠加分析界面

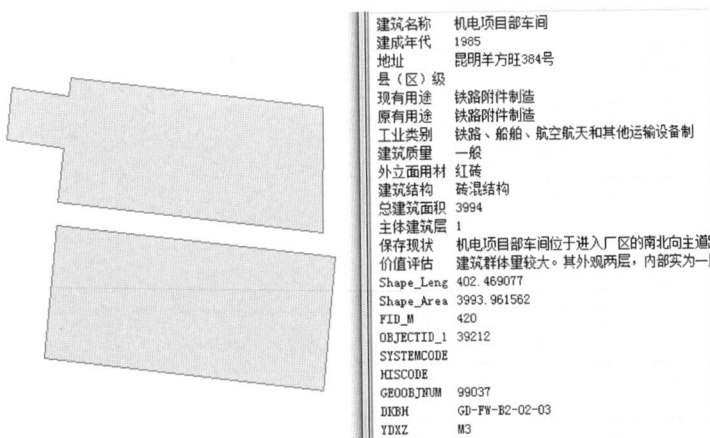

建筑名称	机电项目部车间
建成年代	1985
地址	昆明羊方旺384号
县（区）级	
现有用途	铁路附件制造
原有用途	铁路附件制造
工业类别	铁路、船舶、航空航天和其他运输设备制
建筑质量	一般
外立面用材	红砖
建筑结构	砖混结构
总建筑面积	3994
主体建筑层	1
保存现状	机电项目部车间位于进入厂区的南北向主通
价值评估	建筑群体量较大。其外观两层，内部实为一层
Shape_Leng	402.469077
Shape_Area	3993.961562
FID_M	420
OBJECTID_1	39212
SYSTEMCODE	
MISCODE	
GEOOBJNUM	99037
DKBH	GD-FW-B2-02-03
YDXZ	M3

图 10　相交分析界面

4 结语

传统的工业遗产数据采集和处理方式已无法满足当下工业遗产调查的基本需求，利用 3S 技术辅助工业遗产外业调查，可对工业遗产成果进行入库还原，不用到达实地即可分析和研究工业遗产的分布规律，并可对成果进行存储、管理、展示、统计、分析和应用。工业遗产的保护受到城市发展的严重威胁，可以利用现代空间信息技术手段，加强工业遗产的数字化保护和合理规划。

[参考文献]

[1] 闫睿婧. 基于 GIS 的城市工业遗产更新规划研究 [D]. 西安：西安工业大学，2019：2-4.

[2] 孙志敏，宋天奇，马令勇，等. 利用 GIS 平台阐释工业遗产：以大庆石油工业遗产为例 [J]. 城市建筑，2019 (27)：37-40.

[3] 田燕，黄焕. 地理信息系统技术在工业遗产管理领域的应用 [J]. 武汉理工大学学报，2008 (3)：114-117.

[4] 张家浩，徐苏斌，青木信夫. 我国工业遗产信息采集与管理体系建构总述 [J]. 城市建筑，2019 (19)：7-11.

[5] 姚敏瑛. 基于 GIS 技术的近现代福州工业历史格局演变研究 [D]. 福州：福州大学，2017：3-4.

[作者简介]

宁德怀，硕士，工程师，任职于昆明市规划编制与信息中心。

周　昱，硕士，高级工程师，任职于昆明市规划编制与信息中心。

陈云波，硕士，正高级工程师，任职于昆明市规划编制与信息中心。

Web 开放接口与数据的规划应用分析探索

□高　湛，韦　胜

摘要： 开放性大数据因为其具有较强的可获得性，在城市规划领域受到越来越多的关注。为较为系统地探索开放性大数据在城市规划中的应用，本文研究了开放性大数据的特征和应用思路，并以三个具体研究案例进行了实际应用探索，指出了开放性大数据可以更好地辅助规划师进行交互式设计、对规划技术应用有利于形成新的方法论、为规划复杂关联网络问题的分析提供了基础分析资料，并有利于复杂网络特征的提取、基于多源大数据分析对规划问题的科学判断能力的增强。尽管目前开放性大数据分析在城市规划中的应用还存在诸多问题，但是已经产生了积极的影响。未来，还需要进一步加强数据模型的构建，提升开放性大数据的可复制化应用性和科学性。

关键词： 开放性大数据；瓦片地图；多源大数据；流空间

1　引言

每时每刻，城市都在产生大量的数据，比如出租车、手机、公共自行车、共享单车等数据。这些数据被称为"大数据"，不仅因为它们的数据量人，还因为其生产过程中所记录的信息可以被挖掘而创造出更高的应用价值。对于城市规划而言，大数据为规划师、政府决策者及市民提供了新的观察和分析城市发展规律的视角和手段。然而，由于很多大数据的拥有者是政府或企业，因此大数据的广泛使用还存在较大壁垒。但是，越来越多的开放性大数据的出现为这一问题提供了新的解决思路和途径，如由企业开放出来的海量 POI（关注点）数据、高铁班次、景区热度、百度指数等数据。

近些年，开放性大数据在城市规划研究中得到了众多应用，但是较为系统性地对于开放性大数据在城市规划中的应用的探讨较少。为此，本文首先探讨开放性大数据的特征，为认识其应用价值提供基本判断依据；其次，总结开放性大数据的应用思路；最后，通过三个具体案例对开放性大数据在城市规划中的应用进行总结和讨论。

2　研究思路

2.1　开放性大数据的特征分析

开放性大数据的特征可以从获取途径、数据标准、数据精度及模型构建四个角度展开具体的分析。

（1）从获取途径来看，网络爬虫技术是开放性数据获取的一个主要渠道，这在一定程度上增加了规划师进行数据分析的难度。不过，随着规划大数据的发展，已经存在众多的开放性大数据获取软件。此外，一些政府和开源机构的开放性数据，如PM2.5值、OSM（开源地图）等数据，可以直接被下载。总而言之，目前对于规划师而言，较为完整的开放性大数据的获取还存在较大的技术屏障，但是越来越多的免费数据获取软件和数据直接下载渠道在改变着这一态势。相信数据源的问题在未来会越发地被弱化。

（2）从数据标准来看，开放性大数据往往具有一定的数据规范和标准，如百度POI、基于网络API（应用程序接口）搜索行车路径返回的结果、夜间灯光等。这为数据的广泛使用提供了优越的条件，并使得不同数据源之间的交互更加方便。近些年，随着地理位置在人们日常生活中的应用越发重要，开放性大数据标准中也表现出强烈的地理位置属性。因此，开放性大数据在城市规划中的应用（如城市活力评价、交通客流分析、总体规划评估等）变得更加容易。当然，开放性大数据还存在很多非结构化及弱地理化的数据，但对于城市规划的作用也可能是非常重要的，如舆情分析更有助于城市规划在以人为本等方面做出更加符合实际需求的方案。

（3）在数据精度方面，尽管大部分开放性大数据并非为城市规划而产生，但是由于其自身的业务需求和产生的环境特征，使得数据在精度上往往优于传统规划的数据。例如，OSM数据在一些道路网的绘制精度上比较高且坐标系与国土规划数据相近，因而可以和第二次土地调查、遥感影像等数据融合使用。此外，城市POI、房价等数据也具有很高的精度，为城市规划的现状评估提供了良好的素材。

（4）从模型构建方面来看，这方面需求的迫切性更强。这是因为开放性大数据正面临着可信度被质疑、解决实际问题的作用小、投入产出比较高等问题。如果不能在模型构建上提供更好的解决方案，那么开放性大数据对规划研究和实践所能带来的效益也是有限的。例如，开放性大数据处理所需的时间和人力成本较高，但有时所得结论对于实际规划问题的支撑却十分有限。开放性大数据从某种意义上而言，只能是一个较大量的样本，因此在结论上也会被人质疑。为此，现阶段必须从模型构建上进行更为广泛和卓有成效的研究，才能提升开放性大数据在城市规划领域的价值。

2.2 研究思路与方法探讨

开放性大数据在城市规划中的应用可以从多个视角去解析和探讨。例如，很多开放性大数据都具有地理位置信息，因此可以将这些数据和城市规划业务数据相叠加，以增强规划设计的系统性和科学性；借助企业所提供的大数据的丰富信息及其数据的较高标准化水平，可以为规划现状评估提供更加有力的定量分析结论支撑；通过网络流和多源开放性大数据有助于对较为复杂的城市规划问题的本质内容进行探索和可视化分析，进而提升解决实际问题的能力。

总体而言，对于开放性大数据的基本分析思路是先要基于数据特征去开展，其次是需要结合规划分析的各个环节展开，最后是利用模型以达到可复制和科学性应用。

本文重点从开放性大数据的特征和规划编制设计中应用研究的角度进行阐释，具体而言，从数据在规划设计中的基础性支撑、所能提供的新的技术方法论及网络化视角下开放性数据分析三个案例展开论述。

3 案例与讨论

3.1 案例1：基于GIS（地理信息系统）的交互式开发性数据获取平台

第一个案例展示了如何在 ArcGIS 平台上交互式地获取数据。基于地理设计的理念，多种数据的叠加分析是一种最为基本的分析功能。如果能在日常操作的软件上交互地获取到开放性大数据，则可为城市规划的具体设计业务提供非常便捷化的操作功能。通过插件的方式，我们开发了 Web 网络地图加载的插件。以天地图为例，用户在浏览从网络平台上获取的公交线路时，可以无缝地加载天地图的各种类型地图数据，并随着用户的放大缩小操作而自动加载不同比例尺的网络地图数据。这种联动性所能体现的价值可以存在于规划设计的各个方面，进而提高工作效率。

图1进一步展示了如何将瓦片地图大数据在规划项目 AutoCAD 中进行交互式应用。由于项目所涉及的地理范围较大，而 AutoCAD 中所能加载的图像数据量有限，且缺乏有效地理坐标系的支撑，故采取的策略是通过分块下载并将其配准到规划地形数据上，再通过 AutoCAD 的二次开发技术，实现按照分块编号自动加载每个分块的图像。如此，便可以使得规划设计人员按照自己所关注的某些分块区域进行图像加载，达到按需加载资源的目的。

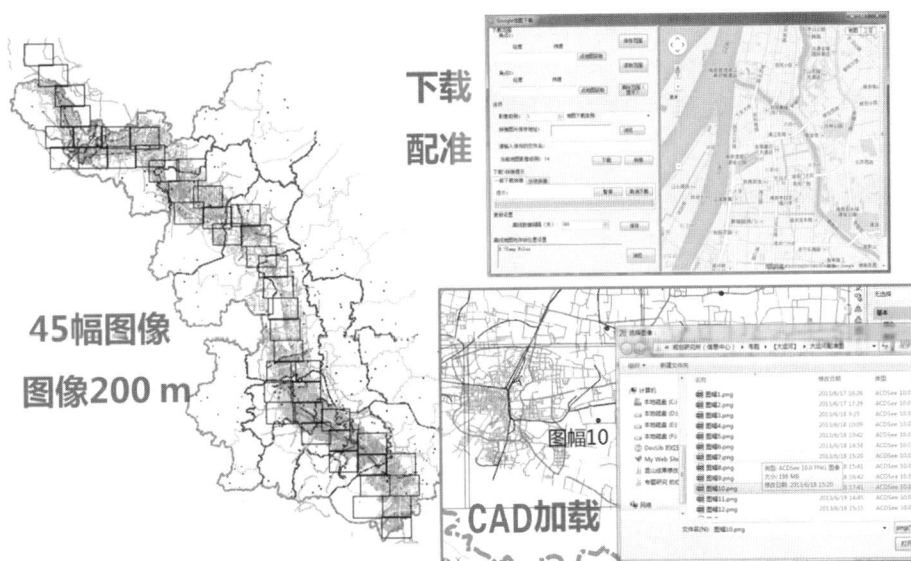

图1 AutoCAD中自动加载带地理坐标的图像

3.2 案例2：基于网络API接口的规划辅助编制应用

第二个案例是基于网络 API 接口的规划辅助编制应用，其意义在于探索开放性大数据对城市规划应用中新方法论研究的价值。OD（交通出行量）数据在城市规划领域的应用非常广泛，但是很多时候 OD 数据缺乏实际的轨迹，如公共自行车刷卡数据无法识别出人的具体骑行轨迹，手机信令数据记录了人在不同时间点上的位置但不知道具体的路径。因此，在一定的精度和研究尺度上，需要通过类似最短路径的技术方法来解决轨迹缺失的问题。图2所示为自动获取给定两个点之间最短路径的抓取软件，其实现原理是基于网络地图中导航路径推荐的 API 接口。

从另一个角度来看，这一方法为传统的可达性分析提供了新的路径，其精度也会更高。

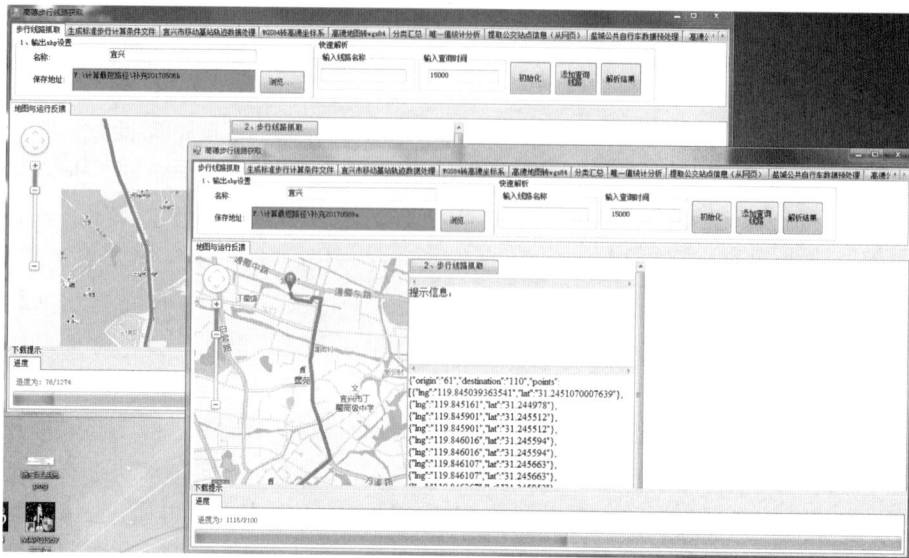

图2 基于网络步行线路 API 的两点间最短路径获取示意图

手机信令数据同样也是只能记录手机所在的基站位置，而不记录人的实际轨迹。为此，利用网络步行线路 API 接口模拟了人在手机基站位置切换过程中的最短路径，并将这些最短路径按照实际发生数量（即有多少部手机会在同样两个基站之间切换）赋值给每条最短路径，进而大致分析出道路的流量情况（图3）。当然，由于不同的最短路径可能存在重叠的情况，还需要对重叠部分进行累加求和，这一相关解决方案在后面的案例中进行了具体说明。

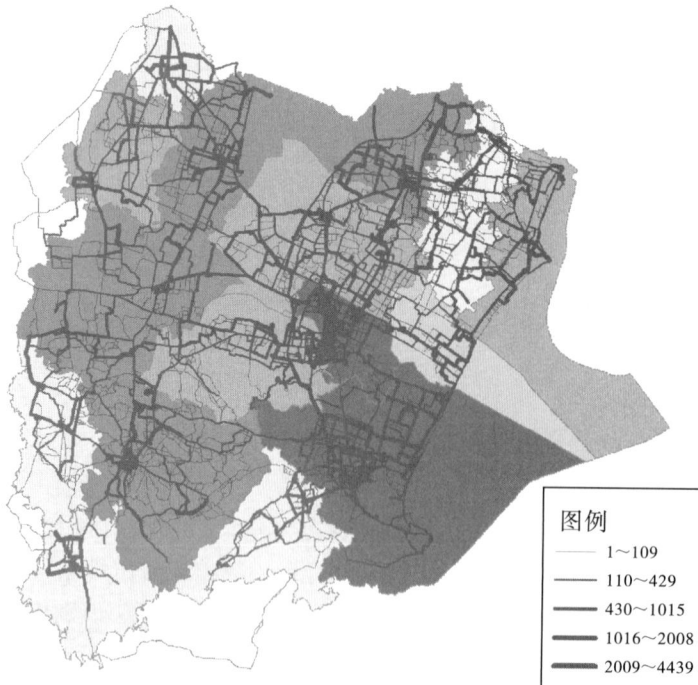

图3 基于网络步行线路 API 和手机基站轨迹的道路流量分布示意图

3.3　案例 3：网络化视角下交通网络的空间效应分析

针对当前我国以城市群为主体的发展模式所突出的区域关系问题分析，第三个案例首先重点阐述如何利用高铁开放性大数据对区域关系进行研究；其次，结合复杂网络和网络步行路径获取 API 接口，对公共自行车网络进行特征分析。

在当前高铁网络的分析中，一般很难获取到实际站点之间的 OD 数据。因此，利用网络中可以查询到的两个站点之间的班次信息便成为研究高铁网络化特征的一类重要数据。同时，班次信息本身也可以提供一种研究视角以弥补单一 OD 数据分析可能存在的缺陷。

进一步利用复杂网络理论，对高铁站点之间班次联系进行"社区"划分，即获得哪些区域内部城市之间高铁联系是相对紧密的。此外，借助社会网络的可视化工具，对"社区"的结构特征进行模拟，可以发现，目前高铁社区大致可以划分为"7 个核心社区＋4 个依附社区＋6 个孤岛社区"，反映了高铁网络下区域联系的地域特征，可为城市在区域中的关系分析提供一定的依据。

同时，这些开放性大数据对于城市规划中一些具体定性问题的分析也具有非常强的直接支撑作用。例如，目前高铁建设中"一城多站"的问题较为普遍。通过开放性大数据，可以为规划设计快速提供现状城市中多个高铁站点的布局情况。根据一定的站点班次数据，对一个城市中不同站点的功能定位和高铁对外连接特征分析也具有十分显著的作用，相关分析结果如图 4 所示。

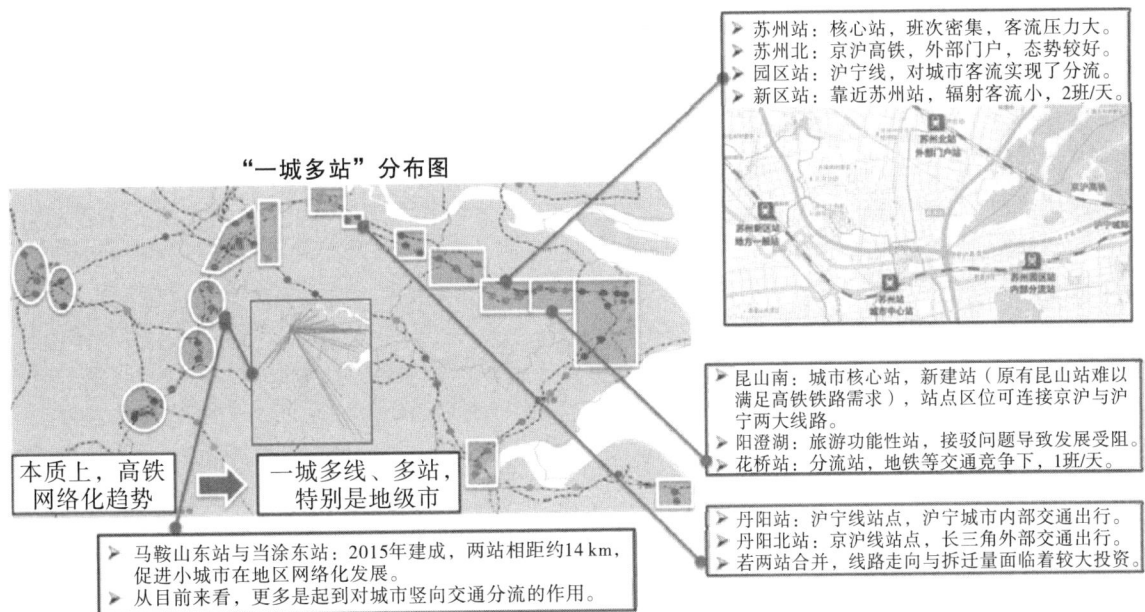

图 4　城市高铁建设中"一城多站"问题分析示意图

目前，公共自行车在我国发展较为迅速，并日益成为城市规划领域中的一个热点问题。因此，对于公共自行车网络特征的分析可以为城市规划决策提供一定的科学依据。通过对骑行数据的详细分析，发现公共自行车的骑行与人们的日常出行活动密切相关。因此，公共自行车网络的"社区"划分结果可以为传统的公共服务设施的布局提供一定的决策支撑依据。

另外，公共自行车刷卡数据并不记录每个骑行轨迹，而公共自行车网络的"社区"划分结果只是针对网络联系的划分，还需要从轨迹等角度进行详细的支撑分析。为此，利用网络最短路径获取 API 接口可以模拟出每个骑行记录的大致轨迹，进而在一定程度上反映出公共自行车整体骑行路径在城市道路网络的分布密度。需要解释的是，为解决最短路径之间的重叠问题，我们提出利用格网法先将研究区域分为大小相同的格网，并保证每个格网可以覆盖同一条道路两边的骑行轨迹；其次，对每个格网进行循环遍历，并在遍历过程中将轨迹数进行累加求和，所得结果赋值给这个格网；最后，通过地理可视化技术反映出轨迹的流量大小。

4 结语

大数据时代发展的趋势已是不可阻挡。但是，对于一般规划师而言，很多权威性、政府及企业的大数据源都存在易获得性较差的问题。为此，本文重点关注当前开放性大数据在城市规划中的应用：首先，梳理了开放性大数据的基本特征；其次，阐述了开放性大数据的应用思路；最后，基于案例分析的视角，具体展开了多个应用的分析介绍。

尽管目前开放性大数据还存在诸多问题，如数据分析结果往往只是对现状的判断、缺乏有效的历史数据积累、开放性大数据获取的门槛相对于规划师而言较高、数据模型的片面性等，但显而易见的是，开放性大数据为城市规划提供了新的数据源，并在一定程度上激发了研究的思路和深度。

[参考文献]

[1] 韦胜. ArcEngine 环境下实现瓦片地图的访问与拼接 [J]. 武汉大学学报（信息科学版），2012 (6)：737-740.

[2] 朱玮，庞宇琦，王德，等. 公共自行车系统影响下居民出行的变化与机制研究：以上海闵行区为例 [J]. 城市规划学刊，2012 (5)：76-81.

[3] 袁锦富. 高铁效应下我国城市总体规划的应对 [J]. 城市规划，2015 (7)：19-24.

[4] 牛伟伟，叶霞飞，蔡逍天. 基于城市轨道交通的公共自行车交通特征 [J]. 城市轨道交通研究，2012 (3)：10-13.

[5] 唐子来，赵渺希. 经济全球化视角下长三角区域的城市体系演化：关联网络和价值区段的分析方法 [J]. 城市规划学刊，2010 (1)：29-34.

[6] 高自友，赵小梅，黄海军，等. 复杂网络理论与城市交通系统复杂性问题的相关研究 [J]. 交通运输系统工程与信息，2006 (3)：41-47.

[作者简介]

高　湛，助理城市规划师，任职于江苏省城市规划设计研究院。

韦　胜，高级城市规划师，任职于江苏省城市规划设计研究院。

基于 FME 的规划空间数据在线治理方案

——以成都市为例

□高雨瑶，舒　蕾，张　军，胡　菲，丁　一

摘要： 在新时期国土空间规划编制背景下，如何快速高效地提供完整、准确、及时的规划数据信息是当前面临的挑战。针对 CAD 数据与 GIS 数据相互转换的难点和痛点，本研究提出面向规划数据的自动化在线综合处理方案。本方案依托 FME Server 实现了适用于规划数据质检、入库、出库三大环节的自动化数据处理技术，搭建起具有在线化、灵活化、批量化三大特点的"FME 空间数据集成平台"。经过成都市规划数据入库质检和规划信息服务共享应用的实践，在线完成数据的质检、转换、同步更新、提取的处理，为数据治理提供了一条有效的解决路径，同时也为规划编制、行政审批、证后抽查等相关工作提供了可靠、权威的基础数据处理技术支撑。

关键词： 数据治理；FME；规划数据；格式转换

1　引言

《中共中央　国务院关于建立国土空间规划体系并监督实施的若干意见》和《关于开展国土空间规划"一张图"建设和现状评估工作的通知》等政策文件对国土空间规划"一张图"提出对规划成果 GIS（地理信息系统）建库的要求，并且应及时将批准的规划成果进行汇交。城市规划管理依据不同的管制要求生产不同类型的规划成果数据，如总体规划、分区规划、控制性详细规划、专项规划等，规划项目业务审批成果形成选址已建数据、用地许可数据等。城市规划管理工作是大量空间信息的聚散过程，规划数据基于不同的业务需求变换格式。如何快速实现海量数据的格式相互转换是本研究要解决的核心问题。本研究借助 FME 数据处理工具，制订以业务需求为导向的场景化应用方案，搭建空间数据集成平台，服务规划信息化建设，助力规划数据质检、入库、出库全生命周期的数据治理。

2　FME 相关产品介绍

FME（Feature Manipulate Engine，FME），是加拿大 Safe Software 公司开发的一款用于空间数据和非空间数据加载、转换、集成、导出、共享的产品，它是完整的空间 ETL（数据从源端抽取、转换、加载至目的端的过程）解决方案。该方案基于 OpenGIS 组织提出的新的数据转换理念"语义转换"，通过提供在转换过程中重构数据的功能，实现了超过 400 种空间数据格式

（包括 CAD、GIS、3D、BIM、栅格、点云等）的无损转换，是强大的空间数据处理工具，为数据治理提供了高效、可靠的手段且支持多个平台数据无缝连接，具有操作简单、无须编码、可批量处理、节约时间等明显优势。FME Workbench 提供图形化操作界面，通过可视化的转换器组合构建业务数据处理流程，实现数据的高效无损转换、统计分析。FME Server 将 FME 的 ETL 任务进行网络化，采用 B/S 的架构将数据处理为服务，终端用户不需要安装 FME 客户端就可以通过浏览器实现"一键数据处理"操作。FME Integration（空间数据集成平台）基于 Web Server 方式提供任务、日志、用户和角色管理等结构，结合业务需求，重新构建基于业务应用场景的界面，强化运维管理、方案管理等功能。本文所介绍的规划数据在线综合治理方案就是基于 FME Server 的空间数据集成平台，应用于成都市规划信息技术中心所承担的成都市规划数据质检入库与规划数据共享服务。装配式的模块组合设计，搭配灵活组件式的系统架构，根据规划业务应用场景需求配置数据处理流程方案，能快速高效地支撑各类规划数据融合与共享。

3 规划数据处理工作流程

与传统的数据转换流程依靠 CAD 和 GIS 软件本身的功能相比，基于 FME 的在线综合数据处理方案实现数据质检、入库、出库最大限度自动化，并且统一集成于空间数据集成管理平台，极大地提高了规划数据收集、入库、更新、应用的效率。本方案针对规划编制成果建库与规划信息共享设计了自动化的规划数据处理流程（图1）。规划编制成果标准化建库流程包括"一键质检 CAD"对数据进行质检，"一键 CAD 转 GIS"实现格式转换，"一键提交检查"辅助入库前质检，"一键入库更新"发布数据库同步备份任务。建库完成后，结合业务需求考虑规划信息共享的方式，选择"一键出库提取"方案包含面向规划行政审批提供的管控依据矢量图纸，为规划编制研究提供基础统计指标数据等。

4 规划数据在线治理方案的实现

4.1 搭建空间数据集成平台

本文中的规划数据在线治理方案通过数据处理功能层、服务层、应用层构建总体系统框架（图2）。基础底层的数据处理功能由 FME Desktop 可视化模板编译实现，形成 11 类基础模板功能；然后在 FME Server 上发布数据质检、数据转换、数据同步更新备份、数据提取等 5 类数据处理服务；最后根据规划业务需求，将单一功能的空间数据处理服务聚合成能完成复杂任务的解决方案，形成控规维护方案、专题数据提取方案、信息图与红线图制作方案和证后抽查方案四大应用场景（图3）。

```
                          ┌──────────────────┐
                          │   规划编制CAD成果   │
                          └──────────────────┘
          ┌───────────────────┬──────────────────┐
 ┌───────────────┐  ┌───────────────────┐  ┌───────────────┐
 │   总体规划      │  │   控制性详细规划     │  │   专项规划      │
 │   CAD数据       │  │   CAD数据           │  │   CAD数据       │
 └───────────────┘  └───────────────────┘  └───────────────┘
                    ┌─────────────────────┐
                    │   辅助CAD数据规整       │◄───────┐
                    │ （图层、要素、属性）      │         │
                    └─────────────────────┘         │
                      ┌─────────────────┐           │
                      │   一键质检CAD      │           │
                      └─────────────────┘           │
                         ◇ 错误 ◇──── 有 ────────────┘
                            │ 无
                      ┌─────────────────┐
                      │   一键CAD转GIS     │
                      └─────────────────┘
                    ┌─────────────────────┐
                    │  辅助成果数据提交审查    │◄───────┐
                    │ （矢量、文本、图片、资料）  │         │
                    └─────────────────────┘         │
                      ┌─────────────────┐           │
                      │   一键提交检查      │           │
                      └─────────────────┘           │
                         ◇ 错误 ◇──── 有 ────────────┘
                            │ 无
                      ┌─────────────────┐
                      │   一键入库更新      │
                      └─────────────────┘
          ┌───────────────────┬──────────────────┐
 ┌───────────────┐  ┌───────────────────┐  ┌───────────────┐
 │   总体规划      │  │   控制性详细规划     │  │   专项规划      │
 │   GIS数据       │  │   GIS数据           │  │   GIS数据       │
 └───────────────┘  └───────────────────┘  └───────────────┘
                      ┌─────────────────┐
                      │   规划GIS成果库     │
                      └─────────────────┘
                      ┌─────────────────┐
                      │   一键出库提取      │
                      └─────────────────┘
                      ┌─────────────────┐
                      │  规划CAD/GIS数据    │
                      └─────────────────┘
          ┌───────────────────┬──────────────────┐
 ┌───────────────┐  ┌───────────────────┐  ┌───────────────┐
 │   行政审批      │  │   监督实施          │  │   规划编研      │
 │   管控依据      │  │   基础数据          │  │   基础数据      │
 └───────────────┘  └───────────────────┘  └───────────────┘
```

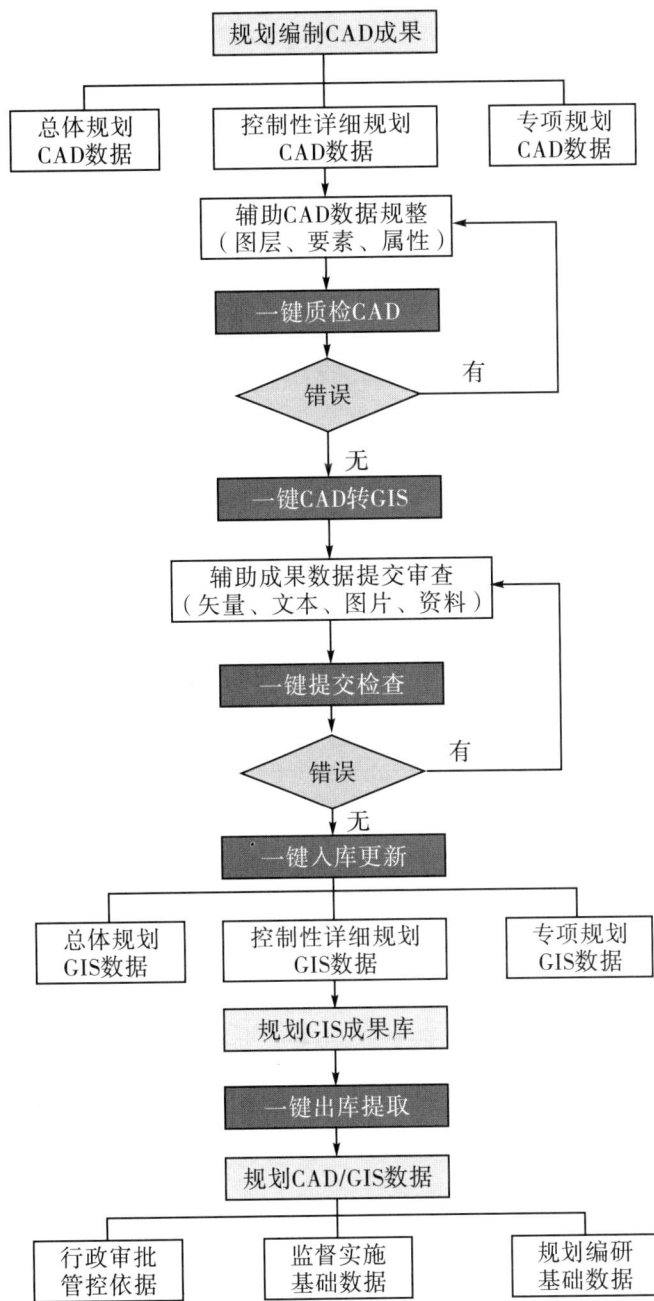

图1　规划数据处理工作流程图

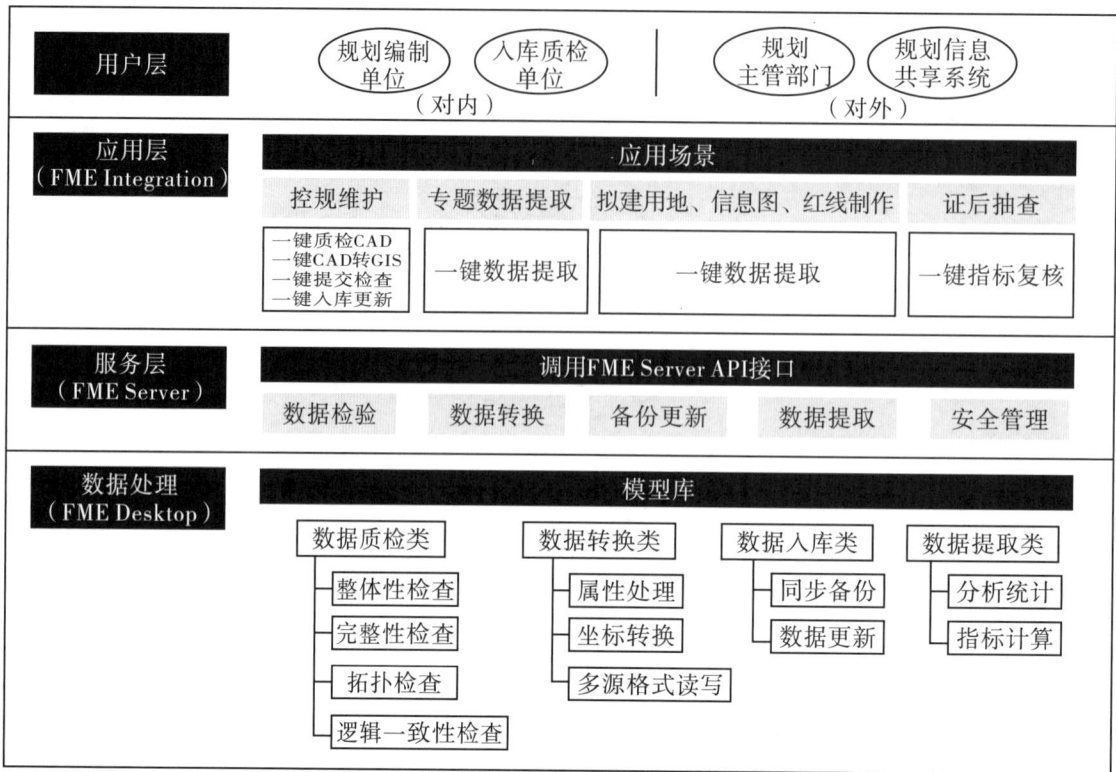

图2　总体构架示意图

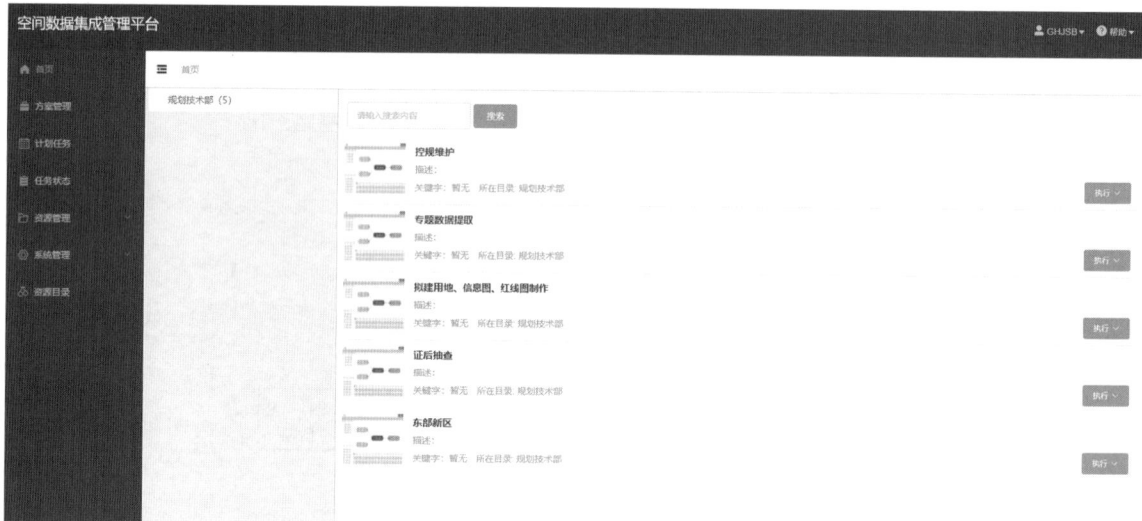

图3　规划数据在线治理系统界面

4.2　关键技术

4.2.1　FME多源异构的特点，助力多业务场景的数据融合处理

FME支持400多种类型的空间数据，其中包括规划业务数据涉及的CAD、GIS、FAST、Oracle/SQL等格式，实现业务数据可以通过多源异构共享服务模块进行数据空间分析、指标统

计和数据转换。例如，控制性详细规划数据维护任务利用 FME 实现 CAD 与 GIS 数据之间的无损转换，通过多源异构共享服务平台实现 FME Server API 接口与规划信息共享系统之间的挂接，为行政审批中的业务提供控制的依据等。

4.2.2　采用 SOA（面向服务）系统构架，发布灵活复用的数据处理服务

SOA 系统架构可以根据业务的需要，采用灵活组件式服务，最大限度实现服务复用。针对规划数据处理任务，通过 FME Desktop 编译功能模块后，在 FME Server 上发布为标准的 SOA 服务，提供计划任务、实时通知等功能。

4.2.3　面向规划数据治理的 Web 服务共享

基于 Web 服务，客户端和服务器能够自由地用 HTTP 进行通信，使用了 HTTP 和其他 Web 协议，空间数据集成管理平台采用基于开放标准与技术的 Web 服务方式共享数据，将针对规划数据处理的"一键质检服务""一键格式转换服务""一键数据提交检查服务""一键同步更新服务""数据提取应用服务"，形成松散耦合的共享模式，在应用层实现基于业务场景的应用服务共享。

5　在线规划数据治理方案实践应用

5.1　"一键质检 CAD" 辅助数据规整

基于 CAD 简单、快速、灵活的操作优势，规划设计人员习惯采用 CAD 进行制图表达。繁多的 CAD 要素很容易出现图层名不规范、分层信息混乱、图属不一致等情况，入库前需要对 CAD 数据进行整理，才有利于自动化数据处理，否则转换将出现数据缺失或属性混乱的情况。入库前，通过"一键质检 CAD"方案，可以辅助快速查找出 CAD 制图不规范的问题（图4）。

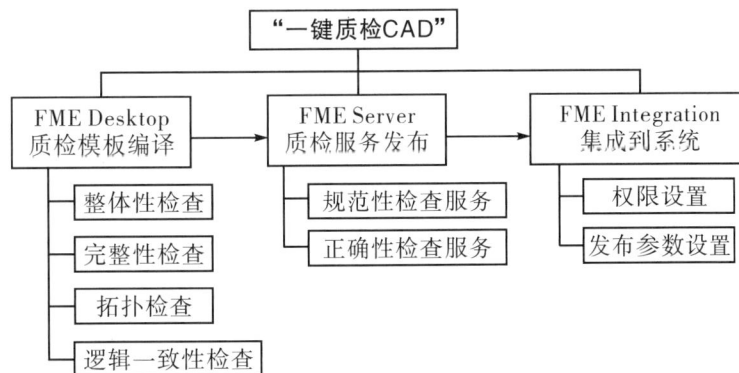

图 4　"一键质检 CAD" 技术路径图

（1）确定质检内容：包含整体性检查、完整性检查、拓扑检查、逻辑一致性检查四个类别。

（2）构建质检因子库：将质检内容通过可视化模板编译在 FME Desktop 中，形成质检因子模型库，一共积累了 31 个质检功能模块；将使用频率高的模板归为通用质检模板，利于模板复用。

（3）灵活组合质检服务：质检模板制作完成后，需将其发布到 FME Server，根据质检需求，灵活组合质检服务。以控制性详细规划检查为例，针对 CAD 数据，主要有规范性和正确性两个检查服务。正确性指检查主要控制参数是否正确，如坐标、宽度、切角和方位距离是否与标注数值一致；规范性指检查数据是否符合数据生产标准，如用地代码与用地性质是否一致且按照

《城市用地分类与规划建设用地标准》（GB50137—2011）填写。

（4）发布服务，实现"控规维护场景"的"一键质检CAD"应用：经过编译的数据质检方案服务集成于空间数据管理平台，通过利用FME Object API发布的服务，调用后台引擎运行FME模板，Web端的用户即可在线上传"检查数据"，下载"质检结果"，实现"一键质检CAD"。通过调用FME Server API相关接口函数，在进行大量数据质检时，能够极大地减少数据处理工作量，实现服务的调用，进而完成数据在线质检功能。

5.2 建立CAD与GIS对应关系，实现"一键式规则入库"

（1）建立属性映射关系：根据数据建库标准，要素自带属性可能无法满足建库要求，通常需要建立相应的映射关系引入外部属性，将需填属性补充完整。映射关系可通过Access、Excel等多种格式建立，存储为映射关系表。例如，规划数据中的道路红线，需要通过配置表挂接要素代码。

（2）格式转换模型构建：通过可视化模板的编辑，建立源数据CAD与目标数据MDB的映射关系，最终实现数据格式、结构及内容的转换。关键步骤如下：①CAD数据读取需要将标注类、块、地块指标表等特殊类型要素分别进行打散和不打散操作，分别用于保证点符号的完整性和单一点位存储；②数据挂接FeatureMerger（通过映射关系表，将相关属性赋值于源数据）；③GeometryFilter（判断几何类型分离要素，如point、polygon）；④PointOnArea/LineOnArea（根据几何的空间关联性进行属赋值）；⑤制作XML标准数据库数据结构。

（3）发布服务，配置方案，实现"一键式规则入库"应用：将映射关系表和XML标准数据库文件作为资源与模板一起配置发布于FME Server，集成于FME Integration空间数据处理平台。利用FME Server自动化和支持海量数据迁移的特点完成数据在生产库、核心库、发布库的替换、赋值和迁移，可通过设置定制任务自动完成，不需要人工干预。当出现程序运行错误时，已实现及时"预警"功能，通过发送邮件提醒入库人员。在同步更新的服务支持下，终端用户可以即时访问最新的空间数据。

5.3 以业务需求为导向的提取应用，实现"一键出库"

成果数据是行政审批的重要依据，是监督实施和规划编制研究的基础数据，结合面向规划管理的相关业务，形成基于业务场景的数据提取方案：控规集合图色块提取、公布公告牌制作、拟建用地示意图提取、控规信息图提取、红线图提取制作、证后抽查指标复核等（图5）。

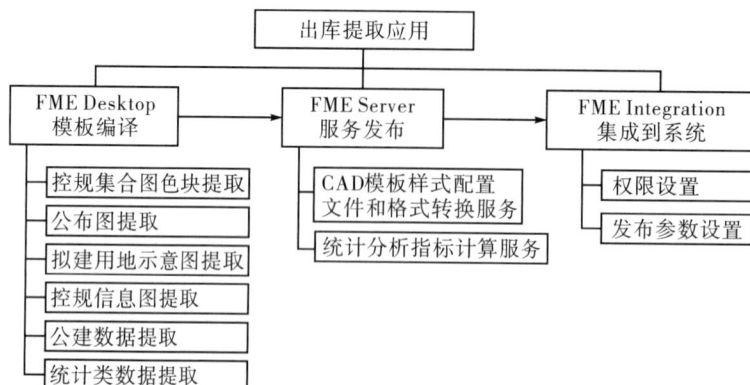

图5 "出库提取应用"技术路径图

数据出库提取的本质就是对 GIS 数据的转换输出：根据输出结果格式可分为 DWG、MDB、Excel 表三类，根据不同的业务场景需求提取相应的数据。

（1）GIS 转 CAD 格式：从成果数据库中提取规划 CAD 数据，通常上传任意范围线，通过 GIS 与 CAD 样式的配置表建立映射关系，输出范围线内的 CAD 数据。关键步骤如下：①Fea-tureReader（读取范围内的数据库相关要素）；②准备 CAD 样式模板，包括对线性、字体、配套实施符号、填充样式等；③AttributeCreator（建立 CAD 用户拓展属性结构）。

（2）输出 Excel 表：指标计算和数据统计分析的功能可以通过 FME 编制模板实现。例如，利用 AttributeSplitter 做分组透视分析，按需分区统计用地面积或公共服务设施点等。除了针对输出为文件结果的提取应用，另外一种成果数据的应用就是发布同步共享服务。

在规划数据库基础上，采用 FME Server 作为在线共享的底层支持，可为其他服务平台提供规划基础数据底座，提供及时、有效的规划数据信息，辅助城市发展决策。

5.4　建设成果

通过分析规划业务数据处理流程并结合生产任务需求编译标准化模板，在 FME Integration 上形成了基于四大业务应用场景的 28 个方案，服务于数据的质检、入库、出库三大生产环节。

6　结语

目前，规划空间数据在线治理方案已成功应用于成都市规划数据质检入库与规划信息服务共享的业务中。通过空间数据处理集成平台，在线完成数据质检、数据转换、数据同步更新、数据提取的数据治理工作，自动标准化的处理提高了数据处理的准确性和效率。

依托 FME Integraiton 和 FME Server 实现的空间数据在线治理方案具备以下几个优点：

①在线化：软件部署由 C/S 模式转变为 B/S 模式，在线数据处理服务共享，用户端无须安装，易于操作。

②灵活化：利用功能模型库和可复用的服务，可根据业务应用场景需求灵活配置数据处理方案。

③批量化：具备批量处理的能力，一次加载，批量执行，支持多任务、多引擎的并行处理。

［参考文献］

［1］江威，卢丹丹，王胜，等.基于 FME 和 ArcGIS Pro 的规划成果标准化建库方法［J］.地理空间信息，2020（9）：126-130.

［2］郭瑞.基于 ArcEngine 的城市规划数据库管理系统的研究和实现［D］.长沙：中南大学，2008.

［3］杨帆，薄成.基于 FME 的 DWG 数据到 ArcGIS 转换的应用研究［J］.测绘科学，2012（2）：143-145.

［4］于菲菲.基于 FME 的城市规划数据格式转换应用研究［J］.城市勘测，2020（6）：64-67.

［5］王伟.基于 FME Server 实现地理国情普查成果数据在线转换［J］.科技资讯，2018（27）：53-54.

［6］祝欣欣，傅钰峰，蒋祝平，等.基于 FME Server 的空间数据在线质检系统的探索与实践［C］//武汉大学，浙江省测绘与地理信息局.第三届全国高分辨率遥感数据处理与应用研讨会暨地理国情监测技术与应用研讨会论文集.2013.

［作者简介］

高雨瑶，硕士，助理工程师，任职于成都市规划信息技术中心。

舒　蕾，硕士，工程师，任职于成都市规划信息技术中心。

张　军，工程师，任职于北京世纪安图数码科技发展有限责任公司。

胡　菲，高级工程师，任职于成都市规划信息技术中心。

丁　一，高级工程师，任职于成都市规划信息技术中心。

区县级土地管理空间数据治理方法与实践

□林 杉，于 靖

摘要： 空间数据是土地管理业务重要的支撑资料，同时关乎国土空间规划的编制。而土地管理数据存在数据零散、家底不清、缺乏关联、更新滞后、缺乏共享等问题，影响了业务的开展与决策，数据治理势在必行。本文通过对现有数据分析，结合实际业务情况，创新性提出可行性高的"五步走"数据治理方案，包括构建数据目录、数据收集与统一标准、数据整合、质检入库、服务发布与共享五步工作内容，并以建设用地报批数据为例，具体阐述了如何快速高效地得到空间准确、信息完整准确的空间数据的方法。数据治理成果安全、可靠，为土地资源信息的发布、电子政务办公提供有力的技术保障，为国土空间规划的编制与实施监督提供坚实的数据支撑。

关键词： 土地管理；数据治理；数据整合；数据标准

1 引言

2017年12月，习近平总书记在中共中央政治局第二次集体学习时强调，要加强国际数据治理政策储备和治理规则研究，提出中国方案。2019年，自然资源部发布的《自然资源部信息化建设总体方案》中指出，在土地管理等已有基础上，通过升级再造，进一步提升信息化水平。2021年7月，自然资源部发布的《国土空间用途管制数据规范》中明确指出了国土空间用途管制的五个阶段的数据建设标准，涉及"建设项目规划选址与用地预审""农用地转用与土地征收""建设用地规划许可（供）""建设工程规划许可""土地核验与规划核实"等五个业务流程。

同时，在机构改革的背景下，为全面提高信息化水平，更好地发挥数据在业务管理中的支撑性、基础性作用，实现大数据推动城市治理体系和治理能力提升，多地区县级国土部门陆续开展数据整合与数据治理工作。

数据是信息化的"血液"，数据的质量直接关乎政府的服务、履职、施策和研究等方面。近年来，针对规划和自然资源数据的整合与治理，从数据标准到数据建库，再到数据共享，不同的学者分别开展了大量的研究与实践，总结了宝贵的经验。在规划编制与实施方面，张硬等人的研究指出，在进行国土空间规划"一张底图"的基数转换工作时，完整、准确的管理数据有利于提高国土空间规划的可实施性和科学性，将"所见即所得"的现状调查成果与实际自然资源审批管理相关联，实现相互协同。

因此，在"自然资源数据治理"的范畴内，本着"急用先行"的数据治理原则，在现有自然资源数据管理现状基础上，本文结合实际工作内容，以建设用地报批数据及土地供应数据为例，探索了土地管理数据治理方法，初步形成了标准化的可在全局业务科室内推行的数据治理方案，这对指引和规范各业务主管科室开展具体工作发挥了重要的指导作用。本文总结了区县级土地管理数据治理的具体做法，以期其中的共性和代表性内容，为解决当下土地资源管理数据出现的数据量大、应用效率低下等问题提供一些参考思路。

2 现有数据问题

2.1 土地管理数据现状分析

随着国家和地方土地管理部门信息化建设的要求，区县级国土部门积累了大量与土地管理业务开展相关的数据，主要包括资源保护类数据、开发利用类数据、建设项目类数据、执法监察类数据等四大内容，涉及数据近 30 种，包括 GIS、CAD、JPG、Excel 等多种格式数据，其坐标包括城市独立坐标系、西安 80 坐标系、大地 2000 坐标系等。

2.2 数据问题及需求分析

上述数据具有数据量大、来源渠道多样、格式不统一、数据质量差异大、更新滞后等特点。由于缺乏有效的数据管理、应用的体系，多数只能提供单一的数据服务和简单的查询分析，对于复杂的数据应用需求，甚至决策支撑需求都难以支撑。

（1）数据零散。

不同类型的数据多以业务科室为单位进行管理，长期的业务积累，形成"资源孤岛"，不利于数据共享与应用。部分同类型数据又以项目或行政区域等为单位进行单独存储，这不但造成了业务数据缺乏"一张图"管理、无法应用的问题，还存在由于人员流动而导致数据无法延续的隐患。例如，某区 2002 年至今的 3000 余个供地的空间数据，是由不同的科员以地块为存储单位分别存储的。

（2）家底不清。

由于部分数据缺乏统一的数据标准，导致数据间信息不对等，部分数据信息不全，甚至存在数据缺失、数据重复的现象。在业务面前，凌乱的数据管理不但不能帮好忙，甚至"越帮越乱"。例如，某区的建设用地报批数据，部分图斑数据无任何属性信息，应用起来比较困难。

（3）缺乏关联。

土地资源管理是相互之间存在强关联的数据，但由于历史的管理方式，数据和数据之间缺乏关联。如"占补平衡"中"补充耕地"的指标，一方面源于土地综合整治占补指标，另一方面源于跨区、跨省调剂的指标。而目前，无论何种指标，均缺乏有效的空间数据作为支撑，与土地占补项目和批地项目也缺乏关联。

（4）更新滞后。

多数土地管理数据，均需随着管理业务的开展定期或不定期更新。例如，土地供应数据，一方面，土地一旦成功签订供地合同，其供地范围及相关信息均需及时更新；另一方面，如果土地供应合同发生变更，包括应开工时间、应竣工时间的延期等情况，均需及时更新，以保证业务的顺利有效开展。但目前而言，多数区县的数据动态更新均无统一的机制，甚至无更新、谁用谁更新，这就造成了业务科室也说不清哪个数据是最新的、是什么时间更新的，业务人员也不知道该给谁更新、在哪更新等，造成了数据更新滞后。

（5）缺乏共享，保密不足。

由于缺乏数据共享与可视化平台，科室间数据无行之有效的共享机制，尤其在跨科室间调用数据时，多数需要向局领导申请，采用移动存储设备拷贝的形式，这不但造成了数据安全的隐患，也严重影响了共享数据的积极性。数据共享与数据保密没有明确的界限，大部分人就采用片段化的数据共享模式，数据处于"被动统计"的阶段，不能使数据发挥最大的效力，"主动挖掘服务"的角色还需要转变。

3　数据治理方案

张恒等人认为，数据共享工作需要以业务应用为导向，才能更大地发挥数据的服务价值。笔者认为，数据治理也需要以业务应用为导向，实现"数据支撑业务，业务驱动数据"的更新模式。本文在梳理了大量的土地管理业务的基础上，提出了以业务为导向的数据治理方法，总结数据治理"五步走"的工作思路（图1）。

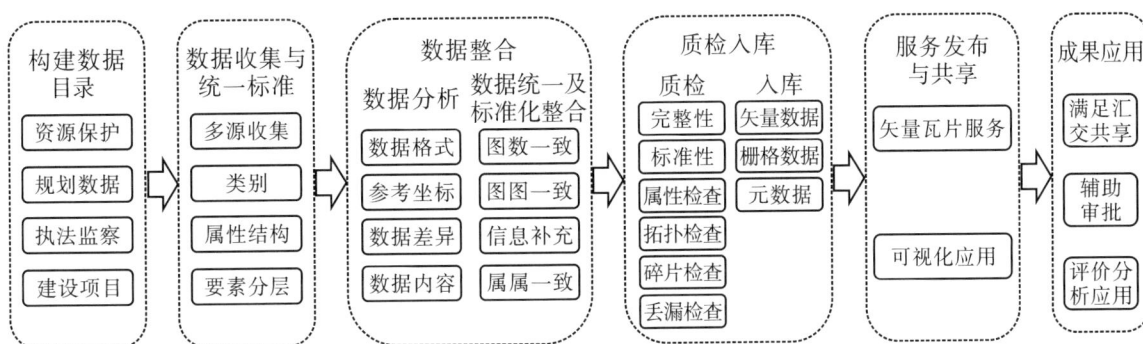

图 1　数据治理工作思路

3.1　治理目标

土地管理数据治理工作是贯穿全局信息化建设的工作，基于局内现有数字化基础，秉承"土地全生命周期"的理念，从全局业务角度出发，按照国家、省、市信息化顶层设计的相关要求，应用先进的空间信息技术，以业务为导向，进行全面的数据治理工作。通过构建数据目录、数据收集与统一数据标准、数据整合、质检入库、服务发布与共享等工作内容，完善各类空间数据，建立标准化空间数据库，实现局内土地管理业务数据全面、准确地归集和共享，利用信息化技术作为支撑，满足管理科室对多源数据的集成浏览与查询应用的需求，为土地资源信息的发布、电子政务办公提供有力的技术保障，为国土空间规划的编制与实施监督提供坚实的数据支撑。

3.2　构建数据目录

基于全局土地管理数据资源现状，结合自然资源部《自然资源信息化建设总体方案》中的核心数据目录体系等文件要求，根据全局土地资源管理业务实际需要与数据应用场景，建立体系完善的数据分类体系（表1）。

表 1　区县级土地管理数据目录

数据类别	数据内容
资源保护	建设用地报批、耕地等级、耕地后备资源、生态保护、土地整治、设施农业、临时用地
开发利用	土地供应、区片价、基准价、农用地地价、闲置地、低效用地、批而未供土地
建设项目	选址意见书、建设工程规划许可证、建设用地规划许可证、乡村建设规划许可证
执法监察	执法日常巡查情况、国土资源执法监察卫片监测图斑

3.3　数据收集与统一数据标准

以土地资源管理的数据应用需求为主线，调研摸查国土部门现有数据的数据名称、覆盖范围、责任科室、数据格式等，形成数据调研表。

以某市建设用地报批数据为例，目前获取的建设用地报批数据来源主要有两方面，一方面是区县级国土部门业务人员通过业务办理留存的原始数据及台账，原始数据以批次为单位，以文件夹的形式存储，数据坐标多种多样，数据年份为 2002—2020 年；另一方面是市级管理部门搭建的国土空间基础信息平台系统数据库，坐标系为城市独立坐标系，数据年份范围为 2009—2014 年。具体数据现状情况如表 2 所示。

表 2　建设用地报批数据现状

数据来源	数据形式	几何特征	坐标系	时间范围
市局	一张图	面	城市独立坐标系	2009—2014 年
分局	零散存储	面	多种	2002—2020 年

在数据收集的基础上，根据国家及自然资源部既有数据标准，在充分吸纳和借鉴原有的信息化相关标准规范体系的基础上，结合以往管理经验与数据特征，将空间数据内容和历史台账内容融合，建立符合国家和地方标准的，可延伸、可衔接的标准规范体系。

这里以建设用地报批数据及土地供应数据空间要素分层和图层属性结构标准内容为例，论述主要的标准构建内容。要素分层情况及图层属性结构情况（以土地供应为例）见表 3、表 4。

表 3　要素分层标准命名

序号	类别	图层名称	图层别名	要素类型
1	建设用地报批	BP_DX	单选址	面
2		BP_PC	城镇批次数据	面
3	土地供应	GY_HB	土地供应（划拨）	面
4		GY_CR	土地供应（出让）	面
5		GY_XY	土地供应（协议）	面

表 4 图层属性结构标准（部分）

序号	字段别名	字段名称	字段类型	字段长度	备注
1	要素代码	YSDM	Char	10	
2	用地许可证号	YDXKZH	Char	100	
3	供地批复文号	GDPFWH	Char	100	
4	用地单位	YDDW	Char	200	
5	土地坐落	TDZL	Char	200	
6	土地用途	TDYT	Char	50	
7	行业分类	HYFL	Char	50	
8	供地总面积	GDZMJ_GQ	DOUBLE	18	单位：hm²
9	电子监管号	DZJGH	Char	100	
10	合同/划拨编号	HT_HBBH	Char	400	
11	合同签订日期	HTQDRQ	Date		
12	合同约定动工时间	HTYDDGSJ	Date		
13	合同约定竣工时间	HTYDJGSJ	Date		
14	实际动工时间	SJDGSJ	Date		
15	实际竣工时间	SJJGSJ	Date		
16	供地批准日期	GDPZRQ	Date		
17	供应方式	GYFS	Char	50	
18	变更状态	BGZT	Char	50	
19	备注	BZ	Char	100	

3.4 数据整合

数据整合工作包括数据分析、问题整改、标准化整合等内容。本文以建设用地报批数据为例，开展数据整合实践。

3.4.1 数据分析

数据分析主要从数据格式、参考坐标、数据内容和数据差异性这四个方面详细考察数据质量状况，在摸清各类土地资源数据现状的前提下，以评价各数据的整合工作量和难度系数。

关于所收集到的建设用地报批数据，存在的主要问题如下。

①数据格式不统一。市局数据为 SHP 格式，分局数据为 CAD、SHP、Excel 多种格式。

②参考坐标不统一。存在城市独立坐标系、西安 80 坐标系、大地 2000 坐标系多种情况。

③数据内容不统一。

a. 属性结构不规范：检查历年建设用地报批项目范围图层数据，发现字段无统一的标准，汉字、英文字母、大小写等情况均有（图 2）。

b. 属性内容不规范：检查历年建设用地报批项目范围图层数据，发现同一个字段内，填写的如区县名称、项目名称、批准文号、批准时间等字段，存在填写形式不统一问题。如批准文号中括号就包含了"【】""［］""〔〕"等多个括号填写方式，文号的填写也存在是否包含"号"的差异（图3）。

字段名
mc
pc
bz
面积
批准时间
文号
耕地面积
名称
用地性质

图2　属性结构不规范示例

批准时间	文号
2008-12-31	资准【2008】554号
2008-12-30	资准【2008】637
2008-12-30	资准【2008】637
2008-12-30	资准【2008】637
08-12-30	资准【2008】648号
2013.11.8	资准函字[2013]1329号
2013.11.8	资准函字[2013]1329号
2013.11.25	资准函字[2013]1434号
2013.11.25	资准函字[2013]1434号
2013.12.3	资准函字[2013]1493号

图3　属性内容不规范示例

c. 属性信息不全：对历年建设用地报批项目范围图层数据关键字段进行检查，发现部分必填字段数据存在数据缺失情况（图4）。

图4　属性信息不全示例

④多源数据差异性。

a. 年份不全：市级数据为2009—2014年数据，区级数据为2002—2020年数据。

b. 图形位置不一致：对比多源数据时发现，由于数据经由多人保存至今，且经历多次坐标转换等，存在非误差范围内的偏移情况（图5）。

c. 属性信息不一致：对比多源数据时发现，同一空间位置不同的数据属性记录信息存在矛盾情况（图6）。

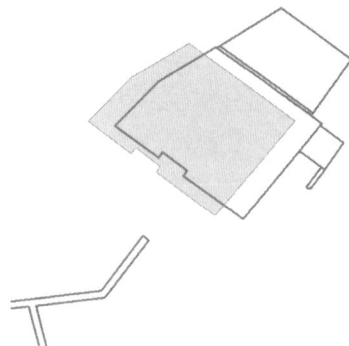

图5　图形位置不一致示例

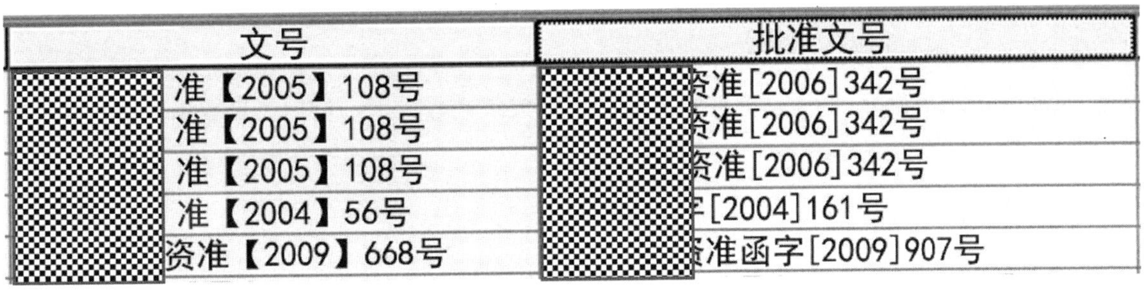

文号	批准文号
准【2005】108号	资准[2006]342号
准【2005】108号	资准[2006]342号
准【2005】108号	资准[2006]342号
准【2004】56号	字[2004]161号
资准【2009】668号	资准函字[2009]907号

图6　属性信息不一致示例

3.4.2　数据统一

数据统一是在对原始数据进行分析评价的基础上，对发现的问题，如面状要素重叠、要素自相交、属性关键字段存在错误或空值、图形坐落错误等，按照"急用先行"的原则，将问题与数据提供方进行沟通确认，对数据进行修改完善。

以局建设用地报批数据为例，由于建设用地报批数据有多种数据来源，数据格式既包括空间矢量数据，又包括历史台账 Excel 数据，所以多源数据的相互补充、相互校核就成了本项工作的工作重点。

首先，依据批准文号，将空间数据与台账信息进行挂接，找到空间数据既有属性信息与台账内容存在冲突的"图数不一致"的数据范围，同时对空间数据缺失信息依据台账进行补充。

其次，依据空间位置，将多源空间数据空间连接，找到不同来源数据间存在图形形状冲突的"图图不一致"、属性信息冲突的"属属不一致"的数据范围。

最后，通过与业务人员确认、查找历史勘测定界数据、翻阅历史卷宗信息等手段，对上述冲突矛盾信息进行校核，从图形位置、属性信息多维度的提高数据质量，消除多源数据差异，形成信息完整、准确的空间数据。

3.4.3　标准化整合

标准化整合是通过数据分析与检查、数据映射与抽取、数据预处理、对象编码与关联关系建立、质检审核等操作，将历史零散的数据进行整合，形成字段结构统一、内容值域统一、数学基础规范、文件命名规范、目录组织规范、数据关系建立的标准数据。

通过收集到的数据，针对具体的数据问题，进行针对性的数据整合工作，不但可以提高工作效率，也可以保证数据质量。

针对建设用地报批数据，参考本文 3.3 中所述标准，进行要素分层和图层属性结构标准化，形成字段结构统一、内容值域统一、数学基础规范、文件命名规范的标准数据。

3.5　质检入库

基于土地资源数据编目体系及数据整合成果，严格参照相关建库标准，建立统一融合的土地资源数据库，从而保证数据库的统一规范性，解决数据标准规范不统一、时相不一致等问题，完成数据大融合，形成统一的大数据中心。

3.5.1　数据质检

数据质检其实是贯穿于数据治理的全过程，主要是依据数据库建库标准及相应的国家标准和行业标准，对完成整合的数据进行质量控制。数据入库前，进行属性检查、拓扑检查、重复检查、精度检查等各类检查，保证数据逻辑关系正确和数据质量合格。只有通过质检的数据才能进行入库操作。

3.5.2 数据入库

按照不同数据类型，对通过标准性校核的数据成果进行入库，包括矢量数据入库、栅格数据入库、文件入库。

3.6 服务发布与共享

（1）矢量瓦片服务。

应用自主化矢量瓦片地图服务技术，通过服务管理工具，将海量空间数据发布成矢量瓦片服务，提供在线动态地图服务。本项工作是与数据共享系统相结合开展，相关系统内容本文不做赘述。通过有序的服务发布，可以实现数据共享的需求，且用户不直接接触数据，极大地保护了数据的安全性。

（2）可视化应用。

围绕信息共享交换、业务审批监管和辅助管理决策等需求，对整合入库后的专题数据进行应用梳理，形成可自定义抽取数据与信息的主题数据集，创建和设计国土调查、空间规划、建设用地等业务和应用的多种数据可视化和地图制图方案，将抽取的数据和信息进行跨终端、多维度综合展示，实现多种可视化和地图表达方式的组合应用。

4 结语

本文为解决国土部门关于土地管理历史空间数据零散、家底不清、缺乏关联、更新滞后、缺乏共享等数据问题，结合国土空间规划工作开展需求，以及区县级国土部门开展的土地资源管理数据治理实践，探索了新形势下土地资源管理数据的整合模式，提出了以业务为导向的数据治理方法，总结数据治理"五步走"的工作内容，为区县级土地管理数据治理工作提供指导。该方法以具体业务为导向，既有信息化成果为重要基础，科学有效地开展相关工作，实现土地管理数据质量全面提升，形成了位置准确、信息完整、属性标准的土地管理数据库成果，无论在国土空间规划编制过程中，还是在土地管理审批工作中，该成果均可以提供科学有效的数据基础。

［基金项目：天津市智能制造专项资金项目（编号20200216）］

［参考文献］

[1] 习近平. 实施国家大数据战略加快建设数字中国［EB/OL］.（2017-12-09）［2021-05-20］. http://www.xinhuanet.com//politics/2017-12/09/c_1122084706.htm.

[2] 王玲，李春阳，陈美云. 深圳国土空间数据治理思路与实践［C］//中国城市规划学会城市规划新技术应用学术委员会，广州市规划和自然资源自动化中心. 共享与韧性：数字技术支撑空间治理：2020年中国城市规划信息化年会论文集. 南宁：广西科学技术出版社，2020.

[3] 佘安娜. 面向地理空间框架建设的城市大比例尺数据整合改造研究与实践［J］. 测绘与空间地理信息，2016（12）：170-172.

[4] 张正明，徐海洋. 不动产登记地籍与房产数据整合建设关键技术研究［J］. 现代测绘，2016（4）：56-58.

[5] 王蒲吉，周营. 不动产登记数据整合技术流程优化探讨［J］. 地理空间信息，2018（1）：119-

122.

[6] 赵荣，王亮，刘纪平. 面向电子政务的空间数据整合方法研究［J］. 测绘科学，2007 (S1)：25-27.

[7] 杜国庆，龚越新，刘波. 江苏省自然资源和地理空间基础信息数据库的建设［J］. 国土与自然资源研究，2010 (1)：61-62.

[8] 张硬，黄亮东，张硕，等. 天津市国土空间规划基数转换方案研究［J］. 规划师，2020 (22)：52-59.

[9] 柯红军，潘进，李梅香. 南京市自然资源数据管理及应用研究［C］//南京市国土资源信息中心，江苏省测绘地理信息学会. 南京市国土资源信息中心三十周年学术交流会论文集：1990－2020. 南京：南京出版社，2020.

[10] 张恒，于鹏，李刚，等. 空间规划信息资源共享下的"一张图"建设探讨［J］. 规划师，2019 (21)：11-15.

［作者简介］
林　杉，硕士，天津市城市规划设计研究总院有限公司数据工程师。
于　靖，硕士，天津市城市规划设计研究总院有限公司数据工程师。

面向业务协同共享的数据治理研究

——以珠海市为例

□马　星，王晓路，潘俊钳

摘要：业务协同共享对于简化申请材料、提高业务审批效率、加强业务管理能力有着重要作用，同时也是落实国家不断深化"放管服"改革政策，推进国家治理体系和治理能力现代化的有力抓手。本文以珠海市自然资源业务协同共享为例，在不动产登记中心共享自然资源业务数据需求场景下，分析珠海市现有的数据情况和业务协同困境，聚焦建设项目相关的业务审批事项作为研究案例。文中梳理机构改革后与之相关的自然资源业务审批事项和自然资源数据，提出基于构建自然资源实体模型实现业务全链条关联的技术方案，通过信息系统展示和共享成果，在满足业务协同共享的同时，实现对建设项目和地块的全过程管理，并对成果在自然资源一体平台建设、城市规划动态监测等方面进行展望。

关键词：数据治理；业务协同共享；自然资源实体；"放管服"

1　引言

　　自 2015 年首次提出"放管服"改革概念起，各领域、各部门深入推进"放管服"改革。自然资源领域"放管服"改革离不开自然资源系统的业务全链条联动与全业务信息便利共享，通过打破部门内和部门间信息共享壁垒，深化信息互通共享，解决群众办事存在的申报材料复杂、耗时长、重复填报等问题。浙江省绍兴市上虞区、宁波市创新实施"一码管地"，梳理核心业务，优化业务流程，利用"不动产码"为抓手，串联土地供应、规划许可、竣工验收、不动产登记等环节，对新增建设用地项目实行全周期智慧化管理。广东省中山市对于新增业务，通过系统自动为项目创建"项目编号"，将自然资源一体化业务的相关数据、材料进行整合，串联业务链条，实现项目全过程关联。

　　对于新增项目，上述城市以"以用促建"为原则，通过"一码关联"技术和信息化手段调取登记所需自然资源部门内部产生的信息，推动信息集成，为不动产登记提速增效。然而，对已经存在的、处于有效期内的土地供应、工程许可等数据，如何有效且准确地共享至不动产登记中心，简化申请材料，支持群众和企业办事"少填""少报""少跑""快办"还有待探索。

　　珠海市自然资源局为切实提升自然资源政务服务能力和水平，加大协同力度，切实保障数据共享的高效性和准确性，在借鉴已有经验的同时，顾及存量，从存量和新增两个维度出发，利用数据治理技术和信息化手段，为实现存量和新增两个维度的业务协同共享，开展了专项数据治理工作。本文基于珠海市专项数据治理实践，聚焦自然资源业务中的建设项目相关的审批业务，探索基于自然资源实体模型实现业务逻辑关联的技术方案，满足不动产登记业务协同共享的同时，实现对历史项目和新增建设项目的全过程管理，为推进自然资源一体化平台的建设提供支撑，深化"放管服"改革。

2　现状与存在问题

2.1　自然资源数据与自然资源业务概况

目前，珠海市自然资源局积累了丰富的局内外数据资源，并形成了珠海市国土空间规划"一张图"数据库，包括基础地理、土地资源、矿产资源等现状类数据，土地利用规划、控制性详细规划等规划类数据，以及确权登记、空间管制与开发利用等管理类数据。非涉密数据可通过国土空间基础信息平台实现数据的使用和共享，具有良好的数据基础。

面向自然资源业务协同共享需求，聚焦自然资源业务和业务管理数据，仍存在一些问题。自然资源业务办理协同难，导致很多自然资源业务内部产生的数据仍需要办理者提交，影响业务审批效率；业务之间关联性差，无法对建设项目实现业务全链条管理。业务管理数据多源异构，部分区域的数据多个来源、数据格式暂未统一；数据标准不规范，主要表现在数据格式（包含 dwg、pdf、gdb 等）、坐标基准（部分数据仍为珠海 90 坐标系或西安 80 坐标系）和数据结构（字段名称和别名缺失、属性结构不规范）等方面；数据缺失，如建设工程规划许可证近 5 年的数据在全市范围内缺失约 100 宗。

2.2　业务协同共享需求

为顺应机构改革发展要求，整合原国土、规划、海洋、林业等多个部门的职能和机构，珠海市自然资源局于 2019 年 1 月挂牌成立。在机构整合后，自然资源局的电子政务建设和数据应用仍存在"数据资源共享难、网络系统互通难、业务处理协同难"的困境。在业务办理数据需求大、数据获取难的情况下，珠海市不动产登记中心通过发函请求共享登记所需的自然资源相关数据。文件指出，当事人申请不动产登记时，自然资源部门自身产生的材料，受理部门不得要求申请人另行提供，应通过信息共享的方式获取。

2.3　研究对象

鉴于此，基于珠海市现状，在满足不动产登记中心等部门业务协同共享的需求，深化"放管服"改革政策，实现项目的全过程管理、业务协同办理等目标驱动下，珠海市开展专项数据治理工作，具体包括面向存量的数据治理和侧重新增的自然资源一体化平台建设。本文以建设项目相关的业务审批作为研究对象，探讨基于自然资源实体的数据治理技术。本文所涉及的业务事项是在原国土土地管理业务的基础上，加入规划中的规划管理业务和不动产登记业务事项，下简称"自然资源地政业务"。

3　珠海市自然资源数据治理实践

综上，自然资源数据治理重点解决业务办理协同难、业务之间关联性差、数据多源异构、数据缺失等问题。因此，自然资源数据治理工作首先解决数据多元异构及数据缺失问题，汇集整合数据资源，支撑数据共享需求。在此基础上，构建自然资源实体模型，建立自然资源业务全生命周期的业务逻辑关联，实现业务全链条管理，推进业务协同办理，支撑项目全流程管理，提升政务服务能力。在实现业务数据全链条关联的实践中，本文以珠海市自然资源地政业务已有的存量数据作为研究对象，探索技术方案的可行性。

3.1 制定数据标准，构建自然资源一体化数据库，实现资源整合

在珠海市国土空间规划"一张图"数据基础上，重点增加用地预审、用地批准书等业务管理数据，补充收集缺失数据。数据共享使用要保证数据的质量，优质数据的前提是数据的规范化，而数据标准是进行数据规范化的主要依据，对规范数据结构、打通数据共享壁垒、提升数据价值发挥着重要作用。因此，实现数据共享首先要制定数据标准。通过扩展《广东省自然资源一体化数据分类与编码指南》中的分类体系，参考已有的标准（如《市级国土空间总体规划数据库规范（试行）》《国土空间用途管制数据规范（试行）》等）和行业规范，制定自然资源一体化数据库标准文件，指导数据标准化入库。经数据预处理，实现多源异构数据的统一（统一格式、统一坐标、一数一源）。依据制定的自然资源一体化数据库标准文件，将数据纳入ArcGIS文件地理数据库中，规范化数据的属性字段别名、属性内容、类别等，形成自然资源一体化数据库，为数据共享和后续业务数据关联提供有力支撑。

3.2 基于自然资源实体模型，实现业务全链条串联

3.2.1 聚焦自然资源地政业务，形成业务流转图谱

梳理自然资源地政业务事项，根据业务办理的流程，用全流程的思想将建设项目预审与选址、建设用地报批、土地征收、土地供应、建设用地规划许可证核发、不动产登记等业务环节进行关联，如图1所示。

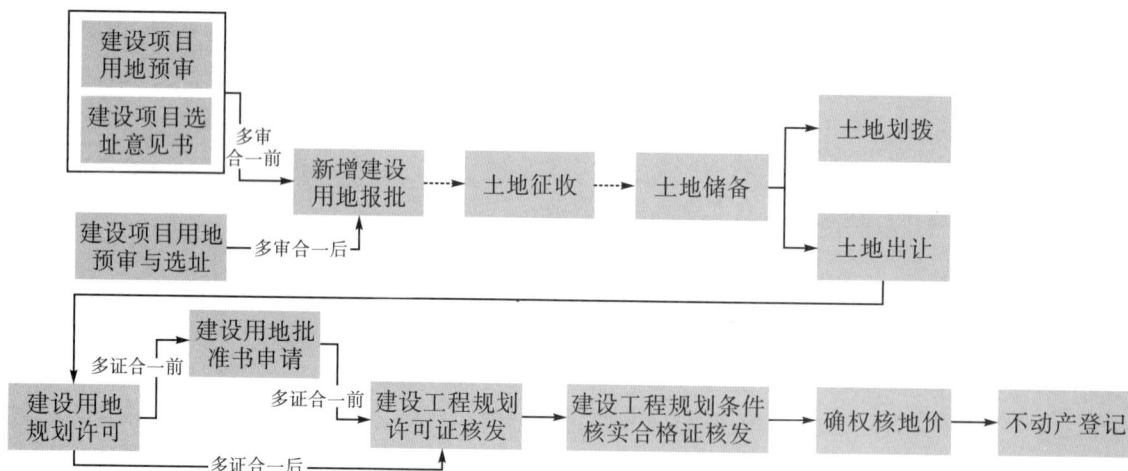

图1 业务流转图谱

"多审合一"前，在土地利用总体规划、土地利用年度计划和建设用地标准的制约下，对于新增建设用地，需要进行用地预审。对于以划拨方式提供国有土地使用权的，还需要申请核发建设项目选址意见书，与用地预审并行办理。"多审合一"后，整合工程建设项目规划选址和用地预审，合并审批事项为建设项目用地预审与选址，因此，"多审合一"前业务办结后包含用地预审和建设项目选址意见书两个文件，"多审合一"后形成建设项目用地预审与选址意见书文

件。对于新增建设用地，需进行用地报批转变土地用途为建设用地；涉及土地征收和土地储备的，完成相应工作后进入土地交易环节，以划拨或出让方式供应土地。接下来流转到规划管理环节，首先获取用地许可。在"多证合一"前，划拨类项目首先核发建设用地规划许可证进行建设项目用地的符合性审查，然后申请核发建设用地批准书获取建设用地批准权；"多证合一"后，直接申请建设用地规划许可，获得建设用地批准权。"多证合一"前，出让类项目在取得出让地块的规划条件后，再去申请核发建设用地规划许可证；"多证合一"后，明确建设单位在签订出让合同后，可直接申请核发建设用地规划许可证。在获得建设用地批准权后，开展工程报建。建设单位设计建设工程设计方案，申请核发建设工程规划许可证，确认有关建设工程符合城市规划要求，获取建设工程的合法性。然后，需申请核发建设工程规划条件核实合格证，获取城市规划区域内房屋建筑和市政基础设施工程竣工规划认可。最后流转至不动产登记环节，不动产登记是物权实现的重要环节，用于确认地块、房屋或海域身份。地价缴清是进行登记之前的一个重要环节，机构改革后，珠海市的确权核地价业务由分局办理。以香洲分局为例，地价缴清后会形成相应的台账和档案，为业务串联提供便利。因此，补充确权核地价业务作为不动产登记前的一个环节。最终形成以预审、报批、用地许可、工程报建、不动产登记等业务环节为建设项目地块全生命周期管理的主流程，形成业务流程图谱。业务环节紧密关联，体现了建设项目或者地块在每个阶段的核心信息。通过全生命周期的关联分析，可以综合判断地块、建设项目的全流程管理，有助于政府决策。

3.2.2　自然资源实体模型表述

自然资源实体的概念出现较晚，与之相比，地理实体的概念由来已久。地理实体是指现实世界中独立存在、可以唯一性标识的自然或人工地物。上海市测绘院等单位进一步探索并在团体标准中将地理实体划分为基础类实体、专业类实体、综合类实体，丰富和细化了每类地理实体，在专业类实体中考虑了自然资源政务和监管的需求，提升了地理实体对自然资源相关业务的支撑能力。本文所提出的自然资源实体，相较于地理实体，还兼具业务属性。自然资源实体的特征：①唯一性。每个自然资源实体在时态上都是唯一的，通过编码进行唯一性标识。②关联性。实体间可通过空间、时态、业务等进行关联。③层级性。类比于地理实体，自然资源实体也具有层级性，如面向建设项目全生命周期场景的土地类自然资源实体是由供地项目实体、建设项目规划许可实体等构成。

自然资源实体模型构建就是对部门职责范围内的土地、矿产、森林、草原、湿地、水、海域、海岛等自然资源实体进行概念、逻辑和物理建模，形成自然资源在时间、空间、语义、管理、服务等方面一体化表达的实体模型。

本研究从自然资源地政业务审批管理角度出发，以满足不动产登记需求为导向，以建设用地项目地块为基础空间单元，赋予业务属性，形成基础自然资源实体，建立数据间业务逻辑关联，集合构建上一层次自然资源实体模型，实现全链条业务关联。

3.2.3　构建自然资源实体，实现珠海市自然资源地政业务全链条贯穿

（1）初始化自然资源实体。

以业务场景为导向，梳理业务事项办理全过程中的数据情况。需要明确的数据情况包括但不限于业务办理数据需求（流入数据）、业务办理数据成果（流出数据）、数据内容、数据作用、数据格式、数据来源、关键字段等。根据业务图谱和业务事项办理过程，选择表征实体空间形态的空间数据，对其进行数据处理，初始化自然资源实体。如办理建设项目用地预审与选址业务，办理完结后核发建设项目用地预审与选址意见书，涉及带有坐标信息的预审红线数据，对

其进行数据处理，初始化自然资源实体，对应形成建设项目用地预审实体。

（2）自然资源实体编码体系。

考虑标识码应具有稳定、科学、规范的特点，且全国通用，便于后续和局外、市外实现共享联通，对于存量数据，自然资源实体编码采用不动产单元代码为标识码。不动产单元代码属国家标准，无须新建编码规则，稳定、规范、唯一、精准，便于数据共享。对于新增数据，需要在源头赋码，但不动产登记代码是在项目地块生命周期的最后才能获取，因此，根据不同地区的行政管理协调能力，考虑不动产登记代码前置或者重新设立编码规则作为自然资源实体编码，本文以存量数据为核心研究对象，在此对新增项目的自然资源实体编码体系不再赘述。

（3）构建自然资源实体模型。

根据业务流转图谱，通过统一的自然资源实体编码，构建管理过程属性与实体的关联关系，本文主要指实体间的空间关系和业务逻辑关系。空间关系通过实体本身的空间位置，在初始化实体过程中实现。业务逻辑关系的构建是通过业务流转图谱关联初始化的自然资源实体，用自然资源实体编码作为唯一标识标记每个自然资源实体。对于新增建设项目地块的业务逻辑关系，自然资源实体编码可以在业务办理的源头赋码，处于同一生命周期的用同一个编码，一码管到底，根据业务流转过程及所需的数据资料，设计业务协同办理和共享的架构，建设自然资源一体化平台，提升政务服务能力。

对于存量数据，也是采用自然资源实体编码串联同一生命周期的基础自然资源实体，赋予业务关联属性，最终形成上一层级的自然资源实体，即建设项目地块在业务办理场景中的自然资源实体产品。因此，对于存量项目，需要在已初始化的众多自然资源实体中先选取处于同一个生命周期的，再利用自然资源实体编码和业务图谱串联初始化的自然资源实体，形成面向建设项目审批的土地类自然资源实体。

综上，在初始化自然资源实体的基础上，通过数据关联、数据检查、数据核实和数据编码的技术思路构建自然资源实体模型。在具体关联关系构建中，首先选取可以唯一标识初始化自然资源实体的关键字段，然后以空间关系和对应的语义信息为依据初步建立关联关系，辅以业务办理逻辑核实判断，利用档案信息进行关联核实修改，串联形成关系表，再赋予自然资源实体编码（不动产单元代码），最终形成的自然资源实体将会包含业务关联信息。

3.2.4 成果应用

成果借助珠海市自然资源局正在开发的珠海市自然资源数据治理成果展示工具展示，初具成效。系统可以通过自然资源实体编码实现自然资源地政业务全链条关联，如图 2 所示。

4 结语

珠海市自然资源数据治理首先对现有数据资源进行梳理整合，制定珠海市自然资源一体化数据标准，按照标准形成分类明确、数据优质、内容丰富的自然资源一体化数据库，为业务协同共享和办理等提供价值更高的数据支撑。

本文面向建设项目地块应用的全生命周期场景，借助自然资源实体模型，梳理自然资源地政业务事项的流程，建立对应的业务管理数据的关联关系，实现自然资源地政业务的全生命周期管理，全面服务于自然资源业务管理，深化"放管服"改革，提升政务服务水平。治理成果可以明确建设项目地块所处的阶段，也为规划编制提供更加准确的数据参考，在建设项目全过程管理、推进珠海市自然资源一体化平台建设、城市规划动态监测等方面都有重要意义。

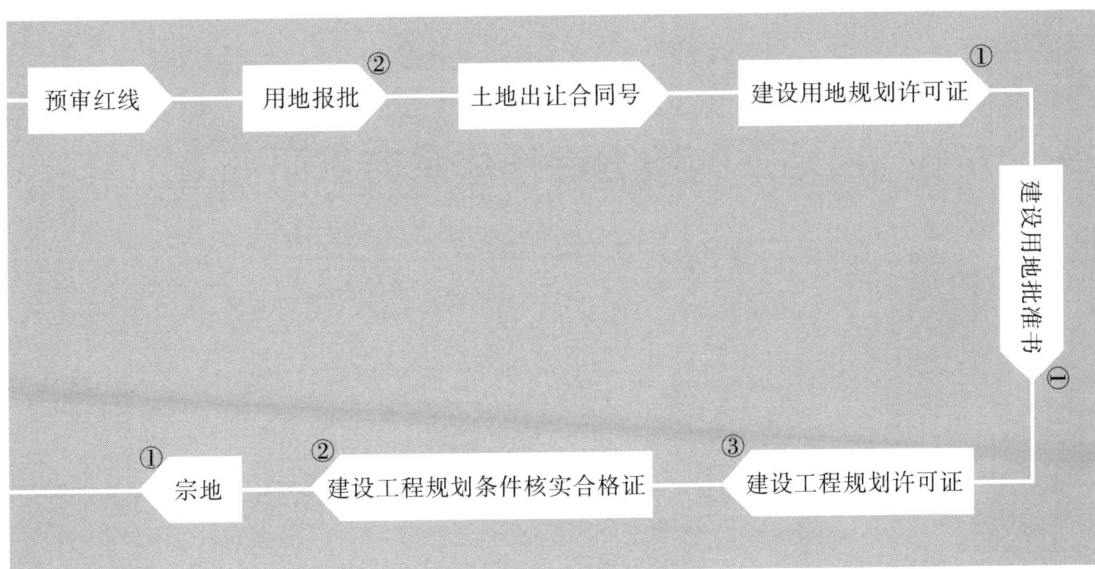

图 2　业务串联关系示意图

[参考文献]

[1] 王洋. "放管服"改革背景下县级政府推进"一次办好"改革的问题与对策研究：以 W 县为例 [D]. 曲阜：曲阜师范大学，2020.

[2] 周建平. 不动产"一码"全链式管理机制研究 [J]. 浙江国土资源，2021 (5)：3.

[3] 郑建军. 绍兴市上虞区创新实施"一码管地"构建自然资源管理"数字图景" [J]. 浙江国土资源，2021 (5)：3.

[4] 崔京男，孙宇航. 地理实体数据制作方法探讨 [J]. 城市建设理论研究（电子版），2014 (4)：2095-2104.

[5] 上海市测绘地理信息学会. 基于地理实体的全息要素采集与建库：I/SHCH 001—2020 [S]. 上海：上海科学技术出版社，2020.

[作者简介]

马　星，硕士，城乡规划正高级工程师（教授级），广东省城乡规划设计研究院有限责任公司大数据中心主任，兼任广东省城乡规划设计研究院有限责任公司副总工程师（规划信息化专业）。

王晓路，硕士，城乡规划工程师，任职于广东省城乡规划设计研究院有限责任公司。

潘俊钳，测绘工程师，任职于广东省城乡规划设计研究院有限责任公司。

"多规协同"目标下的数据治理体系方法研究

□高　铭，刘　丽，张苗琳，吴纳维，李　栋

摘要："多规协同"需要建立在数据协同所提供的技术、管理和应用等方面的基础保障之上。我国许多地区在"多规合一"与国土空间规划编制过程中，已经建设了基础信息平台及"一张图"实施监督信息系统，但信息化只是工具载体，以数据治理体系为核心的数据协同才能有效地支撑"多规协同"目标的实现。数据治理框架应当包含数据治理顶层设计、数据治理环境、数据治理域和数据治理过程四大部分。"多规协同"目标下的数据治理体系方法要点包括数据管理体系、数据应用体系和数据价值体系的构建。国土空间规划是当前"多规协同"的主要实践形式，"一张图"系统已普遍同步开展建设，需通过完整性和系统性的数据治理，才能让不同规划中涉及的数据在驱动决策应用与管理效能提升方面发挥更大的价值。

关键词：多规协同；数据协同；数据治理；国土空间规划

1 "多规协同"需要数据协同

"多规并存"现象具有长期性和必然性。不同规划之间存在法律依据、文本名称及技术标准等方面的冲突，是"多规并存"现象中主要凸显的矛盾表征。自20世纪90年代起，学界就开始探讨城市规划与土地利用总体规划的"矛盾"与"合一"问题。以自然资源部组建为代表的、依靠机构合并实现"多规合一"的方式是我国当前规划体系改革的现实路径，以国土空间规划编制为载体，是现阶段实现"多规协同"里程碑式的重要进展。

在"多规协同"的研究中，通常会提到规划编制体系构建、制度设计和政策保障等若干要点，可总结为技术协同、管理协同和应用协同三个方面。事实上，共同数据基础的缺乏也是被广泛提及的主要问题之一。不同规划的数据坐标不一致，边界不吻合，大量数据缺乏空间属性、数据深度和精度不一致等问题长期普遍存在。数据协同是"多规协同"另一重要的协同方面，相比之下，相关方法的研究数量较为有限。

《说文》提到"协，众之同和也。同，合会也"，即"协同"是指"协调两个或者两个以上的不同资源或者个体，协同一致地完成某一目标的过程或能力"。"多规协同"目标下的数据协同是指协调两个或者两个以上不同规划的编制与行政主管部门，运用同一数据要素与对象，协同一致地解决规划从编制、实施、监督等全流程中的一系列问题。数据协同的状态和效益为"多规协同"提供了协调一致的基础数据支撑，是"多规协同"的必要环节。

同时，数据协同的要求也贯穿于"多规协同"中技术协同、管理协同和应用协同三个方面。其中，技术协同主要是指通过统一的数据标准对不同规划中的数据进行对接与转换；管理协同

主要是指通过统一的机制对不同部门的规划数据进行交换与共享；应用协同主要是指通过对数据全流程管控，满足不同应用主体复杂多源的应用需要。同时，数据协同也是智慧规划的重要前提条件与要求。通过数据全生命周期的有效管理，对规划从编制到实施监督进行全过程的数据协同响应，促进规划走向"可感知、能学习、善治理、自适应"。

2 数据治理是实现数据协同的有效手段

2.1 数据治理的内涵

为了达到数据协同式的状态和效益，就必须引入数据治理的理念与完整的体系方法。数据治理的直接目标是打破政府的"数据烟囱"，将碎片化的数据转变为协调统一的数据资源池，并对分散于各个职能部门的数据进行管理与控制、统一协调和优化配置。政府利用若干规划中的数据，实现以规划为载体的统一决策，是"多规协同"目标下数据治理工作的最终目的。

数据治理包括对"数据的治理"和"利用数据进行治理"。对数据的治理包括在数据汇集规则层面、平台层面达成标准规范的协同；利用数据进行治理包括从治理的主体、方式和对象等各个方面通过数据应用协同，实现规划协同治理。

国外研究更多的是从企业层面研究数据治理，国内研究则是从政府层面的数据治理探索开始。其中，国内从政府层面开展的数据治理存在不同层次，具体包括：一是政府对其在行政管理与服务过程中产生和使用的数据进行治理，维护数据质量和数据安全；二是政府利用数据为其决策提供支撑，提升治理能力和水平；三是政府通过数据资源的开放共享，让社会力量参与公共治理；四是政府对数据产业、数字经济乃至整个社会数据化过程进行引领，并对数据资产进行全方位治理。

2.2 数据治理的框架与要点

根据《信息技术服务 治理第5部分：数据治理规范》（GB/T 34960.5—2018），完整的数据治理框架包含数据治理顶层设计、数据治理环境、数据治理域和数据治理过程四个主要部分。在此基础上结合"多规协同"的业务需求，可以将框架进行适应性调整（图1）。

（1）数据治理顶层设计。

数据治理顶层设计是整个数据治理的基础，包括战略规划、组织构建和架构设计三个部分。数据战略规划需要明确进行数据协同的规划种类及其技术体系，并基于实际业务需求评估不同规划的数据质量、技术水平、应用方向等现状条件，制定数据治理的目标、任务、内容和边界条件。组织构建方面需要建立数据治理的组织机构并制定运行机制，明确岗位和责权利，建立沟通决策机制，实现决策、执行、控制和监督等职能。架构设计应明确技术架构以满足应用需求，持续评估、改进和优化架构管理机制的有效性。

（2）数据治理环境。

数据治理环境包括内部因素、外部环境、保障措施和促进措施。其中，内部因素为组织内部的整体战略需求，包括"多规协同"的整体目标及数据治理的目标，同时保证数据治理过程对内部各类资源的需求；外部环境为法律法规、行业标准的要求；保障措施为数据风险管控、数据安全保护和数据隐私保护；促进措施为实施过程中方法改进、能力提升等不断完善和优化的过程。

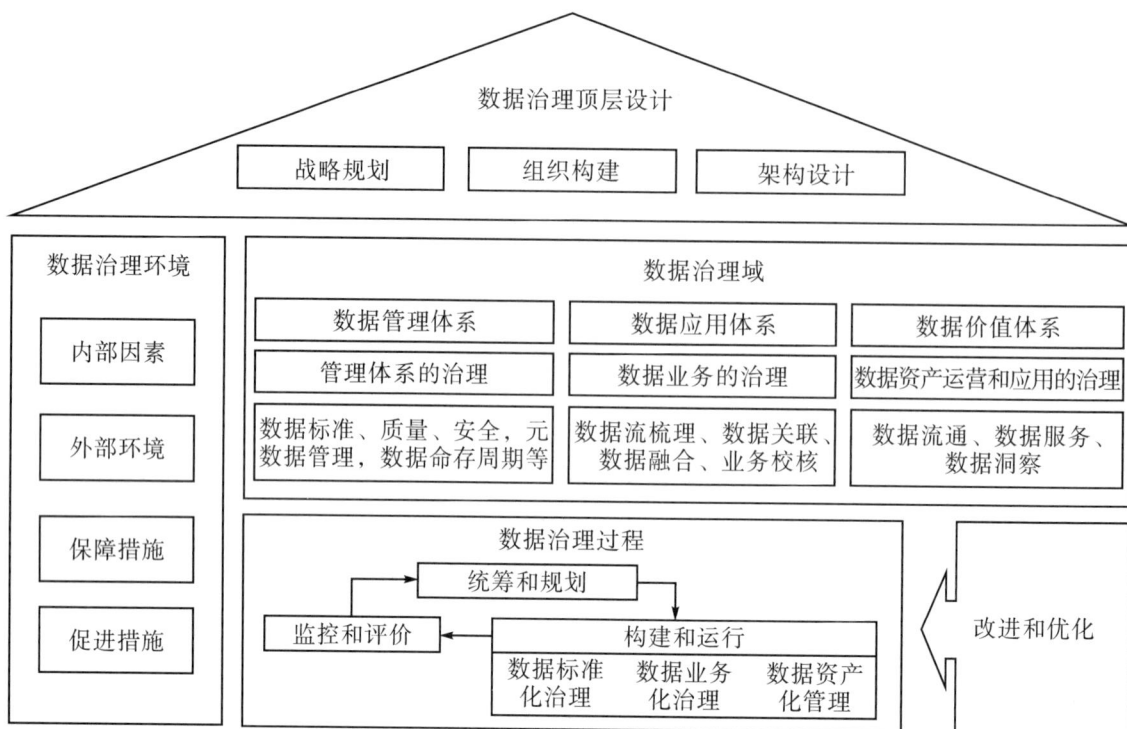

图 1 "多规协同"目标下的数据治理框架

（3）数据治理域（对象）。

数据治理域包括数据管理体系、数据应用体系和数据价值体系。数据管理体系从数据标准、数据质量、数据安全和元数据管理等方面，开展数据管理体系的治理，具体治理过程称为"数据标准化治理"。数据应用体系针对"多规协同"的目标，实现数据流梳理、数据关联、数据融合，并进行规划业务应用的校核，治理过程称为"数据业务化治理"。数据价值体系围绕数据价值评估、数据资产运营和管理，实现"数据资产化管理"。

（4）数据治理过程。

数据治理过程则是数据治理的具体实施方法，包含统筹和规划、构建和运行、监控和评价三大过程，并在此基础上持续进行改进和优化，实现数据治理的良性循环。构建和运行是数据治理过程中实际进行技术操作、对数据进行处理的过程。

3 "多规协同"中现存的数据治理问题

在已经开展的以"多规合一"与国土空间规划编制为载体的"多规协同"中，基础信息平台及"一张图"实施监督信息系统的建设，是承担"多规协同"的数据治理体系构建的重要载体。北京市在"多规合一"规划编制审批等体系上，建立"三级三类"国土空间规划数据治理体系；武汉市借助多年的国土、规划部门合并的行政管理特点与优势，建设城市仿真实验室系统，形成评估预警体系；重庆市发挥时空大数据优势，实现城市运行过程中的数据治理和总体管控；长沙市基于现有自然资源及规划信息化基础，结合实际工作需求建设数据治理体系；南京市整合自然资源和规划的各类数据资源并与一体化政务服务相结合，提出数据治理新思路。

从北京、武汉、重庆、长沙、南京等地的实践来看，数据协同工作是以信息化平台为基础推进的，但单纯的信息化平台建设并不足以支撑数据协同目标的实现。近年来，部分地区从地方实际业务需求角度出发，开展了差异化的实践探索。广东省率先形成《广东省国土空间规划数据治理指南（试行）》；北京市尝试用"大中台、微服务"的方式满足市区两级部门职责需求，向下衔接规划编制审批全过程留痕、动态维护、实施监督等业务场景，满足部门协同的工作需求等。综观现有实践，在数据治理体系的完整方法构建、各地对数据治理工作的重视程度方面仍有待提升。

4　"多规协同"目标下的数据治理过程

以"多规协同"目标及需求为导向的数据治理涉及数据管理体系、数据应用体系和数据价值体系，其对应的数据治理过程可称为数据的标准化治理、业务化治理及资产化管理。通过对从获取、存储、整合、分析、应用、呈现、归档和销毁的数据全生命周期管理，以及"多规协同"中涉及的从规划编制、规划管控、监督监测、审批管理、共享服务的全业务流程过程化监管，可以使数据在标准化治理、业务化治理和资产化管理过程中充分留痕，实现数据全生命周期的跟踪问效、反复迭代和持续优化（图2）。

图2　数据治理的三个阶段要点

4.1　标准化治理

标准的数据及数据结构是信息共享的基础。标准化治理是指建立统一标准和统一口径，汇集所需的数据集、标准化的数据模型转换规则、一致性的元数据管理及规范标准的流程。数据标准化治理应与多规相关标准衔接，重点包括基本规定、元数据管理、分类与编码、数据存储及应用型数据库等方面的标准。例如，基本规定方面，典型规定包括《地理空间框架基本规定》（GB/T 30317—2013）、《基础地理信息数据库基本规定》（GB/T 30319—2013）、《地理信息公共平台基本规定》（GB/T 30318—2013）。元数据管理方面，矢量数据元数据相关标准包括《国土资源信息核心元数据标准》（TD/T 1016—2003），栅格数据元数据相关标准包括《基础地理信息数字产品元数据》（CH/T 1007—2001）。分类与编码方面，典型标准包括《地理信息分类与编码规则》（GB/T 25529—2010）、《地理信息兴趣点分类与编码》（GB/T 35648—2017）。数据存储方面，包括各级国土空间规划相关汇交要求，如自然资源部办公厅印发的《省级国土空间规划成果数据汇交要求（试行）》。应用型数据库方面，典型标准包括《永久基本农田数据库标准（2017）》《省级国土空间规划数据库标准（试行）》《市县级国土空间规划数据库标准（讨论稿）》《国土空间调查、规划、用途管制用地用海分类指南（试行）》等。

4.2 业务化治理

数据业务化治理的主要任务是以服务业务为目标，打通数据间关系，使其由简单的物理聚合转向业务内容融合，从而构建起复杂现实问题的数据映射关系，实现对具体业务场景的支持，包括数据流梳理、数据关联、数据融合和业务校核四个关键步骤。

（1）数据流梳理。按照空间层级和规划类型进行纵向和横向的划分，对跨层级、跨部门的横纵向数据传导关系和数据流进行梳理，以空间数据建立各个业务间的关联关系，形成以数据为桥梁的"纵向衔接、横向协调"。例如，对不同时间编制的广域规划和下位规划进行的关联性梳理，或者不同部门编制的空间规划和非空间规划进行的关联性梳理，如五年计划、发展规划和以前的城市总体规划。

（2）数据关联。基于方位、距离、拓扑等多种空间关系进行空间对象的分析，利用空间与属性数据的关联、多源空间数据的关联、多时态数据关联及跨部门业务链条数据关联。例如，进行规划演变分析时，对于不同时间编制的控制性详细规划、城市总体规划进行土地利用变化的关联等。

（3）数据融合。在数据关联的基础上，面向特定的业务需求，根据数据模型与业务模型，将各种零散的、非结构化的数据经过数据融合过程包装成能够直接面向各种业务应用的结果数据。例如，在对人口规模进行预测时，汇聚公安、统计等多部门数据，结合社会经济发展、产业结构等信息，并利用手机信令数据等社会大数据，进行计算、校核后形成能够应用于人口规模预测各种方法的原始数据，并结合地区实际进行最终结果的计算。

（4）业务校核。基于数据的业务属性进行业务逻辑的合规性检查核对，即从业务侧进行数据对业务需求满足程度的验证。例如，在国土空间规划中，城镇开发边界线的入库需要校核是否跟生态保护红线及永久基本农田保护线产生冲突，就属于业务校核的一种。

4.3 资产化管理

数据资产化管理包括数据资产管理、数据资产运营和保障体系三个方面。数据资产的管理需要组织架构、制度规范、技术工具三个层面的组织保障体系建设。

其中，组织架构是指安排固定的团队来进行数据资产管理及运营，包括对管理运营职能的决策指导、执行监督、流通服务、更新维护等，各地自然资源局成立的测绘和地理信息科、城市的大数据管理局、信息中心等，都是数据资产管理的专门组织，是形成数据资产管理保障体系建设的具体形式；制度规范体系需要涵盖数据采集处理、共享、流通及服务全过程的数据管理规范，保证数据资产管理流程标准、措施得当、过程可控；技术工具作为数据资产管理的软硬件基础，包括采集、存储、处理和分析过程中的各种平台、软件与工具，如已经全面开展建设的国土空间基础信息平台及自然资源系统内的行政办公系统等，都是数据资产管理的技术工具。

5 "多规协同"目标下数据治理体系方法框架——以国土空间规划为例

国土空间规划是现阶段最具代表性的"多规协同"工作，结合数据资源、管理及应用体系，以机制体制为保障、标准规范为支撑，从面向数据资源的基础分类体系与标准化治理、面向管理的维度重组体系与业务化治理、面向应用的应用服务体系与资产化管理角度出发，提出数据治理体系方法框架（图 3）。

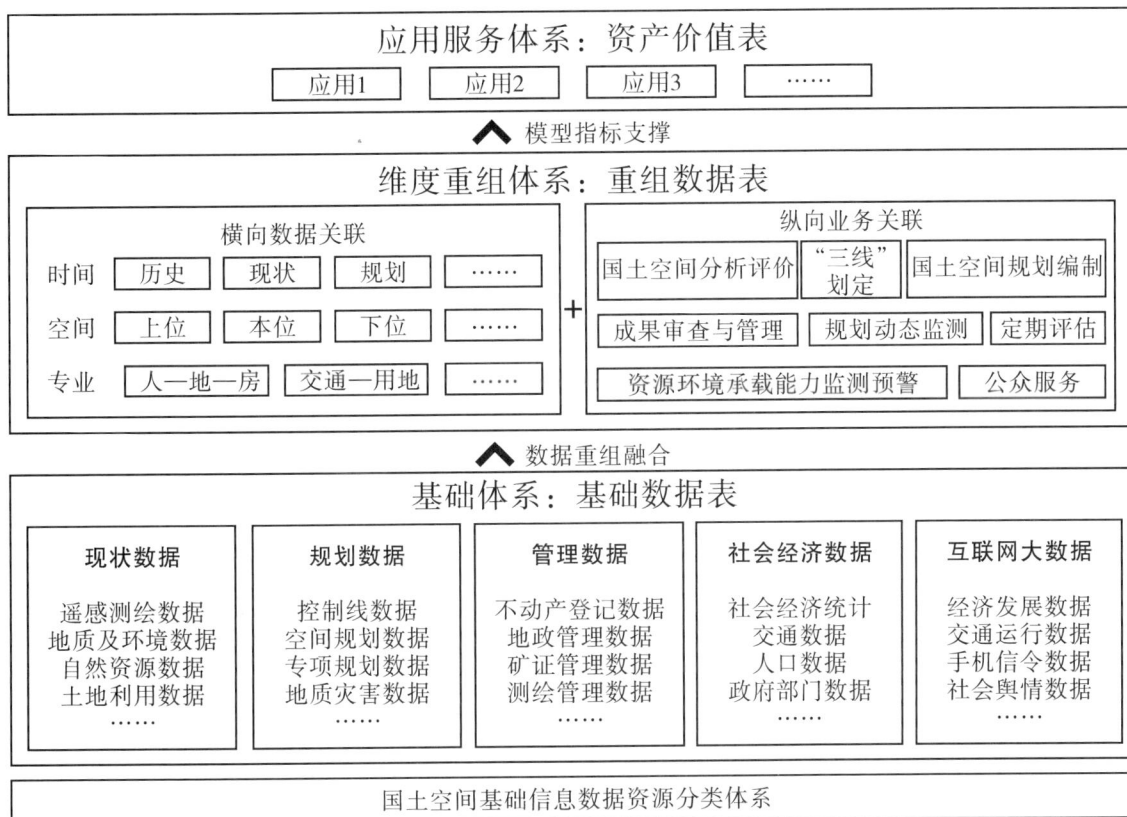

图 3　国土空间规划中数据治理体系构建

面向数据资源的基础分类体系：通过现状数据、规划数据、管理数据、社会经济数据和互联网数据五大类型数据，建立基础数据表和资源目录信息表，实现元数据层面的数据收集与管理，将本来的多源异构数据整合成标准化的数据体系，形成国土空间规划的基础数据库。这是国土空间规划的基石。例如，第三次国土调查数据依照《国土空间调查、规划、用途管制用地用海分类指南（试行）》的规定，对规划基数进行的转化过程即属于本类。

面向管理的维度重组体系：通过时间标签、空间标签和专业标签，实现数据的横向关联；通过国土空间规划中涉及的国土空间分析评价、"三线"划定、规划编制、成果审查与管理、规划动态监测、定期评估、资源环境承载能力监测预警及公众服务等规划全流程标签，实现数据的纵向业务关联。如国土空间规划中要求的投影和坐标系统作为规划编制的前提，根据自然资源部门第二次国土调查以来的用地征转用手续、土地出让合同和划拨决定书等材料，对国土空间规划基数进行的转化工作；城市体检评估要求针对不同部门、不同来源的数据进行汇总融合后计算出一系列体检评估指标值，作为规划实施评估和更新规划的依据等，都是国土空间规划技术协同下的数据维度重组。

面向用户的应用服务体系：针对不同业务应用场景需要，将国土空间规划形成的各项数据进行价值评估并进行数据资源向资产化转化的过程，以最大化的实现数据价值，并通过数据共享将规划成果应用于违法用地识别、城市"疏整促"行动、城市病治理等城市管理方向，产业项目优化选址、产业链识别提升、提升亩均绩效等产业发展方向，公共服务供给、小微空间改造等民生改善方向等诸多领域。

6 数据治理的价值展望

以数据治理为核心理念开展的数据协同，不但能为以国土空间规划为代表的"多规协同"提供基础数据支撑，更是以一种弹性框架来应对未来"多规协同"中可能不断产生的数据协同新需求，为不同规划间数据体系的融合提供了可能性与拓展性。

以数据治理驱动决策应用与管理效能提升，将是数据协同未来价值的主要体现。通过规划数据与其他多源数据的深度融合，以及不同政府部门间高效的数据协同利用，将提高决策的时效性和准确性，增强城市韧性。例如，通过气象实时监测数据与风险评估数据相结合，可以实现向灾害风险地区居民进行定向预警预报。又如，以自然资源数据为本底，通过与多源社会经济数据的协同融合，实现自然资源价值评估，可以识别城镇、产业与村镇低效用地，提出具有针对性的更新改造方案或空间功能置换建议。

［基金项目：国家重点研发计划项目"城市空间规划理论体系与智能管控技术框架"（项目编号2018YFB2100701）］

［参考文献］

[1] 周宜笑，张嘉良，谭纵波. 我国规划体系的形成、冲突与展望：基于国土空间规划的视角 [J]. 城市规划学刊，2020（6）：27-34.

[2] 王磊，刘金榜，唐梅. 智慧规划中的数据治理实践与思考 [C] // 中国城市规划学会城市规划新技术应用学术委员会，广州市规划和自然资源自动化中心. 共享与韧性：数字技术支撑空间治理：2020 年中国城市规划信息化年会论文集. 南宁：广西科学技术出版社，2020.

[3] 张永姣，方创琳. 空间规划协调与多规合一研究：评述与展望 [J]. 城市规划学刊，2016（2）：78-87.

[4] 潘润秋，施炳晨，李禾. 多规合一的内涵与数据融合的实现 [J]. 国土与自然资源研究，2019（2）：35-38.

[5] 欧名豪，丁冠乔，郭杰，等. 国土空间规划的多目标协同治理机制 [J]. 中国土地科学，2020（5）：8-17.

[6] 王岳，彭瑶玲，曹春霞，等. 重庆"多规协同"空间规划编制体系实践 [J]. 规划师，2017（12）：37-41.

[7] 王丽丽，安小米. 在线政务服务数据的协同治理：对 8 个发达国家的比较研究 [J]. 图书情报知识，2021（3）：130-143.

[8] 王伟. 国土空间整体性治理与智慧规划建构路径 [J]. 城乡规划，2019（6）：11-17.

[9] 徐启恒，刘成均，苏盼盼，等. 浅析共享协同目标下"多规合一"应用平台建设实践 [J]. 地理空间信息，2021（2）：125-130.

[10] 程辉，任超，张丽亚. 基于全域多级规划单元构建国土空间规划数据治理体系 [J]. 北京规划建设，2020（S1）：61-67.

[11] 陈波，崔蓓，丁鑫. 自然资源一体化政务服务系统及数据融合建设：以南京为例 [J]. 测绘通报，2020（12）：75-78.

[12] 王伟玲. 数据治理：数字化转型的核心议题 [J]. 互联网经济，2020（12）：32-35.

[13] 潘建刚，张丽亚，孙巍. 北京市"多规合一"协同平台政策解读及信息化技术实现 [J]. 北京规

划建设，2020（S1）：39-43.

[14] 刘奇志，商渝，白栋. 武汉"多规合一"20年的探索与实践 [J]. 城市规划学刊，2016（5）：103-111.

[15] 王强，李爱迪，朱慧，等. 基于大数据技术的重庆市自然资源统计分析应用实践 [J]. 国土资源情报，2021（1）：88-92.

[16] 崔海波，曾山山，陈光辉，等. "数据治理"的转型：长沙市"一张图"实施监督信息系统建设的实践探索 [J]. 规划师，2020（4）：78-84.

[17] 黄佳，郭源泉，柴理想. 南京市规划综合管理信息平台的研究与应用 [J]. 信息与电脑（理论版），2020（23）：80-83.

[18] 孙澄，解文龙. 规划协同的韧性计分卡评价方法及其在国土空间规划中的应用价值解析 [J/OL]. （2020-07-27）[2021-08-07]. https：// kns.vnki.net/kcms/detail/11.5583.TU.20200727.1017.002.html.

[19] 彭涵雨，李洪义，吴逸超. 基于城镇地籍数据三维建模的城镇低效用地调查研究 [J]. 中国农业资源与区划，2020（9）：72-79.

[作者简介]

高 铭，硕士，工程师，北京清华同衡规划设计研究院有限公司技术创新中心规划师。

刘 丽，工程师，北京清华同衡规划设计研究院有限公司技术创新中心规划师。

张苗琳，硕士，北京清华同衡规划设计研究院有限公司技术创新中心规划师。

吴纳维，博士，高级工程师，北京清华同衡规划设计研究院有限公司技术创新中心副所长。

李 栋，博士，正高级工程师，北京清华同衡规划设计研究院有限公司技术创新中心工程师，清华大学中国新型城镇化研究院副研究员。

基于 CIM 的 BIM 数据处理方法

□曹　伟，陈　锋，林雪莹

摘要：CIM（城市信息模型）的发展为城市的精细化管理和智慧城市建设提供了新的契机。CIM 自提出以来，已逐步成为国内智慧城市研究的热点，主要体现在对于城市空间全要素高精度模型的表达，以及城市级别海量多源数据和各类模型的汇聚与融合技术上。本文以 BIM（建筑信息模型）数据处理为 CIM 多源数据集成的切入点，从 CIM 整体数据精度标准和具体 CIM 应用数据要求两个角度分别介绍 BIM 数据处理流程与方法。

关键词：CIM；BIM；轻量化

1　引言

　　CIM 是以 BIM、数字孪生、GIS（地理信息系统）、物联网等技术为基础，整合城市地上地下、室内室外和历史、现状、未来多维信息模型数据及城市感知数据，构建三维数字空间的城市信息有机综合体，并依此规划、建造、管理城市的过程和结果的总称。BIM 数据作为建筑和基础设施的三维信息载体，能表达和管理城市历史、现状、未来三维空间的综合模型，满足 CIM 对数据的需求；而 CIM 作为城市级别的模型，与 BIM 模型相较更庞大，数据种类更繁杂。BIM 为 CIM 平台提供微观的空间场景，室外到室内的信息构建，从地理空间信息平台深化至单体项目级、部件级、构件级的微观数据平台，为智慧城市各领域应用提供基础数据底板。2018 年 11 月，住房和城乡建设部将北京城市副中心、河北雄安新区、广州、南京、厦门列入"运用 BIM 模型进行工程项目审查审批和城市信息模型（CIM）平台建设"试点城市。当前 CIM 基础平台和应用平台还处于探索起步阶段，而 BIM 技术经过几十年的探索实施应用已经走向成熟，BIM 能率先为城市的规划、建设、管理全生命周期的城市治理提供技术支撑。BIM 与 CIM 更快更好地交互融合，将大大推进 CIM 平台建设。本文提出 BIM 数据处理的两种方式，从 CIM 精度标准的宏观角度和具体应用层级角度分别介绍其处理流程与方法。

2　BIM 对接 CIM 的主要问题

2.1　数据标准不同

　　就数据规范来说，BIM 采用 GBT 51301－2018 建筑信息模型设计交付标准，而国家级 CIM 数据标准还在意见征求中，可参考的有《城市信息模型（CIM）基础平台技术标准（试行版）》和广州市出台的《城市信息模型（CIM）数据标准》。BIM 数据与 CIM 数据在格式和标准上有很大的不同，这就给多源异构数据处理带来了困难。主流的 BIM 软件和 CIM 平台数据采集软件并不互通，单纯以 IFC 格式进行数据转换会存在信息缺失的问题。同时，BIM 数据存储到 CIM 平台中需要在统一的空间地址和编码上进行衔接与匹配，形成城市统一的空间资产，这涉及 BIM 到 CIM 的空间坐标转换及衔接。

2.2　海量数据冗余

BIM 包含建筑从方案到竣工的全生命周期数据，信息量庞大，而 CIM 为城市层级的海量数据的汇聚，包含更多的多源异构数据。因此将 BIM 数据整合到 CIM 中，面临的重大问题之一就是海量数据冗余轻量化处理问题。以上海市中心为例，其 BIM 模型数据量高达250 GB，三维构件数达 300 万个，而这一数据量到城市级别则将呈几何级别增长，且包含的数据要素种类更丰富，动态迭代速度更快、频率更高，增长速度极快。如果直接采用 BIM 数据存储到 CIM 中，将造成大量的数据冗余、模型处理计算困难、模型动态展示卡顿等问题，BIM 数据轻量化处理是 CIM 实现城市精细化管理的必要措施。因此，依照 CIM 数据标准整合 BIM 数据在数据处理中显得尤为重要。

3　基于 CIM 的 BIM 数据处理

3.1　基于精度标准的 BIM 数据处理

首先梳理 BIM 与 CIM 精度标准划分的差异，针对这些差异整理一套 BIM 数据导入 CIM 的流程，并按照 CIM 分级要求提出了 CIM Ⅳ～Ⅶ级的 BIM 数据处理方法，实现 BIM 数据在 CIM 中的合理转化。

3.1.1　BIM 与 CIM 的数据精度标准差异

按照相关标准，CIM 分级为Ⅰ～Ⅶ级，其中Ⅰ～Ⅲ级分别为地表模型、框架模型、标准模型，更侧重对地形、水利、建筑轮廓、交通设施、管线管廊、地下空间、植被及其他要素的三维表达，均可采用 GIS 数据/激光雷达、倾斜摄影、高分遥感等方式采集建模，不需要集成 BIM 相关数据；Ⅳ～Ⅶ级对模型的精细化程度要求提升，需要 BIM 作为功能级、构件级、零件级 CIM 的数据支撑。

根据 BIM 设计交付标准和 CIM 基础平台技术标准（试行版），将 CIM Ⅳ～Ⅶ级与 BIM 数据对比见表 1。

表 1　CIM Ⅳ～Ⅶ级与 BIM 数据对比

序号	名称	数据源精细度	CIM 内容与特征	BIM 内容与特征	BIM 示例
1	精细模型	<1：500/G1, N1	（CIM Ⅳ级）地形、水利、建筑外观及建筑分层结构、交通设施、管线管廊、植被等，包含内外表皮细节、模型单元的身份描述、项目信息、组织角色等。就建筑模型而言，应包括表达要素三维框架、外轮廓和表面细节的精细模型（白模），结构边长大于0.2 m应细化建模，如添加楼层分割与门窗等，有高分辨率的立面和屋顶细节贴图，符号化几何表达	LOD 1.0（项目级BIM，方案设计模型），主要对象为建筑，一般不包括地形模型	
2	功能级模型	G1－G2，N1－N2	（CIM Ⅴ级）建筑、设施、管线廊道、场地、地下空间要素及其主要功能分区（建筑分层分户），满足空间占位、功能分区等几何精度，增加实体系统关系、组成及材质、性能或属性信息。就建筑模型而言，应有完整的功能模块、立面实体模型、添加建筑内部结构，如房间、过道、楼梯，满足空间占位、主要颜色等粗略识别需求的精度表达	LOD 2.0（功能级BIM，初步设计模型），主要对象为建筑，精度与CIM Ⅴ级一致	
3	构件级模型	G2－G3，N2－N3	（CIM Ⅵ级）建筑、设施、关系廊道、地下空间等要素的功能分区及其主要构件，满足建造安装流程/采购等精细识别需求的几何精度，增加生产信息、安装信息	LOD 3.0（构件级BIM，施工图设计模型、施工深化设计模型、施工实施模型），主要对象为建筑，精度与CIM Ⅵ级一致	
4	零件级模型	G3－G4，N3－N4	（CIM Ⅶ级）建筑、设施、关系廊道、地下空间等要素的功能分区及其主要构件，满足高精度渲染展示、产品管理、制造加工准备等高精度识别需求的几何精度，增加竣工信息	LOD 4.0（零件级BIM，竣工验收模型、运营维护模型），主要对象为建筑，精度与CIM Ⅶ级一致	

3.1.2　基于精度标准的 BIM 数据处理方法

BIM 数据导入 CIM 一般分为四个步骤，首先对数据输入端进行 BIM 审核，包括模型的完整性、几何精度与信息深度是否达到对应级别的标准；然后进行数据预处理，将 BIM 数据的空间参照系统一到 2000 国家大地坐标系（CGCS2000）或依法批准的城市平面坐标系，进行空间位置配准；进而按照 CIM 分级要求对 BIM 模型进行加工；最后对模型对象进行编码和存储。一般处理流程见图 1。

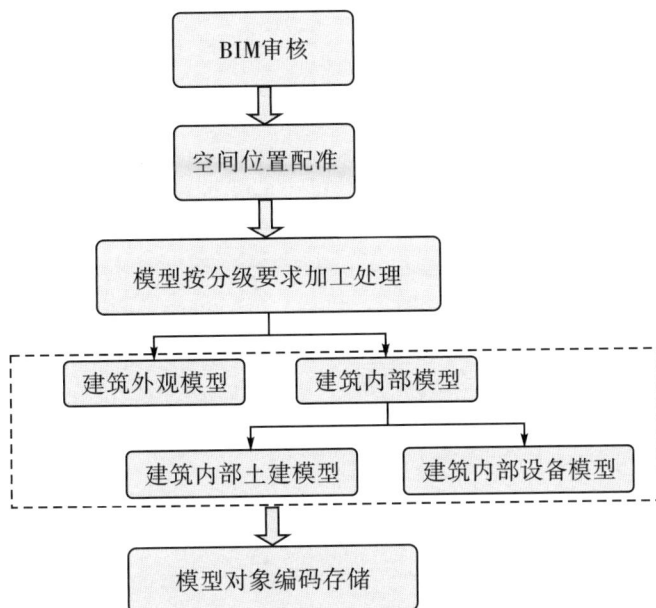

图 1　基于精度标准 BIM 数据处理流程

BIM 涵盖了 CIM 中建筑外观模型、建筑内部模型、交通模型、管线模型、场地模型、地下空间模型等，本文侧重研究建筑 BIM 对接 CIM 的数据处理方法。下面详细介绍 CIM Ⅳ～Ⅶ级的 BIM 数据处理方法。

（1）CIM Ⅳ级 BIM 数据处理。

CIM Ⅳ级对应的 BIM 模型只需 BIM 建筑专业模型，审核模型精度达到 LOD 1.0。将 BIM 分为外观模型与内部模型两部分，分别对应生成 CIM Ⅳ级建筑外观模型与 CIM Ⅳ级建筑内部模型。CIM Ⅳ级建筑内部模型仅保留楼板、内外墙体等要素，删除其他模型细节。

（2）CIM Ⅴ级 BIM 数据处理。

CIM Ⅴ级对应的 BIM 模型主要包含建筑专业模型，可根据需求添加其他专业的模型构件，模型精度为 LOD 2.0。确认模型数据内部无冗余数据，分离模型相对位置关系准确，包括材质、颜色、结构、过滤器、视图样板等，模型属性信息要完整，包括尺寸信息、标识数据、阶段化数据、约束、分析属性、材料和装饰等。所有模型均使用统一定位文件，如项目基点、方向、平面轴网和标高、统一的度量单位，通常初步设计 BIM 直接满足上述要求。同样对 BIM 分为外观模型与内部模型两部分，CIM Ⅴ级建筑内部模型包括建筑内部楼板、内外墙体、过道、楼梯、电梯、门窗等要素，删除其他模型细节。

（3）CIM Ⅵ级 BIM 数据处理。

CIM Ⅵ级对应的 BIM 模型应包含建筑、结构、给排水、暖通、电气、智能化等多个专业模型，模型精度为 LOD 3.0。在 CIM Ⅴ 级审核要求基础上，确认模型按专业进行划分，专业内项目模型应按自然层进行划分，每个专业整合所有楼层、系统的模型，通常施工图设计或深化设计深度 BIM 直接满足上述要求。对 BIM 分为外观模型与内部模型两部分，其中 CIM Ⅵ 级建筑内部模型根据具体条件提取建筑内部楼板、内外墙体、过道、楼梯、坡道与台阶、栏杆、装饰设备/灯具、家具、室内绿化、给排水系统、消防系统、卫浴、空调、配电线路、管道和管道附件、供暖系统、通风系统、信息设施系统、建筑设备管理系统、火灾自动报警系统等要素，删除其他模型细节。

（4）CIM Ⅶ 级 BIM 数据处理。

CIM Ⅶ 级对应的 BIM 模型应包含主要设施设备及其零部件模型，包括给排水、暖通、电气、智能化等多专业模型，精度为 LOD 4.0。由 BIM 的暖通风管系统、暖通水系统、地暖系统等管线、设备箱柜、阀门开关、末端点位等设施设备的零部件信息，转换生成暖通专业 CIM Ⅵ 级零件模型。由 BIM 模型的给排水、消防、喷淋等系统的管线、设备箱柜、阀门开关、末端点位等设施设备的零部件信息，转换生成给排水专业 CIM Ⅶ 级零件模型。由 BIM 模型的电气、照明、报警等系统管线、设备箱柜、阀门开关、末端点位等设施设备的零部件信息，转换生成电气专业 CIM Ⅶ 级零件模型。由 BIM 的弱电桥架、视频监控、巡更、音乐广播、机房等系统设备箱柜、阀门开关、末端点位等设施设备的零部件信息，转换生成智能化专业 CIM Ⅵ 级零件模型。

3.2 基于 CIM 应用的 BIM 数据轻量化处理

针对 BIM 的海量数据冗余问题，本文提出一种数据轻量化的解决方法。根据 CIM 应用场景的不同需求，对 BIM 要素进行提取，以此达到精简、可视化、可量化的目的，更切合 CIM 平台使用者的需求。

为提取 Revit 平台下的 BIM 数据，首先要确定提取 BIM 中的什么信息，其次确定 BIM 提取信息的方式、BIM 的图元分类，最后考虑以何种方式存储这些信息。本次研究以 CIM 的资源调查与登记数据中不动产登记数据为例，分析提取 BIM 要素（表 2）。

表 2 不动产登记数据结构

大类	中类	小类	类型
资源调查与登记数据	不动产登记	地籍分区	矢量
		宗地（关联竣工验收 BIM 的场地元素）	信息模型
		自然幢（关联单体化建筑的竣工验收 BIM）	信息模型
		逻辑幢	结构化数据
		户（关联竣工验收 BIM 的房间）	信息模型

根据 CIM 基础框架中要求的组织结构，宗地、自然幢、户三个数据小类应采用 BIM 数据。本文就自然幢和户的 BIM 数据提取进行要素解析。

首先获取模型深度在 LOD 2.0 的 BIM 初步设计模型为数据样本。提取建筑专业 BIM，确认模型按内外、分层分区域的模型结构，并且分离模型相对位置关系准确，如模型未按照上述标准整合需手动调整。与自然幢相关的 BIM 仅保留建筑外部模型，即外立面（包括阳台、入口台阶、雨篷等外部构件）与屋顶的几何信息与材质信息。与户相关的 BIM 包括建筑内部模型。

自然幢和户提取的是 BIM 的几何信息及其相关属性信息，Revit 中的图元可以初步划分为三大类：模型图元、基准图元和视图专有图元。模型图元包括建筑主体和模型构建，一般是指建筑中的三维实体模型，如墙体、楼板、窗、屋顶等。基准图元是帮助定义项目中模型位置的图元，包括标高、网轴参照平面等。视图专有图元包括注释图元和详图。经过模型删减重组后，对其中的模型图元全部提取，材料信息全部提取，对基准图元及视图专有图元选择性提取。此外，根据需求还应满足可选择性的提取模型与自然幢和建筑内部相关的属性信息。对需要提取的模型信息分析见表3、表4。

表3　自然幢 BIM 提取信息分析表

内容	自然幢 BIM 提取的信息						
项目基本信息	项目名称	项目编号	建设地点	建筑分类	设计单位名称	建设单位名称	施工单位名称
技术经济指标	建筑基底面积	容积率	主要建筑高度	主要建筑层数	主要建筑层高	停车泊位数	
常规	标高	立面	体积				
视图	视图名称	视图比例	详细程度				
墙体面层和构造层（建筑外墙）	ID	几何数据	位置	底高度	材质		
窗的框材、嵌板、主要安装构件（外立面）	ID	几何数据	位置	构件类型	材质		
屋顶面层、构造层、檐口	ID	几何数据	位置	坡度	材质		
幕墙嵌板/主要支撑构件	ID	几何数据	位置	构件类型	材质		
阳台和雨篷	ID	几何数据	位置	底高度	材质		

表4　户 BIM 提取信息分析表

内容	户 BIM 提取的信息						
项目基本信息	项目名称	项目编号	建设地点	建筑分类	设计单位名称	建设单位名称	施工单位名称
建筑内部信息	建筑名称	建筑编号	楼层数	楼层编号	房间数	房间编号	
常规	标高	立面	体积				
视图	视图名称	视图比例	详细程度				

续表

内容	户 BIM 提取的信息						
墙体构造层（建筑内墙）	ID	几何数据	位置	底高度	材质		
窗的框材、嵌板（建筑内部）	ID	几何数据	位置	构件类型	材质		
楼/地面的构造层	ID	几何数据	位置	底高度	材质		
柱	ID	几何数据	位置	底高度	材质		
楼梯的梯段和踏步	ID	几何数据	位置	底高度	材质		
栏杆的扶手、栏板	ID	几何数据	位置	构件类型	材质		

　　按照表格的数据结构提取某地住宅 BIM，实现 BIM 数据在不动产登记应用中的合理转化。由于目前初步设计阶段 BIM 涉及的项目比较少，本次案例采用的是 LOD 3.0 施工图深度 BIM 模型进行轻量化处理。对于户 BIM 模型，删除其中门、灯具、家具、内饰墙面、踢脚、天花板、淋浴设备等冗余构件，大大减少存储空间，在满足不动产登记应用的前提下实现模型最大化精简（图 2、图 3）。

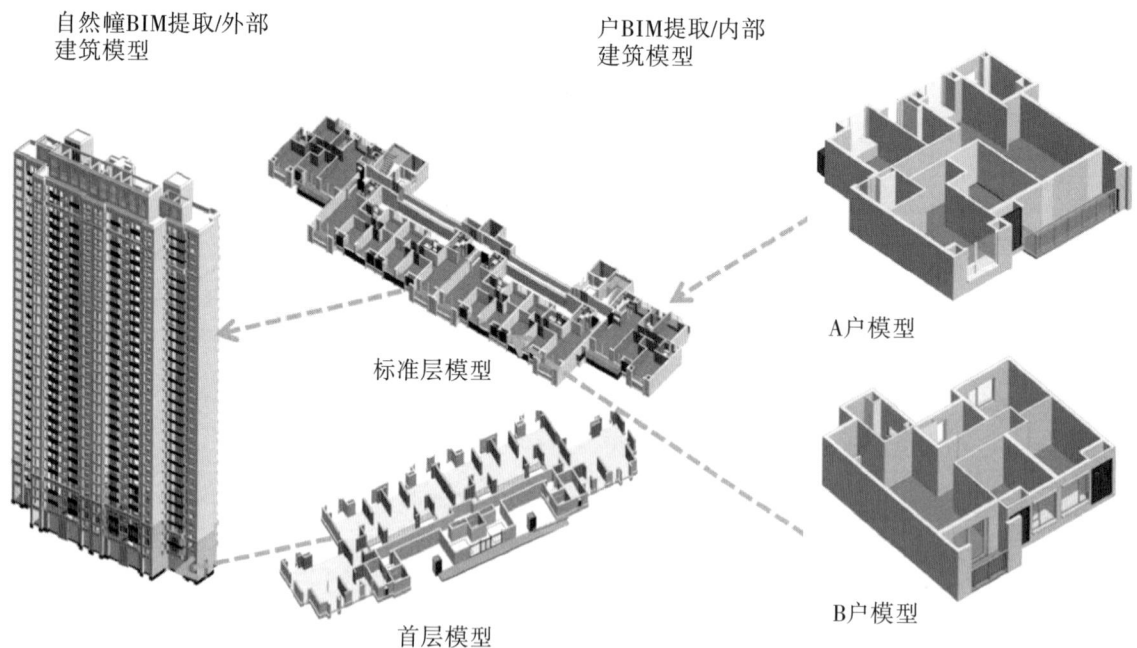

图 2　依据不动产登记提取 BIM 要素示意图

户BIM处理前 户BIM处理后

A户BIM

B户BIM

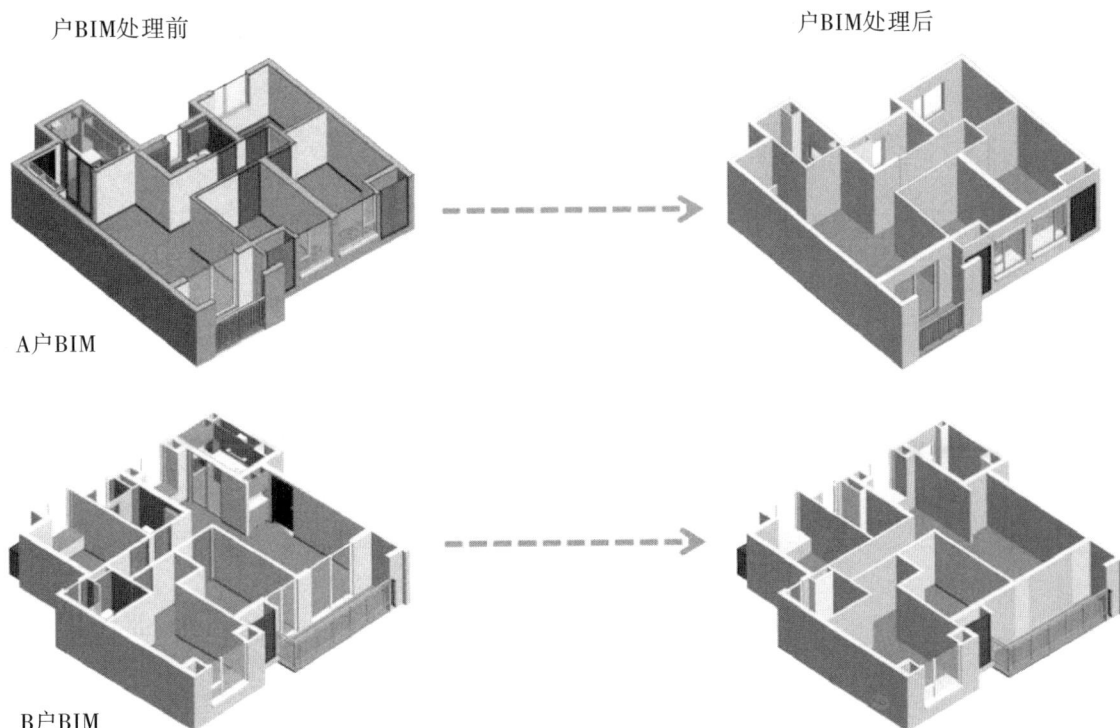

图3 户BIM处理前后对比图

4 结语

当前CIM依然处在探索阶段，是从理论到实践逐步走向成熟的过程，相关理论探索、标准编制、实际项目落地同步进行，如何利用好BIM数据，对CIM基础数据平台的发展和"CIM＋领域应用"深度将起到关键作用。本次研究突出多维数据特征，通过CIM精度标准和"CIM＋应用"两个维度的数据梳理，力图找到基于CIM的BIM数据处理方法和流程，实现与数据的无缝对接。然而海量数据存储和分析技术不成熟、标准体系不健全等问题确实存在，需要多方努力才能逐步规范完善。

［参考文献］

[1] 卢勇东，杜思宏，庄典，等. 数字和智慧时代BIM与GIS集成的研究进展：方法、应用、挑战[J]. 建筑科学，2021（4）：126-134.

[2] 季珏，汪科，王梓豪，等. 赋能智慧城市建设的城市信息模型（CIM）的内涵及关键技术探究[J]. 城市发展研究，2021（3）：65-69.

[3] 高喆. 基于WebGL的建筑信息模型展示系统研究[D]. 北京：北京建筑大学，2018.

[4] 彭琛，朱永磊，窦强，等. 面向运维的建筑BIM模型轻量化技术及实践研究[J]. 建筑科技，2021（3）：107-111.

[5] 张晗玥. 基于WebGL的BIM模型可视化方法研究[D]. 西安：西安建筑科技大学，2017.

[6] 徐旻洋. 基于BIM＋GIS城市大数据平台的智慧临港应用示范[J]. 土木建筑工程信息技术，2021（2）：139-144.

[7] 曹祎楠. 融合 BIM 与 GIS 的三维空间数据可视化研究 [D]. 北京：北京建筑大学，2020.

[作者简介]

曹　伟，合肥众智软件有限公司副总经理。

陈　锋，硕士，合肥众智软件有限公司产品经理。

林雪莹，硕士，洛阳众智软件有限公司研究专员。

基于多源数据的"宜荆荆恩"城市群人口专题研究

□周　勃

摘要：2021年4月，湖北省人民政府发布"十四五"规划纲要，提出构建"一主两翼"区域发展布局，推动"宜荆荆恩"城市群建设，推进区域一体化发展和优势互补。本文综合运用统计年鉴等传统数据，以及百度迁徙等互联网大数据，分别从城市群、市（州）、区（县）三个尺度开展了"宜荆荆恩"城市群的人口专题分析。分析内容分为两个部分：一是城市群以及四市（州）、各区（县）的人口规模、城镇化水平和变化趋势，以此来评估城市群在整个湖北省内的体量和能级；二是城市群与国内主要城市、周边重要城市，以及城市群内部的人口迁徙特征，以此来评估城市群在宏观尺度下的外向性及其内部的区域协同性，最终为"宜荆荆恩"城市群国土空间规划的编制工作提供现状评估的参考，为城市群的区域协同发展提供指引。

关键词：宜荆荆恩；人口；百度迁徙；区域协同；数据赋能

1　研究背景及目的

2019年5月，中共中央、国务院印发《关于建立国土空间规划体系并监督实施的若干意见》，要求建立"五级三类"国土空间规划体系，按照国家、省、市、县、乡镇分级开展国土空间规划编制，全面提升国土空间治理体系和治理能力现代化水平。

按照湖北省国民经济和社会发展第十四个五年规划和2035年远景目标，着力构建"一主引领、两翼驱动、全域协同"的区域发展布局，推进"宜荆荆恩"城市群一体化发展，实现基础设施互联互通、产业发展互促互补、生态环境共保联治、公共服务共建共享、开放合作携手共赢。

在此背景下，宜昌、荆州、荆门、恩施四地政府共同开展了"宜荆荆恩"城市群国土空间规划的编制工作。为精准研判"宜荆荆恩"城市群区域特征，有效提升规划工作的科学性和客观性，本次"宜荆荆恩"城市群国土空间规划的编制工作，辅助开展了基于多源数据的人口专题研究。

2　研究对象

本次研究的数据包括传统的统计年鉴数据和百度迁徙等新来源大数据。其中，统计年鉴数据分为市统计年鉴和湖北省统计年鉴，本次研究分别收集了近5年来的年鉴数据；百度迁徙数据主要收集了2021年春节期间、2021年"五一"小长假期间，以及2021年3—4月平日的区（县）级人口迁徙数据。

比较传统数据和大数据，两者各有特点：传统数据大多以市（州）、区（县）为单元进行统计，颗粒度较大，无法在微观层面开展更精细的研究，但是传统数据主要由官方政府机构发布，统计样本全面，权威性高，是开展区域研究的主要依据；大数据统计颗粒较为精细，可以精确落到空间点位，是开展微观层面研究的主要依据，但是大数据来源较为多元，以互联网企业为例，百度、腾讯、阿里占据了全国大部分的网络应用，三者各自拥有较为稳定的用户群体，但是均无法覆盖所有的网民及非网民，因此大数据的统计样本无法实现全覆盖。

本次研究将大数据和传统数据相结合，取长补短，以传统数据为基础，大数据作为传统数据的延伸和细化，从而达到最理想的分析条件。

3 案例分析

基于多源数据开展城市群尺度下的区域人口研究是一次创新的尝试，目前行业内尚未形成完全成熟、可套用的技术路线。因此，以武汉城市圈作为类比参照，本次研究初期主要收集了与武汉城市圈人口研究相关的文献案例，其中的典型案例如下。

3.1 基于特征日出行大数据的武汉城市圈跨城功能联系状态研究

本文利用全年客运数据识别武汉城市圈的跨城功能联系，试图以 2018 年全年工作日、双休日和节假日三类特征日的跨城出行特征来了解武汉市与周边城市的跨城功能联系，从功能同城化的角度来认识武汉城市圈。同城化过程是中心城市因为功能的互补或协同而与周边城市产生联系的互动过程：工作日的跨城出行表示了中心城市与周边城市之间的"居住—工作"的功能联系，即跨城通勤出行；节假日的跨城出行表示了中心城市与周边城市之间的"居住—游憩"的功能联系，表现为高频次人口交换。可以初步认为，跨城功能联系的强弱可以用作识别和界定武汉市同城化范围的影响因素之一。

随着快速交通体系的完善和社会经济的合作共建，未来武汉城市圈的中心城市将会进一步加强与周边城市的功能联系，武汉同城化范围也会进一步扩大。本文对于武汉城市圈内城市间功能联系判别和武汉同城化范围界定具有一定的研究意义。

3.2 武汉城市圈人口分布的时空格局

本文基于 1990—2010 年人口统计数据，结合数理统计分析方法和 GIS（地理信息系统）空间分析方法，探讨了武汉城市圈人口空间分布的时空格局分异规律。主要研究内容包括武汉城市圈人口分布的时序变化趋势、武汉城市圈人口格局的空间分异特征、武汉城市圈人口格局的动力机制三个方面。

进行区域人口时空动态变化及其影响因素的相关研究，对认识一定社会阶段的区域人口增长规律、经济条件、人口政策等对人口时间和空间变化的影响，制定和实施区域社会、经济发展战略和规划有着重要作用。

3.3 案例启示

通过相关案例的学习，本文运用多源数据开展区域人口分析主要有两个研究方向：一是运用传统的统计年鉴数据，分析人口的规模、变化趋势和空间分布特征；二是运用时空大数据，反映区域之间的通勤特征，从而分析地区之间的功能联系。综上所述，本次研究拟从以上两点入手，对"宜荆荆恩"城市群的人口规模和地区联系开展分析。相对于武汉城市圈以武汉市为核心的研究对象，"宜荆荆恩"城市群的研究更侧重于区域的协同一体化，因此，本次研究将城市群人口的联系强度作为研究重点。

4　数据收集和处理

　　根据研究需要，本次数据收集工作包括传统数据收集和互联网大数据收集。其中，传统数据主要用于宏观层面分析，大数据主要用于微观层面分析，是传统数据的延伸和细化。为保障数据准确可用，在数据收集完成后还需对不同类型的数据进行数据清洗、空间化和可视化等处理。

4.1　数据收集

　　传统数据主要包括全省及四市（州）近5年（2016—2020年）的统计年鉴，具体见表1。

表1　传统数据收集

数据来源	数据项
宜昌市统计局	宜昌统计年鉴（2016—2020年）
荆州市统计局	荆州市统计年鉴（2016—2020年）
荆门市统计局	荆门市统计年鉴（2016—2020年）
恩施州统计局	恩施州统计年鉴（2016—2020年）
湖北省统计局	湖北省统计年鉴（2020年）

　　为研究不同尺度下的人口迁徙特征，本次共采购三项百度人口迁徙数据，分别为"全国—城市群人口迁徙数据""四市（州）间人口迁徙数据""区县级人口迁徙数据"。数据样本的采集时间分为2021年春节前一周、2021年"五一"假期，以及2021年3—4月，数据格式均为txt文本（图1）。

图1　百度人口迁徙数据

4.2 数据处理

根据原始数据特征，采用新来源数据的处理技术，数据处理流程分为数据清洗、数据空间化、数据统计汇总和数据可视化四部分。

（1）数据清洗。

数据清洗首先需对数据进行属性清洗，依次进行数据内容解析、缺失值处理、异常值处理和去重处理；然后运用地理编码工具，将文本数据转换成空间数据，进行空间几何数据清洗，包括异常位置数据处理和重复几何数据处理。

①数据内容解析：根据文本数据内容，解析数据内容，提取有效信息。

②缺失值处理：对文本数据中有缺失的信息进行标注反馈，补充缺失值。

③异常值处理：对文本数据中异常大或异常小或是类型不同的值进行标注反馈，经确认后修改或删除。

④去重处理：对文本数据中重复的数据进行标注反馈，经确认后删除。

⑤异常位置数据处理：对空间数据中超出范围外或位置不准确的数据进行处理。

⑥重复几何数据处理：对空间数据进行拓扑检查，对重复的数据进行处理。

（2）数据空间化。

为方便数据分析使用，将分散的数据进行整合，对没有空间信息的数据进行地理编码，统一成 SHP 格式、WGS84 坐标数据。通过空间关联技术实现空间几何和属性的关联。

（3）数据统计汇总。

数据统计汇总运用空间统计和空间关联技术，将分散的数据汇总到各个单元内。

（4）数据可视化。

数据可视化基于 Kepler、Tableau、ArcGIS、Geohey 等平台，可视化效果良好。

5 人口规模特征

2019 年度，"宜荆荆恩"地区的总人口为 1600 万人，占全省总人口的 27％。荆州市人口最多、荆门市人口最少。与湖北省内城市横向比较，"宜荆荆恩"四市（州）的人口规模处于中等偏上位置（图 2）。

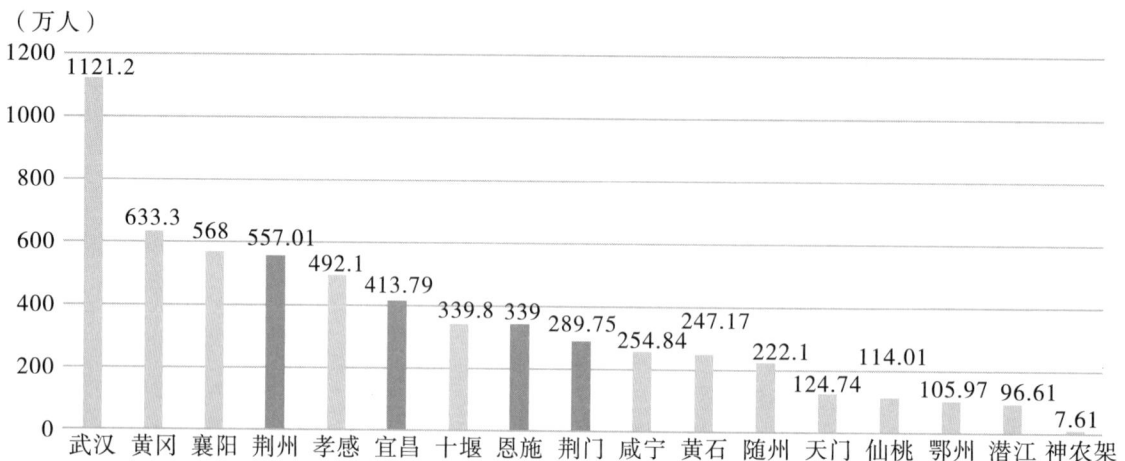

（万人）

图 2　湖北省各市（州）2019 年常住人口

纵向比较，荆州、荆门近 4 年人口为负增长，宜昌、恩施近 4 年人口为正增长（表2）。

表2 宜昌、荆州、荆门、恩施四市（州）2016—2019 年常住人口

单位：万人

城市	2016 年	2017 年	2018 年	2019 年
宜昌市	413.00	413.56	413.59	413.79
荆州市	569.79	564.17	559.02	557.01
荆门市	299.64	294.42	292.85	289.75
恩施土家族苗族自治州	334.60	336.10	337.80	339.00

按照区（县）统计，宜昌市辖区人口集聚效应明显，监利县（现监利市）、钟祥市的常住人口超过了 100 万，是人口规模最大的县（市）。城市群内 28 个区（县、市）2019 年度人口规模见表3。

表3 宜昌、荆州、荆门、恩施四市（州）2019 年度各区（县、市）人口规模

城市	区（县、市）	人口规模（万人）	城市	区（县、市）	人口规模（万人）
宜昌市	宜昌市	152.38	荆州市	公安县	83.78
	宜都市	38.41		松滋市	76.76
	枝江市	49.01	荆门市	荆门市	71.50
	当阳市	46.40		沙洋县	55.98
	远安县	18.39		京山市	62.17
	兴山县	16.60		钟祥市	100.10
	秭归县	35.40	恩施土家族苗族自治州	恩施市	78.36
	长阳土家族自治县	38.20		利川市	67.45
	五峰土家族自治县	19.00		建始县	42.40
荆州市	荆州市	125.18		咸丰县	31.14
	江陵县	33.88		巴东县	43.19
	洪湖市	80.68		宣恩县	30.92
	监利县	100.72		来凤县	25.02
	石首市	56.01		鹤峰县	20.55

6 人口迁徙特征

对于人口迁徙特征的研究分为城市群、市（州）、区（县）三个尺度。城市群层面主要分析城市群与全国重要城市的联系；市（州）层面主要分析四市（州）与成渝城市群、武汉城市圈、长株潭城市群、"襄十随神"城市群的联系；区（县）层面主要分析城市群内部之间的联系。

6.1 城市群人口迁徙特征

国内重要城市中，武汉是"宜荆荆恩"城市群总体联系最紧密的城市，国内四大城市中与广州、深圳联系较多，与北京、上海联系较少；其次，与邻近的重庆、长沙联系较多，位于第

二梯队；第三梯队主要有温州、佛山等（图3）。

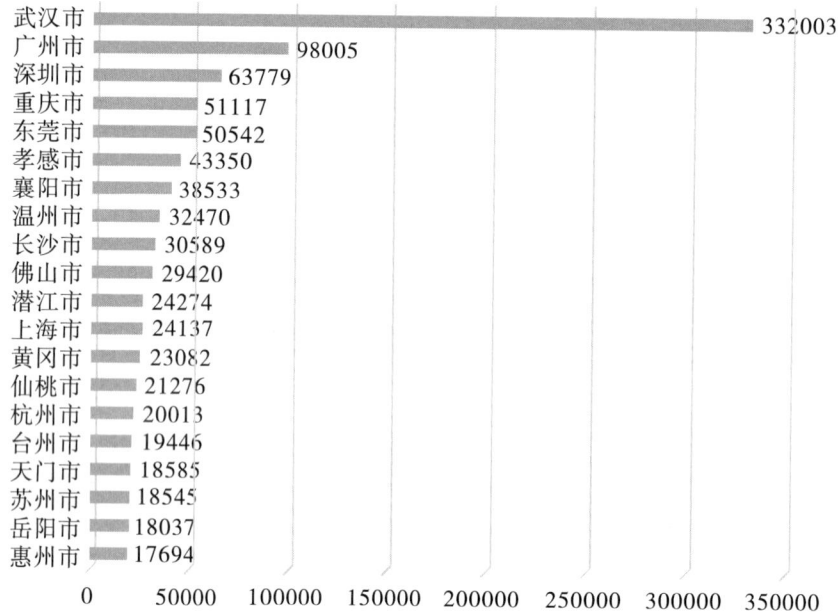

图3 "宜荆荆恩"城市群与国内主要城市联系度

6.2 四市（州）人口迁徙特征

四市（州）对周边城市群的人口联系中，与武汉城市圈的联系最多；此外，荆州与接壤的长株潭城市群、恩施与接壤的成渝城市圈有较多联系，整体与"襄十随神"城市群联系较少（图4）。

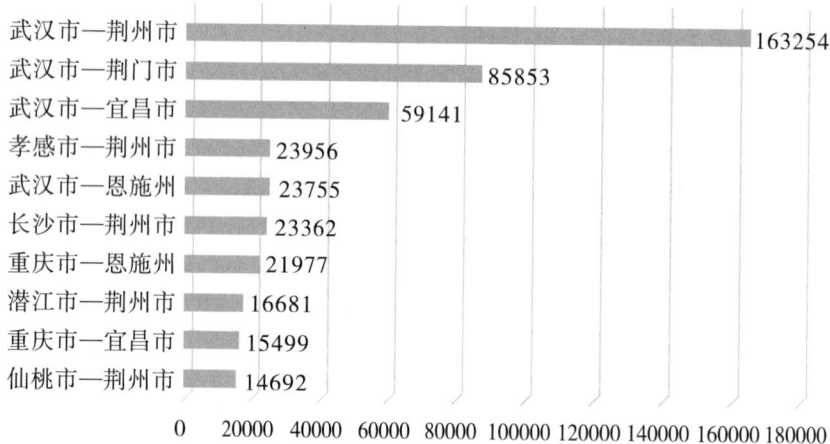

图4 "宜荆荆恩"城市群与周边城市联系度

6.3 区（县）间人口迁徙特征

区域之间的联系主要以市内联系为主，主要集中在四市（州）的中心城区。跨市（州）联系度较高的区域包括荆州松滋—宜昌宜都、荆州—荆门沙洋、恩施—宜昌（图5）。

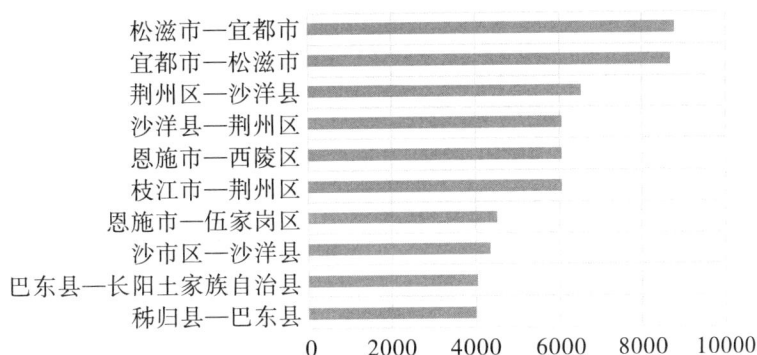

图 5　区（县、市）级人流联系度

7　结语

7.1　研究小结

本文通过对人口规模、变化趋势、迁徙特征的分析，对"宜荆荆恩"城市群的人口专题研究总结如下。

（1）宜昌、恩施人口呈增长趋势。

虽然宜昌市人口规模不是最大，但是在四市（州）中城镇化水平最高，对于周边人口具有较大吸引力，近年来人口增速较快，在城市群内形成集聚态势。此外，恩施土家族苗族自治州人口在近年来呈稳定增长趋势，为城市发展注入新的活力。

（2）武汉是"宜荆荆恩"城市群对外联系度最高城市。

"宜荆荆恩"城市群人口迁徙活动中，武汉市是城市群对外联系度最高的城市，甚至高于城市群内市（州）之间的联系强度。

（3）宜昌—荆州市人流联系密切。

市（州）级人口迁徙活动中，宜昌、荆州与其他市（州）的人流联系较为紧密，恩施在城市群内的人流联系度较低。

（4）松滋—宜都、荆州区—沙洋县联系度较高。

区（县）级人口迁徙活动中，松滋市—宜都市、荆州区—沙洋县之间的人口流动强度大，是区县间人口流动的重要节点。

7.2　本次研究创新点

本次人口专题研究综合运用了统计年鉴中的传统数据以及基于百度慧眼的互联网大数据，两者交叉相互印证，提高了研究结论的准确性。其中，年鉴数据主要用于分析人口规模、城镇化率等宏观尺度下的人口特征；百度慧眼数据主要用于分析人口迁徙等微观尺度下的人口特征。相较于过往以传统年鉴数据为主的人口专题研究成果，此次研究成果要更加精细和精确。

7.3　本次研究有待改进之处

由于各区（县）统计数据的发布无法同步，本次人口专题的研究未能使用 2020 年采样的第七次全国人口普查数据。对于人口专题的研究而言，人口普查数据的研究价值非常重要，未能纳入本次研究实属遗憾。此外，受新冠肺炎疫情影响，近两年的人口迁徙数据相较于往年特征差异较大。本次采购的百度迁徙数据包括 2021 年春节数据、2021 年"五一"假期数据，以及 2021 年 3—4 月的平日数据，经数据清洗处理，2021 年春节及"五一"假期的人口迁徙特征相较于 2020 年和 2019 年的均有较为明显的特征差异，因此也未纳入本次研究范围，最终本次研究仅保留了 2021 年 3—4 月的平日数据，对总体数据研究有一定程度的影响。

[参考文献]

[1] 詹萌，詹庆明．基于特征日出行大数据的武汉城市圈跨城功能联系状态研究 [C] // 中国城市规划学会城市规划新技术应用学术委员会，广州市城市规划自动化中心，深圳市规划国土房产信息中心．智慧规划·生态人居·品质空间：2019 年中国城市规划信息化年会论文集．南宁：广西科学技术出版社，2019.

[2] 余瑞林，刘承良，杨振．武汉城市圈人口分布的时空格局 [J]．长江流域资源与环境，2012（9）：1087-1092.

[作者简介]

周　勃，硕士，工程师，任职于武汉市规划研究院。

基于信息化和大数据思维的广州市历史文化名城保护研究

□覃　劼

摘要：近年来，国家提出要运用大数据辅助实现政府决策科学化、社会治理精准化。信息化与大数据技术对于历史地段的保护与"绣花"式的更新规划将起到积极作用。本文以广州市历史文化名城保护规划工作为研究对象，梳理历史文化名城保护的数据特征，结合文化名城保护行政规划管理工作提出数据分析应用的提升建议。

关键词：历史文化名城；信息化；大数据；规划管理

1　引言

随着信息技术的飞速发展与广泛应用，信息化与大数据技术已成为支撑城市规划管理的重要手段。我国提出要运用大数据提升国家治理现代化水平，建立健全大数据辅助科学决策和社会治理的机制，推进政府管理和社会治理模式创新，实现政府决策科学化、社会治理精准化、公共服务高效化。

历史文化名城内的地块相较新城具有更复杂的经济社会状况、更多元的现状建成环境和更严格的保护控制要求，因此探索运用现代信息技术和数据处理能力提升历史文化保护更新工作质量具有重要的创新和现实意义，同时也是提升城市规划精细化、品质化和促进城市治理能力现代化的有效途径。广州作为首批国家历史文化名城之一，已基本构建历史文化名城的数字化管理体系，但仍处于数据库搭建完善的阶段，在利用数据分析辅助决策方面还存在较大提升空间。本文主要从规划行政管理的角度，研究利用数据分析手段优化广州历史文化名城保护规划管理的工作方式，促进从"依靠经验"的定性管理方式向"数据驱动"的精准治理方式迈进。

2　广州历史文化名城数据利用分析框架

本文将围绕基础数据和应用服务（包含应用功能与应用平台）两个方面，对广州历史文化名城保护工作的数据利用情况进行分析，按照"以问题为导向，以数据为基础"的原则，围绕历史文化名城保护利用行政管理中的实际需求与面临问题，以各类历史文化名城数据资源为基础，对广州历史文化名城基础数据和应用服务提出提升建议（图1）。

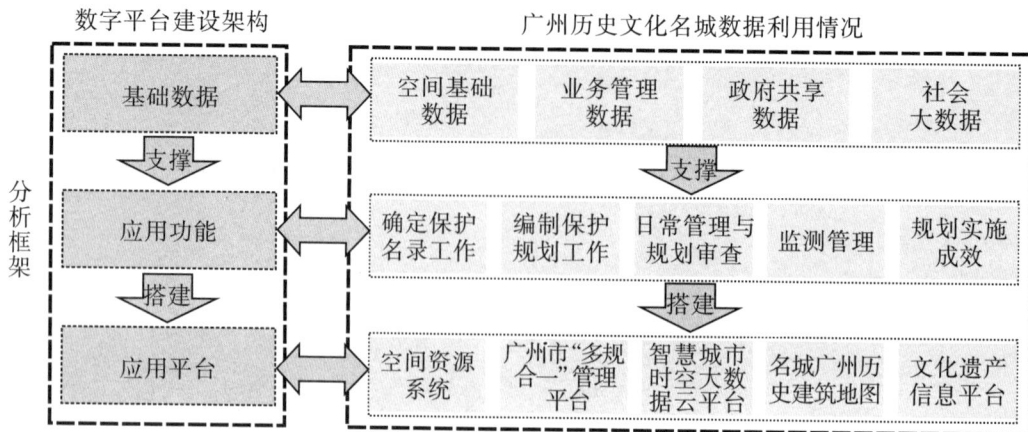

图 1　广州历史文化名城数据利用分析框架示意图

3　广州历史文化名城数据利用情况

3.1　基础数据

3.1.1　数据类型

　　历史文化名城作为一个鲜活的有机体，通过数据进行描述和转译，需涉及多种类型的数据信息。按照数据类型特征的分类原则，可分为空间基础数据、业务管理数据、政府共享数据、社会大数据。以下从这四个方面研究历史文化名城的数据现状情况（表1）。

表 1　数据完善度分析表

数据类型	数据成熟度			
	好	较好	一般	差
空间基础数据	●			
业务管理数据		●		
政府共享数据			●	
社会大数据				●

　　（1）空间基础数据。

　　空间基础数据是对国土实体空间描述的基础，具体包括矢量数据、影像数据、高程模型、三维模型等。目前历史文化名城的空间基础数据在二维的矢量数据、影像数据方面已较为完善，在三维的高程模型、三维模型的数据上仍较为欠缺，还未构建出一个全覆盖的数字三维模型。

　　（2）业务管理数据。

　　业务管理数据即广州市规划和自然资源局在规划管理工作中产生的数据，包括土地管理、规划管理、测绘管理、执法监察等数据。其中，涉及名城保护工作的主要为规划管理数据，包括历史文化名城各层次保护规划成果、历史地段规划审批案件等。从 2019 年起，历史文化名城各层次保护规划成果按照名城保护规划确立的保护体系和实际业务管理需求进行了内容框架与属性信息的梳理并持续更新，数据框架与内容较为合理完整。

（3）政府共享数据。

历史文化名城的保护利用需运用到其他市直部门掌握的基础数据，包括人口、法人、城管、交通、环保、文物、林业等部门的数据。目前已基于"多规合一"构建了全市性跨部门、跨层级业务协同平台，搭建了发展改革委、工信局、教育局等 20 个市直部门的信息数据框架。但在实际数据的共享收集上还未完善，尤其是涉及文物、林业行政主管部门管理的文物、古树名木等名城数据，还未能按照统一的数据标准进行及时更新上网。

（4）社会大数据。

社会大数据包括互联网在线抓取数据、物联网实时感知数据，该类数据的收集是高度运用新一代信息技术的产物，可实现对现实空间的快速化、数字化转译。但该类数据除其显性价值外，还需人工建立算法来进一步提炼数据的价值，用以实现对现实空间的评价与判断。目前在该类数据的收集和算法建立上还较为欠缺，建议后续结合规划管理具体工作要求进行提升。

3.1.2　数据特点

（1）类型丰富。

历史文化保护对象涉及面广，从宏观层面如自然地貌、水系、历史城区范围内其他对象、非物质文化遗产等，到中观层面如历史文化街区、历史文化名镇、名村、历史风貌区、传统村落，再具体到单个历史建筑都是保护主体。责任主体有政府、企业、一般市民，主体类型具有多样性。保护规划所规范的行为包括建设、开发、修缮行为以及日常使用维护、活化利用。管理周期从建设到日常使用达到全覆盖。如此多元、复杂的情况，必然产生类型丰富的数据信息。

（2）定性信息多、定量信息少。

历史文化名城是承载了文化内涵的特殊物质空间，目前对于历史文化名城保护与利用多以文字性的描述为主，可量化的指标仅有控高要求，导致名城保护的数据多以文字和图像形式为主。由于文字描述的局限性和模糊性，就要求加强科学算法的研究，将文字描述与定量评判联系起来，实现后期的分析与判断。同时也要求加强图像信息呈现技术，如三维数据信息的完善、历史风貌模拟技术的提升。

（3）数据来源多元。

历史文化名城保护相关数据涉及市、区两级政府多个部门。由区、镇人民政府具体实施，街道办、村委负责日常巡查、核查、报告；由市城乡规划行政管理部门统筹名城保护工作（保护规划、名录编制）；市房屋行政管理部门负责结构安全、使用和修缮监管；城市管理综合执法机构进行行政处罚；文物、财政、土地、建设、城市管理、公安、环境保护、水务、交通、林业园林、城市更新、旅游、宗教、港务等部门依据职责，共同做好名城保护和监督管理的相关工作。此外，还需要大量来自市场、社会、群众的数据，包括房屋价格、人流量、人群偏好、居民意见等，这就导致了名城数据来源的多元化。

3.2　应用服务

3.2.1　应用平台建设情况

目前，历史文化名城保护数据搭载系统平台包括广州市规划和自然资源局的空间资源系统、广州市"多规合一"管理平台、智慧城市时空大数据云平台、规划和自然资源数据统计分析支撑系统（计划建设）、名城广州历史建筑地图、广州市文化广电旅游局的文化遗产信息平台。

广州市规划和自然资源局的空间资源系统、广州市"多规合一"管理平台、智慧城市时空大数据云平台、规划和自然资源数据统计分析支撑系统（计划建设）均为广州市规划和自然资源局内部系统，使用同一个数据库，提供不同的服务功能；名城广州历史建筑地图为对外服务平台，提供广州历史建筑的数据信息（表2）。

表2　历史文化名城保护数据搭载系统平台列表

序号	平台名称	隶属单位
1	空间资源系统	广州市规划和自然资源局
2	广州市"多规合一"管理平台	
3	智慧城市时空大数据云平台	
4	名城广州历史建筑地图	
5	文化遗产信息平台	广州市文化广电旅游局

空间资源系统于2005年投入使用，是服务于广州市规划和自然资源局内部业务管理的信息数据系统。广州市"多规合一"管理平台于2018年启用，是广州市CIM（城市信息模型）平台的重要组成部分，是广州市首个基于"多规合一""一张图"的全市性跨部门、跨层级业务协同平台。智慧城市时空大数据云平台是广州市作为国家首批智慧城市试点的建设成果，是广州市空间信息共享交换与协同应用的载体。名城广州是广州市规划和自然资源局委托广州市岭南建筑研究中心运营管理的微信公众号，旨在打造为广州历史文化名城保护利用进行宣传推广、信息发布和学术交流的平台。公众号内设有历史建筑地图板块，面向全社会提供历史建筑信息查询功能。文化遗产信息平台是不可移动文物、历史建筑、传统风貌建筑、古树名木单体保护对象的基础时空数据平台。

3.2.2　平台应用功能情况

（1）数据内容收集方面。

空间资源系统中历史文化名城保护数据分类最细致、内容最齐全，其余四个平台现有数据较少，还存在现有数据中如不可移动文物、历史文化街区等数据信息滞后，以及上网数据未能及时更新修正的问题。此外，还缺乏现状土地与房屋信息。目前各平台的数据主要为规划成果和信息，对于城市基本现状和运作情况难以用数据进行分析与衡量。当今大数据时代，社会上丰富多元的数据信息将是辅助政府决策管理的重要资源，城市现状数据的掌握和分析是提高城市治理能力的重要手段，也是未来改革提升的重要路径。

（2）数据统计分析方面。

智慧城市时空大数据云平台、文化遗产信息平台具备指定范围内相关数据统计及分析功能，可针对现状数据快速形成现状分析报告和可视化图表，其余三个平台暂无统计分析功能。目前平台数据信息以展示现成信息为主，数据的统计、对比功能缺失严重，导致在日常规划管理决策工作中需要简单的统计信息、图纸表格也得花费大量的时间进行整理统计，降低了行政效率和决策水平（图2）。

4　广州历史文化名城保护基础数据与应用功能提升研究

本次研究的原则是"以问题为导向，以数据为基础"，围绕历史文化名城保护利用行政管理中的实际需求与面临问题，以各类历史文化名城数据资源为基础，挖掘历史文化名城保护利用数据的显性价值，建设统一的统计分析支撑系统，使大量的数据积累成为业务管理、管理优化、高层决策的核心依据。

广州市规划和自然资源局				广州市文化广电旅游局
广州CIM规划和自然资源信息平台（局内）			局外	
1 空间资源系统	2 "多规合一"平台	3 时空云平台	4 名城广州	5 文化遗产信息平台
广州市规划和自然资源局空间资源系统于2005年投入使用，是服务于广州市规划和自然资源局内部业务管理的信息数据系统。	广州市"多规合一"管理平台于2018年启用，是广州市首个基于"多规合一""一张图"的全市性跨部门、跨层级业务协同平台。	智慧城市时空信息云平台是广州市作为国家首批智慧城市试点的建设成果，是广州市空间信息共享交换与协同应用的载体。目前仍在建设完善当中。	名城广州是市规划和自然资源局委托岭南中心运营管理的微信公众号，公众号内设有历史建筑地图版块，面向全社会提供历史建筑信息查询功能。	文化遗产信息平台是不可移动文物、历史建筑、传统风貌建筑、古树名木单体保护对象的基础时空数据平台。
优势：数据完善、更新及时。平台使用频率最高。	优势：包含全市各职能部门数据。	优势：数据承载能力和数据分析能力强。	优势：可在外网和手机查询。	优势：具备基本数据统计功能。
劣势：名城数据统计分析能力较弱。	劣势：无数据统计分析。	劣势：数据不完整，平台仍在建设，功能暂未全部开放。	劣势：仅提供历史建筑数据，无数据统计、分析功能。	劣势：建设单位非名城保护行政主体，保护对象数据不完整。

图2 现有平台历史文化名城保护数据应用分析优劣势对比

4.1 基础数据提升研究

4.1.1 统一数据格式标准

历史文化名城保护的数据涉及广州市规划和自然资源局、住房城乡建设局、林业园林局等多个市直行政部门，亟需建立统一的数据标准和入库机制，打破行政壁垒和信息孤岛，不同的行政单位需提交统一格式的入库数据，确保历史文化名城保护数据的完整性和时效性。在统一数据格式标准工作上，广州市规划和自然资源局已有一定工作基础：一是制定了《广州市"一张图"历史文化图组上网入库成果标准》，统一了广州市城乡规划"一张图"历史文化图组的内容、深度及格式，指导设计单位的规划编制工作，便于将历史文化保护各层次规划纳入"一张图"历史文化图组；二是开发了"控规通"历史文化街区保护利用规划子模块，实现历史文化街区保护利用规划的辅助设计功能、智能化技术审查功能以及规划成果一键转化上网功能。接下来，建议进一步加强与其他市直部门的对接，在全市统筹的基础上实现数字资源的互通。

4.1.2 完善历史文化名城数据库

根据《广州历史文化名城保护规划》确定的保护名录，梳理各类保护对象的数据信息，包括空间矢量信息、基础属性信息、保护规划信息、实施动态信息等。注重规划日常管理使用频率高的数据的更新。

4.1.3 拓展数据采集方式

依托现行一库三平台的数据应用系统平台，使用多种数据源接入方式，汇集现状数据、规划管控数据、管理数据、社会经济数据、互联网数据、物联网数据等各类数据，实现关键性数据动态汇聚，提高局内数据的兼容性。以问题为导向，围绕算法模式的建立拓宽数据收集渠道。

4.2 应用功能提升研究

历史文化名城保护工作主要涉及广州市规划和自然资源局、文化广电旅游局、住房城乡建设局、林业园林局5个职能部门和区政府及区相关职能部门。广州市规划和自然资源局为名城保护行政管理的主体，其主要工作职责包括确定保护名录、编制保护规划、日常管理与规划审查、保护对象监测管理、规划实施成效评估。本次研究将围绕这五类主要的名城保护工作内容，提出数据分析应用提升建议、数据需求和数据来源,实现数据管理、数据建模、可视化分析的一体化支撑能力,快速响应局内用户各类定制化决策支撑报告的数据需求,为历史文化保护指标实时分析提供支撑,使城市态势随手可及。

4.2.1　确定保护名录工作

建立保护名录数据库,实现智能查询、数据对比、数量统计等功能。数据库内容建议包括建筑门牌号、年代、层数、布局形式、结构、风格、质量、风貌、产权、使用功能、保护要求、核心价值要素照片、保护图则、照片图像、三维模型。

4.2.2　编制保护规划工作

建立片区现状信息数据库,实现智能查询、自定义范围数据对比、数量统计等功能。便捷生成各类现状专题分析图。多因子综合评定,确定建筑保护和整治的方式。辅助划定历史街区保护等级范围边界。辅助公共基础设施规划增设与布局。智能计算更新改造成本与收益。

4.2.3　日常管理与规划审查

建设自定义范围快速信息查询、可视化方法数据对比、数量统计等功能。修复和维护计划。建立多因子综合评价公式,评判得出修缮优先级别。规划案件智能审查,出具合规性审查报告。三维场景模拟,辅助案件审查、风貌对比。与公众的信息交流。发布最新信息,为公众提供房屋修缮指引,收集分析公众意见。

4.2.4　保护对象监测管理

随着目前城镇化与城市更新的不断推进,城乡建设与文化遗产保护的矛盾日益凸显。历史文化遗产容易遭到破坏与老化损坏,因此对于保护对象状态的监测尤为必要,可通过实时观测传感感知设备、物联网以及巡查信息传递等方式,实现保护对象的动态监测、状态评估、保护管理等。

4.2.5　规划实施成效评估

结合广州历史文化名城保护利用实施评估标准体系的实施绩效评估标准,建立物质空间环境评价(建筑保护更新情况、建筑高度控制、建筑风貌管控、街巷空间环境)、经济结构评价(业态结构、产业结构、土地价值、商业活动活跃度)、社区建设评价(公共服务设施及基础设施、社区活动数量、社区归属感)、社会文化评价(文化产业、文化品牌、文化认同)体系。采用遥感、物联网、网络大数据等技术,建立算法体系定量分析规划实施成效。

5　结语

随着城镇化进程的不断推进,城市更新与存量规划已成为时代主流,历史建成区内历史文化资源的保护、场所精神的塑造与人民乡愁的留存变得越来越重要。在信息化与大数据的浪潮下,各种新技术手段不断涌现,为提升历史文化名城保护工作的精细化、科学化程度提供了支撑。

对于信息化手段的利用应坚持"为我所用,以问题为导向,以数据为基础"的原则。在数据收集方面,多渠道收集完善基础数据库,包括融通各市区职能部门数据,利用运营物联网、互联网等新兴技术采集数据;重视收集城市运营情况数据和土地、房屋现状数据,不限于规划管理数据;制定数据著录标准和更新机制,确保数据的规范性、真实性、及时性和可利用程度。在数据分析方面,围绕工作职能,合理制定评价体系与算法,辅助规划决策,可结合国家下发的相关指标,建立相关的评价、评估和预警体系;加强大数据分析的应用,大数据技术不仅能对全网公开数据与政府数据进行分析,还能主动收集实时数据并进行分析,为辅助行政管理决策提供支持。

　　同时，还应构建整体化的思维，综合考虑政府、企业、公众三大对象，提升政府科学决策、精细化管理的能力，推动产业良好发展，使百姓生活更加便捷。三方面的建设相互关联、相辅相成，三方数据的及时互通交流，可极大提升工作效率与质量。本次研究的服务对象主要为政府层面，未来对三方面综合考虑、整体建设的模式还需进一步探讨。

［参考文献］

［1］杨植元. 大数据背景下历史文化遗产的智慧管理与利用［J］. 智能城市，2019（22）：38-39.

［2］管雯君，曾钢良. 大数据时代历史文化名城信息平台建设创新研究［J］. 中国名城，2016（2）：38-42.

［3］邱彩凤. 智慧城市发展现状调研及解决方案研究［J］. 通讯世界，2019（5）：93-94.

［作者简介］

覃　劼，硕士，工程师，任职于广州市城市规划设计有限公司。

基于 Web 的公交 GPS 轨迹动态可视化研究

□董　莹

摘要： 近年来，城市人口不断增长，随之而来的是各种各样的"城市病"，日益突出的交通问题成为城市发展的瓶颈。智慧城市成为缓解城市问题的良方，智慧交通则是智慧城市建设的重要组成部分。智慧交通结合各种先进的科学技术对交通信息进行汇集、挖掘与利用，相较于传统的交通系统更为系统化、实时化，大数据、可视化等技术都是其中重要的一环。本文依托 WebGIS、WebGL 技术，对公交 GPS 数据基于 Web 实现轨迹动态可视化进行研究。此研究一方面可以对 GPS 轨迹数据有更直观的认识，于地图上直观感受车辆的运行轨迹；另一方面基于此对公交车辆行驶轨迹的可视化分析，可挖掘公共交通车辆运行特征，作为公交规划及决策的支撑。

关键词： WebGIS；WebGL；GPS；轨迹

1　引言

随着城市的建设与发展、城市人口的不断增长，各种各样的社会问题不断涌现，城市交通问题日益严峻。城市交通网络是城市的"血脉"，是城市高效运转的基石。智慧城市是运用物联网、云计算、大数据、空间地理信息集成等新一代信息技术，促进城市规划、建设、管理与服务智慧化的新理念和新模式。智慧交通是智慧城市建设的重要组成部分。为进一步推动互联网、大数据、人工智能和实体经济深度融合，做好智慧城市时空大数据平台建设，自然资源部修订完成并印发了《智慧城市时空大数据平台建设技术大纲（2019 版）》，建设完成的时空大数据平台将提供在线完成大数据挖掘分析，运用空间可视化大数据分析结果，辅助科学决策，促进精细管理，推动产业发展，便捷百姓生活。

在如今互联网大数据背景下，交通大数据的蓬勃发展也为智慧交通建设提供了更多的便利。互联网技术、大数据技术以及可视化技术都在飞速发展，交通领域的信息化建设也早已起步，为交通行业带来了新的活力，智慧交通平台的建设就充分融合了这三种技术。

本文将基于较为成熟的互联网技术，结合前端可视化以及 WebGIS 技术，完成公共交通车辆 GPS（全球定位系统）轨迹数据的动态可视化研究。研究内容：①WebGL 技术的发展现状；②WebGL 可视化渲染的方法与流程，包括 GPS 轨迹数据处理方法、Web 端渲染方法与流程等；③基于 Web 的车辆 GPS 轨迹动态可视化于各交通信息平台上的应用，如城市货运公共配送公共信息服务平台中货运车辆监测应用、城市公共交通运行监测与决策支撑平台中公交车辆轨迹监测应用等。

2 关键技术

2.1 WebGL

WebGL（Web Graphics Library，Web 图形库，简称 WebGL）是一种将 OpenGL ES（Open Graphics Library for Embedded Systems，嵌入式系统开放图形库）与编译型编程语言 JavaScript 结合起来，并于网页上绘制和渲染三维图形的技术，是一种基于 JavaScript 的 API（应用程序接口），既可渲染二维也可渲染三维元素。其优势在于可以利用浏览器中的 JavaScript 启用硬件加速 3D 图形渲染，即通过显卡加速模型动画渲染，实现了免插件的 Web 交互。

现有的主流浏览器均支持 WebGL。WebGL 绘制涉及着色器（Shader）和 GLSL（OpenGL Shading Language，OpenGL 着色语言）。着色器是 GPU（Graphic Processing Unit，图形处理单元）上的指令，可以在电脑屏幕上绘制图形。按照功能，可将着色器分为顶点着色器（Vertex Shader）、像素着色器（Pixel Shader）、几何着色器（Geometry Shader）、计算着色器（Compute Shader）以及细分曲面着色器（Tessellation or Hull Shader）。其中，顶点着色器与像素着色器是绘制的必要条件。绘制的图形可分解为图元，有三种类型：三角形、直线和点。

2.2 luma.gl

luma.gl 是基于 WebGL 的一种 JavaScript 框架，用于数据的可视化。由于 WebGL 的 API 比较繁琐，需要采用 JavaScript 对其进行封装，luma.gl 就是 Uber 开发的一种 WebGL 封装库，将着色器模块化并进行拆分，便于开发者自行编写着色器。其中，较为重要的模块为 Module、Model、Buffer、Geometry 等（图 1）。

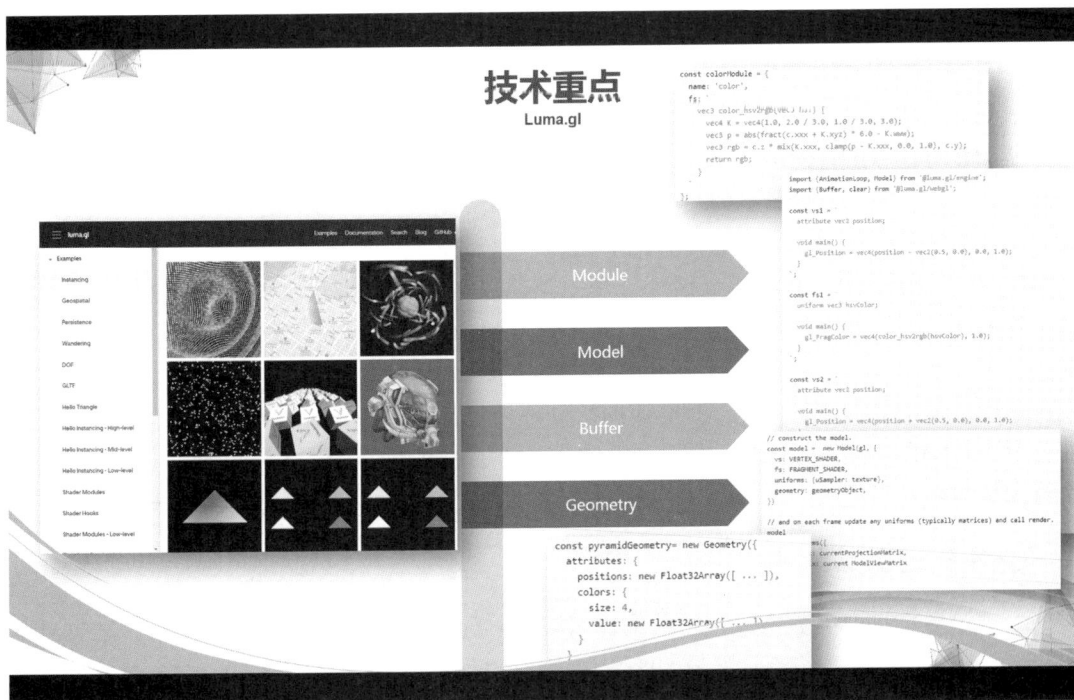

图 1 实例化渲染示意图 1

2.3 实例化渲染

实例化渲染是一种连续执行多条相同渲染命令的方法，也就是批量渲染，在绘制中对提升渲染效率具有重要意义。

其实现原理为向 GPU 传输一次渲染命令，将渲染所需的数据以及实例数量的参数发送过去，GPU 会直接将所有的实例都进行绘制渲染。需要先建立一个模型，然后设定实例数量，调用一个函数对顶点属性进行更新，即可绘制所有实例。以三角形为例，一个三角模型需要的数据包括三个顶点坐标位置向量以及相应的颜色向量，再设置实例数量的偏移向量，即可实例化绘制出实例数量的三角形（图2）。此外，还有多实例渲染的方法，原理类似，先建立一个几何体图元集，也设置好实例数量，对不同实例的顶点属性进行更新，一次性绘制出所有的实例。

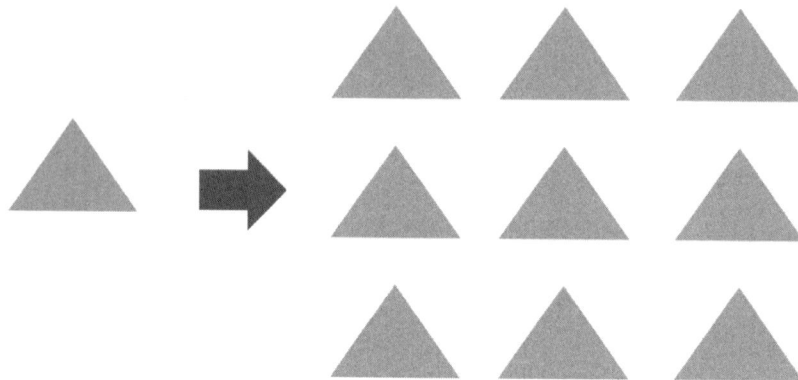

图2　实例化渲染示意图2

3　可视化方法与流程

OpenGL 绘制图形的流程：①指定几何对象，即点、线或者三角形进行绘制；②根据模型视图与投影矩阵对顶点进行处理，主要是进行顶点位置变换；③根据应用程序将顶点送往图元规则进行组装；④将图元数据分解为对应帧缓冲区的各个像素；⑤根据业务处理对片元进行处理，如改变片元像素的颜色等；⑥将最终的像素值写入帧缓冲区。

WebGL 将通过调用 JavaScript 语言实现上述绘制，流程：①获取 WebGL 绘图上下文；②初始化着色器；③设置点的坐标信息；④设置 canvas，即画布的背景色；⑤清空画布；⑥进行绘制。

在实现过程中的具体工作：①时空数据的处理，包括数据清洗、地图匹配以及轨迹插值等；②基于 WebGL 的地图渲染引擎开发，主要包括对图层控制器、渲染引擎、资源管理调度、数据转换等模块的开发与应用。

3.1 GPS 轨迹数据处理

GPS 轨迹数据即时空数据包含两个重要字段：时间戳字段以及地理坐标字段。数据处理主要涉及三个阶段：①数据清洗；②地图匹配；③轨迹插值。

3.1.1 数据清洗

GPS 轨迹数据清洗主要采用以下方法。

（1）去重。去掉重复的数据，保留唯一的数据。原则上对同一辆车同一时间戳只保留一条数据。

（2）查缺。检查缺失的数据，通过人工或其他方式进行补全，若无法补全的可进行删除操作，并统计缺失数据的数量。

（3）异常值。对异常值进行甄选，并对其进行删除等操作。

（4）数据类型转换。主要针对时间戳，将字符串格式的时间戳转换为时间格式。

3.1.2 地图匹配

地图匹配方法主要有以下两种。

（1）几何方式。此种方式基于几何的方式进行，将所有的 GPS 点数据匹配到地图路网上。

（2）概率统计方法。采用隐马尔科夫模型（Hidden Markov Model，HMM）算法进行 GPS 数据的地图匹配，也是本文采用的方式。

3.1.3 轨迹插值

为实现更好的车辆轨迹动态显示效果，并达到 requestAnimationFrame 中每秒 60 帧的动态效果，需对现有的 GPS 轨迹数据进行插值。本文采用轨迹插值中较为常见的多项式插值法。基于运算资源及展示效果的平衡，采用了三阶多项式插值法。

3.2 可视化绘制

基于 WebGL 开发了一套地图渲染引擎库，系统设计如图 3 所示，开发目录表如图 4 所示。

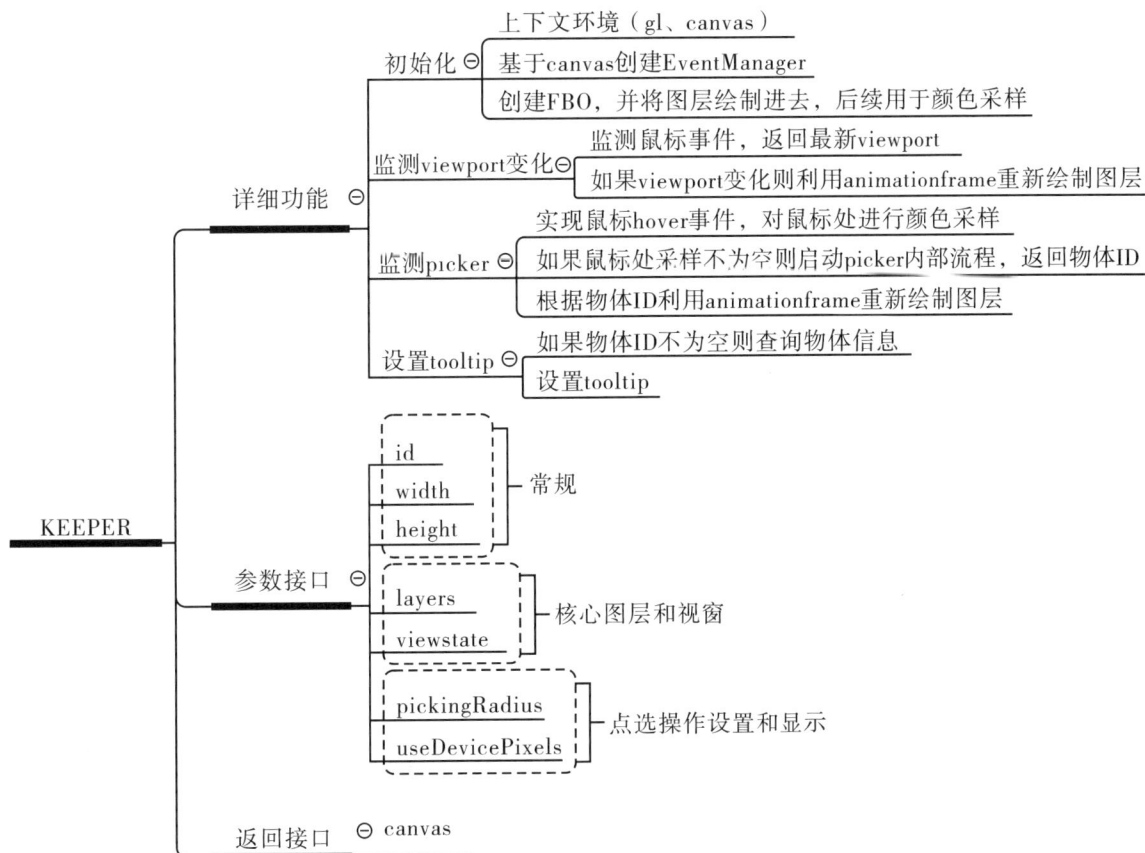

图 3　地图渲染引擎库设计图

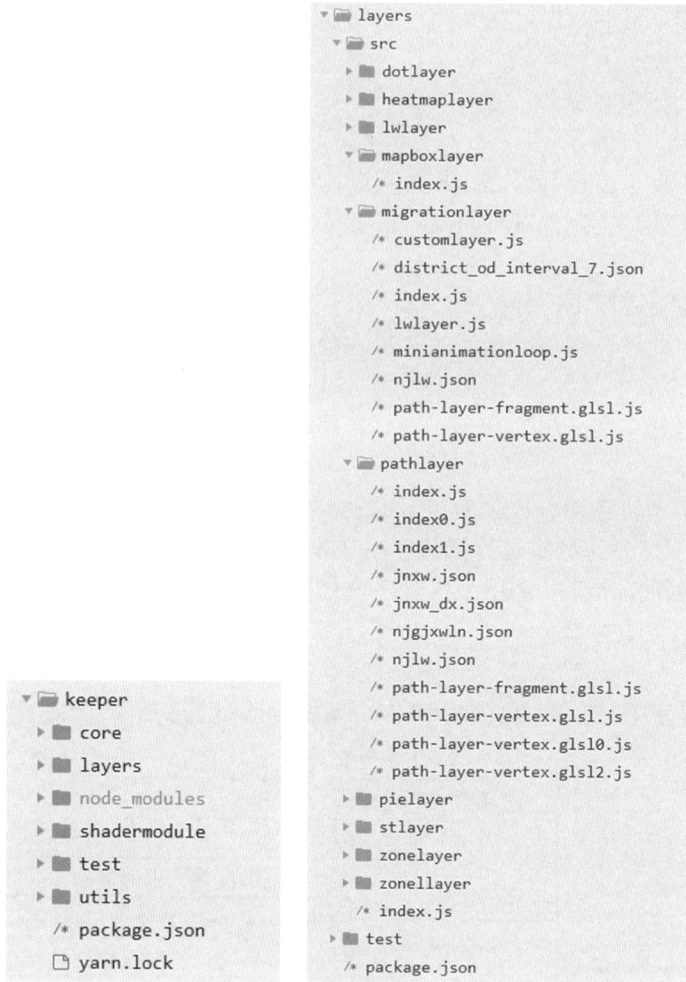

```
▼ 🗀 layers
    ▼ 🗀 src
        ▶ 🗀 dotlayer
        ▶ 🗀 heatmaplayer
        ▶ 🗀 lwlayer
        ▼ 🗀 mapboxlayer
            /* index.js
        ▼ 🗀 migrationlayer
            /* customlayer.js
            /* district_od_interval_7.json
            /* index.js
            /* lwlayer.js
            /* minianimationloop.js
            /* njlw.json
            /* path-layer-fragment.glsl.js
            /* path-layer-vertex.glsl.js
        ▼ 🗀 pathlayer
            /* index.js
            /* index0.js
            /* index1.js
            /* jnxw.json
            /* jnxw_dx.json
            /* njgjxwln.json
            /* njlw.json
            /* path-layer-fragment.glsl.js
            /* path-layer-vertex.glsl.js
            /* path-layer-vertex.glsl0.js
            /* path-layer-vertex.glsl2.js
        ▶ 🗀 pielayer
        ▶ 🗀 stlayer
        ▶ 🗀 zonelayer
        ▶ 🗀 zonellayer
        /* index.js
    ▶ 🗀 test
    /* package.json

▼ 🗀 keeper
    ▶ 🗀 core
    ▶ 🗀 layers
    ▶ 🗀 node_modules
    ▶ 🗀 shadermodule
    ▶ 🗀 test
    ▶ 🗀 utils
    /* package.json
    🗋 yarn.lock
```

图 4　类库目录表

本库主要包含五个核心模块：①核心引擎模块。负责上下文环境初始化，包括 gl 以及 can-vas 的初始化、图层渲染逻辑控制、返回控件，并且实现状态的监测与更新。②图层模块。包括底层地图控件以及轨迹图层控件的管理，实现地图与叠加的轨迹图层的渲染与控制，并且对点击选取操作进行监控。③着色器封装模块。主要是对顶点着色器以及像素着色器的封装建立轨迹图层的路径模型，并对其进行实例化渲染。④公共组件模块。包含各种公共函数封装的组件，以及一些子控件的渲染。⑤测试模块。基于 Webpack 脚手架环境对类库进行打包测试。

4　轨迹实现与应用

本文基于"React＋Flask"技术，开发了公共交通运行监测与决策平台以及城市货运公共配送公共信息服务平台，并在其中应用了车辆 GPS 轨迹数据的动态可视化技术。

运行环境为 CPU i7-6700，内存40 G，硬盘空间20 G以上，Windows 7 操作系统，采用 React 前端框架，Flask 后端框架。数据源为南京公交 GPS 数据以及货车 GPS 数据。利用基于 WebGL 技术自研开发的地图引擎，实现 GPS 轨迹动态可视化。

GPS 轨迹数据动态可视化技术可应用在各交通信息平台中的车辆运行监测方面，直观监控各车辆的运行轨迹与状态（图 5）。

图5 绿色配送车辆轨迹界面

5 结语

本文基于 Web 对公交 GPS 轨迹数据进行了研究,实现其 Web 端的动态可视化。其中,充分应用了互联网技术、大数据时空分析技术以及 WebGIS 与 WebGL 技术,将时空大数据与地理信息系统以及计算机图形绘制渲染技术结合起来,将空间数据进行可视化呈现。

构建了以"React+Flask"为框架体系的车辆运行监测应用系统,实现从时空数据到网页端的可视化过程,直观地对 GPS 轨迹数据进行监测与分析,为城市交通运行监测与科学决策提供支撑。

后续可继续增加轨迹数据,结合其他多源交通数据进行联合分析,并将分析结果进一步呈现,为城市交通规划、城市交通改善等深层次的应用提供数据支撑与平台支撑。

[参考文献]

[1] 中华人民共和国住房和城乡建设部办公厅. 住房城乡建设部印发《国家智慧城市试点暂行管理办法》[J]. 建设科技, 2012 (23): 8.

[2] 中华人民共和国自然资源部. 自然资源部印发新版智慧城市时空大数据平台建设技术大纲 [J]. 矿冶工程, 2019 (1): 94.

[3] 王孟博,董泽,石轲,等. WebGL 技术探索及几种基于 WebGL 的引擎比较 [J]. 中国科技信息, 2021 (5): 89-90.

[4] 王媛. 基于 HTML5 技术的时空联合目标轨迹动态可视化技术 [J]. 科学技术与工程, 2018 (29): 98-103.

[5] 王淑庆,韩勇,张小垒,等. 基于 HTML5 的时空轨迹动态可视化方法 [J]. 计算机工程与设计, 2015 (12): 3317-3323.

[6] 王静雯. 时空比例尺交互控制下的轨迹数据动态可视化 [D]. 武汉:武汉大学, 2019.

[作者简介]

董 莹,硕士,工程师,南京市城市与交通规划设计研究院股份有限公司规划设计师。

基于 POI 的城市公共自行车站点布局评价

——以苏州市中心城区为例

□谢卿超

摘要：本研究利用 Python 程序语言获取苏州市中心城区公共自行车站点 POI 数据和城市 POI 数据，基于 ArcGIS 的核密度、相关性和网络分析等方法，从宏观、中观及微观层面分析公共自行车站点布局特征。结果表明：公共自行车站点的密度值在城市各中心区最高，呈集聚分布的特征，且有沿城市轴线延伸的趋势，在外围分布较为均衡；站点与各功能设施的相关性系数不同，与住宅的相关性最高；若以300 m作为步行到最近站点距离的条件，则尚未实现服务区全覆盖。

关键词：POI；公共自行车；功能设施；相关性；站点服务区

1 研究背景

近年来，随着广大市民生活质量和消费水平的不断提升，我国私家车保有量也逐年增加，到 2019 年底，其数值达 2.07 亿辆，首次突破 2 亿，近 5 年年均增长 1966 万辆。惊人的私家车增长量引发了交通拥堵加剧、交通事故频发、交通噪声和汽车尾气污染等问题。长期以来，我国一贯倡导绿色出行，鼓励和支持发展公共交通、慢行交通以促进城市的可持续发展。2012 年，《住房城乡建设部 发展改革委 财政部关于加强城市步行和自行车交通系统建设的指导意见》出台，肯定了发展城市公共自行车系统的重要性；2017 年，交通运输部发布《关于全面深入推进绿色交通发展的意见》，强调了至 2020 年城区的绿色交通出行比例要超过 70％。鉴于公共自行车对助力营建美丽、宜居、健康的城市环境有重要意义，因此，将之纳入城市规划的统筹建设中尤为必要。而公共自行车站点布局是公共自行车系统建设的关键，布局科学与否直接关乎市民用车的便捷度，从而间接影响市民的工作和生活乃至城市的运行效率。

2 数据与研究方法

2.1 研究区概况

本研究选取《苏州市土地利用总体规划调整方案（2017）》确定的苏州市中心城区为研究区域，具体由姑苏区，工业园区，高新区的枫桥街道、横塘街道、狮山街道、浒墅关镇、浒墅关经济开发区，吴中区的郭巷街道、长桥街道、城南街道、越溪街道、横泾街道、木渎镇、穹隆山风景管理区，以及相城区的黄桥街道、元和街道、相城经济开发区组成，总面积达到847.46 km²。苏州是一个宜居宜业宜游的地方，同时也是健康城市建设示范市，这不仅仅是因为其优越的地理区位和良好的自然环境，其完善的公共服务设施和基础设施也是重要的原因之一。苏州的公共自行车系统较早投入使用，现已成为市民日常生活的重要部分，关于其站点布局研究评价的结论将对其他城市具有借鉴意义。

2.2　数据来源与处理

本次研究数据包含三部分，即城市POI（关注点）数据、公共自行车站点POI数据和苏州市区道路交通网络数据。POI数据指信息点数据，每一个POI数据都包含了其基本属性信息，包括所属类型、名称、经纬度和其他相关信息。

本文涉及的城市POI数据来源于高德地图开放平台，获取时间为2020年5月，获取方法为基于Python的程序语言。由于高德地图中有些POI数据分类过于细致，同一种功能被分成不同的小类，不便于使用，且部分POI数据和本次研究目的的关系较小，因此本次研究纳入的POI数据均是在城市中具有重要功能、与市民生活的关系较为密切、且具有一定规模而被市民熟知的。同时，研究参照城市规划建设用地的分类标准，最终将城市POI数据分为12大类，并确定了每一大类中所包含的小类，共45小类（表1）。公共自行车站点POI数据来源于苏州永安行官方网站，获取时间为2020年5月，方法是基于Python的程序语言。苏州市区道路交通网络的数据来源于水经注电子地图。

表1　本文研究的POI类型

大类	小类	大类	小类
大型商场	商场	文化体育	博物馆
	超级市场		展览馆
	家电电子卖场		会展中心
宾馆酒店	宾馆酒店		美术馆
	奢华酒店		图书馆
	五星级酒店		文化馆
	四星级酒店	休闲场馆	影剧院相关
	三星级酒店		剧场
城市公园	公园广场		音乐厅
	公园		电影院
	动物园	医院	综合医院
	植物园		专科医院
	城市广场	商务办公	商务写字楼
风景名胜	风景名胜	学校	高等院校
	国家级景点		中学
	省级景点		小学
	纪念馆	重要机关	国家机关及事业单位
	观景点		省级直辖市政府机关及事业单位
重要交通设施	火车站		地级市政府及事业单位
	长途汽车站		区级县政府及事业单位
	地铁站	住宅区	住宅区
	轻轨站		住宅小区
	普通公交站		

通过以上方法，实际获得苏州城市 POI 数据 385723 条，苏州市公共自行车站点 POI 数据 2751 条，排除研究范围以外的数据，经过冗余去重等数据清理工作，最终获得的有效数据为公共自行车站点 POI 数据 1668 条，城市 POI 数据 16117 条。其次，通过坐标纠偏统一转化为 WGS84 坐标系。

2.3 研究方法

本文对城市公共自行车站点的布局评价从宏观、中观、微观三个层面展开。宏观层面运用核密度分析（Kernal），从整体上获悉苏州市中心城区公共自行车站点布局特征，分析研判公共自行车站点布局与城市功能布局的关系；中观层面运用相关性分析方法分析公共自行车站点密度分布和城市各类 POI 密度分布的相关性，得出相关性系数；微观层面根据上文相关性评价结果筛选出与公共自行车站点布局相关性较强的功能设施的 POI 数据，在 ArcGIS 软件中分析公共自行车站点服务区，判断服务区是否对以上 POI 实现全覆盖。具体方法及思路如图 1 所示。

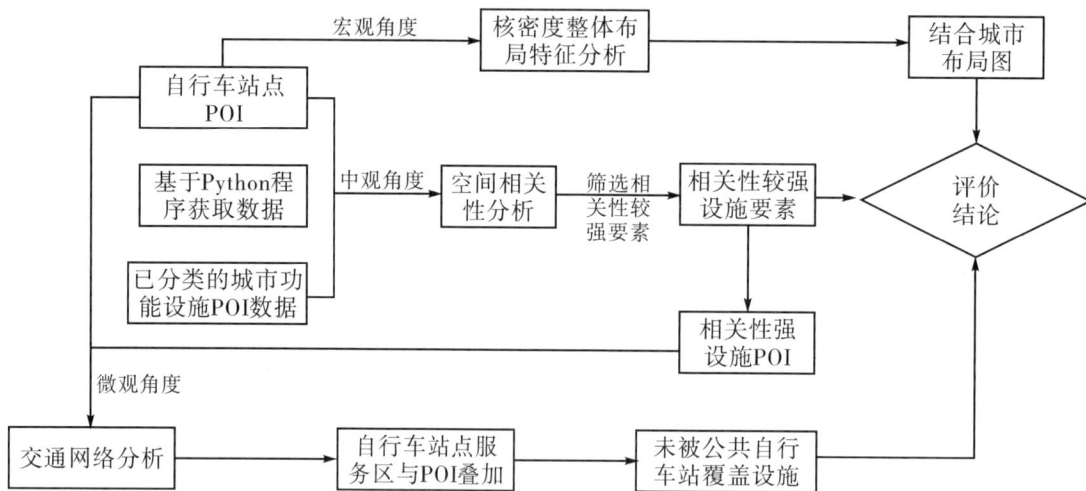

图 1　城市公共自行车站点布局评价技术路线图

（1）核密度分析。

核密度分析法的基本分析原理：样点在指定的搜寻半径范围内具有不同的权重，越靠近搜寻范围中心的点被赋予的权重将越大，随着样点与中心点距离的加大，权重就会逐渐减小，以此算出样点在指定搜索半径范围内对栅格单元中心点的密度贡献值，最后通过叠加形成密度图。核密度分析法的计算公式可表示为：

$$fn(x) = \frac{1}{nh^2\pi} \sum_{i=1}^{n} K\left[\left(1 - \frac{(x-x_i)^2 + (y-y_i)^2}{h^2}\right)\right]^2 \tag{1}$$

式（1）中：K 指核函数；h 指搜索的半径数值，也称带宽；x、y 为带宽范围内栅格中心点的坐标；x_i、y_i 指点 i 的坐标；$(x-x_i)^2 + (y-y_i)^2$ 指点 i 距栅格中心点的距离；n 指带宽范围内的样点数。

（2）相关性分析。

两数据集的相关性可通过相关性系数来测量，相关性系数通过相关矩阵展现，该系数可描述两个数据集之间的依存关系，数值范围在 −1 至 +1 之间，系数值为正表明两数据集有正相关关系，系数值为负表明一个数据集的变量与另一个数据集的变量呈负相关，数值为零表示两个数据集没有相互依存关系。相关性分析法的计算公式可表示为：

$$Corr_{ij} = \frac{\sum_{k}^{n} = 1 \; (z_{ik} - \mu_i)(z_{jk} - \mu_j)}{(n-1) \; \delta_i \delta_j} \tag{2}$$

式（2）中：$Corr_{ij}$ 指相关性系数；i，j 是两数据集形成的栅格图层；μ 为栅格图层的像元均值；n 为像元的数量；z_{ik} 是 i 图层第 k 个像元值；z_{jk} 是 j 图层第 k 个像元值；δ 是标准偏差值。

（3）网络分析。

将地理网络（如道路交通网络）、城市基础设施网络（如各种管线）进行地理空间分析和模型化的过程叫网络分析，它主要研究网络的状态，分析资源在网络中的流动及分配情况，并提出网络结构及资源分配等的优化方案。线和点是网络的基本组成要素，网络将线和点的空间位置及各种属性特征建立拓扑关系，用于分析服务范围、路径和资源分配等。本次研究主要利用道路交通网络分析公共自行车站点的服务范围。

具体的技术方法：首先，清理下载的苏州市中心城区道路网络，删除人不能行走的高速公路、高架快速路等，保留城市主路、次路、支路和部分街坊路；其次，建立道路交通网络模型，分析公共自行车站点的服务区范围；最后，将和公共自行车站点相关性较强的城市 POI 点与站点服务区在 ArcGIS 中栅格叠置，找到未被服务区覆盖的 POI 点，为站点优化提供参考。

3　苏州市公共自行车站点布局特征分析与评价

3.1　宏观层面分析评价

研究应用核密度分析法对苏州市中心城区的公共自行车站点 POI 进行密度制图（图2）。

从整体上看，苏州市中心城区公共自行车站点密度分布呈现中心高度集聚、轴向集聚延伸、外围连片均衡的格局。京沪高速、中环西线、绕城高速南段、中环东线围合区域内的公共自行车站点呈现块状集聚、连片分布的特征，说明此区域内公共自行车站点数量多且分布均匀；考虑原因可能是此范围属于城市的核心功能区，功能设施配套较完善，以居住功能和商业功能为主，对公共自行车的需求量大。此外，古城护城河以内的公共自行车站点分布呈高度集聚的特征，在古城城市中心密度达到最高值范围 12.49～14.06 个/千米²，可能是由于古城内居住人口密度较大（约 1.54 万人/千米²，超过了纽约市的人口密度），公共自行车总体需求量大。同时，古城商业中心为全市中心，集聚丰富完善的功能设施，对人流的吸引力极大，因此在商业中心周围布置的公共自行车站点数量最多最密集。其次，公共自行车站点密集区呈沿城市东西轴线、南北轴线连片延伸的趋势，达到 4.68 个/千米² 以上，这与城市轴线两侧功能多元、人口密度高有关。再次，公共自行车站点在城市中心区外围呈现集聚中心离散分布的特征，即外围站点密度值高的区域主要是城市各副中心、各街道中心、居住区中心或居住密集地区，且密度值随着与中心位置距离的拉大而逐渐下降。最后，环金鸡湖和独墅湖地区的公共自行车站点密度值较高，呈连片布局特征，且在各服务中心处密度达到高值 6.25 个/千米² 以上，原因是环湖区生态景观条件好，土地价值高，因此开发较完善、功能设施丰富、人口密度大。

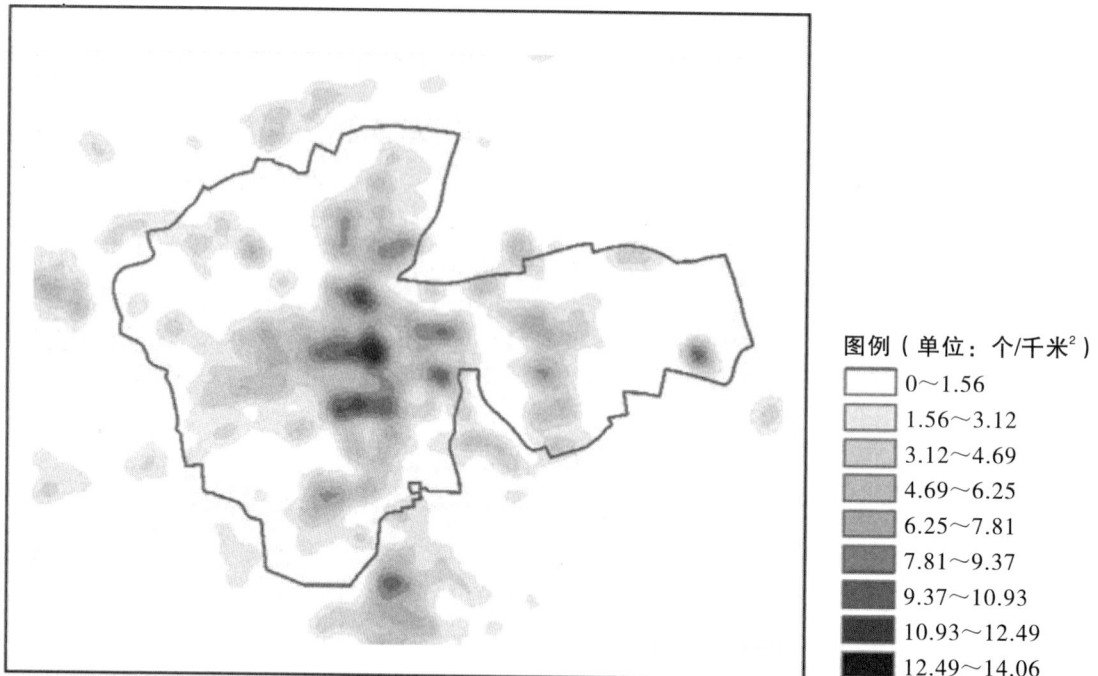

图例（单位：个/千米²）

- 0～1.56
- 1.56～3.12
- 3.12～4.69
- 4.69～6.25
- 6.25～7.81
- 7.81～9.37
- 9.37～10.93
- 10.93～12.49
- 12.49～14.06

图2　苏州市中心城区公共自行车站点密度分布图

3.2　中观层面分析评价

研究将公共自行车站点密度分布图和各类POI密度分布图进行相关性分析，得到各类POI和公共自行车站点的相关矩阵再汇总成相关性系数表（图3、表2）。

根据相关性分析结果，在12类城市POI数据中，与城市公共自行车站点的相关性从高到低依次为住宅区（0.731）、重要交通设施（0.712）、城市公园（0.642）、商务办公（0.637）、大型商场（0.620）、宾馆酒店（0.593）、重要机关（0.542）、文化体育（0.519）、医院（0.500）、休闲场馆（0.496）、学校（0.467）、风景名胜（0.326）。可以得出结论：住宅和重要交通设施与公共自行车站点的相关性最强，风景名胜与公共自行车站点的相关性最弱，其他9类与公共自行车站点相关性较强。原因分析如下：住宅区人口密集，多数人上班通勤、日常出行对公共自行车的用车需求大；在本次研究的重要交通设施中，地铁站和公共汽车站占绝大多数，这类交通设施和公共自行车站点结合布置便于交通换乘，市民在乘坐地铁和公共汽车后可以通过公共自行车解决最后1 km的交通需求，因此多数公共自行车站点会结合重要交通设施布置；城市公园、商务办公、大型商场、宾馆酒店、重要机关、文化体育、医院、休闲场馆和学校是市民日常工作和生活的重要组成部分，市民在到达这类设施过程中可以方便地利用公共自行车；本次研究中大多数的风景名胜位于中心区外围，只靠公共自行车这类短距离交通工具无法满足出行需求，大部分的市民和游客倾向于开私家车或乘坐公共交通的方式抵达，因此在风景名胜周边公共自行车站点设置较少。

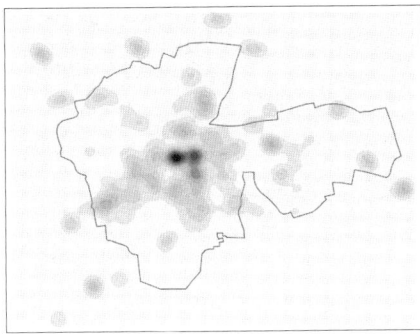

（1）大型商场

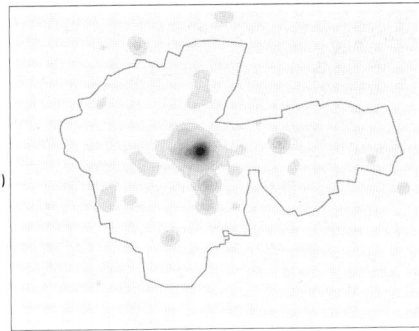

（2）宾馆酒店

（3）城市公园

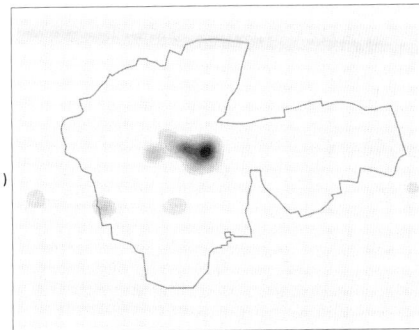

（4）风景名胜

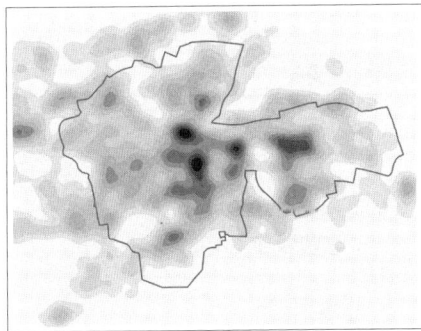

（5）重要交通设施

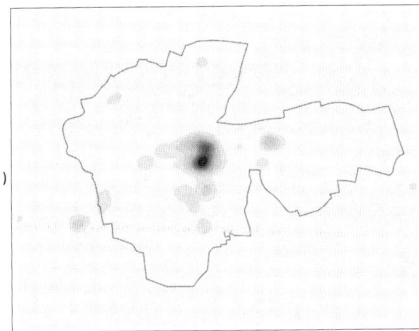

（6）文化体育

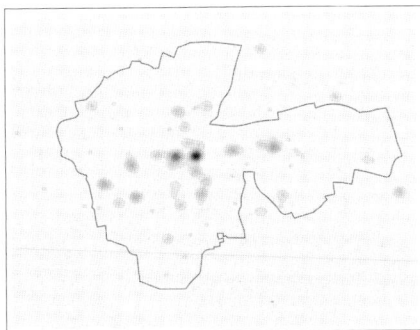

（7）休闲场馆

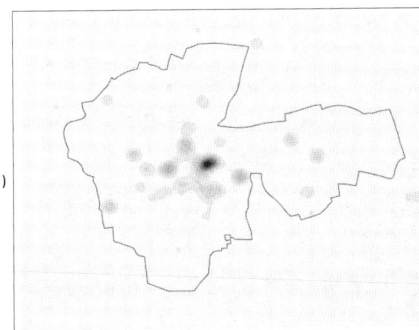

（8）医院

（9）商务办公

（10）学校

（11）重要机关

（12）住宅

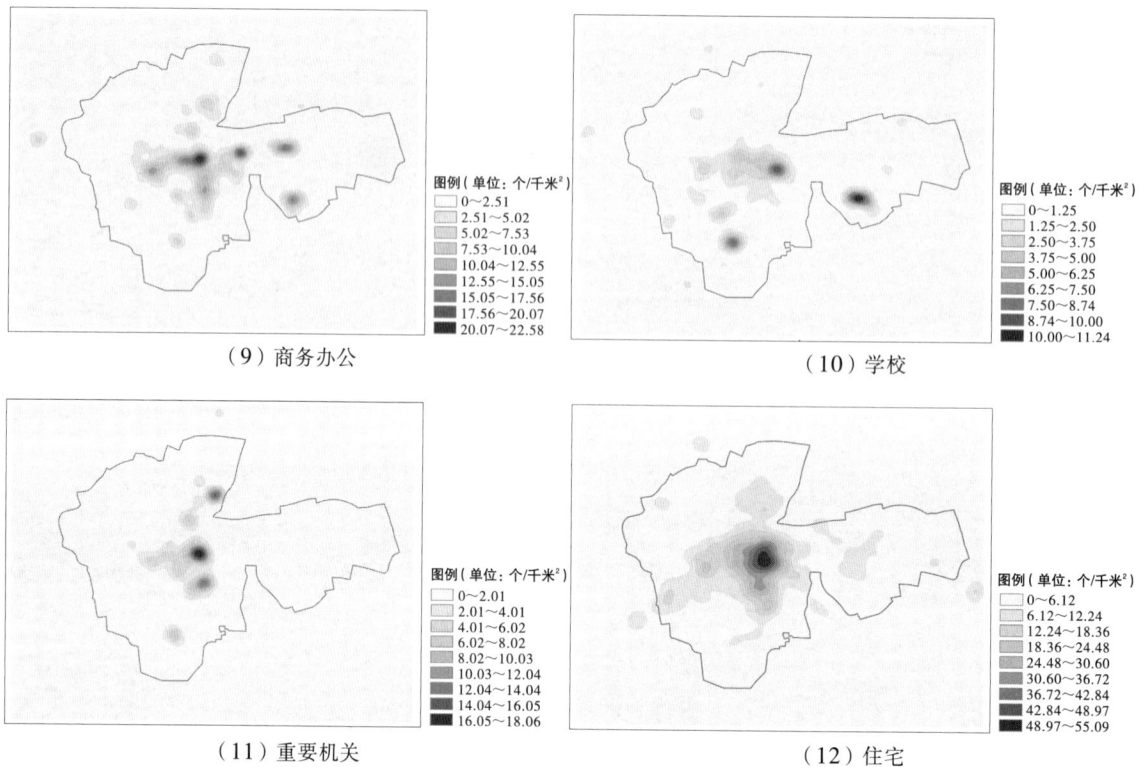

图 3　各类城市 POI 密度分布图

表 2　各类城市 POI 与公共自行车站点相关性系数汇总表

大型商场	宾馆酒店	城市公园	风景名胜	重要交通设施	文化体育
0.61976	0.59253	0.64177	0.32621	0.71209	0.51902
休闲场馆	医院	商务办公	学校	重要机关	住宅区
0.45595	0.49967	0.63734	0.46654	0.54158	0.73102

3.3　微观层面分析评价

根据相关性分析的结果，风景名胜与公共自行车站点的相关性系数只有 0.326，相关性较弱，因此把风景名胜 POI 去除，将其他 11 类城市 POI 进行汇总整合在一个数据集，分析评价其被公共自行车站点服务区覆盖的情况。根据 Borgnat P、Abry P 的研究成果，选取 300 m 的步行距离作为站点的服务区范围，并且按步行速度 72 m/min 建立道路交通网络模型，随后通过网络分析得到基于道路交通网络的公共自行车站点服务区，再在 ArsGIS 平台中将服务区与汇总整合的城市 POI 数据集进行叠置分析，得到未被公共自行车站点服务区覆盖的城市 POI（图 4 至图 6）。

图 4 公共自行车站点服务区分布图

图 5 站点服务区与 POI 叠置分析图

图6　未被覆盖的城市 POI 分布图

网络分析结果显示，以步行300 m作为公共自行车站点的服务范围而得到的服务区未能实现城市的全覆盖，服务区基本位于沿线道路两侧100 m范围内，古城外离道路较远的一些点即使与站点直线距离不远但仍不能被覆盖。由此推断出，由于外围道路网过疏、街区过大和缺少支路或街坊路等原因，降低了路网的连通性和设施的可达性。本研究包含的 11 类 POI 共计 15417 个数据中，有 6021 个城市 POI 未被覆盖，这些点主要是距离居住区中心较远的小区或位于所属功能区边缘的一些设施。尽管它们处在边缘，但从功能性质的角度观察，这些设施聚集较多的人流，仍然需要公共自行车解决短距离交通问题。因此，苏州市公共自行车站点的布局有待进一步补充和优化。

4　结语

本研究以苏州市中心城区为例，从宏观、中观、微观三个层面分析评价城市公共自行车站点的布局特征，为苏州及其他城市公共自行车站点的布局与优化提供了理论依据和技术借鉴。

宏观上，城市公共自行车站点密度分布呈现中心高度集聚、轴向集聚延伸、外围连片均衡的态势，站点趋向于分布在功能多元、人群密集的地区，这类地区包括城市各类中心区、居住密集地区、一些景观条件好且开发完备的地区，并且密度高值沿城市轴线延伸，中心区外围公共自行车站点布局较均衡，核心功能区外围随着距离增加站点密度值降低。因此，整体布局公共自行车站点时，在总量控制的情况下，应合理分配各类地区的站点，使其与城市功能布局、用地性质相适应。

中观上，本次研究突破了过去多数学者定性分析城市功能设施与公共自行车站点关系的思路，量化分析得到城市各类主要功能设施与公共自行车站点的相关性，从强到弱依次为住宅区、重要交通设施、城市公园、商务办公、大型商场、宾馆酒店、重要机关、文化体育、医院、休闲场馆、学校、风景名胜，为公共自行车站点布局的侧重方向提供了参考，提高了布局的科学性。

微观上，以使用者步行到站点适宜距离为依据，得出基于道路交通网络的公共自行车站点服务区尚未能实现全覆盖的结论，一方面与站点本身数量不够有关，另一方面与中心区外围道路网密度小、街区过大有关。因此，在考虑增加自行车站点的同时，也要合理增设中心区外围的支路，提高道路网密度，推进街区制建设，以此促进步行友好环境的建设和绿色交通的发展。

[参考文献]

[1] 蒋菱枫. 全国私家车保有量首次突破2亿辆66个城市汽车保有量超过百万辆 [N]. 人民公安报，2020-01-08 (4).

[2] 产业信息网. 2017年中国公共自行车行业发展历史、现状趋势和行业规模分析 [Z/OL]. (2017-04-14) [2021-08-03]. https://www.chyxx.com/industry/201704/513812.html.

[3] 彭思伟. 基于POI数据的南京商品房价格空间分布与驱动机制实证研究 [J]. 建筑与文化，2017 (3)：64-68.

[4] 汤国安，杨昕. ArcGIS地理信息系统空间分析实验教程 [M]. 2版. 北京：科学出版社，2012：223-288.

[5] 薛冰，肖骁，李京忠，等. 基于POI大数据的沈阳市住宅与零售业空间关联分析 [J]. 地理科学，2019 (3)：442-449.

[6] 国务院人口普查办公室，国家统计局人口和就业统计司. 中国2010年人口普查资料 [M]. 北京：中国统计出版社，2012.

[7] 黄彬. 杭州市公共自行车系统运行状况调查分析与展望 [J]. 城市规划学刊，2010 (6)：72-79.

[8] BORGNAT P, ABRY P, FLANDRIN P, et al. Shared bicycles in a city: a signal processing and data analysis perspective [J]. Advances in complex systems, 2011 (3)：415-438.

[9] 徐循初. 城市道路与交通规划：上册 [M]. 北京：中国建筑出版社，2005：9.

[作者简介]

谢卿超，硕士研究生，就读于苏州科技大学建筑与城市规划学院。

数字化赋能乡镇污水管网近期建设规划

——以宁波市为例

□李　宇，罗双双，蔡赞吉，王　震

摘要：和城市相比，乡镇的污水管网建设存在资料不全、数据质量较差、管理混乱、管网建设漏接和破损的情况。为了更好地推进宁波市乡镇污水配套管网建设，亟需通过数字化和信息化手段建立宁波市现状和规划污水管网数据库，摸清未来5年全市乡镇污水管网建设总需求和相关资金投入，统筹考虑年度建设计划，进一步推进城乡融合发展，为"十四五"规划提供支撑。

关键词：数字化；污水管网；乡镇；近期建设规划

1 项目背景

1.1 城市安全建设部署新任务

2020年，住房和城乡建设部《关于加强城市地下市政基础设施建设的指导意见》指出，城市地下市政基础设施建设是城市安全有序运行的重要基础，是城市高质量发展的重要内容。该指导意见提出目标任务：到2025年底前，基本实现综合管理信息平台全覆盖，城市地下市政基础设施建设协调机制更加健全，效率明显提高，安全隐患及事故明显减少，城市安全韧性显著提升。

1.2 "五水共治"设置新目标

宁波市2017和2018连续两年获得浙江省"五水共治"（河长制）工作优秀市"大禹鼎"。按照市政府"五水共治"重大战略部署、"污水零直排"等重要行动，宁波市乡镇污水管网建设需要通过各个乡镇污水治理建设的资金保障、科学规划、长效管理等手段，针对乡镇污水处理痛点因地施策。

1.3 数字化改革设置新要求

浙江省委强调要围绕忠实践行"八八战略"、奋力打造"重要窗口"主题主线，全面部署数字化改革工作，争创社会主义现代化先行省。

数字化改革是"最多跑一次"改革和政府数字化转型的迭代深化。这些年，浙江省委按照习近平总书记在浙江工作期间做出的"数字浙江"建设部署，坚持以人民为中心发展思想，深化"最多跑一次"改革，大力推动政府数字化转型，并撬动经济社会全方位数字化转型，省域治理体系和治理能力现代化程度显著提升。

2　现状梳理

2.1　乡镇污水管网建设工作开展情况

2.1.1　乡镇污水管网设施建设现状

宁波市住房和城乡建设局自2010年开始牵头推进宁波市乡镇污水管网建设工作，至2020年底，全市乡镇污水管网从2010年的2740 km增加到了5301 km。"十三五"期间，宁波市计划新建改造1000 km城镇污水配套管网，到2020年已完成1441 km。

2.1.2　建设资金补助情况

按照《宁波市城镇污水处理设施建设项目专项补助资金管理办法》，每年通过转移支付方式对城镇污水处理设施和管网给予一定额度的资金补助，其中污水处理厂（站）100万～500万元/座，管网20万元/千米。2018年，宁波市共下达市级补助资金约4900万元，有效缓解了各地资金压力，提高了工作积极性。

2.1.3　建立年度污水管网建设计划沟通联动机制

按照《中共浙江省委关于推进生态文明建设的决定》（浙委〔2010〕64号）的精神，以及《浙江绿色城镇行动方案》的明确要求，建立污水管网建设沟通联动机制，需从以下三方面着手。

（1）按宁波市住房和城乡建设局要求，每年年末做好上报下年度必须建成和开工建设的镇级污水处理设施名单，并通过住房和城乡建设局发文明确，同时通过与市政府签订责任书的形式予以落实，并下达给各县（市、区）项目实施单位。

（2）由于宁波市不同类别的乡镇污水管网建设主体各不相同，对于纳入城市污水处理厂的乡镇污水管网，总管由县级负责，而镇区污水收集管网以及接入总管的支干管由各乡镇负责。

（3）为确保乡镇污水管网建设任务的顺利完成，宁波市建立了一套督查考核和资金补助机制。根据年度明确的建设任务，要求各地按照相关要求实时上报建设进度，进一步细化并落实相关责任。

2.2　"十三五"期间乡镇污水处理建设工作主要成绩

2.2.1　污水处理水平提升较大

宁波市持续加快推进乡镇污水管网建设工作，建成泵站远程运行监控和调度工作平台，不断提高污水管网养管水平，乡镇污水处理厂负荷也不断提升，全市乡镇污水处理水平和能力明显提高。

2.2.2　农村生活污水集中收集效能显著提高

为改善农村生态环境质量，提升农民生活品质，宁波市以农村生活污水集中处理设施建设为切入点，坚持"试点先行，全面推广"，全面实施了农村生活污水集中收集处理工作，深入推进农村小型污水处理设施建设，全力改善农村人居环境质量，补齐群众生活品质短板，让环境综合整治成果惠及乡村群众。

2.2.3 污染物减排贡献突出

宁波市 2017 和 2018 连续两年获得浙江省"五水共治"（河长制）工作优秀市"大禹鼎"，宁波市乡镇污水处理建设在其中做出了重要贡献。按照市政府"污水零直排"建设总体部署，宁波市乡镇"污水零直排区"建设顺利完成，通过资金保障、科学规划、长效管理等手段，针对乡镇污水处理痛点因地施策，有效改善了乡镇污水排放现象，显著改善了乡镇生活环境。

2.3 "十三五"期间乡镇污水设施存在问题

2.3.1 管网建设改造和维护难度较大

宁波市乡镇污水管网存在破损、漏接等问题，受城市发展规划、地方财力、政策处理等因素制约，部分区块的管网一时难以实施改造。部分乡镇的路网狭窄、不规则，污水管网改造难度和建设施工难度较大，涉及的拆迁量、资金量较大，这些乡镇短时间内难以支撑相关建设工作。

2.3.2 不同地区污水处理设施处理能力不平衡

宁波市自然地形复杂多样，各地经济发展水平也不平衡，平原地区和偏远山区所采取的污水处理设施建设方式也存在较大差异。一方面，部分乡镇污水处理设施建设严重滞后，设施处理能力较低。另一方面，部分乡镇污水处理设施规划进度超前，而相关的配套管网建设相对滞后，导致污水处理设施处理效率低下。

2.3.3 资金建设压力较大

水污染防治的各项工作都是涉及生态环保的"硬任务"，国家虽然有针对管网建设的专项补贴，但是对于建设成本来说往往仍是"杯水车薪"。在融资方面，由于管网建设投资回报较低，所以一般民间资本介入管网建设的意愿较低。但污水建设需要大量资金投入，在当前地方政府融资难、削债还贷的大背景下，资金保障压力很大。

3 项目需求

宁波市乡镇污水管网的数据质量较差，多以文本、图纸等形式散落于各个地方管理部门，且未经过仔细的梳理和整理，往往存在相关工作人员轮换以后，难以厘清之前的污水管网建设的情况。经浙江省环保局督查发现，乡镇污水管网建设往往存在漏接和破损等情况，和城市地区详细的管线普查数据资料相比，乡镇污水管网资料缺少准确的空间定位和现状底数建设情况摸查，管理较为混乱。

宁波市每年的乡镇污水管网建设计划均是由各乡镇以表格形式进行上报，市里无法统筹掌握宁波市乡镇污水管网的现状底数、未来规划建设量和相关资金投入，更无法对乡镇污水管线建设的空间位置进行精准定位。

为了更好地推进宁波市乡镇污水配套管网建设，亟须通过数字化和信息化手段建立宁波市现状和规划污水管网数据库，摸清未来 5 年全市乡镇污水管网建设总需求，统筹考虑年度建设计划，进一步推进城乡融合发展，为"十四五"规划提供支撑。

4 近期建设规划

通过资料收集、部门访谈、实地调研等手段，收集宁波市污水管网的相关建设资料，根据各地实际建设情况，梳理污水管网相关的总体规划、控制性详细规划、专项规划和污水管网普查资料，对宁波市污水管网的现状与规划资料进行数据治理和入库。

通过将各乡镇的现状和规划管网建设数据与近期建设规划进行叠合分析，再结合各乡镇自身的实际发展需求和各县（市、区）的"十四五"相关项目建设情况，对各个乡镇的近期污水管网建设计划提出指引。同时，通过数字化系统搭建近期建设规划上报、审批和更新管理应用，各个乡镇可通过系统在线进行管网建设规划的上报和反馈，实现近期建设规划动态调整，减少沟通成本，助力管理决策科学化。

5　建设成果

5.1　数据资源体系

根据本次工作开展需要，于各县（市、区）收集大量的乡镇污水管网相关资料，本次规划主要依据的相关规划如表1所示。

表 1　规划依据

相关规划	规划年限	数据格式
宁波市城市总体规划	2006—2020 年	文本、图纸、CAD
宁波市中心城排水专项规划	2012—2020 年	文本、图纸、CAD
新海曙市政专项规划梳理整合	2019 年	文本、图纸、CAD
宁波市海曙区农村生活污水治理专项规划	2020—2030 年	文本、图纸、CAD
宁波市江北区农村生活污水治理专项规划	2020—2030 年	文本、图纸
宁波市鄞州区农村生活污水治理专项规划	2020—2030 年	文本、图纸、CAD
镇海区农村生活污水治理专项规划	2020—2030 年	文本、图纸
宁波市北仑区农村生活污水治理专项规划	2020—2030 年	文本、图纸、CAD
宁波市奉化区总体规划	规划期限至 2020 年	文本、图纸、CAD
奉化区给排水专项规划修编	2019—2035 年	文本、图纸
宁波市奉化区农村生活污水治理专项规划	2020—2030 年	文本、图纸
鄞州区集士港镇镇域排污工程专项规划（调整）	2014—2030 年	图纸、CAD
慈溪市域总体规划	2005—2020 年	图纸
慈溪市市域污水处理设施专项规划	2016—2035 年	文本、图纸、CAD
慈溪市农村生活污水治理专项规划	2020—2030 年	文本、图纸、CAD
余姚市域总体规划	2016—2030 年	文本、图纸
余姚市污水工程专项规划	2017—2035 年	文本、图纸、CAD
余姚市域农村生活污水治理专项规划	2020—2030 年	文本、图纸
宁海县域总体规划	2007—2020 年	文本、图纸、CAD
宁海县污水专项规划	2016—2030 年	图纸、CAD
宁波市宁海县农村生活污水治理专项规划	2020—2030 年	文本、图纸
象山县域总体规划	2005—2020 年	文本、图纸、CAD
浙江省象山县城乡污水处理专项规划	2017—2035 年	文本、图纸、CAD
象山县农村生活污水治理专项规划	2020—2030 年	文本、图纸

按照国家和行业标准规范建立统一的污水管网数据库。本次数据库采用 ArcGIS GDB 格式，坐标系采用 2000 国家大地坐标系，空间要素在数据库中按照专题分类组织、分数据集、分层管理，同一专题数据按实体类型（点、线、注记）严格分开。全市乡镇污水管网的数据库结构见表 2、表 3。

表 2　污水管线属性表

序号	字段名称	别名	数据类型	字段长度	约束条件	说明
1	GXMC	管线名称	Text	50	M	
2	TYPE	类型	Text	50	M	如"污水工程"
3	GHZT	规划建设动态	Text	50	M	如"在建""规划""现状"
4	LB	类别	Text	50	M	
5	GJ	管径	Double	50	M	
6	GXCD	管线长度	Double	50	M	
7	QM	区县名	Text	50	M	
8	ZM	乡镇名	Text	50	M	
9	JSNX	建设起止年限	Date	50	O	
10	XMTZ	项目投资	Double	50	O	
11	WSCLC	管网接入污水处理厂	Text	50	O	
12	BZ	备注	Text	50	O	

表 3　污水处理设施属性表

序号	字段名称	别名	数据类型	字段长度	约束条件	说明
1	SSMC	设施名称	Text	50	M	
2	SSLB	设施类别	Text	50	M	如"污水处理厂""污水泵站"
3	GHZT	规划建设动态	Text	50	M	如"在建""规划""现状"
4	YDMJ	用地面积	Double	50	O	
5	SSGM	设施规模	Double	50	O	
6	QM	区县名	Text	50	M	
7	ZM	乡镇名	Text	50	M	
8	ZDXS	占地形式	Text	50	O	
9	BZ	备注	Text	50	O	

其中，空间要素图层属性表字段命名规范：字段类型——Text 为字符型，Double 为双精度数值型；约束条件——M 为"必选"，O 为"可选"。

5.2　年度建设计划上报模块

该模块是整个管网数字化系统的基础，是管线数据不断更新的来源。该模块基于工作流引擎，实现管线数据在市级管理部门与各县（市、区）相关部门上下打通，各乡镇用户在平台中填报污水配套管网建设月报、污水配套管网改造月报、进度计划，为乡镇污水管网及处理设施的更新、管理和维护提供科学的数据依据（图1）。

图1 建设计划上报界面

5.3 近期建设规划动态更新模块

各个乡镇可以结合实际的建设开发需求，对自己乡镇范围内的近期建设规划进行调整，通过系统可以在线对近期建设规划进行修改并提交修改意见和相关文件，市级管理员通过管理端在线审核相关数据修改意见后方可入库更新（图2、图3）。

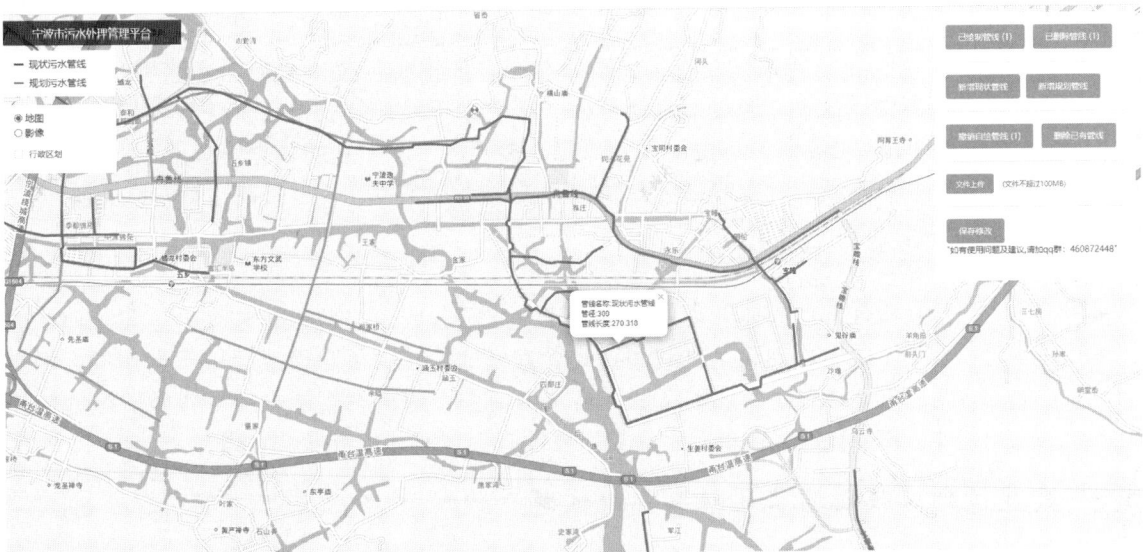

图2 规划修改调整上报界面

图 3　规划调整审核界面

5.4　宁波市乡镇污水管网近期建设规划成果

通过本次规划研究统计，宁波市 106 个街道乡镇，现状管径300 mm以上管线长度3390.8 km，规划管线长度2367.6 km，近期建设长度1504.8 km。从各县（市、区）来看，慈溪市和象山县的近期建设长度最多，分别为283 km和246 km。

6　创新亮点

6.1　建成宁波市最全、最新、最准的乡镇污水管网大数据中心

通过前期大量现状和规划数据的收集、整理与完善，建成宁波市乡镇污水管网信息底账，摸清相关底数和规划建设情况。通过平台规范的上报更新审核应用机制，保证数据始终处于最全、最新、最准的状态。"最全"是指包含多部门、多领域、多类别的数据资源，"最新"是指各类数据保持定期、不定期或者实时更新，"最准"是指各类数据精确度最高、真实性最强。

6.2　助力科学决策，减少资源浪费

目前平台已经在责任部门具体管理中应用，建立起了管线建设单位、施工单位和管理单位在乡镇污水管网建设不同阶段的联系机制和行政管理模式，减少了建设过程中重复建设、无空间位置随意建设等弊端，减少了资源浪费和国有资金流失。通过对管网分布等各类情况的智能分析，为城市污水管网及处理设施的日常规划、设计施工、统计分析提供支撑。

6.3　实现近期建设规划长效动态更新机制

通过乡镇污水管网数字化、平台化管理，提供近期建设规划的统一上报、审批和更新管理，解决乡镇数量繁多、对接协调困难等问题，通过数字化手段创新性地实现规划动态反馈调整，增强数据的现势性和规划的科学性，为未来的管网建设发展预测提供可靠的建议，为"十四五"规划奠定基础，对市政相关的规划编制、用地开发和建设管理也具有重要作用和意义。

[参考文献]

[1] 杨佳男.临安市农村生活污水治理问题研究 [D].杭州：浙江农林大学，2017.

[2] 朱黎明，张磊，张能恭，等.面向2049的宁波城市发展战略规划探析 [J].规划师，2021（2）：62-9.

[3] 王武科，施燕娜，范菽英.新时期宁波市分区规划编制的创新与实践 [J].规划师，2017（7）：132-136.

[作者简介]

李　宇，工程师，任职于宁波市规划设计研究院。

罗双双，硕士，工程师，任职于宁波市住房和城乡建设局。

蔡赞吉，高级工程师，宁波市规划设计研究院数字空间研究所所长。

王　震，硕士，工程师，任职于宁波市规划设计研究院。

关于贵阳市建筑物子体划分及命名规则的思考

□张　宇，王　莹，杜娟慧，刘　曦，刘盘飞

摘要：近年来，随着政府各部门对大数据的深入应用，统一建筑物子体划分及命名规范迫在眉睫。本文结合贵阳市实际情况，提出了建筑物子体划分规则及命名规则，形成统一规范的建筑物信息体系，旨在为城市建设和城市管理提供基础信息保障，对城市发展起到积极的作用。

关键词：建筑物子体划分；建筑物；命名；规则

1　意义

2013年以来，随着贵阳市各部门对大数据应用的广泛深入，各部门在参与城市建设与管理过程中，大数据运用越来越多，但由于各部门延用原有应用体系和数据格式，没有一套完整统一的建筑物子体划分及命名规则，同一栋建筑物在不同部门的信息存在差异且缺乏关联性，给城市建设、城市管理带来诸多障碍，难以保证数据的准确性、一致性。各个政府部门、企事业单位的信息系统数据无法共享使用，已成为大数据融合共享的瓶颈所在。为此，建立建筑物子体划分规则，规范建筑名称命名，形成统一规范的建筑物信息体系，有效打破瓶颈，提升全市社会治理、民生服务水平，对促进智慧城市、创新型中心城市建设以及城市运行管理有着重要意义。

2　目的

根据《中华人民共和国城乡规划法》、《地理信息公共服务平台 地理实体与地名地址数据规范》（CH/Z 9010－2011）及相关法规、技术标准和规范，结合贵阳市实际情况，对建筑物子体划分及命名规则做出梳理，以期对城市实践起到借鉴作用。

3　建筑子体划分规则

3.1　名词解释

建筑物是指具有顶盖、梁柱、墙壁、基础，能够形成一定的内部空间，满足人们生产、生活及其他活动需要的工程实体，不包括构筑物（如纪念碑、单位大门、围墙、广告牌位、标示物、桥梁、涵洞、地下室通风口等）和小型建筑小品（如独立的亭子、有顶盖的观景平台、独立的花架连廊、人防出入口、电话亭、治安岗亭等）。

建筑子体是指建筑物的基本单元，根据建筑物实体构架的独立性划分。一般一个建筑子体也称为一栋建筑。

3.2　划分原则

①独立自然楼栋建筑，划分一个建筑子体。

②由裙楼和单个塔楼组成的建筑，划分一个建筑子体。

③由多个单元拼接相连的建筑，划分一个建筑子体。

④地下室与主体轮廓不一致的，地下室单独划分一个建筑子体。

⑤两个以上建筑主体由地下通道、地面连廊、空中连廊等相连接，但地面房屋不相连的，按建筑主体轮廓划分建筑子体。

⑥由裙楼和多个塔楼组成的建筑，裙楼和塔楼分别划分建筑子体。

⑦对原建筑进行改扩建，造成轮廓变化的，遵循上述划分规则。

⑧特殊形态的建筑，根据实际情况划分。

3.3　数学基础

坐标系统应采用 2000 国家大地坐标系，高程基准应采用 1985 国家高程基准。

4　建筑项目的命名规则

建筑项目名称分三级管理，其中最小级别为楼栋，对应一个建筑子体。

建筑物名称的命名要严格遵守《地名管理条例》和《地名管理条例实施细则》中有关地名命名的规定；大力提倡使用含义健康、积极向上、有利于社会主义精神文明建设的名称；禁止使用有损民族尊严、格调低俗的名称；避免不科学、不规范、名不副实的名称出现；同一城镇内的建筑物名称不应重名，并避免同音；建筑物名称要严格按照国家确定的规范汉字进行书写，禁止使用已简化的繁体字、已淘汰的异体字，杜绝使用自造字。

4.1　一级命名

建筑项目名称分三级管理，最高一级为项目名，指的是若干地理位置毗邻的地块且开发建设单位为同一个单位，以区别于其他不同开发建设单位或者同一开发建设单位不同区域的项目名称。

例如，由美的房地产开发公司开发建设的"美的林城时代"。

4.2　二级命名

由若干毗邻地块组成且开发单位为同一单位的项目一级命名完成后，一级项目名下的全部地块不能同时开发，或者一级项目名下的地块用地性质不同等，为了便于管理、分级开发，将若干地块（不是全部）组合在一起，以分区、分期形式开发的，构成二级命名。

如果开发建设单位根据开发建设需求，不进行分期（区），则二级命名可以省略。

二级命名只可以使用区、期等名称，且在同一一级命名下，只能使用一种二级名称作为二级命名。

比如，使用了 XX 项目 A 区后，就不能再用 XX 项目 1 区，或者 XX 项目 B 期。

4.3　三级命名

一个建筑项目如有多栋建筑子体的，启用三级命名。三级命名是建筑物命名系统中的最小级别，对应独立的建筑子体。如果一个建筑项目仅有一个建筑子体的，则三级命名可以省略。

三级命名根据使用功能和实际情况命名。一般情况下，小区内部的建筑子体名称后缀根据实际情况可选用"栋"或者"号楼"，住宅使用"栋"，非住宅使用"号楼"。子体编号从"1"或者"A"开始。

4.4 命名的延续性

开发建设单位不是同时取得国有土地使用权，地块之间又相互毗邻，开发建设单位对于新增的地块原则上可以使用原地块的一级命名的项目名的，二、三级命名应遵循原地块的命名规则。

4.5 命名举例

（1）不分期（区）开发的建筑子体。

不分期（区）开发的建设项目，其建筑子体命名格式为 XXX 项目 XXX 栋（号楼），如"康怡花园 1 栋"。

（2）分期（区）开发的建筑子体。

分期（区）开发的建筑项目，其建筑子体命名格式为 XXX 项目 XXX 区（期）XXX 栋（号楼）。例如：幸福城项目由 5 个地块组成，开发建设单位根据开发建设需求，将这 5 个地块分为 A 区（2 个地块）、B 区（3 个地块），则建筑子体命名如"幸福城 A 区 1 栋""幸福城 B 区 2 栋"。

5 联合审查机制

目前，贵阳市建筑项目由房地产开发商进行命名，没有明确由哪个职能部门进行审核，因而存在监管疏漏，建议建立联合审查机制，从源头开始进行监管，由自然资源和规划局及公安部门联合审查。建设施工单位将规划图报服务中心规划窗口后，启动联合审查机制，自然资源和规划局对总平图进行规整入库，并将规整成果推送至地名地址统一管理平台，由地名地址统一管理平台发起任务，将该建筑项目总平图及项目一级命名推送至公安部门，由公安部门对建筑项目一级命名进行审查，公安部门反馈审查结果至自然资源和规划局。如建筑项目名称通过审查，则进入下一流程；如没有通过审查，则退回建设施工单位进行修改。通过在规划阶段的提前介入，预先进行建筑物命名审查，实现数据统一完整及部门间的数据互通、良性循环。

6 结语

规范建筑名称，统一建筑物子体划分原则，构建有效的建筑物信息体系，对于辅助解决政府及各部门在城市运行过程中遇到的城市管理、房地产调控、消防应急救灾、人口管理等问题具有重要的意义。但是如何运用大数据手段，形成多部门联动的建筑物信息共建共享机制，从源头上进行统一规范，以满足城市精细化建设和管理的需要，将是一个长期的过程，还需要政府各部门共同努力，最终为智慧城市、创新型中心城市建设打下坚实的基础。

［作者简介］
张　宇，工程师，贵阳市地理信息大数据中心副主任。
王　莹，硕士，副高级工程师，任职于贵阳市地理信息大数据中心。
杜娟慧，工程师，任职于贵阳市地理信息大数据中心。
刘　曦，硕士，工程师，任职于贵阳市地理信息大数据中心。
刘盘飞，硕士，大数据工程师，任职于贵阳市地理信息大数据中心。

基于手机信令数据的南京市居民出行特征研究

□李　旭，程晓明

摘要：本研究基于手机信令数据，重点分析南京市人口分布特征、居民出行特征，识别城市空间结构，评估城市建设发展阶段。在市域空间尺度下，南京市主体功能区依然以中心城区为主，"一主三副"的中心城区发展框架已经逐步拉开。在中心城区圈层内，主城区为当仁不让的核心，三大副城出行基本围绕主城区形成高强度的向心客流；在中心城区圈层外，主城区的影响力弱化，三大副城作为分区中心，对周边新市镇或组团形成了较强的客流吸引。通过出行数据校核发现，手机信令数据在中、大尺度空间分析上具有相当高的可靠性。

关键词：手机信令数据；人口分布特征；出行时空特征

1　引言

手机信令数据作为基于个体的广覆盖出行数据，受到了越来越多的重视和应用。利用手机信令数据分析居民出行特征的技术经验证是可行的。本研究利用南京市居住人口 2016 年 8 月的中国移动手机信令数据，分析城市居民分布特征以及出行时空特征。手机信令数据需要经过数据清洗、轨迹平滑等步骤后才能得到可以直接进行分析应用的基础数据。手机信令数据的处理利用 Spark 大数据集群，限于篇幅，本文重点对手机信令数据在城市居民出行特征分析方面的应用进行论述。

2　人口分布特征

利用手机信令数据绘制南京市人口分布热力图。在市域空间尺度下，南京主体功能区依然以中心城区为主，高淳、溧水独立发展且体量较低。

从中心城区空间层面来看，已经逐步由主城区"一家独大"向多心发展空间格局过渡，"一主三副"的中心城区发展框架已经逐步拉开，但是各功能板块由于发展基础和政策倾斜的差异化，表现在空间格局上不尽相同。

主城区作为南京市发展极核，依然是城市功能最为集中的区域，集中了南京市 50% 左右的常住人口，以老城区为核心向城南、城东、城北以及河西地区逐步扩散。

东山副城由江宁区发展而来，发展基础较好。在南京市地铁一号线首先覆盖以及房地产市场增长的双向刺激下，首先吸纳了大量主城区外溢的城市功能。现状东山副城人口主要集中在东山老城。同时在一号线的带动下，百家湖新中心也逐步发展成规模。

仙林副城从总体发展体量来看不如东山副城，城市建设主要集中于地铁二号线沿线以及尧化门等主城区邻近区域。

江北副城发展起步较晚，现状呈现离散组团化的空间格局，人口分别集中于浦口（江浦街道）、桥北、葛塘大厂、六合这四大片区，各片区尚未互动发展，片区核心还未形成。后续在江北新区发展推动下，大量交通基础设施将强化引导江北城市空间结构的形成，并与江南地区形成良性互补。

3 居民出行特征

利用手机信令数据绘制居民出行时空 OD 图（图 1），可见南京市现状出行需求呈现广域化、圈层化的总体格局。以主城区为核心，东山副城、仙林副城、江北副城（部分区域）已逐步与主城区共同形成紧密发展圈层。

从交换强度来看，东山副城作为南京市主城区功能外溢前沿阵地，与主城区交换量最高；江北副城虽然人口体量最高，但是由于长江的阻隔，发展依然相对独立，与主城交换量次之；仙林由于自身体量和腹地限制，交换量最低。

从主城区自身内部交换量来看，河西与老城区交换量最高，且高峰持续时间最长。

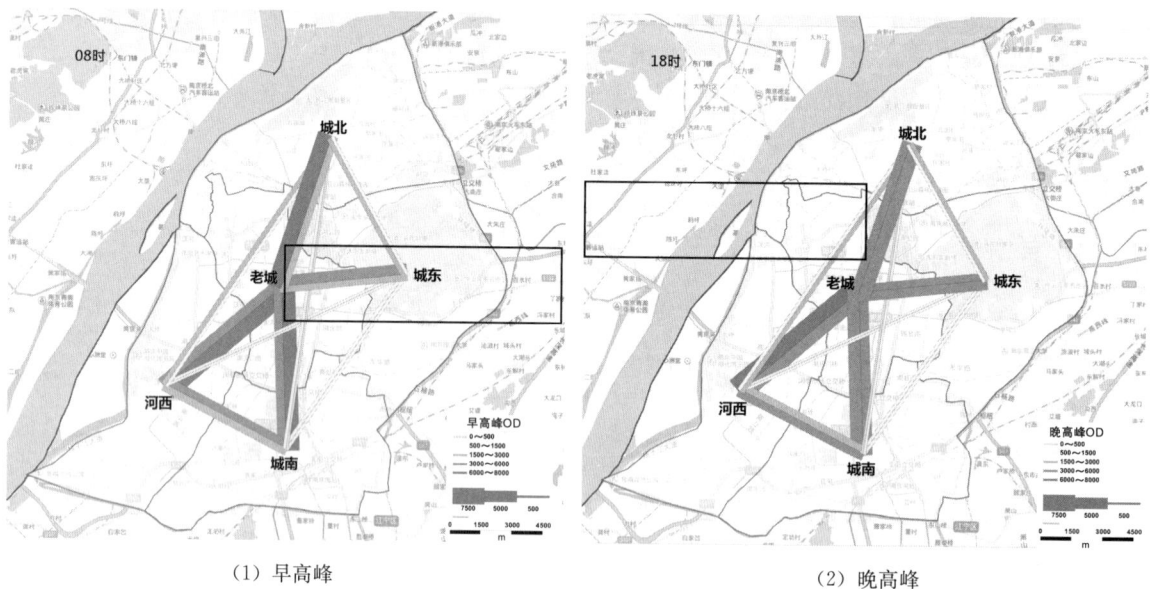

（1）早高峰　　　　　　　　　　　　　　　（2）晚高峰

图 1　南京市主城区早、晚高峰出行 OD 图

除此之外，市域 OD 图反映出几点较为有趣的特征。

（1）出行需求的层级发展。

在中心城区圈层内，主城区为当仁不让的核心，三大副城出行基本围绕主城区形成高强度的向心客流。但是在中心城区圈层以外，主城区的影响力大大弱化，此时三大副城作为分区中心，对周边新市镇或组团形成了较强的客流吸引。

以东山副城为例，作为南京市南部中心，东山副城对周边秣陵、淳化形成明显的客流交换，但是交换强度相对较弱。

正是由于出行需求层级化的发展，南京市轨道交通应向模式多元化迈进。除中心城区的城市轨道、都市区的市域轨道以外，还应因地制宜，在外围新城内构建中运量公交系统，支撑城市分区中心的构建，合理满足不同层级的客流需求。

（2）核心主城的多心联动。

南京市主城区内部包含了老城区、河西、城南、城东、城北五大片区，其中老城区为核心的核心，是三大副城向心客流的核心吸引点。此外，三大副城与其邻近的主城区板块也保持一定程度的联系（东山与城南、仙林与城北、江北与城北）。但是，近年来随着河西特别是河西南部地区城市功能的逐步完善，主城区内部已经逐步由老城区"一家独大"向"一城三区""一主三副"转变转型。

反映到出行需求上来看，河西已经逐步与东山、江北副城（桥北地区）建立相当规模的客流联系。此外，板桥片区也同样与河西地区形成一定规模的客流联系。后续随着南部新城的开发建设，主城区空间结构将进一步优化，进而引导南京市客流需求的空间重构。

3　出行校核

对比手机信令数据挖掘得到的居民出行 OD 和通过南京市居民出行调查获得的扩样 OD，是出行时空分布校核的内容之一。受手机信令数据自身数据漂移因素制约，手机信令轨迹的拟真度在交通小区层面上存在较大的随机误差，往往需要经过聚合至中区或者大区层面才能将数据漂移影响降至一定程度。同时，本次采用中国移动数据，占南京市市场份额的 $60\%\sim70\%$，并不是全样数据。因此，对居民出行调查结果的校核工作从三个方面开展：交通中区出行 OD 比例矩阵、区内区外出行比例、出行距离分布。

将手机信令数据及居民出行调查数据得到的全方式出行矩阵聚合至中区、大区粒度，并将交换量换算为占总量的比例，通过比较两个矩阵的差异分析两个矩阵的异同点。通过图 2 可见，两者比例结果大致相仿，误差在 $\pm13\%$ 以内。

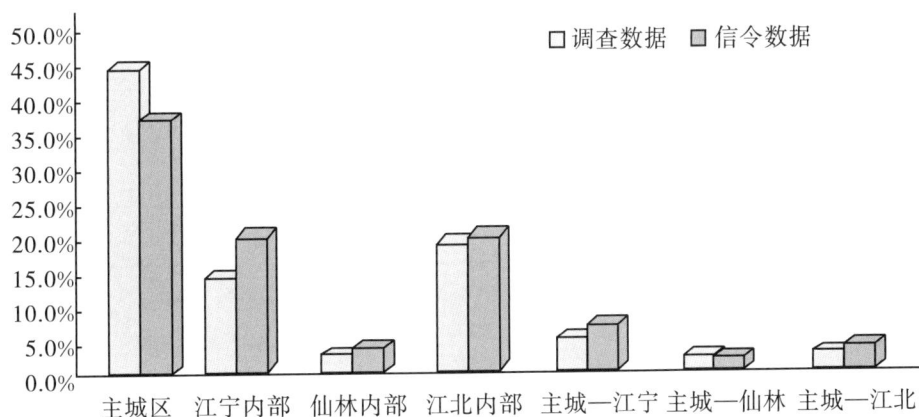

图2　组团出行比例差异图

通过图3、图4可知，两者区内区外出行比例的较为吻合和出行距离对比趋势的吻合也证明手机信令数据在大尺度空间分布上实现了调查数据的可验证性。

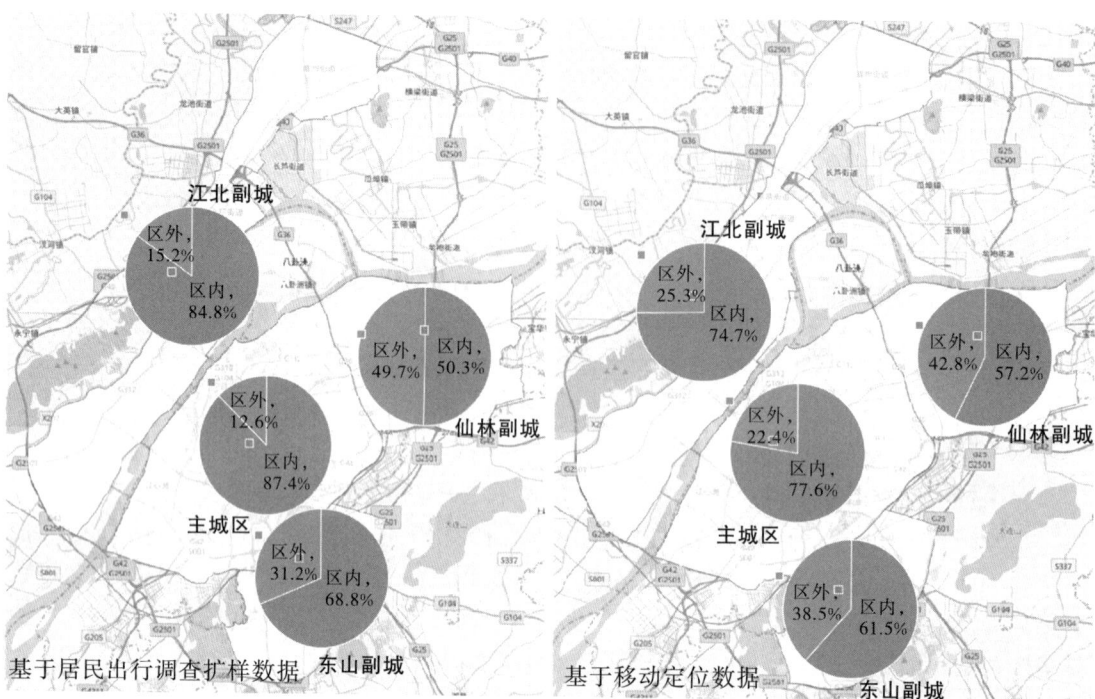

图3 中心城区范围内各组团区内区外出行比例对比图

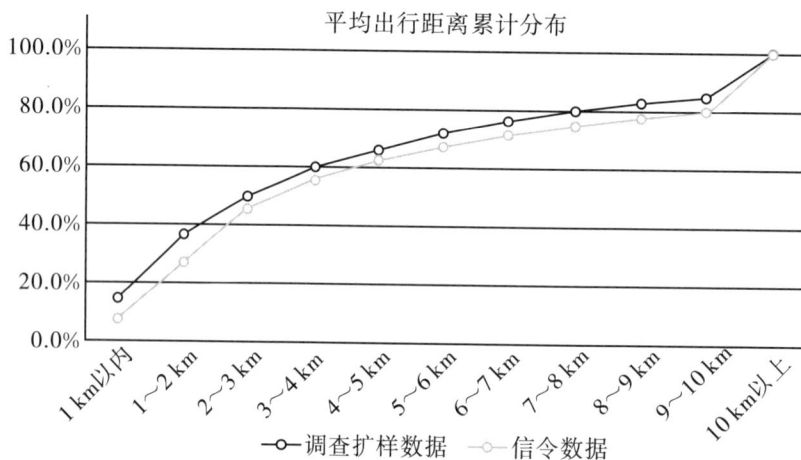

图4 出行距离对比图

4 结语

通过对南京市人口分布特征以及居民出行特征分析，主要研究结论归纳为五点：①在市域空间尺度下，南京市主体功能区依然以中心城区为主，高淳、溧水独立发展且体量较低；②从中心城区空间层面来看，已经逐步由主城区"一家独大"向多心发展空间格局过渡，"一主三副"的中心城区发展框架已经逐步拉开；③在中心城区圈层内，主城区为当仁不让的核心，三大副城出行基本围绕主城区形成高强度的向心客流；④在中心城区圈层外，主城区的影响力大大弱化，此时三大副城作为分区中心，对周边新市镇或组团形成了较强的客流吸引；⑤手机信令数据在中、大尺度空间分析上具有相当高的可靠性，但在交通特征分析的研究上还处于不断发展的阶段，后续可以进一步分析精细化出行特征。

［参考文献］

[1] 冉斌. 手机数据在交通调查和交通规划中的应用 [J]. 城市交通，2013 (1)：72-81.

[2] 于泳波，程晓明. 基于手机信令数据的城市轨道客流路径识别方法：以南京地铁为例 [C] // 中国科学技术协会，中华人民共和国交通运输部，中国工程院. 2019 世界交通运输大会论文集. 中国公路学会，2019.

[3] 张天然. 基于手机信令数据的上海市域职住空间分析 [J]. 城市交通，2016 (1)：15-23.

[4] 程晓明，李旭. 基于手机信令数据的南京市居民出行活动监测 [J]. 中国科技成果，2020 (21)：57-58.

[5] 李旭，程晓明. 新型调查技术下南京市主城居民出行轨迹特征 [C] // 中国城市规划学会城市交通规划学术委员会. 创新驱动与智慧发展：2018 年中国城市交通规划年会论文集. 北京：中国建筑工业出版社，2018.

［作者简介］

李　旭，硕士，工程师，任职于南京市城市与交通规划设计研究院股份有限公司。

程晓明，硕士，高级规划师，南京市城市与交通规划设计研究院股份有限公司大数据中心主任。

粤港澳大湾区热环境安全格局变化特征研究

□赵　阳，王　妍，许亚峰

摘要：本文以粤港澳大湾区为研究对象，使用 MODIS 地表温度产品作为基础数据，通过测算区域热岛足迹和地表温度热力等级制定热环境安全区划标准，将区域热环境安全等价划分为四个等级，在此基础上研究了粤港澳大湾区城市群热环境安全格局及变化特征。结果表明：①2020 年粤港澳大湾区城市群热环境安全格局总体上呈现出显著的聚集特征，不安全区域主要集中在珠三角核心区的建成区及周边，以广州、佛山、东莞、深圳、中山等城市为中心，整体上沿珠江口呈现出 U 形分布；②近 10 年，大湾区城市群热环境空间格局变化的主要特征表现为不安全区域呈现扩张趋势，安全区域基本保持不变，临界安全区域占比小幅度减少，基本安全区域出现了明显的缩减趋势；③粤港澳大湾区北部和少部分沿海地带是热环境改善的区域，珠江口东岸出现了一定程度的热岛效应减缓，西岸则成为本区域热环境明显下降的区域。处于珠江三角洲核心地带的广州和佛山，依旧是热岛效应最为集中显著的区域，并且已经将两岸的热岛区域连接起来，成为整个城市群热岛效应的轴线，也是未来热环境改善最应该关注的地区。城市热环境安全格局和变化特征研究可为科学合理地开展城市规划、缓解热岛效应提供支持。

关键词：粤港澳大湾区；热岛效应；热岛足迹；热环境安全格局

1　引言

城市热环境是当前城市生态环境研究中最重要的内容之一。近年来城镇化进程加快，建设用地扩张以及人口聚集加剧了城市热岛效应的产生。国内外学者对城市热岛的产生和形态格局、演变规律、形成机制和驱动力等开展了大量的研究。在当前全球气候变暖的背景下，城市群热环境安全格局面临着深刻的挑战。从目前来看，研究多对城镇化进程中引发的生态环境改变做分析，但对热环境格局的讨论较少；同时，城市群尺度的不断扩张，已经使得各个城市的热岛区域成片相连，单个城市已经无法消解高强度热排放带来的热岛效应，对于城市群的整体热环境安全格局还需要进一步探索。国内已有学者对京津冀和长三角城市群的热环境进行了分析，并探讨了城市群热力景观的尺度效应。粤港澳大湾区城市群是我国三大城市群之一，快速城镇化与全球增温使该区域城市热环境问题备受关注。目前，该区域热环境研究多以单一城市为对象，缺少对城市群中不同城市绿地景观格局及热环境时空动态演化规律的分析与对比。

本文使用 MODIS 地表温度产品作为基础数据，通过测算区域热岛足迹和地表温度热力等级制定热环境安全区划标准，将区域热环境安全等价划分为四个等级，在此基础上分析了 2010—2020 年粤港澳大湾区城市群热环境安全格局及变化特征，这对改善城市群热环境格局，科学开展城市发展规划和空间布局，打造粤港澳大湾区宜居环境有积极的意义。

2　研究区域与数据来源

2.1　研究区域概况

本文以粤港澳大湾区作为研究区域，该区域位于珠江下游，濒临南海，东经$111°21'\sim$ $115°24'$、北纬$21°27'\sim24°24'$，其包括珠三角城市群9市（广州、佛山、肇庆、深圳、东莞、惠州、珠海、中山、江门），以及香港、澳门2个特别行政区。研究区域内大部分地区位于北回归线以南，属亚热带海洋季风气候，终年温暖湿润，年平均气温$21\sim23\ ℃$，地势起伏较大，中部为平原，四周多丘陵、山地、岛屿。粤港澳大湾区总面积5.6万平方千米，在2020年第七次全国人口普查中总人口达到7801.43万人，是中国开放程度最高、经济活力最强的区域之一。与此同时，由于快速的城镇化，这一区域人口高度集中且交通路网密集，城市规模不断扩大，导致热排放显著增加，形成了较强的城市热岛效应。

2.2　数据来源

地表温度是研究区域地表热平衡和环境变化的重要数据来源。本文选用的地表温度数据是由美国国家航空航天管理局提供的搭载在Terra卫星上的MODIS陆地系列产品中的分辨率为1 km的地表温度8天合成产品（MOD11A2）。MODIS地表温度产品是用分裂窗算法反演得到的。研究表明，MODIS分裂窗算法反演得到的地表温度可以达到1 K的精度，可以满足城市热岛效应及热环境安全格局的研究需要。

本文对MODIS数据进行了几何纠正、投影转换和重采样等预处理，然后对其进行辐射定标，通过式（1）计算得到大湾区地表温度数据。

$$T=DN\times0.02-273.15 \tag{1}$$

式（1）中，T为地表温度值，DN为像元灰度值。由于MOD11A2产品在有云的区域DN值为0，因此需要进行云掩膜处理，以消除异常值。

3　研究方法

3.1　城市热岛足迹

城市热岛效应在某种程度上是城市空间热环境的一种集中性反映和体现。城市热岛效应产生的空间范围即为热岛足迹。热岛足迹的大小说明人类活动的影响大小，因此定义热岛足迹的范围，可以表征人类活动和城市建成区所引起的热环境变化范围。为了避免人为选取的背景对热岛表征的影响，减少主观因素的干扰，本文采用改进的半径法测算粤港澳大湾区各个城市区域的热岛足迹。由于城市热岛足迹的分布范围常常与城市建成区一致，因此选择城市建成区的中心作为城市热岛足迹分布的同心圆环中心。统计各圈层圆环内的平均温度值，进而确定受城市热岛影响的分界线，得到热岛足迹范围。其计算方法如式（2）所示。

$$\begin{cases} S_1=\pi r_1^2 \\ S_2=\pi r_2^2-\pi r_1^2=S_1 \\ \dots \\ S_i=\pi r_i^2-\pi r_{i-1}^2=S_1 \end{cases} \tag{2}$$

式（2）中，S_i 表示第 i 个圆环的面积，r_i 表示第 i 个圆环的半径，$i=1$，2，3，…，n。

3.2 地表温度等级划分

为研究不同时期粤港澳大湾区城市群热环境空间分布特征，本文采用密度分割技术对地表温度数据进行分级。首先需要对地表温度进行归一化处理，利用式（3）将地表温度范围投影至 0～1 之间。

$$T_n = \frac{T - T_{min}}{T_{max} - T_{min}} \tag{3}$$

式（3）中，T_n 表示归一化后的像元值，T 表示地表温度值，T_{max}、T_{min} 分别表示粤港澳大湾区地表温度的最大、最小值。

然后采用均值—标准差方法对归一化后的数据进行地表温度热力等级划分，得到低温、次低温、中温、次高温、高温五个热力等级（表1）。

表1 地表温度热力等级区划标准

地表温度热力等级	温度范围
低温	$T_n < T_{mean} - 1.5T_{std}$
次低温	$T_{mean} - 1.5T_{std} \ll T_n < T_{mean} - 0.5T_{std}$
中温	$T_{mean} - 0.5T_{std} \ll T_n < T_{mean} + 0.5T_{std}$
次高温	$T_{mean} + 0.5T_{std} \ll T_n < T_{mean} + 1.5T_{std}$
高温	$T_{mean} + 1.5T_{std} \ll T_n$

注：T_{mean} 表示归一化后的所有像元平均值，T_{std} 为标准差。

3.3 城市热环境安全等级划分

为揭示城市群热环境安全程度，本文结合热岛足迹和地表温度热力等级，生成城市热环境安全等级区划标准，用以对城市热环境安全格局进行分析。首先通过热岛足迹划定城市群热岛效应的作用范围，然后参考地表温度热力等级对城市群地表温度进行分级。在综合考虑两个指标的基础上，将粤港澳大湾区热环境安全等级分为四级（表2）。

表2 热环境安全等级标准

热环境安全等级	分级标准
安全	热岛足迹外的次低温区和低温区
基本安全	热岛足迹外的中温区和热岛足迹内的低温区
临界安全	热岛足迹外的次高温区和足迹内的次低温区与中温区
不安全	区域内的高温区和热岛足迹内的次高温区

4　结果与分析

4.1　2020 年粤港澳大湾区热环境安全格局分布特征

通过统计粤港澳大湾区不同地表温度热力等级区域面积和比例（表 3）及空间分布情况可知，粤港澳大湾区高温区和次高温区主要分布于珠江三角洲核心区的城市建成区及其周围；中温区主要分布于肇庆，江门、惠州的丘陵和山地地区；低温区和次低温区则主要分布在肇庆北部和惠州北部的山地。2020 年粤港澳大湾区不同地表温度等级区域面积最大的是中温区，面积为 20401.68 km²，占比达到 36.14%；其次分别为次低温区和次高温区，占比分别为 30.34% 及 20.60%；高温区占比为 8.92%；占比最低的是低温区，只有 4.01%。总体上看，粤港澳大湾区地表温度从中心向四周逐渐降低，呈现出明显的中间高四周低的分布格局，并且呈现出一定的环状分布特征。

表 3　2020 年粤港澳大湾区城市群各地表温度等级面积及比例

地表温度等级	面积（km²）	比例
低温	2264.6	4.01%
次低温	17128.15	30.34%
中温	20401.68	36.14%
次高温	11627.2	20.60%
高温	5034.51	8.92%

2020 年粤港澳大湾区城市群热环境安全格局总体上呈现出显著的聚集特征，不安全区域主要集中在珠江三角洲核心区的建成区及周边；临界安全区域多为城市郊区，围绕着不安全区域分布；基本安全区域和安全区域主要分布在大湾区的外围，基本为山地或丘陵。各个安全等级区域面积从大到小分别是基本安全＞安全＞临界安全＞不安全区（表 4）。基本安全区域最大，面积为 19455.28 km²，占比为 34.67%，主要分布于肇庆、惠州和江门等地。安全区域面积与前者基本相当，占比也达到了 33.73%，主要分布在肇庆、广州和惠州的北部，沿海地区也有少量分布。临界安全区域和不安全区域合计占比 31.6%，基本处于大湾区的核心地带，以珠江三角洲平原为中心聚集分布，该区域主要是城市建成区，人口众多，建设用地密集，其热安全等级最低。其中，广州、佛山、东莞、中山以及深圳等城市形成了以广州为中心、围绕珠江口两岸分布的 U 形连片不安全区域，是整个粤港澳大湾区热环境最不安全的区域。

表 4　2010—2020 年粤港澳大湾区城市群热环境安全等级面积及比例

安全等级	2010 年		2015 年		2020 年	
	比例	面积（km²）	比例	面积（km²）	比例	面积（km²）
安全	30.34%	17188.99	33.13%	18591.69	33.73%	18924.62
基本安全	37.97%	21515.39	39.17%	21976.76	34.67%	19455.28
临界安全	19.83%	11233.43	15.23%	8544.64	18.82%	10560.81
不安全	11.87%	6722.82	12.47%	6998.29	12.78%	7170.67

4.2 粤港澳大湾区热环境安全格局变化特征

分析粤港澳大湾区城市群各安全等级区域变化情况，可以宏观地了解近10年大湾区热环境格局演变特征。2010—2020年间，大湾区城市群热环境空间格局变化的主要特征表现为不安全区域呈现扩张趋势，安全区域基本保持不变，临界安全区域占比小幅度减少，基本安全区域呈现了明显的缩减趋势。不安全区域围绕佛山和广州核心区的蔓延趋势最为显著，临界安全区域在珠江口西岸也有蔓延趋势。珠江口两岸由不安全区域和临界安全区域组成的U形区域更加显著。安全区域在大湾区北部山区呈现增长趋势，尤其以肇庆北部山地和惠州北部最为明显。

2010年不安全区域总面积为6722.82 km²，2015年和2020年分别增长至6998.29 km²和7170.67 km²，比例分别上升了0.60%和0.91%。不安全区域减少最显著的区域是深圳和东莞，分别减少了6.83%和5.53%，总面积达到265.65 km²。安全区域增加最显著的是广州和惠州，分别增长了873.34 km²和949.56 km²，同时香港、肇庆、深圳、佛山、东莞也有不同比例的增加（表5）。

表5　2010—2020年粤港澳大湾区城市群各安全等级区变化比例及面积

城市	各安全等级区变化比例				各安全等级区变化面积（km²）			
	安全	基本安全	临界安全	不安全	安全	基本安全	临界安全	不安全
肇庆	2.90%	−0.24%	−1.61%	−1.04%	447.45	−37.74	−248.35	−161.36
惠州	8.13%	−0.50%	−7.23%	−0.40%	949.56	−58.37	−844.40	−46.79
广州	11.99%	−10.83%	−6.67%	5.52%	873.34	−789.06	−486.19	401.91
佛山	0.95%	−6.71%	−1.56%	7.32%	37.42	−264.30	−61.34	288.22
东莞	0.27%	1.33%	3.92%	−5.53%	6.66	32.83	96.75	−136.24
深圳	1.07%	2.97%	2.79%	−6.83%	20.28	56.23	52.90	−129.41
江门	−1.82%	−7.81%	7.63%	2.00%	−171.17	−732.97	716.06	188.08
中山	−5.60%	−6.40%	6.21%	5.79%	−96.69	−110.60	107.31	99.98
香港	5.55%	−0.66%	−4.76%	−0.13%	54.01	−6.42	−46.37	−1.22
珠海	−18.60%	3.35%	12.31%	2.94%	−243.02	43.81	160.82	38.38
澳门	−23.86%	13.64%	6.82%	3.41%	−3.23	1.84	0.92	0.46

从流向上看，肇庆、惠州、香港这三个城市安全区域增加，其他区域减少，是粤港澳大湾区热环境安全格局获得提升的区域。深圳和东莞不安全区域减少，其他区域相应增加，城市热环境格局得到一定提升。佛山、广州、珠海、中山、江门、澳门这六个城市都出现了安全区域和基本安全区域减少，不安全区域增加的现象，是整个粤港澳大湾区城市热环境格局变差的城市，尤其是中山、珠海、江门均出现了较大幅度的安全区域减少且不安全区域和临界安全区域显著增加的现象。总体可以看出，粤港澳大湾区北部和少部分沿海地区是热环境改善的区域，珠江口东岸出现了一定程度的热岛效应减缓，西岸则成为本区域热环境明显下降的区域，这和各个地区本身的地形条件、城市发展阶段以及产业发展有一定的关系。

5　结语

本文以粤港澳大湾区为研究对象，使用MODIS地表温度产品MOD11A2作为基础数据，通过测算区域热岛足迹和地表温度热力等级制定热环境安全区划标准，将区域热环境安全等级划分为四个等级，在此基础上研究了粤港澳大湾区城市群热环境安全格局及其变化特征，结论如下：

（1）2020年粤港澳大湾区城市群热环境安全格局总体上呈现出显著的聚集特征。不安全区域主要集中在珠江三角洲核心区的建成区及周边，以广州、佛山、东莞、深圳、中山等城市为中心，整体上沿珠江口呈现出U形分布；临界安全区域多为城市郊区，镶嵌在不安全区域周边；基本安全区域和安全区域主要分布在大湾区的外围，以肇庆、惠州、广州北部、江门南部沿海地区为主，基本为山地或丘陵。

（2）近10年，大湾区城市群热环境空间格局变化的主要特征表现为不安全区域呈现扩张趋势，安全区域基本保持不变，临界安全区域占比小幅度减少，基本安全区域出现了明显的缩减趋势。安全区域在大湾区北部山区呈现增长趋势，尤其以肇庆北部山地和惠州北部最为明显。

（3）从各个城市流向分析可以看出，粤港澳大湾区北部和少部分沿海地区是热环境改善的区域，珠江口东岸出现了一定程度的热岛效应减缓，西岸则成为本区域热环境明显下降的区域。肇庆和惠州的山地地区是大湾区北部的生态屏障，对整个区域热环境的改善贡献了最强力量。珠江口东岸的东莞和深圳由于产业升级且城市扩张减缓等原因，热岛效应的蔓延也相应减弱，整体热环境格局较10年前略有改善。珠江口西岸的中山、珠海和江门由于持续的城镇化进程和产业承接，出现了较大程度的热环境不安全区域扩张，成为整个区域热环境安全格局衰减的地区。处于珠江三角洲核心地带的广州和佛山，依旧是热岛效应最为集中显著的区域，并且已经将珠江口两岸的热岛区域连接起来，成为整个城市群热岛效应的轴线，也是未来热环境改善最应该关注的地区。

今后粤港澳大湾区热环境安全格局的改善可以从以下三方面入手：①注重提升各城市绿地分布的覆盖度及完整性。对地表温度高值热点进行资源优先配置，并依据不同城市的人口分布特点、原有的绿地景观格局和热环境状况确定绿地建设与规划方案，有针对性地布局绿地的植被组成及各组分的空间结构，以有效发挥绿地的降温效应。②合理规划城市空间结构。严格控制城市扩张边界和建筑物密度，合理布局建筑物、工厂和道路系统，留出补偿空间和通风廊道，保障城市微气候调节功能。③提高能源利用效率，减少热排放。提倡使用清洁能源，促进绿色生活方式的推广。

［参考文献］

[1] 游晓婕，李琼，孟庆林.城市热岛空间格局及形态差异化调控策略研究：以广州市中心城区为例 [J].风景园林，2021（5）：74-79.

[2] 乔治，黄宁钰，徐新良.2003—2017年北京市地表热力景观时空分异特征及演变规律 [J].地理学报，2019（3）：475-489.

[3] 张伟，蒋锦刚，朱玉碧.基于空间统计特征的城市热环境时空演化 [J].应用生态学报，2015 （6）：1840-1846.

[4] 杨浩，王子羿，王婧，等.京津冀城市群土地利用变化对热环境的影响研究 [J].自然资源学报，2018（11）：1912-1925.

［5］陆晓君，刘珍环. 城市"源—汇"热景观变化及其空间作用强度特征：以深圳西部地区为例［J］. 生态学报，2021（16）：1-10.

［6］刘诗喆，谢苗苗，武蓉蓉，等. 地理单元划分对城市热环境响应规律的影响：以北京为例［J］. 地理科学进展，2021（6）：1037-1047.

［7］岳文泽，徐建华，徐丽华. 基于遥感影像的城市土地利用生态环境效应研究：以城市热环境和植被指数为例［J］. 生态学报，2006（5）：1450-1460.

［8］杨智威，陈颖彪，吴志峰，等. 粤港澳大湾区城市热岛空间格局及影响因子多元建模［J］. 资源科学，2019（6）：1154-1166.

［9］韩冬锐，徐新良，李静，等. 长江三角洲城市群热环境安全格局及土地利用变化影响研究［J］. 地球信息科学学报，2017（1）：39-49.

［作者简介］

赵　阳，硕士，工程师，任职于珠海市规划设计研究院。

王　妍，硕士，高级工程师，任职于珠海市自然资源与规划技术中心。

许亚峰，硕士，工程师，任职于珠海市规划设计研究院。

小街区密路网公交站点设置位置研究

□丁　灿，林本江，杨在兵

摘要： 密路网模式下道路网的布局和城市空间结构相较传统城市模式存在明显变化，现有交通设施设计规范在密路网条件下存在不少问题，公交站点选址问题就是其中之一。公交站点的位置设置，对整个路网的运行效率起着至关重要的作用。本文通过建立密路网 VISSIM 仿真模型，模拟了以一横一纵主干路系统为主，次、支路为辅构成约 1.5 km² 的路网结构，分别在高、中、低三种流量下，公交站点距离交叉口出口道 15 m、20 m、30 m、35 m、45 m、50 m、60 m 和 70 m 等 8 种情况下的路网整体运行状况。通过构建由车辆排队长度、总延误和交通冲突数作为主要评价指标的优化模型，分析得出密路网条件下不同流量情形下最优站点的设置位置。

关键词： 密路网；公交站点位置；VISSIM 仿真

1　引言

封闭小区带来的问题随着城市的发展逐渐凸显出来：街道空间的失活、超大尺度封闭小区对城市交通造成严重影响。因此，国内逐步对密路网及开放性住区进行探索。

2016 年，中共中央、国务院发文提出"树立'窄马路、密路网'的城市道路布局方式""原则上不再建设封闭住宅小区""实现内部道路公共化"。密路网模式下道路网的布局和城市空间结构相较传统城市模式存在明显变化。开放居住区内车行道路，城市路网将更加密集和高效，交通微循环加强；开放居住区内步行街道，可激发居住区内部活力。密路网是今后城市规划的新方向。

为适应社会经济和城市的发展、缓解城市的交通压力，交通规划中采用"公交优先"策略——大力发展城市公共交通。公交站点作为支撑公交系统运营和居民出行的重要基础设施，其设置问题决定着密路网整体的运行效率和人民出行的便利程度，有必要对其进行科学合理的研究。

现有交通设施设计规范不适用于密路网，国内未有关于密路网下公交站点位置设置的研究。基于以上问题，本文从路网整体运行效率研究密路网公交站点的设置问题，并利用 VISSIM 仿真软件确定公交站点设置位置。

2　基于离散点选址模型布设公交站点

密路网下公交站点选址的目的是提高公交系统的运行效率。若公交站点选址不合理，路网上公交车辆和社会车辆的延误概率都会增加，公交运行的可靠性将会降低。因此，合理确定公交站点位置至关重要。公交站点的选址影响因素众多，影响密路网下公交车运行效率的因素主要有道路交通流量、信号相位配时、公交线路分布情况、道路断面形式、公交站点停靠时间等。选址的原则主要有两个：一是畅通性原则。站点位置不应设置在流量较大的交叉口进口道，设置位置需与交叉口保持一定距离，方便公交车进出站，减少公交车对主线车辆的影响。二是乘客可达性和安全性原则。站点设置应结合周边用地性质，合理分析出行路径，确定合适站点，方便居民出行及换乘。

本文选择离散点选址模型中最大覆盖模型确定公交站点，具体如下：

$$max \sum_{j \in Ni \in A(i)} \sum d_i y_{ij}$$
$$\sum_{j \in B(i)} y_{ij} \leqslant 1, \ i \in N$$
$$\sum_{j \in A(j)} d_i y_{ij} \leqslant C_j x_j, \ j \in N$$
$$\sum_{j \in N} x_j = p \tag{1}$$
$$x_j \in \{0, 1\} \ j \in N$$
$$y_j \geqslant 0, \ i, \ j \in N$$

式（1）中，$N = \{1, 2, \cdots, n\}$ 表示 N 个需求点；d_i 表示 i 点的需求量；C_j 表示候选点容量；A_j 表示候选点 j 覆盖的需求点量；$B(i) = \{j \mid i \in A(j)\}$ 表示覆盖需求点 i 的候选点 j 的集合；$x_j = \{0, 1\}$ 表示候选点位于 j 为 1，反之为 0；y_{ij} 表示需求点 i 中被分配到候选点 j 部分；P 表示候选点数目。

根据以上模型同时结合周边用地，得出公交线路设置公交站点的设置范围，确定该范围内公交站点设置的大体位置。

3 目标模型及路网指标的确定

3.1 目标模型

仿真的最终目标是得出密路网公交站点设置位置。为了验证其设置效果，选取车辆排队长度、总延误和交通冲突数作为指标衡量在 VISSIM 仿真中的设置效果，构建以车辆总延误、排队长度以及交通冲突数作为主要评价指标的优化模型：

$$C = \min (\omega_1 D + \omega_2 P + \omega_3 V + \omega_4 Q) \tag{2}$$

式（2）中，ω_i 是目标函数 i 的权重，根据专家打分法确定；D 为系统平均延误；P 为系统平均排队长度；V 为系统整体运行车速；Q 为系统平均排队长度。目标函数值越低，路网整体运行效果越好。

3.2 路网建立

建立一个含有主干路、次干路、支路的小街区密路网，主干路一横一纵"十"字形布设，次干路东西走向，支路按照200～300 m间距布置；假定路网周边用地以商业办公为主，路网覆盖范围约1.5 km²。

3.2.1 道路断面的确定

根据《城市综合交通体系规划标准》中道路红线宽度与断面空间分配的要求，确定路网中主干路、次干路、支路的断面形式（表1）。

表 1　路网中各等级道路详情

道路分类	红线宽度	断面形式
主干路	42 m	四块板，双向 6 车道，机非分离
次干路	32 m	三块板，双向 4 车道，机非分离
支路	20 m	一块板，双向 2 车道，机非混行

3.2.2　不同流量等级下道路流量值的确定

不同流量下，公交站台最优设置位置不同。本文分别针对低流量、中流量、高流量三种流量，对不同公交站点设置位置进行仿真。

结合道路通行能力和服务水平确定路网的低、中、高流量值，道路服务水平小于 0.3 对应交通量为低流量，道路服务水平为 0.31~0.55 对应交通量为中流量，道路服务水平大于 0.56 对应交通量为高流量。本文在不同流量级别下，对不同等级道路的交通量选取如表 2 所示。

表 2　不同流量下各等级道路交通量

流量级别	道路分类	车道数	流量（pcu/h）
低流量	主干路	双 6	1100
	次干路	双 4	600
	支路	双 2	200
中流量	主干路	双 6	2200
	次干路	双 4	1200
	支路	双 2	400
高流量	主干路	双 6	3000
	次干路	双 4	2000
	支路	双 2	800

3.2.3　公交站点位置确定

公交站点一般布置在交叉口出口道处，小街区密路网的道路长度约为200 m，进口道禁止变道长度一般为30 m，公交站台长度约为30 m，综合以上因素，可知公交站设置位置主要为距离出口道15~70 m的位置。针对低、中、高三种流量，对不同公交站点设置位置进行仿真，分别研究公交站点距离交叉口出口道15 m、20 m、30 m、35 m、45 m、50 m、60 m和70 m等八种情况下，公交站点位置对路网整体运行状况的影响。

4　基于 VISSIM 仿真确定公交站点具体位置

采用 VISSIM 交通仿真软件对各类组合方案进行模拟。

（1）低流量情形下路网仿真。

从表 3 可以看出，公交站设置在距离交叉口出口道35 m处，目标函数 C 值最低。因此，当路网流量低时，公交站台宜设置在距离出口道35 m处，此时路网整体运行效率最高。

表3　低流量情形下路网仿真表

距交叉口距离	平均延误（s）	停车次数平均值（次）	速度（km/h）	平均排队长度（m）	目标函数 C
15 m	166.70	5.24	38.99	2.16	48.44
20 m	166.42	5.27	35.89	2.44	48.13
30 m	166.09	5.91	36.34	2.98	47.96
35 m	166.67	5.28	38.61	2.95	46.37
45 m	159.73	5.20	35.39	4.08	47.00
50 m	162.01	5.22	35.60	2.87	47.26
60 m	164.30	5.21	36.10	2.66	48.00
70 m	165.50	5.10	35.20	2.72	48.44

（2）中流量情形下路网仿真。

从表4可以看出，公交站设置在距离交叉口出口道30 m处，目标函数 C 值最低。因此，当路网流量中等时，公交站台宜设置在距离出口道30 m处，此时路网整体运行效率最高。

表4　中流量情形下路网仿真表

距交叉口距离	平均延误（s）	停车次数平均值（次）	速度（km/h）	平均排队长度（m）	目标函数 C
15 m	276.24	6.71	27.99	97.07	110.76
20 m	264.36	6.77	25.17	121.79	114.87
30 m	269.74	7.00	25.82	81.16	105.86
35 m	272.79	6.78	26.56	121.46	116.53
45 m	274.78	7.19	29.40	131.61	119.14
50 m	272.64	7.08	27.10	125.36	117.50
60 m	272.31	6.91	26.50	121.40	116.40
70 m	275.13	6.82	28.20	119.50	116.45

（3）高流量情形下路网仿真。

从表5可以看出，公交站设置在距离交叉口出口道30 m处，目标函数 C 值最低。因此，当路网流量高时，公交站台宜设置在距离出口道30 m处，此时路网整体运行效率最高。

表5　高流量情形下路网仿真表

距交叉口距离	平均延误（s）	停车次数平均值（次）	速度（km/h）	平均排队长度（m）	目标函数 C
15 m	304.06	7.39	24.70	101.02	121.38
20 m	296.42	7.45	25.22	138.77	129.17
30 m	299.10	6.99	25.45	105.61	120.85
35 m	294.42	7.33	25.02	130.93	126.29
45 m	296.44	7.35	25.70	130.82	126.92
50 m	297.71	7.41	25.65	130.77	127.52
60 m	295.68	7.43	25.11	135.62	128.10
70 m	301.23	7.38	26.32	136.28	129.81

5 结语

国内有关公交站点设置位置的研究、规范均是针对常规路网，针对目前在国内普及的小街区密路网的公交站点位置设置没有明确的研究，本文针对高、中、低三种流量下公交站距离交叉口出口道15 m、20 m、30 m、35 m、45 m、50 m、60 m和70 m等八种不同设置位置，利用VISSIM仿真，并结合目标函数分析，最终得出结论：①密路网、低流量（道路服务水平小于0.3对应的交通量）情形下，公交站台宜设置在距离出口道35 m处；②密路网、中流量（道路服务水平为0.31～0.55对应的交通量）情形下，公交站台宜设置在距离出口道30 m处；③密路网、高流量（道路服务水平大于0.56对应的交通量）情形下，公交站台宜设置在距离出口道30 m处。

该研究结果仅适用于1.5 km² 范围内，在高、中、低三种流量模式下的密路网公交站点设置问题研究，对于更大范围路网内公交站点设置问题，需更进一步研究。

［参考文献］

[1] 何梦漪. "密路网"下开放性住区模式研究：以北京为例 [D]. 北京：北京建筑大学. 2020.

[2] 何奥. "小街区，密路网"空间模式路网结构的分形特征研究 [D]. 重庆：重庆大学. 2018.

[3] 龚翔，陈学武，李娅. 城市快速公交停靠站点在交叉口的选址研究 [J]. 土木工程学报，2011（11）：115-120.

[4] 龚晓岚，魏中华. 基于Vissim的公交停靠站有效泊位数分析 [J]. 交通信息与安全，2009（2）：140-142.

[5] 刘好德. 公交线网优化设计理论及实现方法研究 [D]. 上海：同济大学. 2008.

[6] 钱思文. 基于运行效率的常规公交站点选址方法研究 [D]. 南京：南京林业大学. 2019.

[7] 杨大海. 城市公交站场选址与布局优化方法研究 [D]. 合肥：合肥工业大学. 2014.

[8] 郭罕智. 城市常规公交场站布局与站点设置规划研究 [D]. 吉林：吉林大学. 2016.

[9] 邓亚娟，胡绍荣，丁灿. 突发事件下路网交通导控策略决策支持模型研究 [J]. 公路，2015（5）：143-149.

[10] 裴玉龙，张亚平，等. 道路交通系统仿真 [M]. 北京：人民交通出版社，2004：70-73；250-253.

［作者简介］

丁　灿，硕士，工程师，济南市规划设计研究院规划师。

林本江，硕士，高级工程师，济南市规划设计研究院所长。

杨在兵，硕士，工程师，济南市市政工程设计研究院（集团）有限责任公司设计师。

基于百度 API 的轨交站域接驳路径优化对策研究

——以天津市营口道站为例

□王　天

摘要：本文通过城市中心区轨交站域接驳路径研究，挖掘路径现状问题并进行分析，提出优化对策，从而提高轨道交通站点服务水平。首先，基于 GIS、百度 API，运用路网数据、百度位置服务、实时路况信息、路径规划、模拟路径导航，建立以轨道交通站点为中心的 O－D 矩阵模型，确定研究范围。其次，对时间最短路径分析以得出路径特征，对出行点进行不同情景之下的时间对比以得出时间特征，对时间最短路径进行不同时间段的情景模拟以得出路段特征。再次，通过叠加城市现状用地，结合接驳路径特征对其形成原因进行分析，并从城市更新角度提出多方面的优化对策。最后，以天津市营口道站点为例，通过采用文章中的研究思路，对选取站域接驳路径问题进行研究以提出优化对策，既可提升轨道交通的交通承担率，又可促进城市空间结构优化和高效健康发展。

关键词：轨交站域；接驳路径；情景模拟；优化对策

1　引言

随着国家经济的快速发展，我国大多数城市进入轨道交通发展的繁荣时期，轨道交通逐渐成为城市公共交通发展的核心要素和引领力量。然而，对于现状大多数大城市及特大城市，尤其是城市中心区来说，轨道交通的交通承担率并不是很高，各种交通方式未形成完善的出行系统，其影响因素包含轨道交通站点的选址、站点的服务水平、交通接驳线路的选择等，其中轨交站域接驳路径对于轨道交通产生至关重要的影响。因此，进行城市中心区轨交站域接驳路径优化对策研究，对提升轨道交通的交通承担率有重要的意义。

21 世纪以来，对于轨交站域接驳路径的研究已形成一定规模，其研究主要可分为两个方面：一是轨交站域交通接驳并对接驳影响进行研究。张思佳等通过考虑轨道交通不同接驳方式的接驳范围对出行者行为的影响，系统分析出行费用、接驳距离、综合枢纽管理模式、接驳信息系统等因素对交通接驳的影响；叶益芳、陈燕萍等通过结合轨道交通站点周边环境，提出共享单车与轨道交通接驳，并从站点位置选择、停车场周边交通组织、共享单车调度、步行接驳系统等方面进行分析。二是交通接驳分析及优化对策研究。左绍祥、石小伟等通过对站点接驳方式进行研究及需求预测，对接驳方式提出交通线网运营等方面的协调优化机制；刘芮琳、Bates EG 等通过归纳站点交通系统特性进行详细研究，在接驳方式及路径优化上提出道路、交通等方面的改善措施和建议。研究者通过传统的数据与分析方式，分析接驳影响及提出优化机制或对策建议，为乘客提供接驳路径参考。

现有接驳路径研究多关注于接驳过程并提出相应结论，较少关注路径本身，对路径优化对策研究也较少。此外，在轨交站域道路日益完善的同时，可供乘客选择的路径也日益增加，乘客出行路径决策愈加复杂化，而传统的路径规划多关注单一出行方式、单一路径目标，路径规划服务难以满足居民实际的出行需求，也不能全面反映轨道交通站点的服务水平。大数据出现之后，以大量、快速、准确的特点，弥补了当前在接驳路径方面的研究缺陷。因此，基于大数据的轨交站域接驳路径研究成为当前研究热点。鲁鸣鸣通过研究交通大数据驱动下的交通接驳，为乘客提供不同时间段的差异化线路规划，以增加轨道交通的覆盖范围；张艳通过POI（关注点）数据与用地结构结合，确定轨道交通站点缓冲区的功能特性；万涛通过手机信令数据获取轨道交通车站客流来源空间分布，以用于交通规划中。

综上所述，笔者探索性地提出一种适于大数据背景下城市中心区轨交站域接驳路径研究的框架，通过选取站点为例进行研究，为接驳路径优化对策的深入研究提供了一种新思路。

2 研究路线

2.1 研究思路

通过对国内外轨交站域接驳路径研究所遇到的问题进行分析，基于百度API（应用程序接口）、GIS（地理信息系统），运用路网数据、百度API数据，制定研究框架对接驳路径进行研究并得出相应特征，对研究过程中遇到的问题进行分析，并从城市更新角度提出多方面的优化对策。

首先，选取合理站点建立以轨道交通站点为中心的O—D出行点矩阵，确定研究范围。其次，对比研究范围内时间最短路径与距离最短路径，得出路径特征；对出行点进行不同情景下的时间对比，得出时间特征；对路径进行周一至周日出行早高峰、出行早平峰、出行午平峰、出行晚高峰的路径模拟，得出路段特征。再次，将研究特征叠加城市现状用地进行分析，分析影响因素与形成原因。最后，从导航应用、共享单车、居住小区与建筑综合体、道路、交通、公共服务设施方面提出优化对策，以提升轨道交通的交通承担率，促进城市空间结构优化和高效健康发展。

2.2 研究方法

本研究基于GIS、百度API，运用情景模拟法、空间分析法进行轨交站域接驳路径研究。

（1）通过百度API得出研究范围内不同时间点下路径与出行点时间，进行本次轨交站域接驳路径研究。通过百度API中百度位置服务、实时路况信息、路径规划、模拟路径导航的使用，获取更为开放式与实时性的数据源，得出更加准确与实时的时间以及实时交通路线与道路交通路况。百度API的使用，解决了研究者采用传统的调研数据、城市空间数据等的研究缺陷，百度API也因海量的数据来源、更具实时性、省时省力等优点被广泛使用。

（2）通过GIS空间分析法中路网分析、时间分析、泰森多边形分析的使用，得出更精确的研究范围进行研究，并将研究结果可视化表达。GIS空间分析法可以解决传统数据表达及空间联系的问题，获取不同交通测度方式下的时空联系，使研究结果更为精确且能够直观表达。

（3）通过对工作日与休息日、出行平峰期与出行高峰期进行接驳路径模拟，可以更全面客观地分析变量对于接驳路径研究的影响，从而得出结论。情景模拟法可以依据现有条件，对可能出现的研究情况进行模拟，从而更直观地得出不同研究因素对结果的影响。

2.3 研究对象

轨道交通站点决定着轨道交通方式对其他交通方式客流的吸引能力，不同的研究对象会产生不同的结果。本研究需要选取步行、骑行接驳出行比例最高的轨道交通站点进行研究，且共享单车使用量需形成一定规模。天津市营口道站点位于和平区内，为天津市中心区，其共享单车使用量是天津市最大的。故此，选取天津市营口道站点进行研究。

2.4 研究范围

现有等时线方面的研究中，研究者通过对等时线的定义、特性及生成方法等方面的研究，构建实时等时线，发现空间可达性规律。这虽能得出相应结论，但研究精度与实时性较差。大数据的广泛使用，改变了传统的数据获取方式，使数据获取更加准确、更具实时性。

本研究基于百度 API，以天津市营口道站点为中心、50 m×50 m 为间隔，在半径2.5 km范围内创建 O−D 矩阵，并获取时间。根据调查可知，乘客普遍可接受的接驳时间为10 min左右，以此作为轨道交通站点的合理吸引范围确定条件。因此，通过 GIS 时间分析，创建以营口道站点为中心的 10 分钟骑行等时线。同时，将营口道站与周边轨道交通站点创建泰森多边形，避免站点之间相互影响。最后，在本次研究中，为保证每个街区均为10 min可达并保证街区完整性，得出如图 1 所示研究范围，作为本次轨交站域接驳路径的研究范围。本研究范围介于北纬39.1166°~39.1244°，东经 117.1981°~117.2129°之间，总面积约1.7 km²。

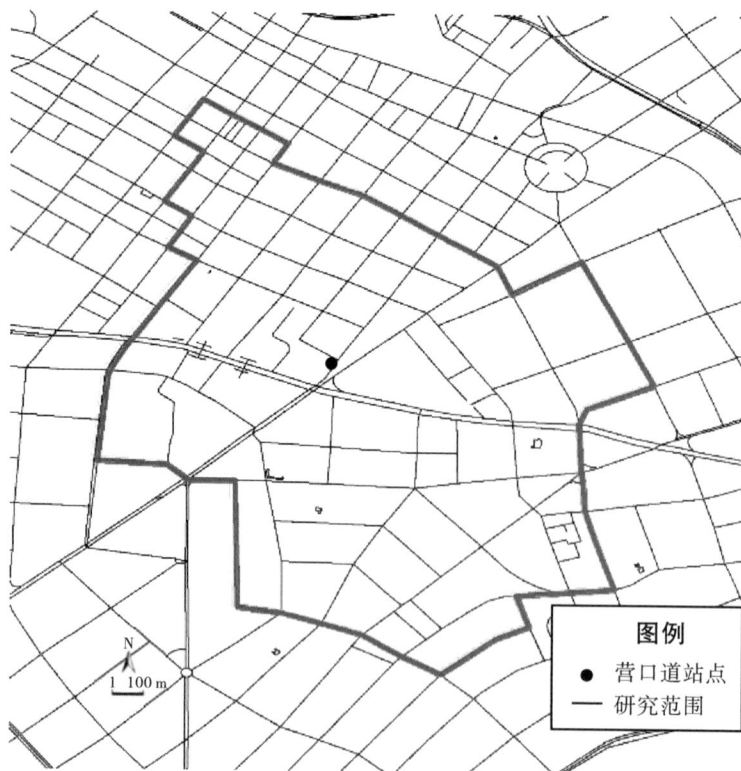

图 1 研究范围图

3　特征研究及分析

3.1　接驳路径特征研究

在路径研究中，现有研究者仅对路径本身进行研究，通过给定交通路网的拓扑结构向乘客提供合理路径，而对路径实际问题及路径选取原因分析较少。本文对路径曲折系数进行分析，可以了解路径服务水平以及路径出行损耗。路径曲折系数为路径实际长度与空间长度的比值。在交通网络中，若路径分叉次数过多，会在乘客使用、运营管理上带来困难，路径曲折系数越大，其出行损耗越大，服务水平越低，反之截然。本研究通过对研究范围内时间最短路径进行分析，得出图 2 所示路径曲折特征。

根据路径曲折系数图分析可知，对同一 OD 点，时间最短路径大多数会比距离最短路径的路径曲折系数高约 0.1～0.5，而路径曲折系数增加 0.1，其路径长度会增加约 60 m。

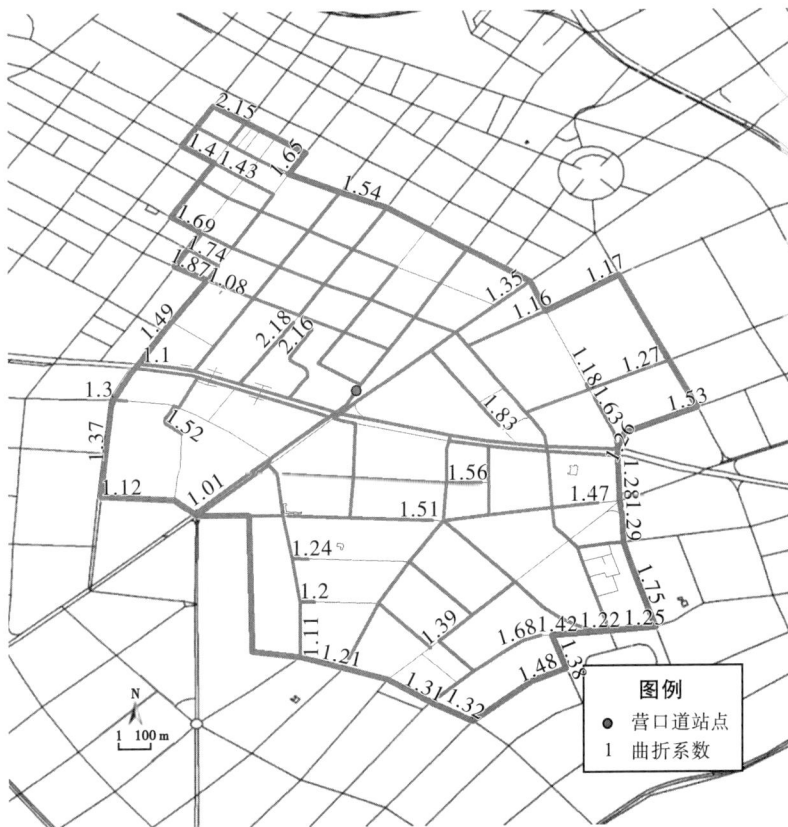

图 2　路径曲折系数图

3.2　接驳路径时间特征研究

在出行过程中，乘客将会选择时间最优路径完成出行，时间因素成为乘客越来越关注的方面。本研究对研究范围内出行点所需时间取平均值进行出行点时间研究，选取周一早高峰、午平峰、晚高峰出行点时间平均值作为早高峰、午平峰及晚高峰出行点时间进行研究，选取周一早高峰与周六早高峰出行点时间平均值作为工作日与休息日出行点时间进行研究（图 3）。

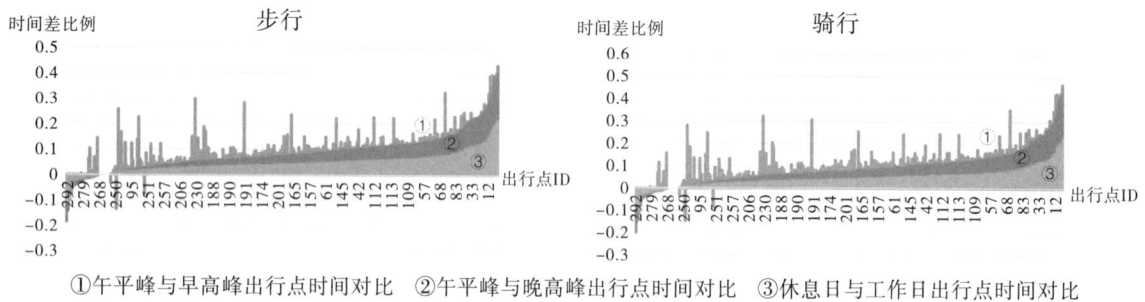

①午平峰与早高峰出行点时间对比　②午平峰与晚高峰出行点时间对比　③休息日与工作日出行点时间对比

图3　出行点时间对比图

通过出行点时间对比图可知，不同时间段出行点时间差处于0～10%的占比最高；骑行的出行点时间差总体大于步行；同一天内早高峰对出行时间的影响大于晚高峰，同一时段工作日对出行时间的影响大于休息日；在早高峰、晚高峰、工作日、休息日影响要素中，工作日早高峰对于出行时间的影响最大。

3.3　接驳路径路段特征研究

由于百度API求取的时间是根据实时路况而定的，因此容易受到轨交站域上下班出行高峰、节假日或者重大交通事故影响。本次研究范围内所有出行道路均设置非机动车上行与下行车道，步行与骑行交通方式均可利用同一路径完成出行。针对低峰期与高峰期、休息日与工作日情景下的时间最短路径进行模拟，进行周一至周日7、8、9时出行早高峰，10、11、12时出行早平峰，13、14、15时出行午平峰，18、19、20时出行晚高峰的路径模拟以得出特征。最后，将获取到的7日内共84个时间点的所有路径用于本次接驳路径研究。同时，将研究范围内所有路段以交叉口分割，对路径进行次数统计，对其分析并用GIS进行可视化表达。

根据路段分析图（图4）可知：越靠近轨道交通站点，路段重复次数越高，呈现出以轨道交通站点为中心的圈层式分布结构；存在营口道与南京路以站点为到达的超高频重复路段，锦州道、山西路、西宁道不直达营口道站点的超高频重复路段，长春道、唐山道、柳州路、西安道、宝鸡东道与营口道站点有一定距离的高频重复路段；存在独山路、哈尔滨道与营口道站点距离极近的低频重复路段。

3.4　接驳路径特征分析

在接驳路径选取研究中，理论上最优接驳路径为距离最短路径，而实际上却为时间最短路径。时间最短路径会选取路段重复次数适中的道路作为路径完成出行，一方面可以避免较高重复路段的拥挤情况，减少出行时间，提高出行效率；另一方面，重复次数适中的路段其道路自身服务较优，机动车与非机动车之间干扰较低，可获得更为舒适的出行体验。

对于路径曲折系数而言，由于时间最短路径会选取交叉口数量较少、距离较长路段，会造成路径曲折系数增大。此外，相对于距离最短路径，时间最短路径更倾向于道路等级较低、交通更加流畅的路段来减少出行时间，但会造成路径曲折率较高，出行损耗较高。对于早高峰对出行时间的影响约高于晚高峰1.5%而言，一部分原因是以通勤、通学、工作等为出行目标的乘客出行时间集中在早高峰，大量出行造成拥挤，影响出行时间；另一部分原因是早高峰期间，乘客出行目标明确且迅速，能够在短时间内造成大量的出行，从而对出行时间产生影响。而对

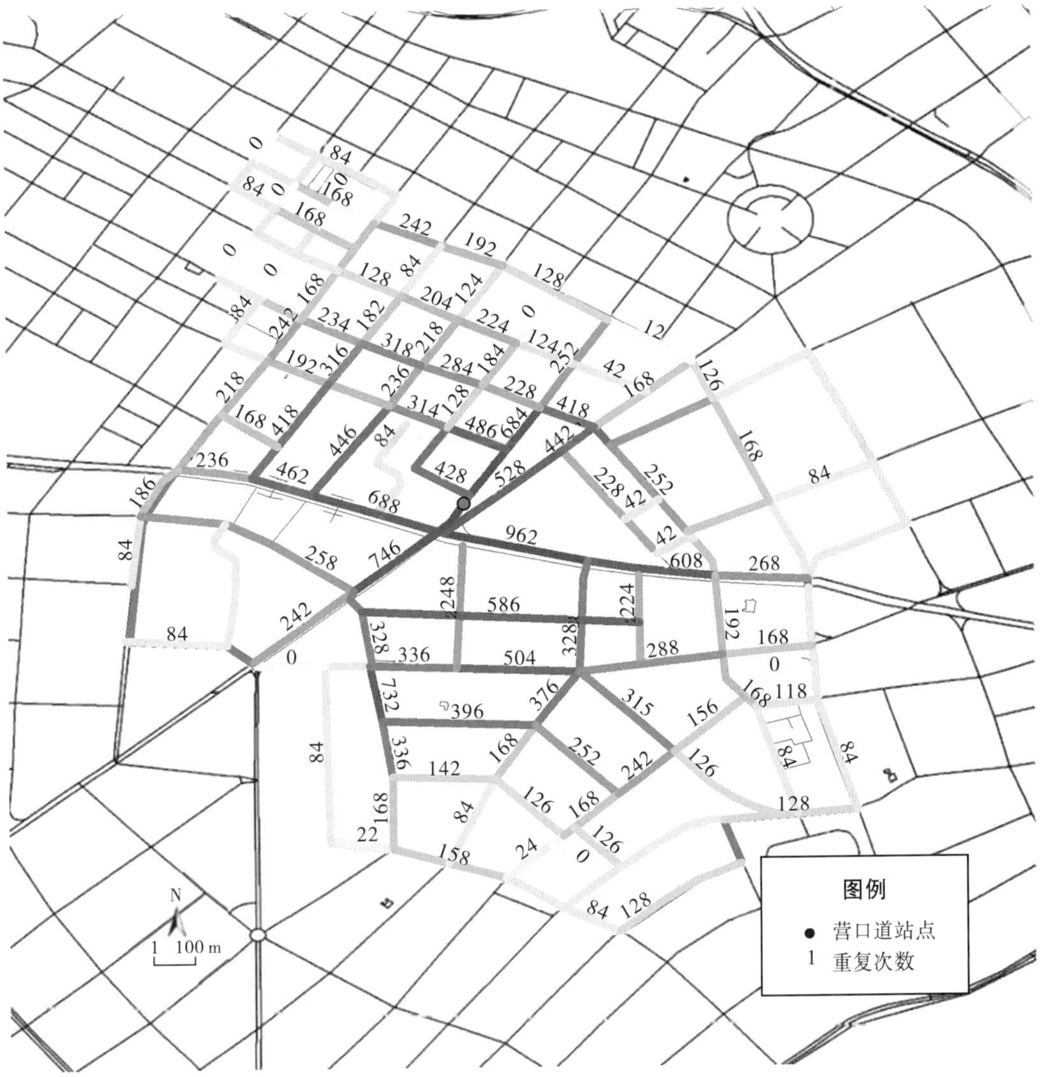

图4 路段分析图

于晚高峰而言，会因为乘客类型及出行目的不同，形成错峰出行，所以对轨交站域出行时间的影响相对于早高峰较小。对于步行与骑行而言，机动车与非机动车之间存在相互干扰，且骑行自身亦存在相互干扰，故骑行的时间差大于步行。营口道站点周边道路为轨道交通站点提供交通服务，因此道路重复次数极高；而随着距离增加，可供乘客出行选择的道路数量增加，路段重复次数减少。因此对于总体而言，接驳路径呈现出以轨道交通站点为中心的圈层式结构，且高频重复路段多位于站点附近。

4 接驳路径优化对策

4.1 路径曲折优化对策

针对时间最短路径曲折系数大于距离最短路径而言，在道路方面，打通断头路，增大道路网络规模，使乘客直达轨道交通站点或出行目的地，降低路径曲折系数；在居住小区与建筑出入口方面，对居住小区出入口进行调整，或使居住小区开口偏向于轨道交通站点的出入口侧。

针对路径选择而言，在百度地图等导航应用方面，可将时间最短路径作为O—D点之间的默认路径，并加入人群偏好为乘客提供更加人性化的多元路径服务。此外，根据已选择的接驳方式，计算完成出行剩余时间，帮助乘客调整自身出行计划，选择更快速的交通方式接驳，以形成动态化路径导航。

4.2 出行时间优化对策

针对工作日而言，在共享单车方面，增加共享单车托运次数及高峰时间共享单车数量，满足接驳人群的共享单车需求。同时，加入人群与建筑物因素，使人群与车辆在空间和数量之间达到平衡。此外，可考虑加入共享单车远程操作服务，乘客可从站点空间采用蓝牙服务操控单车，缩短解锁时间，使出行更具效率。在交通方面，在高峰期调整交叉口红绿灯时间，或形成轨交站域非机动化模式，使人行与车行优先化。

针对出行时间而言，在共享单车方面，提出共享单车分时段调配模式，以解决共享单车时空分布不均问题；在交通方面，相关机构必须采取措施对道路进行分时段交通控制，提升轨道交通站点的慢性接驳水平，从而形成绿波交通。

针对低峰期出行时间大于高峰期的出行点而言，在道路方面，可对出行点周边道路进行优化，提升交通流畅度；在公共服务设施方面，可根据出行点周边设施情况做出相应调整，增加座椅、路灯、绿化、景观小品等设施，提升出行体验。

4.3 重复路段优化对策

针对营口道与南京路等高频重复路段而言，在共享单车方面，可根据居民出行需求从交通设施角度做出调整，在路段中每隔100 m设置停车点，配置相应的共享单车停放设施。此外，推出"推荐停车点"服务，通过标示线及软件GPS（全球定位系统）强化设置进一步规范共享单车合理停放。在居住小区与建筑综合体方面，可通过调整出入口位置或对出入口进行管控，以降低内部车辆或到达车辆对道路交通的干扰。在道路方面，可扩宽道路，设置机动车道与非机动车道，并对其进行严格管理，以保障非机动车与行人的完整路权。在交通方面，采取一定的交通管控措施，发挥城市支路的交通分流作用，给乘客最佳出行体验。

针对哈尔滨道等低频重复路段而言，在共享单车方面，增设共享单车数量与停车点，可根据道路条件设置停车点，并利用人行横道侧的空地摆放车辆，优化骑行接驳环境。在道路方面，增设非机动车道，使机动车与非机动车间隔，保证路权完整性，以减缓道路拥挤情况；同时，考虑城市道路的实际因素，发挥低频重复路段的交通补充作用，缓解城市交通型道路的交通压力。在公共服务方面，设置座椅等公共服务设施，增强道路交通功能。

5 结语

城市轨交站域接驳路径优化是确保城市公共交通良性发展、提升城市轨道交通利用率的基础。本研究利用百度API，通过在多种交通方式出行下获取路径与时间进行轨交站域接驳路径研究，可以使步行、骑行交通方式的出行时间和路径规划更准确，使接驳路径研究结果更精准。

经过本次研究，得到以下结论：对同一OD点，时间最短路径大多数会比距离最短路径的路径曲折系数高约0.1～0.5，且路径曲折系数增加0.1，其路径长度会平均增加60 m；不同时间段出行点时间差处于0～10%的占比最高，且骑行的时间差大于步行；在出行时间影响因素中，工作日早高峰对于出行时间的影响是最大的；越靠近轨道交通站点，路段重复次数越高，呈现出以轨道交通站点为中心的圈层式分布特点；得到研究范围内 10 条高频重复路段与 3 条距站点极近的低频重复路段。

本次轨交站域接驳路径研究，在学术方面，通过借鉴已有研究的相关理论和研究方法，将其运用到轨交站域进行相关研究，这种研究思路可为其他领域研究提供思路。在实践方面，本研究可为相关的导航应用提供实时性路径规划思路；可为共享单车的停车点位置选择、车辆调度以及导航路线提供相应的改善方法；可为现有居住小区与建筑综合体等进行出入口调整、进出车辆控制提供建议；可从道路、交通、公共服务角度，对城市更新提出相应的改进建议，以提升轨道交通的交通承担率，促进城市空间结构优化和高效健康发展。

本研究过程中尚存在以下不足：①本研究采用百度 API 作为本次出行点的时间来源，对于百度 API 来说，其自身数据是实时的，可能会因为利用时刻出现数据波动而导致研究出现误差。②路径规划及接驳路径研究一方面可反映实时的道路交通情况，进行出行低峰期与高峰期、工作日与休息日的分析，可为相关研究提供参考；另一方面，受节假日、交通事故或时间段影响，时间最短路径及接驳路径情况会产生轻微变动，必须在之后进行相应的调整。

［参考文献］

[1] 张思佳，贾顺平，王瑜琼，等. 考虑地铁站点多方式接驳范围的接运网络配流模型 ［J］. 交通运输系统工程与信息，2018（5）：38-45.

[2] 何跃齐，徐成永. 城市轨道交通综合枢纽信息化设计思路剖析 ［J］. 都市快轨交通，2013（5）：58-61.

[3] 叶益芳. 深圳为例：自行车接驳城市轨道交通规划研究 ［J］. 综合运输，2014（3）：42-45.

[4] 陈燕萍，岳圆，张艳，等. 轨道交通站点地区的良好步行接驳设计探讨：基于香港轨道交通站点的实证分析 ［J］. 住区，2019（4）：15-22.

[5] 秦暄阳. 旧城居住型轨道交通站点共享单车接驳设施规模与布局研究 ［D］. 北京：北京交通大学，2020.

[6] 左绍祥. 慢行交通与城市轨道交通接驳行为选择与优化研究 ［D］. 长安：长安大学，2019.

[7] 石小伟，苏培添，邹逸江，等. 基于最短线路标记模型的轨道交通接驳常规公交线网优化研究 ［J/OL］. 计算机应用研究：1-8 ［2021-08-01］. https://doi.org/10.19734/j.issn.1001-3695.2019.11.0656.

[8] 崔晓琳. 基于轨道交通接驳的公共自行车租赁站点布设研究 ［D］. 北京：北京交通大学，2013.

[9] 刘芮琳. 轨道交通站点区域慢行系统优化策略研究 ［J］. 建筑与文化，2021（1）：133-135.

[10] BATES EG. A study of passenger transfer facilities ［J］. Transportation research record journal of the transportation research board，1978（1）：23-25.

[11] 韩晓玉. 基于轨道交通接驳的公共自行车租赁点规模研究 ［D］. 苏州：苏州科技大学，2016.

[12] 刘莎莎，姚恩建，张永生. 轨道交通乘客个性化出行路径规划算法 ［J］. 交通运输系统工程与信息，2014（5）：100-104.

[13] 李雪琼. 多模式路径规划中的层次化网络模型与寻路算法 ［D］. 长沙：国防科学技术大学，2015.

[14] 鲁鸣鸣，郑林. 交通大数据驱动的地铁和出租车接驳出行规划 ［J］. 计算机工程与应用，2018（15）：262-270.

[15] 张艳. 轨道站点慢行接驳行为与接驳环境优化研究 ［D］. 长安：长安大学，2020.

[16] 万涛，高煦明，刘杰，等. 轨道交通车站客流来源空间分析及接驳优化：以天津市为例 [J]. 城市交通，2021（2）：112-120.

[17] 张少鹏，郭冰. 城市商业中心时空可达性建模与分析：以兰州市主城区为例 [J]. 测绘与空间地理信息，2020（6）：48-52.

[18] 李向楠. 城市轨道交通站点吸引范围研究 [D]. 成都：西南交通大学，2013.

[19] 何亚坤，艾廷华，禹文豪. 等时线模型支持下的路网可达性分析 [J]. 测绘学报，2014（11）：1190-1196.

[20] 杜彩军，蒋玉琨. 城市轨道交通与其他交通方式接驳规律的探讨 [J]. 都市快轨交通，2005（3）：45-49.

[21] 杨京帅，张殿业. 城市轨道交通车站合理吸引范围研究 [J]. 中国铁路，2008（3）：72-75.

[22] 谢民，高利新. 蚁群算法在最优路径规划中的应用 [J]. 计算机工程与应用，2008（8）：245-248.

[23] 邹江源，叶霞飞. 城市轨道交通车站出入口布局规划方法 [J]. 城市轨道交通研究，2019（12）：39-42.

[24] 李军，郭育炜，叶威. 基于路段间转移概率的最优路径预测方法 [J]. 交通运输系统工程与信息，2021（1）：36-40.

[25] 顾保南，叶霞飞，许恺. 上海市中心城轨道交通网络规划合理规模研究 [J]. 上海铁道大学学报，2000（10）：76-80.

[26] 裴发红. 分时段下的共享单车调配路径优化研究 [D]. 武汉：武汉理工大学，2019.

[27] 高煦明，万涛. 轨道交通站点服务范围及接驳方式比例研究 [C] // 中国城市规划学会城市交通规划学术委员会. 城市交通创新驱动与智慧发展：2018 年中国城市交通规划年会论文集. 北京：中国建筑工业出版社，2020.

[28] 陈文栋. 城市轨道交通站点共享自行车停放设施配置研究：以南京市为例 [D]. 南京：东南大学，2019.

[作者简介]

王　天，硕士研究生，就读于天津城建大学。

第三篇
智慧城市与数字孪生

融合·智慧·协同

——面向新时代的智慧规划大数据平台建设探讨

□王　柱，段　献，姜沛辰，宁向阳

摘要：随着智慧城市建设、地理时空大数据的发展、空间治理体系与治理能力现代化、国土空间规划变革新要求的提出，传统规划设计院在规划业务上面临着业务重构与拓展、技术提升与创新、规划市场竞争与渗透等挑战。为应对现实挑战，本文以传统规划设计院转型视角为出发点，迎合行业发展趋势，结合数字化、信息化技术，以基于"融合、智慧、协同"理念研发的智慧规划大数据平台为例，研究对传统规划设计院面临挑战的破局措施，以期能够为同行提供解决问题的方法与经验。

关键词：数据融合；智慧规划；大数据；平台建设

1　引言

早在 2014 年，大数据便已经写入国家层面的政府工作报告。目前，国家已明确提出实施国家大数据战略，建设"数字中国"和"智慧社会"。空间规划作为空间治理的有效手段，承载着空间治理目标、要求等重要内容。习近平总书记指出："城市规划在城市发展中起着重要引领作用，考察一个城市首先看规划，规划科学是最大的效益，规划失误是最大的浪费，规划折腾是最大的忌讳。"这为空间治理路径指明了方向。时任国土资源部规划司司长的庄少勤提出新时代的中国国土空间规划将是"可感知、能学习、善治理、自适应"的智慧规划。与此同时，近年来湖南省不断强化行业大数据信息化的发展要求，《湖南省"十三五"信息化发展规划》鼓励企业开发支撑大数据应用的新架构、新方法，建设面向行业和用户群的大数据服务平台。

在提升国土空间治理体系和治理能力现代化水平的要求下，"规划引领，智慧前行"的智慧城市发展理念不断强化。如何从传统规划向定量化、精细化、立体化的智慧规划转型，以保障规划的合理性、提高规划的科学性是规划行业面临的主要难题。本文从规划设计院视角出发，分析规划设计院在当前形势下面临的规划编制转型要求与挑战，并从大数据、信息化方面探索智慧规划大数据平台建设，以期为规划设计院智慧规划创新工作提供一种解决方法。

2 思考与应对

2.1 困境思考

2.1.1 现实困境

庄少勤指出，当前我们面对着的是"新时代、新空间、新规划"。我国的规划行业正面临着智慧城市建设、地理时空大数据发展、空间治理体系与治理能力现代化的新要求。越来越多的城市将智慧城市作为治理城市病、带动城市跨越式发展的重要机遇。行业内开展的国土空间规划现状评估、双评价、城市体检、规划监测、预警等工作，均侧重于用数据说明问题，用数据认识城市。

在此背景下，传统规划设计院面临着两大"转型"挑战：一是多规融合、空间治理等新要求推动传统规划编制模式的"转型"。在规划编制模式上，规划将更注重融合，实现一本规划一张蓝图，注重空间安全与空间韧性，实施全域规划与全域管控，实现全流程、动态监控的空间治理模式。二是大数据、深度学习等新方法推动传统规划编制技术的"转型"。在规划编制技术上，将由经验判断导向转型为定量科学导向，注重精细化的大数据分析、精准化的模型决策，规划编制成果将更注重科学与理性。

2.1.2 面临挑战

因此，传统的规划设计院在当前的规划转型背景下面临着三大挑战。

挑战一：规划业务重构与拓展。随着部门职责重构，"多规合一"的深入改革，新一轮的国土空间规划编制打破了传统的规划业务格局，如何落实空间治理工作，应对规划业务重构市场格局是规划设计院面临的首个挑战。

挑战二：规划技术提升与创新。智慧城市、大数据时代背景下，如何实现城市精细化空间治理，实现空间治理能力现代化，是规划设计院面临的又一个挑战。规划编制工作作为重要的公共政策，保证规划更科学、更合理是转型后国土空间规划的重点任务。

挑战三：规划市场竞争与渗透。随着业务重组，设计院的市场争夺由原来规划行业内的竞争转向了跨行业的竞争与渗透，如何保障设计院的市场竞争力、增强市场影响力是规划设计院面临的重大挑战。

2.2 应对措施

自十八届三中全会明确指出"全面深化改革的总目标是完善和发展中国特色社会主义制度、推进国家治理体系和治理能力现代化"以来，在空间治理的工作路线上，国家已基本确立了数字化、信息化驱动现代化的总体方针。国土资源部、国家测绘地理信息局在《关于推进国土空间基础信息平台建设的通知》（国土资发〔2017〕83号）中明确提出了"建立国土空间基础信息平台""有效提升国土空间治理能力的现代化水平"。随后，2019年的《中共中央国务院关于建立国土空间规划体系并监督实施的若干意见》和《自然资源部办公厅关于开展国土空间规划"一张图"建设和现状评估工作的通知》的发布，说明数字化、信息化国土空间治理工作正稳步推进。以规划信息化赋能规划变革将是应对规划业务挑战的重要举措。

（1）通过信息化赋能规划融合，应对规划业务重构与拓展的挑战。以信息化技术促进多规融合，从人本需求出发，实现空间精细治理，促进治理能力现代化进程。

（2）通过信息化赋能规划理性，应对规划技术提升与创新的挑战。以信息化技术集多源国土空间规划大数据库、指标库、模型库，构建大数据定量化分析体系，提升规划科学性与合理性。

（3）通过信息化赋能规划竞争，应对规划市场竞争与渗透的挑战。以信息化技术提升规划理性、工作效率，创新规划编制模式，提高规划市场竞争力与影响力。

3　平台建设

为应对行业变革的各种挑战，湖南省建筑设计院集团有限公司于 2019 年在全省范围内率先启动智慧规划大数据平台建设的工作，并于 2020 年上线试运行。该平台实现了大数据与规划设计行业的深度融合与创新应用，为湖南省建筑设计院集团有限公司抓住智能新时代发展机遇，发挥自身行业优势，加快和优化业务布局，提高市场核心竞争力，促进城市各项资源的优化配置起到了积极作用。

3.1　建设思路

智慧规划大数据平台基于需求与目标双轨驱动，以满足不同层级用户需求、不同业务功能需求、实现规划专项目标为研发思路，以"数据汇聚、板块联动、精细设计、智慧决策"为建设目标，以集成规划、建筑、市政项目与社会经济大数据的数据库为基础，充分运用大数据技术、分布式计算、"BIM＋GIS"（建筑信息模型＋地理信息系统）技术赋能智慧规划编制工作。该平台定位为数据集成与共建共享平台、技术创新与智慧规划平台、产品培育与业务协同平台。其中，数据集成与共建共享平台可汇集多项目多源数据，是数据共享池，可以便捷地为设计师提供项目编制所需的空间编制数据；技术创新与智慧规划平台基于大数据和深度学习技术，构建智慧规划分析体系，可为设计师提供在线规划要素模拟；产品培育与业务协同平台可为规划编制项目打造业务协同评审的办公模式，设计方案完成后可以上传系统，在线对比验证。

3.2　平台架构

平台采用分层设计、B/S架构的思路，遵循层次化设计思想，结合高内聚低耦合模块设计与高效集成服务技术，在逻辑上分基础设施、数据资源、应用支撑、业务应用、系统访问五个层，建立以"三套基础体系＋一个平台＋N 个业务应用"的"3＋1＋N"架构（图1）。以数据、标准规范为基础，建立多源时空数据库，构建一套智慧规划分析模型，搭建一个集数据集成与管理、展示与分析的智慧规划大数据设计平台，同时建立一套科学合理的维护机制。具体内容如下。

（1）"三套基础体系"是指一套标准规范体系、一套多源大数据支撑体系、一套配套运行管理体系。

（2）"一个平台"是指在三套基础体系上搭建的一个大数据平台：平台统一管理规划、建筑、市政项目数据、社会经济大数据，并进行二维、三维一体化项目展示，实现产业集聚、人口流动、职住平衡、城市交通、城镇体系、公共服务、城市用地等智慧分析模型，并实现设计方案的三维可视化分析与评审。

（3）"N 个业务应用"是面向规划设计院业务中需要的多个空间智慧分析与智能模拟应用场景。

3.3　平台功能

智慧规划大数据平台以"融合、智慧、协同"作为核心理念，满足平台对项目情况统计分析和展示的需求，设计构建了多源数据、项目分布、智慧分析、方案评审和后台管理五大功能模块（图2），在平台首页提供了可视化大屏展示界面。

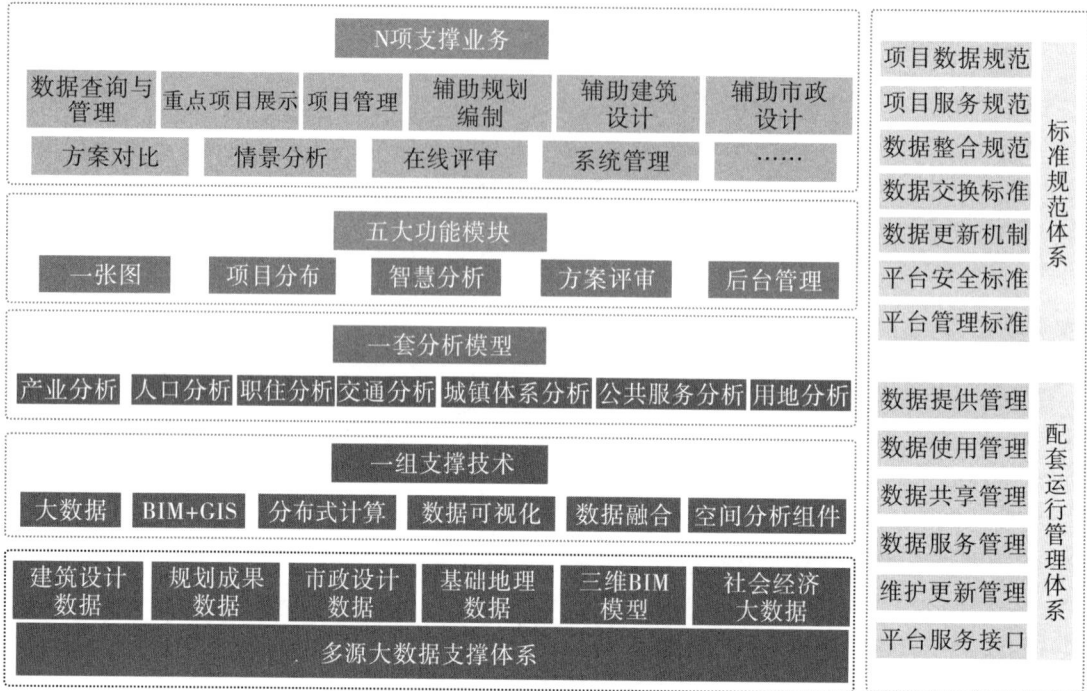

N项支撑业务					
数据查询与管理	重点项目展示	项目管理	辅助规划编制	辅助建筑设计	辅助市政设计
方案对比	情景分析	在线评审	系统管理	……	

五大功能模块：一张图　项目分布　智慧分析　方案评审　后台管理

一套分析模型：产业分析　人口分析　职住分析　交通分析　城镇体系分析　公共服务分析　用地分析

一组支撑技术：大数据　BIM+GIS　分布式计算　数据可视化　数据融合　空间分析组件

建筑设计数据　规划成果数据　市政设计数据　基础地理数据　三维BIM模型　社会经济大数据

多源大数据支撑体系

标准规范体系：项目数据规范　项目服务规范　数据整合规范　数据交换标准　数据更新机制　平台安全标准　平台管理标准

配套运行管理体系：数据提供管理　数据使用管理　数据共享管理　数据服务管理　维护更新管理　平台服务接口

图 1　智慧规划大数据平台总体架构设计

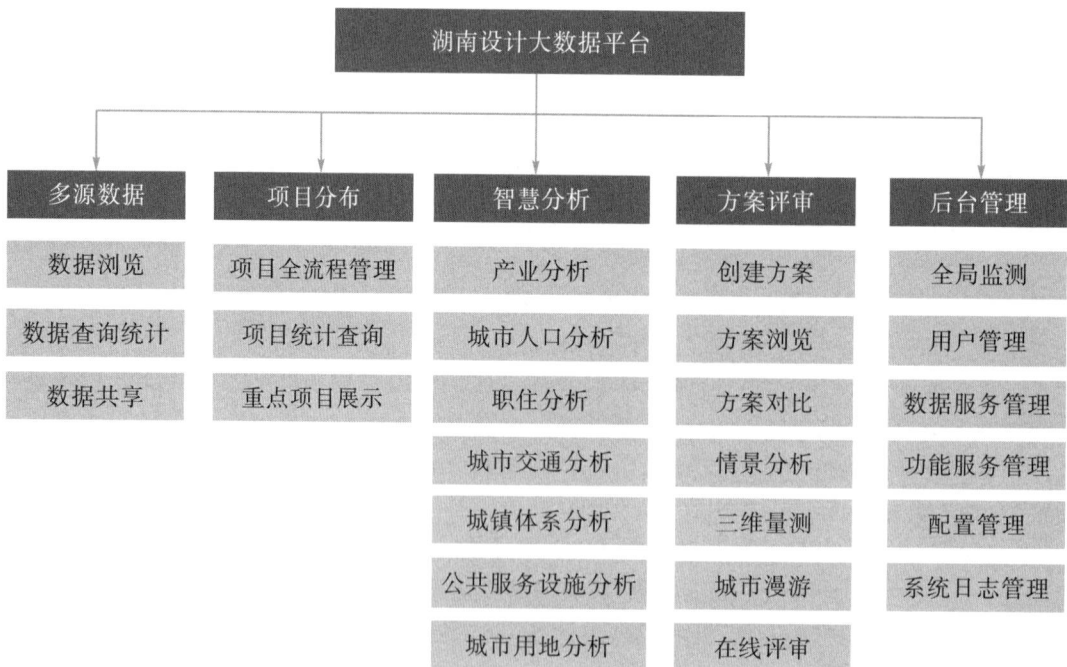

湖南设计大数据平台

多源数据	项目分布	智慧分析	方案评审	后台管理
数据浏览	项目全流程管理	产业分析	创建方案	全局监测
数据查询统计	项目统计查询	城市人口分析	方案浏览	用户管理
数据共享	重点项目展示	职住分析	方案对比	数据服务管理
		城市交通分析	情景分析	功能服务管理
		城镇体系分析	三维量测	配置管理
		公共服务设施分析	城市漫游	系统日志管理
		城市用地分析	在线评审	

图 2　平台功能设计图

3.3.1　多源数据模块

多源数据模块主要实现多源数据的浏览、查询和共享功能，具体包括数据资源目录、专题图层目录、地图窗口、区域定位、图层加载、数据下载、图层浏览、分屏、测量、图层控制和图例控制功能。

针对设计人员面临的数据获取难、关联性不强、数据不直观、数据归口格式不一等"信息孤岛"问题，采取融合措施，搭建数据集成与开放共享平台。首先，梳理现状地理数据、整合规划编制数据，形成基础地理信息、规划编制成果数据库，实现基础空间数据的共享。其次，采购全省手机信令数据、企业法人数据等，实现全省各市县人口变化、经济产业发展格局精准刻画。最后，盘活业务经营数据：整理历年开展项目，形成"项目一张图"，以项目工程号为纽带，串联业务全生命周期，实现项目的精准定位和图档信息查询。通过上述措施，形成面向全省的，集规划、建筑、市政设计、经济统计、基础地理、社会运营等数据为一体的多源时空大数据库，研发多源数据模块，通过平台以"一张图"形式发布，实现院内数据的共建共享。

3.3.2　项目分布模块

项目分布模块可实现多年项目情况的集中管理，从不同层面展示项目市场分布情况及市场格局，具体提供包括项目点空间可视化、统计排序和筛选查询等功能。

3.3.3　智慧分析模块

智慧分析模块具体包括分析目录、参数设置目录、效果预览和结果导出功能。针对规划编制项目数据处理难、数据分析难、模型不会用、规划方案靠拍脑袋决定等问题，采取智慧措施，搭建技术创新与智慧规划平台。首先，以项目需求为依托，通过搭建智能分析模型库和指标库，实现算法集成，将规划设计人员从复杂的数据分析中释放出来；其次，根据算法模型研发分析模块，形成可扩展、可优化、可编辑的智能分析模式，支撑规划设计全过程量化分析与规划决策。在模型集成上包括空间分析、交通分析、设施分析、用地分析、场地分析等方面。以职住通勤特征分析模型为例，平台提供了简单便捷的操作方式，设计师在数据框中选择已集成的相应数据，选择算法模型即可实现结果输出。

同时，为保障运算效能，平台在数据计算方面，采用"Hadoop＋Spark"架构，让设计人员通过简单的数据输入输出，在 1 min 内完成一项复杂、计算量庞大的大数据分析，实现大规模数据的快速计算和实时响应，提升智慧规划分析效能。

3.3.4　方案评审模块

针对多部门协同作业难、方案评审验证难等问题，采取协同措施，搭建产品培育与业务协同平台。通过结合 3D GIS 技术和 BIM，建立三维城市空间，对地上地下和各种规划要素进行数字化表达，形成多业务协同的场景，为城市的运行和规划发展决策提供可靠支持。平台提供了方案添加、方案浏览、方案编辑、方案评审（图 3）、规划前后比较、方案三维渲染、专家评论互动、限高分析、视域分析、漫游功能、三维测量等三维分析工具及功能。通过业务协同和数据协同，实现多源数据的综合展示和各类业务场景的综合应用。

3.3.5　后台管理模块

后台管理模块是对智慧规划大数据平台进行综合管理的模块，可以方便管理、发布、维护平台的内容，而不再需要硬性地通过代码进行维护，具体包括全局监测、用户管理、数据服务管理、配置管理、系统日志管理等功能。

（1）方案上传

（2）视线分析

（3）视域分析

（4）漫游环视

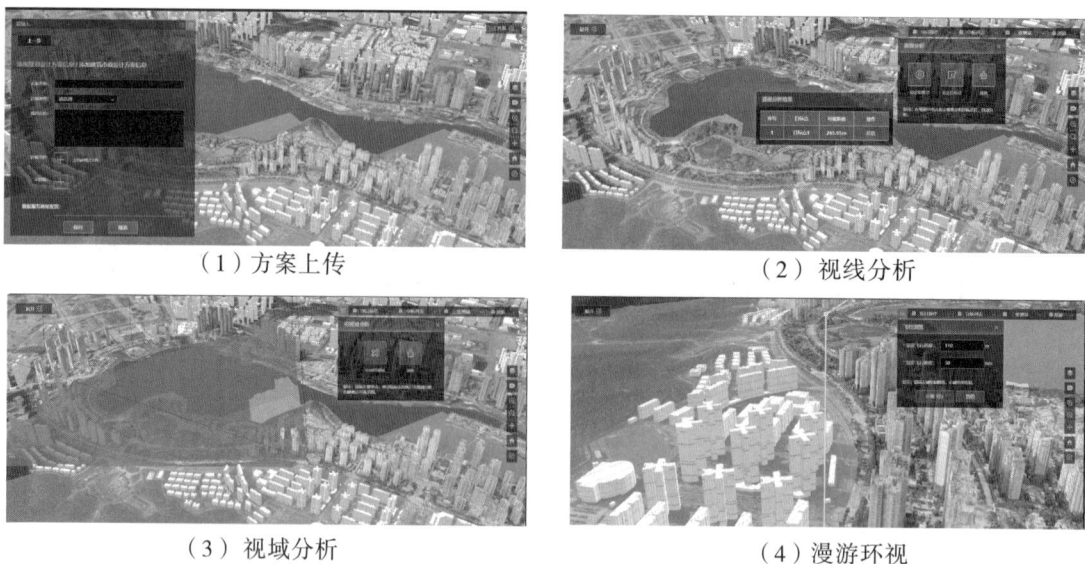

图3　方案评审功能模块图

3.4　平台特色

平台具备集成多层级海量数据基础、提供高效率数据运算能力、搭建可拓展业务分析模块、实现全方位数据增强设计等优势，具体有以下特点。

3.4.1　大数据驱动规划设计手段的创新与转型

利用大数据技术识别和获取空间信息，创新了空间规划多源数据获取方式和技术手段，扩展了数据来源和途径；通过构建算法进行高效的数据逻辑处理，改变数据挖掘技术，实现数据驱动。平台基于大数据技术，建立了智能分析模型库和指标库，构建了智慧规划分析体系，高效、精准地辅助规划设计，推动了传统规划设计行业技术和思维的转型。

3.4.2　"BIM＋GIS"技术融合转变业务协同机制

通过结合 BIM 和 3D GIS 技术，建立二维、三维一体化城市空间，实现了建筑和场景的数字化表达，形成多业务融合的协同场景，实现成果数据和项目管理有机融合。从设计院业务运营角度，拓展性地实现了规划、建筑、市政板块业务联动，促进跨行业、跨领域的业务一体化发展，推动行业变革。

3.4.3　分布式计算提升智慧规划分析效能

平台引入分布式计算技术支撑行业海量数据并进行计算，同时使用多种计算资源执行多个指令、跨节点运行，支撑多用户并发访问、强计算密度分析、快速实时查询响应，大大提高了平台的计算效率，高效地完成基于海量数据的复杂模型分析，提升智慧规划分析效能。

4　结语

在数据应用发展的推动下，大数据已逐步成为城市发展的智慧引擎，在提升产业竞争力和推动商业模式创新方面发挥着越来越重要的作用，从外在的形态描述到内在的机理解释，大数据为驱动城市发展提供了新动力，为实现智慧城市提供了可能性。面向规划变革的挑战，通过整合数据资源，构建多源时空大数据，面向规划编制多场景业务应用研发大数据平台将是传统设计院摆脱现实困境，实现规划设计向"可感知、能学习、善治理、自适应"的智慧规划转型的重要措施。

[参考文献]

[1] 庄少勤. 新时代国土空间规划优化—规划的逻辑有势、道、术 [EB/OL]. (2019-03-18) [2021-06-08]. https://www.ciyew.com/policy/4430-2965.html.

[2] 高丰. 开放数据：概念、现状与机遇 [J]. 大数据，2015 (2)：9-18.

[3] 金贤锋，张泽烈，王博祺，等. 大数据时代规划信息化建设思考 [J]. 规划师，2015 (3)：135-139.

[4] 王习祥，胡海. 基于云数据中心的智慧城乡规划决策支持系统研究 [J]. 地理信息世界，2015 (4)：39-46.

[5] 张恒，于鹏，李刚，等. 空间规划信息资源共享下的"一张图"建设探讨 [J]. 规划师，2019 (21)：11-15.

[6] 崔羽，顾琼，张霄兵，等. 转型下城乡规划编制的信息化顶层设计 [J]. 规划师，2018 (12)：79-83.

[7] 金贤锋，罗跃. 智慧规划支持系统的建设要点与应用探索 [J]. 城乡规划，2020 (1)：83-89.

[作者简介]

王　柱，硕士，湖南省建筑设计院集团有限公司大数据中心主任。

段　献，硕士，高级工程师，任职于湖南省建筑设计院集团有限公司大数据中心。

姜沛辰，硕士，注册规划师，任职于湖南省建筑设计院集团有限公司大数据中心。

宁向阳，学士，湖南省建筑设计院集团有限公司数字科技中心主任。

基于数字孪生技术的新型智慧城市建设

□安莉佳，于　鹏

摘要：数字孪生技术开启了智慧城市建设的新时代，城市的智慧化是数字孪生技术应用的高阶场景和实现目标。本文介绍了智慧城市从提出到现在的发展进程，深入剖析智慧城市与数字孪生的关系，并重点阐述城市信息模型、5G、人工智能等搭建数字孪生城市的常用技术手段，同时结合智慧城市建设面临的机遇和挑战，提出了智慧城市建设的实施步骤和建议，并总结了基于数字孪生技术的智慧城市建设的应用领域和发展趋势。智慧城市发展已经比较成熟和稳定，但是仍面临着缺乏顶层设计、各部门独立建设、运营管理能力薄弱等问题。智慧城市建设应基于数字孪生技术搭建智慧城市顶层设计框架，统筹各部门领域信息化智慧化需求，避免重复建设和资源浪费，创新智慧城市运营管理模型，采用政府统筹、多方参与的方式。

关键字：数字孪生；智慧城市；城市信息模型；5G；人工智能

1　引言

数字孪生是将真实物理世界或系统通过技术手段映射成虚拟数字世界或模型。随着大数据、物联网、人工智能等新型技术的发展，通过数字孪生技术开启新型智慧城市建设已经成为可能。本文将从智慧城市发展进程展开介绍，阐述智慧城市与数字孪生的关系，并简单介绍数字孪生的相关技术，再结合当下智慧城市建设面临的机遇挑战，给出一些建设建议。

2　智慧城市发展进程

从 2012 年提出开展国家智慧城市试点工作开始，截至目前，我们把智慧城市发展大致分为四个阶段（图 1）。

试点探索阶段：2012 年，住房和城乡建设部办公厅正式发布《关于开展国家智慧城市试点工作的通知》，为更好地指导国家智慧城市试点申报和实施管理工作，印发《国家智慧城市试点暂行管理办法》和《国家智慧城市（区、镇）试点指标体系（试行）》指导文件，详细说明国家智慧城市试点申报和评审的一系列要求，从此拉开我国智慧城市建设的序幕。随后在 2013 年公布第二批国家智慧城市试点名单，预示着智慧城市建设进入"试点探索阶段"。

全面建设阶段：2014 年，多部委印发《关于促进智慧城市健康发展的指导意见》，提出加快智慧城市公共信息平台和应用体系建设。2015 年，智慧城市首次写进国家层面的政府工作报告；此后中央层面逐渐发力，陆续完善智慧城市的规划和培养政策。后续发布了第三批国家智慧城市试点名单，标志着智慧城市进入"全面建设阶段"。

　　深化建设阶段：2016 年，《新型智慧城市评价指标（2016 年）》发布，指出智慧城市要以人为本，充分考虑广大群众的获得感和幸福感。2017 年，十九大提出"智慧社会"的概念，进一步深化了智慧城市建设的高级阶段和奋斗目标。2018 年，发展改革委发布《新型智慧城市评价指标（2018）》，提出要大力发展数字经济，引导各地区有序推进新型智慧城市建设，同时将市民体验、公众满意度和社会参与度纳入评价指标。智慧城市进入"深化建设阶段"。

　　转型升级阶段：2020 年，中共中央政治局常委会召开会议指出，要大力推动 5G 网络、物联网、计算存储资源等新型基础设施的建设，为新时期智慧城市建设提供强大的设施设备和网络支撑。2021 年，《中华人民共和国国民经济和社会发展第十四个五年规划和 2035 年远景目标纲要》提出"分级分类推进新型智慧城市建设，将物联网感知设施、通信系统等纳入公共基础设施统一规划建设""探索建设数字孪生城市"等要求，开启智慧城市建设转型升级的新篇章。

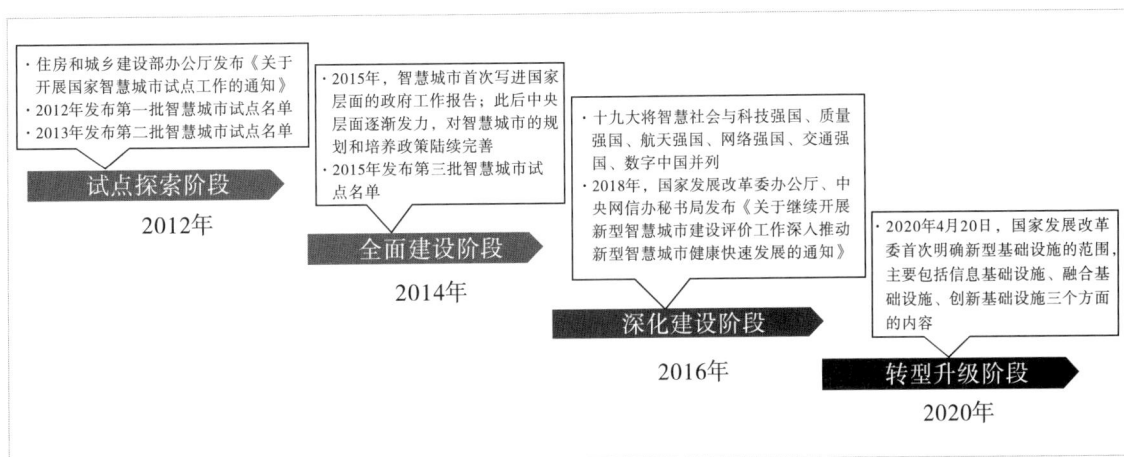

图 1　智慧城市发展进程

3　智慧城市与数字孪生

　　数字孪生是利用感知设备实时采集、传输物理世界或实体系统的数据，汇聚整合多源数据，利用相关算法完成物理世界到虚拟空间的仿真映射。简单来说，数字孪生是对物理世界或实体的数字映射。数字孪生理论应用在智慧城市建设中，衍生出"数字孪生城市"概念，这一概念最早由中国信息通信研究院的专家提出。

　　基于数字孪生技术的智慧城市建设是以数字孪生作为未来智慧城市运转的理论基础，通过汇聚整合多源数据，探索梳理业务流程和需求，充分运用不断涌现的新思路、新方法、新模式，完美搭建与物理世界同步的数字虚拟空间，支持对真实世界进行实时预测、推演、辅助决策，提高城市整体的运行效率，最终实现数字孪生城市的建设。图 2 描绘了智慧城市与数字孪生的相互关系。

　　李德仁院士认为，数字孪生城市是数字城市建设的新高度，也是智慧城市建设的新形态，数字孪生赋予智慧城市建设新的技术能力和基础设施支撑，将引领智慧城市建设进入新的发展阶段。数字孪生城市作为智慧城市建设的新阶段，被赋予了更加丰富的内涵，受到了政府、学界、企业的普遍认可。

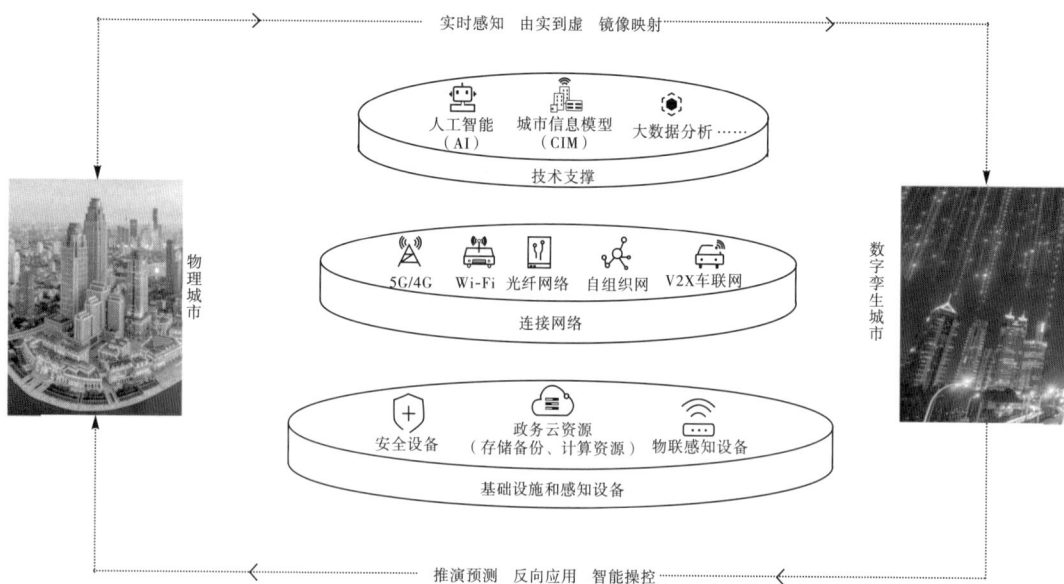

图 2   智慧城市与数字孪生相互关系示意图

4　数字孪生相关技术

城市信息模型（City Information Modeling，CIM）。BIM（建筑信息模型）、GIS（地理信息系统）、IoT（物联网）综合赋能城市信息模型建设，CIM 汇聚城市地上地下、室内室外、历史现状未来等多纬度、多尺度、多空间数据，并接入物联感知设备实时采集的城市数据，构建基于三维时空数据的智慧城市综合体。CIM 是 BIM、GIS、IoT 技术的融合，汇聚了海量的城市信息，可以将物理城市由实到虚映射成数字孪生城市，并利用大数据分析、人工智能、VR（虚拟现实）等技术，通过对虚拟数字空间的推演分析、智能预判和模拟仿真，辅助决策并反向应用于物理世界，实现物理城市和数字孪生城市的和谐共生，最终促进新型智慧城市的建设和发展。图 3 详细描绘了城市信息模型的整体框架。

人工智能（Artificial Intelligence，AI）。人工智能是用人造或人为设计的方式，让机器或设备能像人类一样思考，甚至拥有超越人类的思考和计算能力。有学者研究指出，数字孪生城市是个非常复杂的系统，并且建设过程涉及大量数据，利用人工智能技术处理海量数据，并进行系统优化非常有必要。数字孪生城市搭建过程中涉及海量数据，利用人工智能算法，赋予数字城市感知、计算、分析、决策的能力，通过对虚拟孪生城市的推演和预测，反作用于真实的物理城市，成为虚拟数字城市与真实物理城市之间联动变化的助力。因此，人工智能赋能数字孪生，可为智能城市建设提供新动能。

5G：为数字孪生城市的基础设施层，提供更高效的网络通信通道。以 5G 为代表的新一代通信连接技术，覆盖整个城市范围，为城市感知载体和设施提供了数据传输通道，保障全域的智能化感知设施的信息流动，实现城市中万物互联的数字化环境。加快 5G 发展是搭建城市数字孪生底座的重要措施。2020 年，中共中央政治局常务委员会会议提出，要进一步加快 5G 基站建设、工业互联网等新型基础设施建设工作。华为认为，未来数字孪生城市建设即将迈入"5G＋AI"的新阶段，我们可以将 5G 网络、人工智能、大数据、物联网等新型技术应用到不同的城市专题和场景中，实现城市全域数字化、智慧化，开启基于数字孪生技术的智慧城市建设的全新时代。

城市信息模型框架

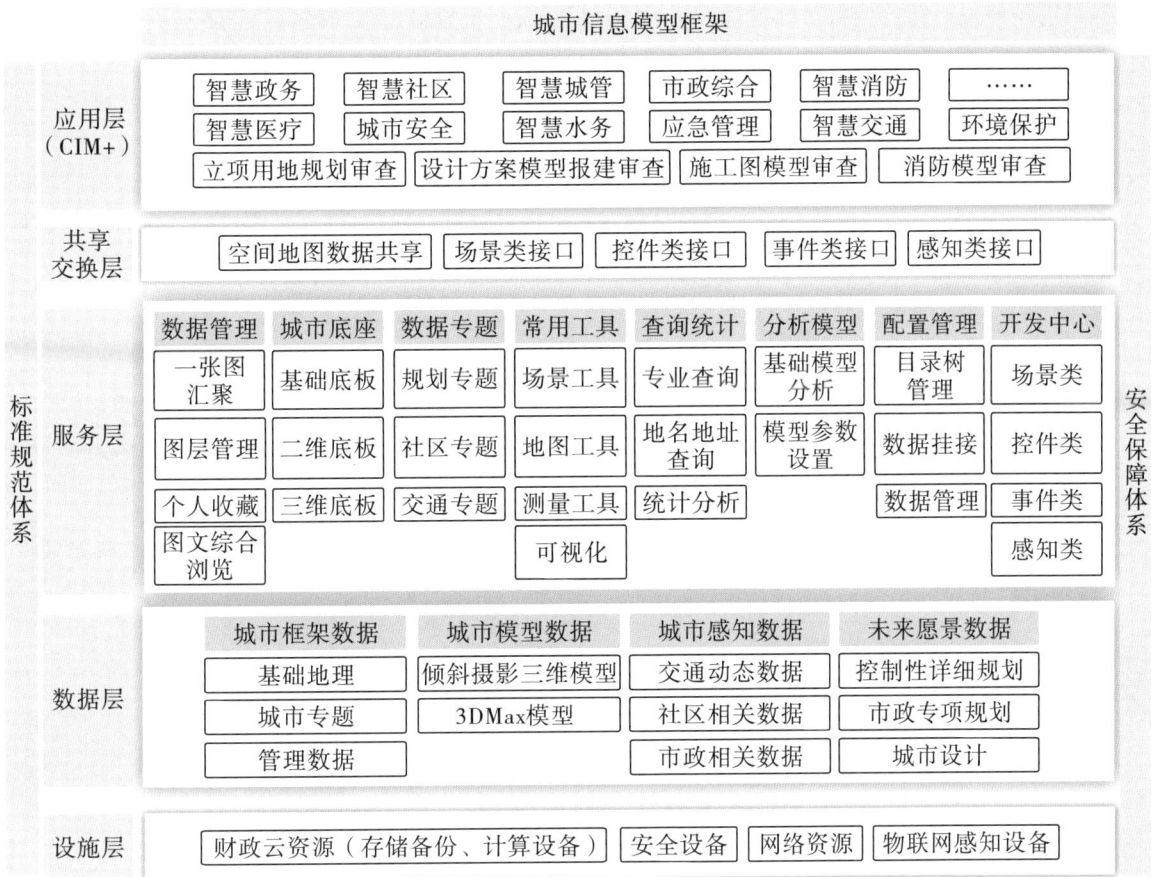

图3 城市信息模型框架图

5 智慧城市建设建议

试点先行，以少带多：从2012年国家公布智慧城市建设试点城市开始，我国全部的副省级以上城市、一半以上的地级城市和超过1/3的县级市，总计约500座城市，曾提出或正在进行智慧城市建设。但是，基于新型技术的数字孪生城市建设目前还处于起步探索阶段，建议选择国家的重点城市重点区域先行先试，搭建涵盖城市规模数据、囊括多空间多领域业务、全民可参与、治理效果显著的数字孪生示范区，探索数字孪生城市建设的新思路和新模式，带动周边城市和地区共同完成新型智慧城市建设工作。

统筹共享，集约建设：一方面，统筹管理各领域各部门建设需求，避免单独建设、重复建设，各部门各领域共享数据成果，简化日常工作业务流程，极大提高工作效率和工作积极性；另一方面，加强和完善智慧城市顶层设计架构，对整个城市进行全面深入的调研分析，学习研究国际和国内智慧城市建设的优秀案例，并充分结合本地建设现状和未来规划，制订出符合本地发展需求的建设方案。

运管协同，创新模式：管理机构统筹，组建"工作组＋多专班"的矩阵管理机构。在智慧城市领导小组的基础上，组建业务专班。依照业务领域互动紧密性划分专题领域，工作专班牵引业务专题建设，优化过去"大却低效"的管理组织向"小且精准"的管理团队转型，形成纵向到底，拉通市区、街镇、乡村，横向到边，融通各领域业务单位的管理机构。建设模式统筹，组建"建设公司＋智库支撑＋多方监管"的共治模式。筹建智慧城市建设运营公司，统筹项目前期策划、决策论证、过程管理、建设实施、效果评价，以降低总体建设成本和运营成本，联合金融机构，借力各种资源，提高财政总体资金使用效率，逐步发展成为综合性智慧城市建设运营管理公司。图4给出了优化后的智慧城市运营模式。

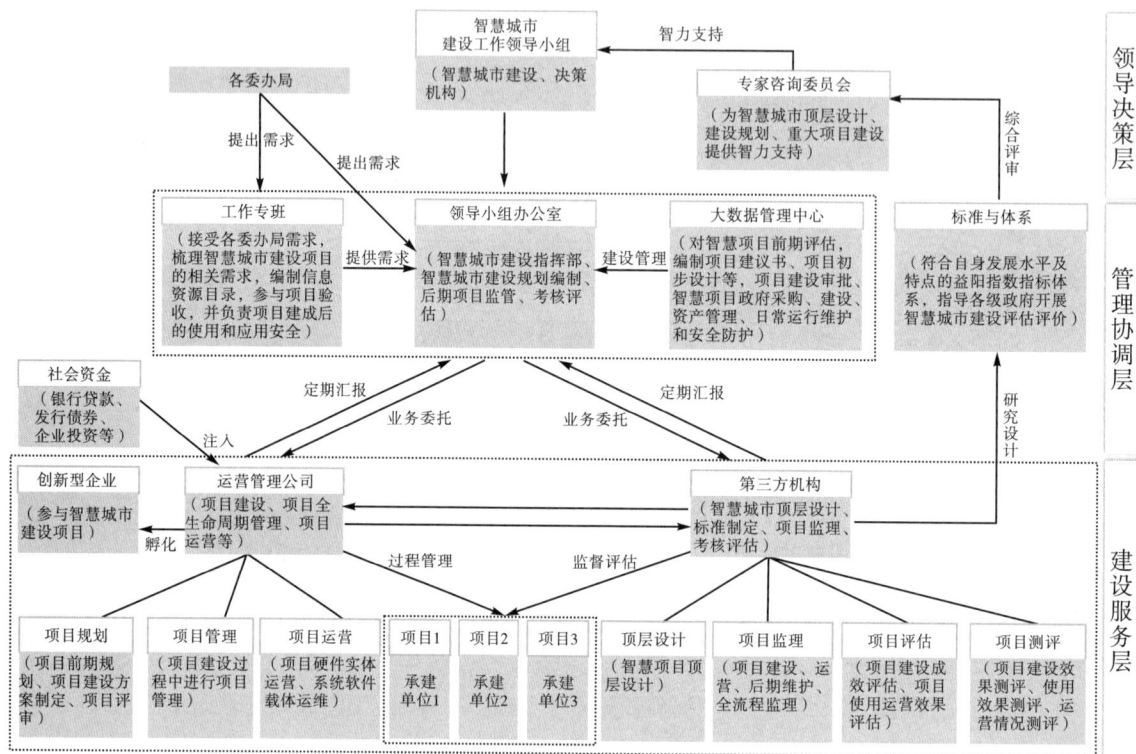

图4　智慧城市运营模式设计图

6　结语

通过数字孪生技术，将真实的物理世界映射到虚拟的数字世界，利用各种技术手段对数字世界进行推演分析，反向应用于真实世界，从而推动数字孪生城市的发展。随着物联网、大数据、深度学习等新一代信息技术的发展，利用数字孪生相关技术进行智慧城市建设成为可能。

当前数字孪生的应用如雨后春笋般，但各行业领域涉及有限。未来数字孪生在智慧城市各个领域会有更多的应用场景，如智慧园区、智慧交通、市政综合、智慧国土等。综上所述，基于数字孪生技术的智慧城市建设后续需要不断地探索和尝试，摸索出匹配当下国际国内环境的建设路径和运营模式。

［参考文献］

［1］佚名.《关于促进智慧城市健康发展的指导意见》印发［J］.电子政务，2014（9）：14.

［2］李德仁.数字孪生城市 智慧城市建设的新高度［J］.中国勘察设计，2020（10）：13-14.

［3］陈婉玲，刘青松，林洁群.浅析人工智能在数字孪生城市中的应用［J］.信息通信技术与政策，2020（3）：16-19.

［4］吴燕婷，吕晟. 华为：智慧城市将进入"5G＋AI"孪生新时代［N］. 经济参考报，2019-11-12 (6).

［5］《中国建设报》编辑部."洞见"数字孪生城市［N］. 中国建设报，2019-12-30 (6).

［作者简介］

安莉佳，硕士，工程师，任职于天津市城市规划设计研究总院有限公司。

于　鹏，硕士，工程师，任职于天津市城市规划设计研究总院有限公司。

智慧城市体系下的智慧社区建设模式思考与探讨

□邢晓旭，张　恒，贾　莉，孟　悦，范小勇

摘要："十四五"开篇智慧城市建设扬帆起航，各省市结合城市更新和城市治理等重点行动，以社区为着力点，推动智慧城市高质量发展。本文主要介绍了在社区层面以规划视角下的顶层设计为引领，构建以"数据＋平台＋应用＋标准"为核心的智慧化建设思路。在模式上与智慧城市的建设理念一脉相承，在内容上贴合社区治理过程中的痛点与难点。将社区作为最小城市单元，实现城市从现实到虚拟的数字化映射。依托标准化的数据、平台与硬件技术参数，打造社区智慧中枢，辅助社区突破数据壁垒，并集成数字化政务应用与居民服务，以点带面，最终形成从社区治理到城市治理的现代化社区建设体系。

关键词：智慧社区；智慧城市；顶层设计；建设模式；应用场景

1　背景

2017年，中共中央、国务院发布《关于加强和完善城乡社区治理的意见》，实施"互联网＋社区"行动计划、探索网络化社区治理和服务新模式，增强社区信息化应用能力，为新形势下运用"互联网＋"推进城乡老旧社区治理创新指明了方向。2021年，《中华人民共和国国民经济和社会发展第十四个五年规划和2035年远景目标纲要》也指明要加快建设数字经济、数字社会、数字政府，以数字化转型整体驱动生产方式、生活方式和治理方式变革。智慧社区作为推动社会新基建和数字经济的重要抓手，是实现智慧城市建设的重要组成部分，是实现现代化社区治理的重要信息化手段，是创造居民美好生活的关键途径。

2　智慧社区建设模式演化

智慧社区雏形起源于美国，是将社区信息化作为电子政务的一个重要组成部分，通过社区的信息化建设改善和提高城市管理水平。社区是居民生活的基本单元，是实现智慧城市中技术与意识形态结合内涵的落脚点，在不涉及居民隐私和公共安全的前提下，城市居民有权知晓和使用相关的数据资料，使城市事务决策更加透明化和公众参与更加广泛化。

智慧社区作为我国长期以来倡导推进的社会发展形态，经过10多年的发展，出现了两种智慧社区建设模式的更迭。早期是以社区宝、小区无忧、考拉社区为代表的纯互联网企业建设模式，在社区养老、医疗、教育、安防等方面注入软硬件产品，最终均以资金无法回笼，难以更新产品而失败。近年来，随着社区逐渐成为城市公共生活的基本单元，其在城市及社会运行中的作用日益增强。各地开始从基层政府着手，尝试将智慧化元素引入现代化治理体系当中，服

务于数字政务建设，利用物联网和智能终端等新一代信息技术，记录街道所有的人、地、物、事、组织等五大类核心内容，以实现数字化街道居委会为导向建立起平台体系，对部门、科室、社区业务进行科学分类、梳理、规范，创新服务管理模式，提高基层服务管理的规范化、精细化水平。

现阶段国内仍然在自上而下摸索智慧社区建设模式，试图利用技术手段来打破信息垄断，实现政府、社区、居民之间信息共建共享。但由于缺少顶层设计方面的统筹规划与完善的政策支持，进展缓慢。因此，将现代化社区治理工作纳入智慧城市总体建设体系中，既是对智慧城市概念的继承、发展和实施，也是将城市资源与社区连接的重要途径。

3　智慧社区建设总体思路

3.1　规划思维下的顶层设计引领，打造社区智慧中枢

从智慧化顶层设计着手，帮助社区解决治理过程中的重点和难点，全面统筹、以人为本，实现社区治理再升级。在统筹建设、规划引导、数据驱动、公众参与四项基本建设理念引导下，形成"1 平台＋1 数据库＋1 设施配建方案＋N 个平台接口"的顶层设计思路（图 1）。

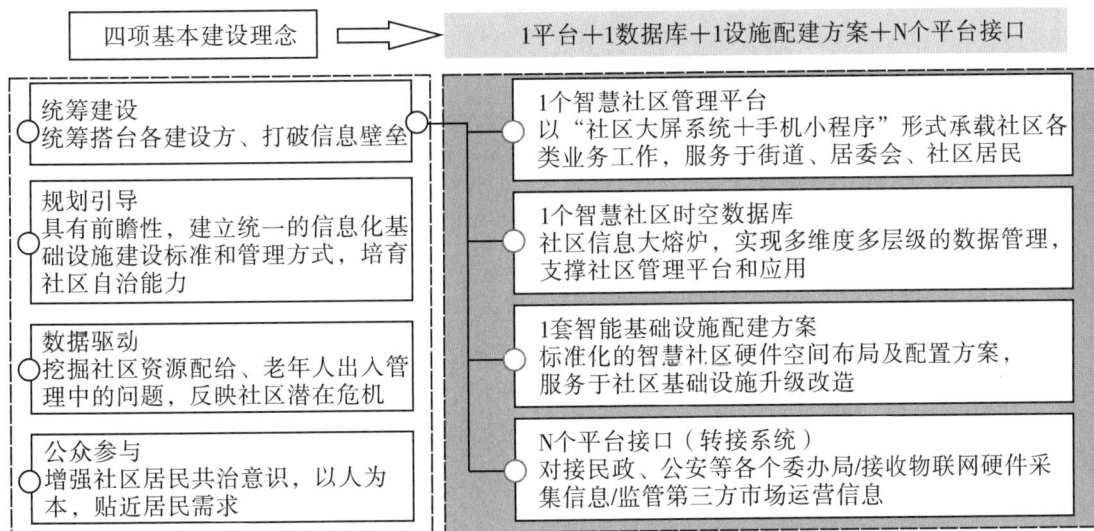

图 1　顶层设计思路示意图

其中，数据库和平台作为社区智慧中枢，拥有最全面的信息管理、数据分析模型支撑以及快速的社区问题响应能力，实现了社区数据共享、资源整合、动态跟踪。同时，社区智慧中枢作为信息中转站，纵向打通信息传递通道，横向联通社区相关的管理部门，通过信息流转实现"业务部门能赋能、一线人员能减负、市场主体能对接、多元居民能满足"的智慧社区运营生态。

3.2　动静结合的数据底板——社区时空数据库

建立以人口、空间和行为活动为核心的时空数据库作为智慧社区的基础数字底板。根据数据的来源和属性，可以将社区庞杂的数据归纳为社区地理信息库、社区静态管理数据库和社区动态感知数据库。在数据脱敏脱密处理后，为业务应用提供精细可靠的数据支撑。

社区地理信息库展示建筑、植被、构筑物、市政设施、地下管线、园林绿化等，实现社区空间三维可视化，作为信息一体化的空白底板，承载社区的人、地、事、物等信息。

社区静态管理数据库以社区事务性信息为主，综合管理社区人口基本信息、人口专项信息、房屋资产、党群建设、设施维护、企业经营等政府部门垂直管理的信息。

社区动态感知数据库主要面向硬件设备采集类的实时监测数据，包括社区居民及车辆的出入信息、社区共享车位的停车信息、社区居民用水用电等生活能耗信息、社区老年人每日的健康信息、社区重点区域监控视频信息等。

3.3 高效韧性的路由转接——智慧社区综合管理平台

传统社区治理弊病诸多，主要反映在大量的信息缺失、权责主体不明确、人力不足、传统的分散式管理存在管理重叠与管理漏洞等方面。台账更新依靠社区网格员手动维护，更新频率低且各个垂管条口的台账无法实时共享。因此，迫切需要建立具有多部门联动的配套管理机制，以信息技术为核心，搭建基层党组织、政府、社会组织等多主体协同工作的平台。

智慧社区综合管理平台具备良好的信息联动机制，依托先进的基础设施建设，整合街道和社区信息，将线下"触点"进行线上管理，并与周边街道社区共享，及时将社区信息和管理问题向责任部门传递。同时在智慧社区日常运营中，通过对动态数据进行评估分析，能有效了解居民人口画像和行为需求，及时发现和解决问题并预判演化趋势，辅助街道管理者做出科学的社区治理决策（图2）。

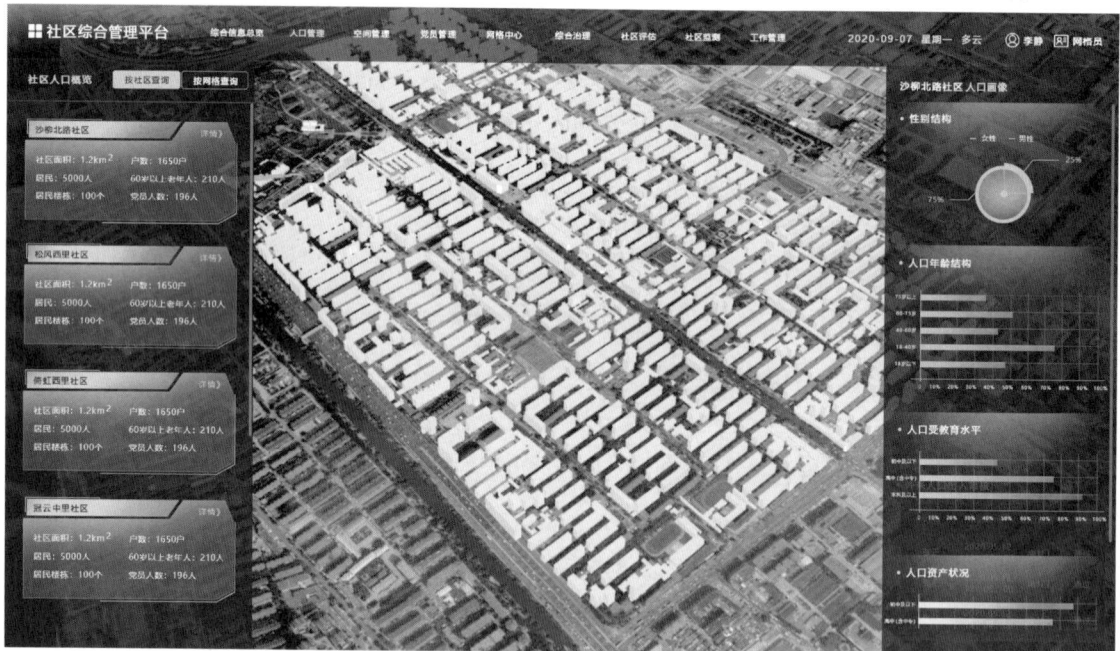

图2　智慧社区综合管理平台界面

3.3.1 社区人口管理

自上而下地梳理街道、居委会人口管理方面的工作职能，将街道不同科室的工作内容和社区网格员的职责一一对应，辅助街道实现信息的上传与下达。

在人口信息管理方面，街道可以对街道所有居民的基本信息、专项信息进行查看、统计与上报，并针对不同人群展开定向的信息与活动通知，以及疫情期间的人员隔离信息上报；网格员可以随时随地统计和查看所辖范围内的人口信息，并进行信息的统计与上报、居民信息自查，同时支持网格员入户进行信息采集与更新、走访在线记录等。

3.3.2　社区空间管理

帮助社区实现"社区一张图"治理，在线浏览街道全貌，大到整个街道，小到每一户、每一个社区部件，地上地下一体化管理，全方位查看社区信息。

在空间信息管理方面，街道和居委会可以查看社区所有居住建筑和商业建筑的建成时间、户主（法人）信息、房屋面积、使用人等信息，查看社区所有路灯、井盖等市政基础设施的建造时间、建造成本、产权责任人等。在空间设施维修管理方面，街道可以查看设施维修记录，整合统计多渠道反馈的社区设施故障问题，并进行问题追踪和反馈。

3.3.3　社区监测评估

关注社区更新改造和社区治理重点问题，通过社区规划师线下走访和调研，在人口画像、居住环境、公共服务设施配套等方面为社区量身定制专业分析模型。将模型转化为通俗易操作的工具内嵌到平台系统中，对社区问题进行定期体检评估，实现科学化的社区治理工作和精准的社区生活服务。此外，通过整合社区人、地、物碎片化资源，并对现有资源进行判断，可以充分挖掘社区资源价值，不断盘活社区资产，增强社区活力。

3.4　迭代生长的韧性模块——社区应用场景菜单

3.4.1　硬件配建：激发创新的产品接口

根据社区规划更新改造方案，结合社区现有场地条件、资金条件和功能需求，定制化配置智能基础设施需求的组合方案，以及设备传输数据和标准化接口方案（表1）。

表1　社区智能基础设施配置清单

用途	类型	设备	功能需求	标准	升级
出入管理	人行门禁	智慧门、通道闸	远程开关控制	√	√
		测温人脸识别一体机	人脸识别/出入统计/二维码/体温测量/照片抓拍	◎	√
	楼栋门禁	楼宇对讲机	人脸识别/语音对讲/陌生人警报/远程开关控制	◎	√
	入户门禁	住户对讲机		◎	√
	车行门禁	电子栅栏自动抬杠	车位电子显示屏/出入控制机/车牌识别/停车引导/验证用户身份/自动比对黑名单库/报警	√	√
停车管理	机动车	共享停车位锁	搜索/查询/发布/预约/导航/结算/超时罚款/信用积分/故障警告/远程通断和能耗管理	◎	√
	非机动车	非机动车电动充电桩		◎	√

续表

用途	类型	设备	功能需求	标准	升级
安全管理	行为追踪	半球形红外监控摄像头	重点人员监控/视频抓拍/违法行为报警/人员路径追踪/区域进入检测/区域离开检测	√	√
	线路安全	电气火灾监控探测器	开关量/温度/设备状态监控	√	√
环境管理	物体识别	半球形红外监控摄像头	高空抛物违规行为抓拍/违规行为警报/违规次数统计/信誉积分	◎	√
			消防通道占用/垃圾堆叠状态检测/物体移出检测	◎	√
		智能垃圾桶	填满警报/语音帮助/分类积分	◎	√
	污水跑冒	智能井盖硬件	测量井盖的倾斜及水位	◎	√
健康管理	室外环境	环境监测仪	温度/湿度/噪声/PM2.5 和 PM10/风向/风速感应	◎	√
生活便民	快递物流	智能物流柜	网上购物/买菜购物临时储存/二维码扫码	◎	√
	文化娱乐	太阳能智能健身器材	太阳能充电/故障维修/使用状态记录	◎	◎
		伸缩式环自动借书机	图书借还	◎	◎
	教育宣传	电子宣传栏	教育/党政信息传递	√	√

注："√"为应配建智能基础设施；"◎"为根据实际情况按需配建智能基础设施。

3.4.2 软件开发：持续迭代的服务生态

借助智慧技术手段，用互联网思维和区块链逻辑反哺实体社区的运营，促进社区治理从"最后一千米"继续下沉到"最后一米"，助力居民自治能力的培育。如在疫情防控期间，居民自主上报健康动态，保障疫情信息快速收集和传递，有效降低社区疫情发生和扩散的风险。通过人口画像和行为轨迹分析，识别共性与个性化的居民需求，对接健康养老、物资采购、文化休闲等市场化资源，形成线上线下联动，激发相关服务业创新，满足居民多元化需求，充分发挥数据效能。

以"人本关怀"牢牢抓住社区居民，利用智慧社区运营平台建立线上服务，围绕居民需求的服务供给，提供形式多样的社区服务和活动，并建立奖励机制，引导社区居民积极参与智慧社区的运营，构建社区共建、共治、共享新格局。

3.5 规范清晰的生长框架——标准化数据建设和硬件接入方案

标准制定是前提保障，过去的智慧社区难以推广与复制，往往是因为忽略了建设标准的重要性。因此，必须强调在数据层面对采集内容和采集方法的标准要求，在平台层面对总体架构、平台底层技术架构、数据库、信息互联互通与数据共享交换方式等方面进行标准细化，这也是为未来城市层面的数据共享、系统集成与升级奠定基础。

在数据建设层面，支撑智慧社区时空数据库的采集、入库与更新及模型运算，规范数据格式、统一坐标体系。利用空间编码技术，为空间要素建立空间索引及唯一的身份标识，实现不同类型空间数据的相互关联。对不同来源的数据进行标准化处理，按照更新时间将数据分为动态数据库和静态数据库，按照时效性将数据分为现状数据库和历史数据库，按照信息结构将数据分为文本数据库和地理空间数据库，每类数据具有固定的数据内容和数据格式。

在硬件接入方面，依据智能基础设施配建方案中的功能要求，制定智慧社区物联网统一接口数据标准、技术标准与管理标准，解决物联网设备兼容问题，促进各类智慧设备产品在社区的推广应用。此外，硬件设备方案中规定了设备采集内容及固定的数据接口，定期定向传输指定信息。

4 智慧社区建设核心价值

4.1 承接城市治理转型，实现城市管理体系的"全流程"衔接

对接政府政务服务平台和居民日常生活，破除信息孤岛和服务壁垒，实现政府、社会、个人的需求与管理贯通，促进社区治理共建共享。

4.2 引导智慧设施理性配建，实现虚实场景的"全要素"衔接

以城市规划建设管理运营的实际场景构建智慧社区的数字底板，设计衔接街道治理场景与部门管理分工的条块融合的各类服务管理 APP 应用系统。

4.3 通过社区新基建带动老旧社区更新改造

利用精准的"算力"分析技术，强化老旧社区更新改造规划的科学性，打造智慧社区建设工程，形成老旧小区智慧改造建设标准，让新基建更好地惠及民生诉求，让更广泛的人群分享新基建的红利。

5 结语

社区将成为智慧城市的小型试验田，以社区时空数据为底板承载社区全量信息，支撑智慧社区多场景应用，推动社区自我更新迭代。以社会治理下沉为核心，建立可迭代、模块化的社区治理工具箱，提升社区自身免疫迭代能力，在数据、平台和应用层面预留接口，引导城市级别智慧平台的主动对接。服务主体由基层管理者扩展为城市居民，从居民需求出发，在城市更新改造的分析、编制、执行各阶段强化居民参与，同时通过居民个体的数据分析了解个体的客观差异需求，实现社区资源的配置优化，以社区小循环激发城市大循环，助力智慧城市建设。

［资金项目：2020 年度天津市智能制造专项"基于大数据和物联网的智慧社区治理平台应用研究"（项目编号 2020 0216）］

[参考文献]

[1] KIM E, KEUM C. Integrated community service platform system linked to smart home and smart city [C]//IEEE. 2016 Eighth international conference on ubiquitous and future networks (ICUFN). 2016：380-382.

[2] 蒋力群，姚丽萍. 城市智慧社区建设的新趋势与综合对策：以上海为例 [J]. 上海城市管理，2012 (4)：27-30.

[3] 申悦，柴彦威，马修军. 人本导向的智慧社区的概念、模式与架构 [J]. 现代城市研究，2014 (10)：13-17.

[作者信息]

邢晓旭，硕士，助理规划师，任职于天津市城市规划设计研究总院有限公司。

张　恒，硕士，高级工程师，任职于天津市城市规划设计研究总院有限公司。

贾　莉，硕士，助理工程师，任职于天津市城市规划设计研究总院有限公司。

孟　悦，硕士，助理规划师，任职于天津市城市规划设计研究总院有限公司。

范小勇，博士研究生，正高级工程师，任职于天津市城市规划设计研究总院有限公司。

基于智慧济南时空大数据平台的智慧选址系统研究

□闫　冬，林本江，王　潇，李　嵩，刘博伟

摘要：项目用地选址是规划落地的载体，是项目实施的前提，是城市发展的重要组成部分。在进入智慧国土空间规划新时代的背景下，如何提升项目选址的高效性和科学性，实现对城市的精细化和智慧化管理是一项重要的工作。本文基于智慧济南时空大数据平台建立了智慧选址决策支持系统，对基础数据进行融合叠加，为项目选址提供了智能决策底图；提出了"五筛选一评价"的选址流程；构建了两级两类、四个维度的评价指标体系；使用层次分析法确定了各项指标权重；搭建了选址决策模型，实现选址从人脑到"人脑＋电脑"的转换。本系统在多个选址项目中得到了应用，为规划选址提供了量化支撑和技术支持，有效地提高了项目选址的效率，辅助实现精准规划。

关键字：智慧选址；决策模型；评价指标

1　引言

新时代国土空间规划体系将推动新型智慧城市的建设，实现城市治理体系和治理能力智慧化。随着各地数字城市地理空间框架建设项目的全面完成，智慧城市时空大数据平台试点工作正在各地开展，智慧选址决策支持系统作为智慧城市时空大数据平台的重要组成部分，是国土空间规划成果得以应用的信息化载体。

现阶段选址规划项目更多停留在人工层面，导致基础数据收集效率低、选址指标测算模糊困难、选址结果受主观意识影响严重，而且多数项目选址时间紧，难以对所有用地进行全面统筹，无法保证选址的准确性与科学性。如何充分地利用时空大数据信息，通过融合、挖掘数据，形成一套项目选址的决策底图，搭建灵活、科学、高效的智慧选址系统，是当前亟须解决的重要问题。

近年来，专家学者在选址规划方面进行了相关的研究，建立了选址决策模型和评价指标体系，且互联网公司相继开发了智能选址系统，为实体店经营者提供门店智能选址与优化服务。卢德华等基于 ArcGIS Server 实现建设项目候选用地自动选址；翟书颖等通过对多元数据融合挖掘，使用线性回归等模型为商业选址提供方案；贾冲等基于出租车 GPS（全球定位系统）轨迹和 POI（关注点）数据，构建 OD 矩阵和对应小区 POI 数据相结合的商业地址推荐模型。以上的研究和应用更多的集中于超市、银行网点等零售行业的选址，对于政府的招商引资、规模以上企业、集团总部等项目的选址未能进行充分考虑。

本文在对基础数据梳理、项目选址流程优化、方案比选和系统功能需求研究的基础上，构

建了智慧选址系统，切实提高了精准规划、精细管理水平，实现项目选址定性、定量的结合，为规划选址提供科学可靠的服务。

2 系统架构

2.1 智慧济南时空大数据平台

智慧济南时空大数据平台依托电子政务云进行建设，围绕高分辨率影像数据、北斗卫星数据、新型测绘数据以及其他地理空间数据的整合和应用服务，建立了空、天、地、网一体化的时空数据采集体系，面向自然资源管理、政务服务、社会公众三方面，提供基础数据服务、功能服务、接口服务以及二次开发服务。其中，智慧选址决策支持系统是智慧济南时空大数据平台的重要组成部分。

2.2 选址系统认知

项目选址一般涉及两个阶段，第一阶段为地块筛选，第二阶段为比选地块。一般情况下会存在多个符合要求的地块，需进一步结合项目的具体情况进行多方案比选，从中选取最优的地块。因此，智慧选址系统可以理解为"一个数据库和一个分析工具"。一个数据库容纳可选址空间的基本信息数据，打通地上、地下和地面基础数据间的孤岛，融合过去、现在和未来的基础数据信息；一个分析工具是用来开展地块比选的分析工具，根据不同企业需求开展个性化、精准化分析。

2.3 选址流程构建

通过对不同类型企业、不同用地选址需求的分析，项目选址流程可概括为"五筛选一评价"（图1、图2）。

"五筛选"为候选地块库筛选，包括基础条件筛选、区域位置筛选、交通条件筛选、配套设施筛选和POI筛选。在此基础上，将危险性设施、历史文化用地、永久基本农田等因素纳入筛选条件，满足不同企业在项目选址中的特殊条件。

"一评价"为候选地块评价，评价功能是项目选址的核心，体现了选址的内在逻辑，实现了选址分析的智慧化。主要流程包括对候选地块库中的地块进行认知、综合比选，通过电脑对方案进行量化打分；依据地块周边现状条件和未来规划发展的认知，对地块进行定性分析，实现人脑参与；最终依据"人脑＋电脑"的打分结果确定最优地块。

2.4 系统框架搭建

综合项目选址前、选址过程中和项目落地后的工作需求，智慧选址系统总体框架为"一云三模块"。"一云"是政务云，为政府行业提供基础设施、支撑软件、应用系统、信息资源、运行保障和信息安全等综合服务的平台；"三模块"分别为基础信息查询模块、选址模块和跟踪服务模块。整体系统框架基础如图3所示。

| 第一步：基础条件筛选 ⇨ | 自定义设定用地规模、用地性质、容积率等基础条件，在智慧选址决策底图中初筛地块选择集V1 |

| 第二步：区域位置筛选 ⇨ | 选择区县、重点建设片区和控规片区，或自定义区域，在V1中进一步筛选地块选择集V2 |

| 第三步：交通条件筛选 ⇨ | 根据对轨道站点、快速路上下匝道、客货运交通枢纽等需求，在V2中进一步筛选地块选择集V3 |

| 第四步：配套设施筛选 ⇨ | 根据对周边规划的医疗、教育、体育、文化、养老等设施的要求，在V3中进一步筛选地块选择集V4 |

| 第五步：POI筛选 ⇨ | 根据对周边现状生产、生活设施的要求，在V4中进一步筛选地块选择集V5为最终符合条件的地块 |

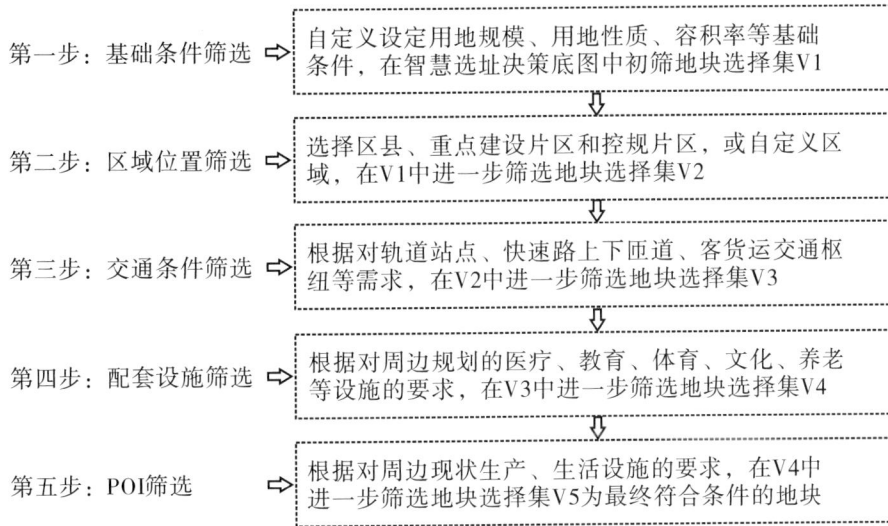

图1　"五筛选"流程示意图

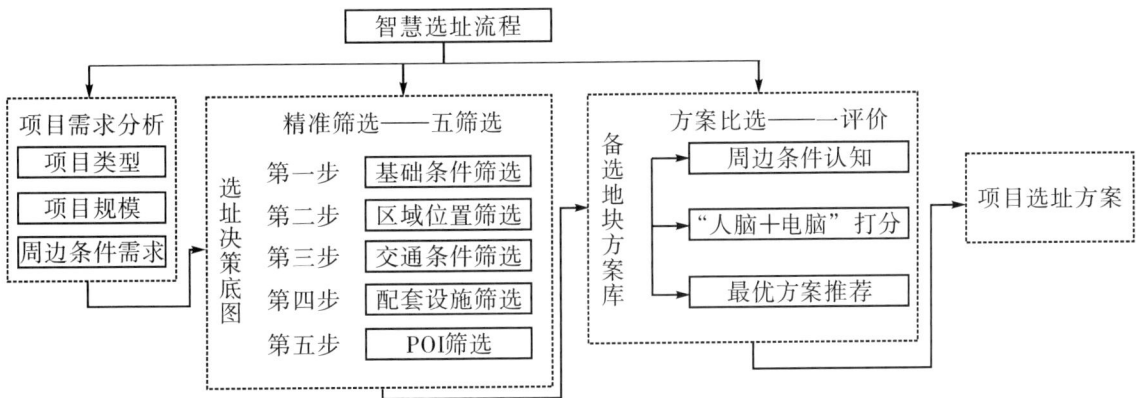

图2　技术路线图

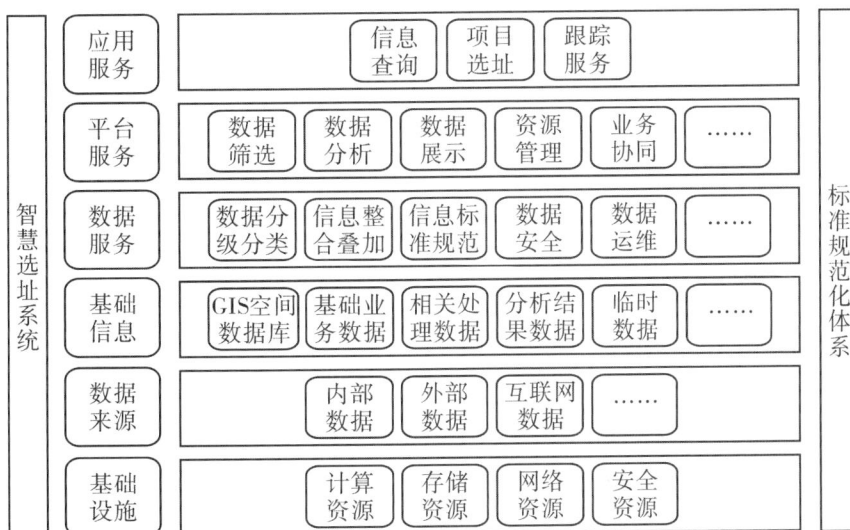

图3　系统框架示意图

3 系统构建

GIS（地理信息系统）等空间决策支持工具为智慧选址系统提供了更加直观、交互的选址分析技术。将 GIS 平台的操作流程进行集成，实现复杂操作结果的一键化查询，依托选址基础信息数据库，实现项目选址精准筛选和个性化分析。

3.1 基础数据整合

作为项目选址的基础和前提，选址决策底图尤为重要。本文以控制性详细规划数据为底图，将现状"一张图"、规划"一张图"和相关基础数据进行充分的融合、叠加分析，形成选址空间基础信息库。依据不同类型项目的需求，对决策底图中的地块进行分类，确定地块用途和发展方向。主要的数据包括片区控规、批地数据、城市 POI 数据、规划条件数据、生态保护红线、建设用地现状、土地征收落实数据、土地收储业务数据、公共服务设施数据、城市路网、轨道交通、交通枢纽、永久基本农田划定成果、用地许可、工程许可、工程核实等。

以济南中心城为例，智慧选址决策底图整合流程如图 4 所示。其中，东绕城高速公路以东、天桥铁路以北区域现状多为工业、物流用地，与规划用地存在较大冲突，且两片区正处于高速发展阶段，需对地块进行逐一梳理。

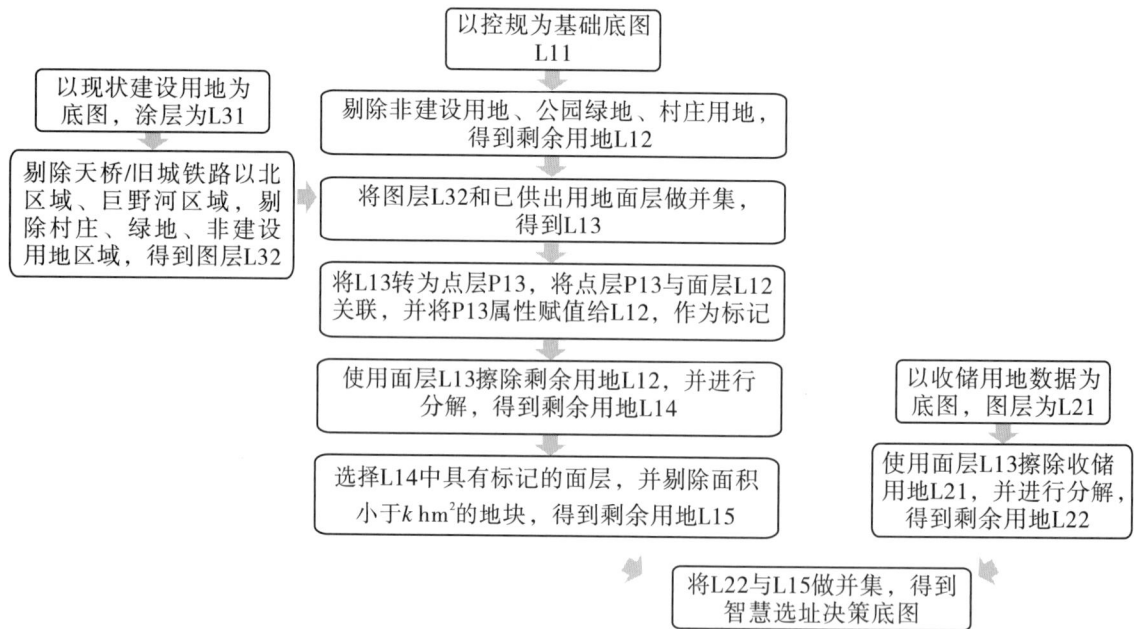

图 4 智慧选址决策底图整合路线示意图

注：已供出用地包括批地数据、工程许可证、工程核实证、用地许可证、出具规划条件、征收落实数据、供地数据、公共服务设施数据，天桥片区需结合现状用地、规划用地单独梳理。

3.2 评价指标体系

3.2.1 评价指标体系建立

影响选址的因素主要包括社会经济因素、环境因素、交通设施条件和交通可达性四个方面，本文构建了含 4 个一级指标和 14 个二级指标的指标体系（表 1）。

表 1　评价指标体系

一级指标	二级指标	分类
社会经济因素 A1	周边产业配套条件 B1	效益类
	周边生活配套条件 B2	效益类
环境因素 A2	周边燃气站、热电厂、炼油厂、化工厂等企业数量 B3	成本类
交通设施条件 A3	周边主/次/支路网密度 B4	效益类
	周边停车设施数量 B5	效益类
	周边公交站点数量 B6	效益类
	周边公交线路数量 B7	效益类
	周边轨道站点数量 B8	效益类
交通可达性 A4	30 min 小汽车可达区域 B9	效益类
	与航空枢纽空间距离 B10	成本类
	与公路客运枢纽空间距离 B11	成本类
	与客运铁路枢纽空间距离 B12	成本类
	与货运枢纽、站场空间距离 B13	成本类
	与高速公路匝道空间距离 B14	成本类

　　根据各项指标对项目选址产生的影响，将指标分为成本类和效益类两类，指标体系共包括 8 个效益类指标、6 个成本类指标。为使各定量指标具有公度性，以 0～10 分将其进行规范化处理。

　　成本类指标：该类指标的值越高，代表对地块选址的影响越差，则其指标得分越低。包括周边燃气站、热电厂、炼油厂、化工厂等企业数量 B3，与航空枢纽空间距离 B10，与公路客运枢纽空间距离 B11，与客运铁路枢纽空间距离 B12，与货运枢纽、站场空间距离 B13，与高速公路匝道空间距离 B14，指标评分方法如下：

　　指标得分 = 比选方案中该指标最小值 / 该项指标值 × 10

　　效益类指标：该类指标的值越高，代表地块选址的区位越优，则其指标得分越高。主要包括周边产业配套条件 B1、周边生活配套条件 B2、周边主/次/支路网密度 B4、周边停车设施数量 B5、周边公交站点数量 B6、周边公交线路数量 B7、周边轨道站点数量 B8、30 min 小汽车可达区域 B9，指标评分方法如下：

　　指标得分 = 该项指标值 / 比选方案中该指标最小值 × 10

3.2.2　选址决策模型

（1）模型建立。

　　地块选址评价是一项复杂的多目标决策问题，可将最大化问题转化为求下列选址决策模型的最优化问题，模型如下：

$$\max F(X) = \max_j \left\{ \sum_{i=1}^{P} W_i \cdot d_{ij}, \ j = 1, 2, \cdots, J \right\}$$
$$s.t. \ X \in R(X)$$
$$R(X) = \{ X \mid g^k(X) \geqslant 0, \ k = 1, 2, \cdots, m \}$$

其中，X 是选址方案集，$R（X）$ 是选址可行方案集，d_{ij} 为第 j 个选址方案对应的第 i 个目标值；W_i 为第 i 个目标指标的总权值，由层次分析法计算得出。

（2）权重确定。

层次分析法是一种多目标决策分析方法，把数学处理与人的经验和主观判断相结合，能够有效地分析目标准则体系层次间的非序列关系，有效地综合测度评价决策者的判断和比较。将评估指标分解成多个层次，通过两两比较下层元素对上层元素的相对重要性，将人的主观判断用数量形式表达和处理，从而得到指标的权重。在明确指标之间相互依存及影响的基础上，建立一个由目标层（评价的总目标）、准则层、指标层组成的递阶层次模型（图5）。

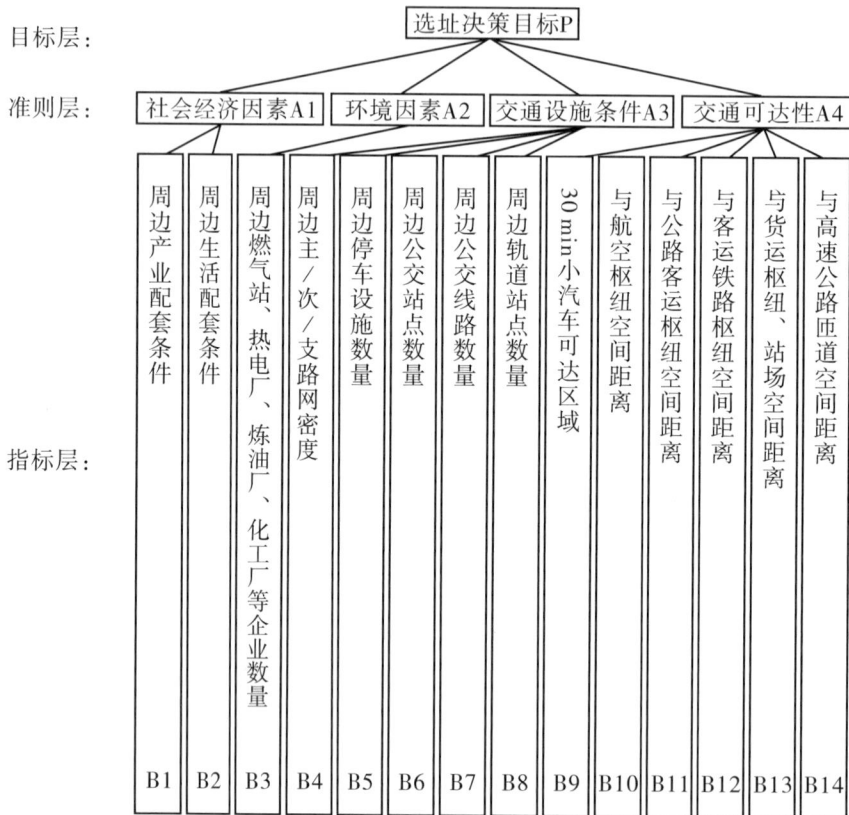

图5　层次分析法选址评价指标体系示意图

3.2.3　企业需求分类

项目选址需要以不同企业选址要素的关注点为基础，梳理筛选条件，进行精准筛选。本文在《统计上大中小微企业划分办法（2017）》的基础上融合了"济南市十大千亿级产业"分类标准，将企业选址分为12类，包括总部企业/研发中心/金融服务类、大数据信息技术类、智能制造与高端装备类、先进材料类、文化旅游类、科技服务类、物流类、工业类、生物医药类、医疗康养类、量子科技类和其他类。针对每类企业进行指标的初始化设计，构建最优选址方案决策分析模型（图6）。根据不同类型企业的选址需求，进行指标的初始化设计。各项企业初始化指标设计见表2。

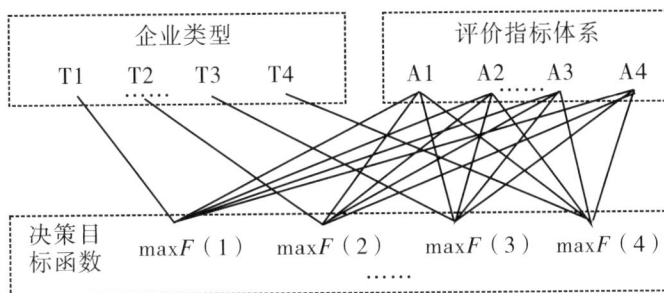

图 6　不同企业的选址决策模型构建示意图

表 2　企业指标初始化设计表

企业类型	B1	B2	B3	B4	B5	B6	B7	B8	B9	B10	B11	B12	B13	B14
	周边产业配套条件	周边生活配套条件	周边燃气站、热电厂、炼油厂、化工厂等企业数量	周边主/次/支路网密度	周边停车设施数量	周边公交站点数量	周边公交线路数量	周边轨道站点数量	30 min 小汽车可达区域	与航空枢纽空间距离	与公路客运枢纽空间距离	与客运铁路枢纽空间距离	与货运枢纽、站场空间距离	与高速公路匝道空间距离
总部企业研发中心金融服务	√	√	√	√	√	√	√	√						
大数据信息技术	√	√						√						
智能制造与高端装备	√	√		√	√	√		√	√	√	√	√	√	√
先进材料		√												√
文化旅游	√	√		√				√						
科技服务	√	√		√										
会展业	√			√					√	√	√	√	√	√
食品工业			√	√					√					
家居产业		√		√	√									
医疗康养		√	√	√	√		√							
量子科技	√			√	√									
其他														

3.3　系统功能设计

系统面向管理决策层提供"一键式"多维度考量，在智慧济南时空大数据平台的基础上进行开发。

（1）系统条件筛选功能。

条件筛选模块实现"五筛选"中每个筛选流程的一键化查询，包括五个步骤，由五个界面组成。通过设定单个或多个筛选条件和阈值，将筛选后的可行方案结果以列表形式和可视化形式在界面中展示，包括方案序号、地块编号、用地性质、用地面积、容积率和所选片区等属性，系统可保存筛选后的界面图片和属性信息。

（2）方案比选功能。

方案比选模块主要包括单个地块评价—所有地块比选—指标选择及打分—地块选址推荐四

个步骤，共由三个操作界面组成。其功能包括备选地块的相关信息展示、对所有备选地块进行相关指标的对比分析、选择评价指标并进行系统打分以及最终的方案推荐。

（3）项目跟踪服务功能。

从服务落地企业的角度出发，建立企业数据库。该功能可查询企业的空间落点具体位置，关联公司地址、坐标、经营类型、规模等内容，为"保姆式"服务提供基础空间数据。

4　系统应用

（1）选址需求。

项目类型为科技产业园区，要求拟选址于齐鲁科创大走廊及周边高新、章丘区域，用地面积需求约 500～700 亩（1 亩≈666.67 m²），性质为工业用地等。

区域优越：优先考虑对城市发展及科创大走廊建设的辐射带动作用，结合齐鲁科创大走廊及周边区域，集聚空间相对完整、功能集中。

交通便捷：与机场、东站及高速公路等对外交通联系便捷，有利于与周边城市功能融合，便于组织交通。

空间合理：建设发展空间充裕，便于近期实施及远期拓展，地块方整便于布局。

（2）系统应用。

系统条件设定如表 3 所示。

表 3　筛选条件设定表

筛选条件	阈值	筛选条件	阈值
规模	400～800 亩	位置	科创大走廊及周边区域
用地性质	工业用地	交通枢纽	小于 8 km
公寓住宅	小于 5 km	公共停车场	小于 1 km

使用项目选址功能中的"五筛选"步骤，得到符合以上筛选条件的用地 2 块，均位于经十东路以南、科创大走廊范围内，地块属性和位置如图 7 所示。方案 1 为右侧地块，方案 2 为西侧地块，两地块相距较近，距离约 1.5 km。

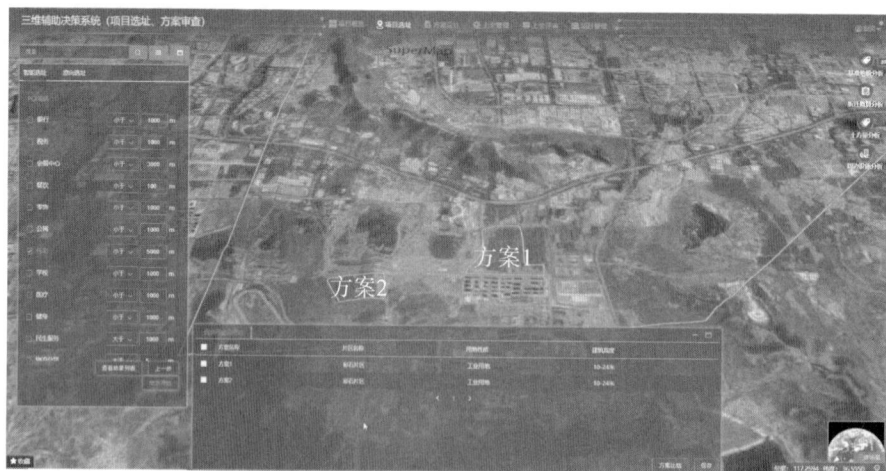

图 7　满足条件的候选地块库

使用方案比选功能，对两地块周边基础设施条件、交通可达性进行分析，包括各方案的设施类型和数量对比、道路网密度对比、到达周边交通枢纽便捷性对比等，对比结果如图8所示。方案1在路网密度和交通可达性上优于方案2；从POI和配套服务设施分布看，方案2各类设施数量多于方案1，尤其在餐饮住宿、科研教育和购物三个条件的POI设施分布上。

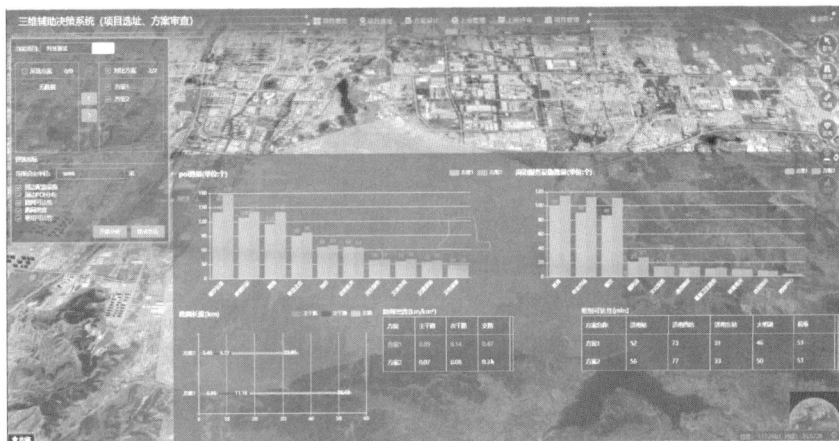

图8　两方案对比

针对科技产业类项目，选择周边环境、交通设施和可达性等8项评价指标进行打分（图9）。由于两方案周边区域仍处于待开发状态，得分均较低。其中，方案1为5.14分，方案2为4.42分，结合公共服务设施、交通等规划条件，优化各项评价指标得分，最终判断方案1更适合产业科技园区项目建设。

图9　方案打分结果

5　结语

智慧选址系统作为国土空间规划智慧化建设的基础设施，是选址工作由人工向智慧化转变的重要探索。智慧选址系统在智慧济南时空大数据平台的基础上，依据"五筛选一评价"的选址工作流程，对内部与外部的时空大数据信息进行整合与梳理，为项目选址提供了智能决策底图；结合不同企业选址需求，从定性和定量的角度为不同业态构建了选址服务评价指标体系和选址决策模型，实现项目选址智能筛选，提升项目选址的科学性和可操作性。在未来工作中，随着智慧城市建设和智慧济南时空大数据平台的不断深入推进，智慧选址系统的功能及应用范围也将会进一步扩充和完善。

[参考文献]

[1] 卢德华."多规合一"背景下智慧选址技术实现及其应用研究 [D]. 西安：长安大学，2018.

[2] 翟书颖，郝少阳，杨琪，等. 多源异构数据融合的智能商业选址推荐算法 [J]. 现代电子技术，2019（14）：182-186.

[3] 于喜旺，都利霞，胡传奇. 基于 SuperMap GIS 的连锁超市选址辅助决策系统研发 [J]. 测绘与空间地理信息，2010（3）：93-94.

[4] 贾冲. 基于 POI 和 GPS 轨迹的城市功能区域识别与商业选址推荐：以兰州市为例 [D]. 兰州：西北师范大学，2020.

[5] 王瑜. 山东智慧城市时空大数据平台建设结硕果 [N]. 中国自然资源报，2020-12-30（1）.

[6] 郭汉丁，郑丕谔. 系统分析方法在建设工程管理决策中的应用 [J]. 重庆建筑大学学报，2002（6）：72-76.

[7] 夏亮，陈学安，张烈，等. 住宅小区选址评价指标体系和模型分析 [J]. 建筑管理现代化，2009（1）：31-35.

[8] 贾慧慧. 层次分析法在唐山烟草物流配送中心选址中的应用 [J]. 河北建筑工程学院学报，2011（4）：79-82.

[9] 张玉洁. 基于可拓层次分析法的物流中心选址评价 [J]. 黑龙江交通科技，2009（5）：133-134.

[作者简介]

闫　冬，硕士，工程师，任职于济南市规划设计研究院。

林本江，硕士，高级工程师，济南市规划设计研究院大数据应用研究所所长。

王　潇，硕士，工程师，任职于济南市规划设计研究院。

李　嵩，硕士，高级工程师，任职于济南市规划设计研究院规划三所。

刘博伟，高级工程师，北京超图软件股份有限公司项目经理。

基于 CIM 数字孪生技术的区域智慧化发展探索

□尹　恺，颜嘉旖，沈　旭

摘要：数字孪生概念近年来被引入建设领域，BIM（建筑信息模型）技术被广泛认可成为建筑层级较为成熟的数字孪生应用，随着 BIM 技术从单体建筑到片区城市范围的应用延伸，CIM（城市信息模型）的概念应运而生，为解决传统领域的疑难杂症带来新的思路。目前，国内外关于 CIM 的学术研究尚处于早期阶段，国内率先开启了多项基于 CIM 的实践，但多集中于报批报建、智能制造、城市运行管理等领域，针对前期规划领域的探索成果尚不突出。本文提出了基于 CIM 建设城市的孪生数字基底思路，并以济南市马山镇为例，重点阐述在规划阶段的应用成果，为智慧城市发展提供了新的思路。

关键词：CIM；数字孪生；规划分析；投资平衡；智慧城市

1　数字孪生与 CIM

数字孪生的概念被广泛认为是由 Michael W. Grieves 在 2002 年提出，用于产品全生命周期管理，并逐渐被应用至航空航天、工业制造等领域，近年来在建设领域（包括规划、设计、建造、运维）开始有了较广泛的运用。在建设领域，数字孪生可以定义为一种规划、预测、展示建筑和基础设施或城市资产的综合方法，并且能够结合大数据、仿真建模、物联网、人工智能等先进技术实施，进行统筹分析，提供决策依据。BIM 的应用成为建筑行业数字孪生发展的关键技术。但有学者在最新的研究成果中表明，BIM 与数字孪生并不完全等同，例如 BIM 和数字孪生均包含了三维可视化模型和大量数据，但数字孪生是将现实的物理世界与虚拟世界构件一一对应、实时关联，且通常所代表的物理模型是已存在的建筑或城市；而 BIM 模型多用于设计、建造阶段（物理构件搭建完成之前），缺少与物理世界的实时关联。因此，当数字孪生的概念拓展至区域或城市范围时，城市级数字孪生也并不等同于 GIS（地理信息系统）或规划设计模型等。

在 2008 年 IBM 提出智慧城市的概念后，陆续有学者提出了智慧城市的搭建架构，奠定了区域、城市数字化、智慧化发展的基础，也为现阶段城市级数字孪生发展提供了参考。随着应用场景需求的拓展，以往以割裂的信息化系统和信息通信硬件设备设施为主构成的传统智慧城市建设思路已不能满足需求，搭建城市级数字孪生基底成为智慧城市建设的重要一环。世界范围内一些地区和城市已开展了城市级数字孪生的研究和实践，例如英国剑桥市城市数字孪生平台、虚拟新加坡平台、法国雷恩 3D 城市等。我国目前针对城市级数字孪生的探索主要以 CIM 技术为主，并且主要从实际场景需求出发，例如 BIM/CIM 报建审查、智能建造、社区智慧化治理等；部分试点城市从整体角度考虑了城市的运行管理正在规划或已完成基于 CIM 技术的数字孪生底层平台的建设，如雄安、深圳、重庆等城市。但现有研究和实践尚未探讨及验证在城市建设前期的规划策划阶段的研究和应用，以及在城市建设之初就同步搭建数字孪生基底的核心思路和重要意义。因此，本文从 CIM 的定义及构成角度探讨了城市数字孪生基底的建设思路，并以济南市马山镇为例，重点阐述在规划阶段的现状分析、投资策划、拆迁管理方面的应用成果、经验总结和未来规划。

2 基于 CIM 搭建城市数字孪生基底

2.1 CIM 的定义

关于 CIM 的具体定义仍有较多的讨论和研究，目前较为明确的术语定义出自住房和城乡建设部于 2020 年 9 月发布的《城市信息模型（CIM）基础平台技术导则》，其中明确定义了 CIM 是"以建筑信息模型（BIM）、地理信息系统（GIS）、物联网（IoT）等技术为基础，整合城市地上地下、室内室外、历史现状未来多维多尺度信息模型数据和城市感知数据，构建起三维数字空间的城市信息有机综合体"。我们认为，关于 CIM 的定义可以进一步从时间和空间的角度进行阐述：

①从时间跨度上看，CIM 是智慧城市建设的数字化模型，可以还原城市过往、记录城市现状、推演城市未来，纵向编织城市发展脉络。

②从空间角度来看，一方面，与传统的基于 GIS 的数字城市相比，其精度水平更高。CIM 中的 3D 数据能够包括建筑物内最小的组件（例如建筑物中的单个管道滑动或门把手），并集成物联网传感器，将传统静态数字资产转换为动态资产。因此，CIM 基础下的数字孪生城市是可感知的、动态的、虚拟和现实环境之间可互动的。另一方面，与基于 BIM 或基于 BIM 的数字孪生相比，应用规模和场景更大、范围更广——CIM 不止包含一幢或几幢建筑，它能将一个城市从地理环境到监控摄像、从摩天大楼到地下管网全部囊括在内。

因此，CIM 可以认为是城市级数字孪生的一种更具象的表示，是建设领域通过数字孪生方法搭建新型智慧城市的方法，它通过构建一个复杂的系统，在物理世界和虚拟空间之间实现一一对应、相互映射和协作交互，实现城市所有元素的数字化和虚拟化，实现城市状态的实时性和可视化，增强城市管理决策的协调性和智能性。此外，CIM 还可以被视为支持智慧城市建设的复杂而全面的技术系统，支撑和促进城市规划、建设，确保城市运营。

2.2 建设路径

从构成上来看，基于 CIM 的数字孪生基底主要由基础模型数据库、模型平台构建、数据呈现与应用三大部分构成（图 1）。其中，多源模型数据采集是模型平台构建的基础，模型平台是数字孪生城市运行"骨架"（信息载体），实时数据呈现与模型渲染是模型赋能业务的核心基础。从建设路径上看，基于 CIM 技术的数字孪生基底可以成为智慧城市已建的时空大数据平台的扩展，后者为 CIM 在三维空间和时间交织构成的四维环境中提供了时空基础服务，通过应用虚拟现实、大数据、区块链等技术，拓展时空大数据平台精细化、可视化管控功能。数字孪生基底也可独立建设，涵盖多源数据融合、数据时空化、数据服务化，实现基于统一时空基础的规划、分析和决策。

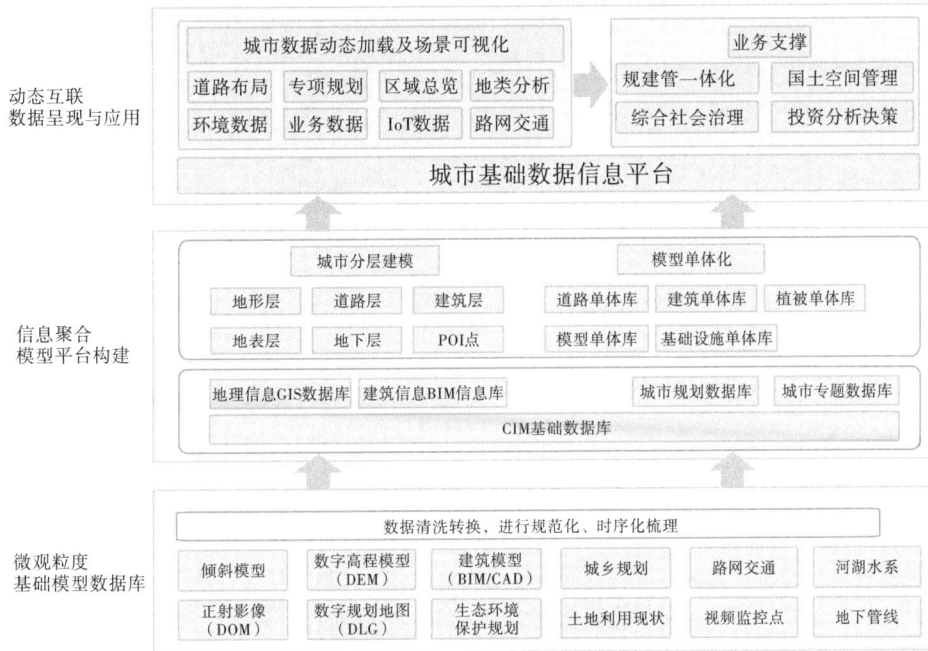

图 1 基于 CIM 的数字孪生基底构成示意图

搭建城市或区域的数字孪生基底需要着重强调三个方面。首先，在微观粒度层面建立基础模型数据库需要充分保障模型及数据在城市或区域的全生命周期内的数据融通、信息互联，注重数字孪生基底的顶层设计，避免国内早期应用 BIM 技术时出现的"翻模"以及建筑全生命周期的数据壁垒等问题。同时，可根据地区特色和对数字孪生基底的具体需求将基础模型数据库二次分类，便于后期使用。例如，青岛市泊里镇在智慧城市的建设中注重治理与服务，因此在搭建 CIM 基础信息平台时将城市数据体系归纳为城市规划专题、建筑 BIM 专题、基础设施专题、视频监控专题、企业信息专题和居民信息专题六大类。其次，在保障数据融通的情况下，坚持在全生命周期应用统一的数字孪生基底，避免城市治理模式碎片化、管理决策复杂化、智慧城市重复建设等问题。再次，考虑到城市的规划和建设往往伴随该地区百年甚至千年，对人和环境影响巨大，同时也与城市建设的成本和周期息息相关，因此，物理城市的数字孪生体需要尽可能在城市规划、建设之初，就能够伴随城市共同成长，在城市建设之初就注入智慧化"基因"，以避免城市隐患和风险，这也进一步强调了在规划阶段应用 CIM 数字孪生等新一代信息技术的必要性。

3 济南市马山镇应用实例

3.1 项目背景

马山镇位于济南市长清区南部山区，被称为济南的南大门，全镇域 88 km²，项目总投资 350 亿元。项目范围涵盖 38 个村庄，涉及拆迁安置居民 4 万余人，是山东省重点特色小镇项目，旨在打造济南市新型城镇化示范区和新旧动能转换先行区。项目希望借助科技手段，解决实际项目工作中的痛点和难点，降本增效，提高建设水平；打好智慧马山的数据基础和底层，为未来建设马山智慧小城市的战略规划提供技术和数据支撑。

马山镇在区域准备进行全域开发的初期，即投资策划阶段就遇到了多规划边界冲突、土地指标计算误差大等实际问题。经过多方考察及论证，在国内较早地开始搭建 CIM 数字孪生平台，并从马山镇开发前期就投入应用。马山镇 CIM 数字孪生平台定位清晰，是从规划角度出发，对全域的城市数据进行聚合，因此前期的规划数据完善，功能模块落地。伴随现实世界中全镇的开发建设，数字孪生体被逐渐完善、拓展，希望最终能够应用到城市运营管理中。经过专家访谈、问卷调查、实地勘探等系统性的调研和分析，归纳出了马山镇规划阶段的痛点以及相对应的解决方案。

3.2 规划策划

马山镇在区域开发前期遇到的主要问题是当地地形复杂，区域广阔，以往每次考察行程的交通成本巨大，加之工期紧张，前期调研的效率与准确性受阻，大量的项目照片、资料难以高效保存、流转，不能形成对项目现状的整体把控和了解。另外，前期涉及的规划信息和设计信息复杂多样，例如城市规划、道路规划、生态规划、交通规划、市政规划等十几项规划设计工作的统筹管理，以及人口、房屋、人文等多个专业数据文档的管理。各类信息专业性高、数量巨大，然而传统的文件管理方式只能是数量性的堆砌，并不能形成支撑决策的客观数据。

针对该问题，在两天内快速采集完成马山镇 88 km² 全部地形、房屋、植被的三维信息，涵盖 38 个村庄，9500 余栋房屋的厘米级精度矢量三维点云模型和土地资源情况（图 2）；通过集成和算法爬取交通、区位、周边地价等超过 1500 条关键决策参考数据将马山镇的十几项规划设计数据通过图形轻量化实现数据、报告等成果挂接至三维模型，可通过微信链接随时分享至相关决策人员。各项规划设计的相互影响、相互制约情况，在平台上一目了然，可及时发现规划冲突问题，避免开工建设之后出现类似市政管线标高、土地性质等问题，减少后续在实际建设中带来的损失和工期延误。

图 2　马山镇 CIM 数字孪生基底规划策划应用界面

3.3 土地投资平衡

投资平衡是所有土地开发项目关键的任务之一，项目的整体收益与发展依托于投资平衡分析，在此过程中主要难点有四个。第一，多数项目不仅地理形态复杂，土地资源情况更加复杂，快速、准确地分析模拟直接可收储土地，需要增减挂钩、占补平衡土地情况。第二，对于地块的一级开发成本测算（包括拆迁安置成本、市政基础设施建设成本等）和土地出让收益估算（包括周边地价、升值潜力预期等），不仅数据难以获取，而且业务逻辑复杂难懂，难以掌控，在实际过程中往往大量依靠从业人员的经验进行决策，无法形成客观经验数据进行沉淀。第三，随着土地升值，重点项目的建设时序将会影响土地投资分析的最终结果，时序调整为开发建设难点。第四，整个项目全过程的债务情况、资金情况、贷款利息等财务情况的有效分析评估，更是业主单位面临的巨大挑战。

因此，CIM数字孪生平台搭建了土地投资分析模块设计，包含两部分，第一部分是静态投资分析。首先，在土地资源分析模块，通过集成城市规划数据、土地利用规划数据、土地利用现状数据，分析项目区域的土地情况，模拟评估可直接收储土地。对于需要调整规划的土地，通过结合当地国土和规划部门政策文件及要求，给出相关指导意见，例如占补平衡、增减挂钩等指标购买。其次，在项目成本分析模块，通过前期现状数据对待拆迁房屋面积进行评估，录入相应地块基础设施建设的成本，快速模拟评估项目和地块的投入成本测算。最后，在项目收入分析模块，通过分析周边地价数据、地块升值潜力评估数据，计算项目地块出让预期收益，并用于项目投资平衡分析，给出土地出让建议价格。第二部分为动态投资分析。对大到项目，小到地块的开发时序进行动态模拟，结合土地价格变化，计算不同开发时序和开发方案对应的收益情况、债务峰值情况、资金回转情况等，为决策者提供动态的数据化参考依据。

通过对CIM土地投资分析模块的应用，集成了多项规划数据，马山镇实现镇域级"多规合一"，决策者可快速获取增减挂钩、占补平衡等土地指标。同时，应用CIM技术对600多个重点项目地块进行投入产出数据分析，涉及超过110亿元投资方案的优化。针对建设时序和财务情况，模拟分析30余次，涉及投资金额调整超过5亿元（图3）。

图3 土地投资分析应用界面

3.4 拆迁管理

拆迁工作往往是区域开发项目中的最大难点，拆迁工作的关键问题存在于三个方面。第一，拆迁量难以做到最准确的估算，并且往往拆迁安置的任务量大、工期紧张；第二，拆迁过程中违章建筑难以管控，防止加盖加建，是避免增加不必要的成本的重要任务；第三，在拆迁过程中，有大量的人员和数据统计管理工具，如何有效掌握第一手数据和项目进度成为一大痛点。

针对以上问题，通过点云扫描技术，在拆迁冻结令下发后，立刻对房屋进行扫描和数据采集，能帮助调查待拆迁房屋情况，将前后两次扫描对比作为事实依据，能有效防止违章加盖加建。同时，为现场工作人员配备移动端设备（图 4）。例如，马山镇在冻结令下发仅一天后，即完成 7800 多栋房屋的数据采集，通过 55 台 PAD 设备，140 人入户调查实现全过程数字化工作、精细化管控。并且，通过 CIM 平台，为马山镇 9000 余户村民搭建云端数据档案，详细登记每户的户籍信息、家庭成员、现状房屋信息、安置房屋信息等，为后续的区域规划和建设工作提供决策依据，辅助政府管理工作。

图 4 拆迁管理应用界面

3.5 马山镇 CIM 数字孪生平台发展

目前，马山镇在规划阶段的 CIM 应用已取得较积极的成效。作为示范性项目，虽然在研究与实践过程中缺乏经验，但现有成果初步证明了在规划阶段应用 CIM 数字孪生的必要性。自 2018 年马山镇基于 CIM 的数字孪生基底投入研究与应用以来，至今仍在不断拓展中。目前拆迁阶段结束后，在建造阶段，着重基于 CIM 数字孪生平台从甲方视角出发的智慧工地开展研究与应用，能够远程有效把控多项目进度、合理安排资金时序，通过建设施工现场各类物联感知设备布设，结合图像识别、AI（人工智能）算法可实现对施工现场的全方位实时监管，包括安全帽佩戴情况、高支模形变、渣土车违规倾倒、异常人员轨迹追踪等，以保障施工建设现场的智能化、可视化管理。并已经规划了基于 CIM 数字孪生的智慧市政研究与应用，现阶段考虑围绕智慧灯杆、智慧管道所在环境的高精度仿真模拟与预设、智慧灯杆挂载设备运行状态感知管控与反馈、能耗监测与分析、突发事件告警处理等开展研究与应用。

4 结语

本文从数字孪生的发展背景出发，探讨了数字孪生在建设领域的应用与发展，指出了 CIM

与城市级数字孪生的关联，并探讨了目前国内 CIM 领域的现状。通过进一步阐述 CIM 的定义，引出了基于 CIM 搭建数字孪生基底的方法和核心思路。结合济南市马山镇全域开发的应用实例，重点阐述了在规划阶段如何展开 CIM 数字孪生基底的搭建，并利用相关图形技术解决规划策划、投资分析和拆迁管理的实际痛点，总结了应用成果。本文所述的研究成果初步证明了 CIM 数字孪生基底在规划阶段就开始应用的可靠性与重要意义。在马山镇数字孪生基底规划模块的引导下，济南市另一区域也已投入相关应用。

然而，CIM 与数字孪生城市的发展在国内外尚属早期阶段，并未有成熟且完善的方法与技术，城市、区域范围下的智慧化发展、新型智慧城市全生命周期建设等相关课题，仍值得深入探索。与此同时，围绕 CIM 数字孪生基底更深、更广的应用也需要进一步挖掘。

［参考文献］
［1］ GRIEVES M，VICKERS J. Digital twin：mitigating unpredictable, undesirable emergent behavior in complex systems［J］. Transdisciplinary perspectives on complex systems，2016：85-113.
［2］ LU Q C，PARLIKAD A K，WOODALL P，et al. Developing a dynamic digital twin at building and city levels：a case study of West Cambridge campus［J］. Journal of management in engineering，2019，36（3）.
［3］ LIU M N，FANG S L，DONG H Y，et al. Review of digital twin about concepts, technologies, and industrial applications［J］. Journal of manufacturing systems，2021：346-361.
［4］ JIANG F，MA L，BROYD T，et al. Digital twin and its implementations in the civil engineering sector［J］. Automation in construction，2021，130.
［5］ 中国信息通信研究院. 数字孪生城市研究报告（2018 年）［EB/OL］.（2018-12-18）［2021-08-04］. http：//www. caict. ac. cn/kxyj/qwfb/bps/201812/t20181218_190859. htm.
［6］ 乔志伟. BIM-CIM 技术在建筑工程规划报建阶段的应用研究［J］. 智能建筑与智慧城市. 2021（6）：96-98.
［7］ 成都市城市体检和新城建试点工作领导小组办公室，成都市住房和城乡建设局. 践行新发展理念探索智能建造与建筑工业化协同发展实施路径［J］. 中国建设信息化. 2021（7）：52-53.
［8］ 深圳市龙岗区政务服务数据管理局. 深圳市龙岗区探索智慧社区"智能体"建设助力提升基层治理体系和治理能力现代化［J］. 中国建设信息化. 2021（7）：80-83.
［9］ 刘在军，李凤英，沈旭. 青岛泊里镇：CIM 技术支撑新型智慧城市治理与服务［J］. 中国建设信息化. 2021（11）：50-53.

［作者简介］
尹　恺，硕士，北京知优科技产品总监。
颜嘉旖，博士研究生，就读于英国伦敦大学学院，北京知优科技研究员。
沈　旭，博士，山东建筑大学土木工程学院教师，北京知优科技技术顾问。

城市数字孪生形象与竞争力评价模型研究

——以抖音短视频数据为例

□张鹤鸣

摘要：城市竞争力是城市吸引人才、产业与资源的核心要素，通过城市形象作为具象化标志进行传播。随着移动互联网等技术浪潮的发展，以短视频为代表的新媒体成为被大众广泛接受的信息渠道，也成为城市形象与城市竞争力宣传的重要载体，线上线下的信息融合形成了城市的数字孪生形象。本文基于传统城市竞争力评价模型的研究，引入短视频数据构建出城市数字孪生竞争力评价模型，为城市竞争力评价提供人本视角的评价维度，以及动态化与精细化的评价方法。本研究基于构建的评价模型以城市综合竞争力、商业竞争力、文旅竞争力、夜间活力竞争力为主题，选取多个城市进行评价。基于新媒体数据的城市竞争力评价体系能够为多元主体提供更具有针对性的分析基础。

关键词：城市竞争力；城市形象；短视频；数字孪生；竞争力评价模型

1 新时期城市形象与城市竞争力关系

在国内大循环背景下，面对人民日益增长的美好生活需要，城市凭借自身环境、资源和文化等优势，相互争夺着资本、产业、人才和文化的高地，使得城市竞争力的重要性日益突显。自20世纪末开始，学界对城市竞争力进行了一系列的研究与探讨：在包含要素上，以"弓弦箭模型"为例，城市竞争力包括硬性竞争力（如劳动力、资本力、科技力、环境力、区位力等），同时也与精神文化发展等软性竞争力息息相关；在蕴含特征上，城市竞争力具有综合性、动态性、相对性的特征；在具体表现上，城市竞争力要通过具象化和外化的手段让人们去感受，城市形象即为城市竞争力能够被人直接感知的外在标志。

新时期，如何构建更具吸引力与竞争力的城市，评价标准的话语权逐渐交由城市生活的主角——市民。城市越来越注重结合自身特点差异化发展，寻找城市形象的"个性"以吸引人们的关注。但传统的城市宣传片中官方的话语体系、同质化的宣传内容以及有限的传播渠道难以触达广泛的人群，城市的形象需要新的传播方式。借助移动互联网、智能手机、新媒体平台等工具，城市在新媒体平台构建数字孪生形象，极大拓展了城市形象的维度与受众的广度。人们能够在线上通过鲜活的文字、照片和视频成为城市形象的创造者与城市竞争力的判断者。新媒体的出现借助城市形象的数字化传播，充分放大了城市竞争力的要素与动态性的特征（图1）。

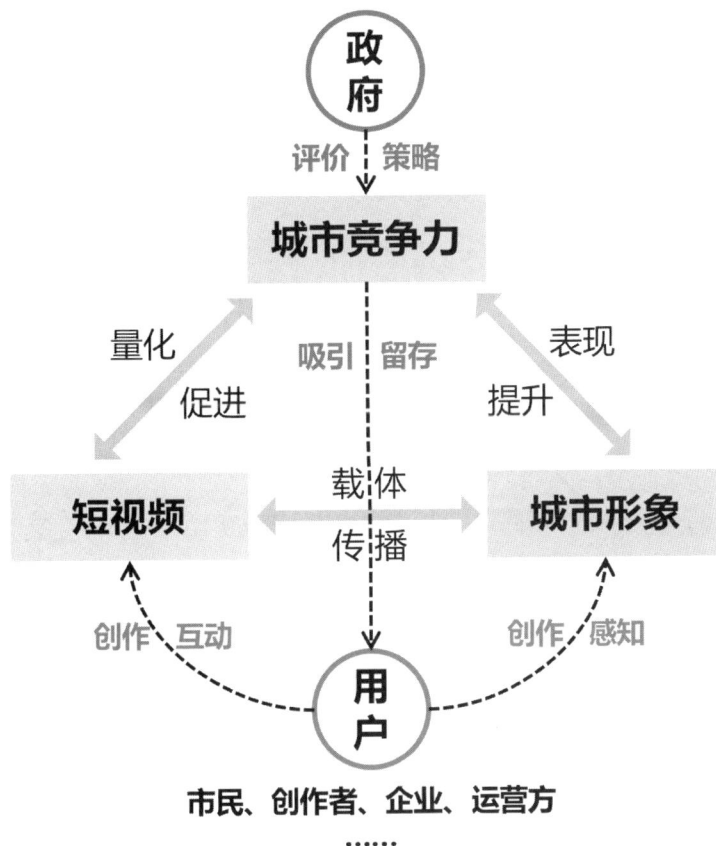

图 1　短视频与城市形象及城市竞争力相互关系示意图

2　城市竞争力评价体系现存问题与提升思路

在城市竞争力的评价方法上，国内外研究均进行了广泛的探索：国际上如美国哈佛大学Porter教授提出的"钻石模型"指出产业竞争力在国际竞争力中的贡献，瑞士洛桑国际管理发展学院基于企业竞争力提出国家竞争力的评价模型，Iain Begg提出通过企业对社会生产及就业贡献判断城市竞争力的"迷宫模型"；国内由中国社会科学院倪鹏飞博士提出的"弓弦箭模型"采用主成分分析和聚类分析法等构建出早期的城市竞争力评价模型，上海社会科学院从总量、质量、流量三个一级指标出发提出主要针对城市经济发展的评价体系，宁越敏教授等发展出了一套更为综合的城市竞争力评价方法，包括经济、产业、科技、基础设施、国民素质、政府作用等九大维度。上述评价体系普遍受到权重系数与数据获取难度的制约，同时还存在以下短板。

（1）缺乏城市主观感受的量化评价，需要引入更多人本视角的数据源。

城市竞争力因素中对于硬性与软性竞争力的评价依据更多是基于城市中"有什么"，而非了解其"怎么样"。城市竞争力是否发挥实际效果，核心在于关注人在城市空间（硬竞争力）中的体验感受，以及人对城市文化（软竞争力）是否具有认同感和参与感，对城市竞争力的评价需要引入短视频等人本视角的新媒体数据参与评价。

（2）缺乏动态与多尺度方法，需要在时间和空间上更精细化的评价维度。

城市竞争力评价体系多是在宏观维度上对城市整体进行考量，数据采集以静态的年度更新频率为主。然而城市竞争力在空间和时间上并不是均质和一成不变的，评价维度应引入更多尺度和动态化的评价方法，如尺度上需要加入中观（区县、乡镇等）和微观（商圈、景区等），时间上需要考虑季节、节假日甚至是昼夜等不同时间段对城市活动的影响，才能以更加立体和灵活的视角制定城市的发展策略。

（3）缺乏多元利益相关方参与，需要反映更多城市发展的相关领域。

城市竞争力离不开各行各业对城市空间、经济、文化等领域做出的贡献，除了以政府的视角对城市竞争力进行评价，房地产方、资产运营方、景区营建方等都是城市竞争力的重要相关方。城市竞争力的评价也应当能够被各类相关主体去解读和吸收，并融入城市规划、产业配套、旅游发展、文化创新、人才引进等方面的城市发展战略中。

综上，在新时期对城市竞争力的评估维度应当在现有自上而下的评价指标基础上，引入自下而上、贴近人本视角的评价维度，借助短视频等新媒体数据探索多维度、动态、精细化且具有可操作性的评价体系，以新的视角了解城市竞争力的影响，并以此制定综合的提升策略。

3 短视频塑造城市数字孪生形象，扩展城市竞争力维度

短视频作为移动互联网时代最具代表性的新型传播方式之一，能够打破地域壁垒与时空限制，沉浸式地感受更加丰富的城市内容，同时构建出现实世界与虚拟世界相互耦合的数字孪生形象。在智慧城市的概念中数字孪生指一种为物理实体构建数字化映像的技术方法，以数字化方式为物理对象创建虚拟模型，模拟其在现实环境中的行为。本文将这一概念拓展到城市竞争力评价体系中，强调其作为城市空间和人们（用户）创作和感知城市形象这一城市竞争力具象化表现的数字化映射（图2）。

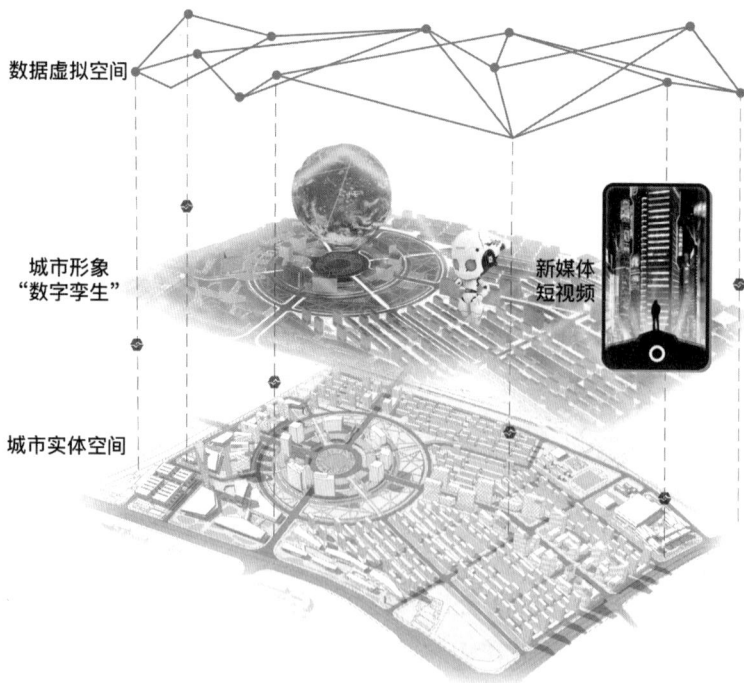

图2 短视频塑造城市数字孪生形象示意图

一方面，短视频平台通过数字孪生映射出城市的空间形象。通过线下拍摄现实中的物理城市，线上在虚拟城市中进行传播，呈现出短视频平台上动态的数字孪生城市形象。每个短视频平台用户都可以看作一个分布在城市中的可移动的"传感器"，其对物质空间的拍摄、互动频率可反映其对空间的喜爱程度，并进一步映射出城市空间的吸引力与竞争力强弱。

另一方面，短视频平台将城市文化互联网化，呈现出以人为中心的城市社会活力。通过建立城市文化自信和文化认同，在竞争中赋予城市蓬勃发展的底气和定力。用户在短视频平台参与的互动、转发、评论等舆论风向的增加和转变，使得城市的文化更加开放个性化。短视频对于城市文化的另一推动是帮助其更多地走向年轻人的视野，并激发大众加入对城市文化的表达和创作中，具有互联网新思维的年轻族群渐渐成为城市文化的主体，并为城市吸引更多创意人才，继而成为增强城市竞争力的推手。

短视频塑造的城市数字孪生形象建立在人们对于城市相关短视频广泛的接受程度上，进而形成了"观看—拍摄—搜索—体验"的线上线下闭环。根据 2020 年 6 月的抖音用户调研显示，51.53% 的用户认为短视频对城市形象传播非常有影响力，54.50% 的用户乐于拍摄并上传城市主题的视频，45.90% 的用户会通过短视频平台搜索城市内容，同时有 37.33% 的用户会因看到喜欢的城市短视频希望去线下体验（图 3）。人们对城市相关短视频的喜爱度，短视频基于 POI（关注点）的海量数据，以及对城市竞争力转化的促进作用，使得短视频数据对城市竞争力评价维度的扩展具有极大潜力。

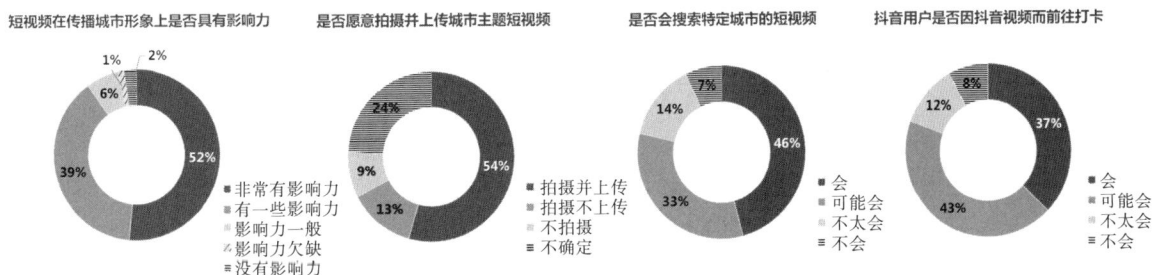

图 3　短视频用户对城市相关短视频调研

注：数据来源于巨量引擎，2020 年 6 月，调研样本 5760 人。

4　基于短视频的城市数字孪生竞争力评价模型的构建

基于短视频的城市数字孪生竞争力评价模型是在现有城市竞争力评价模型的基础上，从数据维度、参与主体和评价逻辑上进行拓展而来的。模型的指标设计仍对城市实际的发展进行量化评价，并且为与短视频内容和 POI 点位等数据特征能够交叉比对，线下竞争力指标更侧重对城市空间建设水平与服务供给情况进行评价（表 1）。引入短视频数据，一是通过用户数据"用脚投票"，观察哪些城市及区域更有吸引力，二是通过各类城市文化线上主动分享和传播的热度了解用户对城市认同感的强弱，三是借助短视频的影像内容为城市建成环境等评价指标提供海量数据源。

在城市线下竞争力评价指标的设计上，基于现有的城市竞争力评价模型及相关研究方法，结合中国城市规划设计研究院于 2019 年发布的《中国城市繁荣活力评估报告 2019》中所提出的城市发展评价体系，针对城市发展基础、城市服务质量、政府治理能力对城市线下竞争力进行综合判断。其中，城市发展基础包括城市基本活力、空间生产能力、空间供给条件；城市服务质量包括城市功能、城市颜值。共包括 2 类一级指标、5 项二级指标及 20 项三级指标。

城市线上竞争力通过筛选出在景区、商业综合体、酒店民宿、餐饮娱乐、文化场馆等能够反映出城市发展水平的 POI 点位的短视频数据，根据其用户属性、拍摄及发布短视频的数量、播放量、点赞量、评论量以及利用机器学习识别的短视频内容标签数据等，建立起以短视频创作度、互动度、吸引度为主的城市线上竞争力评价模型。二级指标中，影响度表示用户主动拍摄城市相关短视频，主动传播城市形象的积极性；传播度反映出特定城市相关短视频是否触达广泛用户；好感度能够反映出普通用户通过创作自己城市的生活短视频所产生的影响力；推荐度表示认证用户通过自己广泛的网络影响力对城市相关内容推荐的情况；吸引度通过景区、文化、餐饮等企业入驻直接反映出城市对产业及经济的吸引力。

表 1 城市数字孪生竞争力评价模型

分类	一级指标	二级指标	三级指标
城市线下竞争力	城市发展基础	城市基本活力	人口密度、短期人口吸引量、中小学生占比、人均机场吞吐量、人均财政支出
		空间生产能力	地均 GDP、第三产业 GDP 占比、小微企业密度、夜间经济活力空间占比
		空间供给条件	道路网密度、街区式商业区面积占比、轨道及公共交通站点覆盖率、公共绿地比重
	城市服务质量	城市功能	特色文化场所密集区占比、创新空间密度、商业设施密度、基本公共服务设施覆盖率
		城市颜值	A 级以上景区数量、入境游客数量、游客活跃人口比重
城市线上竞争力	短视频创作度	影响度	用户发布的带有 POI 的短视频数量等
		传播度	城市相关短视频的播放量、播放时长等
	短视频互动度	好感度	普通用户发布的短视频点赞量、评论量等
		推荐度	认证用户发布的短视频点赞量、评论量等
	短视频吸引度	吸引度	政府及企业账号入驻数量、发布短视频数量等

5 城市数字孪生竞争力评价模型实例

5.1 城市综合竞争力对比

应用城市数字孪生竞争力评价模型对一线城市与新一线城市进行评价，分别对城市线下竞争力和城市线上竞争力的各个维度进行计算，再进一步综合量化城市综合竞争力。线下竞争力的数据来自于 2019 年或 2020 年的地理国情普查、统计年鉴、工商注册企业数据、LBS 数据及其他网络开放数据等多源数据；线上竞争力的数据来自于巨量引擎提供的抖音平台上 2020 年 1—5 月的数据。

综合来看，深圳、上海、北京、广州四座一线城市的数字孪生竞争力排在前列，符合其城市实力与活跃度的预期；紧随其后的是成都、重庆和西安，这三座城市作为新媒体平台上的"网红"城市，在短视频平台上的热度甚至超过一线城市，借助线上竞争力的绝对优势占据新一线城市中的领先位置（图 4）。城市线下竞争力比较中，例如广州、厦门和长沙等城市在地均 GDP、商业设施密度、轨道交通及公共交通站点覆盖率等方面均表现较好，但由于在短视频等新媒体平台上的热度较低，造成其在与一线城市或新一线城市横向比较中排名靠后（图 5）。

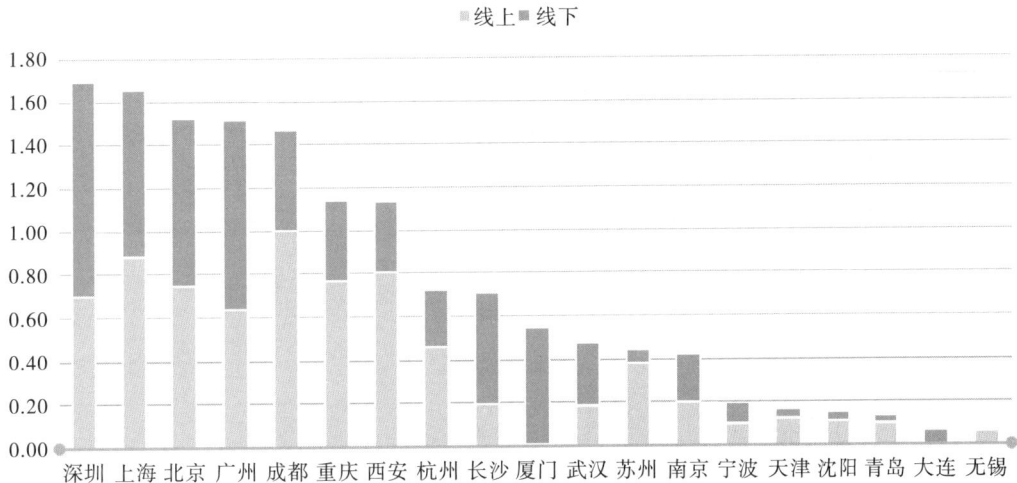

图 4　一线城市及新一线城市数字孪生竞争力排名

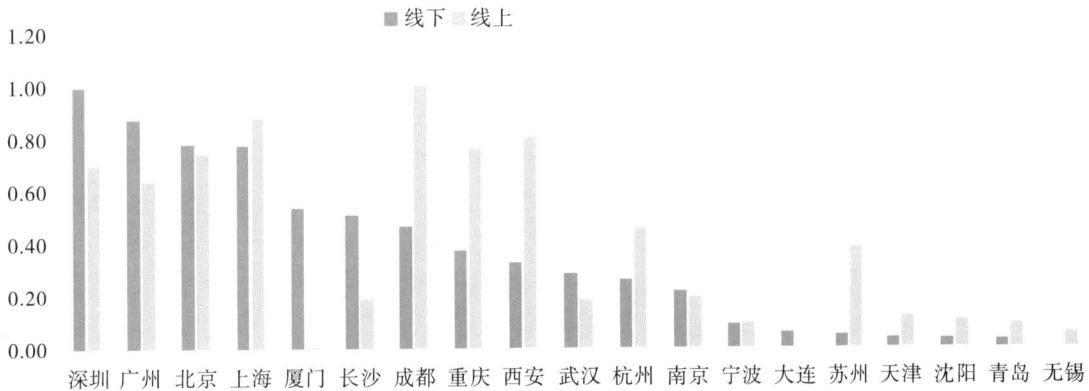

图 5　一线城市及新一线城市线下线上竞争力比较

为进一步验证城市相关短视频的创作量、播放量、点赞量等客观数据能否真实反映出用户对城市竞争力的主观感受，通过调研问卷的形式让用户选择哪些城市形象留下了深刻的印象。调研结果显示，成都、重庆、西安的城市形象给许多用户留下深刻印象（图 6），说明短视频的相关数据能够真实反映出人们对于城市形象的喜爱度，是自下而上通过人本视角解读城市竞争力的有效评价方式。

对哪座城市形象的印象最深刻

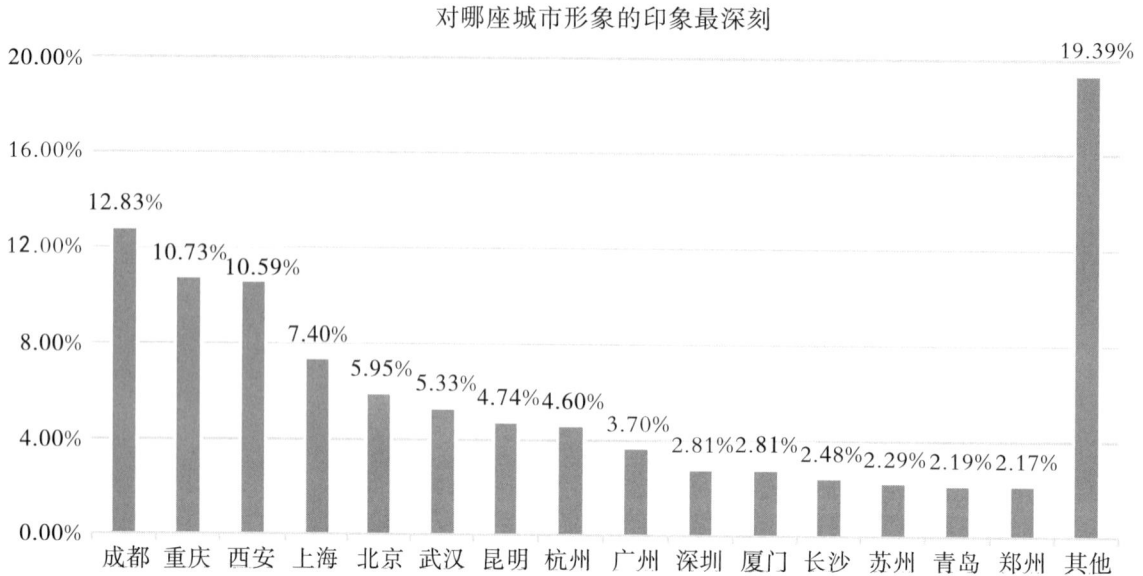

图 6　短视频用户对城市形象的印象调研

注：数据来源于巨量引擎，2020 年 6 月，调研样本 5760 人。

　　通过城市数字孪生竞争力评价模型对一线城市和新一线城市的综合竞争力进行比较，能够反映出部分城市在线上及线下的城市竞争力提升策略上发展不均衡。城市线下发展基础服务是为人们提供高品质生活与经济增长的源动力，然而城市借助新媒体渠道在线上对城市形象的创作、推广及与用户的广泛互动，在当下的时代也尤其重要，能够直接影响到人、企业、资本对于流向城市的选择，进而对城市竞争力的兴衰起到关键性的作用。

5.2　城市消费领域竞争力对比

5.2.1　商业竞争力评价

　　商业竞争力是城市竞争力的重要体现维度。在新媒体时代，人们对于消费场所的选择通常是由线下的商业布局、商品质量、服务体验等客观因素，以及线上的曝光程度、推荐程度、特色程度等主观因素共同影响的。通过城市数字孪生竞争力评价模型对城市商业的线下发展与线上表现进行评价，能够帮助决策者、商圈运营方与企业等多元主体有针对性地进行策略优化。

　　线下商业竞争力通过对全国商业设施的密度以及公共交通的覆盖程度进行观察，反映出城市对商业发展的重视程度以及商业设施的可达性。商业设施密度较高的城市排名依次为贵阳、珠海、广州、福州、东莞、惠州、深圳、厦门、汕头和佛山（表 2），这些城市的公交专车和地铁站点覆盖程度也都比较高。然而，商业设施的密度无法全面反映人们是否愿意前往消费。通过将抖音平台上 2020 年 1—5 月在商业综合体和餐饮娱乐两类 POI 的短视频数据进行综合计算，得到了商业繁荣线上表现最热门的城市（表 2）。可以看出线上商业活力热门的城市跟线下商业设施密度排名存在较大差异，说明商业设施密度高不代表商业活力更高，更重要的是让商业设施能够吸引更多的人前来打卡消费，让商业竞争力转化为经济增长驱动力。

表 2　城市数字孪生商业竞争力排名

排名	线下商业设施密度	线上商业活力
1	贵阳	成都
2	珠海	西安
3	广州	重庆
4	福州	上海
5	东莞	北京
6	惠州	深圳
7	深圳	广州
8	厦门	郑州
9	汕头	苏州
10	佛山	杭州

5.2.2　文化旅游竞争力评价

城市竞争力还体现在旅游人群与消费的选择。短视频等新媒体平台所传播的秀丽风景、娱乐项目、精致民宿、文化活动等内容都成为用户选择文化旅游目的地的参考依据。依据 2019 年十一期间旅游人口迁移的数量，最吸引人们前去游览的城市分别为北京、广州、上海、深圳、成都、郑州、杭州、东莞、西安和苏州（表 3）。将抖音平台上 2020 年 1—5 月在旅游景区、酒店民宿、餐饮娱乐的 POI 数据进行计算，得到线上文化旅游竞争力较强的分析结果。通过对比可以看出，线上和线下的城市文化旅游竞争力范围十分相似，仅在排名上有着细微的出入（表3）。线上、线下文化旅游数字孪生竞争力的一致性更加说明了对于文化旅游形象来讲，文化符号越强烈、游玩体验越丰富、服务能力越强的城市，文化旅游品牌塑造得越成功。

表 3　城市文化旅游数字孪生竞争力排名

排名	线下旅游人口吸引度	线上文化旅游形象吸引度
1	北京	上海
2	广州	成都
3	上海	重庆
4	深圳	西安
5	成都	郑州
6	郑州	广州
7	杭州	深圳
8	东莞	北京
9	西安	杭州
10	苏州	苏州

5.2.3　夜间活力竞争力评价

点亮夜间经济逐渐成为城市推动经济增长的重要手段，甚至成为宣传城市文化和形象的新标签。随着人们精神文化消费意识的增强，各类博物馆、书店、电影院等加入夜间经营场所，各类城市夜游主题游览路线也丰富着大众的夜间休闲娱乐选择范畴。

在线下夜间活力竞争力分析上，通过 2019 年 10 月的互联网 LBS 数据计算城市夜间的人口密度进行测算，夜间经济最具活力的城市包括海口、三亚、广州、北京、深圳、长沙、南宁、贵阳、上海和郑州。利用抖音短视频数据对线上夜间活力竞争力进行交叉分析，对 2020 年 5 月夜间在餐饮娱乐、商圈和文化场所 POI 的短视频数据进行综合分析（图 7），一线城市中深圳市的夜间活力线上表现最为突出，其次是上海与广州。北京在夜间线下城市人口密度较高，但线上短视频数据却缺乏活力，有待进一步研究挖掘其原因。

一线城市夜间活力的短视频类型

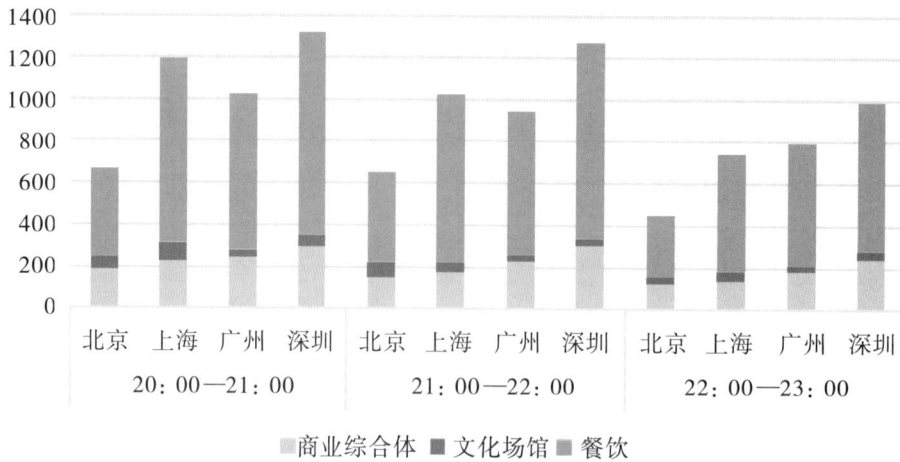

■商业综合体 ■文化场馆 ■餐饮

图7　城市数字孪生夜间活力竞争力分析

6　结语

以往城市竞争力研究与评价体系研究局限于对城市经济、产业、环境等自上而下的、静态的、单一视角的判断，缺乏在人本视角下对城市竞争力的影响作用进行自下而上的量化分析。本研究在传统城市竞争力评价模型的基础上，引入以短视频为代表的新媒体数据源，通过梳理短视频、城市形象、城市竞争力三者的作用关系，构建了基于城市数字孪生形象的竞争力评价体系。从线下与线上两个维度对城市的竞争力评价提供自上而下与自下而上相结合的、动态的、精细化的且能够服务于多元主体的评价模型。

城市数字孪生竞争力评价模型能够对城市的综合竞争力进行分析，帮助判断城市竞争力提升的短板因素，能够指导后续城市建设或城市形象传播的策略制定。基于短视频等新媒体数据LBS、实时上传等属性，能够在小微尺度与特定的时间段内进行精细化的研究分析，为城市竞争力的提升提供更具针对性的分析基础。

本次评价模型的提出尚存在不足之处，如针对城市线下竞争力的指标方面较为局限在城市建成环境与服务质量领域，难以针对产业竞争力、科技竞争力、环境质量等更加综合的维度进行评价；在城市线上竞争力方面，除短视频数据外还可挖掘更多新媒体及其他网络公开数据与城市竞争力评价的关系；同时，线上和线下两类评价体系的权重系数仍需进一步优化，未来甚至可以针对不同领域灵活调整线上和线下的权重以反映出各维度竞争力的真实情况。

[参考文献]

[1] 倪鹏飞. 中国城市竞争力的分析范式和概念框架 [J]. 经济学动态，2001 (6)：14-18.

[2] 徐康宁. 论城市竞争与城市竞争力 [J]. 南京社会科学，2002 (5)：1-6.

[3] 仇保兴. 城市定位理论与城市核心竞争力 [J]. 城市规划，2002 (7)：11-13.

[4] PORTER M E. Competitive advantage, agglomeration economies, and regional policy [J]. International regional science review，1996 (1)：85-90.

[5] 邬关荣，华想玲. 城市竞争力理论和评价方法文献综述 [J]. 特区经济，2018 (6)：158-160.

［6］BEGG I. Cities and competitiveness［J］. Urban studies，1999（36）：5-6.

［7］上海社会科学院城市综合竞争力比较研究中心. 国内若干大城市综合竞争力比较研究［J］. 上海经济研究，2001（1）：14-24.

［8］宁越敏，唐礼智. 城市竞争力的概念和指标体系［J］. 现代城市研究，2001（3）：19-22.

［9］杨滔，杨保军，鲍巧玲，等. 数字孪生城市与城市信息模型（CIM）思辨：以雄安新区规划建设BIM管理平台项目为例［J］. 城乡建设，2021（2）：34-37.

［作者简介］

张鹤鸣，硕士，工程师，城市规划师，任职于中规院（北京）规划设计有限公司。

基于地理编码的智慧城市感知体系规划研究

——以北京市智慧城市规划建设为例

□荣毅龙，张晓东，何莲娜，翁亚妮，赵　赫，叶雅飞，孙　媛，喻文承，孙道胜

摘要：随着信息化技术的发展，中国社会正致力打造数字经济，通过数字化、互联网、物联网等技术的落地，实现数字孪生智慧城市建设的构想。随着智慧城市建设的推进，传统的以技术为导向的智慧城市建设面临着设备杂乱、条块分割、数据烟囱等问题，本文在已有研究的基础上，探究通过地理空间编码和感知单元编码技术标准贯通的方式，实现高质量推进北京新型智慧城市感知体系建设的具体路径。真实空间与数字空间的融合是智慧城市发展的一个重要落脚点，数字空间是对人、物、环境等真实城市要素的数字化呈现，以传感设备为主的感知单元是智慧城市感知神经网络的末梢，城市地理编码作为数字空间与现实空间的媒介，可以实现城市规划和管理等领域的城市空间信息与非空间信息的整合，使各类地理实体能够在全市域范围内得到唯一的空间位置标识。在北京市贯通城市地理编码和智慧城市感知体系建设有利于在全市形成关于空间信息共享的基础性统一技术标准，利用北京城市地理编码工作统筹各类城市感知单元的空间位置信息、数据流转和运行维护全过程，将在推进新型智慧城市感知体系建设方面起到巨大的推动作用。

关键词：地理空间编码；感知单元；空间位置标识；智慧城市

随着信息化技术的发展，中国社会正致力打造数字经济，通过数字化、互联网、物联网等技术的落地，实现数字孪生城市建设的构想。受益于国家对智慧城市的大力推进，北京市出台了多项支持智慧城市建设发展的政策。根据《北京市"十四五"时期智慧城市发展行动纲要》，到2025年，北京将建设成为全球新型智慧城市的标杆城市。为此，北京市将夯实新型基础设施，充分发挥智慧城市建设对政府变革、民生服务、科技创新的带动潜能，统筹推进"民、企、政"融合协调发展的智慧城市建设。然而随着智慧城市建设的推进，传统的以技术为导向的智慧城市建设面临着设备杂乱、条块分割、数据烟囱等问题，本文在已有研究的基础上，探究通过地理空间编码和感知单元编码技术标准贯通的方式，实现高质量推进北京新型智慧城市感知体系建设的具体路径。

1　智慧城市与新型基础设施

智慧城市是基于信息通信技术，全面感知、传输、分析、推演和处理城市运行过程中的各类数据信息，将各系统互联互通，最终实现及时对城市运营管理的各类需求进行智慧化响应和

决策支持的闭环过程。2018 年 12 月，中央经济工作会议首次提出了"新型基础设施"这一概念；2020 年 3 月，中央政治局会议再次强调加快推进 5G 网络、数据中心等新型基础设施建设，"新基建"成为数字经济和智慧城市发展的一个重要抓手。新基建的核心是创新技术，内涵是以人为本和可持续发展，新基建与智慧城市建设相辅相成。在一定程度上，智慧城市会成为最先享受新基建红利的一个发展方向。新型基础设施建设将在智慧城市规划建设运行过程中起到关键作用。

①新型基础设施是智慧城市数字化驱动的基础。电力保障网、通信支撑网、物联感知网和分布式数据中心节点构成了智慧城市新型基础设施的"三网多节点"架构：电力网是各项智慧设施运行的保障，通信网是城市数据流转的基础媒介，感知网是城市数据获取的神经末梢，城市各类运行数据可以通过新型基础设施进行采集、传输，并存储汇集到分布式数据中心，从而构建起数字化的虚拟城市。

②新型基础设施是串联真实城市和虚拟城市的媒介。虚拟城市本质上是一种信息化城市，是综合运用 GIS（地理信息系统）、遥感、遥测、网络、多媒体及虚拟仿真等技术，对城市内的基础设施、功能机制进行自动采集、动态监测管理和辅助决策的数字化城市。以新型基础设施为依托，建立一个与真实城市呼应的信息城市，从而在信息维度上形成虚实结合、数字共生的城市格局：一方面，虚拟城市需要通过新型基础设施进行构建；另一方面，虚拟城市又需要通过新型基础设施来对真实城市进行指导和决策。智慧城市新型基础设施串联真实城市与虚拟城市，为智慧城市数字孪生愿景的实现创造了基础（图 1）。

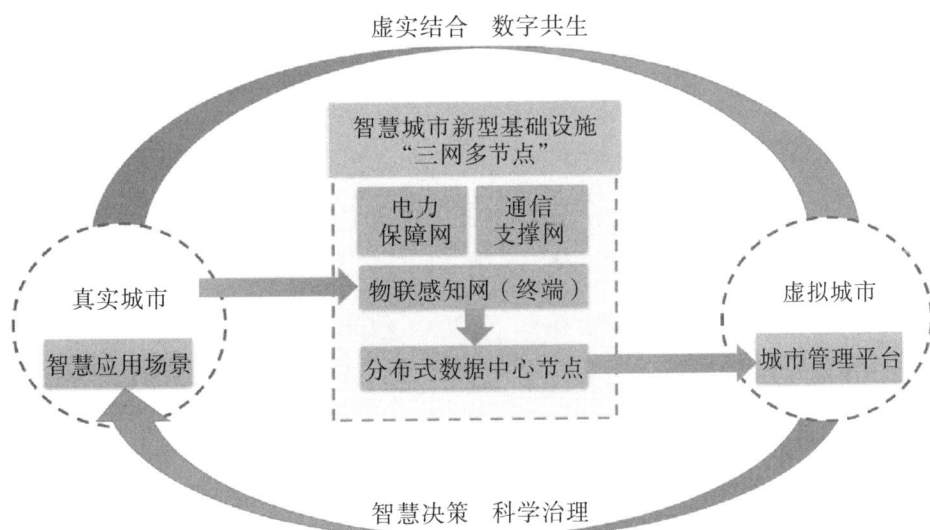

图 1　新型基础设施建设背景下的智慧城市数字孪生实现路径示意图

2　智慧城市感知体系的构建

智慧城市感知体系是实现城市管理"自动感知、快速反应、科学决策"的关键基础设施，在智慧城市建设中具有重要作用。物联感知设备作为城市的感知神经末梢，是智慧城市数据获取的最小单元，也是智慧城市新型基础设施"三网多节点"中最为重要的一个环节。通过在城市中布设各类感知设备，可以实现对城市范围内水环境、声环境、风环境、空气、土壤、能耗、人群、车辆等各项关键信息的识别、采集、检测和控制。在数字孪生理念的基础上，将物质世界数据化，从而对城市中的人与空间进行全面感知，动态监测并实时掌握城市运行状态。

城市感知体系以物联网技术为核心，通过身份感知、位置感知、图像感知、环境感知、设施感知和安全感知等手段提供对智慧城市的基础设施、环境、设备、人员等方面的识别、信息采集、监测和控制，使智慧城市的各个感知单元具有信息感知和指令执行的能力。智慧城市感知设备空间布局需针对不同的应用场景，结合实际使用需求与信息采集方式，构建全域覆盖、动静结合、三维立体的智能化设施和感知体系。空间维度上，可将感知载体和设施体系分为地上、地面和地下三种类型（图 2）。

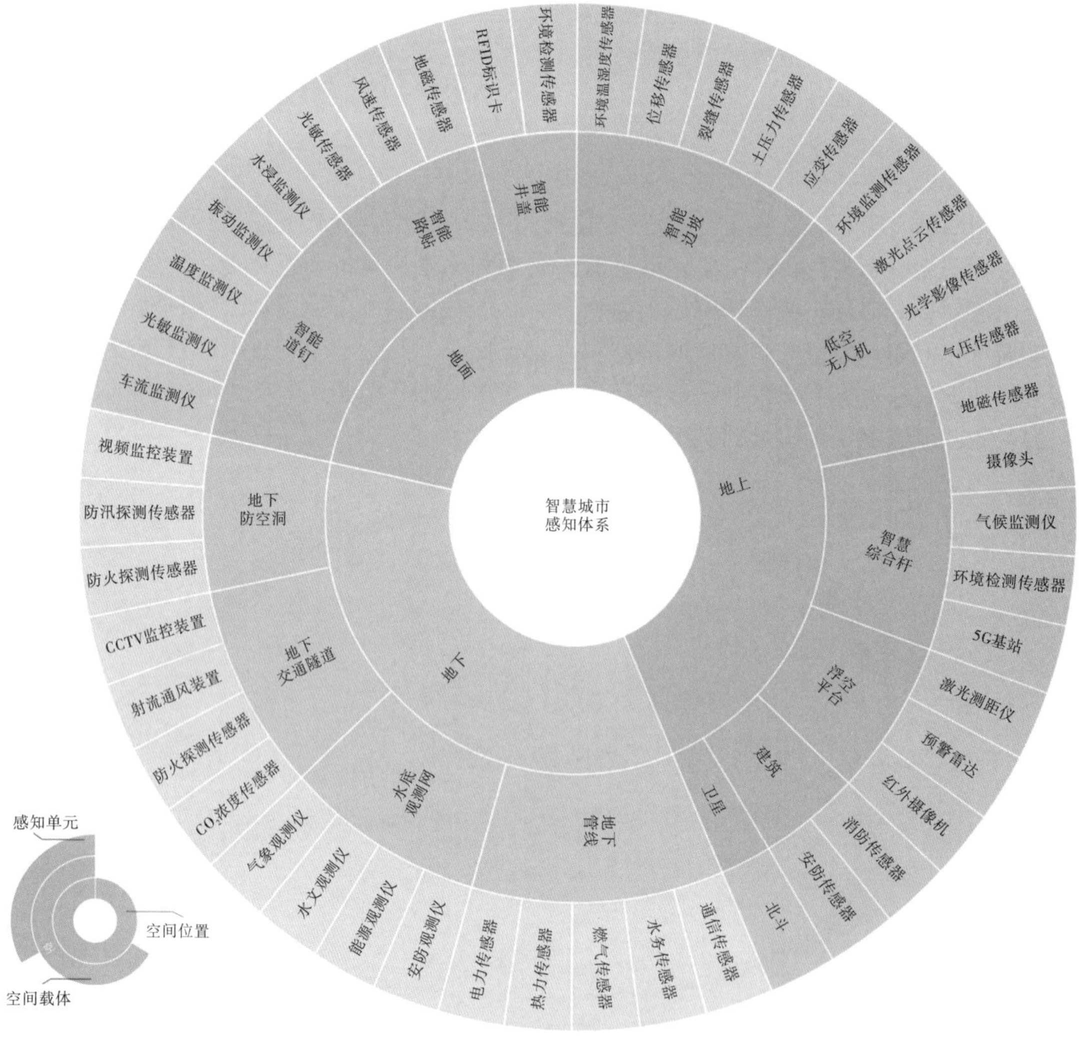

图 2 智慧城市感知单元空间分类

在数据采集新要求、万物互联的场景下，万物皆可感知，智慧城市各要素之间会形成万物互联的新生态系统，如何统筹感知设备的空间布局，摸清感知终端建设底数，成为智慧城市建设面临的重要问题。

3 地理编码的重要作用

在北京市 2021 年政府工作报告中，"大力发展数字经济，构筑高质量发展新优势"被列入

2021年重点任务，其中明确提到北京将"全面推进智慧城市建设""构建标准化的城市基础信息编码体系，推进泛在有序的城市感知体系建设"。地理编码以地理空间位置信息为纽带，可在城市各专业部门的信息资源之间建立有机联系。地理编码是对物理对象进行空间位置标识、计算和处理的过程。地理实体通过地理编码，可以实现在统一时空框架中将来源广泛的城市规划信息资源进行融合和关联，形成各种空间信息与非空间信息资源之间的组织和关联模型及机制。

智慧城市应用场景、智慧城市感知体系和智慧城市管理平台是构成智慧城市运营管理的三大组成部分。通过智慧城市感知体系中的感知单元，可以将在真实空间中获取到的数据传输到数字空间中的数字孪生系统中，通过对数字空间中的各项数据进行汇总、处理、分析和推演，以智慧决策的方式改善真实空间中的人的各项需求，最终实现城市规划管理的智慧化闭环运行。

感知单元的真实空间位置与数字空间位置是需要一一对应的，对感知终端设备的智慧化管理和控制，必须建立在真实空间与数字空间对准的基础之上。地理编码是串联感知单元真实空间和数字空间的关键技术：

①地理编码是感知单元真实空间与数字空间位置匹配的唯一标识。地理实体可以通过唯一的地理编码进行标识，通过此标识连接和承载感知设备的位置和运行信息。城市的各类非空间信息资源都有具体的地理实体与之相对应，地理编码是实现非空间信息与空间信息发生联系的关键，也是实现感知单元空间统筹管理的关键。

②地理编码是确保感知单元实时监测、维护和控制的重要抓手。感知设备不仅具有采集数据的功能，对于城市问题的处理也需要通过发布指令的方式，利用感知设备这一神经末梢进行干预；随着技术的更新迭代，当感知单元需要更换或维护时，地理编码将在确定其空间位置时，起到重要作用（图3）。

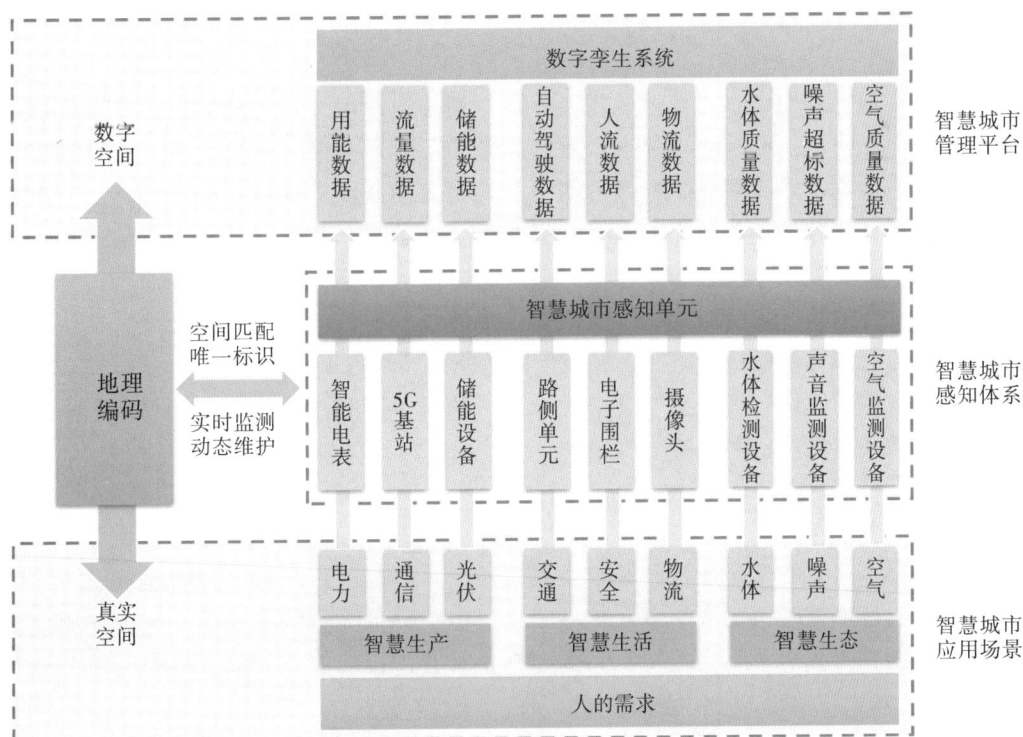

图3　感知单元地理编码串联真实空间与数字空间示意图

将地理编码与感知终端设备码结合，实现了感知终端在拥有唯一设备编码的同时，也拥有唯一的地理空间位置，以此构建的标准化城市基础信息编码体系，可以推进泛在有序的城市感知体系建设，最终实现城市感知数据的"一网统管"。随着 NB－IoT 等窄带物联网技术的普及，感知终端设备的网络化和智能化已经十分普遍，一物一码已经基本实现。通过感知终端设备码可以贯穿设备建设、运营、维护和更新等各个环节，进行全生命周期管理（图4）。

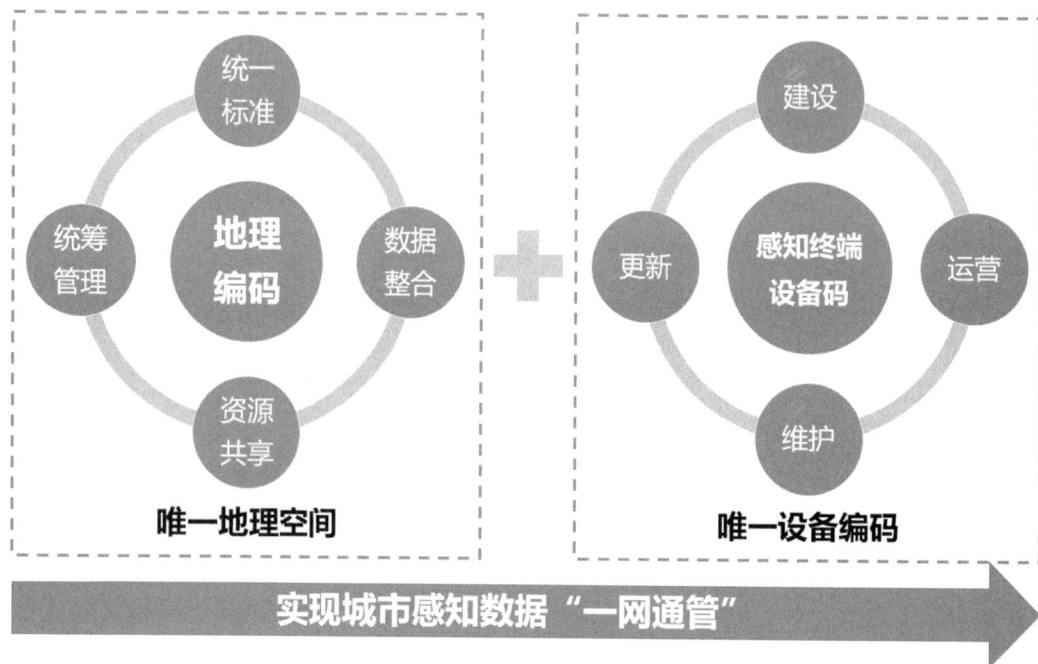

图4 感知设备空间布局与地理编码的关系示意图

地理编码是实现感知设备空间管控的重要手段，利用地理编码对智慧城市感知设备进行空间管控具有四个重要作用：一是统一标准，一直以来城市管理部门对终端设备的建设存在底数不清、标准不一和覆盖不全的问题，标准的统一是构建万物互联感知体系的基础；二是数据整合，当前城市在感知业务领域处于各自为政、条块分割、信息孤岛的状态，通过地理编码，可以将数据进行统一采集汇聚，实现城市动态感知数据的整合；三是资源共享，通过具有统一地理编码的智能网关和边缘计算节点，可以实现将传感器收集的数据统一汇聚处理后上传城市管理平台，构建全市感知终端的一套底账，打破部门垄断，实现数据的共享共用；四是统筹管理，依托全市统一地理空间编码，确定感知终端地理位置信息，以此作为感知终端设备空间管控的抓手，实现感知设备在城市空间上的集约建设。

4 智慧城市感知体系与地理编码的技术融合

真实空间与数字空间的融合是智慧城市发展的一个重要落脚点，数字空间是现实空间的扩展，是对人、物、环境等城市要素的数字化呈现；以传感设备为主的感知单元是智慧城市感知神经网络的末梢，作为数字空间与现实空间的媒介，对其进行真实空间的严格空间统筹和管控的需求愈发突出。

传统的城市道路空间内的各类设备规划设计不同步，各部门相互独立、互不沟通，造成道路内杆体、箱体、管线建设重复、杂乱无章，严重浪费道路地上地下的空间资源。大量单独布置的各类杆体，造成了道路空间的杂乱和无序，影响了街道空间品质（图5）。

图5　北京某路口杆体、箱体和管线杂乱无序

在地理编码体系下的"多杆合一"成了解决上述问题的有效途径。通过统一的地理编码，一根智慧综合杆上的各类设备均对应同一个地理编码，不仅可使道路杆件、箱体、管线共建共享，集约化利用城市有限的空间资源，也可实现感知数据的统筹运营管理（图6）。

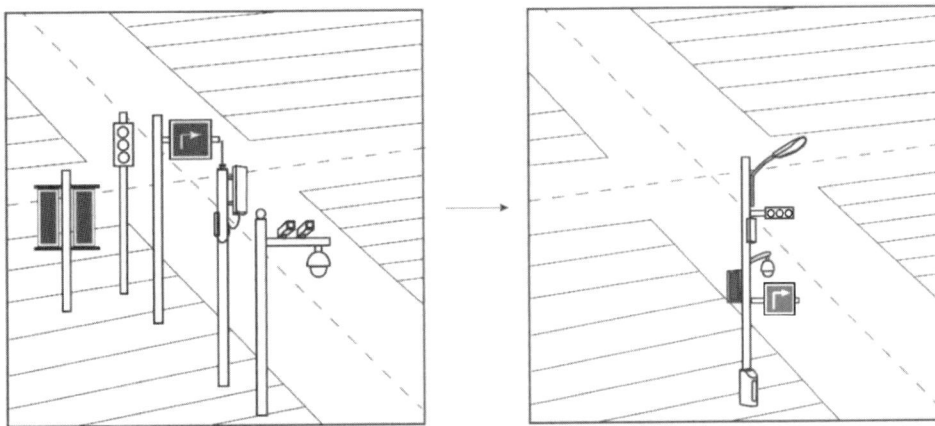

图6　"多杆合一"建设示意图

针对智慧城市感知设备的地下空间管控，多伦多 Sidewalk 项目提出了国际前沿的方法和思路，可以为北京的智慧城市感知设备的地下空间规划建设提供有效借鉴。Sidewalk 规划方案计划以数据感知的方式将整个社区进行串联，收集周边环境的实时数据，便于人们分析、理解和

改善社区。项目在城市公共区域的地下，为电力、通信、供水、供热等城市基础设施提供了共享可达的管廊通道空间，这样的空间布局不仅减少了检查与维修的成本和对城市正常运行的影响，还为日后技术或系统升级预留了空间，不需要再次开挖道路就可以安装或修复管道；维修工人可以更加便捷和频繁地检查设备，实现了道路空间美观、舒适、安全的设计目的（图7）。

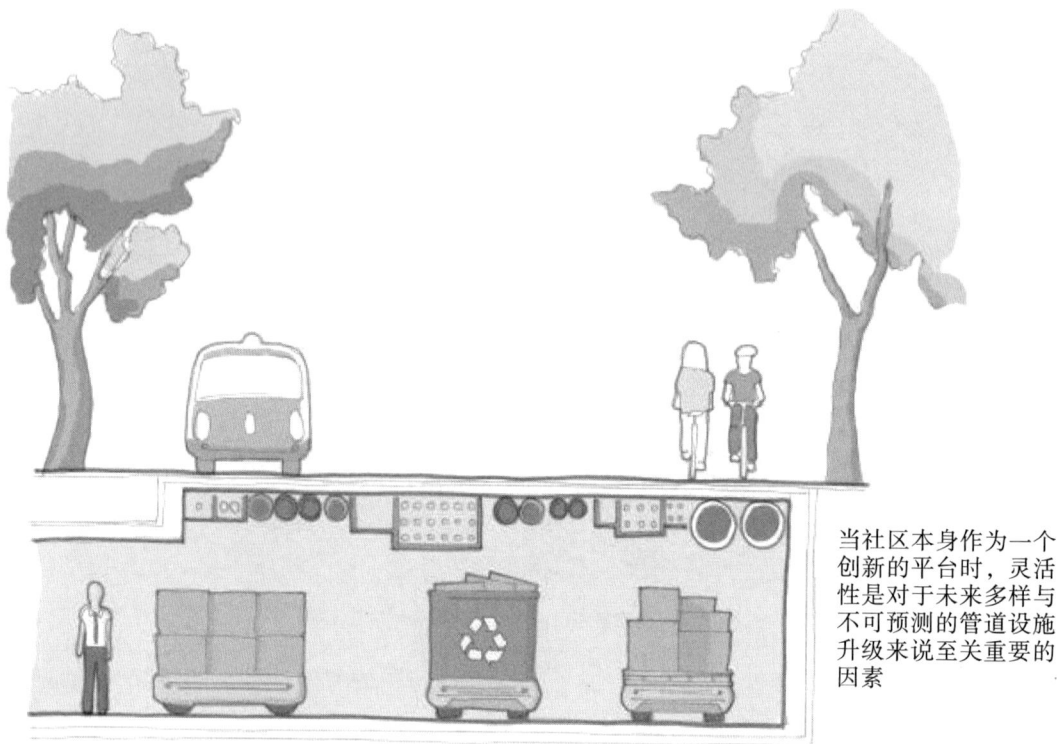

当社区本身作为一个创新的平台时，灵活性是对于未来多样与不可预测的管道设施升级来说至关重要的因素

图7 多伦多 Sidewalk 项目智慧基础设施的地下专属空间示意图

　　感知单元的空间统筹是智慧城市规划的核心。随着物联感知通信技术的飞速发展，我国智慧感知设备的布设呈现爆发式增长，越来越多的城市正意识到感知单元的空间管控对于智慧城市规划的重要性。例如北京市海淀区巨山路道路新建工程在工程建设开始之前便统筹考虑，采用智慧综合杆和综合管廊的方式，将地上地下智慧道路传感设备按照多杆合一、多箱并集以及手孔、管线集约共享设计的原则进行布设，提前规划布局各类传感设备的空间位置，预留充足管孔、划定合杆点位，确保智慧道路各项设施有序落地。

5　结语

　　为统筹推进北京智慧城市建设，城市规划管理部门需要在国土空间规划体系下谋划地理编码与智慧城市感知体系的融合建设，在城市开发和城市更新的过程中，做好各类城市感知设备的空间统筹和管控。以北京市国土空间规划五级抽屉式规划单元划分方法为参考，推进地理编码空间单元划分，以市域为总边界逐级纵向延伸分化、严格分级分区、有序传导。抽屉式规划单元共分为五个层级，包括市级、区级、乡镇（街道）级、村庄（街区）级、项目（综合实施方案）级，五级"抽屉"以市域为总边界逐级延伸分化、严密镶嵌套合。对于城市感知设备的空间管控，可以参照抽屉式规划单元的划分方式，确保分级分区的管理和维护(图8)。

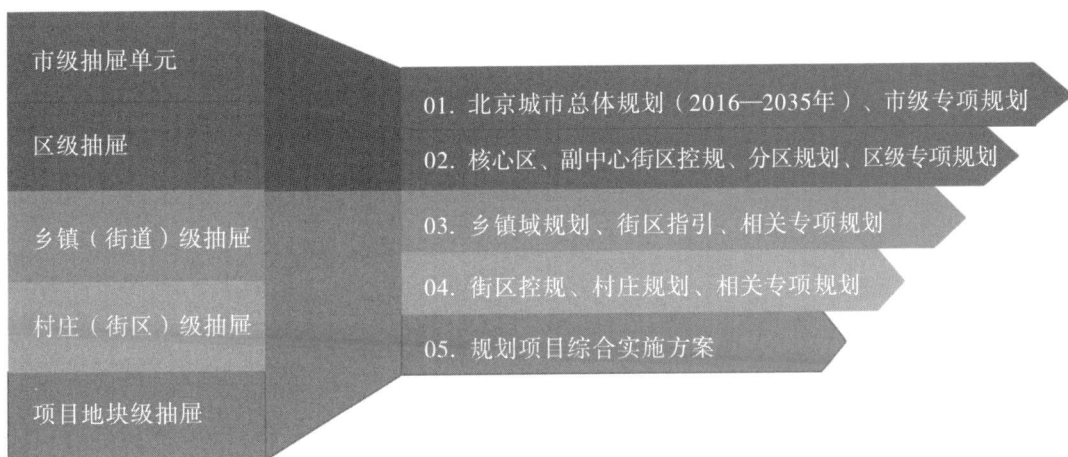

图8　北京市国土空间规划五级抽屉式规划单元示意图

参照北京市《城市地理编码——道路、道路交叉口和空间单元代码》（DBII/T 062—2009）地方标准，通过对地理实体进行编码，统筹北京市智慧城市感知体系的规划建设。北京市地理编码利用北京以环路和放射状道路构成城市基本空间结构的特点，将编码空间范围覆盖到全市域，选择环路和若干呈放射状的高速公路在全市域范围形成由环区和方位区组成的地理空间间接参考系，然后基于该间接参考系对地理实体进行编码。

北京城市地理编码在北京城乡地域范围内，通过对不同等级的道路进行筛选处理，结合铁路、水系等自然要素及行政区域界线围合形成无缝覆盖市域的空间单元，在城市规划和管理等领域实现城市空间信息与非空间信息的整合，使各类地理实体能够在全市域范围内得到唯一的空间位置标识。

在北京市贯通城市地理编码和建设智慧城市感知体系有利于在全市形成关于空间信息共享的基础性统一技术标准，利用北京城市地理编码工作统筹各类城市感知单元的空间位置信息、数据流转和运行维护全过程，将在推进新型智慧城市感知体系建设方面起到巨大的推动作用，为北京实现"2025年全球新型智慧城市标杆城市"的建设目标奠定坚实的数字底座。

[参考文献]

[1] 杜立群，黄晓春，喻文承，等.基于地理编码的北京市城乡规划信息资源整合研究 [J].规划师，2008（12）：16-18.

[2] 童明.信息技术时代的城市社会与空间 [J].城市规划学刊，2008（5）：22-33.

[3] 王世福.智慧城市研究的模型构建及方法思考 [J].规划师，2012（4）：19-23.

[作者简介]

荣毅龙，硕士，工程师，任职于北京城垣数字科技有限责任公司。

张晓东，硕士，教授级高级工程师，任职于北京市城市规划设计研究院。

何莲娜，硕士，教授级高级工程师，任职于北京市城市规划设计研究院。

翁亚妮，硕士，助理工程师，任职于北京城垣数字科技有限责任公司。

赵　赫，硕士，工程师，任职于北京城垣数字科技有限责任公司。

叶雅飞，硕士，助理工程师，任职于北京城垣数字科技有限责任公司。

孙　媛，硕士，助理工程师，任职于北京城垣数字科技有限责任公司。

喻文承，博士，教授级高级工程师，任职于北京市城市规划设计研究院。

孙道胜，博士，高级工程师，任职于北京市城市规划设计研究院。

国内外城市数字化转型的经验及对城市规划的启示

□钱学琮，徐恺阳，周　垠，吴善荀

摘要：近年来，数字化正以迅猛态势改变着经济社会发展形态，数字创新逐步成为各个国家经济社会发展的重点。国家"十四五"规划强调：加快数字化发展，建设数字中国。城市整体数字化转型是对国家"十四五"规划做出的数字化战略举措的有力呼应。本文通过对城市数字化转型的发展历程进行梳理，同时进一步研究国内外先发城市在城市数字化转型过程中的探索成果，从数字治理、数字经济、数字服务三个维度归纳总结了城市数字化转型的具体实施路径，并对成都市的城市数字化转型提出了思考与建议。

关键词：数字化转型；数字治理；数字经济；数字服务

1　研究背景与研究意义

2021 年 3 月 11 日，"加快数字化发展，建设数字中国……加快建设数字经济、数字社会、数字政府，以数字化转型整体驱动生产方式、生活方式和治理方式变革"的战略决策在第十三届全国人民代表大会第四次会议上通过的《中华人民共和国国民经济和社会发展第十四个五年规划和二〇三五年远景目标纲要》中被首次提出。国内多座城市相继发布"十四五"规划，均提出要加快推动城市数字化转型，加大数字经济发展力度，加速智慧城市、数字政府、数字社会建设等。

推进数字化转型，对我国"十四五"时期经济社会发展具有重大意义。时至今日，信息技术的更新换代不断推动着数字化浪潮奔涌向前，加速孕育了以数字经济为首的新发展动能，为我国经济持续健康高质量增长提供源源不断的动力。而领先城市开启的数字化转型是深刻把握数字技术、数据要素，重新定义生产力和生产关系这一核心时代特征，主动顺应发展趋势的必然选择。

推进数字化转型，有助于构建超大城市治理体系，优化城市治理能力。超大城市相比于一般城市，系统更加庞大，问题更加复杂。伴随着贸易战、新冠肺炎疫情等事件，世界进入更加不确定且复杂的时代，对城市治理提出了更多的挑战，而依托信息技术不断革新传统治理理念和治理手段，可显著提升政府在处理庞大城市问题时的能力。

推进数字化转型，有助于实现公共服务均等化，进而提升城市居民幸福感与获得感。云计算、云存储、AI（人工智能）、物联网等高新技术日新月异，不断改变和重塑人类社会的生产生活方式。推动大数据和智能化在各个领域的运用和创新，可极大程度突破传统地域与时空的阻隔，提高人们的生活效率，为优化城乡居民生活和提升城市公共服务质量提供有力保障。

2 城市数字化发展历程

城市数字化发展并不是一个全新话题，自 20 世纪末以来，城市数字化的发展经历了从"数字城市"到"智慧城市"，最后演变为"整体数字化转型"的多个阶段。

2.1 数字城市阶段

1998 年，时任美国总统戈尔提出"数字地球"概念，被看作是"数字城市"的雏形。数字城市是通过计算机、互联网、3S、多媒体等技术将城市地理信息和城市其他信息以数据形式存储于计算机网络上所形成的城市虚拟空间。数字城市主要通过采集城市基础数据实现对城市运行的动态监测管理，是对信息技术和城市基础设施数据的初步应用。

我国在此阶段对于数字城市的探索主要聚焦于电子政务领域。2002 年，为提升政府服务管理效能，《国民经济和社会发展第十个五年计划信息化发展重点专项规划》颁布，各地政府围绕"两网一站四库十二金"开展建设了数量可观的电子政务应用系统。但由于各个系统相对独立，形成了部分信息孤岛和数据壁垒。

2.2 智慧城市阶段

2010 年，IBM 基于智慧地球战略，正式提出了"智慧城市"愿景。数字城市是传统城市的数字化形态，也是智慧城市的初级形态，为城市空间立体规划、智能化交通、网格化管理等创造条件。智慧城市在此基础上进一步利用智能传感等技术实现对城市运行状态的实时监测、全方位感知，是数字城市和物联网结合的产物。

我国对于智慧城市的探索，大致经历了三个阶段：一是探索试点阶段。从 2012 年下半年开始，多部委相继发布决策部署推进智慧城市试点建设。这一时期的智慧城市建设主要呈碎片化推进，暴露出顶层设计不足、重复建设严重、信息孤岛林立、安全隐患突出等众多问题。二是新型智慧城市阶段。2015 年底，国家提出新型智慧城市概念，地方政府开始主动进行智慧城市建设。这一时期的智慧城市建设重点着力于数据资源的开放共享。三是创新发展阶段。2017 年 10 月之后，各地政府继续整合信息化建设力量，合力解决多年来大数据治理各自为政的问题，IT 巨头也纷纷进入智慧城市领域，智慧城市建设开始朝着平台化方向发展。

2.3 整体数字化转型阶段

在城市信息化的具体实践过程中，许多地方的数字化转型并没有呈现出多领域协同并进的局面，而是更多表现为某一领域转型的滞后制约了其他领域的转型，进而影响到整体的数字化转型进程。2021 年 1 月，上海从整体转变、全面赋能、变革重塑三大维度提出了全面推进城市数字化转型战略，实现"设施数字化、数据价值化、经济数字化、服务数字化、治理数字化"。至此，以上海、深圳为首多个城市翻开了"整体数字化转型"新篇章。

3 城市数字化转型的实施路径

本文对伦敦、新加坡、上海、深圳等国内外城市数字化转型路径进行了深入研究。通过梳理总结发现，先进城市一般通过数字治理、数字经济、数字服务三个维度推进城市整体数字化转型。

3.1 数字治理

数字治理的核心在于数据互联互通、部门全面协同与管理流程重构，形成基于数据思维的治理机制。总结国内外城市经验，其一般通过部署新型基础设施、搭建城市智能中枢和建立城市管理决策平台三个层次构建数字治理体系（图1），提升城市治理现代化水平。

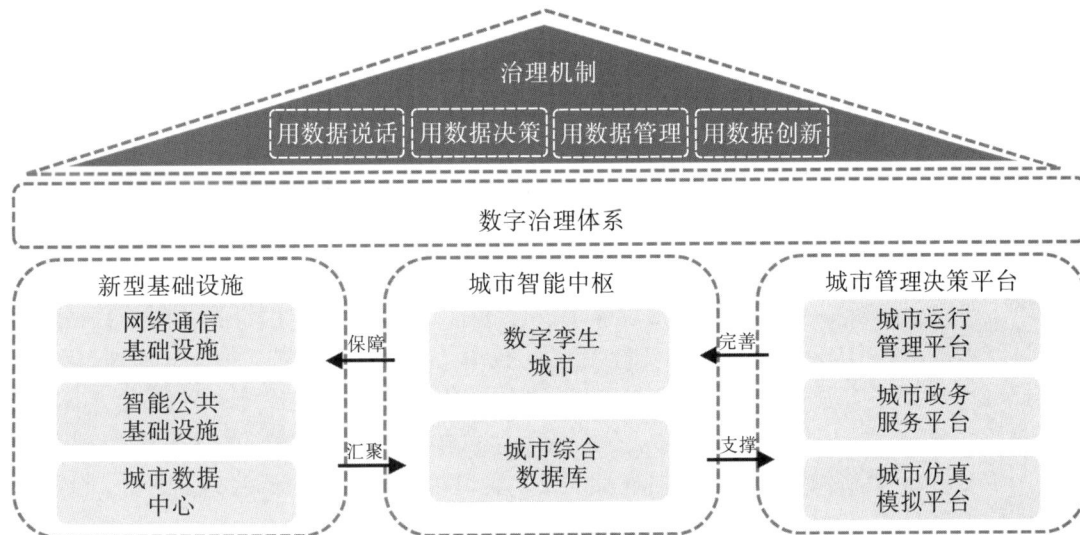

图1 数字治理体系示意图

3.1.1 部署新型基础设施，形成城市数字底座

布局智能公共基础设施，建设全覆盖、高集约的感知网络体系，实现对城市环境、建筑、治安等多方信息的识别、采集、监控，对城市公民身份、位置等信息的多元感知，推动城市"万物互联、精确感知"。伦敦大力投资城市基础设施建设，全面推广使用功能集成的市政设备，推动物联网、人工智能等高新技术在市政设施建设的全方位赋能。此外，新加坡作为世界上首个采用"传感器通信主干网"技术的国家，在全岛部署了近60万个传感设备以便实时获取城市运行数据用于城市治理。

布局以5G为代表的网络通信基础设施，构建高带宽、低延迟、高安全、全覆盖的信息传输网络，进一步提升新型智慧城市运行效率。深圳市在《深圳市人民政府关于加快推进新型基础设施建设的实施意见（2020—2025年）》中指出，要构建"5G＋千兆光网＋智慧专网＋卫星网＋物联网"的通信网络基础设施体系，推动5G技术在政务、车联网、增强现实/虚拟现实、医疗、物流、能源等领域的深度应用。

布局大数据中心，全面收集、存储、监测基础地理数据、规划数据和城市运行数据等海量数据，加快城市信息资源的有序汇聚和高效利用。伦敦市政府建立城市网络数据中心，全时段接收来自各领域的海量数据，包括天气、污染、停车等感应器数据，能源、交通、供水等基础数据、社交媒体、智能手机等应用数据，促进全市跨部门跨行政区数据的整合与共享。

3.1.2 部署城市智能中枢，构建数字城市重要支撑

搭建城市综合数据库，实现各类数据的统一集成、公共数据的开放共享、基础数据的价值深挖、城市数据的安全保障，为城市高效治理提供关键支撑。

一方面，城市综合数据库制定数据准入标准，明确数据内容，形成统一规范的数据目录和

不同类别的数据库。深圳基于国家发布的政务数据资源核心元数据，结合实际情况，实现对政务数据资源的分类，最终形成六大基础库，包括人口、法人、房屋、空间地理、公共信用、电子证照，20个主题库，包括健康保障、社会保障、食品药品安全、安全生产、生态环保、应急维稳等。

另一方面，依托多源异构数据资源储备，城市综合数据库可通过合理的机制设计推动数据的共享和开放，从而促进数据的应用价值提升。伦敦市政府构建的"伦敦数据仓库"是世界公认领先的数据开放平台。仓库中囊括了艺术和文化、商业和经济、人口、教育在内17大类共700余个数据集，为伦敦市政府应对城市挑战、改善社会公共服务提供有力数据支撑。

此外，城市综合数据库通过建立安全保障机制实现对城市数据的安全防护。深圳提出建立健全"防御、监测、打击、治理、评估"五位一体的网络空间安全保障体系，为智慧城市和数字政府提供整体性安全防护。

建设数字孪生城市，精准映射城市运行状态，为城市的精细化治理和智慧城市建设提供全要素的"三维空间底板"。上海市积极推进嘉定、青浦、松江、奉贤、南汇五大新城数字孪生城市建设试点示范，提出应用CIM（城市信息模型）技术，围绕治理要素"一张图"，将BIM（建筑信息模型）、GIS（地理信息系统）和IoT（物联网）等多项技术集成统一，构建城市三维空间数据底板（图2）。雄安新区由政府平台公司统筹，科技公司设立实验室，推动数字孪生城市建设，基于CIM平台将城市各专业数据进行集成，实现对各类信息数据的完整映射，建立起三维城市空间模型和城市时空信息的有机综合体。

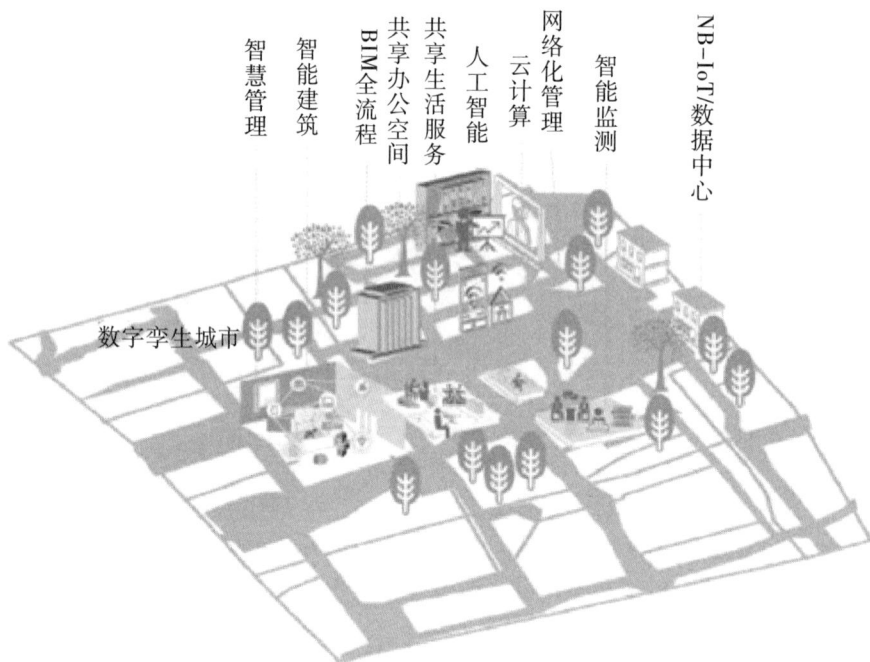

图2 以嘉定新城为例的数字场景意向图

3.1.3 建立管理决策平台，实现城市精细化治理

依托城市智能中枢，搭建支撑城市规划、建设、管理的各类应用平台，高效调配公共资源，起到治理社会、服务民生、支撑决策的作用。

构建城市运行管理平台，集城市大数据运营、城市规划、城市管理、应急指挥等多功能于一体，高效调配公共资源，实现城市运行"一屏观、一网管"。上海市开发智能应用场景，聚焦市政工程、地下空间、住宅小区等区域风险隐患，通过数据汇聚、系统集成和智慧场景应用，实现源头管控、过程监测、预报预警。杭州市通过形成包括警务、交通、城管、文旅、卫健、应急、环保、基层治理在内的 11 个重点领域的 48 个应用场景，实现对城市资源的指挥、调动和管理。

构建城市仿真模拟平台，基于海量数据开展数据建模、事态拟合，在数字空间中对某些特定事件进行评估、计算、推演，为管理方案和设计方案提供反馈参考，辅助政府科学决策，推动城市规划建设管理精细化。杭州城市大脑通过在虚拟数字空间中的推演分析，为城市规划、建设、管理的每个阶段寻找最优方案，并落实到物理空间中（图 3）。武汉建立城市仿真实验室，将城市分解为若干模块并建立数学模型，基于数字模型的演算所得出的结论，指导武汉公共服务设施的规划建设。目前，武汉市已相继研发排水防涝模块、碳排放模块、公共服务设施模块等 20 余项模块用于辅助决策。

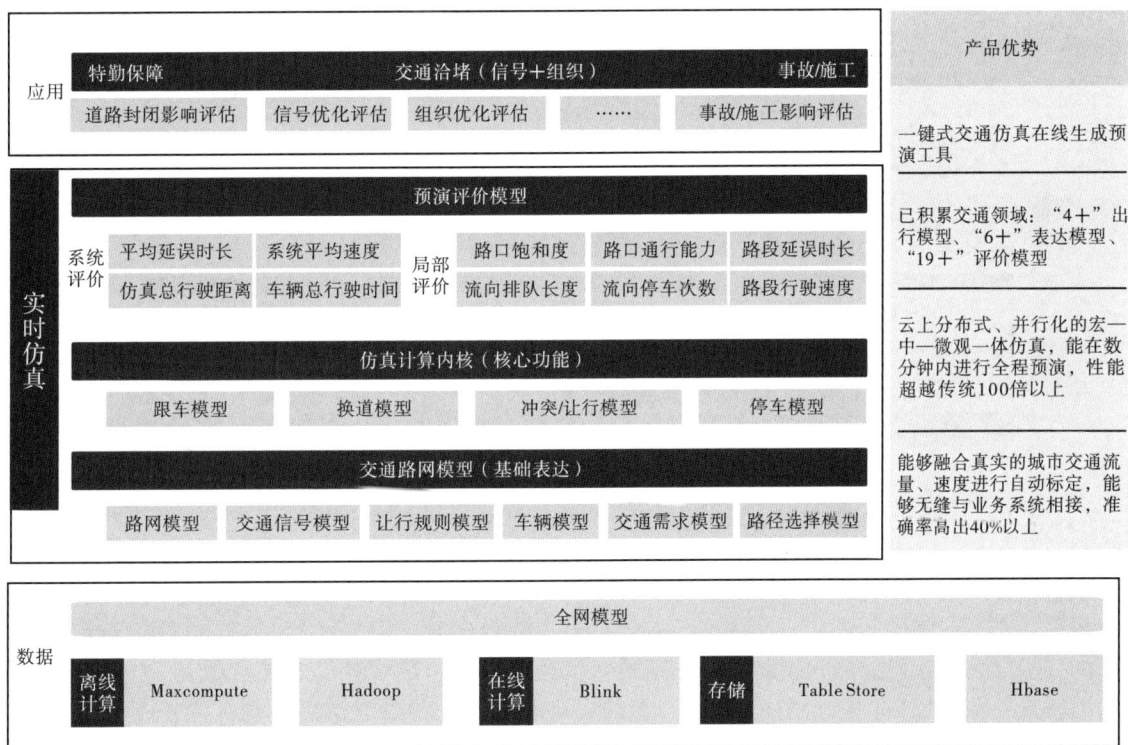

图 3　杭州城市大脑——实时仿真引擎

构建城市政务服务平台，建设全面覆盖、多元整合、智慧联动的政务协同应用体系，实现政务服务"一网通办"，提高政府治理效能。新加坡电子政务平台按照服务对象的不同，将电子服务的功能分为面向个人、面向企业、面向政府职员和面向非居民四个方面（图 4）。针对个人，新加坡政府以公民需求为导向设计了"电子公民中心"虚拟社区，用户可在社区中轻松获取政府提供的商务、税务、法律法规、交通、家庭、医疗保健、住房、就业及社会保障等数百项居民日常服务项目。

平台定位	建设透明、高效、立体的小镇政务智慧化管理服务平台				
服务渠道	统一服务热线	手机移动端	综合服务门户	自助服务终端	传统窗口服务

服务应用	面向政府政务管理				面向居民政务服务		面向企业政务服务
	业务处理	效能监管	智能决策	信息利用	公共信息	在线办理	企业服务
	日常办公 业务受理 行政审批 信息查询	电子监督 绩效考评	统计报表 数据挖掘 数据分析 风险预警 可视化决策	知识管理 信息共享 服务内容管理 智能搜索引擎	公共就业 教育培训 交通信息 旅游信息 医疗信息	社会保险 电子税务 住房服务 证明办理 行政投诉 消费维权	就业保障 公积金管理 税务管理 证券法规 行政审批

安全运营	应用管理	资源管理	配置管理	运维管理	监控管理	计费管理	统计分析	安全体系	审计管理	客服管理	用户管理

应用支撑	服务集成	统一用户	单点登录	协调服务	流程引擎	统一消息
	数据整合	数据储存	数据同步	数据管理	数据备份	

智能硬件	自助服务终端	虚拟呼叫	视频监控	LED综合屏	通信控制	安全网闸

支撑环境	虚拟资源：虚拟服务器、虚拟储存、虚拟网络		工商	城管	文化	其他接口	人口数据库	法人数据库	宏观经济库
	物理资源：计算设备、储存设备、网络设备、其他设备		社保	环保	旅游		业务数据库	地理空间库	……
	云基础设施支撑		公共服务接口支撑				数据资源支撑		

图 4　智慧政务架构图

3.2　数字经济

　　建立以数字经济试验区为基础、数字化龙头企业为引领、数字经济立法为保障的数字经济体系，不仅能优化企业生产服务流程、降低生产经营成本、增强企业自主创新能力与核心竞争力，还能以此优化产业规划结构与布局，发挥产业集聚效应，对城市发展具有重要现实意义。

3.2.1　加快数字经济立法，促进数字资源开放共享，保障企业合法权益

　　加快数字经济立法，有助于为数字资源开放共享和数字经济高质量发展提供法律保障。由广东省工业和信息化厅、司法厅共同起草出台的《广东省数字经济促进条例》是广东省保障当地数字经济健康高效发展的首个法律性文件。该条例的主要内容包括了数据资源开发利用、数字产业发展和产业数字化转型等七大板块，为广东省全面建设数字经济提供全方位法律保障。深圳为规范数字经济活动，由深圳市数据工作委员会牵头，编撰了《深圳经济特区数据条例》，从明确政府职责、划定数据权利、确保数据安全等多个维度保障企业、组织等在数字资源开放共享时的合法权益，规范了数字经济建设活动。

3.2.2　设立数字经济试验区、示范区，优化产业布局，发挥集聚协同优势

　　设立数字经济试验区、示范区有助于产业形成集群发挥集聚协同优势，促进区域数字化协

同发展。为优化城市产业结构，加快数字产业建设，实现差异化、错位式发展路径，深圳市规划和自然资源局协同各区政府发挥各自区域中产业比较优势，在综合考虑现状情况后，划定了21个重点片区的数字经济产业园。上海市为进一步强化数字产业建设，在《关于全面推进上海城市数字化转型的意见》中就打造一批特色鲜明、功能错位、相对聚集的数字产业特色园区做出了明确指示，为各行业数字化转型、形成强有力的数字生态链提供了有力支撑。同时，上海依托五大新城、长三角生态绿色一体化建设，率先在新城新区等重点区域开展数字化转型，打造数字经济先行示范区。

3.2.3 引进重点龙头企业，发挥"灯塔"效应，引领企业数字化转型

通过引进数字经济龙头企业，将它们的数字化实践经验赋能中小企业，进一步加速传统产业数字化进程，形成对产业上下游相关主体的全数据支撑。深圳市政府利用本地龙头企业华为助力产业数字化转型。华为基于旗下的云产业、云系统，同云计算相关企业合作，加速推动云计算产业在深圳的发展建设。同时，华为利用成熟的5G、云计算和大数据等技术帮助传统企业实现数字化转型（图5）。上海市政府引进华为并签署战略合作协议，带动上海在集成电路、软件和信息服务业、物联网、车联网、工业互联网等领域的技术研发与融合创新，促进上海数字产业创新发展。同时，于青浦区金泽镇启动青浦研发中心项目，为华为扎根上海提供良好基础条件。

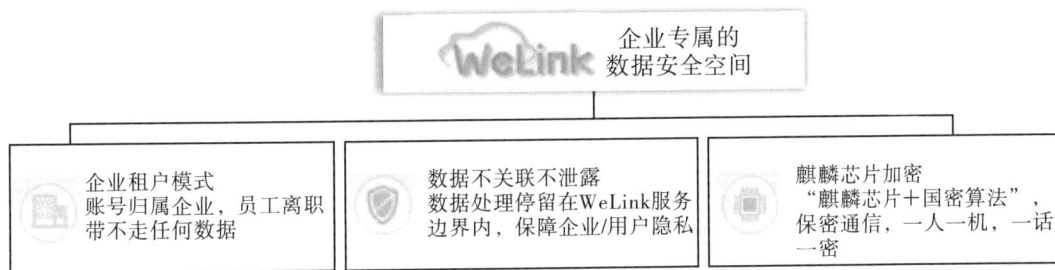

图5 华为为企业打造的专属数据安全空间 WeLink

3.3 数字服务

依托大数据平台等数字技术基础构建数字化社会服务体系，能为人们提供更好的生活体验与工作便利，推动公共卫生、健康、教育、养老、就业、社会保障等基本民生保障更均衡、更精准、更充分，形成智慧医院、数字校园、社区生活服务等一系列数字化生活场景。同时，塑造公众的数字化思维模式与认知能力有助于形成一个由市民、政府、企业三方共治共享的社会共同体。

3.3.1 构建数字生活服务体系，营造数字生活场景

收集、分析日常生活数据，能精准化、差异化营造数字生活场景。上海市政府协同市大数据中心，将过去打通各行政部门壁垒的"一网通办"系统（图6）向民生领域拓展，把平日市民所需教育、出行、民政、医疗等便民服务事项接入"随申办"，同时针对老年人等数字弱势群体进行适应性改造，打造全方位、多元化的数字公共服务场景。

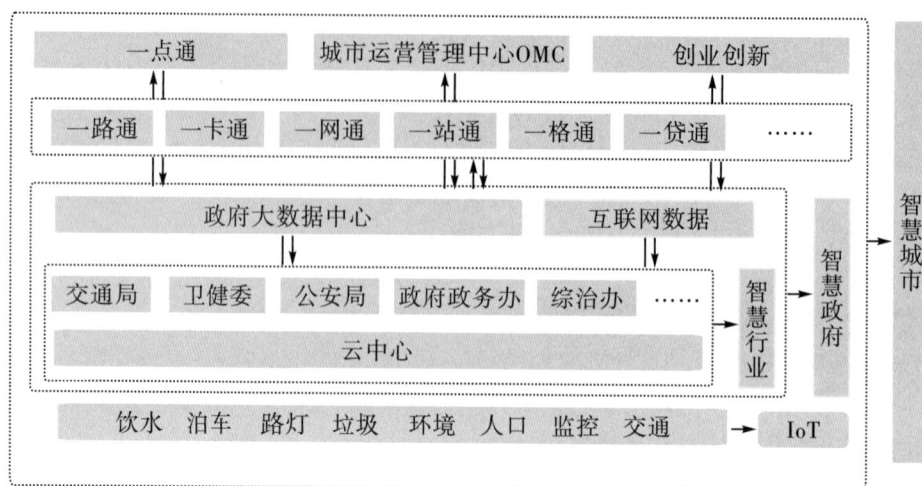

图6 上海"一网通办"架构示意图

3.3.2 提高全民数字化能力，塑造数字化思维模式与认知能力

提高市民数字化素养，提升智慧城市的公众参与度。伦敦市市长发布的《智慧伦敦路线图》制定了全民数字培养策略，将数字化培养对象分为高精尖群体、中间群体和弱势群体三大群体，通过对不同群体采取差异化的数字培养方式，提升公众在社会生活中的就业生存能力。

4 对成都市的启示

目前，成都市在城市数字化转型方面已有一定基础，2020年成都市印发了《成都市智慧城市建设行动方案（2020—2022）》，并已形成"新基建"专项规划等成果。结合成都市目前在城市数字化转型中存在的差距，本文从数据立法保障、孪生城市建设和数字产业生态圈三方面给出相关建议。

4.1 加快数据立法，为城市数字化转型提供有力保障

规范数据活动，促进数据资源共享，保护自然人、法人和非法人组织数据权力和其他合法权益，为城市数字化转型提供法律保障。

成都市大数据和电子政务管理办公室可结合成都市数字化转型实际，同成都市司法局依据法律、法规规定，从个人数据保护、公共数据管理和应用、数据安全管理、保障措施、相关法律责任等板块制定数据管理条例，并由各区县政府、管理委员会针对行政区域内的数字经济工作开展情况，进行责任落实。

同时，厘清私人与公共信息边界，注重个人隐私安全与保护。

4.2 推进数字孪生城市建设，提升城市治理效能

推进孪生城市建设，深化数据应用，形成各类城市孪生服务，为政策制定、服务提供和各类决策提供更为精准的依据。

（1）推进城市综合数据库建设。全面收集基础地理人口数据、规划数据和城市运行数据，整合形成城市综合数据库，同时建立完善的数据更新、统筹管理工作机制进行数据实时更新维护，为数字孪生城市建设奠定基础。

（2）在新区开展数字孪生城市建设探索，形成城市三维空间数据底板，推动城市数字空间

和物理空间的同步规划建设。以东部新区为试点，探索以 CIM 平台为基础的城市发展新模式，关联城市多元数据，形成全周期记录、全时空融合、全要素贯通、全过程推演的数字城市智慧治理平台。

（3）拓展城市治理应用场景，推进城市精细化治理。构建多领域的城市运行管理平台，如建设完善国土空间规划"一张图"实时监督信息系统，提升自然资源综合监管能力；构建城市仿真模拟平台，如交通模拟平台、环境仿真平台、人口推演平台，为政府科学决策提供支撑。

4.3　共同打造跨区域数字产业生态圈，协同数字经济联动发展

通过建立完善的数字经济体系，助力产业的全方位赋能，进一步优化城市产业结构与布局，使产业数字化转型与智慧城市建设紧密结合，打造全国领先的数字经济发展新高地。

（1）基于成都产业功能区与产业生态圈规划，协同区政府、管理委员会，发挥各区产业比较优势，以 5G、云计算、大数据、物联网、人工智能、区块链、工业互联网等技术为引导，建设各具特色的数字经济产业园区。优化现有产业规划结构与布局，形成数字化、差异化发展路径；加大先行先试和示范建设力度，在"两区一城"率先开展数字经济试验区、示范区建设，加快完善成都科学城、未来科技城功能布局。

（2）基于成都市汽车、电子信息、生物医药等优势领域，招引数字转型龙头企业，发挥"灯塔"效应，将其数字化实践经验赋能产业上下游相关主体，进一步加速产业数字化进程。加深与国内数字经济龙头企业合作，促进成都在 5G、集成电路、新型显示、软件和信息服务、人工智能、区块链等数字产业重点领域的技术研发与融合创新，并结合数字经济试验区、示范区建设，为企业落地提供良好条件。

5　结语

城市数字化转型是一项全新课题、系统工程，本文聚焦城市数字化发展历程及国内外先发城市探索经验，得出以下结论：

第一，系统梳理了城市数字化发展从"数字城市"到"智慧城市"再到"整体数字化转型"的发展历程，归纳总结了各个发展阶段的发展重点及问题，引出当前以"数字化转型"为目标的新一轮智慧城市规划和建设将整体驱动生产方式、生活方式和治理方式的变革，重新定义生产要素和资源要素配置，最终达到城市转型升级和可持续发展的目的。

第二，深入研究了伦敦、新加坡、上海、深圳等国内外先发城市数字化转型经验，并从数字治理、数字经济、数字服务三个维度归纳总结了城市数字化转型的具体实施路径：通过部署新型基础设施、搭建城市智能中枢和建立城市管理决策平台三个层次提升数字治理能力；通过加快数字经济立法、设立数字经济试验区、引进数字化龙头企业强化数字经济保障；通过构建数字生活服务场景、提高市民数字化素养实现数字生活服务。

第三，基于成都市现状，从数据立法保障、数字孪生城市建设和数字产业生态圈打造三方面，给出对促进成都市数字化转型具有一定借鉴意义的相关建议。

本次研究的结论更多地还是落脚于偏宏观的城市层面，从城市整体提出对于数字化转型的思考。下一步研究将立足微观，从智慧社区、场景应用等角度出发，探索研究城市数字化转型的新实践、新思考。

[参考文献]

[1] 李德仁，邵振峰. 论物理城市、数字城市和智慧城市 [J]. 地理空间信息，2018（9）：1-4.

[2] 王哲，郑子亨，周斌，等. 智慧城市发展的经验分析与趋势展望 [J]. 人工智能，2019（6）：16-30.

[3] 李德仁，邵振峰，杨小敏. 从数字城市到智慧城市的理论与实践 [J]. 地理空间信息，2011（6）：1-5.

[4] 王操，李农. 上海打造卓越全球城市的路径分析：基于国际智慧城市经验的借鉴 [J]. 城市观察，2017（4）：5-23.

[5] 刘学华，赖丹馨，罗婕. 新加坡"智慧2025"发展规划 [J]. 中国建设信息化，2016（9）：24-25.

[6] 戴海雁，张宏. 智慧城市的实施计划：以《智慧伦敦路线图》为例 [J/OL]. 国际城市规划：1-10 [2021-08-12]. https://kns.cnki.net/kcms/detail/11.5583.TU.20200610.1104.002.thml.

[7] 楚天骄. 伦敦智慧城市建设经验及其对上海的启示 [J]. 世界地理研究，2019（4）：76-84.

[8] 阿里云数字产业发展部，阿里云数字产业产研部. 阿里云：阿里城市大脑解决方案 [R/OL].（2020-10-18）[2021-08-12]. https://www.sohu.com/a/426126487_680938.

[9] 华为技术有限公司，上海智慧城市发展研究院. 城市数字化转型白皮书（2021）[R/OL].[2021-08-12]. https://www.sohu.com/a/464406710_468714.

[10] 国家信息中心信息化和产业发展部. 携手跨越 重塑增长：中国产业数字化报告2020 [R/OL]（2020-06-30）[2021-08-12]. https://wenku.baidu.com/view/dda3e4821be8b8f67c1cfad6195f312-b3169ebde.html.

[11] 中国信息通信研究院. 中国生活服务业数字化发展报告 [R/OL].（2020-05-15）[2021-08-12]. http://www.caict.ac.cn/kxyj/qwfb/ztbg/202005/t20200515_281857.htm.

[12] JOHNSON B. Smart london plan [R]. Greater London authority，2013：42-44.

[13] JOHNSON B. The future of smart，update report of the smart London plan（2013）[R]. Greater London authority，2013：93-97.

[14] JOHNSON B，KHAN S. Smarter London together [R]. Greater London authority，2018：32-36.

[15] 蒋艳琼，罗艳琴."十四五"城市数字化转型路径与策略思考 [EB/OL].（2021-02-05）[2021-08-12]. http://www.echinagov.com/viewpoint/290875.htm.

[作者简介]

钱学琮，硕士，助理工程师，成都市规划设计研究院规划师。

徐恺阳，硕士，助理工程师，成都市规划设计研究院规划师。

周垠，硕士，高级工程师，成都市规划设计研究院副所长。

吴善荀，硕士，高级工程师，成都市规划设计研究院所长。

第四篇
城市体检评估技术

基于规划信息平台的城市体检评估系统构建

□朱　秀，黄　宇，黎云飞，孙超俊

摘要：伴随着我国经济从高速发展迈向高质量发展阶段，国土空间保护与开发开始向高品质、高效率发展模式转型。国土空间城市体检评估是保障城市健康高质量发展的重要手段，是规划编制、审查、实施、监测、评估、预警全生命周期的重要一环，开展国土空间规划城市体检评估显得尤为重要。本文对体检评估定义进行了清晰界定，介绍了城市体检评估的技术路线，并设计了城市体检评估结果与已有国土空间规划"一张图"实施监督信息系统的融合框架，对体检评估指标模型体系构建、数据挖掘分析、评估结果审核、规划信息平台建设提出了合理性建议，旨在全面推进国土空间规划城市体检评估工作有序落实。

关键词：国土空间规划"一张图"；城市体检评估；指标模型

1　背景概述

随着我国城镇化发展向高水平阶段推进，如何保证资源环境全面协调分配，实现资源永续利用是迫在眉睫的问题，国家层面成立了自然资源部并赋予其"两统一"职责，即统一行使全民所有自然资源资产所有者职责、统一行使所有国土空间管制和生态保护修复职责。在此背景下，自然资源部提出的国土空间规划，是促进资源环境和经济社会全面协调发展、实现资源科学永续利用的重要手段，也是提升我国空间治理能力、落实国家发展战略的重要举措。全面维护国土空间规划的权威性和严肃性，对国土空间规划的实施进行评估，是提高政府管理水平、保证规划落地实施的必要环节。

过去，我国一直在探索规划实施评估的方法，但由于规划体系不成熟，机制保障不健全，城乡规划一直采用"重编制，轻实施，轻监督"的工作模式，导致规划编制、规划实施和监督评估三者之间存在工作脱节。2019 年 5 月，《中共中央　国务院关于建立国土空间规划体系并监督实施的若干意见》发布，标志着国土空间规划体系的正式确立，规划实施评估作为实施监督体系的重要抓手，重要性得到了保障。目前各级自然资源主管部门初步建成了国土空间基础信息平台和"一张图"实施监督信息系统，满足国土空间规划编制、审查、实施、监测、评估、预警全周期信息化应用。

自然资源部在多轮试点经验的基础上，于 2021 年 6 月 18 日发布《国土空间规划城市体检评估规程》，明确城市体检评估的工作定位与成果应用、指标体系与评估内容、基础数据与分析方法等内容，而如何让城市体检评估与已有的国土空间规划"一张图"实施监督信息系统融合，实现城市体检评估的数字化、智能化，是本文关注的重点。

2 城市体检评估定位

从 2019 年自然资源部办公厅发布《关于开展国土空间规划"一张图"建设和现状评估工作的通知》，到 2021 年自然资源部发布《国土空间规划城市体检评估规程》，可以看出，在不同的阶段都强调规划评估，包括现状评估、规划实施评估、城市体检，三者既有内在的关联，也有显著的区别（表 1）。

现状评估侧重于对国土空间开发现状的客观评价，主要对现状土地利用水平、现状特征、年度动态变化情况进行评估，主要作为各类规划编制前的基础。

规划实施评估针对国土空间规划的实施落地情况做出评估，反映规划实施的效力（规划实施一致性）、效益（实施结果合理性）、效应（使用主体评价）和保障（实施环境和政策机制），以及规划本身的作用和适应性。

城市体检是将城市作为一个体检的实体，比拟城市进行体检、发现城市健康问题、针对问题提出解决方案、实施解决问题、反复进行城市系统运行体征测度整个流程，从而描述城市的健康状态，侧重对城市这个客观实体的发展特征状态做评估。

表 1　规划评估的三种类型

	现状评估	规划实施评估	城市体检
评估对象	国土空间开发现状	国土空间规划实施情况	城市系统运行体征
适用	规划编制前	规划编制后	城市发展过程中
评估内容	对现状土地利用水平、现状特征、年度动态变化情况进行评估	对规划实施的效力、效益、效应和保障进行评估	对城市发展特征和状态进行评估

《国土空间规划城市体检评估规程》是城市空间治理和规划实施的抓手，它既可以用于规划实施的评估，也可以作为规划编制前的基础，既对规划实施评估，也对城市发展状态进行体检评估，是全方位、全流程、全覆盖的体检评估。

3 体检评估技术路线

为全面监测、准确评价国土空间规划的实施效果和城市发展问题，在传统体检评估手段基础上，探索"专业体检评估＋信息化挖掘评估"两条线相结合的技术方法。两种方式互为补充、互为校核，保证体检评估结果的准确性和客观性。体检评估工作流程包括制订工作方案、构建指标体系、收集资料、分析评价、编制成果、汇交成果、成果应用等（图 1）。

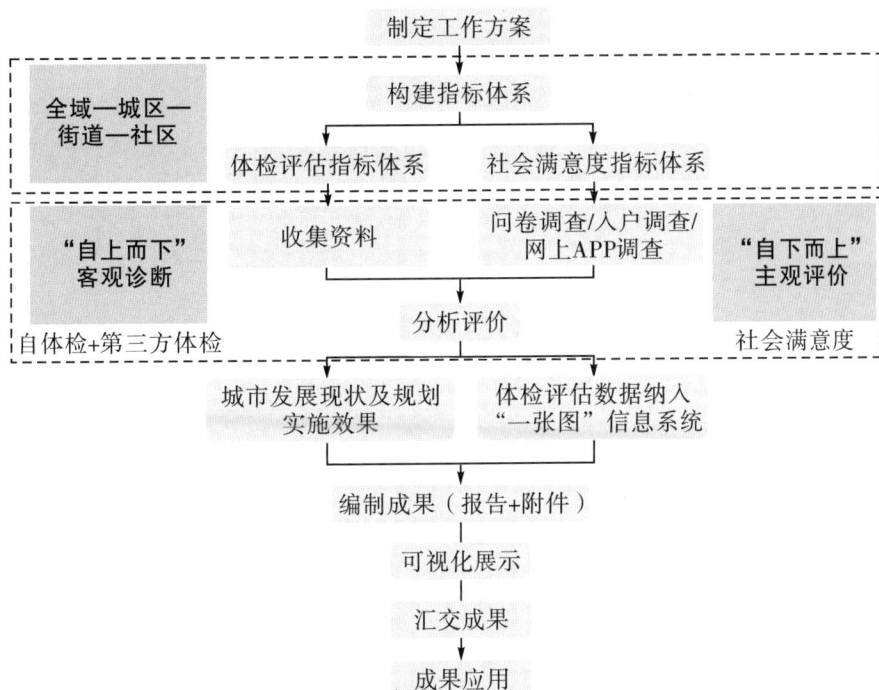

图1　体检评估技术路线图

　　指标体系构建后，收集资料和分析评价过程分两条线同时进行，包括"自上而下"的客观诊断和"自下而上"的主观评价两种方式。其中，"自上而下"的客观诊断采取自体检评估和第三方体检评估相结合的方式；"自下而上"的主观评价通过"城市幸福测量仪"入口，收集统计分析社会满意度调查成果。

　　在收集资料和分析评价过程中，国土空间规划"一张图"实施监督信息系统基于数据优势，通过定义指标模型，主动进行基础数据、指标管理、模型管理、数据挖掘、数据可视化等辅助体检评估信息化挖掘。

　　信息化挖掘评估结果和专业体检评估结果互相校核、互为补充，有利于及时发现数据收集错误，提高分析评价的智能化水平，助力城市体检评估工作效能和信息系统建设同步提升。

4　总体设计框架

　　将城市体检评估无缝对接已有的国土空间基础信息平台和"一张图"实施监督信息系统，实现数据采集、数据交换、系统分析、动态模拟和预警等一体化，总体设计框架分为四层（图2）：①数据层包含"一张图"系统已有的现状数据、规划数据、管理数据、社会经济数据，添加体检评估基础数据；②平台层为国土空间基础信息平台，基于平台提供数据服务、基础服务、接口服务等服务支持；③应用层包含已建好的6个子系统，在此基础上做改造升级，如监测预警子系统中加入"城市体检评估"功能模块，可视化展示年度体检和五年评估结果，成果审查子系统加入"城市体检评估"汇交入口，指标模型子系统建立体检评估量化模型，在公众版"一张图"应用中添加"城市幸福测量仪"入口，等等；④业务层包括对规划实施评估、指导规划编制、执法督察等。

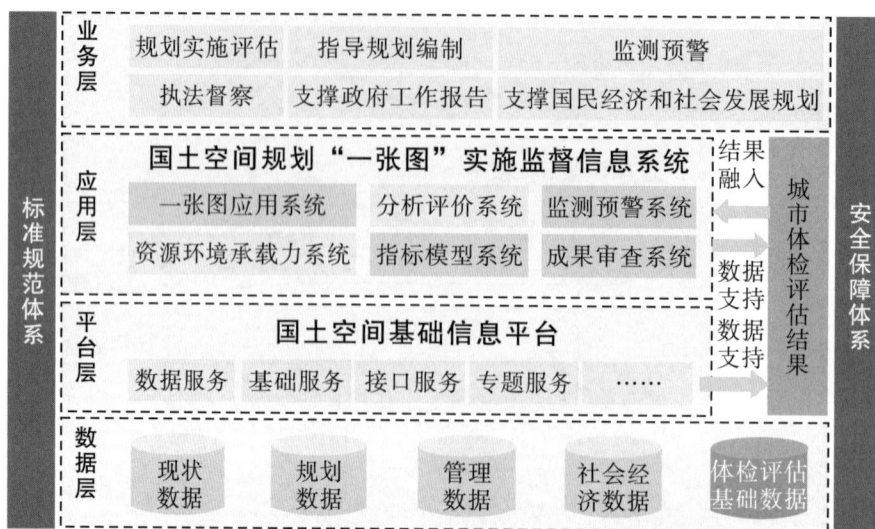

图2　城市体检评估与"一张图"实施监督信息系统融合

城市体检评估信息化能够为城市体检提供科学诊断、复核与治理、预警与决策等服务，从而提高城市体检工作的科学性、时效性和预警水平。

5　指标模型体系构建

指标模型体系是支撑城市体检评估信息化的关键组件，对所有体检评估指标体系进行构建和配置，如单个指标创建、指标基础数据构建、指标/指标体系与数据挂接、指标/指标体系更新方式配置等；模型体系是对各类指标和指标体系的数值与状态进行算法开发实现，通过算法注册、数据源管理及配套可视化工具进行模型构建，实现模型的统一管理和应用，为城市体检评估提供模型计算支撑。

5.1　指标体系构建

指标体系构建是城市体检评估的关键环节，指标体系构建需要重点关注三个方面：指标层次、要素关系、人本性（图3）。

①指标的确定要关注指标层次，形成覆盖市域—城区—街道—社区各个空间层级的指标，便于发现问题时逐级往下追溯到具体指标，精准定位问题。

②指标的确定要关注要素关系，除了关注单要素的趋势分析，还要关注城市发展要素指标之间的互动关系、匹配性、协调性，进行全要素交叉分析。例如，在研究"城镇人均住房面积"指标时，不能仅仅考虑"城镇住房建设总面积""城镇常住人口规模"这两个计算因子，还需要关注"年新增政策性住房占比""城镇年新增就业人数"这两个指标来进行关联分析，以便发现问题时能及时溯源，找到问题的本质。

③指标的确定要注重人本性，不仅要通过数据客观评价规划落地效果和城市发展建设情况，还需要结合社会满意度调查将市民切身的居住生活感受同数理分析的技术评价结论相比较。这就要求社会满意度调查的指标体系的选取与体检评估指标体系相结合相对应，以便后期将市民的主观感受与客观评价指标相结合，使体检评估结论更全面。

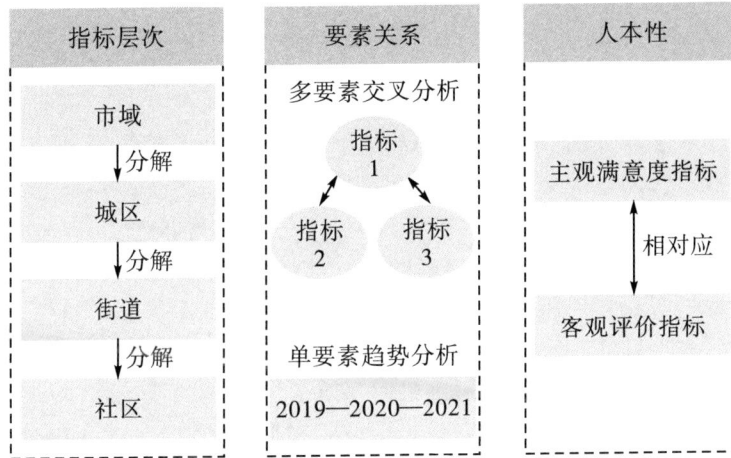

图 3　指标体系关注重点示意图

体检评估指标按照主题维度分为人口、经济、规划、用地、市政等，按照专题维度分为安全、创新、协调、绿色、开放、共享等，按照时间维度分为年、季度、月、日，按照空间维度分为全域、城区、街道、社区，按照数据来源维度分为自然资源局、林业局、住建局……通过对每个具体指标赋予各个维度的标签，可以管理不同维度的指标属性及指标值（图 4）。

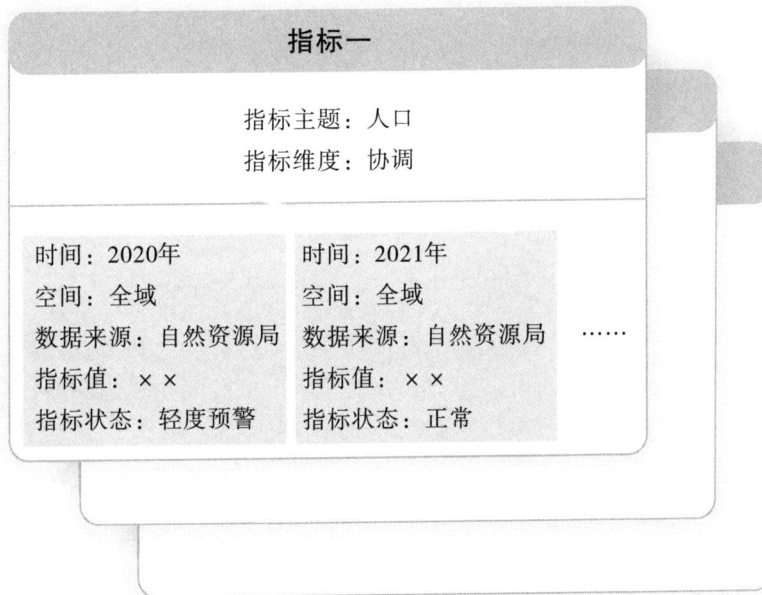

图 4　指标多维度管理示意图

通过指标项管理、指标计算配置、指标值管理及指标体系管理等功能实现对城市体检评估指标项、指标体系及指标元数据、指标维度、指标值、指标状态及指标计算方式等的信息化管理，便于指标库的快速操作、更新维护及指标的动态调整。为保证指标结果科学准确，需严格按照指标数据的更新频率及时获取源数据，及时更新指标值及指标状态。

5.2 模型体系构建

为实现城市体检评估的智能分析，需根据制定的指标体系配置对应指标及指标体系的计算模型和状态模型用于数字化评估。其中，计算模型定义指标及指标体系的计算方式用于自动计算指标项指标值，或指标体系的得分；状态模型用于评估指标及指标体系状态，根据指标阈值，将指标值及指标体系得分分段划为重度预警、轻度预警、正常等状态。

城市体检评估模型的确定首先需要充分利用第三方专业技术机构，充分利用规划院、学会、协会等力量，在对本地资源和环境进行充分了解与研究的基础上，制定符合本地实际情况的模型计算算法和模型状态判别算法。通过计算机语言，集合地理空间分析和数理统计分析编写应用模型的源程序算子，并通过对各类算子进行编排和管理，构建成适用不同场景的体检评估模型，实现模型的建立、测试、运算和监控。

5.3 数据挖掘分析

通过体检指标及动态评估模型，实现多维度指标的联动查询和在线评估分析，辅助开展城市体检评估。通过对大量实时数据进行评估，并与上报的体检评估结果进行比对，不断进行模型深度学习和模型训练，提升评估分析模型的准确度。当同一指标的上报数据与实时数据计算结果偏差率达到一定值时，立即形成通知反馈。系统接到通知反馈，通过元数据"血缘"分析进行数据溯源校准，同时数据上报方对上报数据来源进行统计口径核实，并确定最终结果（图5）。

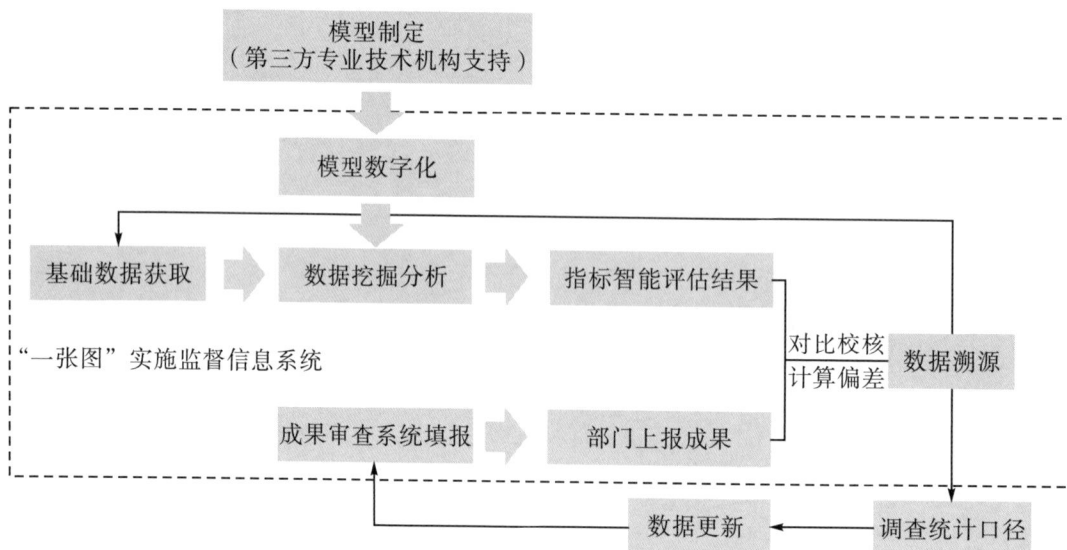

图5 数据挖掘分析流程示意图

通过大量模型训练，实现体检评估数字化分析、指标智能化评估，实现体检评估从"被动统计"向"主动挖掘"转变。

6 评估结果总结

6.1 评估结果可视化

充分利用平台实时获取数据、大数据采集数据，采用数据仓库技术实现多维度、多指标数据集成管理和动态监测，实现分别从时间维度、空间维度，进行多年代、多分类的指标数据分析应用，支持多种地图展示、统计图表、空间分析方式，对"指标评估监测""规划实施分析""公众评价"等进行多维度丰富的数据可视化展示，便于判别不同维度的国土空间发展建设特征。对于预警指标做到及时响应，一旦出现某个值突破边界，及时响应并进行相应的处理，建立能够实现后台数据资源不断更新与前台分析和处理及时响应的关联系统。

通过定制体检评估报告模板和外接程序的开发、数据自动化提取，实现自动生成城市体检评估报告。体检评估报告模板内容可根据当地实际情况选择需要呈现的模块，自动生成后的报告可供浏览和下载，切实可行地减轻实施人员常态化体检评估工作的工作量。

6.2　评估结果总结

首先从单个指标层面上获知偏离目标值较远、超出预警的指标值，对于单个指标值的不合预期，可追溯其指标数据来源，若来源无误，则定位具体哪个区域、哪个数据导致的指标预警，并推送预警消息。

然后从各个大方向上分析体检评估结果，如分析城市交通方面时，发现45分钟通勤时间内居民占比不符合预期，则可以结合道路网密度、城市地价、绿色交通出行比例等多要素进行交叉分析，诊断出城市交通问题的具体症结。

最后从整个城市方面来分析体检评估成果，通过对城市安全、创新、协调、绿色、开放、共享多维度的对比分析，精准发现城市短板，针对性地提出改进建议。

7　体检评估实施建议

（1）定性定量结合分析保证结果更科学。

体检评估数据计算完成后，需要对结果进行分析，给出实施建议。由于城市发展或规划实施中的影响变量是多元而复杂的，当城市体检评估发现某个方面或者指标预警时，首先通过对预警指标进行数据溯源，追踪问题因子，但多数时候问题因子难以从单一指标得出结论，需要结合历史趋势分析、相关性分析等进行多维度的交叉关联定量分析，再结合政策机制等无法量化的因素，定量和定性分析结合，才能准确科学地判断城市发展或规划实施的关键问题，并给出可操作性建议。而利用信息化开展交叉关联定性分析，系统性识别政策机制问题，实现更系统、更加智慧化，是规划信息化平台的重点发力点。

（2）探索挂钩领导绩效考核的具体政策。

为避免城市体检评估变成象征性的"技术文件"而失去其引导城市健康发展的意义，有关部门应该加强体检评估的法律制度建设，探索城市体检评估与领导绩效考核的具体落实政策。同时，为了引导城市体检评估从功利性的规定动作转向积极暴露问题的主动动作，避免惩罚力度过大导致动作变形，建议将发现问题、解决问题的过程与结果分权重挂钩领导绩效考核，而如何把握实施政策的尺度与力度，是亟需解决的问题。

8　结语

总体而言，我国城市体检评估已经取得了一定的进展和经验，《国土空间规划城市体检评估规程》的发布从技术标准的层面解决了各城市评估标准不一的问题，并明确了工作组织、内容框架、评估方法等内容，解决了客观性和可比性不足的问题。城市体检评估将年度实施计划与年度体检工作相结合、近期规划与五年评估相结合，在空间和时序上建立体检评估和国土空间规划实施的良性互动反馈机制，将城市体检评估结论作为国土空间规划编制、实施和动态调整的前置条件与重要依据，促进国土空间规划滚动实施。借助信息技术与大数据分析，利用计算机强大的算力和算法，可以帮助决策者更加便捷、智能地进行统计分析，既能提高工作效率，也能确保城市体检数据的客观、准确，确保国土空间规划确定的各项目标任务得到有效落实，促进城市高质量发展。

［参考文献］

[1] 苏世亮，吕再扬，王伟，等.国土空间规划实施评估：概念框架与指标体系构建［J］.地理信息世界，2019（4）：20-23.

[2] 霍雅琦.国土空间规划"一张图"动态监测评估指标和技术框架研究［D］.泉州：华侨大学，2020.

[3] 尚嫣然，赵霖，冯雨，等.国土空间开发保护现状评估的方法和实践探索：以江西省景德镇市为例［J］.城市规划学刊，2020（6）：35-42.

[4] 张文忠，何炬，谌丽.面向高质量发展的中国城市体检方法体系探讨［J］.地理科学，2021（1）：1-12.

[5] 石晓冬，杨明，金忠民，等.更有效的城市体检评估［J］.城市规划，2020（3）：65-73.

[6] 程辉，黄晓春，喻文承，等.面向城市体检评估的规划动态监测信息系统建设与应用［J］.北京规划建设，2020（Z）：123-129.

［作者简介］

朱　秀，助理工程师，任职于武大吉奥信息技术有限公司。

黄　宇，硕士，高级工程师，任职于武大吉奥信息技术有限公司。

黎云飞，工程师，任职于武大吉奥信息技术有限公司。

孙超俊，硕士，工程师，任职于武大吉奥信息技术有限公司。

智能高效城市体检评估模式探索

——以厦门市为例

□刘丽芳

摘要：本文在全面总结分析近年城市体检评估相关经验的基础上，结合厦门市实践对智能化实时城市体检评估模式进行初步探讨，试图建立实时常态运行、全周期业务覆盖、全方位决策支持、全人群服务的城市体检评估及成果应用模式，为其他地市、其他层级的城市体检评估工作提供借鉴。

关键词：城市体检评估；信息平台；常态运行；智能高效；厦门市

1　城市体检评估背景

我国城市发展已经进入了由高速度增长向高质量发展转变的关键时期，推动城市高质量发展与治理能力现代化是城市发展的必由之路，其中城市体检评估就是城市高质量发展和精细化管理的有效手段。经过国家部委的大力推进，城市体检评估作为全面系统了解城市发展规律、做好城市规划建设管理工作的有效方法，已经在全国多个城市进行了 3 年的深入探索，形成了一套可复制可推广的经验。

2　城市体检评估目标

坚持"人民城市人民建，人民城市为人民"的原则，从人民群众关切的问题出发，基于目标、问题、结果三个导向，制定一系列符合地方特色和发展实际的城市体检评估指标体系，从不同的时空序列、领域范畴、视觉方向进行定性、定量的研究判断，识别城市治理中的风险、短板和挑战，特别关注群众反映强烈的公共服务缺失、交通拥堵、城市安全等问题，深度查找问题产生的原因，提出有针对性的举措，不断优化城市发展方式，提高城市治理现代化水平，提升人民群众获得感、幸福感、安全感。

3　城市体检评估工作模式

城市体检评估工作是一项全局性、系统性的工作，涉及不同区域、领域和人群，只有"党委、政府主要领导亲自抓，政府主导、部门协同，专家咨询，全民参与"群策群力推进城市体检评估工作，才能更系统、全面、深入地做好城市体检评估工作，真正实现"发现问题—解决问题—全面提升"的工作闭环。2019—2021 年，厦门市经过 3 年的探索与实践，总结形成了

"部门自检—统筹评估—全民参与"三位一体的行之有效的工作经验和做法。

3.1 部门自检，深度分析各领域工作成效

部门自检是城市体检评估工作的基础，指标体系对应的部门相关工作不可能仅凭一个数值一句描述就能得出客观全面的评价，也不可能仅凭某个团队或专家就可以完全掌握这项全局性工作的方方面面。因此，通过统一的工作模板，让各部门在快速提供体检指标相关数据的同时，客观评价指标对应工作的结论，分析问题短板及成因，提出专业的提升措施、行动清单和政策建议等全面一体的部门自检成果，确保体检评估结论的科学、全面、准确。

3.2 统筹评估，全面评价城市发展体征

各项指标不是孤立的，通过统筹全市各部门自检结果，厘清各项指标间的关系，将互相关联的指标体系进行综合分析判断，有利于更加全面、深入、准确地判断各项指标体系及相关工作的成效和问题。对标新理念、新要求，客观分析指标间的相互关系，有利于准确判定城市发展过程中存在的方向性差距；将具体指标与城市发展定位、发展方向和发展重点相结合，可更加直观地反映城市发展目标的实现程度；通过 5 年历史数据纵向对比，可以直观反映城市发展的自身态势，辅助制定行之有效的工作措施和政策制度。

3.3 全民参与，客观评价居民满意程度

通过政府官网、微信公众号、广告媒介、报纸杂志等多个渠道开展城市体检评估工作宣传和居民社会满意度调查，让生活和居住在城市的广大居民深刻认识到城市体检评估工作的深层次意义，积极参与到城市体检评估工作中来。让老百姓来评价城市治理成效，对自己关心的问题提出切实可行的意见和建议，将老百姓对城市发展的满意程度作为城市治理成效的标尺，实现全民参与，实现居民建言献策与政府体检评估的有效衔接，了解老百姓关心的重点和方向，真正实现"人民城市人民建，人民城市为人民"的治理体系。

4 城市体检评估厦门实践

4.1 统一领导，达成一致认识

城市体检评估工作是一项全局性、系统性的工作，在执行过程中必须要有领导的高度重视才能高效推进相关工作的开展，并取得成效。因此，在实践过程中，厦门市成立了由市长任组长，分管副市长任副组长，各相关单位负责人为成员的城市体检评估工作领导小组，统筹领导和推进城市体检评估工作；领导小组成员均高度重视城市体检评估工作，把城市体检评估作为统筹城市规划建设管理、促进城市治理转型的重要抓手，为城市体检评估工作高效推进奠定了基础。

4.2 统一目标，形成统一指标体系

对于城市而言，城市地理空间是唯一的，城市建设现状是客观存在的。因此，城市体检评估指标体系应该是协调统一的，不应该同时存在多个类似指标，甚至同一个指标存在不同统计口径、不同计算方式。以城市为核心，从不同角度、重点、领域、专业方向制定一套符合城市发展阶段、城市特色的完整的指标体系，并结合不同目标、国际国家标准、行业标准规范等，

形成协调统一的指标名称、定义等内容，不断深化细化指标体系计算口径和统计方法，形成一套科学合理可操作、符合地方特色的城市体检评估指标体系显得尤为重要。

厦门市结合城市体检评估工作的实践，目前已经基本形成了一套相对全面完整的城市体检评估指标体系。①结合住房和城乡建设部 2021 年城市体检评估工作要求的生态宜居、健康舒适、安全韧性、交通便捷、风貌特色、整洁有序、多元包容、创新活力 8 个方面 65 项指标，2020 年的 50 项指标及 2019 年的 36 项指标，厦门市增加了近岸海域水质达标率、滨海休闲岸线长度比例、国际化指数、消防救援 5 min 可达覆盖率、城市公众安全感满意度调查等突出城市建设成效的指标；②在《国土空间规划城市体检评估规程》安全、创新、协调、绿色、开放、共享 6 个一级类别 23 个二级类别 122 项指标基础上，结合国土调查、用途管制、执法督查等自然资源全过程管理内容及规划实施中的关键变量和核心任务，增加年度利用计划执行率、土地出让招拍挂比例、建设项目开工巡查率、土地违规出让预警宗数等突出国土空间规划实施成效的指标；③以城市发展定位、发展特色、政府近期推进的重点工作及部门专项工作等为核心，形成一套突出城市发展方向及专项工作目标的指标体系；④以《完整居住社区建设标准》《社区生活圈规划技术指南》为核心，结合一刻钟便民生活圈建设、完整居住社区营造等工作的推进，形成一套符合社区层级治理的指标体系。

4.3　统一数据，汇聚多源融合大数据

以全面形成的三维立体自然资源"一张图"数据体系为基础，在全市国土空间基础信息平台已有"现状数据、规划数据、管理数据、社会经济数据、共享数据、互联网＋"六大类数据 500 多个图层的基础上，全面连通市级各类空间信息系统、初步联通省级空间信息系统，不断完善官方数据资源底数；建立"互联网＋"数据自动采集、购买服务等机制，实现兴趣点、社会舆情、社交数据、手机信令数据、百度交通运行时空数据等的实时采集沉淀，作为官方数据的补充；深挖大数据融合、人工智能、卫星遥感等技术应用，强化数据采集、融合、沉淀等综合能力；同时结合数据统筹管理、动态更新等相关制度的建立，实现全市不同阶段不同类型各类空间数据的实时动态更新，确保体检评估指标数据的实时、客观、准确和权威。

4.4　统一平台，建立全周期服务平台

结合厦门市"多规合一"业务协同平台工作基础，运用新一代信息化技术，建立城市体检评估信息平台，配套城市体检评估工作的常态化运行机制，实现了平台多源融合大数据的实时动态更新、指标数据的实时统计分析、指标结果的细化分解、体检评估结果的二维三维可视化展示、体检评估报告的自动生成等城市体检评估工作的全周期动态服务，有效提升城市体检评估工作智能化水平，为智能、高效、实时体检评估提供了技术保障。

4.4.1　先进技术是平台高效运行的基础

基于云平台的大容量、高并发、高可用数据库框架、结构和内容体系，构建时空数据引擎、服务引擎、可视化引擎、模型算法引擎，实现城市时空数据和三维数据的高效管理；通过微服务架构实现分布式存储，利用二维三维一体化技术，支撑大场景宏观管理、空间分析，中小场景的快速三维可视化等。

4.4.2　模型算法是体检评估工作精准高效的保障

充分发挥国土空间基础信息平台大数据优势，以全市各职能部门"共建共享共管"的多源数据为基础，构建了 200 多项城市体检评估指标的动态分析模型算法，实现指标数据的实时统

计、系统分析和动态模拟；空间关联指标可自动按照"市级—区级—街道—社区"逐级分解指标数据和分析结果，不断细化指标数据的颗粒度和精细化程度；通过二维三维一体化、数据可视化等技术实现体检评估数据、空间分布、历史变化趋势、细化分析图表、结果表情图等内容的可视化和自动化（图1）。

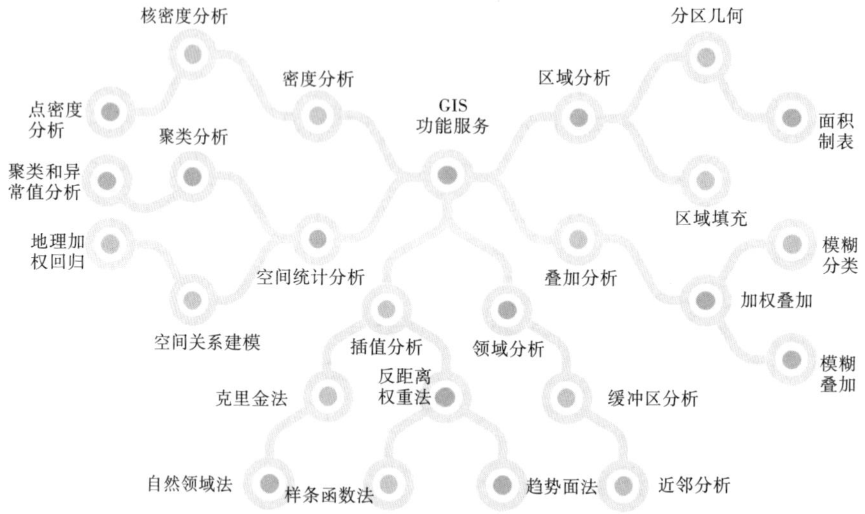

图1 GIS算法支持示意图

4.4.3 全周期服务是平台价值的重要体现

（1）精准高效开展体检评估。

通过"多规合一"业务协同平台接入全市400多个市区街道等单位，实现全市6区各职能部门、市—区—街道—社区四级空间数据、统计数据等官方数据的统一高效收集，实时统计分析（图2）。

图2 数据采集

（2）多维反映运行态势。

通过"等时圈"指标动态评估模拟，经时间纵向对比、横向对标先进城市和国内外行业标准，直观反映城市发展的运行态势及与对标城市、标准的差距，辅助领导决策。

（3）动态评估治理成效。

定期监测各项治理措施的实施程度，统筹推进治理工作落地；结合多源空间数据的动态更新，实时监测相关指标的运行态势，辅助评估城市发展问题，并结合历年数据的积累和推演，辅助预判城市运行规律与发展趋势，辅助领导决策。

（4）强化部门沟通协作。

全市各部门共同沟通、协调、推进城市体检评估常态运行，通过全市各级空间数据的共享，问题改善措施及政策执行的动态跟踪反馈，实现城市体检评估"诊疗一体化"。

（5）增强公众参与实效。

公众参与模块的上线运行，实现决策与民意的双向互动反馈，直接反映群众真实意愿，推动民生实事项目实施；同时基于群众意见建议的互动，实现了公众参与数据的实时动态分析，快速识别公众关注热点等信息。

4.4.4　专项应用拓展是平台生命力的象征

城市体检评估工作的范畴是不断拓展延伸的，结合城市体检评估工作的实践，动态按需拓展专项评估应用，实现城市体检评估信息平台的不断迭代升级，为城市体检评估工作的全领域覆盖、智能化应用提供技术支撑。结合厦门实际，在全周期业务服务的基础上，目前已拓展人口基础评估（人口空间分布、职住平衡、人口流动）、公共服务专项评估（文化、教育、体育、医疗卫生）等评估模型，正在开展社区治理评估模型研究。

（1）人口基础评估。

应用官方人口数据与手机信令数据、位置定位数据构成人口时空大数据，搭建人口基础评估模块，支撑人口总量、空间分布、职住关系、人口流动等方面的动态分析评估。①空间分布：对不同时间（如每天每小时、工作日、周末或节假日等）、不同空间范围（如全市、各区、街道、社区或自定义空间范围等）的人口空间集聚特征进行分析和评估，为城市活力空间识别、热门旅游景点、城市服务设施承载能力评估提供支撑。②职住平衡：采用定性分析和指标量化分析相结合的方法，对城市职住与通勤特征进行分析评估，实现职住比、职住分离度、内部通勤比、通勤时间、通勤距离、幸福通勤（45 min 以内通勤）、极端通勤（通勤时长超过 60 min）等方向的动态模拟。③人口流动：从不同时间和空间尺度，对人口总量（总人口、常住人口、流动人口、老年人口、适龄儿童），流动变化（时长超过 6 个月），客流联系强度，户籍人口迁移（含户口变化），不同产业、不同行业、不同企业从业人员的变化特征等进行监测分析与评估。

（2）公共服务专项评估。

应用网络 POI（关注点）数据作为官方公共服务专项空间信息的补充，以满足公共服务设施覆盖度的目标要求为原则，设定文化专项、教育专项、体育专项、医疗卫生专项、社会福利与保障专项等公共服务专项评估模型，实时评估文化、教育、体育、医疗卫生、社会福利与保障设施的空间分布、集聚程度、变化趋势、可达性，动态评估居民公共服务设施覆盖程度，同时设定优化模拟规则，实现短板区域的自动优化模拟分析。

通过评估模型实时分析现状和规划两个层面的全市—各区—街道—社区四个尺度的公共服务设施的空间覆盖程度，包含服务半径覆盖率、5 分钟/10 分钟/15 分钟生活圈覆盖率、千人座位数等指标内容。通过与平台原有海量数据及功能相结合，直观反映评估结论，诊断问题产生原因，提出空间优化策略，实现公共服务设施"评估—诊断—优化—监测—预警"的闭环管理（图3）。

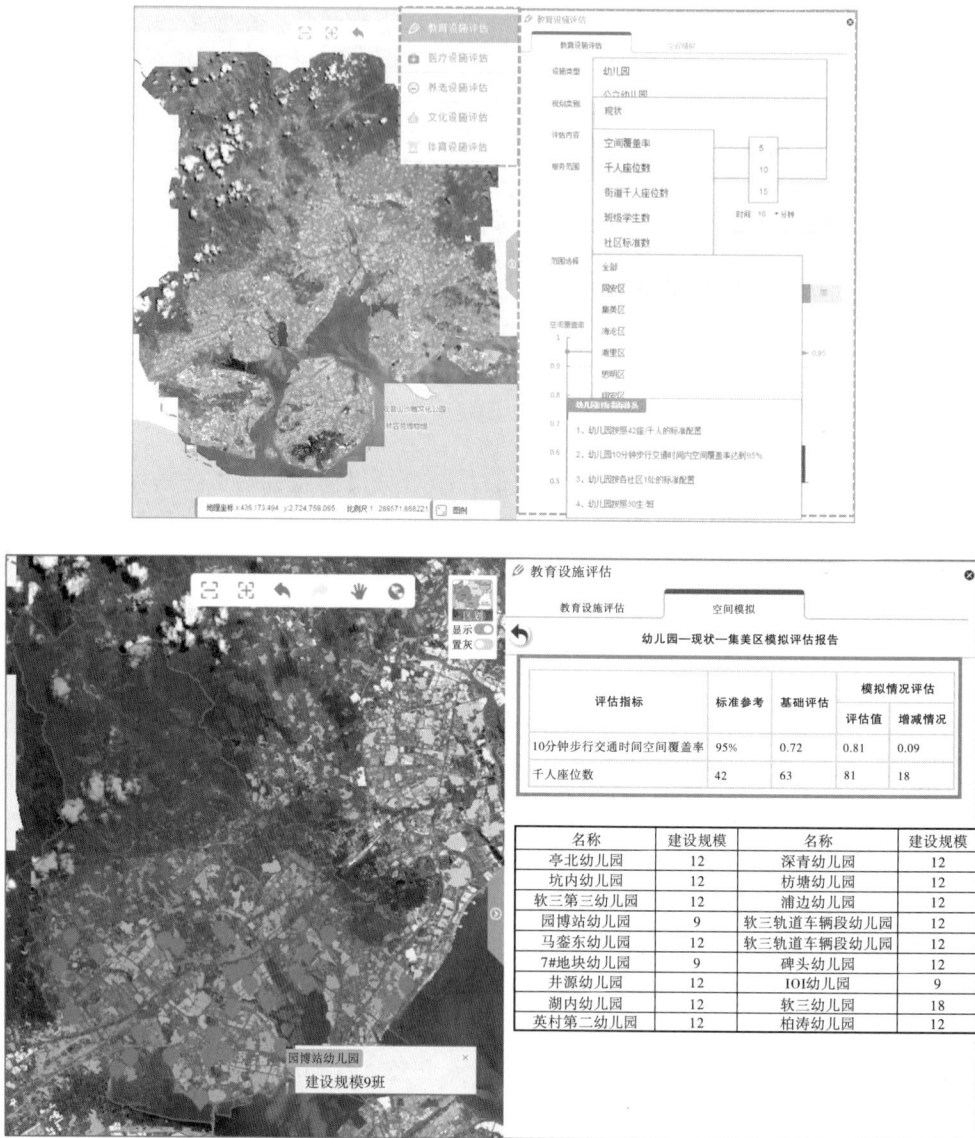

图3 公共服务设施体检评估示意图

5 城市体检评估成果应用

城市体检评估成果可以直观、全面地反映城市发展状况，包括安全、创新、协调、绿色、开放、共享6个维度不同领域的成效和问题，与城市发展目标的差距，与国际、国家、行业标准的差距，与对标区域、对标城市的差距，城市年度计划的实施程度，部门专项工作的成效和问题等方面的内容。依托城市体检评估信息平台实现城市体检评估工作的常态化运行，结合关心关注城市体检评估工作的不同人群，形成内参版、公众白皮书和专题报告等多种形式，定期提供给相应的群体作为决策参考，是城市体检评估成果发挥最大价值的实施途径。

定期将城市体检评估最真实全面的内容形成内参版提交市专职部门，作为市级领导决策的依据；将公众关心关注的民生热点内容形成公众白皮书，定期向公众发布；结合城市专项工作及重点工作的推进，形成专题报告推送职能部门决策参考；每年年底将城市体检评估成果纳入政府工作报告，并向市人大提交专题书面报告等。

与此同时，由专业的技术团队负责城市体检评估常态运行工作，定期将城市体检评估指标体系与城市重点工作、城市发展重要问题和近期发生的重大事项等进行系统关联，做好体检评估重心的实时优化调整，真正实现城市体检评估成果的有用、好用、管用。

6 结语

深挖新技术应用，进一步解决现有多源时空大数据采集、融合、治理的问题，不断减少城市体检评估盲区；深化城市发展核心问题、区域特征问题、社会热点问题等重大问题的研究，制定城市体检评估指标阈值，实现城市体检评估指标量化分析，使体检评估结果更可视、更好懂；将城市体检评估信息平台与CIM（城市信息模型）平台深度融合，实现城市问题直观反映、解决对策的孪生场景模拟推演等，高效推动城市治理体系现代化。

［参考文献］

[1] 中华人民共和国自然资源部. 国土空间规划城市体检评估规程：TD/T1063－2021［S］.（2021-06-18）［2021-08-03］. http://gi.mnr.gov.cn/202106/t20210621_2658597.html.

[2] 中华人民共和国自然资源部. 社区生活圈规划技术指南：TD/T1062-2021［S/OL］.（2021-05-26）［2021-08-02］. http://gi.mnr.gov.cn/202105/t20210526_2633012.html.

[3] 唐凯，宫鹏，张文忠，等. 中国城市体检报告：2019年［M］. 北京：中国城市出版社，2020.

[4] 张文忠，何炬，谌丽. 面向高质量发展的中国城市体检方法体系探讨［J］. 地理科学，2021（1）：1-12.

[5] 温宗勇. 北京"城市体检"的时间与探索［J］. 北京规划建设，2016（2）：70-73.

[6] 林文琪，蔡玉蘅，李栋，等. 从城市体检到动态监测：以上海城市体征监测为例［J］. 上海城市规划，2019（3）：23-28.

［作者简介］

刘丽芳，硕士，注册城乡规划师，厦门市规划数字技术研究中心主任工程师。

国土空间规划现状用地转换与城市体检评估工具研究

□于　靖，邢晓旭，孟　悦，秦　坤，张　硬

摘要： 为更高效地推进国土空间现状用地转换和国土空间规划体检评估工作，本文对第三次全国国土调查用地分类与国土空间调查、规划、用途管制用地用海分类的不同转换深度下的转换规则，国土空间规划体检评估指标体系、指标计算方法、基础数据需求等进行了研究，探索"三调"与国土空间现状用地转换、体检评估指标计算实现路径。针对"三调"与国土空间现状用地分类"一对一""多对一"可直接转换地类和体检评估空间计算指标，研发了高效、可量化、可复用的国土空间规划现状用地快速转换与国土空间规划体检评估工具软件，降低量化分析工具使用门槛。目的是通过工具化的手段，高效准确地实现"三调"用地分类向国土空间现状用地分类的快速转换，同时实现体检评估空间指标快速分析计算、体检评估数据库快速构建，降低人工误差并提高工作效率。

关键词： 国土空间规划；现状用地转换；城市体检评估；工具软件

1　引言

2019 年 7 月，自然资源部办公厅发布《自然资源部办公厅关于开展国土空间规划"一张图"建设和现状评估工作的通知》（自然资办发〔2019〕38 号），通知中指出"依托国土空间基础信息平台，全面开展国土空间规划'一张图'建设和市县国土空间开发保护现状评估工作"，其中以第三次全国国土调查成果为基础，经地类转换形成的现状用地（以下简称"现状用地转换"）是国土空间规划"一张图"的重要内容；2020 年 10 月 16 日，自然资源部国土空间规划局发布《关于开展现行审城市国土空间规划城市体检评估工作的通知》，将国土空间开发保护现状评估工作升级为国土空间规划城市体检评估（以下简称"体检评估"）工作。

目前，各地自然资源部门对现状用地转换方法和体检评估指标体系进行了研究。在现状用地转换方面，部分省市为满足转换工作的实际需要，制定了适应于本地的转换技术规范，开展了国土空间总体规划底图的绘制工作。其中，浙江省制定《浙江省国土空间总体规划基数转换及审定办法（试行）》，约定了"三调"向国土空间现状用地分类转换方法，分为地类对应、地类归并、地类细分三种；江西省制定《江西省国土空间总体规划基数转换技术指南（征求意见稿）》，明确了"三调"工作分类与规划用途分类衔接方法；南昌市城市规划设计研究院撰写了《从"三调"到国土空间规划"一张底图"——以南昌为例》，分析了从"三调"向国土空间现状用地的地类对应类型；张硕等发表《论县级国土空间规划"一张底图"的构建及应用》，将转换类型分为"基本对应"A 型、合理性"无对应"O 型、"无对应"X 型。在国土空间规划体检

评估方面，银川市结合"绿色、高端、和谐、宜居"城市发展理念等，形成了"指标值—对指标值的评估—成因分析—规划编制建议"的逻辑链条；重庆从绿色发展、结构效率、生活品质等入手，探索符合重庆"直辖体制、省域架构"特殊市情的指标体系。

目前各自然资源部门针对现状用地转换的研究主要集中在转换方法、转换成果要求、成果审查方面，在体检评估方面的研究多集中在指标体系的选取研究，还未进行相关工具研究。为更高效地推进国土空间规划的"一张底图"建设和体检评估工作，本文提出国土空间现状用地快速转换与体检评估工具研究，目的是通过工具化的手段，高效准确的实现"三调"用地分类向国土空间现状用地的快速转换，同时实现体检评估指标分析并给出评估结果，进而及时发现国土空间治理问题，更科学、更规范地传导国土空间规划重要战略目标，推进国土空间规划编制。

2　研究方法

（1）文献阅读及案例研究法。

查阅相关的科技论文、自然资源部发文、相关国家及行业标准、其他省市建设案例，全面地、正确地了解自然资源部对国土空间现状用地及国土空间开发保护现状评估、体检评估的要求，其他省市的优良经验、工作思路、工作方法等，提出本研究技术路线。

（2）描述性研究法。

依据自然资源部办公厅〔2019〕38号文要求、《国土空间规划城市体检评估规程》、其他省市建设经验，基于相关标准，总结现有方法的优势及不足，总结本研究所使用的理论方法。

（3）实验研究法。

选取"三调"用地、公共服务设施、三线等实验数据，基于桌面端ArcGIS软件进行实际操作，总结数据需求及工具需求，确保研究技术路线正确及相关系统平台的开发。工具研发完成后，使用实验数据进行功能验证，保障工具高效性、实用性。

3　现状用地转换规则与体检评估指标计算方法研究

3.1　现状用地转换规则研究

依据《国土空间调查、规划、用途管制用地用海分类指南（试行）》（以下简称《指南》），国土空间规划用途分类按照资源利用的主导方式划分为农林用地、建设用地、自然保护与保留用地、海洋利用四种类型，对应24种一级类，106种二级类，39种三级类。"三调"数据按照《第三次全国国土调查工作分类》，依据土地的用途、经营特点、利用方式和覆盖特征等因素进行分类，其基本架构为二级分类体系，一级类13个，二级类56个。由于国土空间规划编制需遵循《指南》所规定的分类方式，自然资源部办公厅〔2019〕38号文要求"一张底图"应以"三调"为基础，整合其他国土空间规划编制所需的现状数据及信息，形成坐标一致、边界吻合、上下贯通的"一张底图"，现状用地作为"一张底图"的核心内容，需遵循《指南》的分类标准，因此需基于"三调"数据进行用地类型转换。本文针对"三调"和国土空间规划用地分类，进行了不同转换深度下地类对应关系的研究，形成转换规则（图1）。

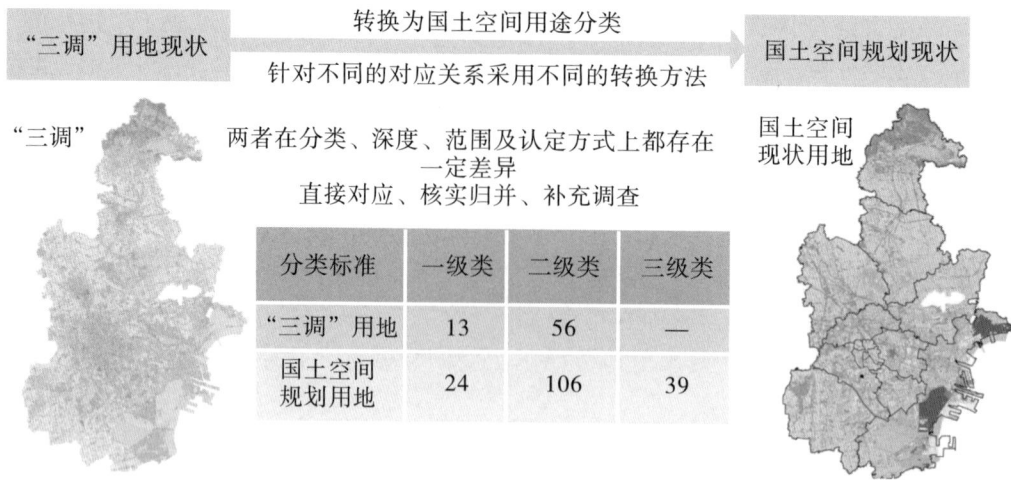

图1 "三调"分类与国土空间规划分区与用途分类差异

本文梳理了不同转换深度（转换至一级类/二级类/三级类）下的"三调"数据用地分类与国土空间规划用地分类对应关系，包括"一对一"、"多对一"、"一对多"和"无对应"四种（表1）。针对不同转换深度，基于每种对应关系，制定用地转换规则，对于"一对一""多对一"等可直接对应的类型，通过系统工具识别的方式自动转换，提高工作效率；针对"一对多"等需对地块进行拆分的问题，需借助遥感影像、地形图、POI等数据细化、细分建设用地，采用人工识别的方式进行转换（图2）。

表1 不同转换深度地类对应情况

序号	"三调"用地分类				国土空间现状用地用海分类								
	大类	一级类_代码	一级类_名称	二级类_代码名称	一级类_转换类型	一级类_代码	一级类_名称	二级类_转换类型	二级类_代码	二级类_名称	三级类_转换类型	三级类_代码	三级类_名称
1	农用地	00	湿地	0303 红树林地	多对一	05	湿地	一对一	0507	红树林地	一对一	0507	红树林地
2	农用地	00	湿地	0304 森林沼泽	多对一	05	湿地	一对一	0501	森林沼泽	一对一	0501	森林沼泽
3	农用地	00	湿地	0306 灌丛沼泽	多对一	05	湿地	一对一	0502	灌丛沼泽	一对一	0502	灌丛沼泽
4	农用地	00	湿地	0402 沼泽草地	多对一	05	湿地	一对一	0503	沼泽草地	一对一	0503	沼泽草地
5	建设用地	05	商业服务业用地	05H1 商业服务业设施用地	一对多	07	居住用地	一对多	0702	城镇社区服务设施用地	一对多	0702	城镇社区服务设施用地

续表

序号	"三调"用地分类				国土空间现状用地用海分类								
	大类	一级类_代码	一级类_名称	二级类_代码名称	一级类_转换类型	一级类_代码	一级类_名称	二级类_转换类型	二级类_代码	二级类_名称	三级类_转换类型	三级类_代码	三级类_名称
6	建设用地	05	商业服务业用地	05H1商业服务业设施用地	一对多	07	居住用地	一对多	0704	农村社区服务设施用地	一对多	0704	农村社区服务设施用地
7	建设用地	05	商业服务业用地	05H1商业服务业设施用地	一对多	09	商业服务业用地	一对多	0901	商业用地	一对多	090101	零售商业用地
8	建设用地	05	商业服务业用地	05H1商业服务业设施用地	一对多	09	商业服务业用地	一对多	0901	商业用地	一对多	090102	批发市场用地
9	建设用地	05	商业服务业用地	05H1商业服务业设施用地	一对多	09	商业服务业用地	一对多	0901	商业用地	一对多	090103	餐饮用地

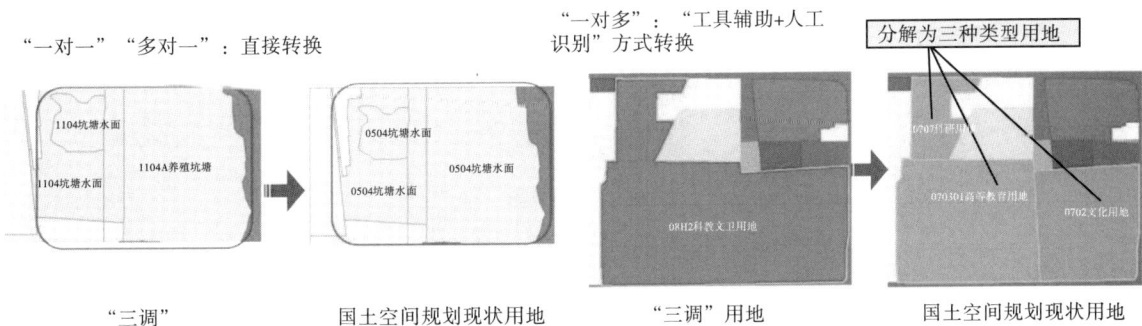

图2 用地对应类型转换规则示意图

3.2 城市体检评估指标计算方法研究

依据《国土空间规划城市体检评估规程》中体检评估指标体系要求，针对每项指标，梳理其指标内涵、数值单位、范围、来源、计算公式、数据形式、基础数据需求等基本信息，详细研究每项指标计算方法、所需的数据基础、形成的成果内容（数值/数值＋矢量）、及需输出的矢量数据等，形成体检评估指标体系模型，便于体检评估指标数值的收集、计算，为模型开发奠定基础。依据指标获取及计算方式不同划分为空间型指标和数值型指标。空间型指标指需依据"三调"等空间数据计算的指标，需形成矢量数据，纳入体检评估数据库；数值型指标指需依据各项数值进行计算的指标，不需形成矢量数据。

4 现状用地转换与体检评估工具实现

4.1 现状用地转换工具研究

依据所梳理的《"三调"与国土空间现状用地分类转换规则》，基于 ArcGIS 平台，研发现状用地快速转换工具，进行不同转换深度（一级类、二级类、三级类）或自定义转换表格下的现状用地转换工作，实现"一对一""多对一"类型的用地一键转换，及转换用地地块和用地面积统计功能。工具采用简约集成方式设计，输入"三调"数据，选择转换深度或选择自定义转换表，定义输出路径，即可进行用地类型转换，输出矢量数据及各类型转换地块和面积统计表（图 3、图 4）。转换后的数据存储在输出数据路径下，转换成果将用地分为地类对应、地类归并和地类细分三种类型，并分别统计出每类用地的地块数及面积。

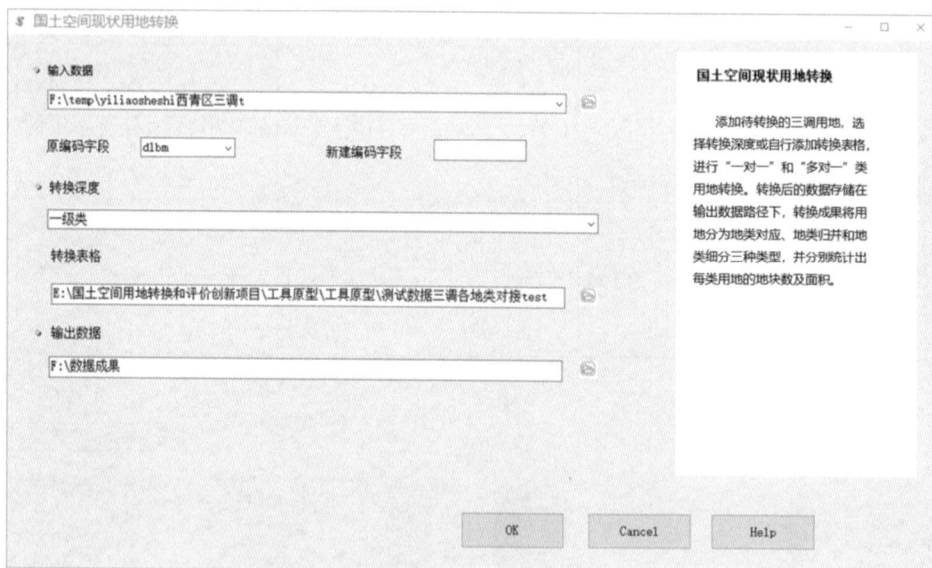

图 3　工具界面

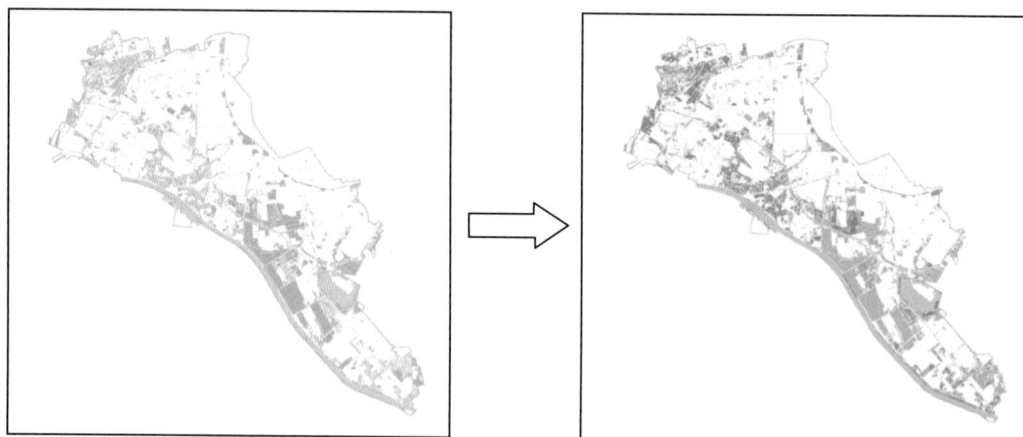

"三调"数据　　　　　　　　　　　　　国土空间现状用地数据

图 4　"多对一"类型转换成果

4.2　城市体检评估空间指标计算工具

依据所梳理的体检评估指标体系，基于 ArcGIS 平台，根据指标计算方式和所需数据，将计算方式进行工具化嵌入后台，研发空间指标计算工具，并建设实验数据进行计算验证，实现体检评估空间指标值快速计算及矢量数据库输出，提高年度体检评估的工作效率。

计算指标包含基本农田面积、森林覆盖率、湿地面积、河湖水面率等生态指标，人均城镇建设用地面积、人均农村居民点用地面积、城乡建设用地面积等建设用地指标；社区卫生医疗设施步行 15 min 覆盖率、社区中小学步行 15 min 覆盖率、社区体育设施步行 15 min 覆盖率等居民生活便利性指标；工业用地地均增加值、每万元 GDP 等产业发展类指标。

添加行政边界数据、"三调"数据、三线数据、专项基础设施数据等矢量数据，人口、GDP等数值型表格数据；勾选需要计算的指标（可一键全选，也可单个指标点选）；选择输出路径，即可进行空间指标的计算，输出矢量数据库及指标计算结果（图5、图6）。若所选指标计算所需的基础数据完整，则进行运算，并输出计算结果；若所选指标中的某一项或几项计算所需的基础数据不完整，则进行包含完整基础数据的指标计算，并发出警告信息，提示指标缺少数据。

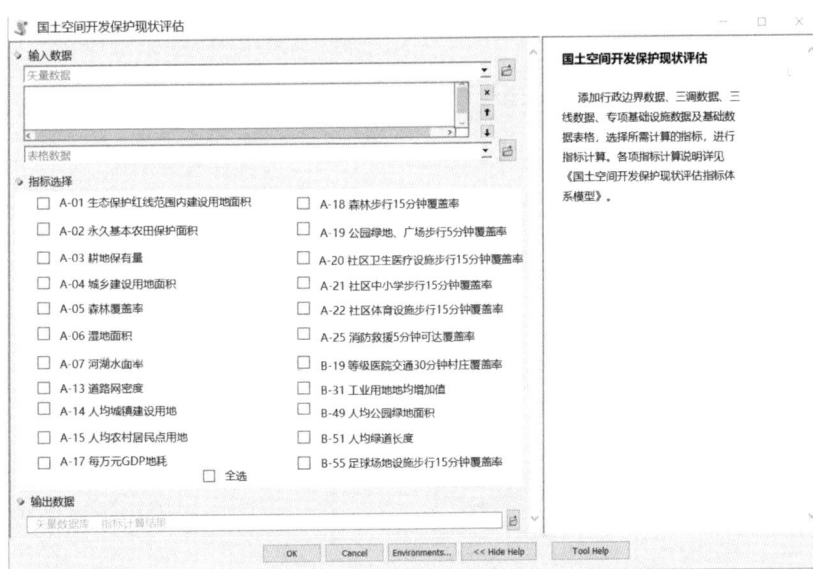

图 5　工具界面 2

指标计算结果：

A-02　永久基本农田保护面积：2785.0790741765平方千米

A-03　耕地保有量面积：632.753207722103平方千米

A-04　城乡建设用地面积：1655.51580271387平方千米

A-05　森林覆盖率：2.74592352095609%

A-06　湿地面积：510.315388050902平方千米

A-07　河湖水面率：8.58008629329797%

A-13　道路网密度：19.258千米/千米^2

A-14　人均城镇建设用地：88.481米^2/人

图 6　指标计算结果示例

5 结语

国土空间规划现状用地转换与城市体检评估工具研究，一方面实现了不同深度下的"三调"用地分类与国土空间现状用地分类的快速转换，支撑各级各类国土规划编制，提高工作效率；另一方面提高了体检评估效率及精度，节约时间及人力成本，有助于高效完成各市县国土空间规划编制工作。同时，指标模型体系模式适用于规划实施评估，可推广应用于国土空间规划"一张图"实施监督信息系统及各类含指标计算需求的系统。

［参考文献］

［1］南昌市城市规划设计研究院. 从"三调"到国土空间规划"一张底图"：以南昌为例［EB/OL］.［2021-08-09］. https://www.sohu.com/a/388297384_275005.

［2］张硕，高璟，彭震伟. 论县级国土空间规划"一张底图"的构建及应用［J］. 城市规划学刊，2020（2）：70-79.

［作者简介］

于　靖，硕士，工程师，任职于天津市城市规划设计研究总院有限公司。

邢晓旭，硕士，工程师，任职于天津市城市规划设计研究总院有限公司。

孟　悦，硕士，工程师，任职于天津市城市规划设计研究总院有限公司。

秦　坤，硕士，工程师，任职于天津市城市规划设计研究总院有限公司。

张　硬，硕士，工程师，任职于天津市城市规划设计研究总院有限公司。

面向城市群规划量化评估的多源数据探析

□唐　梅

摘要： 随着信息技术的发展，规划研究可用的数据也越来越多，运用多源数据开展规划分析评价，已成为规划编制不可或缺的重要技术。"宜荆荆恩"城市群规划量化评估在传统规划数据基础上融合了互联网数据，从宏观、中观、微观层面支撑城市群规划量化评估，本文基于此项目工作经验，概述了数据采集、数据清洗、数据可视化等方面的内容，使各类数据成果能更好地应用于规划编制中，对规划量化评估起到基础的支撑作用，也对互联网数据如何用于规划编制、提高数据质量有着重要的现实意义。

关键词： 多源数据；传统数据；互联网数据；"宜荆荆恩"城市群

1　引言

2021 年 4 月，湖北省人民政府发布《湖北省国民经济和社会发展第十四个五年规划和二〇三五年远景目标纲要》，提出要推动"宜荆荆恩"（宜昌、荆州、荆门、恩施）城市群落实长江经济带发展战略，建设成为联结长江中游城市群和成渝地区双城经济圈的重要纽带。在此背景下，开展"宜荆荆恩"城市群国土空间规划，为精准研判"宜荆荆恩"城市群区域特征，有效提升规划工作的科学性和客观性，提出了利用多源数据评价国土空间高质量利用的思路，研究各类数据的采集内容，运用信息化手段对数据进行处理，并将各类数据进行融合，提取其空间信息并进行分析、可视化，为辅助编制高质量的国土空间规划提供支撑。

2　开展城市群规划量化评估对数据的需求

开展"宜荆荆恩"城市群国土空间规划的量化评估，一方面需要对省、市级国土空间规划起到承上启下的作用，另一方面需要对区域内各市、县之间的区域协同提供指引。基于此要求，本研究拟定了量化评估技术路线（图 1）。

根据量化评估技术路线，数据需满足"六专题、多尺度"的研究需求，在微观层面，各类数据应细化到"宜荆荆恩"城市群内 4 个市辖区及下属 24 个区（县），满足城市群内各区域之间联系强度和各自的职能特色的研究；在中观层面，"宜荆荆恩"城市群地处长江中游，与武汉城市圈、成渝城市圈、长株潭城市群、"襄十随神"城市群相邻，是湖北省两个副中心之一，需要收集 4 个城市群相关数据，进行分析评估；在宏观层面，需要全国相关数据的支撑，分析其与全国其他城市的联系度。对所有数据进行分类处理，然后通过量化分析手段，融合多源数据，研判"宜荆荆恩"城市群在不同空间尺度下的能级定位，评价"宜荆荆恩"城市群区域间的联系强度和职能特色，最后构建精细化的量化评估模型，切实提高数据分析的精确性和科学性，为规划编制提供有效的指引。

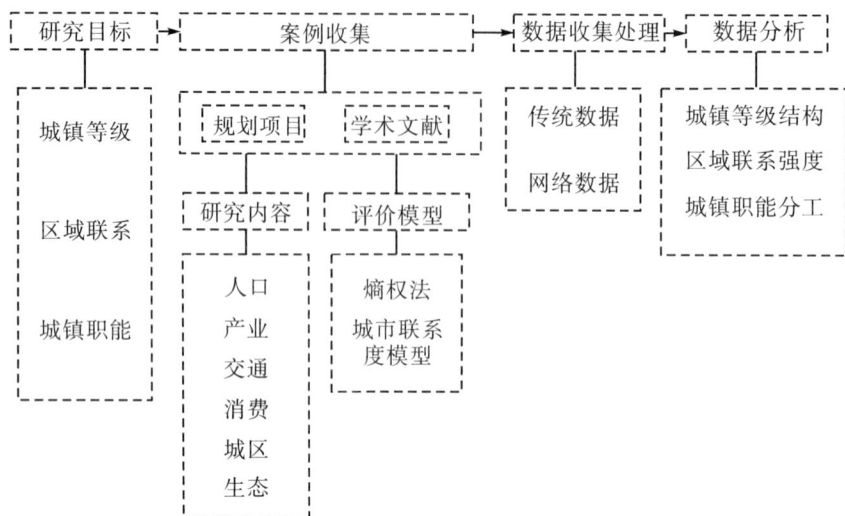

图1　量化评估技术路线图

3　基于城市群规划量化评估体系的多源数据采集

按照"六专题、多尺度"的研究需要，用于量化分析评估的数据涉及传统规划数据和互联网数据。其中，传统数据主要用于宏观层面和中观层面分析，互联网数据主要用于微观层面和中观层面分析，互联网数据是传统数据的延伸和细化。

3.1　传统数据采集内容

传统数据主要以全国、湖北省及宜昌、荆州、荆门、恩施四市（州）2020年的统计年鉴及政府工作报告为主，还包括中国民航局的机场航班数据、交通运输部港口货运数据、ESRI的遥感影像数据。六项研究内容中的数据收集分别如下。

①人口：主要通过年度统计年鉴，收集近5年的人口数量和城镇化率。

②产业：主要通过年度统计年鉴和政府工作报告，收集近5年的地区生产总值、产业构成及比例、人均生产总值、特色产业信息（分行业工业企业主要经济指标）、分行业固定资产投资、旅游业发展状况、高新技术产业发展状况等。

③交通：主要通过年度统计年鉴、政府工作报告、中国民航局的机场航班数据和交通运输部港口货运数据，收集近5年公路通车里程及客货运输量、机场吞吐量数据、港口货运吞吐量数据。

④消费：主要通过统计年鉴，收集社会消费品零售总额，以及不同类型的消费总额数据。

⑤城区：主要通过统计年鉴，收集与城区相关的城市建设基本情况等数据。

⑥生态：主要通过ESRI公布的精度10 m×10 m遥感影像解译全球土地利用数据，收集10种大类地物分类数据。

3.2　互联网数据采集内容

互联网数据大多由不同互联网机构所掌握，其中人口、产业、消费专题无公开数据，特向百度、天眼查、湖北省银联三家机构集中采购。此外，还运用其他技术获取了 OSM（开源地图）路网、12306 列车班次、百度地图通勤、夜景灯光、空气指数等数据，为交通、城区面积、生态环境三个专题提供了数据支撑。具体数据采购采集内容如下。

①百度数据采购：主要为研究不同尺度下的人口迁徙特征，共采购三项百度人口迁徙数据，分别为"全国—城市群人口迁徙数据""四市州间人口迁徙数据""区县级人口迁徙数据"。数据样本的采集时间均为 2021 年 3—4 月，数据格式均为 TXT 文本。

②天眼查数据采购：主要为研究城市群内的产业特征，包括行业分类、空间分布、创新能力、投资联系等。本次共采购三项天眼查企业数据，分别为"企业基本信息数据""发明专利数据""企业投资数据"。数据样本采集时间为 2021 年 5 月，数据格式均为 Excel 表格。

③湖北省银联数据采购：主要为研究城市群内的人群消费特征，本次共采购两项湖北省银联消费数据，分别为"人群消费画像数据"和"高速公路消费数据"。其中，人群消费画像数据包括消费者年龄、消费者性别、消费者籍贯、消费时间、消费金额、消费地点、消费行业等；高速公路消费数据仅记录各收费站点的扫码支付数据。数据样本采集时间为 2021 年 3—4 月、2021 年五一长假，数据格式均为 Excel 表格。

④夜景灯光数据采集：主要为研究历年城市建成区的范围变化，本次研究获取了 2005 年、2010 年、2015 年、2018 年共四个年份的 NASA 卫星影像。为避免天气等偶然因素，每个年度的卫星影像均对全年数据进行了均值化叠加处理，数据格式均为 TIFF 栅格。

⑤OSM 路网数据采集：OpenStreetMap 能够免费提供全球的路网数据。为研究城市群内的路网特征，本次研究下载了城市群及周边地区的路网数据，数据下载时间为 2021 年 5 月，数据格式均为 SHP 数据。

⑥12306 列车班次数据采集：主要为研究城市群内铁路客运特征，本次研究从 12306 官方网站获取全国的列车班次信息，主要包括列车车次、首发站、终点站、经停站、到站时间等。数据格式为 CSV 表格。

⑦百度导航数据采集：主要为研究城市群内的道路通行时间，本次研究运用百度提供的地图访问接口，获取了城市群内任意两点之间的导航数据，包括出发地、目的地、路线距离、时间等。数据格式为 CSV 表格。

⑧空气质量数据：主要为研究城市群的空气质量，本次研究从全国城市空气质量实时发布平台获取了全国国家级空气质量检测站点监测记录数据，主要包括空气质量指数与其余 6 种大气主要污染物小时级监测数值。数据格式为 CSV 表格。

4　多源数据的处理技术

为保障各类数据准确可用，在数据收集完成后还须对不同类型的数据进行数据清洗、空间化和可视化等处理工作。根据原始数据特征，采用新来源数据的处理技术，数据处理流程分为数据清洗、数据空间化、数据统计汇总和数据可视化四部分。

4.1　数据清洗

数据清洗首先需对数据进行属性清洗，依次进行数据内容解析、缺失值处理、异常值处理和去重处理；然后运用地理编码工具，将文本数据转换成空间数据，进行空间几何数据清洗，包括异常位置数据处理和重复几何数据处理。具体处理方式如下。

①数据内容解析：根据文本数据内容解析数据内容，提取有效信息。

②缺失值处理：对文本数据中有缺失的信息进行标注反馈，补充缺失值。

③异常值处理：对文本数据中异常大小或类型不同的值进行标注反馈，经确认后修改删除。

④去重处理：对文本数据中重复的数据进行标注反馈，经确认后删除。

⑤异常位置数据处理：对空间数据中超出范围或位置不准确的数据进行处理。

⑥重复几何数据处理：对空间数据进行拓扑检查，处理重复的数据。

4.2 数据空间化

为方便数据分析使用，首先将分散的数据集成整合，对没有空间信息的数据进行地理编码，统一成 SHP 格式、WGS84 坐标数据；然后通过 GIS（地理信息系统）空间关联技术实现空间几何和属性的关联。

4.3 数据统计汇总

数据统计汇总运用 GIS 的空间统计和空间关联技术，将分散的各类数据汇总到同一个单元内。分析城市群数据时，不仅要对城市群内部区县进行分析，还要汇总所有数值，分析其外在联系度。

4.4 数据可视化

数据可视化基于 Kepler、Tableau、ArcGIS、GeoHey 等平台，根据不同可视化需求，选择效果相对较好的可视化软件进行数据处理。本研究中，区域联系度数据主要选用 Kepler 平台，操作简单，显示直观；以数值分析为主的选用 Tableau 平台，在数值排列和显示效果上比较直观；传统规划分析为主的选用 ArcGIS 平台，方便叠加不同规划要素对比分析；人口迁徙流动数据主要选用 GeoHey 平台，可清晰标识迁入迁出的方向和流量。各类平台可视化效果具体如图 2、图 3 所示。

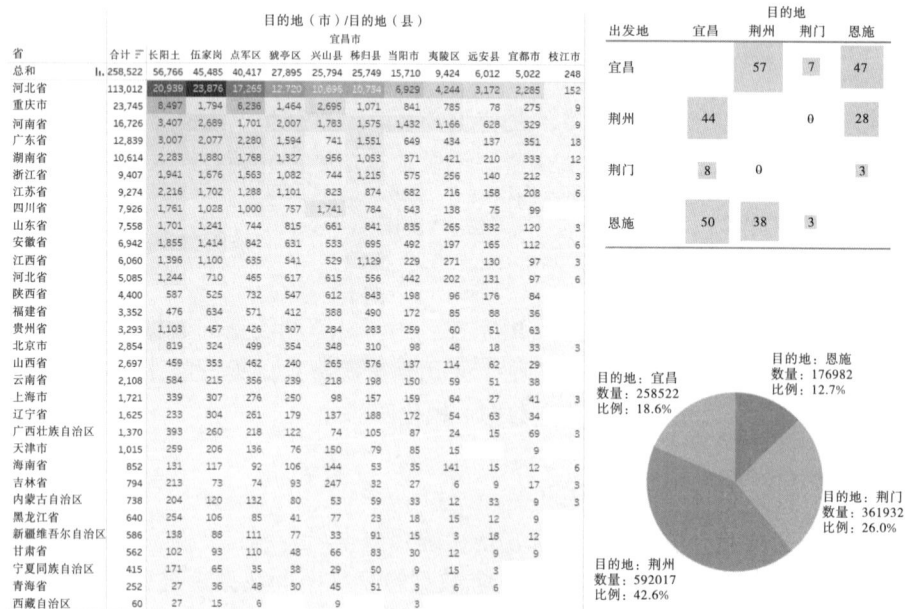

省	合计	长阳土	伍家岗	点军区	猇亭区	兴山县	秭归县	当阳市	夷陵区	远安县	宜都市	枝江市
总和	1,258,522	56,766	45,485	40,417	27,895	25,794	25,749	15,710	9,424	6,012	5,022	248
河北省	113,012	20,939	23,876	17,265	12,720	10,896	10,734	6,929	4,244	3,172	2,285	152
重庆市	23,745	8,497	1,794	6,236	1,464	2,695	1,071	841	785	78	275	1
河南省	16,726	3,407	2,689	1,701	2,007	1,783	1,575	1,432	1,166	628	329	9
广东省	12,839	3,007	2,077	2,280	1,594	741	1,551	649	434	137	351	18
湖南省	10,614	2,283	1,880	1,768	1,327	956	1,053	371	421	210	333	12
浙江省	9,407	1,941	1,676	1,563	1,082	744	1,215	575	256	140	212	3
江苏省	9,274	2,216	1,702	1,288	1,101	823	874	682	216	158	208	6
四川省	7,926	1,761	1,028	1,000	757	1,741	784	543	138	75	99	
山东省	7,558	1,701	1,241	744	815	661	841	835	265	332	120	3
安徽省	6,942	1,855	1,414	842	631	533	695	497	165	112	6	
江西省	6,060	1,396	1,100	635	541	529	1,129	229	271	130	97	3
河北省	5,085	1,244	710	465	617	615	556	442	202	131	97	
陕西省	4,400	587	525	732	547	612	843	198	96	176	84	
福建省	3,352	476	634	571	412	388	490	172	85	88	36	
贵州省	3,293	1,103	457	426	307	284	283	259	60	51	63	
北京市	2,854	819	324	499	354	348	310	90	48	18	33	3
山西省	2,697	459	353	462	240	265	576	137	114	62	29	
云南省	2,108	584	215	356	239	218	198	150	59	51	38	
上海市	1,721	339	307	276	250	98	157	159	64	27	41	3
辽宁省	1,625	233	304	261	179	137	188	172	54	63	34	
广西壮族自治区	1,370	393	260	218	122	74	105	37	24	15	63	
天津市	1,015	259	206	136	76	150	79	85	15		9	
海南省	852	131	117	92	106	144	53	141	15	3	9	
吉林省	794	213	73	74	93	247	32	27	6	17	3	
内蒙古自治区	738	204	120	132	69	53	59	33	12	15	9	3
黑龙江省	640	254	106	85	41	77	23	18	15	12		
新疆维吾尔自治区	586	138	88	111	77	33	91	15	3	18	12	
甘肃省	562	102	93	110	48	66	43	30	12	9		
宁夏回族自治区	415	171	65	35	38	29	50	9	6	3		
青海省	252	27	36	48	30	45	51	3	6	6		
西藏自治区	60	27	15	6	9	3						

出发地 \ 目的地	宜昌	荆州	荆门	恩施
宜昌		57	7	47
荆州	44		0	28
荆门	8	0		3
恩施	50	38	3	

目的地：宜昌 数量：258522 比例：18.6%

目的地：恩施 数量：176982 比例：12.7%

目的地：荆门 数量：361932 比例：26.0%

目的地：荆州 数量：592017 比例：42.6%

图 2 基于 Tableau 平台交通往来分布可视化效果

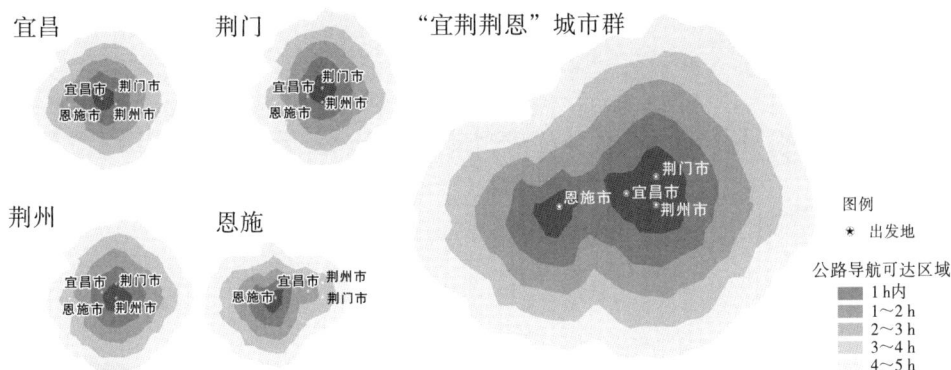

宜昌　　　　荆门　　　　"宜荆荆恩"城市群

荆州　　　　恩施

图例
★　出发地
公路导航可达区域
■ 1 h内
■ 1~2 h
■ 2~3 h
■ 3~4 h
■ 4~5 h

图3　基于公路等时圈分析可视化效果图

5　结语

基于多源数据开展城市群量化评估，涵盖规划编制常用的传统数据与互联网数据，厘清两类数据之间的关系，从中挖掘数据价值，是有效利用数据分析评价各类专题的基础和关键。

在数据收集及处理上，传统数据和互联网数据区别较大：传统数据主要来源于各政府网站及统计部门，均为结构化数据，可免费获取，数据规模较小，采集速度快，数据分析处理较易，但数据颗粒过大，在量化评估中只能用于宏观层面的对比分析；互联网数据来源于不同互联网公司，均为半结构化或非结构化数据，大部分为收费数据，数据规模大，采集速度慢，获取后还需从中提取所需有效信息，运用一系列复杂技术手段进行数据解析及处理才能使用，但数据颗粒小，可用于微观层面分析，可作为传统数据的补充和细化。

在数据准确性上，传统数据和互联网数据各有侧重：传统数据来源于官方统计，数据权威、数据精度低、历史数据完整、数据口径一致，适合横向、纵向对比分析研究，宏观层面分析准确性高，但无特定时期及小尺度数据，微观层面分析准确性低；而互联网数据来源于不同互联网公司，多为动态实时时序数据，数据精度高、价值密度低、冗余数据多，需经过专业细致的数据清洗才能获取相对准确的信息，宏观层面分析需要数据样本量大、准确性低，微观层面分析准确度高。从互联网数据的应用来看，百度人口迁徙数据、天眼查和湖北省银联数据准确性有待进一步修正：百度人口迁徙数据通过缺失值处理、去除异常值后，可得到一个相对准确的数值，但百度数据本身是经过分析清理计算得出的，因此存在一定的误差；天眼查数据由于数据的特殊性，本身存在一部分信息的缺失，主要是属性值缺失和位置异常，因此在统计某专项信息或某范围内信息时存在偏差；湖北省银联数据作为消费研究的依据，本身样本量不足，不能完全满足研究的需要，需进一步扩充其他消费数据。在规划的编制研究中，还可以进一步利用更多渠道的数据扩充数据源种类、增加分析专题，更好地辅助规划工作。

[作者简介]
唐　梅，工程师，任职于武汉市规划研究院。

城市体检视角下的康养旅游城市综合竞争力评价研究

——以贵州省为例

□吴海平，雷钧钧

摘要：从康养旅游产业发展的视角出发，基于城市体检评估已有的框架体系，通过构建具有地方特色的康养旅游城市综合竞争力评价体系，对贵州省九市（州）的旅游发展情况进行评价，研究结果表明：①本文提出的特色体系具备数据较易获取、指标代表性较强、数据更新动态化等特点，可快速推广至其他省乃至区域尺度的旅游城市竞争评价工作，是对现有城市体检框架的有益补充。②贵州省九市（州）可划分为三大梯队：第一梯队以贵阳市为代表，除自身旅游资源禀赋较为薄弱外，其余维度优势明显；第二梯队以黔南布依族苗族自治州、安顺、黔东南苗族侗族自治州、遵义四市（州）为代表，基本具备两项优势指标，后续需查漏补缺，取长补短；第三梯队城市大多仅具备单项指标优势，后续需立足自身优势寻找旅游发展的差异化、特色化突破口。③后续可结合各地市城市体检工作开展指标体系的优化与校核，通过居民社会调查问卷完善指标权重赋值的公平性、科学性，为康养旅游型城市的体检评估工作提供一定经验借鉴。

关键词：康养旅游；城市体检；多源数据；综合竞争力；贵州省

1 前言

随着城市体检试点工作推进，对城市体检的指标体系、体检方法的研究不断涌现。城市体检是指通过建立每年体检、每五年评估制度对国土空间总体规划中的各项指标和任务进行监测分析及评估，并对实施工作进行反馈与修正，进而确保总体规划顺利实施。在城市体检试点中，有少数以康养旅游为特色产业的城市。康养旅游是现代旅游业发展的一种新模式，是结合自然、人文的一种深度体验旅游活动。与传统的旅游模式相比较，康养旅游具有周期长、节奏慢、消费能力强、回头率高等特点。得益于独特的区位优势，大多数旅游型城市的传统旅游产业逐渐转型升级为康养旅游发展模式，因此，针对康养旅游型城市的体检需考虑当地的特色产业发展状况，通过正确摸清旅游发展的问题，寻找城市未来的发展路径。

国内学者通过大量的城市体检和康养旅游相关研究取得了一定的成果：向雨、张鸿辉等采用多源数据，从宜居、舒适、安全、交通、风貌、整洁、包容、创新等八个方面构建城市体检指标体系并对城市自然本底和运行体征展开研究；黄松、李燕林等从智慧旅游的视角出发，构建针对智慧旅游城市旅游综合竞争力评价指标体系，并利用 BP 神经网络模型模拟仿真计算旅游综合竞争力；苏伟忠、杨英宝等在界定城市旅游竞争力的基础上，构建了一套评价指标体系并对不同城市的旅游竞争力进行了对比研究；孙立以公众参与为出发点，对城市体检发展较为成熟的几个城市进行对比研究，并对韧性城市视角下城市体检评估指标体系进行了探索；李伟、简季等运用最近邻指数法、热点分析法等多种技术手段，从时空尺度分析了康养基地的变化情况，并利用二维矩阵等方法对我国康养基地与旅游收入的空间错位问题进行了分析。

随着后疫情时代的到来，人们对沉浸式旅游的需求不断扩大，康养旅游已逐渐形成一种重要的特色发展趋势。因此，在康养旅游型城市的城市体检评估过程中，须考虑当地的康养旅游特色产业对城市发展的影响，并将其纳入指标体系中参与综合评价或单独增加一套针对康养旅游的特色评价指标体系。

综上所述，目前关于康养旅游的研究重点主要在概念界定、模式识别、综合评价等方面，而根据地方特色构建特色康养旅游评价指标体系的研究相对匮乏。因此，在城市体检试点工作全面推进的背景下，本文拟立足康养旅游视角，尝试构建康养旅游城市综合竞争力综合评价体系，并将传统统计数据与新兴大数据相结合，利用多种技术手段对贵州省各地市（州）的旅游综合竞争力进行综合评价和分析，并根据评价结果对各城市进行进一步的梯队划分，希望对康养旅游型城市的城市体检评估工作提供一定的支持和借鉴。

2 数据与方法

2.1 研究区域概况

贵州省地处我国西南腹地，气候条件舒适，属于亚热带季风气候。2019年以来，贵州省区位优势不断凸显，交通事业全方位融合发展。随着"一带一路"的深入推进，贵阳成为我国西南重要陆路交通枢纽和"西部陆海新通道"之间的必经主通道。贵州省拥有非常丰富的A级旅游景区，同时拥有全国最多的传统村落，形成了以康养旅游为主的旅游发展模式。根据住房和城乡建设部关于开展2021年城市体检工作的通知，贵州省有2个城市同时被列入全国城市体检工作样本城市。因此，将贵州省作为本次研究的对象具有重要的研究意义。

2.2 数据来源与处理

本文通过多种技术手段获取不同来源的数据作为支撑，获取的数据主要分为传统统计数据和新兴大数据两大类。具体来源主要包括①传统统计数据：GDP、常住人口、旅游总收入、旅游从业人口等统计数据主要来源于贵州省宏观经济数据库，传统村落名录来源于传统村落保护与发展研究中心官网，A级景区名录来源于贵州省人民政府官网。②新兴大数据：通过百度地图API（应用程序接口）获取A级景区30 min等时圈面积，利用Python爬虫技术获取携程网景区评论数作为景区游客满意度基础数据，爬取百度搜索指数作为旅游城市关注度的基础数据。③地图矢量数据：来源于国家基础地理数据库。

2.3 研究方法

2.3.1 指标体系构建

城市体检评估过程中，除了测算规定的基本指标，各地还应根据地方特色适当增加相关指标。本文根据《国土空间规划城市体检评估规程》，参考已有相关文献，选取了10个康养旅游特色指标，形成康养旅游综合竞争力评价指标体系。其中，旅游收入贡献率和旅游从业人口占比体现当地旅游业在各行业中的相对地位；A 级以上景区数量体现旅游发展的规模，景区平均可达性反映了区域到达景区的便捷程度；景区游客满意度刻画了各景区的服务质量，每游客人均住宿餐饮设施配比、每游客人均公交站点配比及大型客运枢纽服务能力均间接反映了景区对游客的承载能力；传统村落数量说明了当地对传统文化的继承与开发保护程度；旅游城市关注度则是通过百度指数刻画了全国居民对贵州省各城市旅游的关注倾向和流动意愿。指标具体含义及权重见表 1。

表 1 康养旅游特色城市体检评估指标体系

目标	一级指标	二级指标	指标含义	权重
康养旅游综合竞争力	资源禀赋（0.276）A	A 级以上景区数量（处）A-01	全市 A 级以上景区的绝对数量	0.165
		传统村落数量（个）A-02	全市拥有物质/非物质文化遗产且具有较高的历史、文化、科学、艺术、社会、经济价值的村落数量	0.089
	配套基建（0.248）B	A 级景区平均可达面积（公顷/处）B-01	全市 A 级景区 30 分钟等时圈面积与景区数量的比值，反映单个景区 30 min 驾车的平均出行距离范围	0.149
		每游客人均住宿餐饮设施配比（个/十万人）B-02	全市现状住宿餐饮设施的数量与每千名游客的配比情况，可结合住宿餐饮设施的空间聚集程度判断供给情况	0.037
		每游客人均公交站点配比（个/十万人）B-03	全市现状公交站点的数量与每千名游客的配比情况，可结合公交站点的空间聚集程度予以判断供给情况	0.037
		大型客运枢纽服务能力（班次/每车站）B-04	全市大型客运枢纽的平均班车车次数与枢纽站点数的比值	0.025
	线上反馈（0.192）C	景区游客满意度（1～5 分）C-01	指游客对旅游景区的安全、厕所、导游、风景、服务、购物、环境、交通、住宿、餐饮、娱乐和指示牌等指标满足其旅游活动需求程度的综合心理评价	0.148
		旅游城市关注度 C-02	互联网用户对关键词搜索关注程度及持续变化情况	0.099
	社会效益（0.284）D	旅游收入贡献率（%）D-01	全市旅游业总收入占地区生产总值的比例	0.151
		旅游从业人口占比（%）D-02	全市住宿和餐饮业、文化体育和娱乐业从业人员在全市从业人员中的占比	0.126

2.3.2 指标权重计算

指标赋权采用 AHP 层次分析法确定，通过邀请相关人员对各项指标的重要性进行判断，使用 yaahp 软件自动计算权重值及进行一致性检验等工作，最终得到分项指标权重结果。指标结果标准化则采用极值标准化法消除量纲影响，将各项指标结果收敛至 0～1 区间。

2.3.3 具体指标测算

上述指标中，D-01、D-02 可通过统计数据、年度总结直接获取，A-01、A-02 可通过政府公开网站爬取后利用核密度分析、数理统计等方法测算，B-01、B-02、B-03、B-04 可通过百度地图开放平台的 API 获取，C-01、C-02 可通过携程旅行、百度搜索指数等网站爬取后构建 FME 数据清洗模板进行动态测算。

3　结果分析

3.1　典型指标评价分析

3.1.1　A 级景区数量

A 级景区一般指国家 A 级旅游景区，按景区质量等级划分为 AAAAA、AAAA、AAA、AA、A 五级，是由全国旅游景区质量等级评定机构统一评定，是衡量景区质量的重要标志之一。贵州省共有 A 级景区 465 个，其中遵义市景区总数（130 处占 28%）与 AAA 级景区总数（103 处占 22%）均为全省最高；安顺市 AAAAA 级景区全省最多，包括黄果树瀑布旅游景区、龙宫旅游景区；贵阳市 AAAA 级景区全省最多，达 22 处；AA 级景区仅遵义市、黔南布依族苗族自治州、六盘水市有分布，全省未有 A 级景区（图 1、表 1）。结果表明，安顺市 AAAAA 级景区数量占优且知名度均较高，景点间仅相距 30 km，可通过景区联合营销共建形成合力，进一步提升当地旅游城市的品牌知名度。

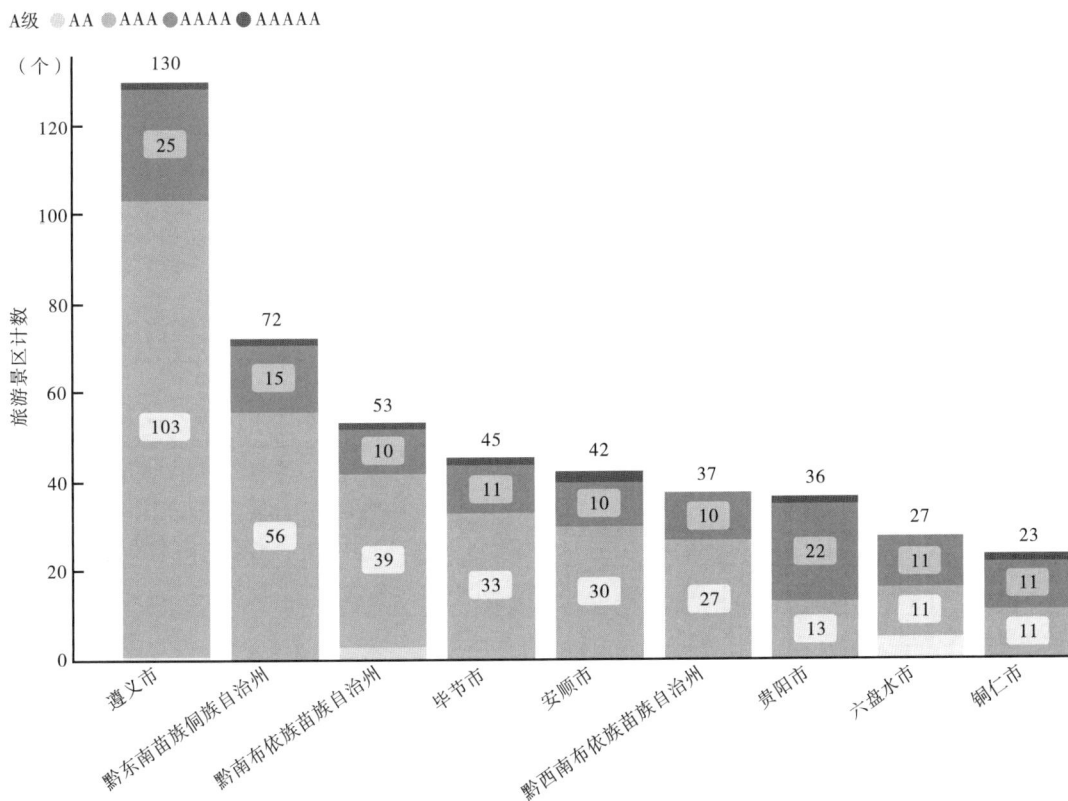

图 1　贵州省 A 级景区数量分布情况

表2 贵州省 AAAAA 级景区一览表

城市名称	AAAAA 级景区名称	景区地址
贵阳市	贵阳市花溪青岩古镇景区	贵阳市花溪区青岩镇南门游客中心
遵义市	遵义市赤水丹霞旅游区	遵义市赤水市复兴镇长江新村
安顺市	安顺市黄果树旅游景区	安顺市黄果树风景名胜区
	安顺市龙宫旅游景区	安顺市龙宫风景名胜区龙宫镇
毕节市	毕节市百里杜鹃景区	毕节市百里杜鹃风景名胜区普底乡
铜仁市	铜仁市梵净山生态旅游区	江口县太平镇梵净山村
黔东南苗族侗族自治州	黔东南州镇远古城旅游景区	镇远县舞阳镇西门街 26 号
黔南布依族苗族自治州	黔南州荔波樟江旅游景区	荔波县樟江东路 33 号

3.1.2 A 级景区游客满意度

景区游客满意度反映游客对于该景区景点旅游体验的满意程度，传统方法往往依赖于小样本问卷调查与访谈，效率较低且难以大范围推广，因此本文以携程旅行网目的地攻略板块的景点评价[1]为基础，分别抓取贵州省各地市的景区景点评价结果并测算平均满意度[2]和平均评论数（表3、表4）。结果表明，从满意度来看，安顺市总体满意度得分 4.396，全省排名第五，说明景区的游客体验仍有较大提升空间，其中 AAAAA 级景区满意度得分 4.488，仅位于黔南布依族苗族自治州、黔东南苗族侗族自治州之后，全省位列第三，而 AAAA 级、AAA 级景区满意度均低于平均值，说明需将 AAAAA 级以下景区的游客体验度提升作为下一步提升重点。从评论数来看，评论越多反映该级别景点热度越高，安顺市以每个景区平均 4545 条评论数位列全市第一，其中 AAAAA 级景区评论数 13517 条仅位于黔南布依族苗族自治州之后，同属头部景区，说明安顺市黄果树旅游景区、龙宫旅游景区以及黔南布依族苗族自治州的荔波樟江旅游景区的知名度远高于其他地市，已形成较为坚实的品牌基础，在全国范围内也具备较强的旅游竞争力。但安顺市 AAAAA 级以下景区热度衰减较快，平均评论数 AAAA 级不足 100 条、AAA 级不足 30 条，说明安顺市在头部景区之外仍有较大的提升潜力。

此外，该指标的可操作性较强、数据更新实时，可作为旅游城市景区游客满意度评价的动态指标，持续性、动态化地跟踪监测景区满意度变化情况。

表3 贵州省各地市 A 级景区平均满意度统计表

景区等级	安顺市	贵阳市	遵义市	六盘水市	铜仁市	毕节市	黔南布依族苗族自治州	黔西南布依族苗族自治州	黔东南苗族侗族自治州
AAAAA 级景区	4.488	4.300	4.467	—	4.300	4.300	4.500	—	4.500
AAAA 级景区	4.356	4.447	4.496	4.458	4.150	4.642	4.379	4.516	4.257
AAA 级景区	4.200	4.400	—	4.100	—	—	4.476	—	—
AA 级景区	—	—	—	—	—	—	4.300	—	—
平均满意度	4.396	4.359	4.441	4.371	4.254	4.402	4.450	4.418	4.386
排名	5	8	2	7	9	4	1	3	6

表 4　贵州省各地市 A 级景区平均评论数统计表

景区等级	安顺市	贵阳市	遵义市	六盘水市	铜仁市	毕节市	黔南布依族苗族自治州	黔西南布依族苗族自治州	黔东南苗族侗族自治州
AAAAA 级景区	13517	5630	4192	—	5555	1681	14464	—	1620
AAAA 级景区	94	752	283	256	265	848	402	941	1944
AAA 级景区	24	50	—	9	—	—	24	—	—
AA 级景区	—	—	—	—	—	—	21	—	—
平均评论数	4545	2144	2237	132	2910	1264	3728	941	1782
排名	1	5	4	9	3	7	2	8	6

3.1.3　A 级景区平均可达面积

A 级景区平均可达面积可视为景区周边基础建设水平的测度指标，可达面积越高表明景区单位时间内可覆盖面积越广，交通越为便捷。具体计算上，基于百度地图开放平台 Web 服务 API 的路线规划服务接口，通过 FME 工具对于每个景区质心点按照小汽车时速 40 km 设定 20 km 缓冲区范围内 100 m×100 m 渔网点，依次通过质心点与渔网点构建的 OD 对顺序访问 API，得到每个 OD 对耗时后按 5 min 间隔生成 0～30 min 内等时圈范围，以 30 分钟等时圈为基准测算面积大小作为该景点平均可达性指标。结果表明，安顺市景区平均可达面积最高，从景区出发 30 min 内平均可达面积为 275.93 hm²，与贵阳市、黔南布依族苗族自治州同属第一梯队，黔西南布依族苗族自治州、铜仁市平均可达面积在 200～220 hm² 区间，属于第二梯队，剩余城市均处于第三梯队（表 5）。

表 5　贵州省各地市 A 级景区平均可达面积一览表

城市名称	A 级景区数量	景区平均可达面积	可达性排名	梯队划分
安顺市	42	275.93 公顷/处	全省第一名	第一梯队
贵阳市	36	272.48 公顷/处	全省第二名	
黔南布依族苗族自治州	53	266.98 公顷/处	全省第三名	
黔西南布依族苗族自治州	37	220.74 公顷/处	全省第四名	第二梯队
铜仁市	23	202.18 公顷/处	全省第五名	
毕节市	45	189.88 公顷/处	全省第六名	第三梯队
黔东南苗族侗族自治州	72	179.38 公顷/处	全省第七名	
遵义市	130	179.33 公顷/处	全省第八名	
六盘水市	27	157.96 公顷/处	全省第九名	

3.1.4 传统村落空间分布

传统村落是我国传统历史文化传承的载体，传统村落的数量反映了当地的历史文化底蕴。通过传统村落保护与发展研究中心官方平台搜集贵州省传统村落名录，统计各城市传统村落的数量，并利用核密度分析法进行空间聚类分析。结果显示，截至 2019 年第五批传统村落名录公布，贵州省共拥有 724 个传统村落，数量位居全国第一。通过传统村落核密度分析可知，贵州省传统村落主要集聚分布在黔东南苗族侗族自治州一带，其次是安顺市和铜仁市具有一定规模的传统村落集聚带。其中，安顺市拥有 67 个传统村落，主要集聚分布在安顺市北部和中部地区，呈"整体集中，局部分散"的空间分布格局。

3.1.5 旅游城市关注度

旅游城市关注度体现出各城市旅游发展对外界的吸引能力，而百度指数以海量的网络搜索数据为基础，反映出居民的关注倾向与流动意愿。因此，本文利用百度指数对旅游城市关注度进行刻画。以"城市名＋旅游"为关键词，全国各城市或地区为搜索位置，获取 2019 年及 2020 年全国对贵州省搜索指数日均值作为基础数据，并以各城市搜索指数之和作为旅游城市关注度，进而分析贵州省各城市 2019—2020 年旅游城市关注度的变化情况（图2）。结果显示，受疫情影响，2020 年贵州省各城市旅游关注度整体低于 2019 年，其中贵阳、遵义、铜仁等城市的旅游关注度下降较为明显。值得注意的是，安顺、毕节、黔西南及黔南的旅游关注度受疫情影响不大，反而呈增长趋势。究其原因，贵阳、遵义等城市的旅游关注度本身较高，大多数游客以短期旅游为主，人流集聚较集中，因此受疫情影响较明显；而安顺、毕节、黔西南、黔南等城市的旅游关注度本身排名靠后，且主要以康养旅游、传统文化为主题，游客逗留周期较长，因此受疫情影响不明显。

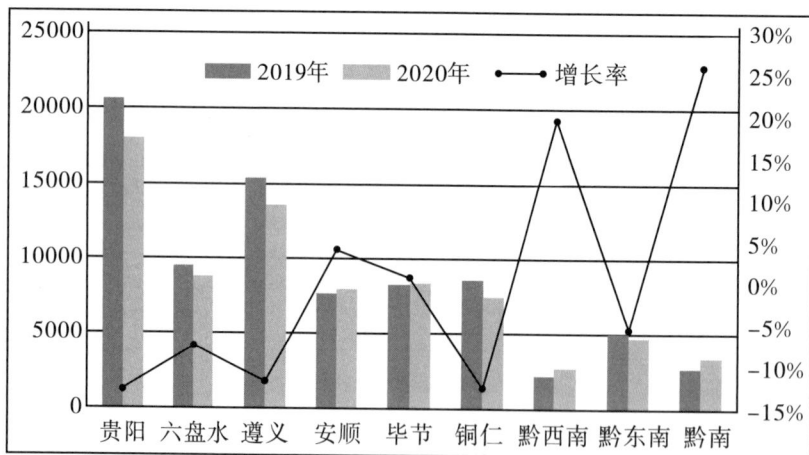

图2　2019 年、2020 年旅游城市关注度对比示意图

3.2 综合评价结果分析

3.2.1 旅游城市竞争力评价结果

从贵州省旅游城市综合竞争力评价结果来看（表6、表7），①资源禀赋方面，黔东南苗族侗族自治州集中了全省 56% 的传统村落，遵义市集中了全省 28% 的 A 级景区，但从质量上看，安顺市是全省唯一具备两个 AAAAA 级景区的旅游城市，体现出了较强的头部景区优势。②配套基建方面，安顺市 A 级景区 30 min 内平均可达面积高达 275.93 公顷/处，是排名最低的六盘水

市的 1.75 倍，反映出安顺市的景区周边交通基础设施水平较高，相等时间内能够覆盖更大的范围；每十万游客平均配比住宿餐饮、公交站点设施最高均为六盘水市，分别达到 17.80 个/十万人、2.96 个/十万人；大型客运枢纽服务能力指标前三为黔南布依族苗族自治州、毕节市、贵阳市，其频次均超过 210 车次/每车站。③线上反馈方面，景区满意度前三为黔南布依族苗族自治州、贵阳市、黔西南布依族苗族自治州；基于百度指数的旅游城市关注度指标，贵阳市以 17936 的绝对优势占据第一，几乎是最后一名黔西南布依族苗族自治州的 7 倍，遵义市以 13551 排名第二。④社会效益方面，旅游收入贡献率最高的是贵阳市，其旅游收入贡献了贵阳市 63.70% 的地区生产总值，安顺市以 54.35% 排名第四；旅游从业人口占比最高为贵阳市（1.96%），其次为安顺市（1.62%），其余城市占比均低于 1.50%，说明贵阳市、安顺市在发展旅游业的过程中既提供了较高的 GDP 贡献率，同时也一定程度上解决了当地的产业拉动和劳动地就业问题。

表 6　贵州省旅游城市综合竞争力评价总表（原始结果）

目标	一级指标	二级指标	安顺市	贵阳市	遵义市	六盘水市	铜仁市	毕节市	黔南布依族苗族自治州	黔西南布依族苗族自治州	黔东南苗族侗族自治州
康养旅游综合竞争力	资源禀赋	A 级景区数量（处）	42	36	130	27	23	45	53	37	72
		传统村落数量（个）	67	7	39	10	110	3	68	11	409
	配套基建	A 级景区 30 min 内平均可达面积（公顷/处）	275.93	272.48	179.33	157.96	202.18	189.88	266.98	220.74	179.38
		每游客人均住宿餐饮设施配比（个/十万人）	7.66	13.83	13.79	17.80	9.18	7.58	7.82	13.01	9.12
		每游客人均公交站点配比（个/十万人）	1.05	2.66	1.65	2.96	0.60	0.82	1.33	0.93	1.56
		大型客运枢纽服务能力（班次/每车站）	178	219	185	208	186	233	237	197	194
	线上反馈	景区游客满意（1～5 分）	4.396	4.359	4.441	4.371	4.254	4.402	4.450	4.418	4.386
		旅游城市关注度	7985	17936	13551	8795	7523	8373	3480	2695	4747
	社会效益	旅游收入贡献率（%）	54.35	63.70	2.04	18.70	57.54	29.23	48.17	37.33	60.04
		旅游从业人口占比（%）	1.62	1.96	—	1.28	1.13	0.93	—	—	—

　　注：其中旅游从业人口占比通过各地市统计年鉴中"住宿和餐饮业""文化、体育和娱乐业"两类从业人口占全市人口总数的比例换算得到。

表 7　贵州省旅游城市综合竞争力评价总表（标准化结果）

目标	一级指标	二级指标	安顺市	贵阳市	遵义市	六盘水市	铜仁市	毕节市	黔南布依族苗族自治州	黔西南布依族苗族自治州	黔东南苗族侗族自治州
康养旅游综合竞争力	资源禀赋	A级景区数量（处）	0.178	0.121	1.000	0.037	0.000	0.206	0.280	0.131	0.458
		传统村落数量（个）	0.158	0.010	0.089	0.017	0.264	0.000	0.160	0.020	1.000
	配套基建	A级景区30 min内平均可达面积（公顷/处）	1.000	0.971	0.181	0.000	0.375	0.271	0.924	0.532	0.182
		每游客人均住宿餐饮设施配比（个/十万人）	0.008	0.611	0.607	1.000	0.156	0.000	0.023	0.531	0.150
		每游客人均公交站点配比（个/十万人）	0.191	0.871	0.444	1.000	0.000	0.091	0.307	0.139	0.407
		大型客运枢纽服务能力（班次/每车站）	0.000	0.693	0.119	0.500	0.136	0.932	1.000	0.322	0.271
	线上反馈	景区游客满意（1~5分）	0.722	0.536	0.954	0.598	0.000	0.753	1.000	0.836	0.674
		旅游城市关注度	0.347	1.000	0.712	0.400	0.317	0.373	0.052		0.135
	社会效益	旅游收入贡献率（%）	0.848	1.000	0.000	0.270	0.900	0.441	0.748	0.572	0.941
		旅游从业人口占比（%）	0.672	1.000	0.442	0.342	0.194	0.000	0.442	0.442	0.442
综合竞争力评价结果（1~5分）			2.765	3.460	2.546	1.532	1.398	1.578	2.782	2.005	2.646
得分排名情况			3	1	5	8	9	7	2	6	4

注1：其中遵义市、黔南布依族苗族自治州、黔西南布依族苗族自治州、黔东南苗族侗族自治州的旅游从业人口占比指标由于口径问题未收集到相关数据，此处标准化时以该指标均值作为缺失值填充参考，故上述城市该指标得分一致。

注2：为便于结果观察，综合评价结果统一放大五倍，得分为1~5分。

3.2.2　旅游城市竞争力梯队划分

将评价结果通过极值标准化后，得到分项指标收敛0~1区间的结果，结合指标权重可加权汇总得到各旅游城市综合城市竞争力评价结果（1~5分）。基于自然断裂点法可将贵州省九市（州）划分为三大梯队：第一梯队仅贵阳市，第二梯队为黔南布依族苗族自治州、安顺市、黔东南苗族侗族自治州、遵义市，剩余城市同属第三梯队。

第一梯队——贵阳市：作为贵州省省会城市，贵阳市在配套基建、线上反馈、社会效益等一级指标上优势明显，尤其体现在A级景区30 min内平均可达面积、每游客人均住宿餐饮与公交站点设施配比、旅游城市关注度、旅游收入贡献率、旅游从业人口占比等二级指标上排名前列，反映出贵阳市线下具备较为完善的旅游城市基础配套设施、线上具备较高的互联网搜索热度，两者相辅相成，使得贵阳市在资源禀赋不占优势的情况下仍然在全省范围内具备较强的旅游城市竞争力（图3）。

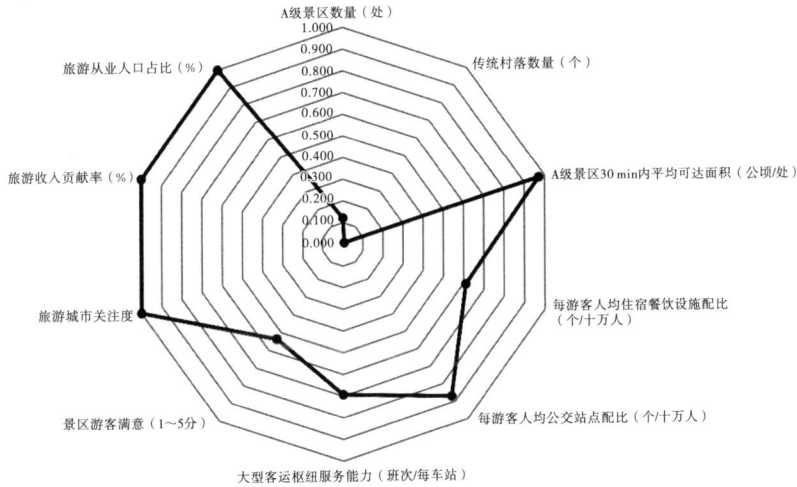

图3 第一梯队：贵阳市多维度得分雷达图

第二梯队——黔南布依族苗族自治州、安顺市、黔东南苗族侗族自治州、遵义市：此类城市基本具备至少两项二级指标得分靠前，比如遵义市在A级景区数量、景区满意度两个指标上分列第一、第二，体现出遵义市景区数量多且景区平均满意度高，反映出游客体验较好；黔东南苗族侗族自治州在传统村落数量、旅游收入贡献率两个指标上分列第一、第二，反映出黔东南苗族侗族自治州集中了全省五成以上的传统村落，且当地经济发展较大程度上依赖于旅游业的辐射带动，一定程度上解决了当地的就业问题；安顺市则在A级景区30 min内平均可达面积指标得分全省最高，其30分钟等时圈平均面积高达275.93 hm²，近2倍于最后一名的六盘水市，反映出安顺市A级景区周边交通基础设施配套水平较高，能够在单位时间内辐射更大范围，交通条件更为便利（图4）。

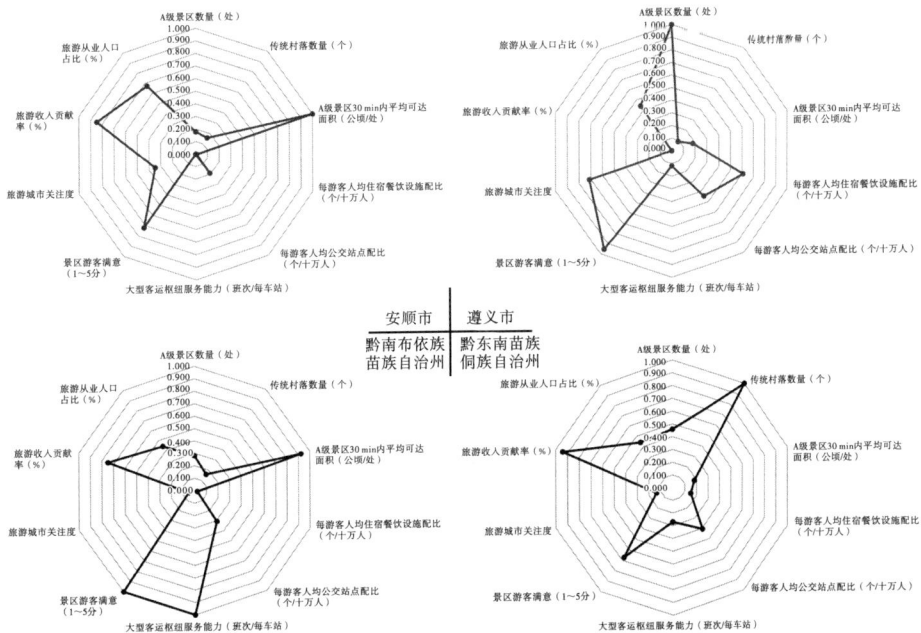

图4 第二梯队：黔南布依族苗族自治州、安顺市、黔东南苗族侗族自治州、遵义市多维度得分雷达图

第三梯队——黔西南布依族苗族自治州、毕节市、六盘水市、铜仁市：此类城市往往仅具备单项指标优势明显，其余指标均处于较后位置，属于偏科发展型城市。比如铜仁市的旅游收入贡献率达57.54%，排名第三；毕节市的大型客运枢纽服务能力达233班次/每车站，排名第二；六盘水市作为20世纪六七十年代以煤矿产业为支柱的传统工业城市，其在旅游资源禀赋、线上反馈、社会效益等一级指标均不占优势，但得益于工业城市建成时期较早，其配套基建指标下的每游客人均住宿餐饮、公交站点设施水平均位列全省第一，但由于其余旅游相关指标得分总体偏低，仅能划入第三梯队的旅游城市（图5）。

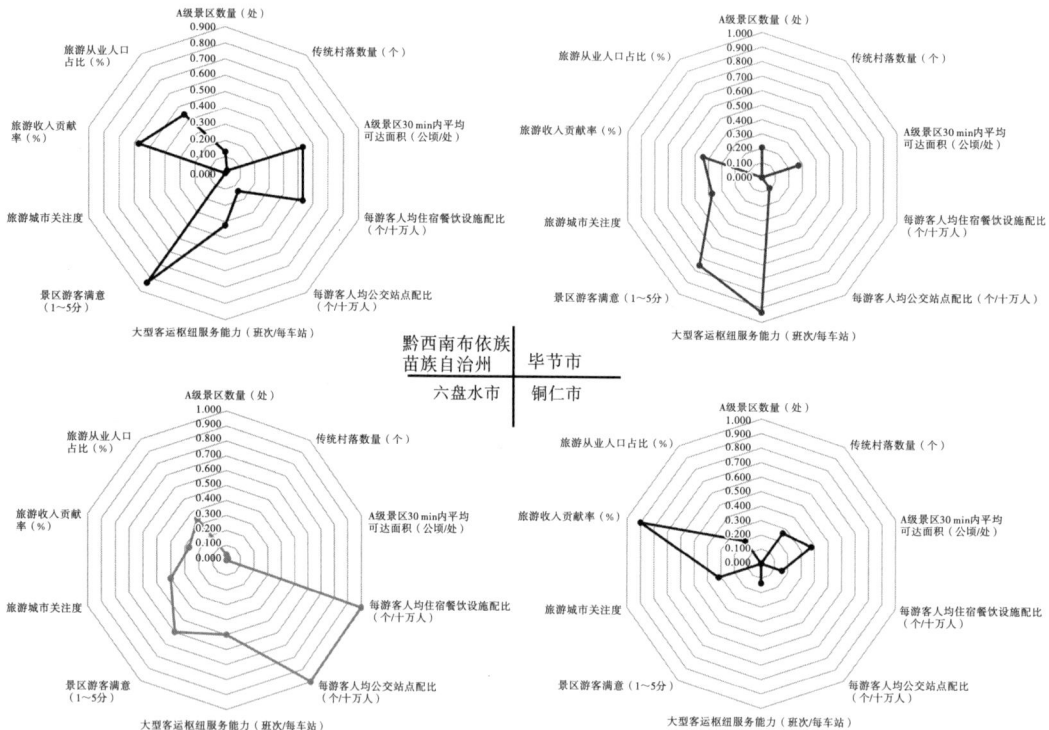

图5 第三梯队：黔西南布依族苗族自治州、毕节市、六盘水市、铜仁市多维度得分雷达图

4 结语

本文通过构建康养旅游特色评价指标体系，对贵州省九市（州）的康养旅游城市综合竞争力进行评价和分析，主要结论如下：①构建了基于康养旅游导向的两级评价指标体系，涵盖"资源禀赋、配套基建、线上反馈、社会效益"四大项十小项指标，是现有城市体检指标体系的有益补充，其具备数据较易获取、指标代表性较强、数据更新动态化等特点，可快速推广至其他省乃至区域尺度的旅游城市竞争评价工作；②探索了指标体系在贵州省九市（州）的实践与应用，将贵州省九市（州）划分为三个梯队：第一梯队以贵阳市为代表，除自身旅游资源禀赋较为薄弱外，其余指标优势明显；第二梯队以黔南布依族苗族自治州、安顺、黔东南苗族侗族自治州、遵义四市（州）为代表，至少两项二级指标得分较为靠前，需要查漏补缺，取长补短；第三梯队则包括黔西南布依族苗族自治州、毕节、六盘水、铜仁四市（州），大多仅具备单项指标优势，其余指标得分均靠后，后续需立足自身优势寻找旅游发展突破口，形成差异化、特色化的旅游发展导向。

不足之处主要是指标体系中权重赋值没有与游客调查问卷结合，不能完全反映各评价指标的重要程度。下一步可结合各地市城市体检评估工作对本文提出的康养旅游城市特色指标体系进行相互校核，以验证指标设置与评估结果的合理性，更好地发现各地市在旅游产业发展中面临的现实问题，为后续发展提出更好的建设性意见。

[注释]
①安顺旅游景点攻略 _ 安顺打卡/必去景点大全/排名/推荐 https://you.ctrip.com/sight/Anshun518.html，由于携程旅行网部分景点未注明是否为 A 级景区，故该指标统计时以携程口径为准。
②由于各地市 AAAAA 级景区数量与其他等级差异较大，平均满意度计算时分别对 AAAAA 级、AAAA 级、AAA 级、AA 级景区满意度得分乘以 50%、30%、15%、5% 系数予以平衡，如无该级别景区则用该级别平均满意度替代，以减少不同等级景区数量差异造成的评分误差。

[参考文献]
[1] 孔令铮，郑猛. 国土空间规划背景下的北京城市交通体检评估 [J]. 城市交通，2021 (1)：39-45.
[2] 任宣羽. 康养旅游：内涵解析与发展路径 [J]. 旅游学刊，2016 (11)：1-4.
[3] 潘雅芳，王玲. 后疫情时期我国康养旅游发展的机遇及建议 [J]. 浙江树人大学学报（人文社会科学），2020 (3)：1-5.
[4] 向雨，张鸿辉，刘小平. 多源数据融合的城市体检评估：以长沙市为例 [J]. 热带地理，2021 (2)：277-289.
[5] 黄松，李燕林，戴平娟. 智慧旅游城市旅游竞争力评价 [J]. 地理学报，2017 (0)：242-255.
[6] 苏伟忠，杨英宝，顾朝林. 城市旅游竞争力评价初探 [J]. 旅游学刊，2003 (3)：39-42.
[7] 孙立，郑忠齐，李婉璐. 基于多城比较分析的公众参与城市体检评估方法探究 [J]. 北京规划建设，2021 (1)：94-98.
[8] 孙立，李婉璐，郑忠齐. 韧性城市视角下城市体检评估指标体系研究 [J]. 北京规划建设，2020 (4)：128-132.
[9] 李伟，简季. 森林康养基地时空变化与旅游收入空间错位分析 [J]. 中国林业经济，2021 (5)：82-86.
[10] 罗莎莎，曾玉荣，孙阳. 区域旅游竞争力测度评价及影响因素分析：以福建省为例 [J]. 科技和产业，2021 (5)：152-159.
[11] 毕明涛，韩军舰. 城市体检中的公众满意度评价研究：以沈阳城市体检为例 [J]. 居业，2020 (8)：173.
[12] 李昊，徐辉，翟健，等. 面向高品质城市人居环境建设的城市体检探索：以海口城市体检为例 [J]. 城市发展研究，2021 (5)：70-76.
[13] 李洪澄，杨耸，白伟岚，等. 以城市体检为导向的城市生态宜居和安全韧性指标体系及关键技术研究 [J]. 建设科技，2021 (6)：29-34.

[作者简介]
吴海平，硕士，中级城乡规划工程师，长沙市规划信息服务中心空间规划部项目负责人。
雷钧钧，硕士，城乡规划工程师，长沙市规划信息服务中心空间规划部工程师。

基于第三次全国国土调查的全域可达性模型构建及应用研究

□李迎彬

摘要：为准确把握国土空间规划提出的全域国土空间资源分配、空间设施服务、城镇功能辐射不均衡等问题，解决国土空间规划中人地空间协调矛盾，本研究基于第三次全国国土调查数据库，通过构建模型进行交通信息挖掘和转换，再通过数据处理和分析算法构建完整的行政区可达性分析模型；针对国土空间规划中城乡功能辐射，农业、生态的全域国土空间可达性，进行更进一步的准确定量分析，弥补以往对于全域城乡、农业、生态空间可达性定量分析不足、分析准确度不高的问题。应用研究创新实践表明，以 GIS（地理信息系统）为平台，挖掘第三次全国国土调查数据信息构建全域国土空间可达性模型，以模型为基础，可在国土空间规划的交通系统完善、城乡公共服务设施完善及布局、农业生产服务、生态保护利用等工作中，提供更为准确的量化支撑，提高决策的科学性和合理性；同时成果具有行业推广性，也可为人民美好生活需要决策提供支撑。

关键词：信息技术；国土空间规划；网络分析；交通可达性；"三调"交通；地理信息系统

1 前言

《中华人民共和国城乡规划法》第十条："国家鼓励采用先进的科学技术，增强城乡规划的科学性，提高城乡规划实施及监督管理的效能。"习近平总书记在北京市规划展览馆考察时曾强调："考察一个城市首先看规划，规划科学是最大的效益，规划失误是最大的浪费，规划折腾是最大的忌讳。"通过先进科学技术提高规划的科学性是科学规划的趋势和重要保障，也是政府实施公共政策、保障公共利益的重要支撑基础。

目前 GIS 与城乡规划、土地管理等各学科的跨界融合，正广泛应用于项目的编制和管理中，在可达性的基础分析工作中，为项目规划工作者在资源分配、城镇功能辐射、公共设施布局方面提供决策支持。目前广泛应用于项目进行全域可达性分析的数据主要为地理国情普查数据的交通数据、地形测绘数据、互联网交通网络数据、影像交通解译等数据，在数据获取、数据广度和数据精度方面均有局限性。第三次全国国土调查（以下简称"三调"）交通运输用地数据中，农村道路部分数据包含国家公路体系，南方宽度大于等于 1 m、小于等于 8 m 的以服务农村农业生产为主要用途的道路（含机耕路），其数据精度、准确度、广度（全国范围均有）为目前可以用于规划项目使用的质量最优数据，远超其他现有可获取数据。探索创新最新、最全、最准确的数据服务于目前开展的国土空间总体规划，在资源分配、交通系统完善、公共设施布局布点等方面支撑工作亟不可待，以助力解决城乡不平衡不充分发展的资源及空间协调问题。

2　项目概况

盘龙区隶属于云南省昆明市，是昆明五个主城区之一，位于昆明市主城区东北部，全区南北长 46.0 km、东西宽 19.8 km，国土总面积为 868.73 km²。盘龙区下辖 12 个街道办事处，其中拓东、鼓楼、东华、联盟、金辰 5 个城区街道和青云、龙泉、茨坝 3 个城乡接合街道为昆明主城区范围，松华、双龙、滇源和阿子营为涉农地区。盘龙区中心海拔约 1891 m。拱王山马鬃岭为昆明市内最高点，海拔 4247.7 m；金沙江与普渡河汇合处为昆明最低点，海拔 746 m。该区域地处云贵高原，总体地势北部高、南部低，由北向南呈阶梯状逐渐降低；中部隆起，东西两侧较低。以湖盆岩溶高原地貌形态为主，红色山原地貌次之。大部分地区海拔在 1500～2800 m之间。城镇交通南全北缺，受水源保护区保护约束，区内城乡居民点间联系效率较低；农业生产区受地形影响，交通条件相对较差；生态保护区应森林防火要求，修建了防火通道。

3　构建思路

可达性分析主要使用方法为基于矢量数据的网络分析、缓冲区分析和基于栅格数据的距离分析。基于矢量数据的可达性分析，可以解决复杂交通网络关系，如重叠部分的地上、地面、地下交通与其他交通的连接关系，缺点是难以覆盖全域，受数据精度影响大。基于栅格数据的可达性分析，依托距离分析模型，难以对重叠部分的地上、地面、地下交通进行分析。但国土空间规划需要对全域全要素进行管控，为此通过提取"三调"交通信息数据，构建模型对"三调"面状数据进行数据处理和信息提取，转换成为可以用于矢量网络分析的模型，再增加路网交通节点进行数据采样加密处理，通过分析算法构建国土空间全域可达性模型，在城乡功能辐射服务、三类空间可达性、交通系统完善三大方面进行研究与应用，为国土空间规划提供可达性方面工作的量化分析工作支撑。

基于此，首先提取"三调"数据中的交通用地数据，进行用地转交通中心线绘制，形成基础交通线网，通过补充河流上、公路隧道区域、水库大坝区域道路交通中心线，补充高架桥区的交通中心线，形成完整的交通网络空间数据；其次通过叠加分析赋值交通中心线道路宽度、类型等信息，结合道路设计规范、道路类型和宽度，赋值交通中心线速度信息，完成交通网络属性信息的赋值；再次，构建基于距离和时间的网络分析模型；最后，结合应用场景进行分析应用，形成专题成果，支撑空间规划编制工作。

4　基于"三调"数据的可达性模型构建

4.1　"三调"交通线网处理

4.1.1　交通线网数据处理转换

将"三调"交通用地图斑转换为可以用于网络分析的路网主要有两种方法：一种是直接用ArcGIS 中的 CollapseDualLinesToCenterline（提取中心线）工具提取；另一种方法是通过ArcScan 扩展模块进行数据转换。通过实测，利用 ArcScan 扩展模块进行矢量交通用地转矢量交通线网，数据质量较高，数据处理时间相对较短。

利用 ArcScan 扩展模块进行数据转换，总体分为两大步骤：一是进行矢量交通数据栅格二值化处理（ArcScan 矢量化转换数据识别基础）；二是通过 ArcScan 扩展模块工具，实现交通用地至可用于交通可达性分析的交通中心线网络转换（图 1）。

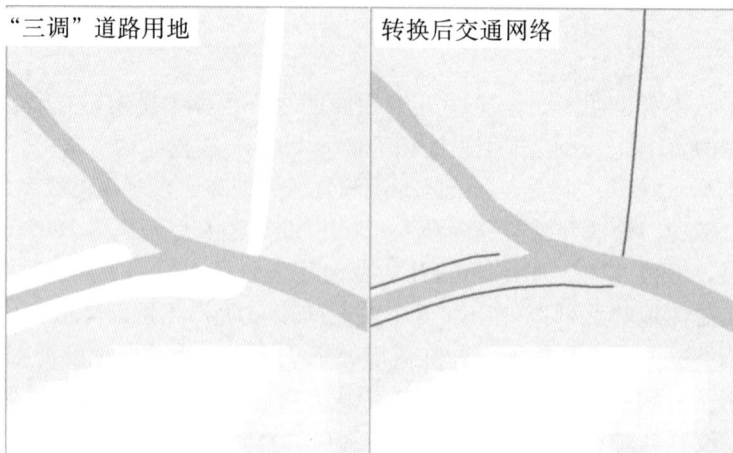

图1 道路原始数据与转换数据对比

4.1.2 交通中心线数据空间信息补充完善

针对"三调"数据情况，补充河流上、公路隧道区域、水库大坝区域道路交通中心线，补充高架桥区的交通中心线，进行交通网络的逻辑处理，形成完整的交通网络空间数据，再通过拓扑分析，形成用于网络分析的基础交通线网数据（图2）。

图2 道路网络数据逻辑处理前后对比

4.1.3 数据属性信息处理

在"三调"数据中针对交通的有用信息主要有两个字段，即 DLMC（地类名称）和 XZD-WKD（线状地物宽度）。通过 ArcGIS 中的 SpatialJoin（空间连接）工具对交通线网数据进行赋值，结合地类名称中的交通分类及道路宽度信息，参考道路交通设计规范进行交通线网数据的道路速度信息赋值，通过速度公式 $v = s/t$，计算道路机动车出行、人员步行出行的时间成本，完成用于网络分析的交通线网数据基础处理。

4.2 可达性交通模型构建

4.2.1 模型构建

通过 ArcGIS 中网络分析模块工具，构建基于距离和时间的可达性交通网络模型，作为规划支撑基础。以盘龙区人民政府为起点，全域交通交叉口为终点，进行盘龙区全域交通的距离和时间交通可达性模型运算分析。通过模型分析比较，可以看出基于时间的可达性交通网络模型更符合当地的情况。盘龙区交通可达性空间和时间差异较大，落后地区是未来资源分配和设施布局完善、改善的重点区域（图3、图4）。

依据盘龙区全域国土空间交通特点，本次模型支撑涉及城镇空间、城镇辐射的，因其交通体系相对完善，交通转换方式多样，受交通等级影响较大，采用时间可达性模型进行分析研究；由于农业生产和生态保护空间交通等级和类型相对单一，一般就近服务，采用距离可达性模型进行分析研究。

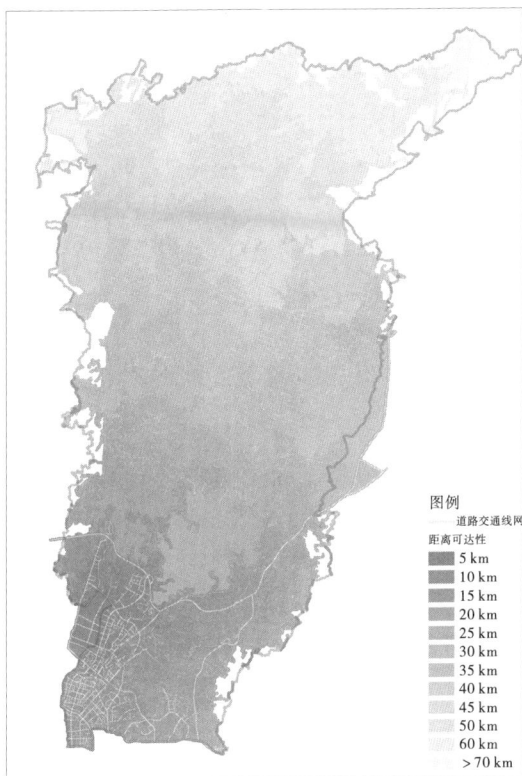

图3　基于距离的可达性交通网络模型分析示意图

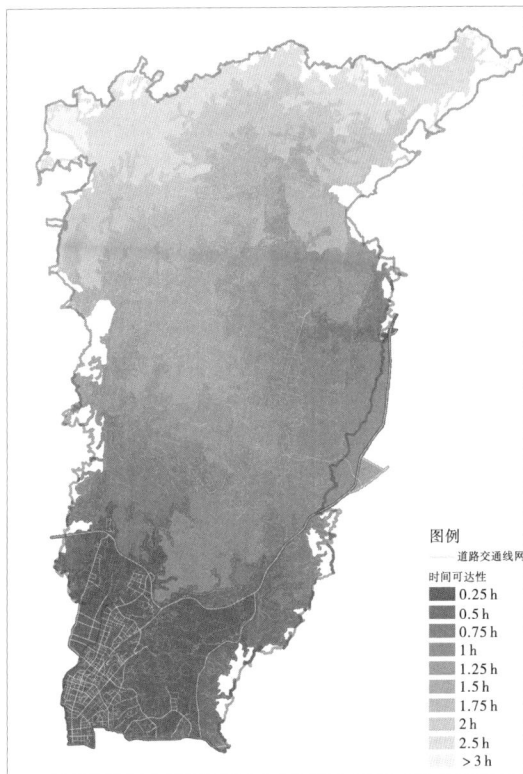

图4　基于时间的可达性交通网络模型分析示意图

4.2.2　模型校验

基于手机 APP 的百度和高德地图，时间测试采用非高峰期，下午 2∶30 分左右，以盘龙核心区东风广场为起点，以盘龙区最北向西东两个村子平滩和旱龙洞、盘龙区中部村庄迤者为终点，校验模型的可行性。

基于时间的盘龙区可达性交通网络模型计算东风广场至迤者、平滩、旱龙洞的时间分别是 1 小时 20 分、2 小时 30 分、2 小时 40 分；高德导航测得东风广场至迤者、平滩、旱龙洞的时间分别是 1 小时 15 分、2 小时 10 分、2 小时 33 分；百度导航智能推荐东风广场至迤者、平滩、旱龙洞的时间分别是 1 小时 13 分、2 小时 2 分、1 小时 53 分（走盘龙区外围高速，约 44 元）。三种方法路径均以盘龙区内部交通通道为主，区外交通通道影响较小。经比较分析，东风广场—迤者时间差 7 分钟，东风广场—平滩时间差 20～28 分钟，东风广场—旱龙洞时间差 7～47 分钟，越靠近城市，差异越小，距离城市越远差值越大。农村地区受道路窄、坡度大、转弯多、路况复杂等影响，实测均比导航给出的时间略多，也反映出农村地区城市功能辐射的时间不稳定性和交通效率整体不高的问题。

5 基于"三调"数据的可达性模型的国土空间规划支撑应用

5.1 城乡功能辐射

5.1.1 城市功能辐射

以核心区为起点，全域交通街道为终点，基于"三调"网络交通模型进行计算，计算核心区至全域国土空间的时间可达性，表征城市功能的辐射强度。通过分析结果可以看出，盘龙区西北及北部地区街道和社区城市功能辐射不强，城乡联系薄弱，对比城镇化率大于95%的地区，其配套服务差距尚大。同时可以看出，滇源街道虽然距离核心区较远，但受高速公路的高效交通服务辐射，其时间成本较低，时间可达性相对相近距离的阿子营街道和更近距离的松华街道更为便捷，说明交通效率的提升可以增加城市功能辐射的范围。本研究通过对标规划30分钟主城区块交通圈、45分钟都市快速交通圈、60分钟城市群交通圈及其服务的目标和要求，找出差距，提出重点完善北部区域的辐射通道建设建议，以满足上位传导目标要求。后续增加及修改辐射通道和区域服务设施后，要更新模型，验证通道有效性，促进区域交通和区域服务功能的完善（图5）。

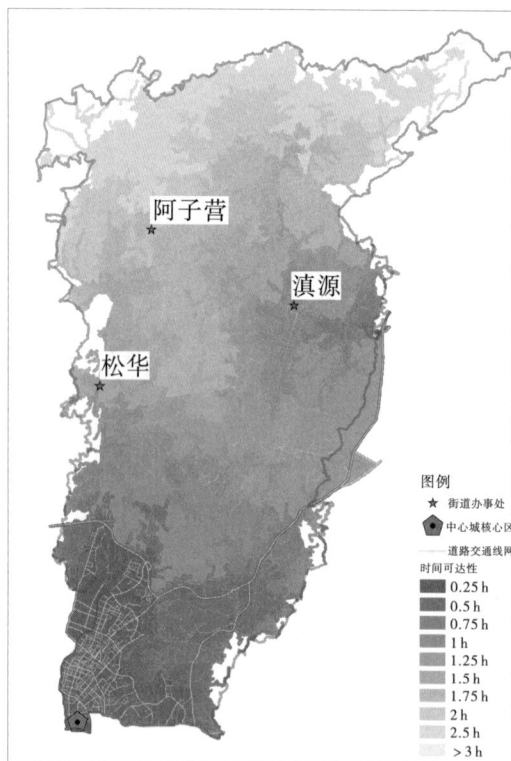

图 5 基于时间的全域交通可达性网络模型分析示意图

5.1.2 街道功能辐射

街道功能辐射分析以街道办事处为起点，城乡居民点为终点，基于"三调"网络交通模型进行计算，计算街道功能对辖区及周边居民点的辐射情况，分析镇级服务的辐射情况，分析农村地区人民对美好生活需要的差距。

经分析可知，双龙街道西部的麦地塘，松华街道东部的团结、三家，滇源街道东部的者、金钟及北部的菜子地、三转弯、竹园、大哨、竹箐口，阿子营西部的羊街、果东及北部的新街、甸头、阿达龙、甸头、岩峰哨、垛格，街道功能辐射严重不足，可达性已经超过 1 h，需要提升该区域交通设施效率（道路等级和宽度）或补充镇级副中心以加强街道功能辐射，满足北部及中部地区服务需要。

5.2　农业生产可达性分析

选取农村居民点为起点，耕地、园地等用地为终点，基于"三调"网络交通模型进行计算，分析农村农业生产劳作的总体便捷程度。通过统计分析现状劳作可达性情况，支持农村地区生活圈的规划和完善（图6、图7）。

可以看出，盘龙区农业生产空间总体可达性集中于1500 m内，部分集中于1500～3000 m之间，部分超过3000 m。空间上位于中部及北部山地的农业空间，因受地形影响，农业生产便捷度不高，对标农业现代化目标，其农业生产交通条件需集合土地整治和用地优化布局进行完善，提供农业生产可达性，提高农业生产效率。

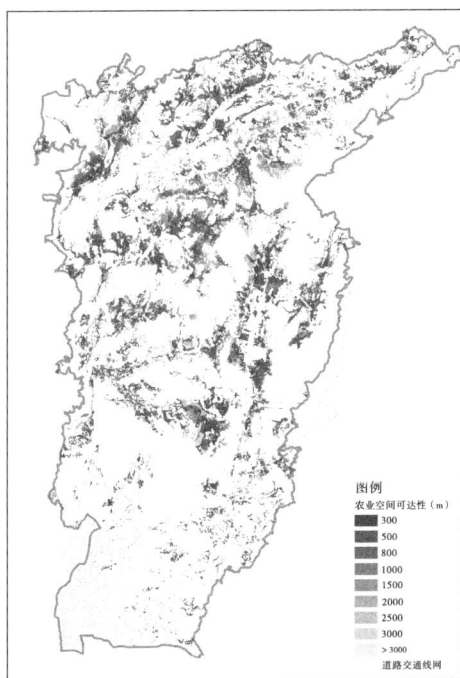

图6　基于距离的农业空间交通可达性网络模型分析示意图

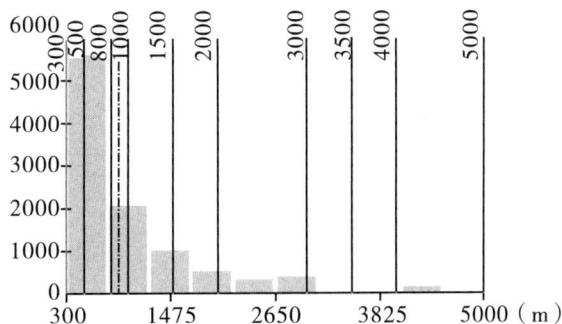

图7　基于距离的村庄与农业空间的交通可达性统计直方图

5.3 生态空间可达性

选取农村居民点为起点，林地、草地、水域等用地为终点，基于"三调"网络交通模型进行计算，分析以农村为起点的生态空间可达性便捷程度，以支撑生态保护利用规划（图8、图9）。

可以看出，盘龙区生态空间总体可达性集中于1500 m内，部分集中于1500～3500 m之间，还有大量生态空间不可及。空间上位于中部及北部山地的农业空间，因受地形影响，生态空间可达性不高，对标未来生态保护培育、防火、林下经济价值挖掘要求，需完善生态空间可达性配套设施，提供生态空间可达性，促进绿水青山就是金山银山的转换，体现绿色发展价值。

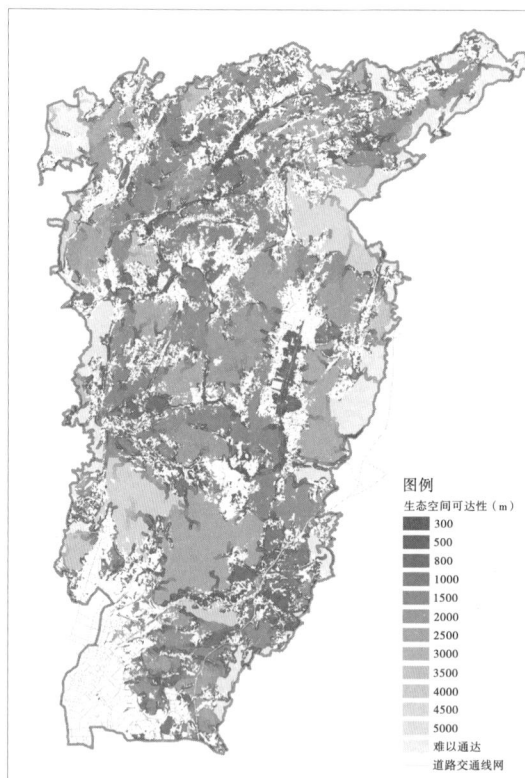

图8 基于距离的生态空间可达性网络模型分析示意图

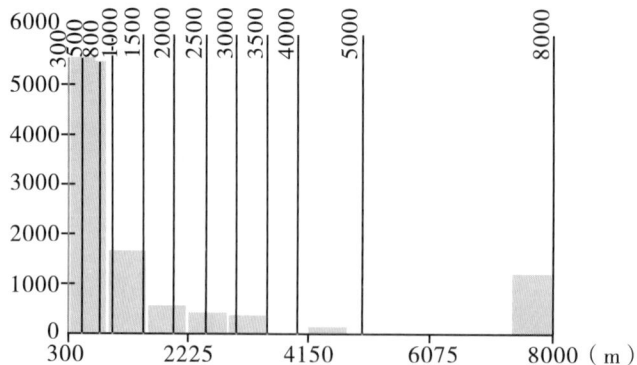

图9 基于距离的村庄与生态空间的交通可达性统计直方图

6 结语

践行采用先进的科学技术，增强国土空间规划的科学性，提高国土空间规划实施及监督管理的效能原则，本文致力于智慧国土空间规划设计版块的研究，发现一种数据、构建一种方法，应用于国土空间规划决策各类场景，助力解决城乡不平衡不充分发展的资源及空间协调问题。通过研究、挖掘"三调"数据交通用地信息，通过对交通用地进行数据转换、道路中心线提取，发现了一种数据精度高、覆盖面广、可推广性强的用于构建可达性的数据和构建可达性模型的方法，且通过项目实践、实测，证明交通网络可达性模型的可行性及应用场景，进一步推动精细精准规划的发展。重点研究以往规划中无法准确量化的城乡功能辐射，生态、农业、城镇的全域国土空间可达性定量分析等工作，解决以往对于生态、农业空间可达性定量分析不足、分析准确度不高的问题。研究实践的分析方法和成果还可以助力未来国土空间规划中的交通系统完善、城乡公共服务设施完善布局等资源优化和布局工作，提高项目决策的科学性和合理性，提高项目生产效率、生产质量以及成果的好用度，以期为国土空间规划类似工作提供参考与借鉴。

未来，在人工智能、信息技术发展、大数据普及应用等背景下，国土空间规划设计将迎来新的趋势和变革，形成智能化工作流，以 GIS 为平台，以大数据分析为基础、以地理设计为框架，融入不断更新的信息技术，实现国土空间的智慧规划、智慧管理、智慧服务，以人民为中心，更好地为生态文明建设提供决策支撑。

［参考文献］

[1] 张述清，段向东，陈建保，等. 云南省第三次全国国土调查实施细则［M］. 北京：地质出版社，2020.

[2] 李迎彬，杨福娣，夏候海. 盘龙区国土空间开发保护现状分析及风险评估专题研究［R］. 2021：13-18.

[3] 李迎彬，邓正芳，简海云，等. 昆明市中心城区自行车交通网络构建［J］. 城市交通，2020（1）：50-58.

［作者简介］

李迎彬，城市规划高级工程师，注册城乡规划师，全国信息化工程师地理信息系统三级，云南云金地科技有限公司技术总工程师、项目经理。

基于时空大数据的多尺度职住平衡研究

——以北京市为例

□梁　弘，崔　鹤，赵培松，吴运超，张晓东

摘要：职住平衡是反映城市健康水平的一个重要指标，构建科学定量的职住平衡分析方法是研究城市系统表征的关键环节。本文以北京市为研究对象，利用时空大数据，引入平衡度、就业人口密度、就业自足性、就业交通效率、居住人口密度、居住自足性、居住交通效率七个指标，基于聚类分析方法，从宏中微多个尺度对北京市职住平衡进行分析，从数量、质量、效果等方面综合分析在北京总体规划实施后 2017—2021 年全市的职住结构变化情况，为优化城市功能布局、改善城市通勤环境提出对策及建议。研究结果表明，北京市城市结构整体上仍表现出明显的单中心圈层结构，中心城区职大于住，外围城区住大于职，且职住失衡仍有进一步扩大的趋势。中观层面上，海淀区内部职住平衡异质性显著，应充分利用各街道特点，优化住房供给及布局，同时通过区域间联动缓解职住失衡问题。

关键词：职住平衡；时空大数据；北京

1　引言

　　城市是一个复杂的巨系统，承载了居住、就业、游憩、交通四大功能，其中就业—居住是城市空间中最为重要的组成单元，因职住分离而产生的通勤行为，关乎到城市的宜居性。改革开放以来，随着城市规模越来越大、城市边缘崛起等原因，职住分离情况愈发严重。《2021 年度中国主要城市通勤监测报告》指出，2019—2020 年，在 35 个年度可对比城市中仅有 8 个城市职住分离减少，有 14 个城市职住分离更加严重。职住分离不仅引发了严重的交通拥堵、资源浪费、环境污染等问题，还降低了居民的生活幸福感。特别是北京作为面积 16400 km²，常住人口超 2 千万的典型超大规模城市，通勤空间半径在 2020 年为 41 km，高居全国榜首，并且是超大规模城市（北京、深圳、上海、广州）中职住分离唯一正增长的城市。因此，研究职住关系，解决空间分离情况，成为中国各大城市特别是首都北京研究、开展城市规划的一个重要课题。

　　职住平衡是就业—居住空间关系的一个理想结果。加州大学伯克利分校城市与区域规划系的教授 Robert Cervero 对职住平衡有着以下定义："城市在规模合理的一定范围内所提供的就业岗位数量与该范围内居民中的就业人口数量大致相等，并且大部分有工作的居民可以就近工作，能够通过非机动车的交通方式解决大部分通勤问题，机动车的出行次数少、出行距离和时间均较短。"

　　众多学者利用不同数据源对北京的职住空间结构及演化做出了分析。赵辉等人在北京 2004、

2008 年两次经济普查数据和 2005 年 1‰人口调查、2010 年人口普查数据的基础上，利用 ArcGIS 空间分析技术，研究展示了北京市近年来城市职住空间结构的演化趋势，并分析了新格局下城市通勤交通组织的特征。刘志林等人基于问卷调查、人口普查、经济普查数据，测度了北京多个街道的就业可达性，通过回归模型分析，讨论了职住空间错位与居民通勤时间之间的关系，指出了低收入的弱势群体更易受城市职住关系结构变化的制约。随着数据环境的改变，一些学者开始使用精度更高、时效性更好的大数据解读北京职住空间特征。郝新华等人通过网络爬虫技术获取实时 25 m² 网格人口数据，在对北京职住分布进行整体识别的基础上，采用职住比作为指标，从北京区县、环线及街道三个尺度，分析北京职住平衡的程度。龙瀛等人利用公交刷卡数据（包含传统位置服务数据）缺乏社会维度信息的特点，进行了城市职住关系和通勤出行的分析，构建了一套基于公交 IC 卡数据挖掘分析方法。孟斌等人利用协同区位商方法，对北京市写字楼与居民楼空间关联总体特征和局域空间关联格局进行分析，研究得到北京市写字楼与居民楼全局协同区位商值，表明职住要素的空间联系总体较弱，北京职住要素空间关联性深受写字楼、居民楼本身布局的影响。

《北京城市总体规划（2016—2035 年）》提出疏解非首功能，推进减量提质发展，优化城市空间布局，并对常住人口、就业规模、建筑总量等提出了控制要求。在居住、就业人口总量逐步减少的过程中，势必会引起城市结构、居住聚集地、工作聚集地和通勤情况的变化，造成城市职住结构的变化。与此同时，支撑服务于规划行业的大数据技术在 2010 年初崭露头角，在经历过热潮、反思和沉淀后，在 2016 年后愈发成熟，出现了连续、稳定、可横向比较的大数据数据源。因此，本研究立足于职住平衡关系，利用手机定位数据及手机信令数据等大数据，以近几年区域通勤时间、通勤距离、职住比等指标数据为基础，采用多指标多维度分析方法，综合分析在总规实施后 2017—2021 年宏观层面全市的职住结构变化情况，并在中观和微观层面聚焦海淀区及其内部街道，为优化城市功能布局、改善城市通勤环境提出相应的对策及建议。

2　研究数据及方法

2.1　研究数据

2.1.1　职住及通勤数据

本文所用职住及通勤数据由百度地图慧眼所提供，该数据是基于北京市 2000 万台智能设备的手机定位数据，以 3 个月为统计口径，以 100 m×100 m 的网格为统计尺度，对职住及通勤数据进行统计。本文中居住人口是指符合定位发生时间比例工作日夜晚/周末居多、所定位位置的属性多为居住区域、连接 Wi-Fi 属性单一或非公共 Wi-Fi、在某市居住超过 3 个月等条件的人口；就业人口是指符合定位发生时间比例工作日白天居多、所定位位置的属性多为写字楼或其他具有办公属性的位置、连接 Wi-Fi 属性为公共 Wi-Fi 等条件的人口。通勤起止号（OD）是指同一用户（设备）的居住地—就业地的行为，并将其连续 3 个月早高峰时段从居住地到就业地的出行时间的平均值作为通勤时间，根据直线距离 2.5 km 内采用骑行方式、2.5 km 以上采用小汽车方式的路网最短距离作为通勤距离。

本文研究数据包括 2017 年 5 月至 2021 年 5 月连续 5 年，共计 232 万条职住数据及 3400 万条通勤 OD 数据。按上述方法识别后，以 2019 年为例（未受到疫情影响），北京市百度慧眼居住人口为 2292.1 万人，就业人口 1106.7 万人；第 7 次人口普查居住人口为 2190.1 万人，统计年鉴就业人口为 1273 万人。由此说明，大数据所识别的居住人口规模与实际较为一致，但由于外卖员、销售员等不具有固定工作地的就业人口未被识别，就业人口规模略低于实际规模。

2.1.2　职住迁徙数据

本文所用职住迁徙数据由中国联通智慧足迹所提供。该数据是基于中国联通在北京的 800 万活跃用户与基站交互产生的手机信令数据，以 1 个月为统计口径，将累计出现在北京 15 天以上的用户定义为核心用户。在核心用户中，以其当月晚上 9：00 至第二天早上 8：00 停留时间最长的位置为该用户的居住地，以工作日上午 9：00 至下午 5：00 停留时间最长且非居住地的位置为该用户的就业地，通过该数据分析了 2017—2021 年每年 6 月间居住地、就业地发生改变的职住迁徙数据。

2.2　研究方法

职住平衡是指研究范围内居民中劳动者的数量和就业岗位的数量大致相同，令大部分居住人口可以就近工作。但在市场、政策引导下的就业、居住选择往往无法保障职住平衡，本文引入平衡度、就业人口密度、就业自足性、就业交通效率、居住人口密度、居住自足性、居住交通效率七个指标，从数量、质量、效率多维度对职住平衡进行测量，综合分析研究范围内的就业－居住情况，为进一步解决职住平衡提供量化依据。

2.2.1　平衡度

就业－居住平衡最直接的体现就是在研究范围内，居民中劳动者的数量和就业岗位数量大致相等。研究从职住数量的平衡进行测量，一般被称为平衡度（Balance），通常为研究范围内就业岗位在全区所占比例和居住岗位在全区所占比例是否相等，若它们的比值接近 1，则表明职住相对平衡；比值大于 1，则表明该区功能偏向就业；比值小于 1，则表明该区域功能以居住为主。

$$平衡度 = \frac{研究范围内就业人口/就业人口总量}{研究范围内居住人口/居住人口总量}$$

2.2.2　自足性

由于当下就业、居住地的选择均以市场为主导，无法保障所有的居民都在本区域内就业，自足性（Self-contained）则是从职住平衡的质量进行测量。其中居住在研究范围内的就业人口占全部就业人口的比重，被称作就业自足性；就业在研究范围内的居住人口占全部有就业的居住人口的比重，被称作居住自足性。自足性越高，则表明研究范围内职住更为平衡。但由于自足性都是以一定地域范围为单位进行测量，研究范围尺度不同，结果也会存在差异，一般来说，尺度越大，自足性越好；反之则越差。

$$就业自足性 = \frac{在研究范围内居住的就业人口}{研究范围内的就业人口} \times 100\%$$

$$居住自足性 = \frac{在研究范围内就业的居住人口}{研究范围内有就业的居住人口} \times 100\%$$

2.2.3　交通效率

城市交通效率的提升，即居民的通勤时间和通勤距离是否缩短，是职住平衡政策是否有效的主要衡量标准。同时，《2021 年度中国主要城市通勤监测报告》提到，提高 45 min 以内通勤比重是改善城市人居环境的重要目标，是城市规划和交通服务水平的综合体现。因此，本研究以通勤时间 45 min 为节点，研究范围内就业人口中通勤时间小于 45 min 所占比重即为就业交通效率；研究范围内就业的居住人口中通勤时间小于 45 min 所占比重即为居住交通效率。交通效率越高，则表明研究范围内就业/居住人口通勤情况越好。

$$就业交通率 = \frac{研究范围内通勤时间小于 45 min 的就业人口}{研究范围内的就业人口} \times 100\%$$

$$居住交通率 = \frac{研究范围内通勤时间小于45\ min的居住人口}{研究范围内有就业的居住人口} \times 100\%$$

3. 研究结果

3.1 宏观层面全市职住特征及变化

3.1.1 不同空间结构定位对职住平衡的影响

自1958年《北京市总体规划方案》将北京市区划分为几十个集团，奠定了"分散集团式"的城市布局结构基础，历版城市总规均延续了此空间布局结构，最终形成如2016年《北京城市总体规划（2016—2035年）》所示的以天安门为中心的"中心地区＋边缘集团＋新城（含城市副中心）＋跨界城镇组团"的圈层"分散集团式"布局。北京市当前的职住平衡现状也与该空间布局结构密切相关。

当前北京市就业空间结构呈现出"主中心－次中心"的多中心化趋势，其中CBD地区、金融街、中关村三大主中心，以及东直门地区、展览路、崇文门外多个次中心都分布在东西城、海淀区和朝阳区。从平衡度也可看出四个行政区的功能更偏向于就业，特别是东西城，平衡度分别达到了1.54和1.45。同时，四个区的就业交通效率也位于16个行政区末位，从数量、质量、效果上都呈现出职住失衡的态势。与之恰恰相反的是，北京西部的昌平、房山、门头沟三个行政区职住平衡度均小于0.7，主要承载居住功能，就业岗位供给不足，使得大量居住人口通勤成本高昂，接近一半的居住人口的通勤时间超过45 min。

从北京市整体结构来讲，北京市居民的职住空间分布特征呈现单中心结构，就业功能集中在中心城区北部，西部地区则承接了更多居住功能，多点地区东南部和北部生态涵养区职住关系相对更加平衡（表1）。

表1　北京市区职住平衡指标

	区县	平衡度	就业自足性（%）	居住自足性（%）	就业交通效率（%）	居住交通效率（%）
首都功能核心区	东城区	1.54	19.7	35.4	60.2	71.8
	西城区	1.44	26.7	43.7	61.3	71.8
中心城区	丰台区	0.85	51.9	42.5	65.1	63.9
	海淀区	1.28	49.5	65.6	60.6	67.7
	朝阳区	1.16	54.3	63.7	59.4	66.5
	石景山区	0.90	49.8	44.1	70.1	61.3
多点地区	通州区	0.80	73.8	54.8	68.3	60.1
	大兴区	0.91	64.6	57.5	67.6	61.7
	昌平区	0.70	76.5	46.1	69.5	57.6
	顺义区	0.90	79.5	70.6	68.6	65.2
	房山区	0.75	85.0	63.1	70.0	56.1
生态涵养区	门头沟区	0.65	73.2	45.1	73.2	59.0
	平谷区	0.78	92.4	79.9	78.7	72.2
	密云区	0.83	92.8	84.0	80.9	76.7
	怀柔区	0.90	86.0	82.8	79.6	78.8
	延庆区	0.86	93.4	88.7	77.8	76.2

3.1.2　北京市职住结构变化动因——内部迁徙情况

对比 2017 年和 2021 年五年间北京市各区县的职住平衡度可以发现，北京市整体职住布局没有发生结构上变化，东城、西城、海淀、朝阳始终以就业功能为主导。尽管 5 年间中心城区在居住人口、就业人口双降的情况下，平衡度均小幅度回落，意味着职住在供给数量上趋于平衡，然而，不论就业自足性还是居住自足性指标都仍旧呈下降趋势，反映出职住供给错配，区域内的住房供给并不符合本区域内的需求，使更多居民跨区域通勤，职住失衡进一步加剧（图 1）。

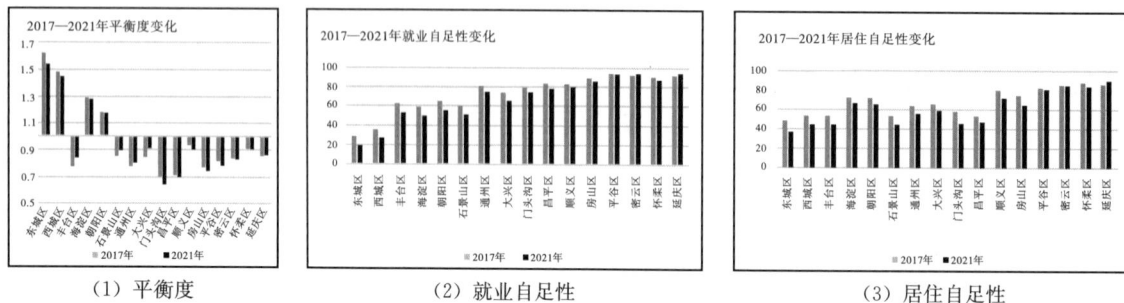

|（1）平衡度|（2）就业自足性|（3）居住自足性|

图 1　北京各区县 2017—2021 年职住平衡指标变化

职住分布及职住平衡的变化，本质上是北京市人口在政策和市场双重驱动力作用下的居住就业地再选择的过程。从北京市的圈层结构来看，5 年间北京市人口居住地逐渐外迁，而就业地迁徙变化不显著。2017 至 2018 年仍有大量居住人口由六环外迁至六环内，2018 年后内迁人口大量减少，同时中心人口开始外迁，特别是二环至四环间的居住人口开始大量迁至五环六环之间。从区县间流动来看，在疏解非首都核心功能建设通州行政副中心的过程中，大量朝阳居住人口迁至通州，就业地的选择则主要集中在朝阳、海淀两区间的双向流动。

总体来讲，北京作为特大城市整体"职"大于"住"，就业中心的集聚效益愈发显著，结构趋于稳定，而在中心城区住房供给不足、房价居高不下以及非首都核心功能疏解的多重驱动力下，居住人口逐渐外迁，使得北京市整体职住分离情况加剧，交通效率下降。

3.2　中观层面海淀区职住结构特征

海淀区位于北京西北部，总面积 431 km²，下辖的 22 个街道和 7 个地区覆盖了北京从二三环间至六环外各环路层级。海淀区以高新技术企业及互联网大厂的聚集而著称，包含了中关村、上地、永定路 3 个就业中心，但其空间均位于"山前"地区，上庄、温泉、西北旺、苏家坨四镇"山后"地区就业岗位相对较少。《海淀分区规划（国土空间规划）（2017—2035 年）》中提出要在海淀全域范围内形成"两横一纵格局，一带一核多级体系"，随着东升、翠湖、永丰、北下关、四季青等地产业园区的影响力逐渐扩大，对海淀乃至全市的职住空间分布都产生了一定的影响。综上所述，海淀区职住空间特征鲜明，在中层面具有典型研究意义（图 2）。

整体来看，海淀区 2021 年平衡度为 1.28，从数量上看为典型就业为主导的职住关系类型。由于其就业功能主导的特征，"住"相对于"职"是更加稀缺的资源，因此在海淀区居住的居民有更大的选择权。从海淀的居住人口来看，其居住自足性为 66.7%，其平均通勤距离为 9.65 km，居住交通效率达到了 67.7%，平均通勤时间为 39.6 min，优于于北京市整体职住通勤情况；但海淀区的就业人口自足性仅为 50.2%，平均通勤距离为 12.53 km，就业交通效率为 60.5%，平均通勤时间为 44.8 min，远低于北京市整体情况水平。与此同时，海淀区受地形地貌、历史文化和功能定位的影响，内部异质性较大。为给缓解海淀区职住失衡情况提出更有针对性的优化建议，还需从微观层面具体分析海淀区内部街道层级的具体情况。

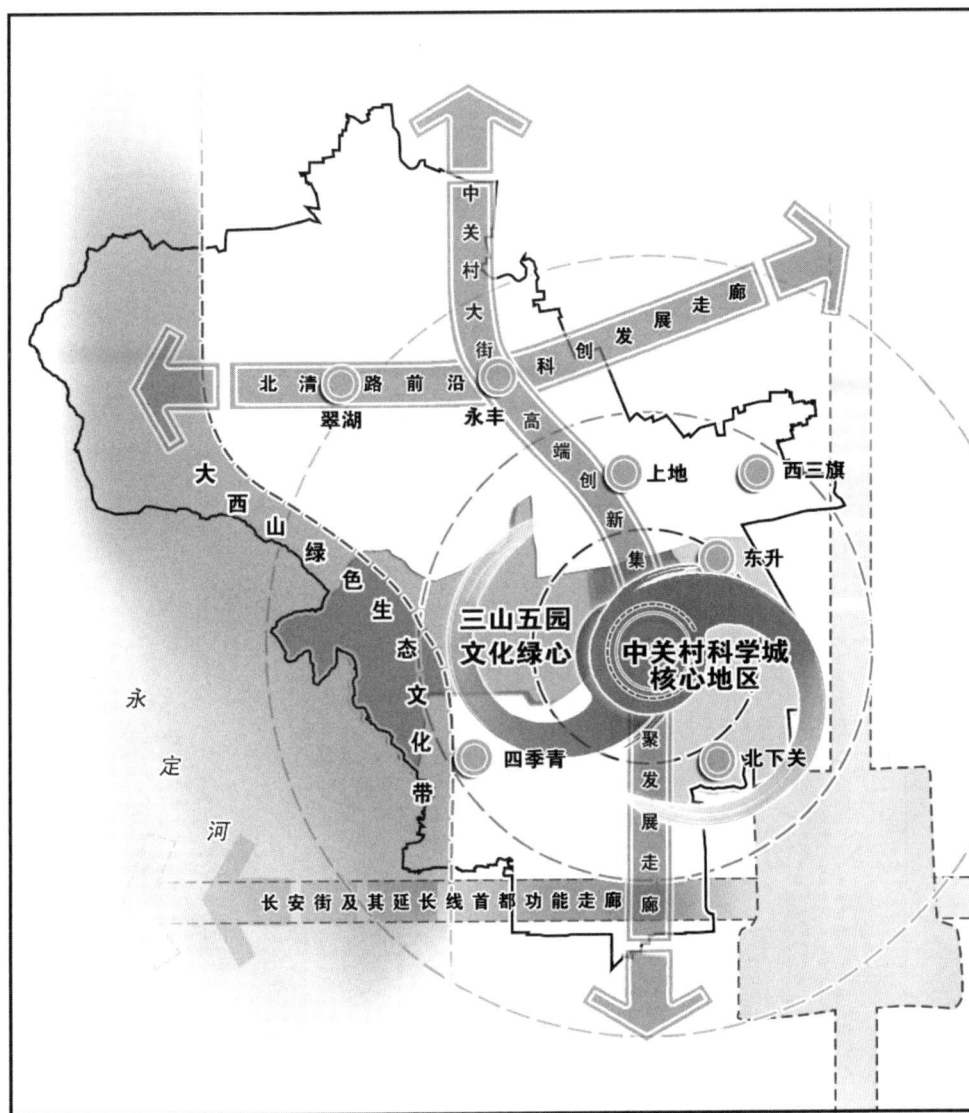

图2　海淀区空间布局示意图

3.3　微观层面海淀区内部街道尺度职住平衡评价

3.3.1　海淀区各街道职住类型划分

海淀区整体职住情况在"两横一纵格局，一带一核多级体系"的格局下，又受"山前""山后"就业岗位不同的影响。"两横一纵"覆盖范围内多以就业功能为主导，或在平衡度测量中更接近于职住平衡；其居住人口更多的选择在内部就业，交通效率也略高于北京整体情况，但"山后"地区的通勤效率不足60％；就业人口则在"山前""山后"两地呈现出不同的情况，"山前"就业人口自足性、交通效率均不及"山后"，且在就业中心中关村、上地地区更为明显。"山后"及"三山五园"范围职住功能更偏向于居住，其范围内居住人口的自足性、交通效率都低于海淀整体情况；就业人口自足性、交通效率更好，更多的人口选择在内部就业（图3）。

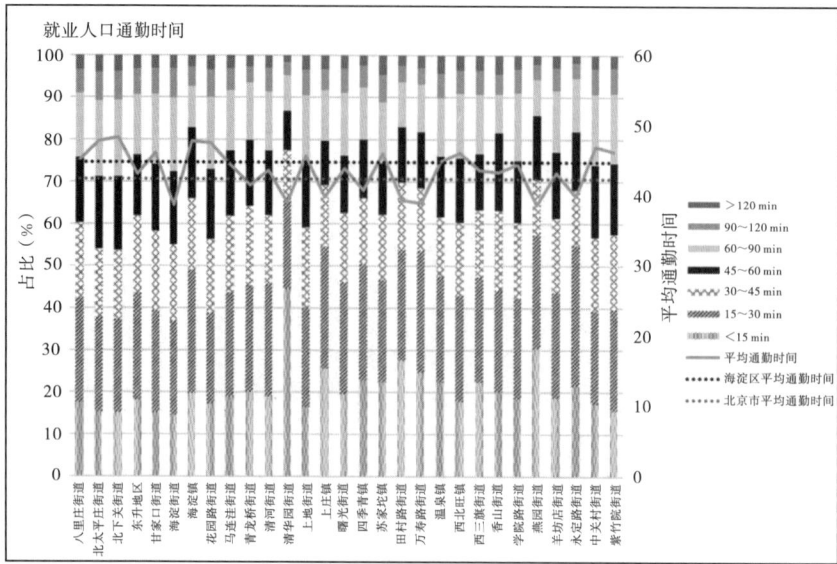

（1）海淀各街道就业人口交通效率

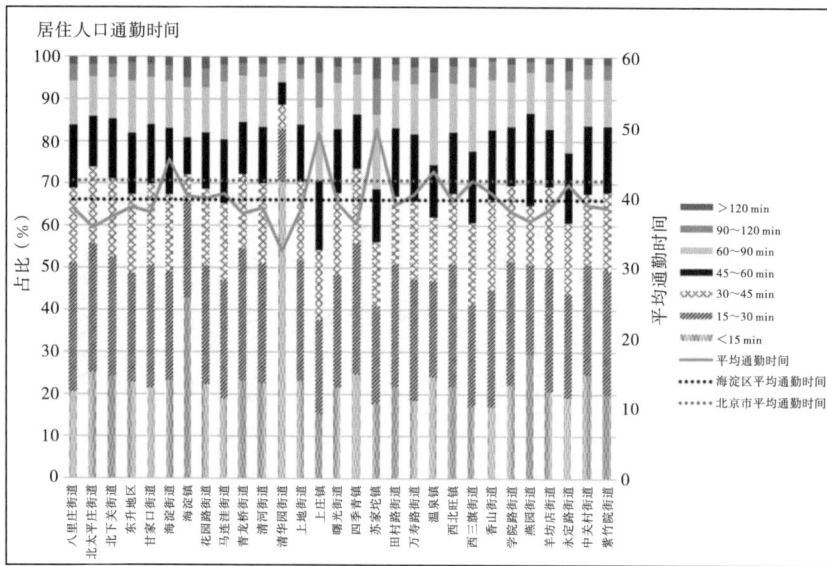

（2）海淀各街道居住人口交通效率

图3　海淀各街道交通效率情况

　　为进一步从定量的角度对各街道的职住平衡进行分析，本文对平衡度、就业人口密度、就业自足性、就业交通效率、居住人口密度、居住自足性、居住交通效率7个指标通过组间连接的聚类方法进行分析，综合多维度指标情况，将海淀各街道职住情况分为6类，最终得到5类职住平衡情况。

　　（1）上地街道职住分离严重。

　　百度、腾讯、联想、滴滴等互联网大厂均集中于上地街道，决定了这里就业岗位的高度集聚。上地街道就业密度为1.3万人/千米²，但平衡度达到了2.7，就业自足性仅有6%，职住分离严重。其交通效率均值为59.1%，就业人口多居住在上地街道周边，如昌平沙河、回龙观、海淀西北旺、清河等街道。

（2）成熟就业中心辐射街道，居住质量优于就业质量。

中关村就业中心辐射的海淀—中关村街道，其居住人口多选择在区域内就业，就业人口长距离、长时间通勤的比例明显增加。中关村作为中国高科技产业中心，其就业对远距离区域影响相对较强。

（3）典型居住中心，居住人口多外出就业。

"山后"及"三山五园"范围内的苏家坨镇、上庄镇、西北旺镇、香山街道、四季青街道、青龙桥街道、温泉镇7个街道为典型的居住中心，其本身的居住人口因就业岗位缺少而选择外出就业，导致其自足性及交通效率都低于海淀整体情况。但温泉镇因发展翠湖科技园，涵盖中关村环保科技园、创新园，引入了华为、国核院等为代表的一批占据产业链高端的大中型科技企业，提供了大量的就业岗位，该区域内的职住平衡及居住人口自足性、交通效率远高于其他街道。

（4）职住平衡，但供需不匹配。

东升地区及海淀镇平衡度均在1.2上下，从居住人口及就业岗位数量来看相对平衡，但其居住自足性、就业自足性均低于10.5%，在数量平衡的情况下职住都不在内部，是职住数量平衡，但供需不匹配的表现。

（5）特殊的清华园和燕园街道。

清华大学所在的清华园街道和北京大学所在的燕园街道相对特殊，其内部居住人口多以高校教职工及家属、学生为主，其内部职住平衡完美，从自足性和交通效率来看，就业人口、居住人口呈现的职住情况没有太大的差异。同时，就业的自足性均超过55%，交通效率达到了70%。

3.3.2 海淀区各街道职住情况变化

在非首都核心功能疏解、优化空间布局的背景下，2017—2021年由百度数据监测到的海淀区就业、居住人口分别下降了5%和8%，人口总量的减少及2017年新版海淀分区规划的空间定位，都影响着职住空间结构的改变。

对比2017年和2021年5年间海淀各街道的职住平衡度可以发现，在人口规模整体减少的情况下，海淀整体职住布局发生了细微变化，在居住、就业人口双降的情况下，以就业功能为主导的中关村、海淀街道，职住情况在一定幅度上从数量上趋向平衡，反观上地街道，因居住人口相对于就业人口下降更为明显，导致其职住分离情况愈发严重；以居住为主导功能的北太平庄、紫竹院、学院路街道等也不同程度趋于平衡（图4、图5）。

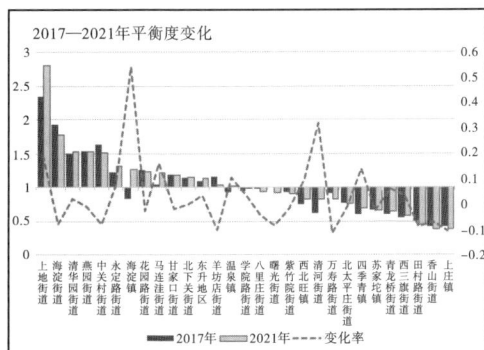

图4 海淀街道2017—2021年平衡度变化

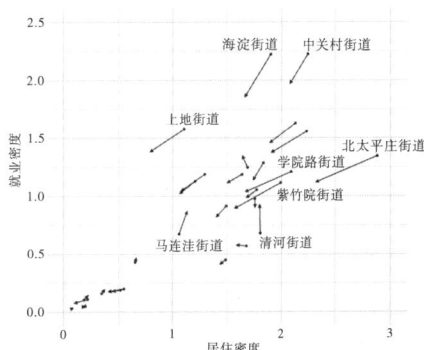

图5 2017—2021海淀街道居住就业密度相关性变化（散点位置为2017年居住就业密度情况，箭头位置为2021年居住就业密度情况）

在海淀区人口规模整体下降的趋势中，部分街道人口略有上升，其中清河街道在保持居住人口基本不变的情况下，增加了就业人口，整体职住分布在偏向居住功能的情况下，大幅趋向平衡；而原本职住相对平衡的马连洼街道，因就业人口增长远大于居住人口，导致其向就业方向偏离了职住平衡。

整体来看，受疏解影响，虽然整体就业规模有所下降，但海淀区作为承载北京中关村、上地两大就业中心的行政单元，其就业的吸引力仍然在不断升高。在海淀区内部的职住空间分布整体趋于平衡的基础上，随着东升、翠湖、永丰、北下关、四季青等地产业园区的发展，将在"两横一纵格局，一带一核多级体系"的格局下，提供更多的就业岗位，进一步解决海淀内部居住主导空间的职住平衡问题。

4 结语

本研究利用长时序、高精度的时空大数据定量研究了北京总体规划实施以来北京市多尺度的职住空间结构。研究利用平衡度、自足性、交通效率等多个指标，从数量、品质、效果多个维度全面解析了北京市当前的职住平衡关系及其变化。北京市城市结构整体上仍表现出明显的单中心圈层结构，中心城区职大于住，外围城区住大于职，且职住失衡仍有进一步扩大的趋势。与此同时，在中观层面研究分析了海淀区各个街道的职住平衡指标，并通过聚类分析，对街道当前的职住功能进行了类型上的划分。

职住关系的失衡是城市结构布局惯性、市场分配、政策引导等多方作用下的综合结果。在北京整体"职"大于"住"的背景下，仍需加大住房供给，补齐居住区特别是特大规模居住区的基础设施配套。同时为了利用有限的资源更有效地缓解职住平衡问题，下一步可根据大数据所反映的人口画像，从年龄、学历、收入、消费等情况，综合分析研究范围内人口在职住空间选择上的特征，优化住房，特别是保障性住房的选址，并利用轨道交通廊道在现有职住空间结构的基础上提高交通效率。

［参考文献］

[1] 住房和城乡建设部交通基础设施监测与治理实验室，中国城市规划设计研究院. 2021 年度中国主要城市通勤监测报告［EB/OL］.（2021-08-02）［2021-08-12］. https://www.sohu.com/a/480978612_489617.

[2] CERVERO R. The Jobs-housing balance and regional mobility [J]. Journal of the American planning association, 1989, 55 (2): 136-150.

[3] 赵晖，杨开忠，魏海涛，等. 北京城市职住空间重构及其通勤模式演化研究［J］. 城市规划，2013, 37 (08): 33-39.

[4] 刘志林，王茂军. 北京市职住空间错位对居民通勤行为的影响分析：基于就业可达性与通勤时间的讨论［J］. 地理学报，2011, 66 (04): 457-467.

[5] 郝新华，王鹏，谢力唯. 大数据视角下的北京职住平衡［J］. 北京规划建设，2015 (06): 28-31.

[6] 龙瀛，张宇，崔承印. 利用公交刷卡数据分析北京职住关系和通勤出行［J］. 地理学报，2012, 67 (10): 1339-1352.

[7] 孟斌，高丽萍，李若倩. 基于协同区位商的北京城市职住要素空间关联［J］. 地理学报，2021, 76 (6): 14.

[8] 李苗裔，王鹏. 数据驱动的城市规划新技术：从 GIS 到大数据［J］. 国际城市规划，2014 (6):

58-65.

[9] 杨明，伍毅敏，邱红，等. 城市空间重构与职住变迁：北京观察与国际比较 [M]. 北京：中国建筑工业出版社，2020.

[10] WEITZ J，SCHINDLER T. Are Oregon's communities balanced? A test of the jobs-housing balance policy and the impact of balance on mean commute times [R]. Portland：Portland State University，1997.

[11] 孟晓晨，吴静，沈凡卜. 职住平衡的研究回顾及观点综述 [J]. 城市发展研究，2009（06）：28-33.

[12] 杨明，王吉力，伍毅敏，等. 边缘城镇崛起下的特大城市职住梯度平衡研究：以北京为例 [J]. 城市发展研究，2019，26（10）：13-25.

[13] 北京市规划和自然资源委员会海淀分局，等. 海淀分区规划（国土空间规划）（2017 年—2035 年）[EB/OL]. （2020-02-14）[2021-03-12]. http://ghzrzyw. beijing. gov. cn/zhengwuxinxi/ghcg/fqgh/202002/t20200213_1630027.html.

[作者简介]

梁　弘，硕士，规划师，任职于北京市城市规划设计研究院。

崔　鹤，规划师，任职于北京城垣数字科技有限责任公司。

赵培松，硕士，规划师，任职于北京城垣数字科技有限责任公司。

吴运超，博士，高级工程师，北京市城市规划设计研究院主任规划师。

张晓东，硕士，教授级高级工程师，北京市城市规划设计研究院数字技术规划中心主任。

基于空间句法的洛阳市旅游景点可达性研究

□秦志博，龙良初

摘要：洛阳市是著名的旅游城市，旅游景点众多，但因缺少旅游交通规划导致旅游景点可达性较差。因此，本文运用空间句法的拓扑分析方法构建路网轴线模型，用 Depthmap 软件进行分析，从全局可达性和局部可达性两个维度对洛阳市中心城区旅游景点进行量化研究，分析了不同类型、不同级别、不同区位条件的旅游景点的可达性分布规律，发现整体可达性呈现出不均衡的格局，自然景观类型的旅游景点可达性较差，历史文化类旅游景点可达性良好，并呈现出旅游景点的级别越高可达性反而越差的特点。对此，本文针对性地提出了旅游景点可达性优化和提升策略，包括完善道路格局提升道路通达性、规划智能公共交通构建旅游交通体系、打造特色旅游线路提高旅游景点联动性等策略，为洛阳市旅游交通的发展提供参考。

关键词：旅游景点；可达性；空间句法；洛阳市

1 引言

伴随着我国经济社会的迅速发展，生态文明建设的地位和作用日益凸显，推动文化旅游业的繁荣发展将有助于生态文明建设。目前我国已转向高质量发展阶段，人民对美好生活的向往日益增加，旅游市场发展空间广阔。国家"十四五"规划中提出，要坚持以文塑旅、以旅彰文，深入发展大众旅游、智慧旅游，并提出要打造具有国际影响力的黄河文化旅游带。洛阳市位于黄河中下游地带，是我国首批历史文化名城和重点旅游城市，拥有众多旅游资源，是打造黄河文化旅游带的重点城市之一。而交通与旅游是密不可分的，洛阳位于郑西高铁中心线上，并拥有洛阳北郊机场，对外交通条件非常便利。但是旅游资源集聚的洛阳城市内部交通却没有得到重视，旅游交通建设不足，导致游客不能便捷的到达各个旅游景点，极大降低了游客旅游消费的意愿和体验，与洛阳市大力发展高质量文化旅游产业的政策方针不符。因此，对于城市内部旅游交通的研究与优化刻不容缓。

可达性通常表示一个空间到达另一个空间的便捷程度，对于城市中的旅游景点来说，其可达性是城市旅游体系建设水平的集中体现。潘竟虎、从忆波运用 GIS 软件中的栅格成本加权距离工具，对全国上千个 AAAA 级及以上的旅游景点进行了空间可达性分析；杨智威、陈颖彪等基于 GIS 软件，采用标准差椭圆等方法对广东省 A 级旅游景点的可达性进行了研究。综上所述，目前对于旅游景点可达性的研究大多是利用 GIS 软件分析基于地理距离的空间可达性，而对基于拓扑距离的可达性关注较少。因此，本文引入空间句法，利用其中的轴线分析法将研究范围内的道路系统抽象为拓扑网络，运用空间句法分析软件 Depthmap 进行分析，用分析出的全局整合度和局部整合度来量化本研究中旅游景点的全局可达性和局部可达性，在较为深入地分析洛阳中心城区旅游景点可达性的基础上，对洛阳市旅游交通体系的构建及优化提出建议参考。

2　研究范围与数据来源

2.1　研究范围

本文选取洛阳市中心城区为研究范围，总面积 481.5 km^2。这一区域集中了洛阳市众多的旅游资源，包括龙门石窟、隋唐洛阳城遗址等多个 A 级旅游景点，旅游发展基础良好，但也是交通问题出现最频繁的地方，因此针对研究范围内旅游景点可达性的研究势在必行。

2.2　数据来源

2.2.1　旅游景点数据

由于洛阳市旅游景点众多，分布较为混乱，而 A 级旅游景点旅游人数最为集中，同时也是最容易出现交通问题的地方，因此本文选取位于洛阳市中心城区范围内的 15 家 A 级旅游景点进行研究。洛阳市 A 级旅游景区的资料从 2021 年河南省文化和旅游厅公布的河南省 A 级旅游景区名录中获得，符合研究条件的有 AAAAA 级景区 1 个、AAAA 级景区 5 个、AAA 级景区 7 个、AA 级景区 2 个。利用网络数据爬取工具获取洛阳市中心城区范围内的旅游景区 POI（关注点）数据坐标信息，建立洛阳市 A 级旅游景点地理数据库。同时，基于洛阳市 A 级景区实际情况以及后续研究不同类型旅游景点可达性的需求，本文将洛阳市中心城区的 15 个 A 级旅游景点分为历史文化类、自然景观类和现代人文类三种类型（图 1）。

2.2.2　道路网数据

研究范围内的道路网数据对照洛阳市中心城区地理测绘图在 CAD 中修正，去掉与城市内部旅游交通无关的铁路、巷道等道路，绘制完成后将洛阳中心城区路网轴线图以 dxf 格式导入 Depthmap 软件进行 Node Count 验证，轴线全为绿色表明无独立轴线存在，验证通过。

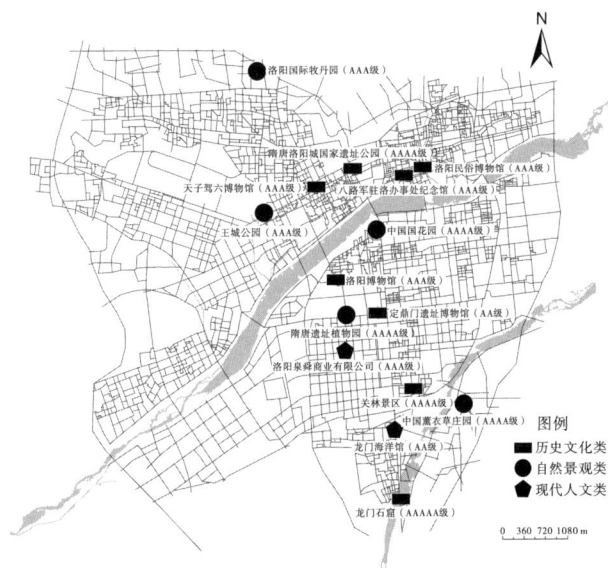

图 1　洛阳市中心城区道路及 A 级旅游景点分布图

3 旅游景点可达性研究方法

3.1 全局可达性

旅游景点的全局可达性指从研究范围内的任意地方到达城市中任意一个旅游景点的便捷程度，可以代表城市居民和游客从城市中的任意一个地点到达旅游景点的车行可达性，表示游客或本地市民乘坐各种交通工具到达某个旅游景点的便利程度。本文用空间句法理论中的全局整合度来表示旅游景点的全局可达性。全局整合度是对构建的路网轴线模型基于拓扑关系对空间进行重新映射，空间的全局整合度越大，此空间的可达性就越高。全局整合度的计算方法为将洛阳市中心城区轴线模型导入 Depthmap 软件，用"Run Graph Analysis"工具以"Line Length"为权重进行拓扑运算，运算结果"Integration【HH】"即为全局整合度。旅游景点的全局可达性用距离景区主入口最近的道路的全局整合度数值来表示。

3.2 局部可达性

旅游景点的局部可达性指游客或城市居民从某个景点周边较近的任意地点到达该景点的便利程度，也可以理解为旅游景点的步行可达性，主要表示游客徒步到达的便捷程度。本文用空间句法中的局部整合度来表示旅游景点的局部可达性。局部整合度表示距离某个旅游景点主入口最近的道路与该旅游景点附近一定区域内道路的关联程度。局部整合度计算方法与全局整合度相同，基于相关研究及本研究的实际情况，选择拓扑距离为 3 的局部整合度（Integration【HH】R3）来进行旅游景点的局部可达性分析。

4 研究结果及分析

4.1 旅游景点全局可达性分析

按照上文所述方法进行计算和数据处理后得到洛阳中心城区道路和 A 级旅游景点的全局整合度分布图，将 15 个研究对象的全局整合度汇总后得到表 1。

整体来看，A 级旅游景点的平均全局整合度为 0.80，表明研究范围内 A 级旅游景点的全局可达性良好，车行可达性处于较好的水平，这与近些年来洛阳大力建设立交桥、快速路等基础设施有关。但进一步观察可以看出，旅游景点全局整合度的值大于 1 的仅有天子驾六博物馆，洛阳国际牡丹园、龙门石窟的全局整合度仅分别为 0.53、0.43，处于较差水平，说明旅游景点全局可达性仍需优化提升。

观察全局整合度分布图可以得出，全局整合度较高的道路主要是位于中心位置的龙门大道、中州中路、王城大道等，全局整合度较高的旅游景点如天子驾六博物馆、王城公园等都位于这些道路附近，但多数还是分布在全局整合度较低的路段，旅游景点的分布与高可达性的路网存在错位现象。

按照旅游景点的级别分别计算各个级别旅游景点全局整合度的平均值后，AA 级至 AAAAA 级景点的全局整合度均值分别为 0.86、0.82、0.81、0.43。可以看出，A 级旅游景点的级别越高，全局可达性越差。AAAA 级景区关林景区、中国薰衣草庄园全局可达性较差，而作为洛阳名片的 AAAAA 级景区龙门石窟的全局可达性最差，仅为 0.43，交通条件有待改善。

从旅游景点的类型分析，历史文化型、现代人文型和自然景观型的旅游景点平均全局整合度分别为 0.82、0.80、0.78。从数据可以看出，历史文化遗产类型旅游景点的除龙门石窟外大多都位于核心城区，全局可达性较高，而自然景观类型的旅游景点由于大部分都位于城市郊区，远离城市中心，交通基础设施不完善，因此全局可达性水平较低。

表 1　洛阳市中心城区旅游景点全局整合度

排名	景区名称	等级	类型	全局整合度
1	天子驾六博物馆	AAA	历史文化类	1.01
2	定鼎门遗址博物馆	AA	历史文化类	0.95
3	隋唐洛阳城国家遗址公园	AAAA	历史文化类	0.94
4	洛阳市隋唐城遗址植物园	AAAA	自然景观类	0.93
5	王城公园	AAA	自然景观类	0.91
6	洛阳博物馆	AAA	历史文化类	0.88
7	八路军驻洛办事处纪念馆	AAA	历史文化类	0.86
8	中国国花园	AAAA	自然景观类	0.84
9	洛阳泉舜商业有限公司	AAA	现代人文类	0.83
10	龙门海洋馆	AA	现代人文类	0.77
11	洛阳民俗博物馆	AAA	历史文化类	0.74
12	关林景区	AAAA	历史文化类	0.71
13	中国薰衣草庄园	AAAA	自然景观类	0.65
14	洛阳国际牡丹园	AAA	自然景观类	0.53
15	龙门石窟	AAAAA	历史文化类	0.43

4.2　旅游景点局部可达性分析

对洛阳市中心城区 15 个 A 级旅游景点的局部可达性进行分析，量化排序后可以得到表 2。从表 2 可以看出，旅游景点局部可达性最高的是天子驾六博物馆（3.98），最低的是洛阳国际牡丹园（1.15），两者的局部可达性差距达到 3 倍以上，说明洛阳市中心城区的道路建设在空间上存在较大差异。中心城区 15 个 A 级旅游景点的局部整合度平均值为 2.41，高于局部可达性平均水平的有 6 个旅游景点，占旅游景点总数的 40%，以历史文化类景点居多。同时，15 个 A 级旅游景点的局部整合度均大于 1，并且远高于全局整合度的平均值（0.80），表明旅游景点周围的道路通达性较好，局部可达性较高。

根据局部整合度分布图可以看出，旅游景点局部整合度较高的大部分位于洛龙区龙门大道旁和涧西区中心区域，老城区也有少部分存在，整体来看局部整合度处于一种多点分布的格局。

从 A 级旅游景点的级别来看，AA 级至 AAAAA 级景点的局部整合度均值分别为 2.49、2.69、2.13、1.67。AA 级和 AAA 级景点的局部可达性的平均值均高于整体局部可达性的平均值（2.41），反而是知名度较高的 AAAA 级和 AAAAA 级景点的局部可达性低于平均水平，例如龙门石窟、关林景区、中国薰衣草庄园等知名景点的局部可达性较差，与景区地位不匹配，表明这些旅游景点周围的道路系统建设有待加强和优化。

从旅游景点的类型来看，历史文化类旅游景点的局部整合度平均值为 2.60，现代人文类旅游景点的局部整合度平均值为 2.30，自然景观类旅游景点的局部整合度平均值为 2.14。经过分析可以发现，历史文化类旅游景点的局部可达性较好，这与洛阳历史文化名城的地位有关，体现出当地政府对于历史文化遗产的保护和利用足够重视。但自然景观类旅游景点的局部可达性较低，因为这类景点大都需要依托山水来建设，并且需要较大地块，而满足这些条件的地方大部分位于城市郊区，道路修建相对不足。

表2 洛阳市中心城区旅游景点局部整合度

排名	景区名称	等级	类型	局部整合度
1	天子驾六博物馆	AAA	历史文化类	3.98
2	王城公园	AAA	自然景观类	3.62
3	八路军驻洛办事处纪念馆	AAA	历史文化类	3.62
4	定鼎门遗址博物馆	AA	历史文化类	3.25
5	隋唐洛阳国家遗址公园	AAAA	历史文化类	3.02
6	洛阳泉舜商业有限公司	AAA	现代人文类	2.87
7	洛阳市隋唐城遗址植物园	AAAA	自然景观类	2.12
8	中国国花园	AAAA	自然景观类	2.05
9	洛阳民俗博物馆	AAA	历史文化类	2.00
10	中国薰衣草庄园	AAAA	自然景观类	1.75
11	龙门海洋馆	AA	现代人文类	1.72
12	关林景区	AAAA	历史文化类	1.71
13	龙门石窟	AAAAA	历史文化类	1.67
14	洛阳博物馆	AAA	历史文化类	1.58
15	洛阳国际牡丹园	AAA	自然景观类	1.15

5　洛阳市旅游景点可达性优化策略

5.1　完善道路格局，提升道路通达性

路网系统是城市的骨架，对于城市交通有着重大影响，因此要提升旅游景点的可达性首先要优化城市路网格局。根据前文分析，洛阳市中心城区的核心位置可达性较好，这是由于城市新区在规划时路网整齐、密度较高，而老城区、西工区等老区存在断头路、道路狭窄、道路不成体系等一系列问题，影响了洛阳中心城区整体的可达性。因此，应针对性地打通各区域内的断头路，并逐步开放社区道路，形成"小街区、密路网"的道路网格局。同时，应加强过街天桥、地下通道等步行系统的建设，形成完整连贯的交通体系，提高各旅游景点的步行可达性；多措并举提升中心城区道路网的通达性，进而提高洛阳市中心城区旅游景点的全局可达性。

5.2　规划智能公共交通，构建旅游交通体系

对于外来游客来说，到达洛阳火车站后首选的交通工具就是公共交通，在大数据时代，智能高效的公共交通对于提升旅游景点的可达性作用巨大。对于知名度较高的旅游景点，应规划多条公共汽车线路，同时应建立旅游景点人流量智能监测系统，在人流量较多时增加车次，方

便游客游览。对于现有可达性较好的旅游景点，一般周围道路网都比较密集，应加强这些景点与其他景点之间的联系，规划景点至景点之间的专用旅游公交线路，根据道路交通信息监测系统获取实时数据，并智能为游客规划最高效的游览线路，方便游客在多个景点游玩时换乘，形成完善的旅游交通体系。对于可达性较差的旅游景点，应加强与景点周围高等级路网的连接，提升车站到这些旅游景点的主要道路等级，同时应将距离较近的景区联系起来，开发旅游公共交通环线，形成区域较大的旅游带以提升这些景区的局部可达性。

5.3 分类型打造特色旅游线路，提高旅游景点联动性

不同类型的旅游景点有着截然不同的分布特点，基于前文分析的道路可达性以及不同类型旅游景点的空间分布特征，打造了2条特色旅游线路（图2），分别为历史文化旅游专线、自然景观旅游专线，现代人文类旅游景点由于数量过少不予规划。历史文化旅游线路包括龙门石窟、隋唐洛阳城国家遗址公园等著名景点，通过这一类型旅游景点的联动，使游客能够快速了解洛阳悠久、灿烂的历史文化；同时，线路的设计也依托于自身可达性较高的道路如龙门大道、中州中路等，既可以提升旅游景点可达性又能给游客带来良好的旅游体验。自然景观旅游线路主要包括中国国花园、中国薰衣草庄园等景点，线路设计主要依托王城大道、古城路等可达性较高的道路，不仅包括车行交通的路线，在适宜的滨水地区还将打造慢行旅游步行道、水运交通等，鼓励使用多种交通方式旅游，提升较为偏远的自然景观类旅游景点的可达性。

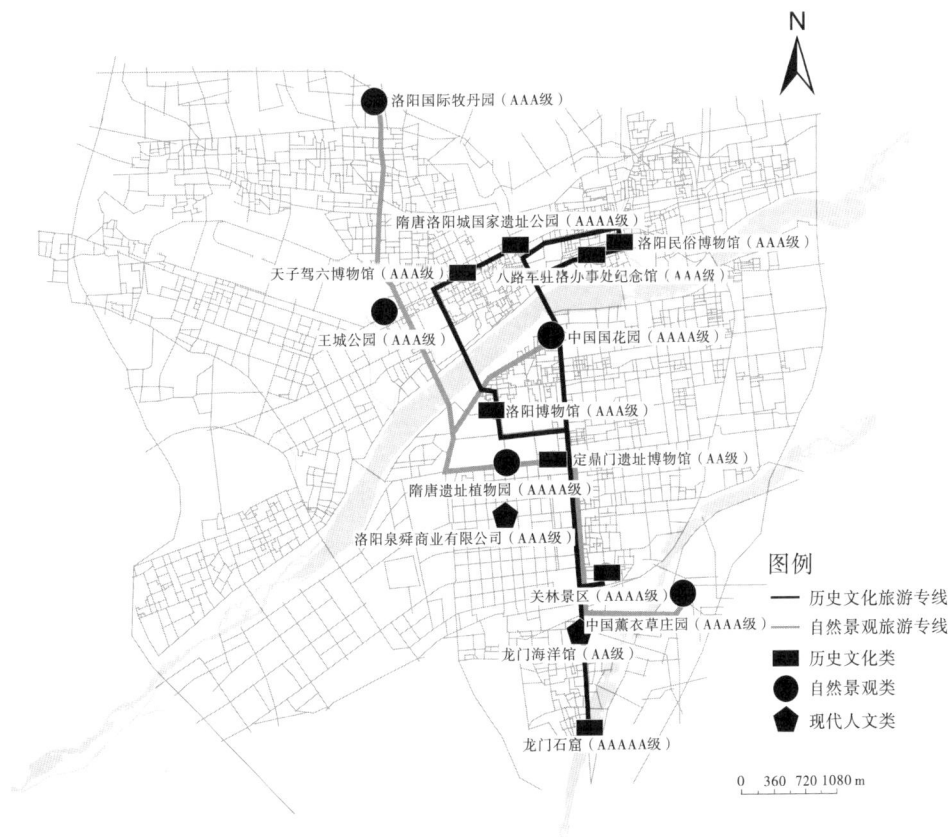

图2 洛阳市特色旅游线路规划图

6 结语

本文基于空间句法理论的拓扑关系对洛阳市中心城区的旅游景点进行了可达性分析，从全局可达性和局部可达性两个方面来测度，分析发现，洛阳市中心城区的旅游景点可达性不均衡，城区边缘的旅游景点可达性较差；研究了不同类型和级别的旅游景点可达性后发现，自然景观类旅游景点的全局可达性和局部可达性都较差，旅游景点的级别越高可达性反而越差。因此，本文针对性地提出了洛阳市旅游景点可达性提升的策略，包括完善道路格局提升道路通达性、规划智能公共交通构建旅游交通体系、打造特色旅游线路提高旅游景点联动性等，为洛阳市旅游交通的规划建设提供参考。

[参考文献]

[1] 潘竟虎，从忆波. 中国 4A 级及以上旅游景点（区）空间可达性测度 [J]. 地理科学，2012（11）：1321-1327.

[2] 杨智威，陈颖彪，郑子豪，等. 广东省 A 级旅游点空间分布特征与可达性测度 [J]. 地理空间信息，2019（6）：51-55.

[3] 杨效忠，冯立新，张凯. 交通方式对跨界旅游区景区可达性影响及边界效应测度：以大别山为例 [J]. 地理科学，2013（6）：693-702.

[4] HILLER B，HANSON J. The social logic of space [M]. Cambridge：cambridge university press，1984.

[5] 谭文浩，刘林丰，陈婷婷，等. 基于空间句法的福州市综合公园可达性分析 [J]. 中国城市林业，2020（5）：52-56.

[6] 刘璐. 基于空间句法及景观格局的洛阳中心城区公园绿地布局研究 [D]. 郑州：河南农业大学，2017.

[作者简介]

秦志博，硕士研究生，就读于桂林理工大学土木与建筑工程学院。

龙良初，硕士，教授级高级工程师，教授，任职于桂林理工大学土木与建筑工程学院。

基于可达性的公共服务设施优化配置研究

——以大石桥市中心城区为例

□高　岩，祁纪雯，高彩霞

摘要：城市公共服务设施的合理配置，对于提高居民获得感、幸福感与安全感具有重要意义。本文以大石桥市中心城区为例，利用大数据和 GIS（地理信息系统）网络分析技术，对公共服务设施的布局、可达性及存在问题等进行了定量分析，并在此基础上，提出了优化配置方法。首先，利用百度热力图结合服务设施 POI（关注点）数据，识别城市各类设施配置热点及活动中心；其次，通过 GIS 网络分析法，基于步行、非机动车和机动车三种交通出行方式，定量分析了城区现状居住社区的服务设施覆盖度和可达性；最后，以现有热点活动中心为基础，通过缓冲区影响半径构建与泰森多边形结合的方式补充优化 15 分钟生活圈的服务设施配置。结果表明，大石桥市中心城区的教育设施类、文化设施类、体育设施类、医疗服务设施类和社会福利设施均存在不同程度的配置失衡问题；通过对服务设施进行补充与优化，五类设施的三种交通出行方式服务覆盖率提高了 3.95%～75.86% 不等。研究结果可为城市公共服务设施配置评价及优化调整等方面提供参考。

关键词：公共服务设施；社区生活圈；可达性；大数据；友好城市

1　引言

"十四五"时期（2021—2025 年）是我国全面建设社会主义现代化强国的开端时期，也是实现第二个百年梦想的关键时期。中国特色社会主义已经进入新时代，社会主要矛盾已转化为人民日益增长的美好生活需要和不平衡不充分的发展之间的矛盾，人民对城市空间供给的关注点已从"有没有"转向"好不好"，从必需型产品消费转向更高层次的消费。公共服务设施是公共服务的空间载体，是保障社会公平、稳定发展的重要基础，影响着人民日常生活的便捷安全程度。以人民为中心的社区生活圈的空间分布，反映出人民多样化的城市行为活动背后的行为逻辑。如何在既有的热点活动中心可达的范围内，享受到高品质的生活服务，科学配置各类服务设施，引导公共服务设施建设，对优化调整城市内部空间结构，提高人民生活便捷程度具有重要意义。

目前，针对服务设施可达性的研究众多，其研究方法主要有缓冲区分析法、最小近距离法、网络分析法、引力模型分析法和成本分析法等。尹海伟和徐建刚运用最小邻近距离分析方法分析了上海市公园的空间可达性。李朝奎和董小刚等学者利用改进的引力模型法分别对医疗设施和公园广场的可达性进行了评价分析。蒋海兵等人采用成本分析法对上海市不同区位大卖场的可达性进行了测度分析。王姣娥等人则是从空间距离和时间成本角度对全国 34 个中小文化旅游城市的可达性进行了研究。传统的规划工作者常用的可达性分析方法为缓冲区构建法，该方法并未充分考虑到人们行为活动中的交通网络因素，其覆盖率统计过于粗放，无法体现以人民为中心的设施配置主导思想。施拓等学者针对缓冲区分析法与网络分析法进行对比，测度了沈阳市城市公园绿地可达性，研究结果显示缓冲区分析法计算的可达面积大于网络分析法，网络分析法相对更加合理，更能体现公共服务设施配置的公平性和人们的社会参与性与融入度。因此，本文以大石桥市中心城区为例，采用 GIS 网络分析法，分别基于步行、非机动车和机动车三种交通方式，定量分析公共服务设施的可达性覆盖程度，科学识别设施配置问题，以期为城市公共服务设施配置与空间格局优化提供科学参考。

2 研究对象与数据

2.1 研究区概况

大石桥市位于辽宁省营口市，其中心城区下辖 4 个街道，2 个省级经济开发区，根据《大石桥市国土空间总体规划 2021—2035》，目前中心城区开发边界规模为 104.97 km² (图 1)。此次研究范围为除去两大经济开发区之外的中部城区所有居住用地，并对规划前后居住用地覆盖程度进行比较。其中，现状城区中居住用地面积为 775.52 hm²，规划期末居住用地面积为 1862.80 hm²。在新一轮的国土空间规划中，大石桥市的总体定位为"中国镁都，辽宁美城"，在中心城区更是提出了"双美宜居"的城市品质战略，要将环境友好、生态宜居作为大石桥市在辽中南地区的城市特色，而其中公共服务设施的优化配置成为规划编制的重要方面。科学合理的服务设施配置方案，有利于改善城区人民的生活便利条件，进而为规划方案及设施配置提供一定的支撑和参考。

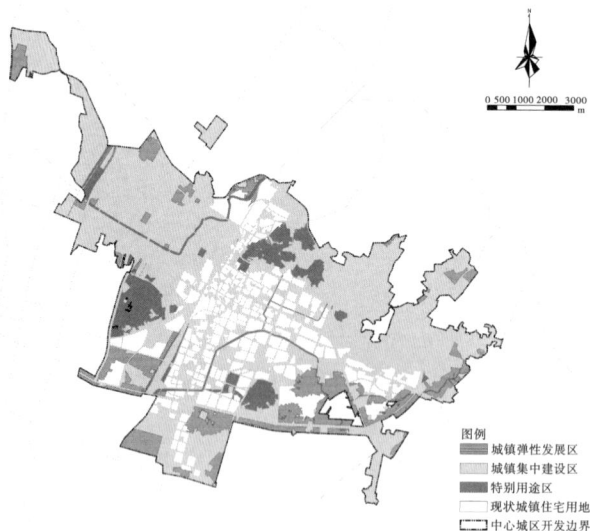

图 1　大石桥市中心城区开发边界图

2.2 研究数据

本文的研究数据包括大石桥市第三次国土调查数据、百度热力图数据以及百度 POI 数据。

（1）大石桥市第三次国土调查数据，用于识别中心城区居住用地现状。

（2）百度热力图数据，用以反映中心城区人流活动热点。百度热力图是以 LBS（地理位置服务）平台手机用户地理位置数据为基础，实时监测智能手机使用者的空间动态，通过数据的采集与运算，按照地理空间进行聚类，生成不同颜色强度的地图，以此反映活动聚集强弱的热力图。参考日常生活活动的活跃程度，本文主要爬取周末时间段与下班后晚间 7：00～8：00 时间段的人流热力图，作为人流活动热点识别的参考。

（3）百度 POI 数据，用以识别中心城区各类服务设施分布现状，从而得出服务设施现状分布集聚情况。POI 数据为地图上各类地理空间点数据，是地理空间中具有标志意义的地理对象。本研究通过对获取的 POI 数据进行去重、纠偏与实地调研，结合百度地图 POI 分类体系，参考《城市居住区规划设计标准》（GB 50180—2018），将 POI 数据划分为五类：教育设施类、文化设施类、体育设施类、医疗服务设施类和社会福利设施类。

3 研究方法

3.1 核密度分析探究 POI 数据集聚区

近年来，核密度分析在城市热点探索方面应用广泛。核密度分析工具用于计算要素在其周围邻域中的密度，既可计算点要素的密度，也可计算线要素的密度。本文利用核密度分析方法探索大石桥市中心城区五类服务设施的 POI 数据空间集聚分布特征，用以识别现状设施配置热点。核密度函数计算公式如下：

$$f(x) = \Sigma_{i=1}^{n} \frac{1}{\pi r^2} \Phi\left(\frac{d_{ix}}{r}\right)$$

式中：$f(x)$ 为 x 处的核密度估计值；r 为搜索半径；n 为样本总数；d_{ix} 为 POI 点 i 与 x 间的距离；Φ 为距离的权重。

3.2 基于泰森多边形的服务分区构建

泰森多边形是对空间平面的一种剖分，最早由荷兰气象学家 Thiessen 提出，其特点是多边形内的任何位置离该多边形的样点（如居民点）的距离最近，离相邻多边形内样点的距离远，且每个多边形内含且仅包含一个样点。由于泰森多边形在空间剖分上的等分性特征，因此可用于解决最近点、最小封闭圆等问题，以及许多空间分析问题，如邻接、接近度和可达性分析等。本文将泰森多边形这种空间分割特性应用于公共服务设施可达性领域，用以初步划分中心城区社区生活圈。从几何空间角度分析，两个相同服务设施分界线为两点之间的垂直平分线，将所有设施进行平面等分所构成的不规则多边形中任何位置距离中心设施的距离都比其他设施距离小，此为中心设施的理论覆盖范围（图 2）。

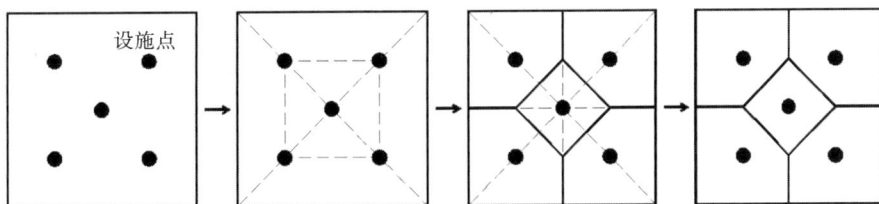

图 2 泰森多边形应用过程

3.3 建立网络分析数据库

ArcGIS 网络分析是对地理网络、城市基础设施网络进行模型化构建的工具模块，主要用于资源优化配置、网络结构完善等方面。该方法通过设定不同交通方式，以道路网络为基础，在一定阻力下模拟真实状态下人们的出行方式。其中，基本的网络中一般包括中心、连接、节点和阻力（图3）。本研究中，出发点代表各社区生活圈服务设施配置中心，连接代表构建的道路网络，节点代表交叉口，阻力则代表不同交通方式在道路网络上所耗费的时间。

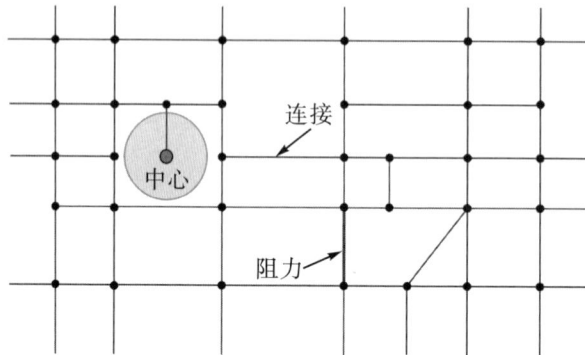

图3　网络分析法示意图

通过 ArcGIS 软件将中心城区道路录入数据库，构建网络数据集，根据道路网规划将可通行交叉口设置交通节点（图4）。将道路系统根据道路等级划分为快速路、主干路、次干路和支路，并设置不同通行成本阻力。参考《公路工程技术标准》（JTG B01－2003）的规定，将步行平均速度设定为 5 km/h，非机动车在任何等级道路上行驶速度为 12 km/h，机动车在快速路、主干路、次干路和支路上的速度分别设定为 80 km/h、60 km/h、40 km/h 和 20 km/h。将提取的社区生活圈热点中心设置为点数据，作为服务设施出发点，以此测算服务设施的覆盖程度（图5）。同时，为保证规划前后服务设施覆盖度具有可比性，现状设施覆盖度以"三调"中心城区居住用地为研究底图，以现状道路构建网络数据库；规划后设施覆盖度则以规划完善后的居住地块为研究底图，以规划后道路构建网络数据库进行测度，以此衡量规划前后设施覆盖度的提升程度。

图4　路网数据图

图5　节点数据图

4　研究结果

4.1　现状公共服务设施覆盖度

以中心城区内现状教育设施、文化设施、体育设施、医疗服务设施和社会福利设施为基础，提取 15 分钟生活圈等级设施作为现状生活圈中心，以 15 min 为出行时耗构建设施覆盖范围。由于小学服务半径一般为 500 m，因此教育设施中仅以中学服务范围测算为例。通过统计可以看出，除机动车出行方式设施覆盖度较高外，步行与非机动车出行方式服务设施覆盖程度普遍较低，设施配置严重缺乏。通过统计，中心城区现状教育设施仅 9 处、体育设施仅 4 处、文化设施 3 处、医疗设施 7 处、社会福利设施 2 处。通过测算，现状步行、机动车和非机动车 15 分钟生活圈五类设施覆盖程度见表 1 与图 6。

（1）教育设施现状总体分布较好，非机动车出行覆盖率可以达到 83.63%，步行覆盖率也可以达到 45%，为五类设施中最高，主要在四季春城小区西侧区域缺乏覆盖。

（2）文化与体育设施分布主要集中于老城区北侧蟠龙山广场区域，其余区域均未设置便民文体设施，总体步行覆盖率较低，分别为 10.35% 和 14.10%。通过调研也可以发现，大石桥市中心城区由于文体设施的匮乏，老城区中部的市民日常文娱活动多集聚于云桥广场转盘处。该转盘广场为交通环岛五岔路口，日常车流量较高，交通紧张，而如今大量市民为在此活动被迫频繁穿行广场于与交通道路之间，大大增加了区域的安全隐患。

（3）医疗服务设施可以覆盖绝大多数生活集聚区，但步行出行覆盖率仍然较低，仅为 31.35%，主要在老城区与南楼街道间相对缺乏。该区域聚集了较多新开发居住楼盘，目前各类服务设施尚未配置齐全。

（4）中心城区现状分布社会福利设施仅 2 处，步行与非机动车出行覆盖率仅为 3.53% 和 14.85%，同全龄友好城市建设目标大相径庭，因此中心城区的社会福利设施急需配置完善。

综合以上分析，大石桥中心城区现状五类公共服务设施的配置均严重失衡，深刻影响着人民的生活品质与效率。

表 1　现状公共服务设施覆盖度统计表

出行方式	文化设施覆盖度（%）	教育设施覆盖度（%）	体育设施覆盖度（%）	医疗设施覆盖度（%）	社会福利设施覆盖度（%）
机动车	89.81	89.97	89.80	89.85	89.84
非机动车	54.85	83.63	59.27	77.94	14.85
步行	10.35	45.00	14.10	31.35	3.53

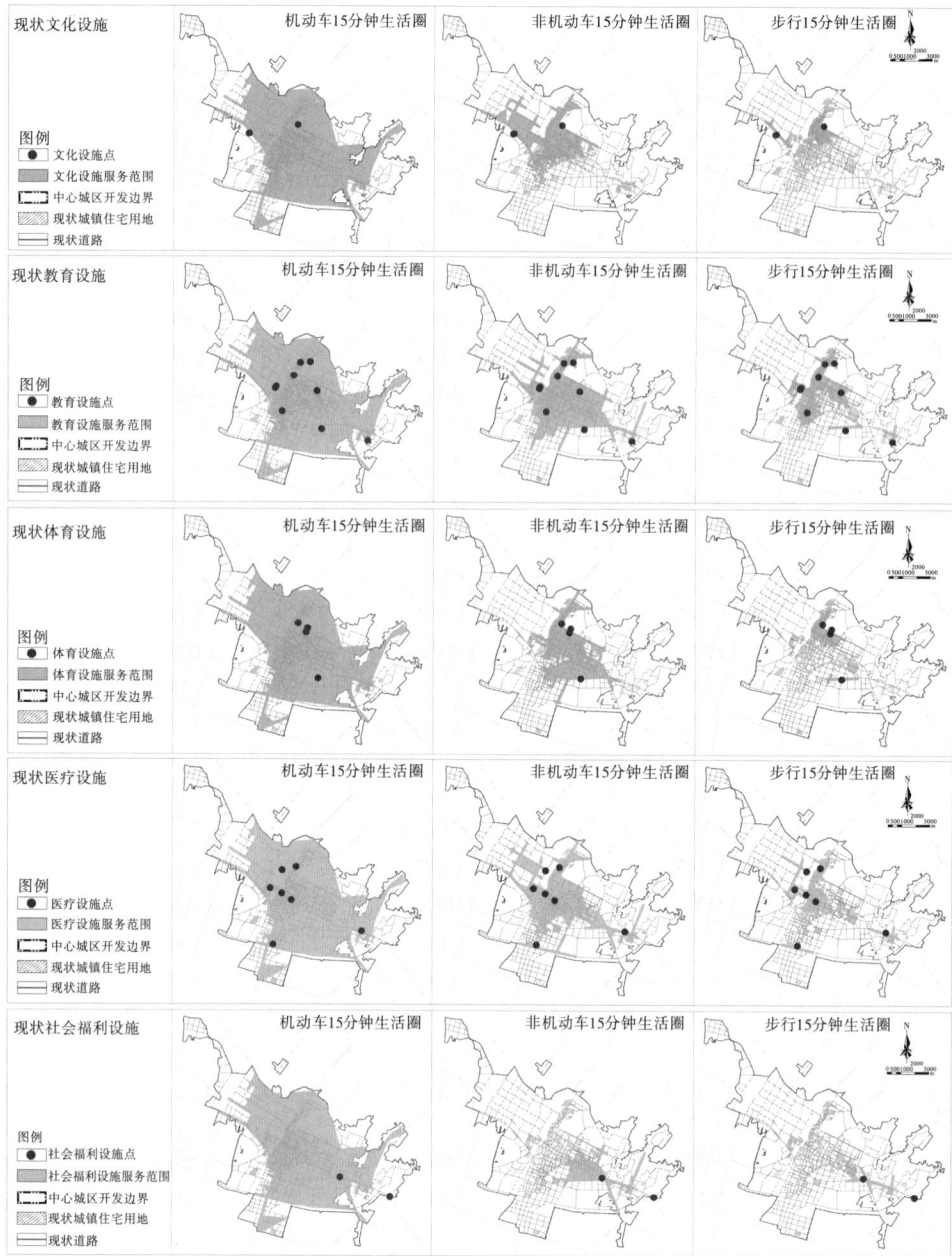

图6　现状公共服务设施覆盖图

4.2　中心热点识别与生活圈构建

首先，参考大石桥市人们日常生活活动的活跃程度规律，爬取周末时间段与下班后晚间7:00～8:00时间段人流热力图，作为人流活动热点识别的参考。通过热力图分析可以明显识别现状中心城区的热点中心（图7）。其次，通过POI数据进行核密度分析，识别现状设施集聚中心，以实地调研为补充，确定大石桥市中心城区现状社区热点中心。最后，利用GIS空间分析中泰森多边形与缓冲区相结合的CTPB（combination of Thiessen polygon and buffer）方式将大石桥市中心城区划分为22个15分钟生活圈（图8至图10）。

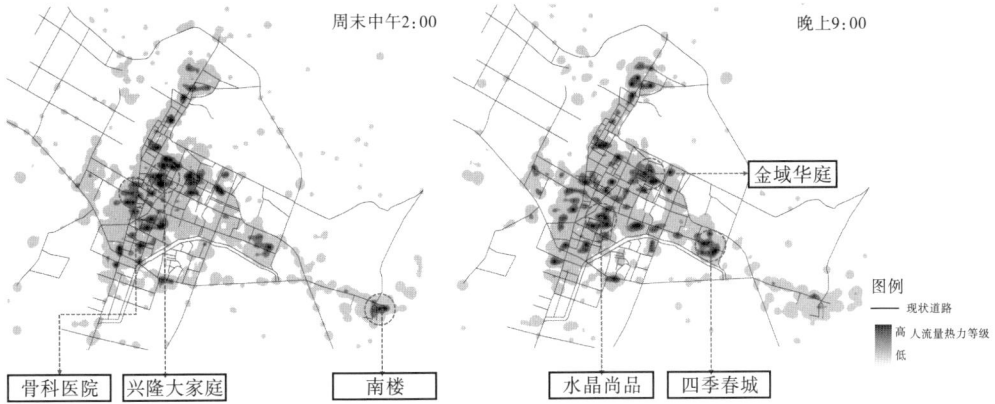

图 7 百度热力图热点识别

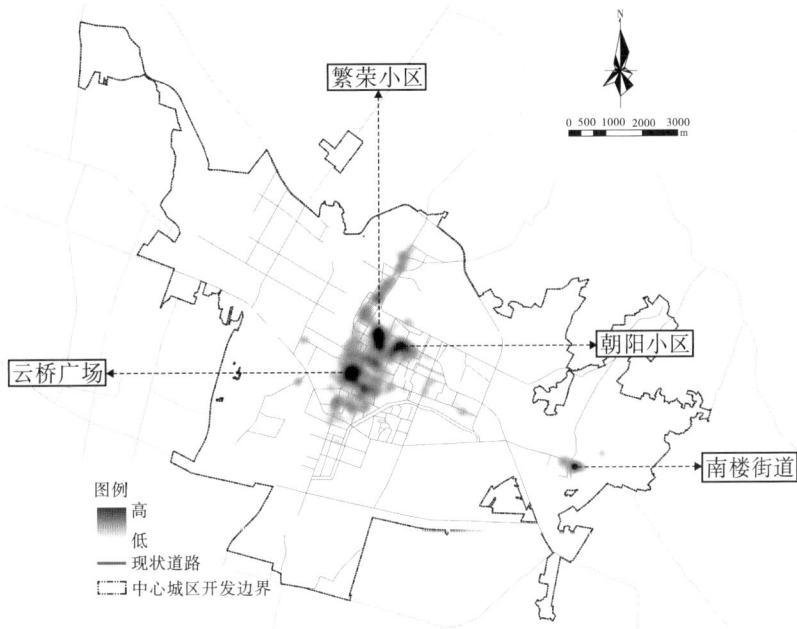

图 8 POI 服务设施核密度分析

图 9 社区生活圈构建

图10　社区生活圈划分

4.3　公共服务设施优化配置

以现状设施为基础结合划分的 22 个 15 分钟生活圈，在设施缺乏的区域进行补充。

（1）结合人口预测专题规划期末学龄人员数量，规划满足各类人群受教育的需求，根据生活圈划分结果，完善教育设施，补充初级中学 13 处。

（2）为提供多样化的文化设施，按照标准完善社区图书馆、文化活动室等基础保障，并结合居民需求考虑增加棋牌室和阅览室等丰富文化生活的品质提升类设施，规划增设 14 处生活圈文化中心。

（3）遵循配置均衡、方便实用、综合利用的原则，按照 15 分钟生活圈补充体育设施 15 处。通过文体设施的补充配置，有效解决类似云桥广场区域文体休闲空间与交通空间之间的矛盾冲突问题。

（4）完善医疗结构体系，基本满足 15 分钟生活圈需求，在现状基础之上规划补充医疗卫生设施共 9 处。

（5）按照"老有所养，弱有所扶"的指导思想，规划设置社会福利设施 10 处，主要类型包括老年养老、养护院、儿童福利院、残疾人托养服务机构。

通过教育设施、文化设施、体育设施、医疗服务设施和社会福利设施的补充，最终规划后三种出行方式的设施覆盖率（表2）相较现状设施覆盖度分别提高了 3.95%～75.86% 不等（表3），优化了中心城区服务设施配置格局，理论上改善了人们均衡共享服务设施的权利（图11）。

表2　规划公共服务设施覆盖度统计表

出行方式	文化设施覆盖度（%）	教育设施覆盖度（%）	体育设施覆盖度（%）	医疗设施覆盖度（%）	社会福利设施覆盖度（%）
机动车	100.00	100.00	100.00	100.00	100.00
非机动车	79.49	87.58	77.63	93.74	90.70
步行	48.74	65.46	57.38	57.79	53.80

表 3　规划公共服务设施覆盖度提升统计表

出行方式	文化设施覆盖度提升率（%）	教育设施覆盖度提升率（%）	体育设施覆盖度提升率（%）	医疗设施覆盖度提升率（%）	社会福利设施覆盖度提升率（%）
机动车	10.19	10.03	10.20	10.15	10.16
非机动车	24.64	3.95	18.36	15.81	75.86
步行	38.39	20.46	43.27	26.44	50.28

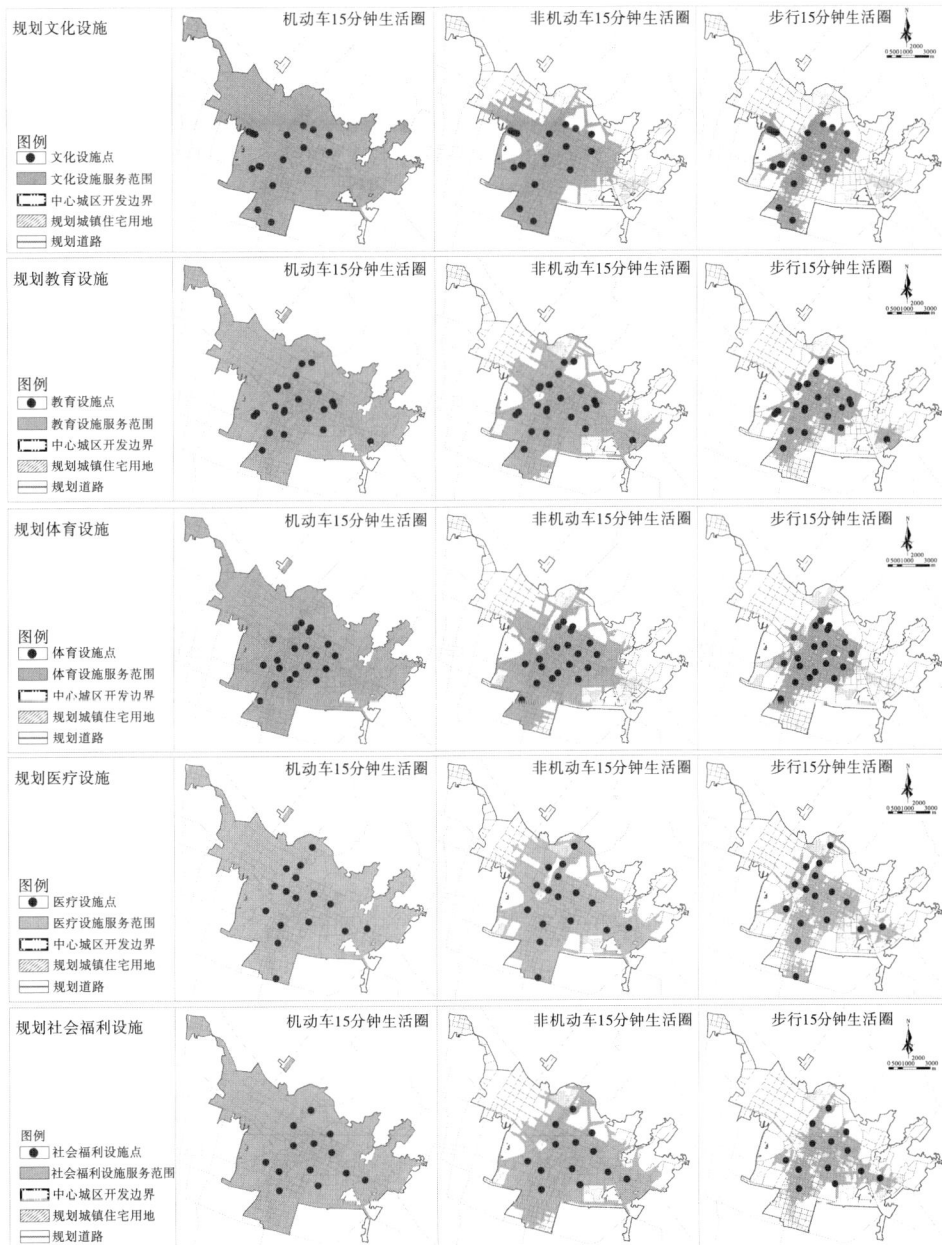

图 11　规划服务设施覆盖图

5 结语

本文首先基于 GIS 网络分析法，分别针对步行、非机动车和机动车三种交通出行方式对大石桥市中心城区公共服务设施的可达性进行评价。通过研究发现，大石桥市中心城区的教育设施、文化设施、体育设施、医疗服务设施和社会福利设施均存在不同程度的配置失衡问题，并且由于服务配置的匮乏引发了休闲空间与交通空间的矛盾干扰、生活服务出行不便等一系列的城市问题。其次，通过热点识别与泰森多边形的构建，结合规划方案对生活圈公共服务设施进行补充，更有针对性地进行优化配置。最后通过验证，规划后的服务设施覆盖率相较于现状设施覆盖率均有不同程度的提高。

随着中国的经济发展进入新常态，现如今城市建设主线已经由增量扩张进入到存量提升的转型阶段。中国城市发展从以土地为中心转变为以人为核心，进入以有机更新为主的重要时期。从广州的城市更新行动到北京的口袋公园建设再到上海的 15 分钟生活圈构建，均是在城市存量空间中挖掘变量，以人民为核心构建更多样的服务配置体系的不断尝试。随着大数据的普及与信息时代的不断发展，在国土空间规划背景下，越来越多的新手段与新方法参与到方案决策中，使得空间治理面临新的挑战。时空大数据、人工智能与信息化建设，均体现了数据治理下城市精细化管理与科学决策的可能。数字赋能即赋权于城市及其居民，真正实现"人民的城市人民建，人民的城市为人民"的主导思想，城市数据治理能为塑造现代化、高品质的宜居生活空间迎来更多可能。

[参考文献]

[1] 王琨. 基于 GIS 的城市公园绿地可达性研究 [D]. 南京：南京林业大学，2012.

[2] 尹海伟，徐建刚. 上海公园空间可达性与公平性分析 [J]. 城市发展研究，2009（6）：71-76.

[3] 李朝奎，卜璞，方军，等. 基于改进引力模型的医疗服务可达性评价 [J]. 经济地理，2018（12）：83-88.

[4] 董小刚，乔庆华，翟亮，等. 基于改进引力模型的广场公园可达性研究 [J]. 地球信息科学学报，2019（10）：1518-1526.

[5] 蒋海兵，徐建刚，祁毅，等. 基于时间可达性与伽萨法则的大卖场区位探讨：以上海市中心城区为例 [J]. 地理研究，2010（6）：1056-1068.

[6] 王姣娥，胡浩. 基于空间距离和时间成本的中小文化旅游城市可达性研究 [J]. 自然资源学报，2012（11）：1951-1961.

[7] 高岩，杜宁睿. 基于百度热力图的地铁站周边区域职住关系研究 [C] //中国城市规划学会城市规划新技术应用学术委员会，广州市城市规划自动化中心，深圳市规划国土房产信息中心. 智慧规划·生态人居·品质空间：2019 年中国城市规划信息化年会论文集. 南宁：广西科学技术出版社，2019：231-238.

[8] 薛冰，李京忠，肖骁，等. 基于兴趣点（POI）大数据的人地关系研究综述：理论、方法与应用 [J]. 地理与地理信息科学，2019（6）：51-60.

[9] 段亚明，刘勇，刘秀华，等. 基于 POI 大数据的重庆主城区多中心识别 [J]. 自然资源学报，2018（5）：788-800.

[10] 高彩霞，刘家明，高岩，等. 京津冀非物质文化遗产资源的空间格局及旅游开发研究 [J]. 地理与地理信息科学，2021（3）：103-108.

[11] 禹文豪，艾廷华. 核密度估计法支持下的网络空间 POI 点可视化与分析 [J]. 测绘学报，2015 (1)：82-90.

[12] 王玉德. 基于 ArcGIS 的泰森多边形法计算区域平均雨量 [J]. 吉林水利，2014 (6)：58-60.

[13] 葛奔，蔡琳，王富. 基于泰森多边形服务分区的常规公交站点布局优化 [J]. 武汉工程大学学报，2018 (6)：668-672.

[14] 李蒙. 基于 GIS 的公园绿地可达性与服务水平研究：以长沙市岳麓区为例 [J]. 地理信息世界，2020 (3)：100-106.

[15] 傅梦颖. 基于网络分析的合肥市滨湖新区公园绿地可达性研究 [J]. 城市勘测，2021 (2)：69-74.

［作者简介］

高　岩，硕士，城市规划工程师，任职于辽宁省城乡建设规划设计院有限责任公司。

祁纪雯，任职于辽宁圣辰城乡规划设计有限公司。

高彩霞，博士研究生，就读于中国科学院地理科学与资源研究所。

基于多源异构数据的骑行友好度评价研究

□雷璟晗，陈志东，戴劭勍，王彦文

摘要：随着移动互联网和物联网技术的快速发展，共享单车的爆发性增长和骑行需求持续上升。特别是自 2020 年以来，由于受新冠肺炎疫情的影响，不少城市的公共交通一度暂停，共享单车更加凸显出绿色出行、健康出行的社会价值。然而，现有城市道路的骑行友好度差异性较大，这对城市精细化管理水平也提出了更高要求。因此，构建一套"共享单车骑行友好度"的评价指标体系，对支持运营商和城市管理部门决策而言就显得尤为重要。本文基于共享单车轨迹数据、街景数据、数字高程模型、手机信令数据、POI（关注点）数据、气象再分析资料与空气质量监测数据等多源异构时空大数据，分析共享单车骑行友好度的时空分布规律，结果表明骑行友好度受居民慢行出行行为、城市自然环境、城市建成环境的影响明显。

关键词：骑行友好度；共享单车；时空特征；街景数据

1 引言

随着移动互联网和物联网技术的快速发展，共享单车的爆发性增长和骑行需求持续上升。在新冠肺炎疫情爆发时期，不少城市的公共交通甚至一度暂停，共享单车凸显出绿色出行、健康出行的社会价值。然而，现有城市慢行系统在空间上存在一定的骑行友好度差异，对城市精细化管理水平也提出了更高要求。因此，建立一套可操作的"共享单车骑行友好度"评价体系具有重要的规划设计意义。

国内外对城市慢行系统的友好度研究已有一定基础。苏毅等人从宣传自行车文化、自行车服务设施、自行车共享计划、自行车交通替代率等 14 个指标对哥本哈根单车指数进行考核评价。张磊等人认为骑行性是表达环境对自行车交通的影响，包括城市空间对人的骑行活动的引导能力、骑行环境的舒适性和城市政策、文化氛围对骑行的鼓励程度。这些传统的研究方法是通过实地踏勘或问卷调查等统计方法获取难以量化的评价指标，研究成果容易受到主观因素的影响。程车智等人基于共享单车的 OD 轨迹进行分析，但其局限性在于不能准确反映骑行过程中的轨迹情况。Phuong 等人从空气质量因子、可达性因子、适宜性因子和环境感知因子等搭建骑行友好度评价框架，量化指标相较以往的研究更加客观。

本文以道路路网作为骑行友好度量化载体，基于共享单车轨迹数据、街景数据、DEM（数字高程模型）、手机信令数据、POI 数据、欧洲中尺度天气预报中心气象再分析资料第五版数据与空气质量监测数据等多源异构时空大数据，采用机器学习、深度学习、轨迹挖掘算法等前沿技术，对居民骑行活动特征的影响因素进行探析，从居民出行活动、城市自然环境、城市建成环境等多个方面来搭建慢行系统交通友好度的评价体系，并对厦门市城市道路的友好度进行评价。

2　数据来源与研究方法

2.1　数据来源

①轨迹数据：轨迹数据来源于 2021 数字中国创新大赛大数据赛道——城市管理大数据专题提供的 2020 年 12 月 21 日至 2020 年 12 月 25 日 6:00～9:00 共享单车轨迹数据。

②DEM 数据：本文的 DEM 数据来源于地理空间数据云的 ASTER GDEM 30 m 产品。

③POI 数据：本文的 POI 数据来源于百度地图地点检索服务的 Web Service API 接口服务，获取厦门市美食、生活服务、旅游景点、购物等 POI 信息。

④街景数据：本文的街景数据来源于百度地图全景静态图服务的 Web Service API 获取的每条道路的全景街景图。

⑤空气质量监测数据：通过中国环境监测总站获取 2020 年 12 月 21 日到 25 日 6:00～10:00 的逐小时生态环境局全国空气质量站点及空气质量监测数据。

⑥气象数据：从欧洲哥白尼气候数据平台获取 2020 年 12 月 21 日到 25 日 6:00～10:00 的逐小时 ERA5 气象再分析资料，空间分辨率为 0.1°×0.1°，以 Netcdf 方式存储。

⑦手机信令数据：来源于联通公司，其中人口数据是根据联通用户手机位置数据得到的每日各时段的人口热力分布。

2.2　研究方法

2.2.1　数据预处理

数据分析流程见图 1。

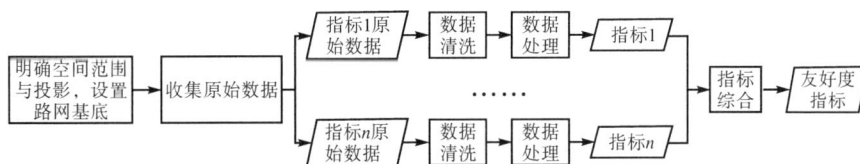

图 1　数据分析流程

由于原始数据具有多源、数据结构不匹配等问题，因此在计算指标之前，需逐一对多源异构的时空数据进行数据清洗，再融合为基准统一的时空数据库。其中，以路网数据和 GPS 轨迹数据的预处理最为复杂。

①对厦门市城市路网数据：在路网数据中剔除高架桥、隧道、城市快速路等非慢行交通的道路，并且以 200 m 为间隔对路网做打断处理，以进一步细化观测粒度。

②对共享单车 GPS（全球定位系统）轨迹数据：由于存在 GPS 记录漂移、无效轨迹、无效订单等问题，本次对轨迹数据进行了 3 个方面的清洗，一是轨迹纠偏到路网，二是轨迹连续时长大于 1 分钟，三是轨迹连续路程超过 100 m。最后保留有效轨迹，得到每条连续轨迹的唯一标识 ID。

2.2.2 数据挖掘

（1）曲折度。

曲折度（Sinuosity）是一个工程学概念，指两点之间的折线距离与直线距离的比值，反映研究对象在长度方向上的弯曲程度。本文创造性地把共享单车轨迹作为研究对象，曲折度即行驶距离（Distance）和起止点直线距离的比值，通过这个比例关系，结合二元色彩符号系统，即可识别出特定轨迹的出行行为特征（图2）。

$$Sinuosity = \frac{Distance}{\sqrt{(x_2-x_1)^2+(y_2-y_1)^2}} \tag{1}$$

式（1）中，Sinuosity 即曲折度，它是行驶距离（Distance）和起止点直线距离［分母根式即起止点坐标（x_1，y_1）和（x_2，y_2）距离公式］的比值。

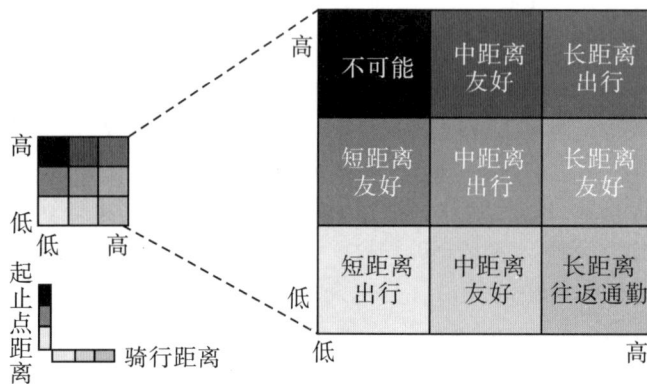

图2 曲折度即行驶距离和起止点直线距离的比值

（2）深度学习与语义分割。

本文采用"Deeplabv3+"与 ResNet 的深度学习算法对街景图片进行语义分割，获取感兴趣的建成环境变量因子（如绿色空间与天空）。"Deeplabv3+"是一种采用空洞空间金字塔池化模块（Atrous spatial pyramid pooling，ASPP）和编码—解码结构（Encoder-Decoder）实现的深度网络结构。已有研究表明，"Deeplabv3+"在街景图像的语义分割上精度可达到82.1%（Cityscape dataset 训练结果）。该算法的核心实现原理见图3。

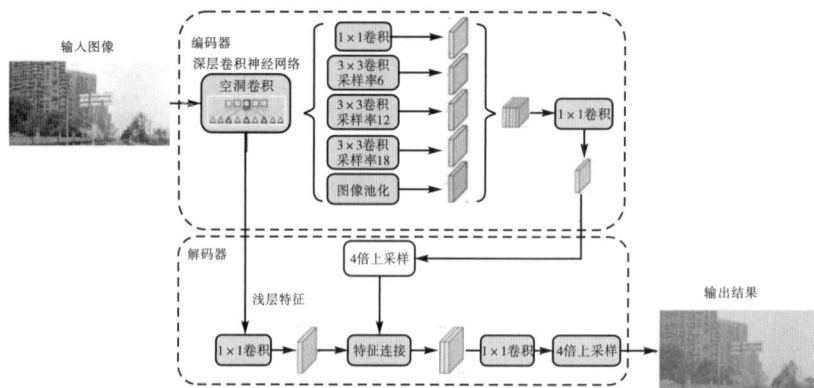

图3 街景图片语义分割流程

通过 Ade 20k 数据集训练的"Deeplabv3+"与 ResNet 语义分割模型对采集的街景图片进

行语义分割，获取每张图片解译结果。将不同建成环境因子所占的像素数在整张图片中的占比定义为建成环境视角指数（Built Environment View Index，BEVI），根据街景识别出来的不同的建成环境因子将通过公式计算对应的建成环境视角指数。

$$BEVI_t = \frac{\sum_{i=1}^{6}\sum_{j=1}^{3}Area_{t,x}}{\sum_{i=1}^{6}\sum_{j=1}^{3}Area_t}\times100\% \tag{2}$$

式（2）中，$BEVI_t$ 代表第 t 个采样点处（$t=1$，2，$\cdots$，n）的建成环境视角指数；$Area_{t,x}$ 代表第 t 个采样点处街景图片中建成环境因子 x（x 可以代表绿色空间与天空等不同建成环境因子）占据的像素数量；$Area_t$ 代表第 t 个采样点处街景图片总的像素数量；i 和 j 分别代表不同方向（$0°$，$60°$，$120°$，$180°$，$240°$，$300°$，其中 $0°$ 代表正北方向）和不同垂直视角（$-45°$，$0°$，$45°$）的街景图像。

这里测试了不同的深度学习模型在街景语义分割上的性能（表1、图4）。从样例图测试效果来看，使用 Ade 20k 数据集与"Deeplabv3＋ResNet"模型训练结果最好。最终所有街景图像的语义分割均采用该模型进行识别。

表1 不同深度学习模型性能对比

训练数据集	方法	准确率（%）	平均交叉比（%）
Cityscape datasets	Deeplabv3	96.4	79.4
Cityscape datasets	VPLR	nA	83.5
Ade 20k datasets	Deeplabv3＋ResNet	82.6	47.6

图4 使用不同模型的街景图像语义分割结果对比

3 骑行友好度的时空分布规律

3.1 骑行友好度评价指标体系

本文定义的骑行友好度是基于骑行出行规律，综合考虑自然环境与建成环境因素影响，涵盖骑行出行方式的安全性、舒适性、便捷性与活跃性的综合指标。结合收集的多源异构时空大数据，构建如图 5 所示的共享单车骑行友好度评价体系。

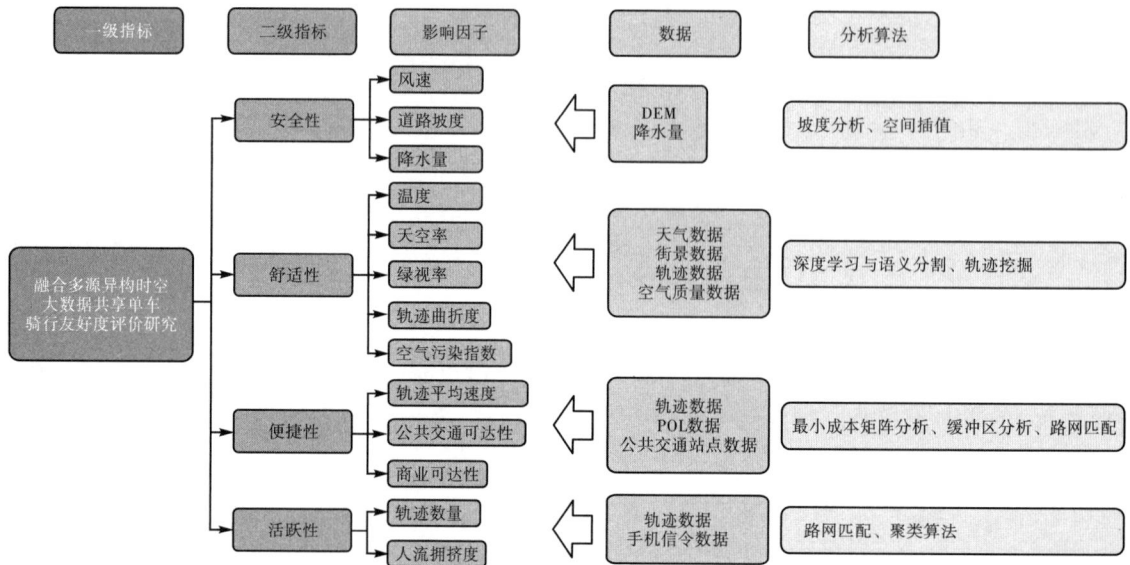

图 5　共享单车骑行友好度评价体系

该评价体系包含 4 个二级指标（安全性、舒适性、便捷性与活跃性）与 13 个影响因子（风速、道路坡度、降水量、温度、天空率、绿视率、轨迹曲折度、空气污染指数、轨迹平均速度、公共交通可达性、商业可达性、轨迹数量与人流拥挤度）。

（1）安全性。

2020 年 12 月 21 日到 25 日逐日的安全性指标随时间变化较为明显，整体而言，全岛的安全性呈现由大变小再变大的变化过程。12 月 23 日到 24 日变化的主要原因是有降雨事件，导致当日共享单车骑行安全性较差，该指标由正转负。随后 24 日与 25 日降雨相较 23 日少，尽管风速有所变化，但与 21 日、22 日差距不大，总体的安全性恢复到较为正常的范围。可以发现，安全性大于 0.1（80％分位数）的路段占比约为 20％。从空间分布特征来看，大部分路段都存在研究时间段内的某特定日期，该日期的安全性超过 0.1。

（2）舒适性。

2020 年 12 月 21 日到 25 日逐日的舒适性指标随时间变化较为明显，整体而言，全岛的舒适性在前四天差异较小，但舒适性整体处于下降的趋势，且 25 日有显著下降。从影响因子可以发现，25 日平均温度为研究时段内最低的一天，因此舒适性有显著下降。

（3）便捷性。

2020 年 12 月 21 日到 25 日逐日的便捷性指标随时间变化较不明显。由于研究时间段为工作日，每天骑行者的通勤状况相似，此时骑行平均速度主要是与道路类型相关，比如在平缓、车流量少的道路上，骑行的平均速度更高。

（4）活跃性。

2020 年 12 月 21 日到 25 日逐日的活跃性指标随时间变化不是特别明显，这说明逐日的活跃性变化规律较为一致。由于该研究时间段为工作日，因此逐日内城市居民有着相似的通勤特征，因此活跃性指标变化较小。而 23 日由于有降雨事件，导致当日居民的共享单车骑行量减少，轨迹指标有大幅下滑，仅有 12 万条左右轨迹，其他日期内的轨迹均超过 30 万条。

（5）指标权重确定与综合得分模型。

本文考虑了 13 个影响因子，影响因子较多会增加分析问题的难度和复杂度，因此需要利用降维处理技术，使较少的变量尽可能多地保留原来较多变量所反映的信息。本文采用主成分分析法建立共享单车骑行友好度与影响因素之间的关系与确定指标权重。

首先通过主成分分析的碎石图确定适宜的主成分个数，结果显示提取的主成分个数在 4 到 6 之间。通过对不同主成分提取个数的测试，可以发现主成分个数为 6 时，方差解释率达到 69.6%，整体主成分与原始指标对应关系较为客观与真实，且便于解释。最终通过载荷以及方差的加权，得到如下的友好度评估综合得分模型：友好度＝0.168×轨迹数量＋0.104×平均轨迹速度＋0.073×曲折度＋0.124×公共交通可达性＋0.075×商业可达性＋0.077×人流拥挤度＋0.149×坡度－0.069×空气污染指数－0.102×降水＋0.128×温度＋0.097×风速＋0.138×绿视率＋0.038×天空率。

3.2 骑行友好度评价分析

（1）逐日骑行友好度评价分析。

2020 年 12 月 21 日到 25 日逐日的友好度指标整体变化趋势随时间变化呈现一个由大变小再变大的过程，21 日与 22 日全路段骑行友好度均值分别为 0.236 和 0.233，23 日全路段骑行友好度均值为最低值 0.098，24 日与 25 日全路段骑行友好度均值略有回升（0.188 和 0.185），但是仍低于 21 日与 22 日。

（2）逐小时骑行友好度评价分析。

逐小时骑行友好度的差异较小。6 点时全路段骑行友好度均值为 0.184，随着时间变化，骑行友好度均值逐渐上升，在 7 点和 8 点分别达到 0.198 和 0.195，即 0.19 左右的峰值。这个主要是二级指标中活跃度的提升导致的，即在 7 点和 8 点的时间段内有较多的人使用共享单车出行。接着在 9 点骑行友好度回落至 0.17，为 6 点到 9 点间的最低值。

（3）骑行友好度时空冷热点分析。

以 21 日为例，用 15 分钟为间隔切分当天的共享单车出行轨迹点数据，并按照网格进行统计，采用 ArcGIS Pro 2.7 的 Space-Time Mining Tools 中的热点分析工具，以轨迹数量作为关键变量，进行时空冷热点分析，挖掘轨迹点数据中潜在的时空模式。

由分析可知，厦门岛四周为持续冷点区域，其含义为早高峰时期，该区域一直少有骑行行为；岛北部和东部区域为振荡的冷点区域，其含义为在早高峰大部分时间，该区域少有骑行行为，但是在早高峰交通密集时间，该区域的骑行行为大幅增加，成为热点区域；岛中东部的条带状区域为振荡的热点区域，其含义为在早高峰大部分时间，该区域骑行行为较多，只在早 6 点或者早 10 点等较少时间段内，该区域的骑行行为较少；被振荡的热点条带状区域包围的有三个连续热点区域，其含义为整个早高峰时间内，该区域骑行行为一直较多。

4 建议

由于本文的骑行友好度是广义的骑行友好度，可以从骑行需求和目的层面反映各路段是否对骑行者友好，突出了城市空间对人骑行活动的引导能力。在分析骑行友好度指标是否具有现实意义时，可以结合其他基础设施数据对骑行友好度结果进行比对分析，针对不同基础设施数据提出具体的解决方案。

（1）合理分配路权，提供合理的慢行通道空间。根据城市自然生态格局、空间结构、用地布局等因素，合理划定城市不同功能的慢行分区，并制定对应的发展策略和建设指引。尤其是早晚高峰期通勤性的慢行交通，可以考虑与主干道相结合设置，解决"最后一公里"的交通问题。

（2）突出交通一体化设计，合理解决慢行交通与公共交通的衔接。慢行交通设施应与城市轨道交通、快速公交、常规公交站点结合设置，方便换乘，形成贯通一体的出行链。

（3）加大政策支持力度，提高管理水平。对慢行交通规划需要从空间、设施、环境等多个方面体现出以人为本理念，切实考虑慢行交通群体的出行特征与安全需要，提高人民生活品质，展现城市特色风貌，缓解城市交通压力，促进城市可持续发展。

5 结语

以往研究方法往往是基于实地调查与问卷调查的传统方法进行定量研究，在骑行环境的研究方面，由于中微观尺度的调查有许多因素难以进行定量分析，实地调研需要大量的人力物力。本文充分考虑了自然、社会和建成环境三个层面的环境对慢行交通的影响，打破各个多源异构数据融合的技术瓶颈，利用智能共享单车数据、街景数据、POI 等时空大数据开展慢行交通友好度评价的研究，集成了 GIS（地理信息系统）空间分析、机器学习与深度学习方法、轨迹挖掘算法等，提高研究结论的丰富程度、研究尺度的精细化与多样化，对研究城市道路尺度下的慢行交通友好度有更加直观的可视化表达。希望通过本文的开展和研究成果的推广，来促进国内在这一领域研究工作的拓展。

融合多源异构时空大数据的共享单车骑行友好度评价结果，对交通管理部门、规划建设部门、共享单车运营商都具有一定的决策参考意义。比如交通管理部门可以分析共享单车出行与其他公共交通的接驳关系，促进城市出行服务的一体化管理；规划建设部门可以根据居民骑行行为规律、道路现状特征与自然环境，精细化地设计城市慢行系统；共享单车运营企业也可以跟踪和挖掘用户骑行行为的时空变化模式，分析用户需求，设计相应的共享单车调度管理策略。

［参考文献］

［1］苏毅，王轩，王晗. 哥本哈根单车指数对北京自行车交通的评价［J］. 北京规划建设. 2020（2）：83-87.

［2］张磊，鲍培培，张磊. 美国基于面域的骑行性测评体系比较研究［J］. 城市交通，2020（02）：92-99.

［3］程车智，张琼. 基于共享单车定位数据的城市公共骑行空间优化研究：以南京市区为例［J］. 西部人居环境学刊，2020，35（2）：82-88.

［4］TRAN P T M, ZHAO M, YAMAMOTO K, et al. Cyclists' personal exposure to traffic-related air pollution and its influence on bikeability［J］. Transportation research part d, 2020（88）：1361-9209.

［作者简介］

雷璟晗，硕士，助理工程师，厦门市城市规划设计研究院规划师。

陈志东，硕士，助理工程师，厦门市城市规划设计研究院规划师。

戴劭勍，博士研究生，就读于荷兰特文特大学地理信息与对地观测学院。

王彦文，博士研究生，就读于荷兰特文特大学地理信息与对地观测学院。

第五篇
业务重构与全程智治

全程智治中数字化规则建设的经验借鉴与思考

□王　陶，蔡澍瑶，程崴知

摘要：规划改革背景和大数据时代的信息化格局演变下，智能化、信息化的手段逐渐融入规划管理中，为实现规划管理全程智治、业务规则数字化转译起到关键作用，只有将业务的规则转换成能符合信息化开发的语言时，信息化的建设才能得以推进。本文将规划业务规则分为业务流程及业务习惯、规划标准规范和规划研究分析算法三个方面，借鉴雄安新区与杭州的规划平台建设案例，从这三个方面论述建设规划数字化规则的原则及路径，在业务和信息思维联动的管理方式和工作模式前提下，建立多类型、上下联动的业务规则转译方式，围绕紧急、高频业务先行先试、逐步突破。

关键词：全程智治；全周期管理；数字化规则；业务规则转译；国土空间改革

1　背景

1.1　规划改革背景

1.1.1　国土空间规划体系改革要求

国土空间规划体系改革要求建设国土空间基础信息平台及"一张图"实施监督系统，应用于规划编制审批、用途管制、执法督察等各环节，实现国土空间规划编制、审批、修改和实施监督全周期管理，是保障国家战略有效实施、推进国土空间治理体系和治理能力现代化的重要管理手段。通过信息化手段为规划编制审批及实施监督赋能，提升规划编制科学性、规划审批高效性、监督管理有效性。

1.1.2　国土空间规划全周期管理要求

习近平总书记在湖北省考察疫情防控时强调："要着力完善城市治理体系和城乡基层治理体系，树立'全周期管理'意识，努力探索超大城市现代化治理新路子。"自然资源部办公厅也着重强调，要实行规划的全周期管理，建立完善国土空间基础信息平台，形成国土空间规划"一张图"，建立规划编制、审批、修改和实施监督全程留痕制度，加强规划实施监测评估预警。

1.1.3　实现规划改革目标需智能化手段赋能

为了更好地适应国土空间规划体系改革和管理要求，并迎合和响应大数据时代的信息化格局演变，智能化、信息化的手段必然在规划管理中逐渐融入，形成业务与信息双线并进、相辅相成的工作模式。

1.2 信息技术发展为实现规划全程智治提供条件

规划管理信息化建设从原先面向具体业务线条、注重专项管理信息系统建设的起步阶段，转变为面向业务统筹管理应用、以数字城市等为支撑平台的发展阶段。依托人工智能、大数据、城市信息模型（AI、BigData、CityInformationModel，简称"ABC"），遥感、全球定位系统、地理信息系统（RS、GPS、GIS，简称"3S"）等一系列信息技术，推进业务一体化融合，实现全域感知、全网协同和全场景智慧，让城市能感知、会思考、可进化、有温度。形成"智慧规划"和"数字生态"，提升"规划编制—规划审查—规划实施—规划评估"等规划管理链条上各环节的智能化程度。

2 规划全程智治的内涵

2.1 规划实现全生命周期智能化管理、智慧化治理

"全周期管理"（也称"全生命周期管理"）是一种现代化管理理念和管理模式，它强调对管理对象进行全过程、全方位和全要素的整合，优化组织结构、业务流程和资源配置，实现管理的集成化、系统化和协同化。

目前"全周期管理"主要应用于产品制造、项目管理等领域，规划业务的"全周期管理"注重全业务环节贯通，致力全流程管控，建设业务与信息协同联动、一体管理的工作机制，对现有"规划编制—规划审查—规划实施—规划评估"业务环节进行把控和管理，建立面向全生命周期管理的规划信息化体系。

规划业务的"全周期管理"通过自反馈、自评估可以迅速发现规划的不足，及时调整，形成自适应的规划迭代机制。将规划编制成果传递到审查审批环节，规划审批的结果指导规划实施，规划实施后对城市的影响和改变则根据评估监测环节进行考量，若考察结果与期望结果相悖，则通过预警的反馈机制进行传导，根据反馈内容再次进行新一轮规划评估和规划修编，整体形成业务流程的闭环和完整生命周期，实现各个环节前后连贯、紧密相扣、全业务联动的场景（图1）。

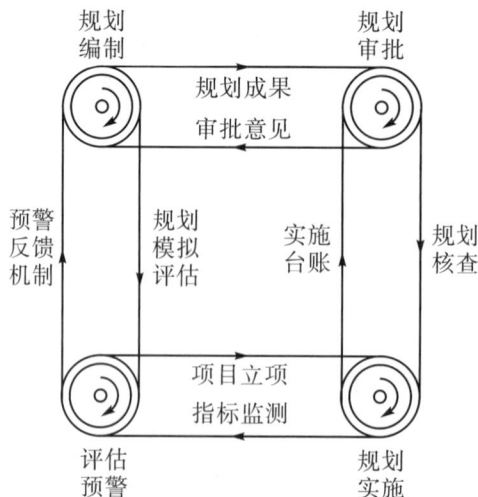

图1 规划业务"全周期管理"

2.2 实现全程智治的信息化建设关键要点

将"全周期管理"意识落实到规划的具体实践中还有很多现实困难，需要解决如智能化模型无规则难建设、业务应用碎片化建设难复用、各系统"烟囱式搭建"难集成、历史数据无源头难规整等一系列问题。技术变革是规划管理全程智治现代化的重要推动力量，以促进规划管理形成技术集成创新和要素融合发展的新形态。

实现规划全程智治是一个复杂的、系统性的举措，需要从数据治理、业务规则梳理、系统搭建与集成、模型工具开发等方面着手，但前提是需要从传统业务工作方式和思维向带有信息化意识的思维转变，思考业务问题的时候融入信息化角度，逐步依靠信息化建设有效解决规划的各种困境，突破传统规划模式的限制，打造规划全程智治的生态环境。

2.3 业务规则数字化是实现全程智治的重点及突破口

纵观当前，为实现规划全程智治的治理目标，无论是技术模型应用开发、多源数据治理，还是系统集成关联，其背后都离不开面向业务和应用的规则梳理，业务规则数字化起到承前启后的作用，只有将业务的规则转换成能符合信息化开发的语言时，信息化手段的建设和支撑才能得以推进。因此，业务规则数字化的程度很大程度上影响规划全程智治进度。

将业务规则转译成信息化语言至关重要，信息化手段辅助下的规划管理全程智治是一个跨领域的协作，既要考虑到规划行业内业务规范，又需要满足信息化开发，最终形成结构化、通用性的语言。

3 规划业务规则数字化现状

规划业务规则涵盖的内容很广，既包括规划业务各环节中的流程的先后，以及流程之间的先决条件和触发机制等，也包括规划管埋过程中各类业务审批管理的规则、规范、标准等，还包括辅助规划决策、支撑规划编制分析的一些模型研究算法。本文将规划业务规则分为业务流程及业务习惯、规划标准规范和规划研究分析算法三个方面。

3.1 业务流程及业务习惯

3.1.1 业务流程及业务习惯涵盖的内容

业务流程及业务习惯是规划业务环节中最基础、覆盖面最广的业务规则，涉及从规划编制到规划实施监督全环节的场景，覆盖多层次全类型的规划业务。业务流程指某项具体业务和工作的流程管理，需在流程中明确各自的分工和职责、关键的控制点等。以规划编制审批环节为例，可形成一套从数据获取、编制规划方案、提交初步成果、初步成果审查、草案公示、规委会审议、行政审批、成果公示、成果入库管理等各任务环节的业务流程，该流程中各环节和关键控制点的先后顺序、前置条件、触发条件、通过要求等便是业务规则的一种体现。业务习惯则包括规划编制、规划管理人员在业务推进过程中的工作惯例（按规章制度）和操作习惯等。工作管理包括具体业务节点的是线上开展或者线下进行、个人经办或者会议沟通、需要提交或者参考的相关规范文件等；操作习惯包括具体的操作方式、核查深度、不同系统的用户体验等。

3.1.2 现状规划业务流程和业务习惯以线下为主，普遍缺乏数字化的支撑

现状大部分规划业务流程以线下为主，未形成数字化的流程节点，缺乏信息化系统的支撑。

规划编制环节往往以线下的方式开展，编制单位通过去函申请方式获取数据，缺乏不同类型规划数据申请清单的规则梳理；规划技术审查环节中，通过层层会议的形式，以人工审查为主，需要进行反复的成果比对工作，业务推进效率偏低，缺乏对审查要点规则数字化的梳理；规划实施环节中，规划传导要素往往不能很有效地传导到用地出让、项目实施等环节中，缺乏对传导要素和管控要素的数字化规则管控梳理；规则监督环节中，往往通过多年一评估的方式对以往的规划执行进行评估，评估结果也不能有效地反馈到后续的规划编制和项目实施中。

3.2 规划标准、规范

3.2.1 规划标准、规范涵盖的内容

规划标准、规范是规划业务事项评判、执行依据方面的业务规则。从效力范围上区分，分为国家标准和地方标准；从规划类型上区分，有不同类型规划编制技术指引；从性质上区分，分为定性或定量的规则、刚性或弹性的规则。除此之外，围绕业务场景，对相关标准规范内容进行筛选和整合后，形成特定的业务场景规则，如深圳城市更新单元规划审查规则，会围绕审查要点，将《深圳市城市规划标准与准则》（以下简称《深标》）、《深圳市拆除重建类城市更新单元规划编制技术规定》的相关内容规范进行整合，作为审查的依据（图2）。

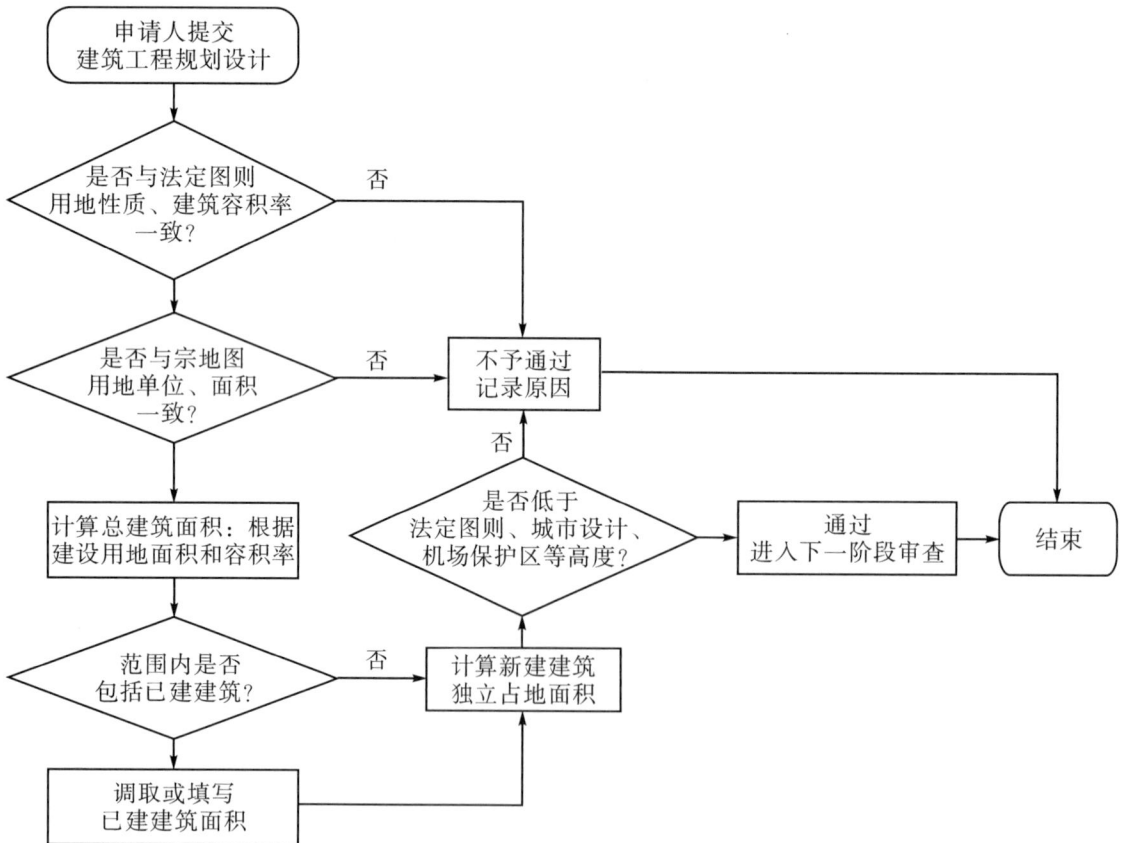

图2　建设用地规划许可主要控制要素审查

3.2.2 标准规范类业务规则的深度难以支撑数字化转译

数字化规则是执行条件明确、执行关系一一对应的详细规则。要转译成数字化规则的业务

标准规范，需概念定义清晰、指标明确量化、算法规则清楚并且考虑相关指标的计算方式。

然而许多业务规则计算上未明确定义特定用词的含义以及计算方式，与形成数字化规则的要求有很大差距。以《深标》中关于小学的配置标准为例，规定"小学的服务范围均衡布置"，对"均衡布置"一词没有明确的判定标准。规定不同班级数的小学相应服务人口的规模，若要转译成数字化的规则，直接判断规划后小学班级数是否满足该区域需求，则需明确定义学龄人口的计算方式（表1）。

表1　《深圳市城市规划标准与准则》中关于小学的配置标准及其转译难点

序号	《深圳市城市规划标准与准则》中对"小学"项目配置要求规则	关键条件语句	信息化转译难点
1	小学宜设24班、30班或36班，每班45座。在不足1.0万人的独立地区宜设置18班小学	宜设；不足……宜设置	/
2	小学应按其服务范围均衡布置，服务半径不宜大于500 m	均衡布置；不宜大于	均衡布置标准缺失
3	小学的设置应避免学生上学穿越城市干道或铁路，不宜与商场、市场、公共娱乐场所或医院太平间等场所毗邻	避免；不宜与……毗邻	"不宜……毗邻"缺少具体判断条件
4	小学的运动场地设置应符合国家和深圳市有关规定，并应满足教学和学生体育锻炼的需要	应符合	/
5	运动场地宜尽量减少对相邻用地的干扰	宜	若判断"尽量减少"则需要方案比对

3.3　规划研究分析算法

3.3.1　规划研究分析算法涵盖的内容

规划研究分析算法是结合标准规范、分析逻辑以及数理模型的综合性业务规则，如15分钟生活圈算法、交通可达性评估算法以及国土空间规划中涉及双评价、双评估的各类算法等，一般应用于规划编制的前期研究以及现状评估分析，可对规划编制的方向提供现状分析依据，评判规划方案的可行性，但在规划管理和审查环节算法的应用较少。以15分钟生活圈算法为例，它包含了标准规范要求的公共服务设施配置标准、15分钟生活圈模型以及评价生活圈完善度以及公共服务设施供给需求平衡度的分析逻辑。

3.3.2　分析算法类业务规则数字化转译成本高、难度大

难度大：由于采用数据不一、分析逻辑不统一、评估标准不一致导致规划研究分析算法转译成数字化规则的难度很大。针对不同的研究区域的特征以及数据基础，可形成多种分析的思路，规划研究分析算法是多变的，难以达成统一认可的方案。以15分钟生活圈模型为案例，生活圈覆盖模型可以通过1000 m缓冲区来实现，也可以通过路网构建模型计算1000 m阻抗，还可以按照步行速度计算15 min步行阻抗等方式来实现。部分地方由于路网模型数据不全面，倾向依托缓冲区方式；有些地方则倾向更加贴近真实算法的15 min步行可达方式。

成本高：模型分析算法要转译为数字化规则，则需要相应的管理决策部门对分析模型的数据要求、规则量化要求、算法要求进行认定，由于部分模型需要多部门的数据和业务规则进行支撑，因此构建一套多方认可的模型涉及的部门众多，协调难度大，导致转译整体成本较高。

4 规划智治中数字化规则设定的经验借鉴

4.1 业务流程规则经验借鉴

4.1.1 雄安新区规划建设管理 BIM 平台全生长周期联动

通过将六个环节中关键控制点的先后顺序、前置条件、触发条件、结果挂接等相关的业务规则进行梳理，雄安新区规划建设管理 BIM 平台，以数字化的方式，贯通"现状建设—国土空间总体规划—控制性详细规划及专项—工程项目方案设计—工程项目施工—工程项目竣工验收"六个阶段的全链条，打破规建管六个阶段中不同行业、不同规则和不同数据的边界，实现协同全贯通的治理模式。实现城市全生命周期信息化和城市审批管理全流程数字化。通过对应六大环节的六个 BIM 循环迭代和每个 BIM 的自转，实现项目的有效审核和管控。工程项目竣工之后，BIM 信息模型根据运营管理的要求进行拆解，回到现状空间，并且通过感知设备或者物联网实现城市的监测预警评估。

4.2 数字化规范标准及算法类规则经验借鉴

4.2.1 雄安新区规划建设管理 BIM 平台规则建设

雄安新区规划建设管理 BIM 平台为实现业务环节数字化制定了多项标准，将常见分析方法进行数字化"翻译"，通过数智化模型研究、工具开发辅助城市的建设和运行管理决策。其中在模型设计中需要将标准转换为计算机语言能读懂的规则，大体上可分成两大类型：审查性规则和监测性规则。审查性规则指能得出结论性的判断条件，如超过了范围、高度等返回禁止条件或指令；监测性规则是通过建立预先检验决策的规则，设计通过空间的阈值和时间的阈值，去判定运行过程中是否在空间上、时间上实现规划目标。如果出现了突破阈值的预警情况，可以对比诸如公共服务设施和人口是否匹配，是否实际人口增量超过了公共服务设施配给，是否需要提升服务绩效能力等。

4.2.2 杭州市"一张图"实施监督信息系统监测预警规则建设

通过构建指标模型判断规则，对核心指标数据进行实时、定期的监测，结合信息化手段，考量城市的国土空间开发、保护、修复等各项实施活动是否按照国土空间规划进行落实，对规划实施情况进行"云上"动态监测、及时预警，如果超出或低于规划设定的目标，或突破核心管控边界，系统可定位问题地区并辅助分析原因。系统采用动态化规划实施监督手段，变"被动发现，被迫整改"为"主动监测，规避风险"。

5 数字化规划建设的路径思考

5.1 建立业务和信息思维联动的管理方式和工作模式

5.1.1 以转变管理方式和意识作为出发点

规划管理部门转变规划管理方式，从依赖个人业务能力和经验判断的偏主观方式，转变为借助智能化手段辅助决策、客观主观相结合的综合评判方式。加强建立数字化规则的意识，为信息化辅助规划业务管理做准备。对于已有的规划业务规则思考数字化转译的可能性，以及深化调整业务规则的内容，考虑不同规则的衔接；对于正在拟定或者待拟定的业务规则，需要同步考虑启动建设数字化规则。

5.1.2 业务侧、信息侧同步开展工作的模式

建立数字化规则以及业务规则数字化转译的工作，需要业务人员和信息化人员互相具有对方的思维体系，同步开展。业务人员需要根据业务事项推进的流程节点、依据的规范标准、分析逻辑进行梳理，信息化人员需要基于业务流程构建架构体系、梳理数据流，将规范标准分析逻辑转变成计算机语言。

规则的转译形成两套成果，同步进行审批，一套是常用的业务规则模式，提供给业务人员，包含业务规则来源、依据的标准以及管理的模式等内容，帮助业务人员快速理解每项智能辅助决策工具背后的业务逻辑；另一套是基于业务数字化规则，数字化规则提供给开发团队作为后续系统模型开发的指引。

5.2 建立多类型、上下联动的业务规则转译方式

5.2.1 基于不同的业务管理模式，形成不同的规则转译方式

业务管理模式中存在相当一部分刚性的、底线的管控规则和要点，主要是对规则中符合与不符合条件进行直接判断。对于此类定量的刚性规则，通过转译成数值计算比对的方式来判断，如《城市居住区规划设计标准》中"十五分钟生活圈居住区公园最小规模为5.0 hm²"，则转译为统计15分钟生活圈居住区公园的面积，其数值大于等于5.0 hm²。空间位置的刚性规则，通过空间拓扑关系来判断，如判断某建设用地与生态保护红线的关系。

业务管理模式中还存在一类相对弹性的管控规则和要点，比如空间结构、中心体系等与城市结构相关的管控引导措施，现行往往是定性研判为主。对于弹性规则、定性规则的转译，主要是围绕分析主题建立评价的标准。对于规划方案城市中心体系的审查中，对城市主中心、次中心的合理性判断没有具体明确的定量规则依据，需要结合用地结构、商业服务业用地比重、容积率的指标，建立数字化规则，通过定量的方式来辅助城市中心的论证。

5.2.2 考虑对数据治理及模型工具开发的衔接要求

数字化规则要落实到业务场景中，需要数据的支撑以及形成相关的模型工具。往前对标准化数据建设提出要求，明确调用的数据以及涉及的数据字段、数据计算统计、数值比对的方式等。往后衔接模型工具开发，对应指引模型工具的分析步骤设置。

5.3 行动路径：围绕紧急、高频业务先行先试、逐步突破

已经成体系的规划业务规则复杂多样，对业务规则本身全盘转译可行性不高、效用不明显，可选择最迫切需要信息化手段解决问题的业务作为试点。国土空间总体规划进入待报批阶段，对国土空间总体规划审查要点以及传导规则进行数字化转译，形成相关模型工具嵌入"一张图"实施监督系统，辅助规划智能审查。亦可选择执行频率高的业务，降低数字化转译的成本，如控制性详细规划审查和规划实施环节的项目合规性审查业务中相关审查规则。

5.4 规划数字化规则建设场景：以深圳法定图则审查业务为例

为了实现深圳市法定图则的智能化审查，数字化规则建设是前提条件和关键点。

在数字化业务流程构建中，业务人员明确各业务事项节点的顺序，涉及的经办对象，提交材料以及输出的文件内容，信息化人员梳理各个环节数据调用以及流转的方式。

在数字化审查规则转译中，业务人员首先明确审查要点。然后梳理刚性审查要点中相应的《深标》要求、上层次规划依据，并且进一步分析其中的判断逻辑，信息化人员转译成条件判

断、指标符合性、空间一致性等计算机审查语言。对于审查判断社区健康服务中心配置方案的合理性，可以借助社康中心覆盖度模型进行分析评判。

在数字化社康中心覆盖度分析算法构建中，业务人员明确分析需要的数据［社康中心 POI（关注点）、建筑面积、常住人口数据］、分析步骤以及其中的计算方法，信息化人员生产调用标准化数据，并将分析步骤的计算逻辑拆解，形成模型工具（图3）。

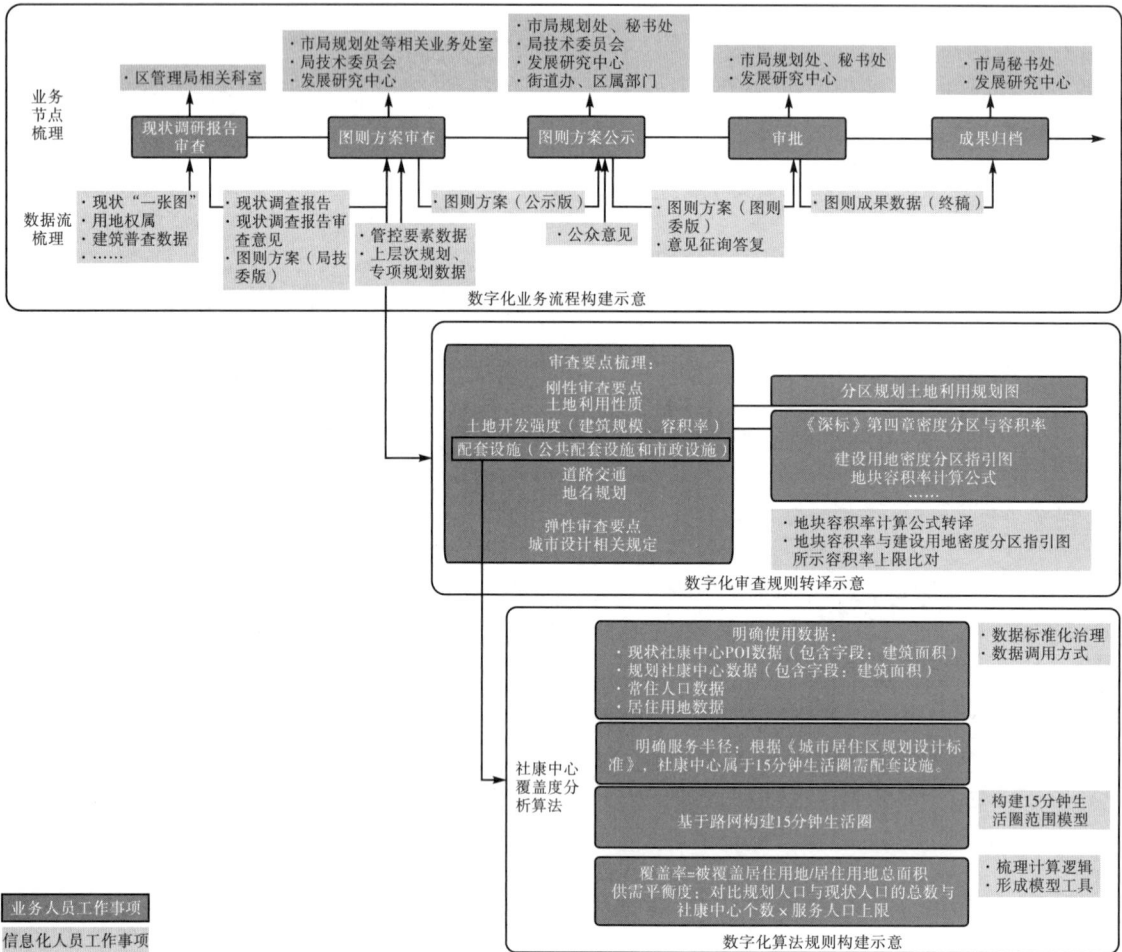

图3 深圳法定图则审查业务数字化规则建设场景示意

6 结语

6.1 数字化规则建设需循序渐进

数字化规则建设不是一蹴而就的事情，可以伴随着规划管理业务智能化程度逐步迭代提升。首先以形成数字化业务流程规则作为起点，通过部分业务流程上线提升信息交互的便捷度。然后将基础性的标准规范进行数字化转译，借助机器计算和逻辑判断，释放重复人力工作，提高效率。最后是建立数字化分析算法类规则，通过模型工具实现智能辅助分析。

6.2 结合城市发展特征形成特色数字化规则

一些走在城市智慧化、规划业务信息化建设前列的城市，如雄安、杭州、深圳等为数字化规则的探索提供了借鉴的经验。然而数字化规则建设依赖于数据建设基础以及信息化建设环境，不能忽略了数据直接推进数字化规则的探索，容易成为空中楼阁，无法实际支撑业务。

数字化规则建设也可以结合城市发展的特征，对特色规划业务的相关规则进行探索。如对于滨海城市，基于海洋专项规划业务，可以推进建设海陆统筹数字化规则，推动城市特色发展；对于历史文化名城，可以推动探索三维数字化规则构建，辅助从多维度城市更新对历史文化保护区的影响分析。

［参考文献］

[1] 庄少勤. 新时代的空间规划逻辑 [J]. 中国土地，2019 (1)：4-8.

[2] 喻文承，李晓烨，高娜，等. 北京国土空间规划"一张图"建设实践 [J]. 规划师，2020 (2)：59-64.

[3] 董立人，李作鹏. 以全周期管理思维推进城市治理 [J]. 中国应急管理，2020 (6)：40-41.

[4] 毛子骏，黄膺旭. 数字孪生城市：赋能城市"全周期管理"的新思路 [J]. 电子政务，2021 (8)：67-79.

[5] 杨滔，张晔珵，秦潇雨. 城市信息模型（CIM）作为"城市数字领土"[J]. 北京规划建设，2020 (6)：75-78.

[6] 杨滔，杨保军，鲍巧玲，等. 数字孪生城市与城市信息模型（CIM）思辨：以雄安新区规划建设 BIM 管理平台项目为例 [J]. 城乡建设，2021 (2)：34-37.

[7] 范圆圆，范芹芹，王闻. 杭州市国土空间规划"一张图"的建设与实施监督 [C] // 中国城市规划学会城市规划新技术应用学术委员会，广州市规划和自然资源自动化中心. 共享与韧性：数字技术支撑空间治理：2020 年中国城市规划信息化年会论文集. 南宁：广西科学技术出版社，2020.

［作者简介］

王　陶，硕士，中国城市规划设计研究院深圳分院规划设计人员。

蔡澍瑶，硕士，中国城市规划设计研究院深圳分院规划设计人员。

程崴知，硕士，中级城市规划师，中国城市规划设计研究院深圳分院数字湾区中心负责人。

面向规划实施的三维智能管控平台设计与实现

□杨　龙，华梦圆

摘要：在国家大力推进规划三维数字化和管控精细化的背景下，本文对规划实施管理工作中的信息化需求进行分析，总结出规划精准实施、平台能力升级的需求要点；提出面向规划实施的三维智能管控平台的总体设计，以辅助规划实施管理决策；提出三维智能管控平台的关键技术，通过多源数据汇集与管理、管控规则数字化转译、智能管控算法模型构建，实现规划信息化能力从感知可视、分析计算到智能决策的递进式跨越。

关键词：3D GIS；规划实施；智能管控；规则数字化；大数据可视化

1　引言

随着数字技术的快速发展，一系列新兴城市规划管理理念应运而生，包括城市计算、城市大脑、可视化治理等，开启对城市规划管理全新模式的探索。近年来，国家对数字政府建设、城市精细化管理的重视，进一步推动了相关理念的完善与实践应用，为城市三维信息平台的建设提供了沃土。目前，国家层面已经发布了BIM（建筑信息模型）、CIM（城市信息模型）、自然资源三维立体"一张图"建设的相关政策。地方层面也做出响应，如2021年上海市、深圳市都提出要构建数字孪生城市，加强城市精细管理和科学决策。以三维数字化和管控精细化为两大核心目标，通过数字化手段加强规划传导管控，指导国土空间开发利用与管理，是提高国土空间规划管理水平的必然趋势。

本研究基于规划实施管理工作中的信息化需求，依托3D GIS（三维地理信息系统）、规则数字化、大数据可视化等技术，提出面向规划实施的三维智能管控平台的总体设计与关键技术。在构建城市级三维数字空间的基础上，运用数字化规则和算法模型开发智能应用，以支撑规划实施管理环节的科学决策，对规划实施管理工作模式进行创新和重塑。

2　需求分析

2.1　规划精准实施的需求

中国城镇化进程的快速推进，给规划实施管理工作带来诸多问题。总的来说，主要分为以下两个方面：一是规划传导关系的失联。国土空间规划具有明显的层级性，从国土空间总体规划强调宏观尺度的规划设计引领，到详细规划侧重微观尺度的规划实施落实，各类规划之间存在较大的尺度差异性和不同的事权侧重，影响着规划管控内容的有效传导。规划传导关系不够明晰，导致一些规划管控要求在传导过程中被简化和忽视，进而导致许多规划设计方案的最终实施效果与其设计成果存在较大偏差，实施与规划脱节。二是三维空间管控的缺失。以控制性详细规划为主的规划管理语境主要关注二维平面指标，如容积率、建筑密度、绿地率等；对三维空间层面的管控较为缺乏，如建筑风貌、公共空间和景观界面等方面。用二维指标去管理三维的城市空间，不足以支撑精细化、弹性化的管理需求，从而造成空间管控低效、城市风貌雷同、发展品质低下等问题。

2.2 平台能力升级的需求

为解决规划实施管理工作中的痛点，加强规划传导和三维空间管控，以往以二维平面地图的形式进行规划信息管理的模式已不能完全满足需求，亟须通过新的技术手段实现规划信息平台的能力升级，主要包括以下三个方面。

（1）数据表现能力。城市精细化管理对平台的数据表现力提出更高的要求。2019年印发的《自然资源部信息化建设总体方案》提出"推进三维实景数据库建设"，对城市各类三维数据进行一体化管理。从宏观尺度的倾斜摄影、数字高程等基础地理数据，到微观尺度的建筑单体模型数据，要求平台具有更强的数据融合展示能力。

（2）空间计算能力。面对海量的城市数据和复杂的规划管控内容，在信息查询、空间分析、管控规则数字化等方面都面临工作量大、计算效率低的挑战，因而亟待加强平台的空间计算能力，以支撑规划实施管理工作的高效运转。

（3）智能决策能力。需要构建更完善的决策模型，为项目选址、建筑工程设计等方案的评估与优化提供量化、直观的分析与结论，并通过对城市数据的深度学习，自动发现城市潜在问题，以辅助规划管理人员更科学、高效地决策。

3 平台总体设计

3.1 总体架构设计

平台SOA（基于面向服务）的架构，采用SuperMap的二三维一体化GIS（地理信息系统）技术底层研发，在集成多源异构二三维数据资源、构建三维数字空间的基础上，为规划实施管理提供智能决策支撑。总体架构设计见图1。

（1）基础设施层。包含平台运行所依托的计算资源、存储资源、网络资源和安全设施等基础软硬件设施。

（2）数据资源层。由时空基础数据库、公共专题数据库、规划管控数据库等多种类型的数据库，以及指标库、规则库、模型库组成，作为构建三维数字空间的基础。

（3）GIS中台。规范并提高公共能力，连接数据资源层和应用层，形成一体化的数据、应用管理与服务机制，增强平台的基础能力支撑，包括GIS云门户、GIS数据管理、GIS智能分析和GIS云服务管理等。

（4）应用层。面向规划实施管理的业务需求，提供三维智能管控平台应用服务，包括数据资源浏览、三维空间分析、规划分级传导、智能管控决策和动态跟踪监管五大模块，辅助规划实施管理决策。

除此之外，还包含业务规范、数据规范、平台运行规范等相关标准规范建设。

应用层

数据资源浏览	三维空间分析	规划分级传导	智能管控决策	动态跟踪监管
数据浏览 空间定位 属性查询 ······	天际线分析 限高分析 坡度坡向分析 ······	管控要素分级可视 规划调整动态预警	智慧选址 规划条件核提 建筑方案审查 ······	资源要素感知 体征监测预警 项目跟踪管理

GIS 中台

GIS云门户	GIS数据管理	GIS智能分析	GIS云服务管理	移动应用支撑
身份认证 / 统一门户 统一运维 / 安全审计	资产管理 / 二三维数据处理 数据交换 / 数据共享	指标管理 / 二维模型管理 三维模型管理 / 二三维规则管理	服务注册 / 服务发布 服务调度 / 服务监控	权限管理 / 设备管理 功能管理 / APP发布

数据资源层

三维数字空间

指标库	规则库	模型库

时空基础数据库	公共专题数据库	规划管控数据库	资源调查与登记数据库	城市管理数据库	物联感知数据库
行政区划 / 遥感影像 数字高程 / 建筑模型 ······	人口数据 / 经济数据 兴趣点数据 / 社会大数据 ······	开发评价 / 重要控制线 国土空间规划 / 已有相关规划 ······	国土调查 / 不动产登记 地质调查 / 耕地资源 ······	地政管理 / 工程数据 矿政管理 / 生态修复 ······	建筑空间 / 气象监测 交通路测 / 排水监测 ······

基础设施层

计算资源	存储资源	网络资源	安全设施

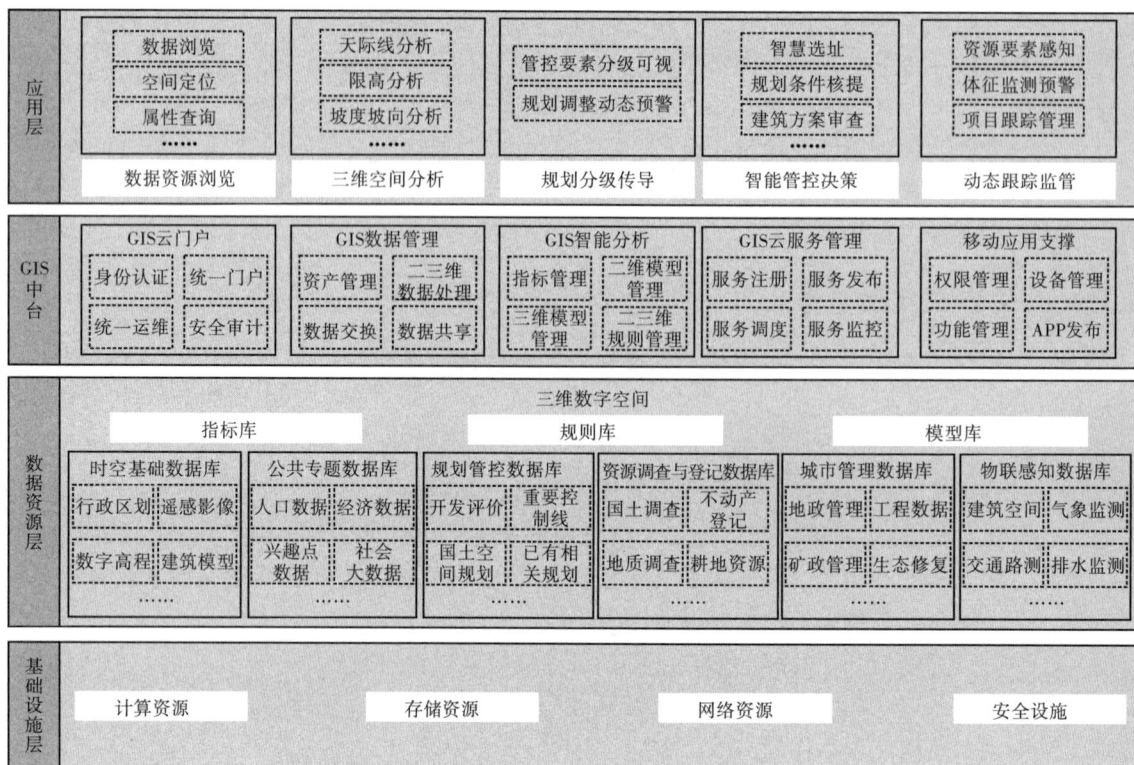

图 1　平台总体架构

3.2　主要功能与应用

3.2.1　数据资源浏览

平台中的数据资源包含两大类成果。第一类是对国土空间实体进行数字化的成果,包括 DEM(数字高程模型)、BIM 和倾斜摄影等三维数据,以及影像图、规划编制成果等二维地图。第二类是对业务规则进行数字化的成果。业务规则来源于空间要素的关联关系、规划设计管控的要求、业务办理的流程等,需要将这些业务规则转译为数字化规则,录入到平台中,作为构建算法模型和智能分析决策的基础。

将这些多源异构数据进行标准化集成,构建城市三维数字空间,形成三维智能管控底座。通过数据资源目录,可以实现对二三维数据全方位浏览和叠加展示,并提供空间定位、属性查询等功能,实现全面透彻的动态感知、图数互联和智能融合(图 2)。

3.2.2　三维空间分析

在支持二三维数据浏览、查询的基础上,提供了一系列常用的三维分析工具,从多个维度辅助空间分析计算。三维空间分析工具包括以下几类:一是视线分析工具,通过设置虚拟视点,模拟生成视线和视域,如可视域分析、天际线分析(图 3)、通视分析等;二是地形分析工具,主要基于 DEM 数据,对地形情况进行分析和渲染,如坡度坡向分析、填挖方分析、淹没分析等;三是建筑形态分析工具,主要对建筑的高度、组合关系等进行分析,如建筑限高分析、错落度分析等;四是其他分析工具,包括距离测量、面积测量和日照分析等。

图2 数据资源浏览界面

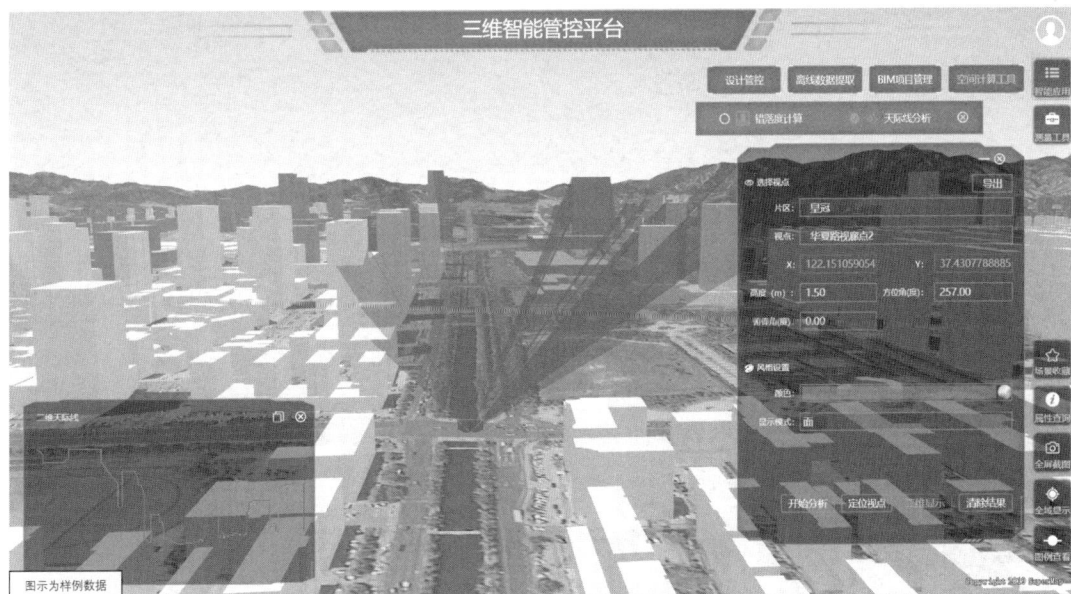

图3 天际线分析界面

　　通过三维空间分析工具箱，规划管理者得以更直观、更便捷地获取城市物理实体之间的空间关系，减少因实地考察、人工量算产生的成本；同时，分析结果能够辅助规划管理者更及时地发现城市现状和规划中存在的问题。

3.2.3 规划分级传导

　　为加强国土空间各级各类规划的横纵传导关系，需要构建多层级、全覆盖的规划传导机制，厘清包含各层级规划管控要素、规则、模式的规划传导体系。通过管控要素分级可视、规划调整动态预警应用，实现规划管控内容的空间关联、精准传导、动态反馈，为规划实施提供有效依据。

（1）管控要素分级可视：通过对国土空间规划传导管控内容进行体系化梳理，提取出边界型、分区型、结构型、指标型、位置型等管控指标；明确各项管控指标所对应的目标、管控要素与内容、适用空间范围和管控强度级别等，以及不同层级间的上下互动关系，构建覆盖"全域—管理单元—街区—地块"等尺度的多层级、多维度的规划传导体系，进而在平台中将管控要素、规则与空间位置关联，实现对管控要素的分级分类浏览、空间定位、属性查询和叠加分析等功能（图4）。

图4 管控要素分级可视界面

（2）规划调整动态预警：基于规划传导管控体系，将总体规划的指标体系、空间管控等要求，向下分解落实到管理单元，同时融合专项规划、城市设计等各类规划及地方发展意愿和现状，为详细规划的编审提供依据。通过自动分析比对详细规划指标与上位规划分解指标、现状情况与规划指标之间的差距，辅助自然资源管理部门与规划主管部门判断详细规划是否需要调整以及调整的紧迫度，从而有效把控详细规划的编制与实施情况，形成逐级传导、上下联动、持续反馈的规划传导机制。

3.2.4 智能管控决策

在构建规划分级传导体系的基础之上，需要将规划向下衔接项目实施，将规划管控要求贯穿建设项目全过程，使国土空间规划的总体战略、发展布局、重大任务和管控要求得以贯彻落实。从项目策划生成到竣工验收各环节，提供智能分析、审查、决策应用支撑，实现项目全程数字串联，落实精细化实施管理。

（1）三维智慧选址。通过设置建设项目选址影响因子，构建选址算法模型，快速筛选出符合要求的地块。同时，以建筑方案模拟、日照分析等空间分析工具为辅助，支持对多个选址方案进行分屏比选，以此提高选址的高效性和科学性。

（2）规划条件智能核查提取。在土地供应阶段，可以通过平台自动提取、集成项目所对应的控制性详细规划、城市设计和城市建设管理技术规定中的管控要求，并按照地方的实际规划条件文书格式，一键生成规划条件。通过自动核查提取规划条件，减少因人工编写规划条件造成的疏漏，提高工作效率。

（3）建筑设计方案精细审查。在工程建设许可阶段，将设计单位提交的建筑设计方案加载到三维场景中，支持审查人员查看项目基本信息、设计要件及其他相关资料；基于数字化管控规则体系，以人机联合审查的方式，对方案进行技术性审查，并自动生成审查报告。同时，支持对多个设计方案进行比选。由此强化以"项"为审批基础、以"楼"为管控要素、以"智"为突破方向的数字化管控机制，提高审批决策效率（图5）。

图 5　建筑设计方案精细审查界面

3.2.5　动态跟踪监管

通过动态跟踪监管模块，辅助规划管理人员全面把控建设情况、及时发现城市问题、优化资源配置，进一步保障实施成效。

（1）资源要素感知。通过平台及时获取国土空间资源的现状、历史变化等信息，并以图表直观地展示指标统计分析的结果，使城市管理者对资源家底有全面清晰的感知。

（2）体征监测预警。对城市体征进行实时监测，监测对象包括闲置用地、交通拥堵情况等重点关注的指标。通过预警列表，对问题指标进行提醒，辅助规划管理者发现城市问题，以及时应对。

（3）项目跟踪管理。对全域建设项目进行跟踪监管，实时展示项目建设的状态，并支持对业务办理超期的情况进行提醒，对各业务环节的在办项目数量进行统计等。

4　关键技术

4.1　感知可视：多源数据汇集与管理

通过数据配准融合、数据引擎承载、构建数字国土空间三个步骤，将多源数据汇集和管理起来，数据的尺度包括宏观尺度的 GIS 空间数据和微观尺度 BIM 建筑模型数据，形成城市精细化管理的数字基础设施。同时，通过"BIM+GIS"的技术，实现从数据接入、数据处理、服务发布、多端应用的流程，辅助精细化管理。

在保证可视化的基础上，结合 VR（虚拟现实）等硬件设备升级用户体验，提供沉浸式体验，让客户在虚实中体验从物理空间到城市三维空间的切换。

4.1.1 多源数据融合

如何将不同来源、不同数据结构、不同分辨率的海量城市空间数据高效统一到一个场景和平台中已成为城市三维空间智能管控平台亟待解决的问题，对降低平台建设成本、提高城市空间数据的使用效率具有重要的现实意义（图 6）。

可通过建立丰富的多源数据融合匹配机制解决这一问题，以满足各种数据信息类型的应用场景。在三维场景中，多源数据进行融合匹配，首先需要进行坐标转换，将 BIM、倾斜摄影模型、点云等与其他城市空间数据统一到一个坐标系中，平台提供各种三维数据的坐标转换，包括 BIM、栅格、影像、点云、倾斜摄影模型等。若空间数据坐标未知，则可利用数据配准来进行数据间的匹配。

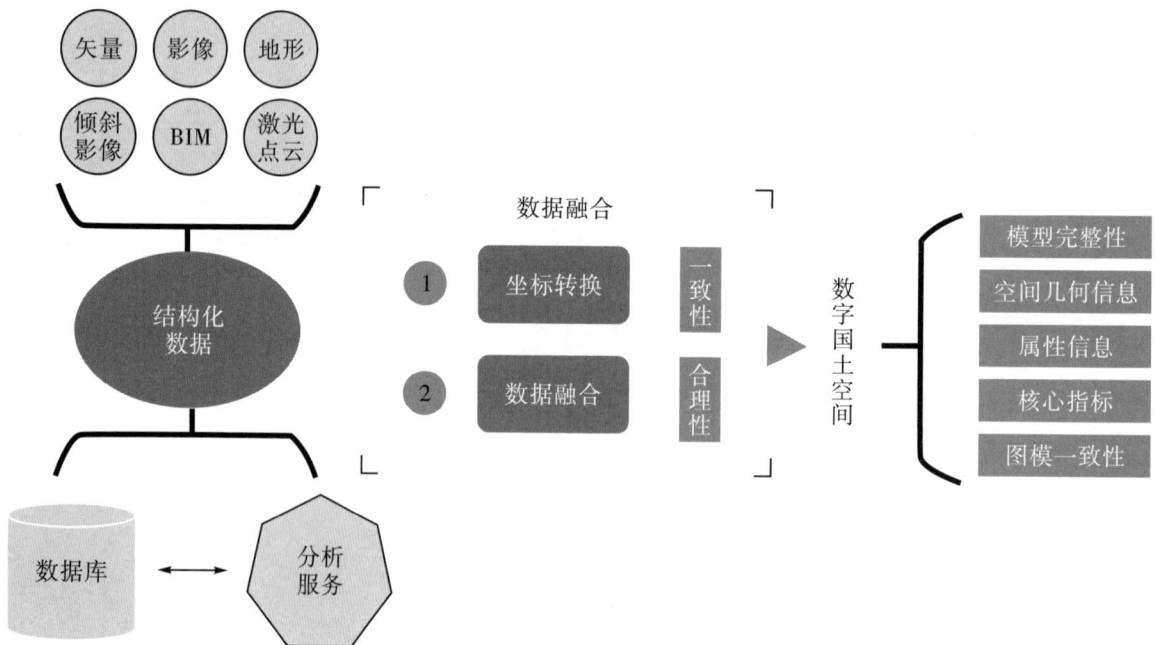

图 6 多源数据融合

4.1.2 二三维一体化数据引擎

二三维一体化数据引擎是城市三维空间智能管控实现的基础核心，是二维数据和三维数据一体化管理的底层支撑（图 7）。

在点、线、面、栅格、网络等传统 GIS 二三维数据模型的基础上，扩展和定义了三维体数据模型、TIM（不规则四面体网格）和体元栅格等场模型，推动 3D GIS 实现城市全要素的表达，是城市数字国土空间的构建基础。

多源数据在达到统一入库标准之后进行融合与存储，主要通过 S3M 数据标准来实现，这也是构建统一数据底板的重要环节。只有将数据通过数据引擎融合到一起，才能实现后续管控应用工作。

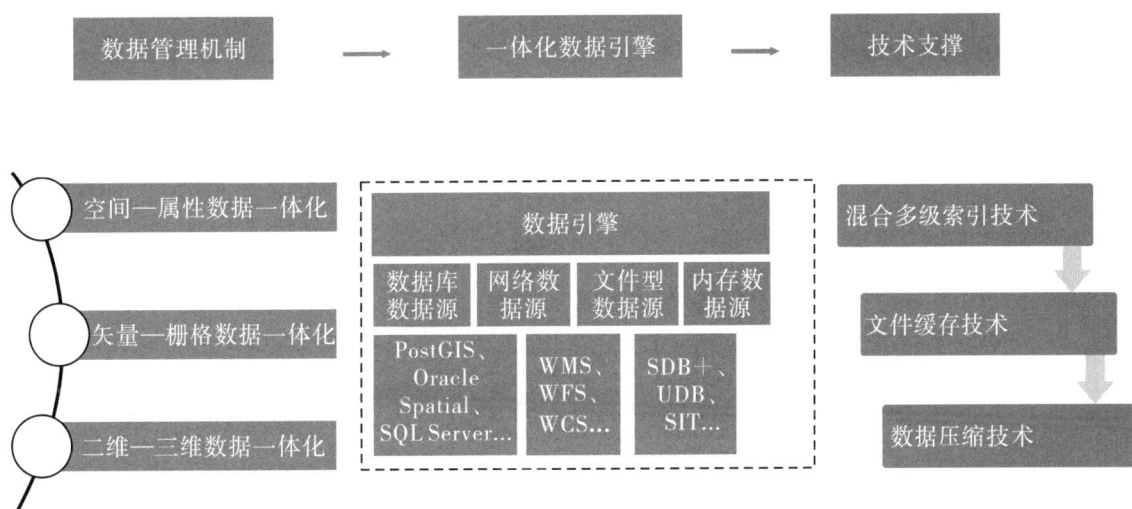

图 7　二三维一体化数据引擎

该数据引擎实现了高性能渲染，对渲染标准接口进行封装，可支持 OpenGL、OpenGL ES 标准。采用前沿的 HTML5 WebGL 技术，以零客户端三维技术支持硬件加速的可视化渲染，可在浏览器流畅显示三维场景和模型，使得终端浏览体验更加便捷化。

4.1.3　构建数字国土空间基础设施

基于全要素对象的模型支撑和表达，构建完善的数字国土空间体系，实现空天/地表/地下一体化表达和对现实世界的全空间表达，完善全空间的城市三维空间智能管控应用，针对不同的业务场景下的业务需求提供精准的技术支撑。

以各类要素进行支撑，可以表达城市中各类对象，统筹山、水、林、田、湖、草等自然资源，同时融合人、车、路、地、房等社会要素，形成全要素融合的管控基础。

基于城市不同应用范围和使用颗粒度，以不同的模型和技术对地物进行表达，通过构建城市资源分类体系将场景分为 L1 至 L4 四级，在满足不同应用场景使用的同时保证性能最优。

L1 主要表达城市规划特征，可采用 GIS 数据进行升维构成，主要满足城市宏观规划应用；L2 主要表达地块特征，可采用倾斜摄影、卫星遥感等数据进行表达；L3 重点关注社区级细粒度特征表达，可采用点云、倾斜摄影、人工精模等组合建模方式；L4 为单栋建筑层面，主要通过 BIM、人工建模等数据进行精细化、细粒度模型表达。通过不同的模型分级满足不用比例尺下的城市特征表达，满足不同行业聚焦的各范围模型精度应用。

4.2　分析计算：管控规则数字化转译

在感知可视的基础上继续升级，城市三维空间光靠可视是远远不够的，还得可计算，具有提供解决城市管理问题的能力。

通过引入规则来助力城市三维空间计算，可分为三个步骤进行。

4.2.1　构建规则体系

在国土空间管控体系中，会有各式各样的管控要求，通过对管控内容的梳理归类，建立管控规则体系，通过规则引擎将海量的文本化管控描述批量转化为计算机可识别的数字规则，极大地提高了规则录入的效率，最终形成一个庞大的数字规则体系（图 8）。

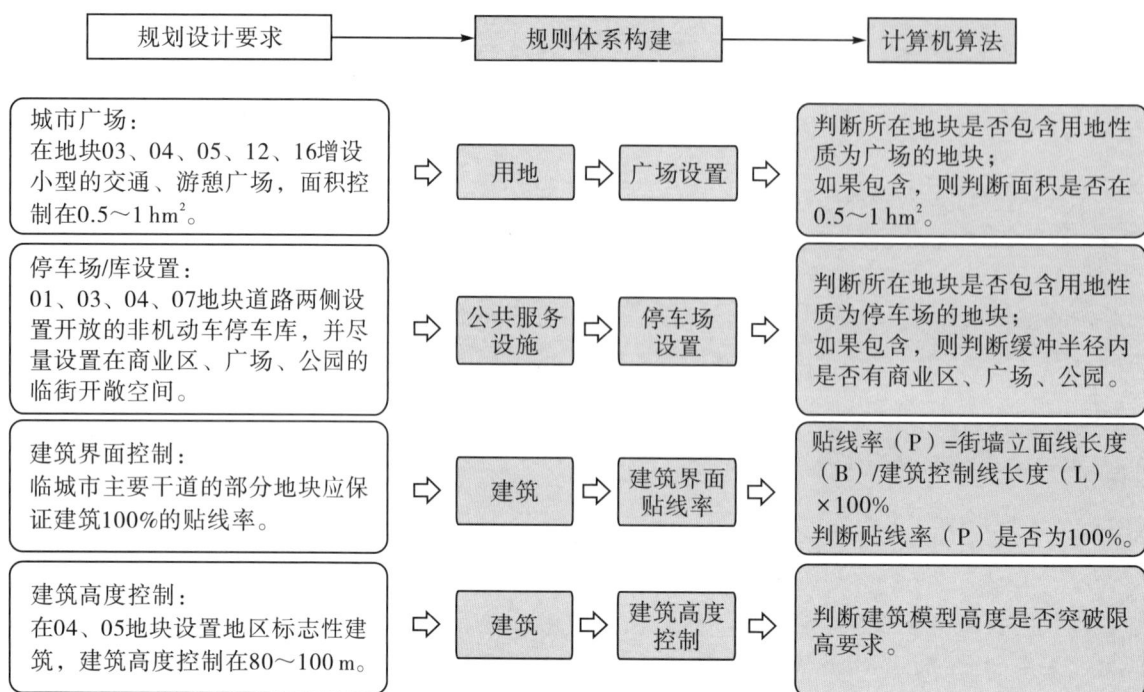

图 8　构建数字规则体系

4.2.2　数字规则转译

从文本化的管控描述中识别空间条件、属性条件、管控强度等空间管控规则。具体流程是先人工识别、拆解语句，然后标记数据，将管控对象、空间位置、约束条件等信息标记出来，最后通过模型训练，实现半自动识别。

通过这一流程，实现对象和约束的数字化入库，让计算机程序可以识别要素。

4.2.3　规则驱动计算

通过引入规则计算引擎，建立数字规则和空间计算之间的映射关系。在业务场景中，由空间计算驱动转换为数字规则驱动，做到计算可配置、自动审查管控要点，大大的提升了工作效率。

4.3　智能决策：智能管控算法模型构建

智能决策区别于传统决策，在深度自学习和强化学习基础上，形成规则优先序列、自反馈、自预警等技术，优化决策模型，提升城市三维空间决策力，协调整体与局部，强调实时反馈与动态调整。

4.3.1　提炼模型

从大量的规划管控规则中去归纳和抽象，提取通用的算法模型（图 9）。

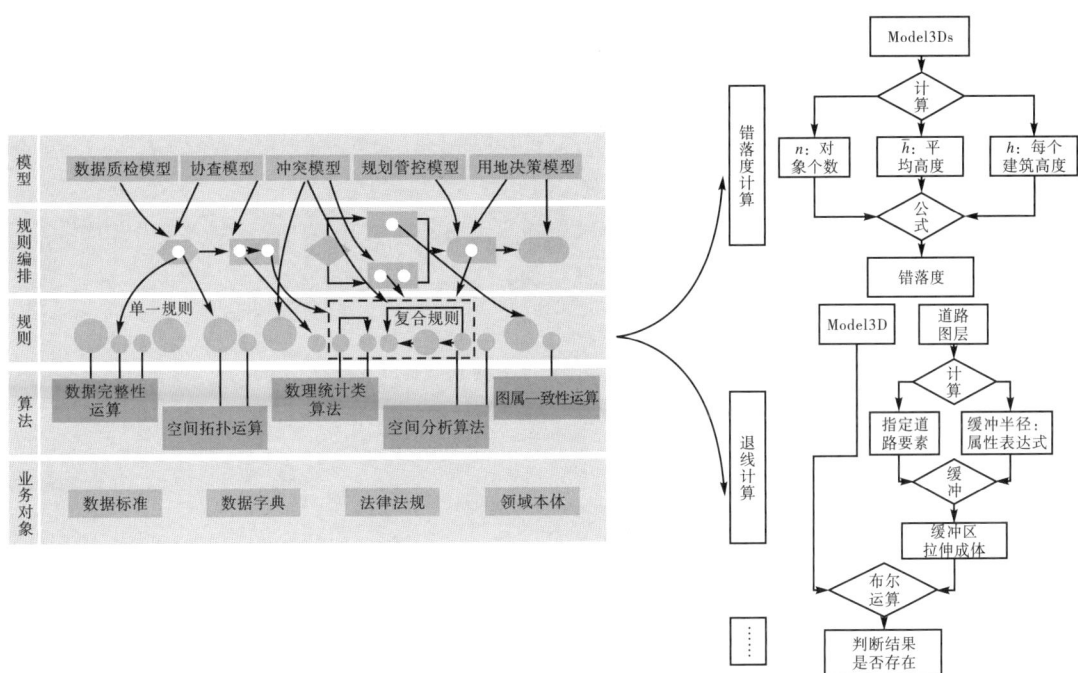

图9 提取算法模型

4.3.2 模型管理

开发模型管理系统，支持模型注册、模型构建、模型总览、模型调度，方便模型实施人员进行统一构建和统一管理。

4.3.3 基于模型决策

涌过对模型的训练，基于模型决策，让模型从人类可理解到机器可理解，在城市三维空间管控实施中，可以推理设计方案的合理性。同时，通过引入计算机视觉分析、机器学习、知识图谱等人工智能技术，对城市数据深度学习，让计算机自动发现城市运行规律、潜在问题，进而提供优化策略，让城市管理者更加精准决策。

5 结语

本研究提出面向规划实施的三维智能管控平台的总体设计，通过构建智能管控应用，为规划实施管理全环节提供智能化分析决策支撑，确保规划能用、管用、好用，落实城市精细化、科学化和智能化管理。同时，基于3D GIS、规则数字化、大数据可视化等技术，研发规则管理引擎、构建管控算法模型，作为平台开发的基础支撑，总结出三维智能管控平台建设的关键技术。建设具有可视化、可计算、可决策的三维智能管控平台，能够有效提高规划实施管理决策的科学性、高效性和精准性。

［参考文献］

［1］孙轩，孙涛. 大数据计算环境下的城市动态治理：概念内涵与应用框架［J］. 电子政务，2020（1）：20-28.

［2］杨俊宴. 从数字设计到数字管控：第四代城市设计范型的威海探索［J］. 城市规划学刊，2020（2）：109-118.

[3] 姜涛，李延新，姜梅. 控制性详细规划阶段的城市设计管控要素体系研究 [J]. 城市规划学刊，
2017（4）：65-73.
[4] 罗亚. 以疫为镜 工程建设项目审批制度改革进入下半场 [N]. 中国建设报，2020-04-20（2）.

[作者简介]
杨　龙，上海数慧系统技术有限公司产品线副总和研发部经理。
华梦圆，硕士，上海数慧系统技术有限公司产品经理。

天津市工业产业规划"一张图"
系统设计与实现

□秦 坤，于 鹏，高 旭，马嘉佑，刘 茂

摘要：传统的工业产业规划数据管理主要以文本图片的形式呈现，效率低、效果差，管理、查询、应用不便，已经无法满足信息化飞速发展的今天对工业产业规划数据管理的需要。本文以天津市为例，以工业产业现状、规划数据信息化管理、可视化表达、智慧化分析为目标，利用多源数据汇聚融合技术，以"一张底图"作为数据管理查询分析底板，利用GIS（地理信息系统）数据可视化和大数据时空分析等技术方法，进行数据的空间符号化表达、专题特征可视化分析，深入挖掘数据内涵，多维度、多指标发现工业产业空间大数据时空属性规律。文中设计了天津市工业产业规划"一张图"系统，从企业、行业、园区等角度需求出发设计系统功能，对现状、规划数据进行一体化管理分析，从而达到产业精细化管理、产业规划合理性评价，引领产业布局优化，为管理者和规划编制者提供决策支持的目的。

关键词：多源数据汇聚融合；GIS数据可视化；大数据时空分析

近年来，天津市以加快产业转型升级，落实京津冀协同发展为目标，着力打造"两带集聚、多级带动、周边辐射"的总体空间产业格局。为实现对标国际水平，打造天津成为具有全球影响力的先进制造研发基地、战略性新兴产业基地、智能科技产业创新高地和制造业高质量发展示范区，传统的工业产业规划管理工具已无法满足工业产业信息化、空间精细化管理需求，亟须构建天津市工业产业规划"一张图"系统，运用空间信息技术手段，对全市工业企业、园区、行业和布局规划等信息进行精细管理、总体把控。实现"一张图"全市域、全行业工业产业信息管理，引导产业集聚，助力天津市加快形成产业目标新格局。

1 建设思路

天津市工业产业规划"一张图"系统整合工业产业数据资源，以决策管理者需求为导向，充分运用大数据时空分析、GIS数据可视化及多源数据融合等技术，从而充分展示市域内工业的地理资源信息，分类公开工业产业、园区及企业现状和规划等信息，提供分类查询、汇总统计、交互展示和空间分析等服务，直观展示工业产业空间布局和变化，为政府工业产业管理运维及规划决策提供支持。

1.1 数据汇集融合

工业产业数据是整个"一张图"系统的核心，主要包含工业产业核心数据和分析辅助数据。工业产业核心数据直接反映了本地产业分布运营情况，主要包括企业、园区时空信息数据、产

业统计数据及产业规划数据等。分析辅助数据是通过与核心数据进行运算，分析挖掘工业产业深层发展规律，主要包含工业用地数据、行政区划数据、生态环境数据等。工业产业数据具有数据体量大、数据源多、结构复杂等特点，数据格式分类包括了文本、表格、空间矢量数据等，数据结构分类包括了空间数据和非空间数据，空间数据又包含点数据和面数据。因此，"一张图"系统无法直接使用这些繁复的数据，首先需要对数据进行格式转换和数据融合入库。

（1）数据格式转换。

汇集的工业产业数据格式不一，无法直接供系统使用，需要转换成系统可读取且统一的数据格式标准。目前，工业产业数据大致可分为带空间位置的空间数据和不含空间位置的非空间数据。本系统根据工业产业数据特征，把系统数据统一为两种数据格式，如工业产值、行业统计数据、规划文本等非空间数据统一转化为表格数据，企业数据、园区数据、工业用地数据等空间数据统一转化为 Geojson 格式数据。Geojson 数据格式为统一的地理空间数据交换标准，具有轻量化、易传输、可共享等优点。

（2）数据融合入库。

数据格式统一后，仍然存在数据体量大的问题。通过把数据导入数据库，利用空间索引等查询检索方式来解决数据量过大的问题。导入数据库后根据区域、行业、园区等共有属性字段进行数据关联，融合空间数据和非空间表格数据，以实现空间数据和非空间数据的属性挂接，融合联动。以企业数据为最小数据单元，根据空间位置和行业分类，把园区数据和行业分类数据融合到企业数据上，以企业数据为存储分析单元，对数据进行融合存储分析表达。

1.2 空间数据可视化

工业产业数据可视化采用地图数据可视化技术，结合分析图表、图表联动、动态交互等可视分析方法，深入挖掘数据内涵，直观展示产业分布、热点集聚、发展趋势等时空信息。在数据查询和大数据分析的基础上，创建符合用户信息感知习惯的各式统计图表；根据数据指标范围、趋势等快速构建可视化图谱，以达到复杂数据直观呈现的目的。在天津市区域底图数据的基础上，以图形可视化的形式对企业、园区等空间数据进行直观展示，辅以快速查询定位、属性列表展示等交互手段，形成"一张图"全要素、全信息浏览查询展示。通过行政区域、园区、行业等条件筛选，动态构建空间要素专题图，以可视化手段挖掘空间数据信息，为管理者快速提供决策支持。

1.3 空间大数据分析

运用空间大数据分析手段，结合分析辅助数据，对汇集的工业产业数据进行深入挖掘，多维度、多指标发现工业产业空间大数据时空属性规律。通过空间大数据聚集度计算，对企业空间分布均等性、行业分布聚集度等进行分析，以指导管理者对产业行业布局规划；结合交通路网大数据、公共服务设施数据，分析路网密度、公共服务设施配套比例与企业入驻率、行业集聚度等指标之间的内部关联性，以指导产业园区周边配套设施规划；结合工业用地数据，分析地均产出效率、行业地均生产总值等综合指标数据。根据分析结果，实现对本市工业产业整体概况实时把控，为工业布局规划提供决策支持。

2 系统架构

天津市工业产业规划"一张图"系统技术架构分为六层，采用前后端分离的 B/S 结构，前端采用基于 HTML5 和 JavaScript ES6 的 Vue 框架，后端采用基于 Spring 的大数据微服务框架，具有低耦合、高可用以及灵活可扩展等特点。该框架层次清晰、功能明确，分为表现层、数据交换层、服务支持层、服务实现层、数据存储层和基础设施层（图 1）。

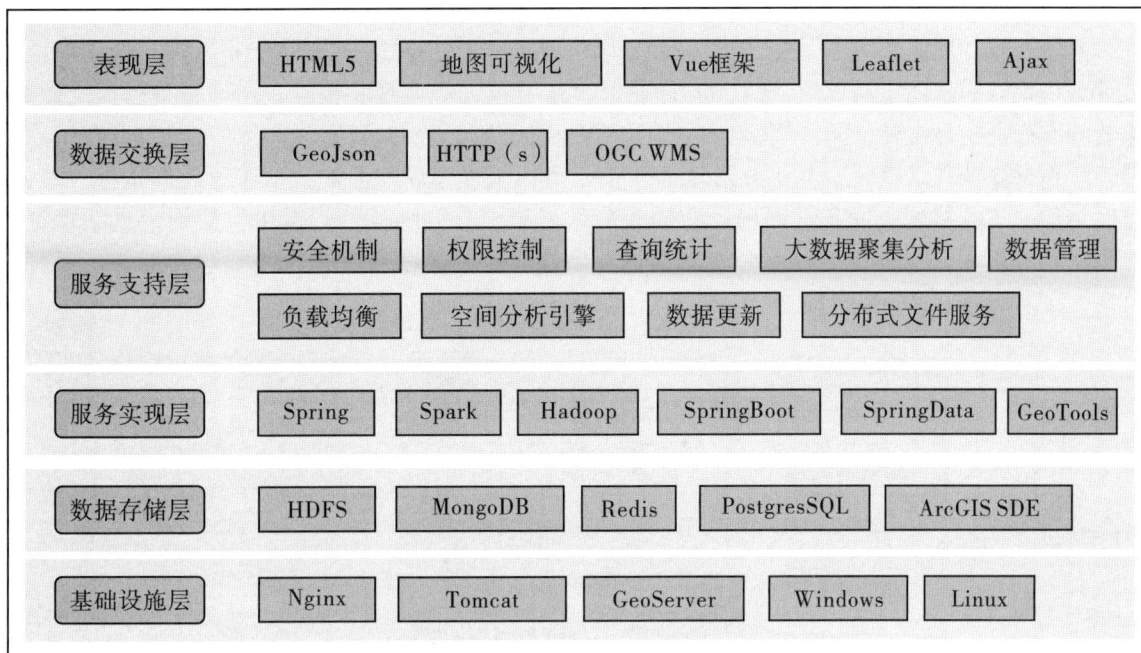

图 1　天津市工业产业规划"一张图"系统技术架构

（1）基础设施层。提供配备 Windows 和 Linux 操作系统的服务组群硬件，搭建以 Tomcat 服务器为核心的非空间服务集群、以 GeoServer 为核心的空间服务集群，配合基于 Nginx 的负载均衡分发引擎，为系统运行提供高性能、高稳定性的基础设施服务。

（2）数据存储层。提供了 5 种存储方式，对系统原始数据和转换融合后数据进行存储。分布式文件存储 HDFS 主要用于文本、图片、表格等文件类型数据的存储，非关系型数据库 MongoDB 用于空间数据转换成 GeoJson 格式后数据的存储，Redis 缓存存储用于系统用户 Token 等验证信息的存储，关系型数据库 PostgresSQL 对系统中关系型数据进行存储，原始空间大数据采用 ArcGIS SDE 空间数据引擎进行存储。根据业务功能对数据进行存储分割，提高了响应速度，并采用定期备份等技术来提高数据存储的安全性。

（3）服务实现层。基于数据存储层，以 Spring 技术框架为核心，整合了数据库连接技术、空间大数据分析技术、空间大数据分布式存储技术及系统权限认证等加密保护技术，为功能服务接口的实现提供底层技术保障，提升系统的可扩展性和灵活性。

（4）服务支持层。在服务实现层的基础上，遵循标准化的服务接口调度方式，采用统一的权限、安全验证机制，与前端直接交互，提供数据管理更新、查询统计、大数据空间分析及分布式文件服务等功能接口，为前端可视化展示提供分析计算支持。

（5）数据交换层。介于表现层和服务支持层之间，基于高安全性的 HTTP（s）传输协议进行敏感数据的传输，地图服务采用 OGC 标准的 WMS 格式进行发布，空间数据传输主要采用效率高、易解析的 GeoJson 数据格式，保障了系统数据交换的安全性和高效性。

（6）表现层。与用户直接交互，可请求后台服务，通过图形渲染、可视化分析等表现形式，展示任务结果的 Web 平台。主要基于 HTML5 和 Vue 组件等前端技术框架，结合 Leaflet 地图开源库和地图可视化技术，构建符合用户认知习惯、界面美观流畅、交互良好的系统界面。

3　系统实现

系统根据功能主要划分为六个模块，分别为产业模块、园区模块、企业模块、规划模块、统计分析模块和地图工具模块（图 2）。产业模块主要包含产业现状概览、产业排行榜、产业数据管理和产业指标统计；园区模块包括园区现状概览、园区数据管理和园区综合指标统计；企业模块包括企业现状概览、企业数据管理和企业指标统计；规划模块包括工业发展指标、总体空间结构、工业发展空间、重点产业布局和分区发展引导；统计分析模块包括用地现状概览、热度集聚分析、空间分布均等性分析和指标关联性分析；地图工具模块主要包含缩放、量算、打印、图层管理、区域快速定位等功能。

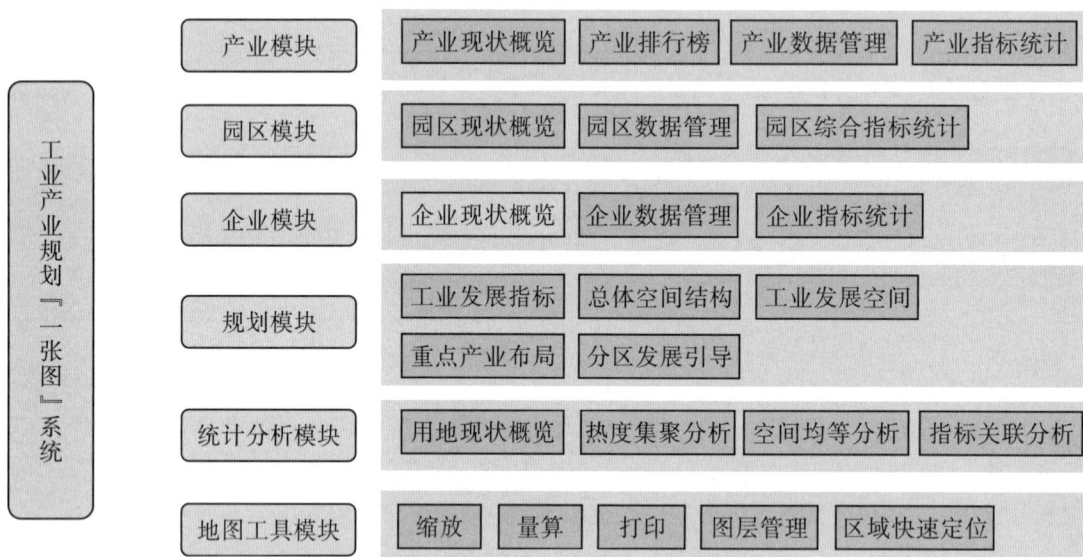

图 2　天津市工业产业规划"一张图"系统功能结构

（1）产业模块。以产业现状展示为主，主要对产业总体概览进行展示。结合实际情况，把产业分为石油化工、汽车产业、新一代信息技术、高端装备制造、新材料、生物医药、新能源、航空航天和其他产业九大行业，根据收入总产值，分别展示行业、园区及企业的收入排行，按照行业类型、行政区域和工业园区等分类指标对产业信息进行统计展示，并以图层的形式对产业数据进行管理展示，提供数据查询分析展示功能。

（2）园区模块。以园区现状展示为主，主要对园区总体概览进行展示。根据级别不同，把园区分为国家级、市级、区级和区级以下四个等级，以环状图表的形式，分别对不同级别的园区数量和产值占比进行统计展示。以各行政区作为统计单元，以交互式柱状图表的表现形式对园区数据、营业收入、税收收入、注册企业数、驻区企业和就业人数等指标进行统计展示。以图层数据的形式对园区数据进行管理展示，包括园区信息查询、园区快速定位、不同级别园区快速筛选等数据管理功能。

（3）企业模块。以企业为展示主体，对企业现状概览、企业规模占比、企业性质占比等指标进行统计展示。文中只获取了注册资金在 500 万元以上的企业信息，企业现状概览主要是对企业总数、规模以上企业数和龙头企业数进行展示。按照企业规模、企业性质、行业类型和行政区域等指标分类，以统计图表的形式对企业数量、占比等进行展示分析。企业数据管理功能包括企业数据展示、企业数据快速查询，分行业、分园区、分区域企业数据查询浏览等功能。

（4）规划模块。分别以工业发展指标、总体空间结构、工业发展空间、重点产业布局和分区发展引导为主题，对规划内容进行展示，利用交互查询方法，结合园区、企业等空间数据，多角度、分层次对工业产业规划成果进行管理和展示。工业发展指标中包括了对分阶段指标、产业发展指标、用地效率指标和用地规模指标的规划内容展示；总体空间结构结合地图数据展示了全域范围内产业带、组团等具体的空间规划布局；工业发展空间以一级管控线、二级管控线和减量调整线为分类，分别对具体规划管控内容、管控线内园区规划等进行展示；重点产业布局以九大产业分类为模块，分别对各行业的产业集群规划、产业园区规划进行展示；分区发展引导以各下属区县为单位，对各区域的主导产业规划、园区发展规划进行展示。

（5）统计分析模块。以工业用地数据统计分析为功能模块主题，对工业用地总面积、园区内外工业用地面积、地均工业总产值等指标进行概览展示，不同级别园区的地均产出、用地规模等统计指标以统计图表的形式进行直观展示。结合空间企业数据，对各区域、各行业进行空间聚集度分析并以热力图的形式进行可视化。以企业数据和工业用地数据为基础对企业空间分布均等性进行分析，以交通路网数据、公共服务设施数据为基础，分析路网密度、公共服务设施的配套比例与企业入驻率、聚集度之间的关联关系，并以图表的形式进行展示。

（6）地图工具模块。提供了地图操作基础工具，包括缩放、量测、打印、地图快速定位等工具，以工具包的形式供各功能模块使用。

4　结语

本文系统解决了工业产业数据格式繁杂、冗余，空间数据和非空间数据无法统一建库的问题。在数据采集时，空间数据采用统一标准的 GeoJson 中间数据格式，并以结构化的形式导入数据库，非空间数据采用数据表的形式存储，根据属性字段进行数据融合，建设空间、非空间数据一体化的检索查询方式，大大提高了数据分析效率。系统融入了数据挖掘、空间大数据分析等技术到工业产业数据管理分析中，提出辅助数据结合产业数据运用空间分析的方法对工业产业数据进行分析和挖掘。工业产业规划"一张图"系统汇聚了企业、行业、园区等产业数据，工业用地、公共服务设施、交通路网等辅助分析数据，以及总体空间规划、重点产业布局等规划数据，整合工业产业数据管理、数据浏览查看、现状数据统计分析与大数据挖掘、空间规划数据展示与空间呈现等功能，提供工业产业规划"一张图"管理，为决策者的产业现状分析、产业远景规划布局、产业政策制定提供决策支持。

［参考文献］

［1］张秋凤，牟绍波. 新发展格局下中国五大城市群创新发展战略研究［J］. 区域经济评论，2021（2）：97-105.

［2］宋洋，GODFREY Y，朱道林，等. 京津冀城市群县域城市土地利用效率时空格局及驱动因素［J］. 中国土地科学，2021，35（3）：69-78.

［3］于强. 京津冀协同发展背景下北京制造业的产业转移：基于区位熵视角［J］. 中国流通经济，2021，35（1）：70-78.

［4］胡志良，王艳霞. 航空产业与城市空间布局的有机结合：以天津临空产业区总体规划为例［J］.

城市规划，2009，33（S1）：31-35.

[5] 王金杰，王庆芳，刘建国，等. 协同视角下京津冀制造业转移及区域间合作 [J]. 经济地理，2018，38（7）：90-99.

[6] 曹允春，王曼曼. 京津冀协同下的临空产业集群互动发展研究 [J]. 改革与战略，2016，32（7）：129-131.

[7] 李宜航. 劳动力技能分布与地区出口比较优势：基于中国省份细分产业数据的研究 [J]. 数量经济技术经济研究，2021，38（2）：78-97.

[8] 赵玉林，汪美辰. 产业融合、产业集聚与区域产业竞争优势提升：基于湖北省先进制造业产业数据的实证分析 [J]. 科技进步与对策，2016，33（3）：26-32.

[9] 吴加敏，孙连英，张德政. 空间数据可视化的研究与发展 [J]. 计算机工程与应用，2002（10）：85-88.

[10] 黄培之，POH-CHIN L. 时间序列空间数据可视化中有关问题的研究 [J]. 武汉大学学报（信息科学版），2004（7）：584-587.

[11] 承达瑜，秦坤，裴韬，等. 基于室内定位数据的群体时空行为可视化分析 [J]. 地球信息科学学报，2019，21（1）：36-45.

[12] 陈芳淼，黄慧萍，贾坤. 时空大数据在城市群建设与管理中的应用研究进展 [J]. 地球信息科学学报，2020，22（6）：1307-1319.

[13] 夏兰芳，陈旭. 农业"一张图"构建与综合数据分析 [J]. 测绘通报，2021（2）：144-148.

[14] 康义锋. 城市工业产业地理信息系统的设计与实现 [J]. 矿山测量，2018，46（4）：15-18.

[15] 黄中华. 城市工业产业地理信息系统的设计 [J]. 信息与电脑（理论版），2019（7）：63-64.

[作者简介]

秦　坤，硕士，助理工程师，任职于天津市城市规划设计研究总院有限公司。

于　鹏，硕士，工程师，任职于天津市城市规划设计研究总院有限公司。

高　旭，硕士，工程师，天津市城市规划设计研究总院有限公司智慧城市规划院系统研发部部长。

马嘉佑，硕士，助理工程师，任职于天津市城市规划设计研究总院有限公司。

刘　茂，助理工程师，任职于天津市城市规划设计研究总院有限公司。

强化保障，助推发展

——杭州市"读地云"建设

□周　宝

摘要：强化数字赋能，以需求和效果为导向，构建"云上读地、网上交易、线上签约、码上监管""一块地在线走到底"的治理系统，实现企业"看地、读地、拿地、开发"和部门"布局、计划、供地、监管"全链条对接、双向推进，让土地与项目实现无障碍对接，解决有没有地、地在哪里、怎么拿地的问题，杜绝关系地、人情地现象；实行"控地价、竞贡献"的工业用地出让新模式，让竞争成为拿地的常态，构建公开、公平、公正、透明、清廉的一流营商环境，推动要素市场化高质量配置，持续提升自然资源系统治理能力。

关键词：读地；上云；治理；全景；竞贡献

1　引言

习近平总书记强调，要让市场在资源配置中起决定性作用。中共中央、国务院先后印发《关于构建更加完善的要素市场化配置体制机制的意见》《关于新时代加快完善社会主义市场经济体制的意见》文件，明确要破除阻碍要素自由流动的体制机制障碍，深化要素市场化配置改革，在符合国土空间规划和用途管制要求前提下，调整完善产业用地政策，创新使用方式。杭州市为适应疫情特殊需要，以国土空间治理数字化转型为契机，通过构建"读地云"，在全国率先推行工业用地"控地价、竞贡献"出让新模式，构建了工业用地"市场决定、政府服务、公平高效、协同监管"市场化配置的杭州机制，是新时代政府治理水平的杭州示范。

2　痛点难点

土地是民生之本、发展之基、财富之源。当前，杭州市经济正在快速发展，同时城镇化进程的加快，加大了城市的建设规模，城市发展已经进入前所未有的关键阶段，土地资源作为提供城市开发建设的基础资源，直接关系到城镇化的程度。当前土地供应还存在一些痛点难点。

2.1　土地信息透明度不高

当前工业用地出让基本上是通过线下洽谈实现供地。由于土地信息透明度不高，存在企业有项目找不到土地，政府有土地招不到好项目的情况。

2.2 "一对一"供地没有竞争

当前工业用地都是先线下达成意向，然后挂牌实现"一对一"供地，没有竞争，企业拿地也没有压力。

2.3 履约监管无法保障

传统地块出让完成之后，政府无法对地块后续履约进行有效监管，对项目开工、竣工、投产等各个环节找不到精准的监管措施。

2.4 疫情影响工业招商、土地出让

2020 年，突如其来的新冠肺炎疫情让所有人都措不及防。目前，国内疫情也反反复复，国外更是异常严峻，严重影响了线下工业招商、土地出让。

3 目标与思路

疏通土地供应的堵点，建立起一个完善合理的土地资源管理体系，提高土地综合效益，推动土地要素在市场中的高质量配置。

3.1 建设目标

落实疫情防控和经济发展"两手都要硬，两战都要赢"目标，加快蓄积起数字经济和制造业"双引擎"的强大动能，筑牢城市经济的产业根基，围绕杭州市委、市政府主要领导"试点先行、加力加速、真正惠企、促进发展"的批示精神，深化产业用地市场化配置改革，加快"控地价、竞贡献"土地出让，建设数字化平台，全程精准服务，构建起"市场决定、政府服务、公平高效、协同监管"市场化配置的杭州机制，形成新时代政府治理水平的杭州示范，推动全市制造业高质量发展，持续提升自然资源系统治理能力。

3.2 建设思路

通过"明确一个规则、建立一套机制、建设一个平台"，建立起常态化管理机制，构建更全面的要素市场化配置体制，持续推动城市治理体系和治理能力现代化。

（1）明确规则。

一是明确上云规则。上云的范围确定为年度出让计划、收储地块、各地重点做地的地块项目；上云责任主体明确主城区由交易中心负责，其他各区（县）各自负责；上云地块类型明确为工业、住宅、商服和其他四类；上云要求提供详细信息、地块全景点位定位图、带有地块红线的 360 度全景图、标注指引图和地块红线文件；上云的时间要求为出让计划批复后 10 个工作日，收储地块在完成收储后 3 个工作日，各区（县）重点地块根据情况自行确定。二是建立"控地价、竞贡献"出让模式，即地价控制在一定区间，到达上限后，按亩均年税收竞争，贡献大者竞得土地，只要符合投资建设要点的企业，都可以参与竞买。

（2）建立机制。

一是建立队伍。全市各区（县）确定"云小二"，形成一支全市统一的队伍，推动系统日常维护、内容更新。二是规范流程。各区（县）"云小二"按照规则及时完成全景图采集、地块范围数据处理及属性信息收集，通过后台上传数据并完成发布。三是统一管理。市局牵头处室对

全市进行统一管理，加强日常维护的通报、考核等机制。

（3）建设平台。

建设"读地云"平台，主要包含云上读地、网上交易、线上签约、码上监管四个模块，通过四个模块的应用，从而实现要素信息全透明、竞争环境全公开、服务企业全过程、数字赋能监管全协同。

4　平台建设

杭州"读地云"平台针对土地收储、公示、成交、服务、监管的土地全生命周期流程进行业务创新，对地块展示、地块公告、地块成交、合同签订、地块履约监管等应用场景进行政务服务模式创新，构建"云上读地、网上交易、线上签约、码上服务""一块地在线走到底"的数字化治理系统，实现企业"看地、读地、拿地、开发"和部门"布局、计划、供地、监管"全链条对接、双向推进，推动要素市场化高质量配置，持续提升自然资源系统治理能力（图1）。

图 1　平台首页

4.1　总体架构

杭州"读地云"平台总体架构分别为用户层、应用层、平台层、数据层、基础层五层结构（图2）。用户层是指外部用户看到的部分，即电脑客户端、移动端等前端展示，具体可分为云上读地、网上交易、线上签约、码上服务等业务场景。应用层为用户层提供应用支撑，可分为电子地图、全景展示、线上签约、多端展示、驾驶舱及运维管理等各类应用。平台层保证了应用系统的正常运作，其中以运维管理平台和数据访问服务为基础，数据交换服务、用户管理服务、工作流服务、全景服务、表单服务、GIS（地理信息系统）服务、消息服务、安全服务等通过基础服务来进行运作。数据层即系统对应的各类数据支撑，具体分为基础地形库、地理编码库、空间数据库、业务数据库、签约数据库、全景数据库六大类。基础层为系统运行的基础支撑环境，包括基础平台软件和网络硬件等资源。

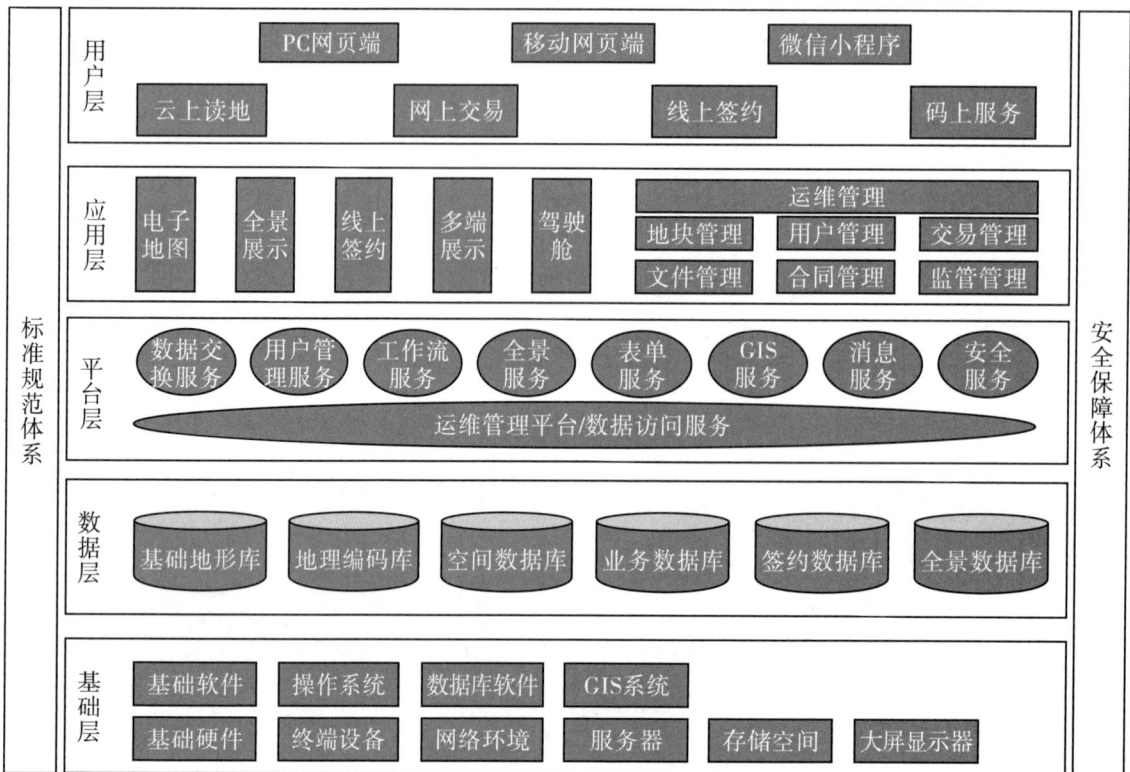

图2 "读地云"平台系统架构

4.2 建设内容

（1）云上读地。

采用电子地图、全景影像和电子手册相结合的方式，梳理全市产业用地分布，全方位展现全市产业用地空间布局及年度可供的工业用地、商服用地、住宅用地和创新型产业用地，在线查看相关地块的坐落、产业导向、区位优势、周边配套、技术指标等具体情况。以所属区域、用地类型、用地规模等方式，提供地块筛选机制，快速查找、定位和统计符合需求的用地。通过形状、颜色等可视化方案显示用地的座落与规模，以360°全景图的方式提供具体地块及周边环境现状的高清实景沉浸式现场展示，查看本市待出让地块的详细信息，为企业拿地提供一个时刻在线的平台，创造一个公正、公平、透明的环境。

（2）网上交易。

开发"控地价、竞贡献"的工业用地出让新模式，即先竞地价，达到地价上限后，竞税收，通过竞争来推动制造业高质量发展。按照该创新模式，连通浙江省土地使用权网上交易系统，同步地块的公告、竞价、成交等数据，进行本地化特色定制查询浏览和数据应用；展示各地块的交易情况及汇总信息，着重突出"控地价、竞贡献"地块的交易内容。

（3）线上签约。

开发土地交易合同线上签约模式，建立线上签约模块，集成浙江省土地使用权网上交易系统的认证信息，实现地块交易后在"读地云"上直接进行合同的签订，包括省交易平台和省电子印章平台的 UKEY 账户数据共享及权限管理、用户电子签章模块建设及用户电子签名模块建设，定制多端的查询浏览，分级展示已签、待签的合同及汇总信息。

（4）码上服务。

地块交易签约完成后，转入后续的服务监管，对接不动产登记系统，为不动产登记提供相关材料，实现签约即发证；对接"亲""清"平台，为工业用地审批提供土地库支撑；对接"一地一码"协同服务平台，通过"土地码"对项目开工、竣工、投产等各个环节进行全流程在线跟踪；针对企业用户提供码上服务功能，通过地块关联的"土地码"可以查看地块的审批相关进度；针对管理用户提供码上监管功能，以驾驶舱的形式展现"读地云"上云、交易、签约、服务等各个模块的流转和指标等信息，辅助领导决策。

4.3　技术路线

（1）采用非结构化数据存储管理技术。

本项目通过非结构化数据的快速存取和多种数据模型的融合，实现对矢量、栅格和结构化数据的集成，将各类异构数据提供统一的表示、存储和管理，屏蔽各种异构数据间的差异，在系统中实现统一操作。

（2）基于软件基础架构平台技术路线。

本项目采用"软件基础架构平台＋业务基础平台"的应用软件开发方式，在软件基础架构平台的基础上，结合业务基础平台，形成一体化的应用开发与集成环境，保证了系统的先进性和随需应变能力。

（3）采用 B/S 应用架构体系设计。

本项目建设以 B/S 应用架构为主搭建系统的前端运行环境，既能保证系统的运行速度和运行效率，又可以满足各用户对应用操作简单直观、易于维护的要求，提供便捷、可靠的应用。

（4）采用分布式部署。

本项目根据平台的应用场景构造对应的服务化体系并独立分布式部署，从而降低了系统的复杂度和耦合度，提升组件的内聚性、敏捷性，极大地提升服务的响应效率和能力。

5　应用成效

5.1　让土地与项目实现无障碍对接

当前工业用地基本上是通过线下洽谈实现供地，存在企业有项目找不到土地、政府有土地招不到好项目的情况，这主要是由于土地信息透明度不高引起的。"读地云"很好地解决了"什么地方有地，有什么样的地"的问题，企业通过"读地云"就能实现足不出户挑选土地，破除了信息壁垒，实现土地要素信息公开、透明，为企业拿地决策提供前提条件，为土地要素市场化配置夯实基础。

5.2　让竞争成为拿地的常态

当前工业用地都是先线下达成意向，然后挂牌实现"一对一"供地，没有竞争，企业拿地也没有压力。推出"读地云"，实行"控地价、竞贡献"的工业用地出让新模式，即先竞地价，达到地价上限后，竞税收，通过竞争来推动制造业高质量发展。"关系地""人情地"减少，不找"领导"找"市场"的竞争机制逐步形成。通过竞税收，将宝贵的土地资源向先进生产力集聚，要素价值贡献输送由"一竿子买卖"转化为长期性、常态化，有助于实现综合效益最大化。

5.3 打破传统供地模式

一是"云上读地"模块应用地理信息技术，直观地将出让地块的详细信息展现在地图上，同时又结合全景直观展示地块现状，节省受让企业看地的时间成本；二是"网上交易""线上签约"模块为企业提供了更加高效、安全、便捷、透明的交易签约模式，一切交易方式都可以通过电脑或手机完成，改变了传统的现场竞拍、现场签约的方式；三是展现了每块成交地的最高限价及亩均年税收，体现了工业用地"控地价、竞贡献"出让新模式，不断深化要素市场化配置，打造国际一流营商环境。

5.4 促进政府数字化转型发展

一是在全国率先推行"云上供地"不见面模式，符合机构改革、"放管服"、优化营商环境及要素市场化配置改革等政策导向，对行业的健康发展具有积极的引导和促进作用；二是构建起更加完善的要素市场化配置体制机制，数字赋能土地资源要素市场，提高配置效能、促进公开透明，推动"云上智治"在资源领域率先落地，助力打造"全国数字经济第一城"；三是促进政府数字化转型发展，持续推动城市治理体系和治理能力现代化，为建设新型智慧城市提供杭州经验，对提升城市形象、优化营商环境，构建"亲""清"政商关系，保证城市可持续发展方面起到关键作用。

6 结语

杭州市构建"读地云"，推行"控地价、竞贡献"既是抗疫情促发展倒逼的偶然，更是推进要素市场化配置、营造公开公平公正营商环境的必然。"读地云"平台实现了用地"不见面"出让，突破了时空限制，打破了原有用地"点对点、一对一"不充分竞争的供应模式，是优化政务服务、营造一流营商环境的创新之举，有利于提高用地要素质量和配置效率，引导用地资源要素、能耗指标等向优质企业、优势产业和优势区域集中，有利于防止暗箱操作，杜绝"关系地""人情地"，增强政府公信力、防范政府廉政风险。"读地云"强化数字赋能，充分利用地理信息、移动互联网等技术面向全球公开同步发布土地信息，一方面便于本土企业持续深耕，另一方面也有利于全球投资者选地投资、加盟杭州，筑牢城市经济的产业根基，充分展现了杭州市重要窗口的"头雁风采"。

[参考文献]

[1] 须峰. 数字时代的建筑产业契约模式：电子签章 [N]. 中国建设报，2019-12-13 (5).
[2] 陈国良，明仲. 云计算工程 [M]. 北京：人民邮电出版社，2016.
[3] 刘超，胡成玉，姚宏，等. 面向海量非结构化数据的非关系型存储管理机制 [J]. 计算机应用，2016，36 (3)：670-674.
[4] 魏亮，李蓉，尚为进，等. 基于软件定义基础设施的"互联网＋"开放平台架构设计 [J]. 信息通信技术，2016，10 (5)：28-34.

[作者简介]

周　宝，高级工程师，杭州市规划和自然资源调查监测中心（杭州市地理信息中心）科长。

基于 FME 的 CAD 到 GIS 数据转换方法研究

□黄毅贤，程源辰，谢嘉成

摘要：通常城市管理地下管线数据和路网数据主要采用 CAD 软件绘制和保存数据，然而 CAD 图形功能强但是属性处理能力弱，无法存储大量属性数据以及分析数据。本文基于厦门市"市政管线一张图"项目，利用 FME 软件实现 CAD 到 GIS 数据的转换，快速整合形成市政管线及城市道路基础数据库，为地下管线数据接入协同平台，提高项目规划审批效率，指导工程建设提供了可行的解决方案。

关键词：数据转换；FME；地下管线；厦门市

1　研究背景

城市地下管线数据主要分为现状管线资料和规划管线资料。现状管线资料主要集中在建设局档案馆和各家管线产权部门，如水务集团、华润燃气等，各家单位管线资料的时效性、完整性、准确性差异巨大。厦门市在不同时期和层面编制了大量规划，但长期存在成果分散、数量众多、矛盾突出和缺乏协调等问题，极大地困扰着规划管理者和建设单位的使用。目前，厦门市地下管线在使用和管理上各个主要阶段均存在问题。在规划编制阶段，收集资料困难且不完整，规划编制缺乏统一基底，规划更新、维护困难；在部门协调阶段，各主管部门沟通协调缺乏"一张图"底图，沟通效率低下；在规划审批阶段，现状管线杂乱、资料不全，审批缺乏依据，规划类型多，新旧版本交错，造成审批混乱；在现场实施阶段，现场局部调整难以与其他相关工程衔接，容易造成系统性矛盾，尤其是道路、雨污水系统。

"市政管线一张图"是推进地下管线系统治理、源头治理、依法治理、科学治理、统筹发力的基础和前提，因此构建"市政管线一张图"是非常必要的、重要的、急迫的工作，对厦门市地下管线建设和管理水平具有重大提升作用。

目前市政管线成果主要采用 CAD 软件进行绘制，市政管线工程包括市政设施和管线，涵盖给水、雨水、污水、再生水、燃气、电力、通信、广电网络、综合管廊、热力工程及其他市政管线，每类管线数据又分为现状和规划两部分。为此，对相关数据进行快速规整建库并与规划管理信息系统集成，满足工程规划许可建设内容数字化管理、项目审批与竣工验收指标对比审核等辅助决策功能，为实现市政管线的全生命周期管理奠定基础。

2 利用 FME 实现 CAD 数据入库

2.1 FME 简介

FME 软件全称为 Feature Manipulate Engine，是加拿大 Safe Software 公司开发的用于不同数据之间转换的处理软件，能完成 250 多种不同格式的数据转换。在规划项目编制中，常常需要将 CAD 绘制的 dwg 格式的图纸与 ArcGIS 绘制的 shp 格式的数据进行转换，而 FME 软件则可以快速无损地满足格式转换的需求。

2.2 转化流程

数据转换过程：①转换前对数据进行检查，要素必须在管线上或者足够接近管线，程序会根据距离选出两个最近标注附上属性；②编制转换控制文件和转换程序进行数据转换；③编辑完善转换后数据。

2.3 数据检查

在建立转换模板前，首先需要了解所转换的地下管线、标注、设施等要素在 dwg 文件中存储的属性信息，方便后续转换对要素的筛选和属性的提取。可以利用 FME Data Inspector 软件，它主要用于在数据转换前查询和检查所转换要素的图形属性。

为了让 CAD 数据在 GIS（地理信息系统）中更好地表达出来，我们需要选取要素的几个特征属性一同转换到 GIS 中（使用 FME Data Inspector 查看 CAD 要素可获得相当数量的隐藏属性并将其量化，如图 1 中的一个设施图块就有 139 个属性）。在本次转换中需要用到的数据属性有：

autocad _ layer：要素的图层名称，用于区分各要素名称。

fme _ type：要素的类型，如 point（点）、line（线）、area（面）等，用于筛选要素的几何类型。

autocad _ block _ name：设施图块名，用于区分设施类型的属性，如 110 kV 变电站、应急气源站等。

fme _ attrib _ info {} . field _ value：设施图块标注，用于区分设施名称的属性，如江头变电站 _ 在建、高崎应急气源站 _ 规划等。

autocad _ rotation：要素的旋转角度属性，用于在 GIS 中显示流向标注箭头。

2.4 数据转化标准

FME Workbench 软件相当于一个工作空间，用于完成数据处理及转换工作。FME 提供了多种不同功能的转换器，转换器可看作是某个具体的操作，而整个转换工作就是把每一个操作按一定顺序衔接起来，最后输出结果。在工作空间中利用曲线连接各类转换器及模块，便可建立起源数据属性字段与目标数据属性字段之间的对应关系，完成属性搭接的任务。

本次转换的市政要素包含以下六类：规划范围（用于圈定该规划的涉及区域）、设施图块、管线要素（市政各专业的管线）、流向标注、高程标注、城市道路。在 CAD 做图时需按表 1 中的"标准图层名称"命名以方便转换。

表 1 管线数据图层标准（部分）

类型	标准图层名称	标准块名	要求
规划范围	规划范围		闭合多段线
设施图块	设施图块	设施类型	块参照
管线要素	管道类型字母_规划_专业_状态		线、同一标注尽量合并
管线标注			文本、在管线上或者临近
雨水高程标注		雨水标注	块参照
污水高程标注		污水标注	块参照
道路中线	L_道路中线		多段线
道路红线	L_道路红线		多段线
路缘线	L_路缘线		多段线
桥梁	L_桥梁		多段线
隧道	L_隧道		多段线
污水管流向标注	W_规划_污水管标注		文字
雨水管流向标注	Y_规划_雨水管标注		文字

2.5 数据转化操作

本次转换用到的转换器有：

AttributeExposer：暴露一系列隐藏的属性，便于这些属性可以被其他转换器使用。

AttributeSplitter：把选择的属性分离成一个属性列表，可将一个属性拆成多个属性。

AttributeCopier：把现有的属性复制到指定名称的新属性中。

GeometryFilter：根据几何类型分类输出要素。

NeighborFinder：在指定的最大距离内，为每个基础要素寻找距离最近的候选要素。该转换器也是将管线标注附在管线上的核心操作。

LineJoiner：将断点线连接在一起。

LineCloser：通过添加起始节点作为终节点，将输入的线要素转换成面，简称闭合。

Tester：执行要素的一个或多个测试条件，根据测试的结果决定要素的输出。

TestFilter：通过测试条件过滤要素到一个或多个输出端口。

（1）城市道路的转换方法。

使用 GeometryFilter 转换器，将原始文件的"线"要素筛选出来。

使用 LineJoiner 转换器，将可能存在的道路碎斑接在一起。

使用 TestFilter 转换器将各类道路分开输出。

（2）规划范围的转换方法。

可用 Tester 直接筛选出图层名称为"规划范围"的要素，后用 LineJoiner 和 LineCloser 转换器生成一个闭合的面输出。

（3）管线要素的转换方法。

用 GeometryFilter 转换器将原始文件的"线"和"文字"要素筛选出来。

用 NeighborFinder 转换器将文字（管线标注）和管线挂接。这里需要设定可接受的挂接距离，即管线和管线标注的最大容许距离，超过这个值的标注和管线无关。同时，还可以设置挂接数量，可按距离远近排序多个标注。

（4）高程点的转换方法。

使用 GeometryFilter 转换器将原始文件的"点"要素筛选出来。后用 TestFilter 转换器将 autocad_block_name 属性为"雨水高程"和"污水高程"提取出来输出高程点。

（5）流向标注的转换方法。

使用 GeometryFilter 转换器将原始文件的"点"要素筛选出来。

用 TestFilter 转换器将图层名为"W_规划_污水管标注"和"Y_规划_雨水管标注"的挑选出来。

使用 AttributeCopier 转换器给 autocad_rotation 属性命名"旋转角度"后输出。

（6）设施图块的转换方法。

使用 TestFilter 转换器将"设施图块"图层挑选出来。

使用 AttributeSplitter 转换器将设施图块的 fme_attrib_info{}.field_value 属性拆分成多个字段（一般设施标注为 XX 开闭所_规划状态，这里其实还包含着规划状态的属性）。

使用 AttributeCopier 转换器将 autocad_block_name（设施类型）及 fme_attrib_info{}.field_value（设施名称和规划状态）等属性重新命名后输出。

最终输出的结果为 Access 格式的文件，完整地将 CAD 的数据和属性转为数据库，既能满足管线的图形效果，同时也能满足数据分析。

3 结语

"市政管线一张图"是智慧城市建设要求下大数据整合应用的基础性规划工作，对于在新时期实现高水平城市规划管理有着重要意义。本次研究采用 FME 软件解决地下管线 CAD 向 GIS 高效转换的问题，构建厦门市地下管线基础数据库，形成各专业管线平面"一张图"，可在设施规划理念创新方面提供参考。

［参考文献］

[1] 薄伟伟，丁俊杰，王爱萍. CAD 数据向 GIS 数据的转换方法 [J]. 地理空间信息，2013（6）：94-95.

[2] 高翔，袁超，翟晓雯，等. 多源数据更新空间数据库的方法研究 [J]. 城市勘测，2009（4）：10-13.

［作者简介］

黄毅贤，助理工程师，任职于厦门市城市规划设计研究院。

程源辰，助理工程师，任职于厦门市城市规划设计研究院。

谢嘉成，硕士，工程师，任职于厦门市城市规划设计研究院。

基于深圳市密度分区的地块基础容积测算模型研究

□罗裕霖，饶　鑫，孙　蕾

摘要：在国土空间规划重构背景下，新时期的国土空间规划信息化建设工作也愈发重要。密度分区作为城市规划标准的重要组成部分，在用地容积审批、城市规划研究中都有着重要的作用。本文探索规划标准向系统应用模块转化的路径，主要介绍了一种地块基础容积测算模型体系的构建方法及其原型实现。实践表明，基础容积测算模型能够大幅提高标准应用效率，提升密度分区于规划研究中的应用价值。

关键词：密度分区；基础容积；测算模型

1　引言

在空间规划体系重构的背景下，国土空间规划数字化转型的需求愈发强烈。随着大数据应用和人工智能技术的快速发展，使运用信息化技术构建支撑规划编制、实施和监督全过程的国土空间规划平台，推动传统规划工作向数字化、精准化、智能化转型成为可能。

深圳市作为改革开放先锋城市，也是高集约发展城市的典型代表。随着深圳城市建设进入存量时期，为实现对城市开发建设整体统筹考虑与形成制度化管控，深圳市规划和自然资源局于2018年12月发布了《深圳市城市规划标准与准则》（2018年局部修订）。该标准成为法定图则、城市更新、土地整备规划编制中关于地块容积确定的主要依据之一。

自《深圳市城市规划标准与准则》修订版颁布以来，针对居住、工业、商业和物流仓储用地的容积率测算在规划方案编制、建筑量预测、规划审批管理等方面已应用广泛。然而，在应用密度分区标准进行规划研究时，暴露了规划信息化发展中存在的技术应用集成化、基础信息共享化、规划信息标准化缺乏的问题，最终表现为没有智能的信息化系统支撑规划转型发展。

结合国土空间信息化的要求，本文主要针对密度分区测算标准的系统化应用方面构建测算模型框架体系，采用空间分析识别与解译修正系数的方法，运用c♯语言原型实现地块基础容积的自动化测算。实验结果表明，地块基础容积自动化测算能大幅提高测算效率，对丰富规划信息化建设模型库具有一定价值。

2　密度分区容积测算标准

2.1　容积测算标准解读

《深圳市城市规划标准与准则》修订的密度分区进一步明确了地块容积与容积率的概念。地块容积是指地块内的规定建筑面积，包含地上规定建筑面积和地下规定建筑面积。地块容积率是指地块容积与地块面积的比值。地块容积由基础容积、转移容积、奖励容积三部分组成。其中，地块基础容积是在密度分区确定的基准容积率的基础上，根据微观区位影响条件（地块规模、周边道路和地铁站点等）进行修正的容积部分；地块转移容积是地块开发因特定条件，如公共服务设施、市政交通设施、历史文化保护、绿地公共空间系统等公共利益制约而转移的容积部分；地块奖励容积是为保障公共利益目的实现而奖励的容积部分，地块奖励容积最高不超过地块基础容积的30%。由于地块转移容积与地块奖励容积涉及具体地块项目的规划统筹，具有较高的不确定性，而地块基础容积只依照密度分区确定的分区及其区位影响条件，具有较强的通用性，因此本文提及的地块容积测算为地块基础容积测算。

地块基础容积的计算见式（1）。其中，$FAR_{基准}$为地块所处密度分区的基准容积率，A_1、A_2、A_3分别表示地块规模修正系数、周边道路修正系数和轨道站点修正系数，S为地块面积：

$$FA_{基础} = FAR_{基准} \times (1-A_1) \times (1+A_2) \times (1+A_3) \times S \tag{1}$$

对于混合功能用地的地块基础容积为该地块上各功能的容积之和。混合功能用地的地块基础容积宜按式（2）计算。其中，$FA_{基础混合}$为该地块各类功能的基础容积之和，$FA_{基础1}$、$FA_{基础2}$……分别为该地块基于各类单一用地功能的地块基础容积，K_1、K_2……分别为该地块各类功能的地块基础容积混合修正权重。

$$FA_{基础混合} = FA_{基础1} \times K_1 + FA_{基础2} \times K_2 + \cdots + FA_{基础n} \times K_n \tag{2}$$

混合修正权重计算见式（3）、式（4）。式中，A_1为1类型用地基础容积占比，A_2为2类型用地基础容积占比，依此类推。

$$K_1 = \frac{FA_{基础2} \times A_1}{FA_{基础2} \times A_1 + FA_{基础1} \times A_2} \tag{3}$$

$$K_2 = \frac{FA_{基础1} \times A_2}{FA_{基础2} \times A_1 + FA_{基础1} \times A_2} \tag{4}$$

2.2 主要应用

地块基础容积测算主要应用于法定规划编制、法定规划审批、城市空间建筑模拟预测研究等方面。

（1）法定规划的编制与审批。

密度分区作为《深圳市城市规划标准与准则》中的重要章节，是对全市开发强度进行管控的基础，法定图则、城市更新、土地整备等法定规划的编制与审批都会参考全市密度分区，其开发强度都会依据密度分区指引来制定，既保障城市规划的科学合理，又能实现相对公平透明。

（2）城市空间建筑模拟预测研究等。

通过密度分区确定的全市建设用地开发强度，结合城市现行状况与总体预期规划发展目标，以建筑为载体，利用建筑、用地与人口的空间分布等关联关系，实现对各重要规划时点的城市空间分布情况的模拟，在此基础上依据需要对全市不同区域进行各专项承载能力、城市空间形态等研究。

2.3 主要问题

在目前的应用及使用方式下，存在着测算效率低、测算标准不一、测算专业化较强等问题。

（1）测算效率低下。

密度分区容积测算标准在目前的规划研究应用中，大多数采用半手动的方式进行，通常通过 GIS 或 CAD 等工具将用地方案与密度分区进行叠加判定，结合地块功能手动计算每块用地的基础容积，面对大范围、地块数量较多的项目时，人工精准测算往往会效率低下、耗时较长。

（2）实际测算标准不一。

人工测算还会面临对测算规则理解及实际应用不一的情况。例如，对于周边道路修正系数和地铁站点修正系数的实际计算，不同人依据需要会简略或省略（地铁200 m×500 m范围）计算，往往会造成测算结果不一致。

（3）测算专业化较强，普通用户难以上手。

地块基础容积的准确测算，涉及空间识别、叠加分析等，目前人工测算需要使用 ArcGIS 等软件对规划方案数据进行预处理，从而识别各地块的密度分区及各修正系数等，这对于非专业人士来说将不太友好，使用不够简单便捷。

3　自动化测算模型框架与体系

地块基础容积自动化测算模型以便捷、准确、快速形成用地方案测算结果的需求为目标，以数据组织、参数解译、运算导出三部分为重要支撑，实现以待测算用地方案数据（shp）为输入，到地块测算详细信息表（xsl）或用地方案解译数据（shp）为输出结果的模型框架体系（图1）。

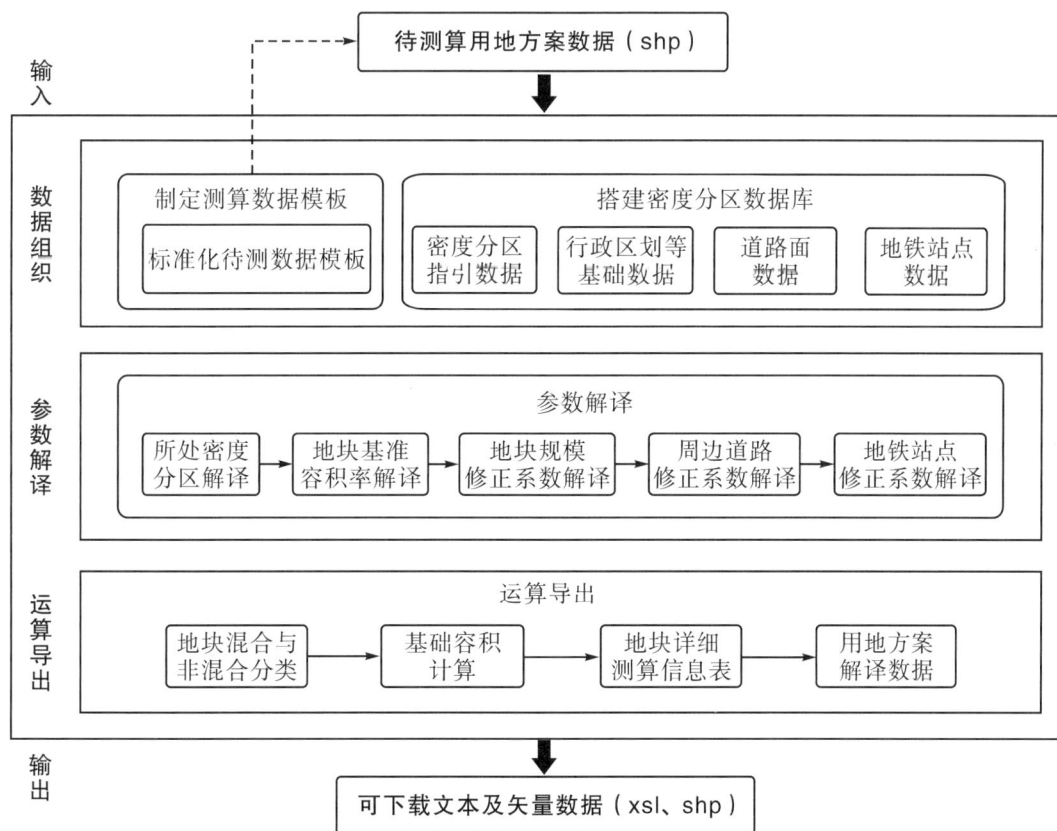

图 1　地块基础容积自动化测算模型框架体系

3.1 数据组织

为实现模型测算，需对模型运算涉及的所有数据进行分析及组织。数据主要包含两大类，第一类为输入端待测算的用地方案数据，第二类为模型测算的必要性数据。

3.1.1 搭建密度分区数据库

结合测算公式中各参数的需求，密度分区数据库中必须包含深圳市建设用地密度分区指引数据、深圳市规划道路面数据、全市地铁站点数据三大数据，分别用于所处密度分区解译、周边道路修正系数解译和地铁站点修正系数解译。除此之外，数据库中应含有行政区划等基础地图数据，以便统计与可视化。

（1）深圳市密度分区指引数据。

密度分区指引数据是由 2000 多个密度分区控制单元组成的面数据，数据属性包含单元面积、所属密度分区等基本信息。

（2）深圳市规划道路面数据。

依据深圳市规划"一张图"系统提取规划道路线数据，依据路宽及道路节点打断形成节段的道路面数据，便于进行周边道路修正系数解译。

（3）全市地铁站点数据。

根据密度分区条文说明，已建、在建及经国家发展改革委批复的轨道线路站点可纳入修正。本次地铁站点数据以深圳市四期及以前规划建设线路站点为数据源，对数据进行预处理，以增加单线及多线站属性为主。

3.1.2 制定测算数据模板

为保证参数解译模块的正确运转，需要对输入的用地方案数据进行标准检验，因此制定一个统一的用地数据标准模板是实现模型测算的基础。用地功能是决定地块基准容积率的前提条件之一，单一用地功能的地块依据所处密度分区解译结合用地功能即可返回基准容积率参数，混合功能用地地块将存在两个返回值，且其基础容积率计算相较单一地块多一步。混合修正权重的计算，针对地块是否混合以及各混合比例需要在数据字段标准中予以明确。待测算用地方案数据必须包含的字段标准见表 1。

表 1　输入数据模板字段标准

字段名称	字段代码	字段类型	字段长度	约束条件	值域
混合用地	HHYD	Char	10	必选	是、否
用地代码 A	YDDMA	Char	10	必选	深标用地分类代码
用地代码 B	YDDMB	Char	10	条件必选	深标用地分类代码
混合比例 A	HHBLA	Float	16	条件必选	$>0 \& <1$
混合比例 B	HHBLB	Float	16	条件必选	$>0 \& <1$
用地面积	YDMJ	Float	16	必选	>0
……					

输入数据经过各类参数解译及计算后将生成用地方案测算结果数据，结果数据相比输入数据增加了部分必要的参数解译结果字段，结果数据增加的字段及其标准见表 2。

表 2　输出数据模板字段标准

字段名称	字段代码	字段类型	字段长度	约束条件	值域
密度分区	MDFQ	Char	20	必选	密度一区、密度二区、密度三区、密度四区、密度五区、未覆盖
基准容积率 A	JZFARA	Float	16	必选	密度分区基准容积率标准
基准容积率 B	JZFARB	Float	16	条件必选	密度分区基准容积率标准
规模修正 A	GMXZA	Float	16	必选	$>0\&<1$
规模修正 B	GMXZB	Float	16	条件必选	$>0\&<1$
道路修正 A	DLXZA	Float	16	必选	$>0\&<1$
道路修正 B	DLXZB	Float	16	条件必选	$>0\&<1$
轨道修正 A	DTXZA	Float	16	必选	$>0\&<1$
轨道修正 B	DTXZB	Float	16	条件必选	$>0\&<1$
基础容积率					
基础容积	JCRJ	Float	16	必选	>0
……					

3.2　参数解译

3.2.1　所处密度分区解译

对输入的用地方案地块进行所处密度分区解译，对地块面要素与深圳市密度分区指引面数据进行空间拓扑关系识别。由于密度分区指引使用的基础单元是依据标准分区结合各类控制要素及图则、次干道路边界等因素综合修正划定的，通常使用的用地方案地块面不会与密度分区指引面数据存在相交而不包含、与不同等级密度分区相交的情况，对于该情况的简化处理以"相邻相同""跨级取高"等原则解译并予以标识。

3.2.2　地块基准容积率解译

依据用地功能，对照密度分区基准容积率指引表确定各个地块的基准容积率（表3）。

表 3　密度分区地块基准容积率对照

密度分区	居住用地	商业服务业用地	普通工业用地	新型产业用地	物流用地	仓储用地
密度一区	3.2	5.4	3.5	4.0	4.0	3.5
密度二区	3.2	4.5	3.5	4.0	4.0	3.5
密度三区	3.0	4.0	3.5	4.0	4.0	3.5
密度四区	2.5	2.5	2.0	2.5	2.5	2.0
密度五区	1.5	2.0	1.5	2.0	2.0	1.5

3.2.3　地块规模修正系数解译

依据地块的用地面积，对照基准用地规模表，计算该地块的地块规模修正系数（表4）。

表 4 各类用地地块规模修正系数对照

居住用地、物流用地	修正系数	商业服务业用地、新型产业用地	修正系数	普通工业用地	修正系数	仓储用地	修正系数
$x \leqslant 2$	0	$x \leqslant 1$	0	$x \leqslant 3$	0	$x \leqslant 5$	0
$2 < x < 8$	Math. Ceiling $[(x-2)/0.1] \times 0.05$	$1 < x < 7$	Math. Ceiling $[(x-2)/0.1] \times 0.05$	$3 < x < 9$	Math. Ceiling $[(x-2)/0.1] \times 0.05$	$5 < x < 11$	Math. Ceiling $[(x-2)/0.1] \times 0.05$
$x \geqslant 8$	0.3	$x \geqslant 7$	0.3	$x \geqslant 9$	0.3	$x \geqslant 11$	0.3

注：x 为地块规模，单位 hm^2；Math. Ceiling 向上取整。

3.2.4 周边道路修正系数解译

对输入的用地方案地块进行周边道路修正系数解译，首先对地块面要素执行 5 m 缓冲区，将缓冲区结果与深圳市道路面数据进行空间拓扑关系识别，相交道路面数据记录条数即为道路周边临路情况；对照周边道路修正系数表，返回地块周边道路解译修正系数值（表 5、图 2、图 3）。

表 5 地块周边道路修正系数对照

临路条数	1	2	3	$\geqslant 4$
修正系数	0	0.1	0.2	0.3

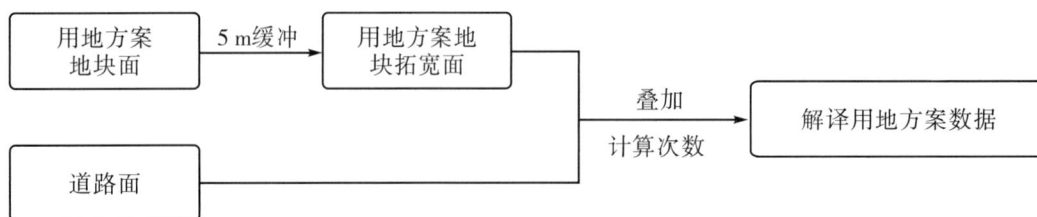

图 2 周边道路修正系数解译流程

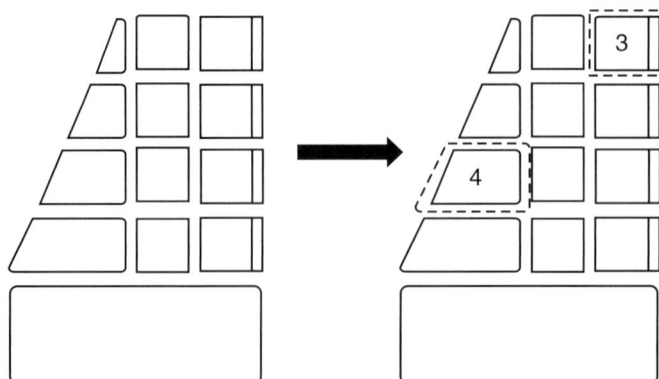

图 3 周边道路修正系数解译示意图

3.2.5　地铁站点修正系数解译

对输入的用地方案地块进行地铁站点修正系数解译，首先对地铁站点进行200 m、500 m缓冲区及缓冲区面赋值，赋值规则依据表6；其次对生成的缓冲区面进行联合，修正系数取值规则为相交即取高值；再次采用拓扑无叠加规则去除重复面域，形成地铁站点周边500 m影响范围数据，其中各面域具有修正系数标识；最后将该数据与地块数据叠加分析，逐一要素计算地块加权修正系数，形成增加了地铁站点修正系数的用地方案数据（图4、图5）。

表6　地铁站点修正系数对照

	缓冲区类型（m）	多线车站	单线车站
修正系数	0~200	0.7	0.5
	200~500	0.5	0.3

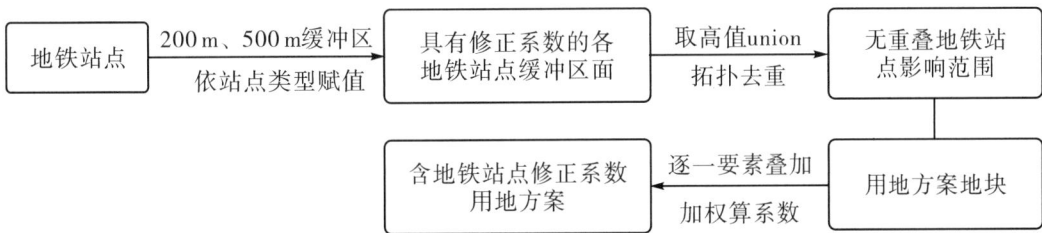

图4　地铁站点修正系数解译流程

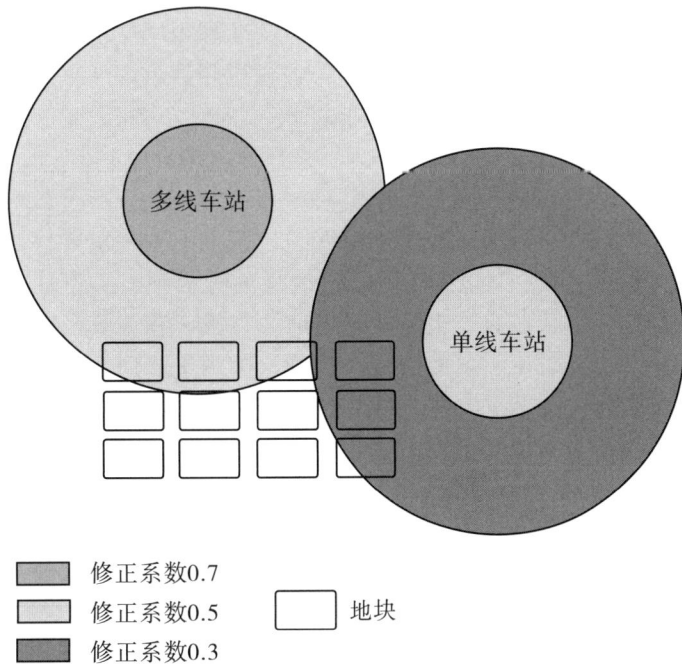

图5　地铁站点修正系数示意图

4 测算模型的实现与应用

4.1 模型原型实现

为验证该地块基础容积测算模型的可行性，采用 Visual C♯.NET 开发的测算模型原型系统，实现待测算方案的导入、通用地图漫游缩放定位操作、测算结果导出等基本功能。

测算模型原型系统主要包含 3 个功能：①用地方案导入。支持满足数据标准模板要求的 Shapefile 格式数据。②通用地图操作。支持对密度分区地图预览、导入方案的定位、放大缩小漫游等地图操作。③测算结果导出。支持导出 Excel 格式的用地方案地块测算信息表，导出 Shapefile 格式的测算结果数据。

4.2 实例测算

西丽枢纽是集国家铁路、城际轨道、城市轨道等多种交通方式于一体的综合枢纽，是深圳市陆路交通门户之一，是以科技创新的展示、交流、体验、服务为核心，集商务商业、休闲游憩功能于一体的"站产城"高度融合的创新枢纽。西丽综合枢纽规划研究在确定开发建设规模时，以密度分区确定容积测算标准对方案进行上限测算，结合规划相关条件，最终确定了效益与品质并重的规划方案。

将西丽枢纽综合规划方案 CAD 文件按照模型输入数据模板要求转换成 Shapefile 格式，输入数据进行测算，得出测算结果。

通过测算模型输入西丽枢纽综合规划用地方案数据，快速生成测算结果数据。结果数据按照标准将会自动生成包含各个地块的所处密度分区、基准容积率、地块规模修正系数、道路规模修正系数、轨道站点修正系数、测算容积率、基础容积等信息。计算结果显示，该片区总测算基础容积规模为 486.7 万平方米。结果可一键输出成 Excel 表格，工作效率大幅提高。

5 结语

密度分区确定的容积率测算标准在法定规划编制与审批中发挥重要作用。在当前大力推动发展"可感知、能学习、善治理、自适应"的智慧规划的背景下，搭建基于密度分区容积率管理标准的基础容积测算框架体系，通过组件式开发地块基础容积测算模型，不仅能有效地提升密度分区在规划研究中的应用价值，更能直观、直接地应用于规划辅助编制中，这也是一定程度上响应自然资源部试点建立国土空间规划监测评估预警系统的必然要求。

地块基础容积测算模型研究把握了当前规划信息化建设的要求，满足了传统规划编制对于密度分区自动化容积测算应用的需求；研究了密度分区中的核心概念与关键的修正系数解译算法，提供了快速化、标准化、精准化的测算结果；考虑了使用人群的多样性，使用轻便式的客户端提供"傻瓜式"测算服务；考虑了国土空间规划模型要求，具备可二次开发优化、便于移植等特点。

本文提出的地块基础容积测算模型着重解决了信息化需求，实现了效率与标准的提升。文中提到的道路临边关键参数的准确解译是提高测算精确程度的关键，道路临边判定算法涉及空间拓扑关系，本文采用的以用地边界缓冲计算与道路面相交次数的方法在判定效率上具有较好的体现，但对于特殊案例等实际性应用还具有优化的空间。此外，本文所述的模型方法对于输入数据类型及格式有明确要求，对于规划方案编制 CAD 格式转换及数据预处理等内容未纳入模型系统中。未来进一步优化道路临边算法、提高输入数据兼容性、进一步探索服务提供方式和客户端模式，是完善深圳市密度分区基础容积测算模型的下一步研究方向。

［参考文献］

［1］邹兵. 存量发展模式的实践、成效与挑战：深圳城市更新实施的评估及延伸思考［J］. 城市规划，2017，41（1）：89-94.

［2］仇保兴. 中国城市规划信息化发展进程［J］. 规划师，2007（9）：59-61.

［3］深圳市规划和国土资源委员会（市海洋局）. 深圳市城市规划标准与准则（2018年局部修订）［S］. 2018.

［4］庄少勤. 新时代的空间规划逻辑［J］. 中国土地，2019（1）：4-8.

［作者简介］

罗裕霖，硕士，深圳市规划国土发展研究中心主任规划师。

饶　鑫，硕士，深圳市规划国土发展研究中心规划师。

孙　蕾，硕士，深圳市规划国土发展研究中心副所长。

基于 LDA 主题模型的社区精准治理研究

——以成都彭州市为例

□黄小川，田　苗

摘要：随着国家进入全面建设社会主义现代化国家阶段，社区治理迈入新阶段，精准感知居民需求以实现现代化社会治理成为重点。本研究以彭州社区治理建议文本为研究对象，通过 LDA 主题模型对有效文本进行主题挖掘，聚类出六类民生问题，分市—街道—社区三级尺度进行空间分析。市域尺度表现出对基础设施、环境提升、治理能力、人群关注、乡村发展、经济就业六方面的总体关注；街道尺度反映出"南北"侧重各异、社区治理核心边缘变化、尺度重构下的权利缺失；社区尺度展现出治理对象的区域集聚及沿轴分布、经济在地化及治理模式的路径指引需求。最后提出利用跨区治理、赋权社治委，数据赋能、居民赋责、赋能社区资产等优化社区精准治理，以推动城乡精准治理和数字城市建设。

关键词：LDA 主题模型；社区；精准治理；文本挖掘；彭州市

1 引言

进入全面建设社会主义现代化国家新阶段，城乡社区治理面临精准、创新、共建共治共享的新要求。快速城镇化下，噪声、交通拥堵、环境污染等问题层出不穷，如何满足高质量的城市建设需要，精准感知社区居民的切身需求、场景化的在地塑造要求，定点、定位的解决人民的诉求，成为当下社区精准治理的关键点。

回答社区精准治理，首先需要回答问题在哪里、问题是什么，之后才是解决问题。问题导向下，解决社区在地问题面临两个挑战，一是社区分类的标准，二是社区问题的提取。既有研究一是从研究社会网络结构着手，利用市民服务热线数据和社交媒体数据进行感知；二是从交通结构着手，利用公共交通数据及手机信令数据进行感知；三是从城市功能结构着手，利用城市 POI（关注点）等数据进行感知。已有研究主要关注社区治理的主要方面及类别，对于常住居民的实际感知缺少认知，同时抽象结构的刻画未能具体化社区中的细节语义，缺少文本挖掘和民意民心的提取及其深度研究。挖掘在地居民的语义信息、空间化问题的具体分布，可优化提高城乡社会治理的精度及效率，打造社会治理新格局。

研究以彭州市社区治理问卷建议文本为对象，通过对有效文本数据机器学习，识别市—街道—社区三级问题的主题分类、空间分布，分析问题背后的居民诉求，提出社区精准治理的优化路径，以期为彭州市社区治理提供参考，同时也是对文本数据在精准治理应用上的一次探索。

2　研究对象及方法

2.1　研究对象

社区治理问卷建议文本。本研究文本源于成都市规划院彭州社区治理项目组，问卷共计 7 万余份。提取问卷中所属镇（街道）、所属社区（村）、社区治理建议三部分。建议文本为社区居民在线填写，无具体问题指向，仅针对社区主题提出受访人群的建议。文本数据依所属镇、社区可进行空间定位以进行空间分析。

数字高程及城市路网。作为空间分析底图，数字高程提供基本地形数据，城市路网为城市等级道路栅格数据。数字高程数据源于地理空间数据云 GDEMV2 30 m 分辨率数字高程，城市路网数据源于天地图街道图。

2.2　技术方法

LDA 主题概率模型。在机器学习领域，LDA（Latent Dirchlet Allocation）算法最早由 Beli 等人于 2003 年提出，依托三层贝叶斯算法构建主题、词矩阵，推测文本主题分布（图 1）。LDA 主题概率模型的核心思想认为，M 篇文章有 N 个词，从 N 个中抽取 W 个词，W 一方面服从 K 主题中每个主题的词频 φ 分布，另一方面服从文章中 Z 主题的 θ 分布，其中 φ、θ 分别服从超参数（经验参数）α、β，具体见公式。

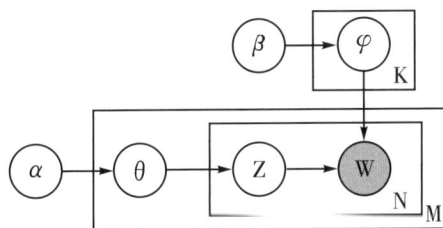

图 1　LDA 贝叶斯网络结构

$$p\left(w_i,\ z_i,\ \theta_i,\ \Phi \mid \alpha,\ \beta\right)=\prod_{j=1}^{N}p\left(\theta_i \mid \alpha\right)p\left(z_{i,j} \mid \theta_i\right)p\left(\Phi \mid \beta\right)p\left(w_{i,j} \mid \theta z_{i,j}\right)$$

LDA 主题模型常用于文本分类，可对大量文本进行词、主题矩阵建模，实现海量文本的信息提取聚类。研究所涉及的分析工具包括 Python（3.8 版）、jieba 分词库（0.42.1 版）、scikit-learn 库（0.24.2 版）、ArcGIS（10.3 版）。

3　数据处理

3.1　数据清洗

无效问卷剔除。剔除内容为空及标点符号的问卷，仅保留有实际文本的问卷一万余份。

停用词及无指向词去除。文本中含有大量语气词、主语及无针对性词组，如"好""不错""无""可以""无""彭州加油"等，去除该类型文本。模型重点关注名词及词组，找到主要的问题指向，停用无实际指向的词及短语，得到 7809 份有效文本。

分词。利用中文分词工具 jieba 分词对语句断句，形成可建模的词袋库 tokens。

3.2 主题建模

主题数确定。LDA 模型中的超参数依靠外部经验或多次实验获取，经过多轮测试，当主题数设定为 6（K＝6），去除词袋库中出现次数低于 10 次的低频次及占比大于 60％的高频词时，各主题分离明显（图 3）。

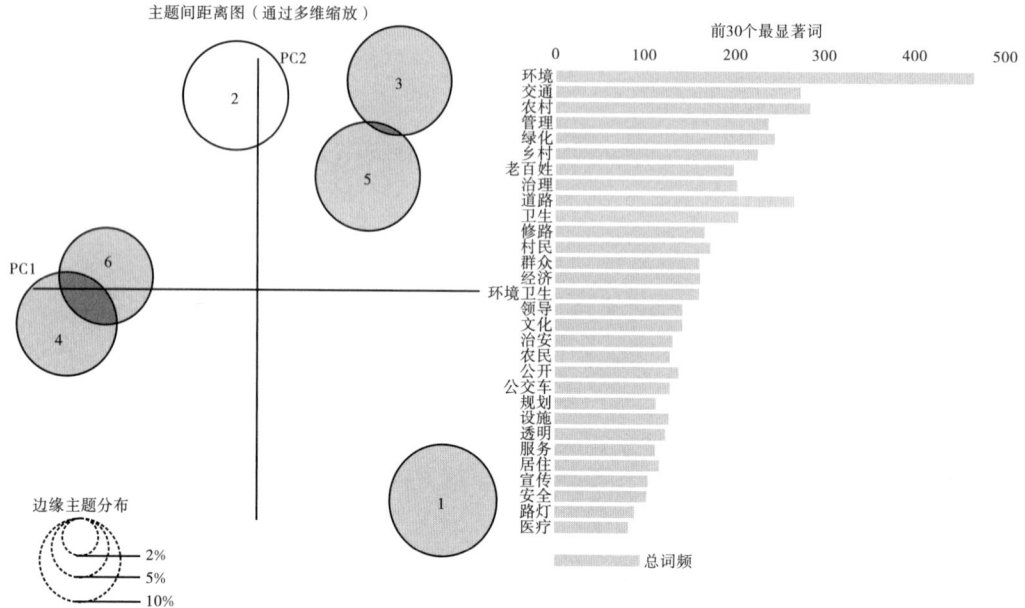

图 3　LDA 主题概率分布

按照主题分布统计各词条归属。经过 LDA 主题模型确定主题后，生成各词条的主题概率表，依照市—街道—社区三级进行归总统计。对问卷文本所属主题进行概率汇总取平均值，市镇两级取六类主题概率占比平均值，社区（村）级取六类主题中概率平均值最大类作为问题代表。将以上主题数据进行空间连接，叠加路网及地形数据，生成空间分析本底。

4　结果分析

提取市、街道、社区三级尺度主题（图 4）。彭州市下辖 13 镇（街道），202 个社区（村），研究分不同尺度进行问题聚焦。镇级按问题类别进行主题聚类，形成全市区域的社区关注领域，并在各镇形成主题侧重分布图；在社区级按问题情况进行关键词聚类，对各镇形成的关键主题进行问题溯源。简而言之，就是在中观维度筛选侧重领域，在微观维度形成侧重领域的操作对象，进而把握资源的分配以便社区治理实操。

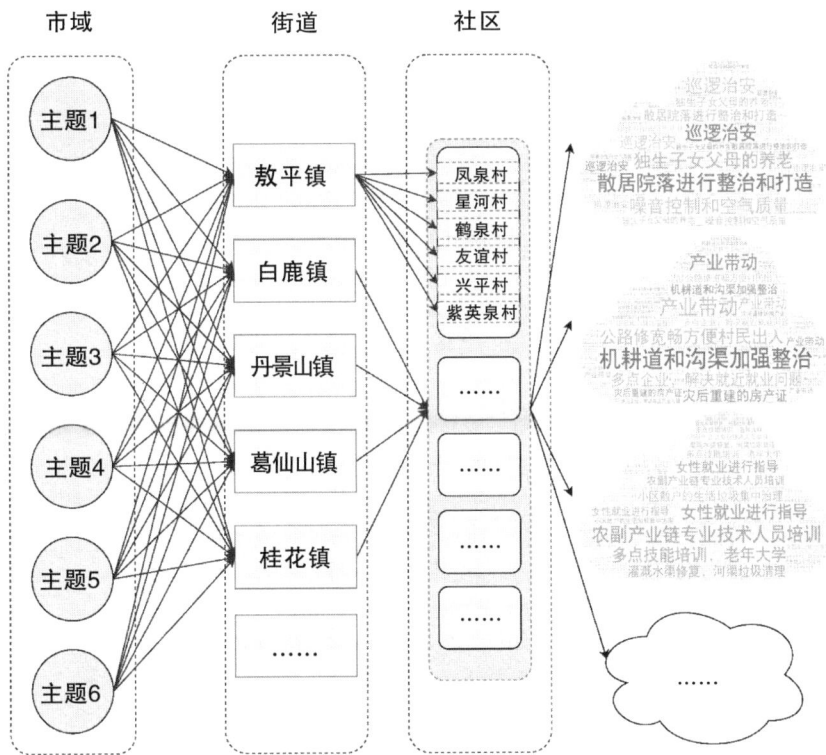

图 4　三级尺度提取示意图

4.1　市域尺度

文本反映的问题集中在基础设施、环境改善、治理增强、人群关注、乡村发展、经济就业六类（图5），围绕实施方、实施对象、技术支撑三方衍生诉求。

基础设施以道路为核心，涉及路灯、自来水、天然气、停车场、交通安全、道路拓宽等；环境提升主要针对居住、活动设施、交通出行、信息公示，其中对农村环境提升和信息透明公开的诉求尤为强烈；治理增强侧重于治理者的能力、被治理环境的外在安全及实施的内在绩效；人群关注围绕村（居）民、老人、留守儿童展开诉求，体现为老人的收入及健身活动需求，留守儿童的帮助关爱及图书馆类活动学习场所的需求；乡村发展融合了增加就业、道路建设、技能培训、安全保障等方面；经济就业以在地化工作、地方安全提升、企业引进、一体化诉求为关键点，既对营商、就业环境提出需求，也对政府统筹规划及区域平衡提出要求。

图5 市域六类主题词云

4.2 街道尺度

4.2.1 以山为隔，南"硬"北"软"

各镇主题簇群大小代表其对应的有效建议数量，各类主题的大小对应其在六类问题中的相对占比。彭州辖区以由东北向西南延伸的山峰为隔，南部镇区多关注于基础设施建设等硬件层面，北部各镇则集中于治理增强、人群关注、经济建设等软件层面（图6）。地形的南北分异使得南部的平坦土地更易进行开发建设，相较而言，北部山区人口集聚度低，留守人群占比大，因而对于软件层面的制度设计需求更大。

4.2.2 城乡分割—治理增强—环境提升的核心边缘模式

南部各镇需求虽集中于基础设施建设，但内涵各异（图6）。天彭街道作为市中心所在地，次级需求为乡村发展和治理增强提升；围绕天彭街道的致和街道、九尺镇、隆丰街道，则以治理增强、人群关注、环境提升为次级需求；最外围的濛阳街道、丽春镇、丹景山镇、敖平镇、葛仙山镇则以环境提升、治理增强为次级需求点。核心街道城乡间对比明显，处于半城镇化区的城乡接合部对本体的诉求要求更高，同时要求提高管理者的能力。

4.2.3 发展提速，服务断层，尺度重构下的权利缺失

外围发展区的街道及镇，相较于明显的城乡对比，次级诉求反映为环境品质的提高。以濛阳街道为例，由于物流中心建立带来街道的极速发展，随之便面临旧有环境的急剧变化、发展速度与管理水平的错配问题。既有发展速率在成都、彭州两级提速下，形成权利真空，然而本地管理者权利不足难以应对高层级任务，高层级任务下发无有效对接，继而出现环境"脏乱差"

的扩展阶段，反映至住户则是本地治理水平的不足。究其根本，实为尺度重构下的权利缺失。

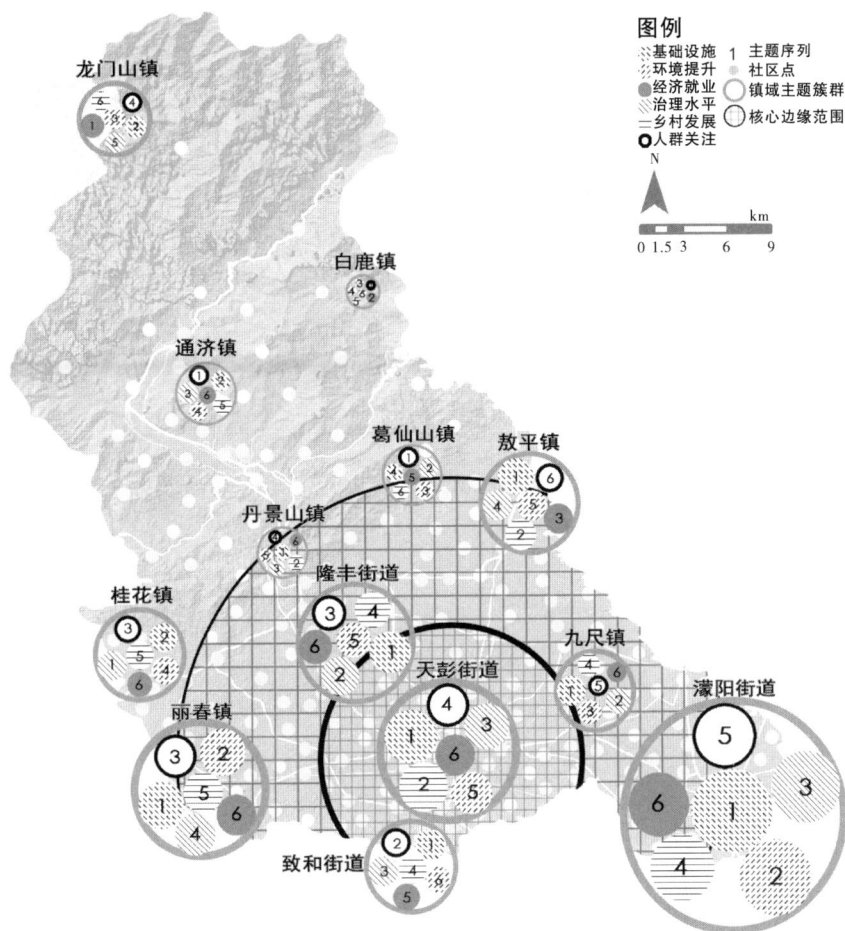

图6　镇域主题空间分布图

4.3　社区尺度

4.3.1　基建与环境的延续集聚，治理层面的局限及诉求

　　不同于镇域尺度，社区级尺度突出反映了社区治理中的延续及集聚特征（图7）。延续性体现在以等级道路为轴，基础设施的建设需求沿轴展开；集聚性体现在环境提升和治理水平增强。如丽春镇、致和街道、九尺镇等，环境提升、治理增强集中分布，基础设施建设则沿通往天彭街道的等级道路展开。经济就业及人群关注则零散分布，反映出环境治理和基础设施网络铺设的重要性。相较于人力资源的供给，硬件资源的提供和自然资源的维护从社区层面难以得到根治。水系的上中下游及公共汽车网络、停车设施布局均需要从更高层级得到统筹和解决。

图7 社区级主题空间分布及词云

4.3.2 经济在地化诉求的个人与群像

各社区的经济就业诉求及人群关注诉求分散分布，社区间的人群比例构成不同，人群画像决定了不同人口结构的社区对于经济发展的侧重不一。在地化的就业和技能培训较多分布于龙门山镇南部、桂花镇东部。市级产业布局带来工业飞地，濛阳、致和等地均有产业园，但产业园与本地社区无关联，在地就业难以实现，进而从个体角度发出技能培训、再就业等需求，期望实现"近水解近渴"。镇域无产业园区分布的社区则从"远水解近渴"的目的出发，期望引进更多企业以带来本地人口的锚定。二者均是以经济为出发点，不同在于工业飞地类社区形成的就业/未就业分化早于彭州北部山区村镇。

4.3.3 巧妇难为无米之炊，"本土三模式"的发展镜鉴

社区尺度下，基建、环境、产业等的提升改善均需资本供应，但社区的有效资源仅两部分以应对，一则源于市级社区治理委员会的财政拨款，一则依靠村社级的集体资产进行资本增值。对于如何实现社区治理的模式升级，制造社区的"活水"，作为小城镇发展的先行者，苏南、浙江、珠三角提供了本土化的模式借鉴（表1）。

苏南模式探讨了产业本地化、所有集体化、收益公共化，将产业收益用于公共建设；珠三角模式则是产业引进化、所有私有化、收益平均化，众人分成股东坐等分红，公共建设割据；浙江模式则是产业本地化、所有本地化、收益私有化，公共建设依靠本地企业家支撑。彭州各社区则是在多重交织中求生，无引进企业和本地企业并举，集体资产打包成公司进行市场融资。众多建设治理诉求下，为本社区制造可持续的资产势在必行。同时，应辨析本地企业的在地依赖度，从而决定发展何种社区发展模式。

表1 发展模式镜鉴

	苏南模式	浙江模式	珠三角模式	彭州现状
企业类型	在地化	在地化	非在地化	非在地化>在地化
公共资金来源	集体企业	民营企业	外资企业	政府划拨
集体收入	高	低	高	低
工业化路径	招商引资	家庭作坊	招商引资	招商引资

4.4 精准治理的路径讨论

4.4.1 跨区治理，社治委的赋权与架构

社区治理委员会赋权治理，区域问题通过新尺度工具赋权解决。如尼尔·博任纳所说，空间尺度重构派生新尺度工具以实现矛盾转移、阶段提升，社区治理同样需要社区治理委员会来加强这一作用。对于社区精准治理，需从跨社区的治理中着手，将问题放在可供操作的平台上。社区治理上升为跨社区范围的治理提升，社区治理委员会需要得到政治、经济等赋权，以实现特事特办、跨级定案，从而解决各社区面对多级政府办事困难、交易费用高等问题。

4.4.2 数据赋能前的居民赋责

数据本身是解决问题的工具，解决问题要先浮现问题。当下依靠群众自身发表社区治理的渠道有限，同时相对于意见发表，尚缺失对既有建设的宣传与更新。问题导向和目标导向间存在着现实与理想的鸿沟，规划治理的目标和规划面对的问题，需要在人群上进行赋能，即既要有能抒发见解的渠道和路径，也要有既有成果的巩固和归属认同，若主人翁精神仅停留在社区治理委员会或政府手中，或是仅停留在发声者中，难以实现持续治理。

居民赋责，便是认同自己的居民权利和责任。向上争取资源进行建设是一方面，自身进行献计献策同样重要，社会治理的本身即是提升社会共治，而非政府或民间等二元对立。

4.4.3 社区资产衔接持续治理

社区作为基层部门，输入部分除依靠上级政府划拨，还需经营自有的社区资产。所谓社区资产即社区的权利、责任、利益边界。定位社区自身的产业、服务、人群关联度，寻找到三方间依靠、排斥关系，进而着手营造正向的资产增值，以供社区服务。权责利的认定和划分可作为有力工具判定社区的可用资产，以配合居民问题中的现实需求，从问题感知需求，以资源衔接进行可持续治理。

从问题识别到问题治理，问题的治理为治标，社区发展成为社区间的竞争，社区造血能力的实现则从根本上促进社区发展。社区发展的不同阶段需将资源投入不同赛道，需要发现沉睡的资源和尚未充分利用的资源，灵活运用"雪中送炭"和"锦上添花"两种模式，判定所需模式，选择不同发展路径，进而更好地实现社会治理。

5 结语

本研究通过对社区问卷建议文本数据的分析，验证了文本挖掘用于城乡社区治理的有效性，利用大量文本数据，进行类别识别和空间识别，推断出各社区的关注重点，讨论市域六类核心

主题，镇域南北分异、核心边缘扩散及尺度重构下的权利缺失，社区中经济在地化诉求和发展模式指引需求，并提出跨区治理、多方赋权赋能的路径建议。

数字治理需要有效的数据提供。数据赋能是在为现有海量数据提供物尽其用的途径，本研究文本数据存在"幸存者偏差"，所收集的民意数据均为有主人翁意识的居民，对尚未发声居民未能做到有效覆盖，下一步工作须扩充数据的来源和分析的对象，将城市中的基础设施、环境建设等纳入分析范围，进而验证居民需求的必要性。

[参考文献]

[1] 彭晓，梁艳，许立言，等. 基于"12345"市民服务热线的城市公共管理问题挖掘与治理优化途径 [J]. 北京大学学报（自然科学版），2020（4）：721-731.

[2] 吴国玖，金世斌，甘继勇. 政务热线：提升城市政府治理能力的有力杠杆：以南京市"12345"政府公共服务平台为例 [J]. 现代城市研究，2014（7）：98-102.

[3] 高远，易楚舒，汪芳. 社会支持网络视角下城市突发公共卫生事件的社区应对 [J]. 住区，2021（1）：45-54.

[4] 钟少颖，岳未祯，张耘. 基于公交刷卡数据和兴趣点数据的城市街区功能类型识别研究：以北京市朝阳区为例 [J]. 城市与环境研究，2016（3）：67-85.

[5] 张腾龙，王晓颖，计昕彤，等. 沈阳市"社区共治"体系构建探索与成效 [J]. 规划师，2019（4）：5-10.

[6] 秦之湄，张伶婉. 基于"POI-用地"嵌套关系模型的人流预测方法研究：以成都市青羊区公厕需求预测为例 [J]. 现代城市研究，2021（6）：74-78.

[7] BLEI D M, NG A Y, JORDAN M I. Latent dirichlet allocation [J]. Journal of Machine Learning Research 3, 2003：993-1022.

[8] 王树义. 如何用 Python 从海量文本抽取主题？[EB/OL].（2017-09-02）[2021-08-05]. https：//zhuanlan. zhihu. com/p/28992175.

[9] 贺雪峰. 大国之基：中国乡村振兴诸问题 [M]. 北京：东方出版社，2019.

[10] 博任纳. 新国家空间：城市治理与国家形态的尺度重构 [M]. 王晓阳，译. 南京：江苏凤凰教育出版社，2020.

[作者简介]

黄小川，硕士研究生，就读于重庆大学建筑城规学院。

田　苗，硕士，高级工程师，成都市规划设计研究院主任规划师。

第六篇
自然资源监测监管

自然资源大数据全周期整合及共享应用研究

□吴赛男，张鸿辉，洪　良，李秋丽，孔德莉，杨沛文

摘要：以自然资源全周期管理和政务数据共享服务需求为出发点，针对自然资源数据存在底数不清、标准不一、存储分散、应用困难等问题，通过标准制定、清单梳理、数据仓储、机制建设等手段推进自然资源大数据全周期整合及共享应用研究，以提高自然资源数据的完整性、准确性、权威性，实现自然资源数据的资产化、中台化、闭环化管理。

关键词：自然资源；全周期；数据中台；数据治理

2018 年以来，各地陆续完成了自然资源机构改革，全面履行"两统一"职责。就一些地方而言，机构、职能、人员虽然已经完成了整合，但数据、系统、业务并未完全整合，合而未融现象普遍。正如习近平总书记在 2019 年 7 月 5 日深化党和国家机构改革总结会议上强调：完成组织架构重建、实现机构职能调整，只是解决了"面"上的问题，真正要发生"化学反应"，还有大量工作要做。而数据就是自然资源业务有机融合、"化学反应"过程中的催化剂和黏合剂。2021 年 4 月，广东省首推的首席数据官制度无疑是数据要素领域的"田长制"，从高位推动政务数据治理和开发共享利用，促进数据由资源向要素转化。因此，对内完成自然资源大数据的全周期整合，对外实现基础地理信息的充分共享，是赋能自然资源管理和优化营商环境的重要推手。

1　研究思路

自然资源大数据全生命周期整合及共享应用研究最大的意义在于构建覆盖全面、准确灵活、权威统一的自然资源"一张图"，解决自然资源数据普遍存在的存储分散、标准不一、应用困难等问题，为国土空间规划、用途管制、开发利用等提供数据支撑，并统一对外提供服务（图 1）。本研究遵循"四步走"策略：第一，把数据"聚起来"，把分散存储的数据按照一定的资源目录进行梳理和汇聚，统一数据格式和标准规范；第二，把数据"联起来"，创新空间赋码规则，疏通"调、编、批、征、储、供、用、验、查、登"等自然资源全周期业务流，把不同业务板块之间的数据进行联动更新，消除"数据孤岛"；第三，数据"管起来"，搭建数据支撑平台，对数据进行统一集中管理；第四，数据"用起来"，升维赋能，挖掘数据应用价值，充分发挥自然资源数据的"底板、底线、底图"作用。

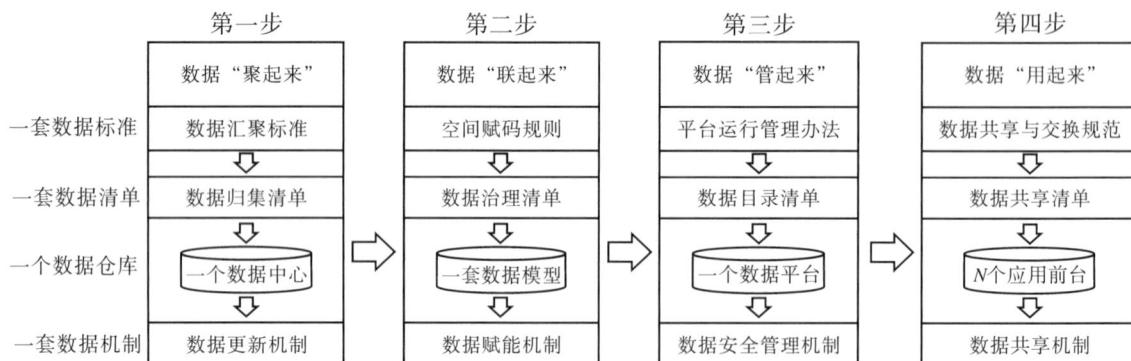

第一步	第二步	第三步	第四步
数据"聚起来"	数据"联起来"	数据"管起来"	数据"用起来"

一套数据标准	数据汇聚标准	空间赋码规则	平台运行管理办法	数据共享与交换规范
一套数据清单	数据归集清单	数据治理清单	数据目录清单	数据共享清单
一个数据仓库	一个数据中心	一套数据模型	一个数据平台	N个应用前台
一套数据机制	数据更新机制	数据赋能机制	数据安全管理机制	数据共享机制

图 1 研究思路

2 核心内容

遵循"四步走"思路，重点研究围绕自然资源大数据整合及共享应用研究的"四个一"核心内容，主要为一套数据标准、一套数据清单、一个数据仓库和一套数据机制。

2.1 一套数据标准

当前，由于现有数据标准规范不完善、数据空间基准不统一、数据质量参差不齐等问题，导致自然资源大数据应用困难，"信息孤岛"现象严重。按照自然资源数据资源体系建设和数据整合与共享应用要求，以国家标准、省市级标准及行业相关标准为基础，结合自然资源管理部门的实际需求，梳理原有国土、测绘、矿产、地质、水资源和国土空间规划中的各类数据，将分散的海量自然资源数据汇聚为集中管理的数据体系，编制一套自然资源大数据标准及规范体系，包括自然资源数据库标准、自然资源数据质量标准、自然资源数据组织标准、自然资源数据更新标准、自然资源数据共享交换标准、数据接口标准等，对应自然资源数据管理的各个环节，用于规范国土空间规划成果的建库、汇交、共享及服务衔接。通过自然资源大数据标准及规范体系的编制，指导自然资源数据的规范化和标准化工作，保障自然资源数据的持续更新，提高自然资源大数据综合应用效率。

2.2 一套数据清单

以用户为中心，面向不同角色、不同场景进行数据清单梳理：第一张数据归集清单，梳理自然资源部门和政府其他部门可汇聚数据目录，解决数据分散存储问题；第二张数据目录清单，以自然资源部数据目录为参考，结合地方自然资源管理实际，按需重构形成数据资源目录体系，解决数据分层与编码问题；第三张数据治理清单，针对自然资源数据本身存在的格式不一、数据不准等问题，解决数据本身存在的质量问题；第四张数据共享清单，结合政务数据共享协调机制，解决政府部门间的数据利用问题；第五张数据开放清单，让后台数据"多跑路"，实现群众办事"少跑腿"，解决面向公众的服务问题。

2.3 一个数据仓库

基于统一的数据标准体系，收集整理自然资源多源异构数据，接入集成遥感影像、基础地质、地理国情普查、现行规划编制、规划审批等数据，引入物联网、互联网等数据源，扩展完善各类数据资源，并对将要入库的各类数据进行规范化和标准化预处理，包括数据的抽取、清洗、过滤、转换、空间化处理、关联关系建立等步骤。在此基础上，按照物理分布、逻辑统一的技术路线，依据统一的自然资源数据目录和元数据规范进行存储，实现自然资源大数据整理入库，完善现状数据库、规划数据库、管理数据库、社会经济数据库，使各类数据在横向上能形成逻辑无缝拼接的整体以进行跨部门联动更新服务，在纵向上能与基础数据叠加、套合以开展多层级间的联动更新服务，最终形成内容全面、标准权威、动态更新的自然资源"一张图"数据库。

2.4　一套数据机制

为打通自然资源部门内部的数据通道，实现自然资源数据高效管理和多方共享，探索构建一套完整的自然资源大数据管理机制，实现自然资源大数据一体化协同管理。探索数据共享机制，明确自然资源大数据共享范围、内容及频度，大力推动数据共享和交换以支持业务决策，促使各部门持续共享，实现信息的互联互通。探索数据更新机制，明确不同类型数据的更新频率和更新方式，以增量更新方式为主，对新产生数据成果进行数据标准化处理，按照数据库标准进行更新入库。面向业务报批管理数据，按实际业务审批后进行定期更新与维护，确保数据的动态实时更新。探索数据安全管理机制，规范数据安全定义、数据权限设置、数据安全使用、数据安全治理、数据备份及恢复等方面具体内容，制订数据安全策略和流程，落实数据安全使用规范的监督执行。

3　关键技术

3.1　数据融合治理技术

梳理自然资源全生命周期数据，采用 ETL 技术将多源异构数据按照来源、类型、尺度等的不同进行分类分层抽取，抽取结果存放在临时中间层进行清洗、转换、集成，依据一数一源建设原则，推动"图、属、档"一体挂接，整合自然资源管理所需的空间关联现状数据和信息（图 2）。在此基础上，引入大数据领域的数据库如 Hbase、Hive 和 Mppdb 等替代轻量级数据库进行数据存储，同时按照"统一集中存储，分层分级管理"的原则，分结构化非空间数据存储、结构化空间数据存储和非结构化空间数据存储三种方式进行分区分库存储，以提升海量结构化、非结构化和半结构化自然资源数据的治理效率。

3.2　数据中台管理技术

数据中台利用大数据技术和数据仓库技术，对海量数据进行统一采集、治理、存储和共享，按照统一的标准构建"数据能力"层，形成全过程数据汇聚、融合、存储、管控、应用的动态化的数据应用运营机制，构建标准化自然资源数据资产库。数据中台在整体技术架构上采用云计算架构模式（图 3），将平台中数据资源、计算资源、存储资源充分云化，并通过多租户技术进行资源打包整合，以国土空间基础信息平台为支撑，基于数据中台实现数据资产服务化，充分分析和挖掘数据价值，通过数据 API（应用程序接口）方式，为用户提供"一站式"自然资源大数据服务。

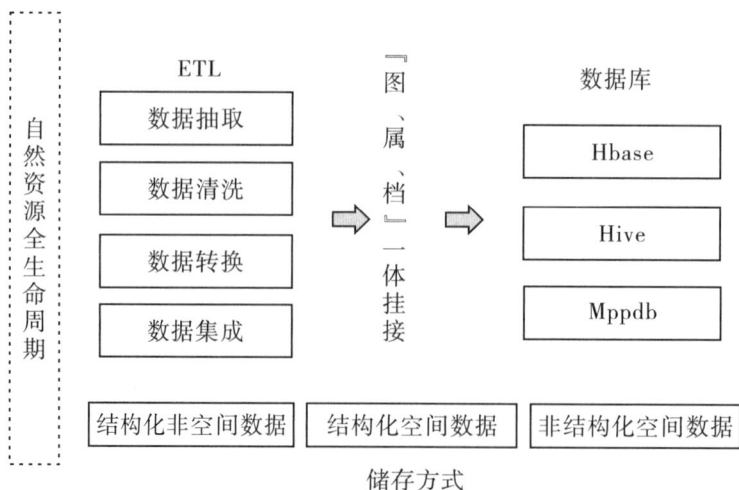

图2 数据融合治理框架

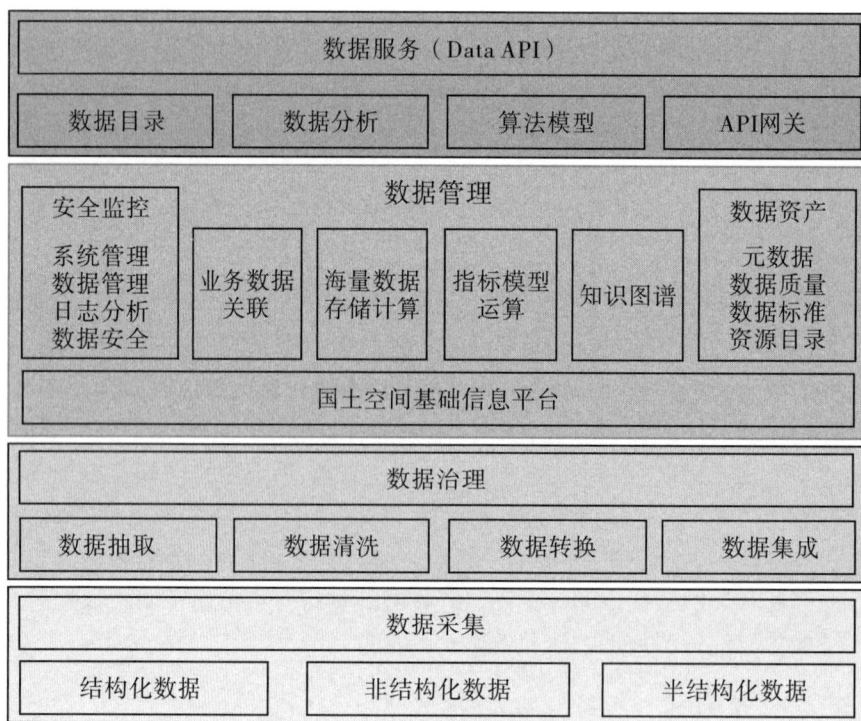

图3 数据中台管理框架

3.3 数据模型构建技术

采用面向对象的理论与方法，遵循微服务的原则，将空间图元（地块）作为自然资源管理的空间对象进行设计，所有涉及位置、面积、界线的信息均与图形挂接，包括统一对象描述、概念模型设计和逻辑模型设计等过程，以实现自然资源全要素数字化图像化管理（图4）。

（1）统一对象描述。结合土地"批、征、储、供、用、建、验、登"全生命周期业务的办理状态，以静态序列和动态序列相结合的方式，构建一套可读可管的编码体系，保证空间对象在整个数据资源中的唯一性。

（2）概念模型设计。采用面向对象的思想来描述自然资源数据，汇集空间对象的全过程业务，对业务之间的关联关系、逻辑组织进行梳理。数据具有抽象性、封装性、多态性、继承性等特征。

（3）逻辑模型设计。在概念模型设计的基础上，对空间对象的各项业务内容进行数据建模，包括空间关系模型、业务关系模型和时态关系模型，实现空间对象、基本信息、项目信息、业务信息的组织与存储，建成有机融合、相互贯通、前后衔接的空间对象全生命周期业务机制，向内打通系统孤岛，向外协同共享。

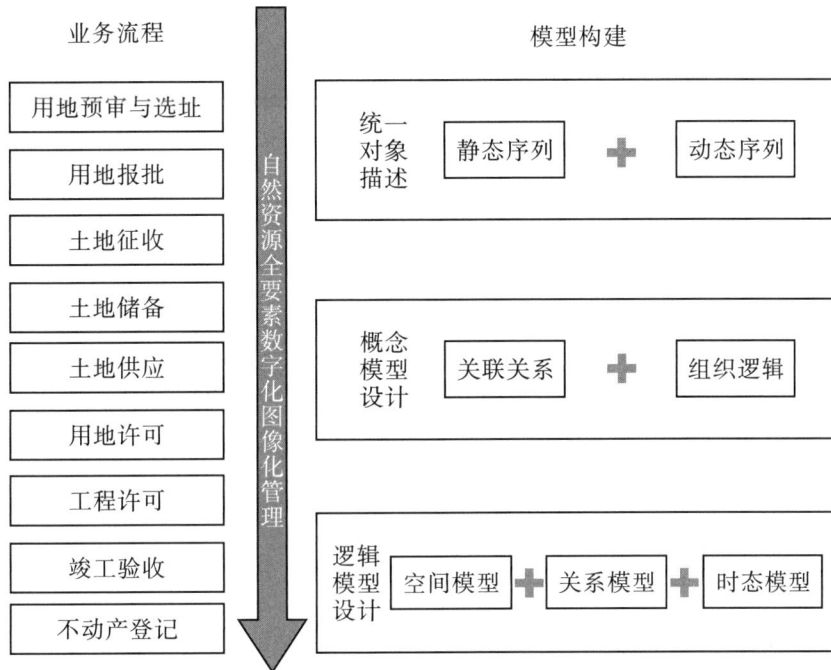

图4　数据模型构建框架

4　未来展望

　　未来的自然资源数据管理不再只是业务系统的简单记录或存储，而是朝着数据中台化、资产化、闭环化的方向进行发展，以标签形式组织的数据资源就是数据资产的最佳呈现方式。同样，数据中台不是一个平台，也不是一套系统，它是一套持续不断地把数据变成资产以服务于业务且让数据持续用起来的机制，通过"数据资产化、资产服务化、服务业务化、业务数据化"构造自然资源领域业务数据生态闭环，核心是"数据赋能＝数据治理＋业务赋能"。标签类目体系是数据中台理念落地的核心组成部分，是实现数据资产可复用、柔性组合使用、降低数据应用试错门槛的强力支撑。比如，在自然资源领域，以前一个地块在不同业务部门标签是不一样的，在"规、批、供、用、补、查、验、登"各业务阶段标签都不一样，现在试点主推的"一码管地"在自然资源领域赋予宗地唯一的"身份证"，使其贯穿土地管理全生命周期的地籍调查工作机制，串联起土地的"前世今生"，让后续管理"一脉相承"，助力自然资源数据的精细化治理。

［参考文献］

［1］刘文新.机构改革背景下自然资源数据整合的意义和实践［R］.青岛：青岛市城市规划设计研究院，2019.

［2］许秋成，李冬青，陈菊琴，等.市县级自然资源和规划"一张图"数据建库及治理体系建设研究［J］.江苏科技信息，2021，38（22）：17-20.

［3］白向荣，赵江锋，薛华锋，等.基于数据仓库的海绵城市工程数据集成技术研究［J］.山西建筑，2021，47（13）：196-198.

［4］王智，尹长林，许文强.智慧城市背景下数据中台的研究与设计［J］.网络安全和信息化，2021（7）：29-35.

［5］郑建军.绍兴市上虞区创新实施"一码管地"构建自然资源管理"数字图景"［J］.浙江国土资源，2021（5）：42-44.

［作者简介］

吴赛男，硕士，广东国地规划科技股份有限公司高级数据工程师。

张鸿辉，博士，正高级工程师，广东国地规划科技股份有限公司副总裁。

洪　良，高级工程师，广东国地规划科技股份有限公司大数据中心总监。

李秋丽，广东国地规划科技股份有限公司高级数据工程师。

孔德莉，硕士，任职于广东国地规划科技股份有限公司。

杨沛文，大数据工程师，任职于广东国地规划科技股份有限公司。

自然资源监管决策背景下智慧征收探索与实践

——以厦门市自然资源和规划局为例

□唐巧珍

摘要：伴随自然资源部的设立及《自然资源部信息化建设总体方案》的发布，自然资源领域监测监管成为新形势下的关注点。文章对土地房屋征收传统业务管理存在的问题进行了分析，在梳理自然资源部对土地房屋征收业务管理和信息化建设的新要求基础上，结合厦门市自然资源和规划局的土地房屋征收业务管理信息化实践，从业务、技术管理视角出发，剖析土地房屋征收业务智能化、智慧化管理的发展与变化，并对自然资源土地房屋征收业务监管提出建议。

关键词：自然资源监管；决策；土地房屋征收；智慧征收

1 引言

2021年7月2日，国务院总理李克强签署第743号国务院令，公布新修订的《中华人民共和国土地管理法实施条例》。新的《中华人民共和国土地管理法实施条例》是保证2019年新修正的《中华人民共和国土地管理法》顺利实施的重要法律武器，以维护被征地农民合法权益为核心，对土地管理法规定的土地征收程序进行了细化规定。

随着城市更新、棚户区改造等工作的深入开展，土地房屋征收作为前置性、基础性工作，在保障各城市经济社会持续快速健康发展方面有着重要的地位和作用。目前，征收工作管理不足的问题日益凸显，常常"重结果"而"轻监督、轻过程、轻分析"，信息化、规范化管理水平亟待提高。

2 自然资源部关于信息化建设顶层设计的要求

以习近平总书记关于网络安全和信息化的重要论述为指导，党的十九大提出要加快建设网络强国、数字中国、智慧社会。《国家信息化发展战略纲要》提出要充分发挥信息化在促进经济、政治、文化、社会和军事等领域发展的重要作用，不断提高国家信息化水平，走中国特色的信息化道路。2019年11月，中华人民共和国自然资源部印发《自然资源部信息化建设总体方案》，是为全面履行党中央和国务院赋予的"两统一"职责，坚持"节约优先、保护优先、自然恢复为主"的基本方针，推进自然资源治理体系和治理能力现代化，对自然资源业务的信息化提供全面支撑而制定的法规。

《自然资源部信息化建设总体方案》提出构建自然资源监管决策应用体系，围绕国土空间规划、自然资源开发利用、耕地保护等业务，建立基于大数据的自然资源态势感知、全时全域监管与决策支持信息化机制，提供综合监管、形势分析预判和宏观决策的在线服务。笔者认为，传统的土地房屋征收管理模式在自然资源开发利用方面已无法适应当下工作要求，加快做好智慧征收信息化建设，实现房屋征收信息化、精细化管理，是规范房屋征收工作的重要举措，也是适应房屋征收新形势、加快管理方式转变、全面提升管理水平的必然要求。

3 传统土地房屋征收工作管理存在的问题

城乡房屋征收二元管理体制。长期以来，由于房屋所占用的土地所有权性质不同，我国土地房屋征收分为集体土地上房屋征收和国有土地上房屋征收两类。两者适用的法律依据、程序、主管部门及补偿标准都不同，形成了具有中国特色的城乡房屋征收二元管理体制。尽管集体土地和国有土地上的房屋均为公民私有财产，但它们执行了不同的管理模式。随着民法典、土地管理法、土地管理法实施条例的出台，物权的平等保护原则深入人心，这种过去因土地所有权性质不同而在保护公民财产权上区别对待的做法，值得商榷。

征收行业没有机构统筹管理。由于历史沿革，行业主管部门不统一，省、市、区行使的职责也不同，对土地房屋征收工作的推进也造成一定的影响。各地市的行政管理部门没有形成统筹管理，如住建局、自然资源局、社保局、区政府各自为政。大部分土地房屋征收依托于乡镇（街）具体实施，采用"数据量"结果层层上报，导致实施过程重大重点项目的拆迁进展情况反馈滞后，补偿标准、被征地农民社会保障费用、征收程序等失去管控，甚至被钻了法律空子，出现跨区重复安置或"集体成员"身份认定、补偿标准不一致等问题。

土地房屋征收工作方式传统。大部分征收主管部门依然保持着"纸上作战"的老传统工作方式，依托层层上报的拆迁数据来体现其工作进展及年度完成情况，没有采用数字化信息技术手段辅助审核、指导、监督管理及决策，已无法满足目前自然资源开发利用监管决策的管理要求。对照《自然资源部信息化建设总体方案》，该领域管理方式和管控手段落后、运维成本高且安全隐患大。

4 厦门市土地房屋征收业务管理信息化初步实践

厦门市土地房屋征收按土地所有权划分为国有和集体两大类，在分工机制上由市资源和规划局代市政府统筹全市土地房屋征收工作。自 2003 年起，厦门市建立市级重点项目征地拆迁由各区人民政府包干负责制，各区人民政府负责本辖区的土地房屋征收与补偿工作，区房屋征收部门负责对辖区土地房屋征收与补偿工作进行监督、检查和指导。此外，厦门市成立了八大片区指挥部统筹协调重大重点项目征收、建设过程中存在的问题。

4.1 现状与存在的问题

信息化基础薄弱。长期以来，市级管理部门（市资源规划局或市重点办或市重大片区办）主要通过各区土地房屋征收工作人员（其又从拆迁公司收集）每周、每月、每季度、每年填报数据表格和汇总、校对的方式进行管理协助，存在管理人员既无法直接获取征收进度变化情况，又无法核对征收数据真实性的困难。同时，存在项目进度反馈滞后、缺少数据分析、数据整合共享困难、档案查询效率低、作业不规范等问题。市（区）部门缺少征收信息化建设经验，管控方式相对落后。

征收管理水平不一。征迁实操中，不可预见性问题多且复杂，现行法律法规不够完善，补偿项目盲区多，与征迁工作实际要求脱离，权、责、利不统一引发的社会问题多。在传统的工作模式上，市级和区级征收管理部门信息不对称、各区之间互相攀比，征收项目的图形和数据无法可视化，数据真实性无法核实，已不适应当下高标准的工作模式。

4.2　智慧征收建设思路与内容

土地房屋征收是城市发展进程中重要的一个环节，是市自然资源和规划局工作重点之一，应围绕"人、地、房"三要素，适应新形势新要求，变线下为线上，变被动获取数据为实时调取，变"重结果"为"重监督、重过程、重分析"，把土地房屋征收管理工作制度化、日常化、信息化，密切关注重点问题、重点领域和重点群体的风险因素，通过提升大数据的应用水平，统筹调度，实现征收"一张图"动态管理及数据管控。为提高土地房屋征收工作管理水平，2020年市资源规划局开始建设厦门市土地房屋征收智慧管理平台，涵盖土地房屋征收全生命周期管理，实现土地房屋征收管理的全过程监管、项目进度与空间信息的实时化掌握、征收流程和数据标准的规范化落实、项目管理的网络化调度和征收管理决策的大数据辅助。

4.2.1　建设目标

为落实厦门市土地房屋征收信息化"八全"建设目标（全项目覆盖、全链条管理、全图形展示、全数据分析、全资源共享、全文本规范、全系统联动、全行业应用），创新土地房屋征收项目智能化管理，打造全流程土地征收工作闭环，打通项目供地资源要素保障的前端堵点、痛点，实现征收项目实时调度，为领导决策和统筹调度提供信息化支撑。

4.2.2　规范程序

2019年新土地管理法实施后，厦门市即出台《厦门市土地征收工作程序暂行规定》，建立征地报批前程序和征地批后公告程序，并与2021年新发布《中华人民共和国土地管理法实施条例》细化的六大程序相一致。厦门市从土地房屋征收工作全链条管理出发，强调土地房屋征收的工作程序规范化、可视化，构建监管应用，对不同环节的用时统计、存在问题进行主动协调（图1）。

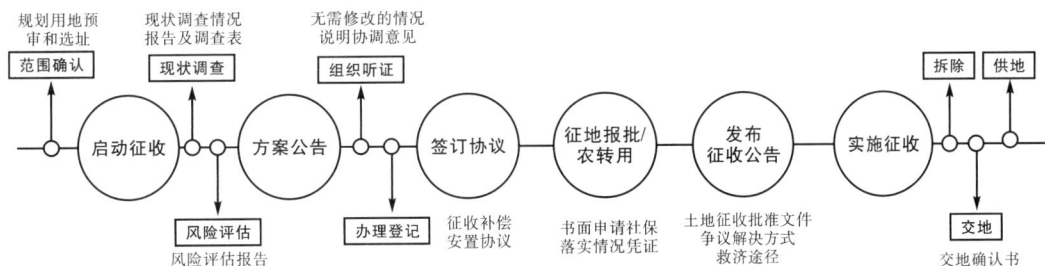

图1　厦门市土地房屋征收全链条管理

4.2.3　推进思路

总体策略。通过市区并进，以汇而通，分市级、区级平台应用；边建边用，注重实效，分轻重缓急分期开展实施。

2020—2022年工作任务。搭建土地房屋征收智慧管理平台框架，开发建设市（区）征收"一张图"、计划管理、项目管理、进度管理、工作考评、统计分析、公告管理、"i征迁"手机移动端、档案系统、安置管理等基础应用功能并优化提升，收集、梳理、规整2020年度全市征收项目并入库，实现征收项目台账管理、查询与统计应用。总体实现征收数据、监管、档案、分析"一张网",实现征收项目实时调度。

2023—2025年工作任务。基于应用平台汇聚的业务数据,将二维调度平台升级为三维立体时空可视化平台,建设智慧考评、大数据辅助拆迁分析等智慧应用。统筹共建征收全行业应用,纳入财政资金拨付与决算、社保、住房安置业务,作为城市智慧管理的一部分,搭建技术、业务、数据高度融合的数据资源中心,实现土地房屋征收项目全数据分析、全系统联动的智慧管理。

4.2.4 市区协同

工作机制决定了市区协同共建智慧征收平台,其中市级征收信息平台做好基础支撑,提供总体框架建设、数据共建共享、领导统筹调度功能;各区级平台在市级平台基础上,进行各类业务数据建设与沉淀,开展业务分析与应用,充分利用丰富的资源规划信息及数据共享服务,如应安置人口跨区查询等(图2)。

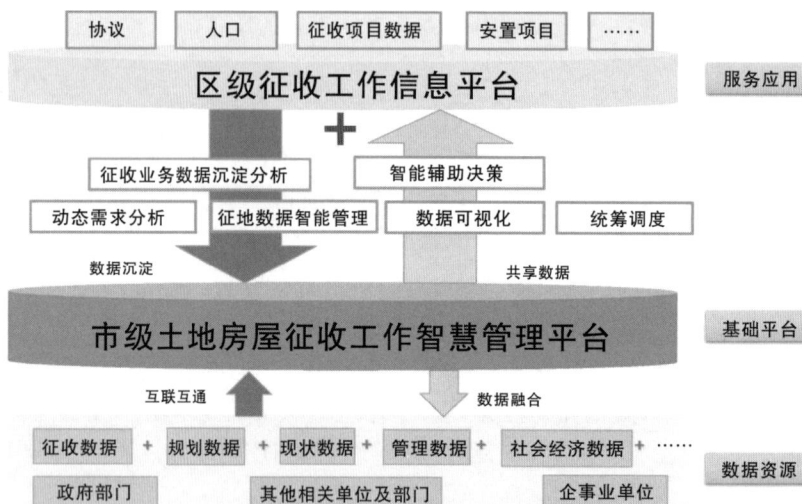

图2　厦门市土地房屋征收智慧管理平台市级与区级的关系

4.2.5 制度保障

土地房屋征收工作管理可大体分为业务、政策和技术三大体系,政策体系是业务体系的指引和依据,是技术体系的创新动力。厦门市通过重塑"1＋3＋N＋1"(1统筹＋3大类＋N项配套＋1更新机制)土地房屋征收政策体系,以全市"一盘棋"的思路来完善征收政策顶层设计,加强市与区、区与区之间的政策融合、标准融合、保障融合、程序融合,形成市区联动、公平统一的政策体系。

4.2.6 主要做法

2020年7月,厦门市土地房屋征收工作信息系统(一期)上线试运行(图3)。该项目主要建设内容包含"一图"(构建厦门市土地房屋征收工作"一张图")、"一库"(建立厦门市征收项目库)、"一表"(形成土地房屋征收统计报表)、"一平台"(建立土地房屋征收工作信息系统,含PC端和"i征迁"移动端)。

图3　厦门市土地房屋征收工作信息系统界面

一是厘清空间底数，首创"带图征收"。通过收集全市各区土地征收项目的基础信息和空间图形数据，首次系统性完成了厦门市土地征收项目图形数据建设，较好解决了部分土地征收项目空间位置交叉重叠、提交图形不规范或缺少空间数据等问题，实现"一区一项目"逐宗落图进库和"带图征收"，有效破解了土地征收项目动态管理难题。

二是统筹征收管理，建立数据标准。通过信息系统建设统筹优化征收项目计划管理、实施管理、进度管理和跟踪监测，形成统一的信息录入表单，实现了项目数据的标准化、可视化。同时，结合征收工作线上线下联动联网考评，实现征收项目的动态跟踪监测由传统方式向智能化方式转变。

三是预警项目动态，实时更新进度。根据新修订的《中华人民共和国土地管理法》，征收项目分为新项目（2020年以后新确认的征收项目）、旧项目（历史项目），对"新项目"提供征收进度动态预警功能，如自动提示项目该办理农用地转用审批手续。

四是数据共建共享，实现系统联动。基于市公共安全管理平台和市资源规划局丰富的政务数据，通过本系统可直接查阅规划"一张蓝图"、规划选址、影像图、社会经济等数据以及土地房屋征收政策，提升工作服务水平，并且通过手机端"i征迁"应用提供征收项目信息的便捷采集和汇聚。

五是建立全链条管理和配套机制。以征收项目为核心，整合土地房屋征收管理全流程业务，实现征收项目线上线下全链条管理，打造标准化流程，实现统筹调度精准化。根据全链条智能线上管理需要，制定配套的管理办法，出台厦门市土地房屋征收系统运行管理办法，包括部门职责、工作要求等规范，指导多部门协同工作。

4.3　初步成效

数字引擎助力土地房屋征收，强化土地房屋征收规范化管理，支撑厦门市土地房屋征收的项目计划管理、实施管理、过程监管和政策法规等信息资源共建共享。厦门市土地房屋征收工作信息系统（一期）项目已通过验收，并被评为2020年社会治理智能化应用"创新应用项目"。

4.3.1　实现数据网络实时调度

建立征收项目"一本账"，通过一图一表，做到拆迁进度一目了然、项目落地心中有数，提升调度效率，增强资源保障能力，保障重点项目和招商项目及时落地。

4.3.2　稳定运行支撑项目管理

自2020年7月初系统上线运行至今，系统稳定运行支撑管理项目从最初的397个增加到现在的 831 个，实现全市重点项目数据精准掌握，取代线下数据报送的传统方式。

4.3.3 各区深入推广应用

市资源规划局主动对接各区应用需求，促进征收管理部门转变工作方式，提出了应安置人口、征收补偿安置协议、安置房管理、档案系统等系统建设需求，促进征收业务数据汇聚与共享，打破各区信息壁垒，实现跨区查询。

4.3.4 推动阳光征收和智能管理

随着征收业务数据的不断丰富完善，系统能够为"征拆分析"提供数据支撑，结合大数据应用分析，促进土地房屋征收工作更阳光、更透明，实现征收全系统联动、全数据分析的智能化管理和大数据辅助决策。

5 对自然资源土地房屋征收实施监管的建议

新形势下开展自然资源信息化工作，通过数据综合分析增强监管和决策能力，严格保护和节约资源，管控"三条红线"，实现城市土地开发的资源化和城市综合建设的精细化工作。推进土地房屋征收决策分析应用，依托自然资源"一张图"大数据体系和三维立体时空平台，批量化、智能化、网络化地完成信息汇聚、态势分析、趋势预测，实现土地开发利用和保护业务、城市经济、互联网舆情等数据的快速获取，开展被征地人口现状分析、稳定性风险评估和规律探寻，构建一套相适应的指标评价分析模型，辅助开展土地房屋征收执行情况的评估、调整和优化，全面提升征拆平衡测算、招商引资形势分析的精准性和科学性，推进房屋征收市域一体化、标准统一化的发展。

6 结语

当前，信息技术已向各领域广泛渗透，人们的工作和生活已离不开网络。自然资源管理涉及国计民生，关系千家万户，受到全社会广泛关注，社会信息化的深入发展也给自然资源信息化带来了"不进则退"的压力和挑战。日新月异的信息技术创新也为自然资源信息化创造了新的条件，过去靠人力资源收集不可控的数据模式亟待突破，历史、现状、未来不同时空下自然资源数据建设与汇聚，更多需要通过卫星、无人机、监控视频、IoT（物联网）传感器与执法巡查终端等感知基础设施，实时采集自然资源的不同信息，形成融合多时序监测数据，构建智能感知能力，为自然资源土地房屋征收及其他专项治理监测监管应用的建设提供数据和功能支撑。

［参考文献］

[1] 杨志，占雅茹. 浅谈集体、国有土地上房屋征收的统筹管理 [J]. 中国土地，2021 (6)：32-34.

[2] 白如铂. 厦门市土地房屋征收工作形势研究 [J]. 山西农经，2020 (1)：147.

[3] 何晓伟. 新《土地管理法》对集体土地房屋征收工作的影响分析 [J]. 山西农经，2020 (12)：33.

［作者简介］
唐巧珍，项目工程师，任职于厦门市规划数字技术研究中心。

自然资源资产核算体系研究

——以土地资源为例

□马　星，梅梦媛，李　俊，杜　勇，潘俊钳

摘要：针对当前自然资源资产监测工作中出现的资产核算体系顶层设计缺失、核算方向不明和方法难落实等问题，研究从厘清自然资源资产内涵、明确自然资源资产核算内容、界定自然资源资产分类和核算范围三个方面，系统性建立了全域全要素覆盖的自然资源资产核算体系，并以土地资源资产核算为例，探索自然资源资产核算方法路径；通过构建土地资源资产核算方法，实现土地资源资产的量化和空间化表达。在珠海市实践结果表明：珠海市土地资源资产总面积为1737.10 km²，价值量为55773.58亿元，价值量在空间上呈现出东高西低、南高北低、滨海区域高于内陆地区的特征。研究建立的自然资源资产核算体系和土地资源资产核算方法具有较强的适应性和操作性，可作为各地摸清自然资源资产家底、实现自然资源监测监管的重要手段，为推动自然资源科学保护与利用提供参考。

关键词：自然资源资产；资产核算；土地资源资产；珠海市

1　引言

自然资源是人类赖以生存和发展的物质保障，自然资源的科学保护与合理利用是可持续发展和生态文明建设的重要内容。随着人类过度利用自然资源带来的环境问题日益突出，重新审视人与自然的关系，探索自然资源资产管理是各国政府高度重视的一项工作。目前，国外逐步建立资源环境核算体系，通过报表的形式反映自然资源资产实物量存量现状和流量变化，并进一步尝试将实物量转换为价值量，主要的资源环境核算体系包括 SEEA、ENARP、NAMEA、SERIEE 等。国内自 2015 年《生态文明体制改革总体方案》提出"构建水资源、土地资源、森林资源等的资产和负债核算方法，建立实物量核算账户，明确分类标准和统计规范，定期评估自然资源资产变化状况"，正式开启了自然资源资产核算的探索工作。近几年的试点探索工作使人们对自然资源资产内涵和核算思路有了一定的认知，但仍存在着底数不清、核算体系模糊、统计核算方法不明等问题，制约了自然资源资产监测监管工作的进展，因此亟需开展自然资源价值核算体系研究，为摸清自然资源资产家底、掌握自然资源资产价值动态变化提供技术支撑。

土地资源作为一种重要的自然资源，是自然、社会和经济的复合体，亦是其他自然资源的重要载体，在人口、经济、社会、环境、资源的和谐可持续发展关系中居于其他自然资源无法替代的核心地位。作为一种稀缺性自然资源资产，土地的合理开发为国家带来了丰厚的经济收

入，其高效配置对于推动经济快速增长至关重要。因此，探索土地资源资产价值核算方法体系具有典型性和代表性，对于完善自然资源资产价值核算体系、实现土地资源的有效配置和可持续发展、支撑政府土地资源管理决策具有较强的理论价值和现实意义。鉴于此，本文基于前人研究经验和相关工作经验，统筹全域全要素建立自然资源资产核算体系，并以土地资源为例探索资产核算方法路径，为自然资源资产核算和自然资源监测监管工作提供技术参考。

2 建立自然资源资产核算体系

2.1 厘清自然资源资产内涵

厘清"自然资源"与"自然资源资产"之间的区别和联系是开展自然资源资产核算的基础。参考国家相关文件定义，自然资源资产是具有稀缺性、有用性（包括经济效益、社会效益、生态效益），且产权明晰的自然资源。相较于"自然资源"，"自然资源资产"应当具备稀缺性、有用性和产权明确三个特征，稀缺性是自然资源成为自然资源资产的基本条件；有用性是指自然资源通过市场交易能够产生收益与价值，这是自然资源转变为自然资源资产的重要途径；产权明确是指自然资源资产的产权主体明确且边界清晰，保障自然资源资产的权责明确和权益实现。

2.2 明确自然资源资产核算内容

总结前人经验，自然资源资产核算是在自然资源资产调查、统计的基础上，依据具体工作目标和需求，对一定时间（或时点）和空间内的自然资源资产的实物量、价值量的整体核算分析，客观反映其规模、结构、时空分布与变化状况等。因此，自然资源资产核算的内容包括实物量核算和价值量核算两部分。先有自然资源后形成自然资源资产，按照先实物量后价值量的原则开展各类自然资源资产核算。实物量需要统计各类自然资源资产的类型、数量、质量、分布等信息；价值量是评估自然资源资产在为人类生产生活提供各类服务中产生的效益，分为经济、生态和社会价值三种类型，其中社会价值难以界定范畴且难以量化评估，本文不做考虑，经济价值核算考虑自然资源资产的市场交易，生态价值核算考虑各生态系统的生态服务价值。

2.3 界定自然资源资产分类和核算范围

界定资产核算范围是开展自然资源资产核算的前提，同时也是规范自然资源资产核算、避免遗漏或重复计算的重要手段。根据《关于全民所有自然资源资产有偿使用制度改革的指导意见》和《自然资源调查监测体系构建总体方案》等相关政策文件，自然资源资产可以分为土地资源资产、森林资源资产、水资源资产、草原资源资产、湿地资源资产、矿产资源资产、海域海岛资源资产7种类型。

其中，土地资源作为其他自然资源的重要载体，如林地、草地、湿地、水域、采矿用地分别为森林资源、草原资源、湿地资源、水资源和矿产资源的空间载体，在资产核算时一定程度上会与其他资源产生交叉重叠，因此研究秉持整体设计原则，在统筹考虑各类自然资源资产特性和生态系统完整性基础上，界定清晰各类自然资源资产实物量和价值量的核算范围，规避二次核算。

（1）实物量核算是对自然资源资产的自然属性进行核算，为保障各类自然资源资产自然属性的完整性，林地、草地、湿地、水域、采矿用地纳入土地资源资产进行实物量核算，土地资源资产按照全类型覆盖核算，其他与其存在交叉的自然资源在资产核算时需除去土地资源的部分，如森林资源资产实物量仅核算林木资产，草原资源资产实物量仅核算草料资产，其他同理。

（2）价值量核算是对自然资源资产的效益性进行核算，研究核算自然资源资产的经济价值和生态价值。经济价值的核算范围与实物量核算范围保持一致，即土地资源资产经济价值核算全部土地的市场交易效益，森林资源资产仅核算林木的经济价值，其他自然资源资产同理。由于生态系统是一个功能整体，生态价值需完整的评估整个生态系统带来的效益，故林地、草地、湿地、水域纳入其对应的生态系统进行生态价值核算，如森林资源资产生态价值是林木和林地组成的完整生态系统的价值，草原资源资产生态价值是草和草地组成的完整生态系统的价值，湿地和水资源资产生态价值同理。此外，考虑到土地资源中提供生态系统服务的部分均已在自然资源资产中进行生态价值核算，因此土地资源资产不做生态价值核算；而矿产资源资产不存在生态正向效益，因此也不做生态价值核算。

2.4 建立自然资源资产核算体系

研究通过厘清自然资源资产内涵、明确自然资源资产核算内容、界定自然资源资产分类和核算内容，建立一个系统完整的自然资源资产核算体系，为各类型自然资源资产核算工作提供参考（图1）。

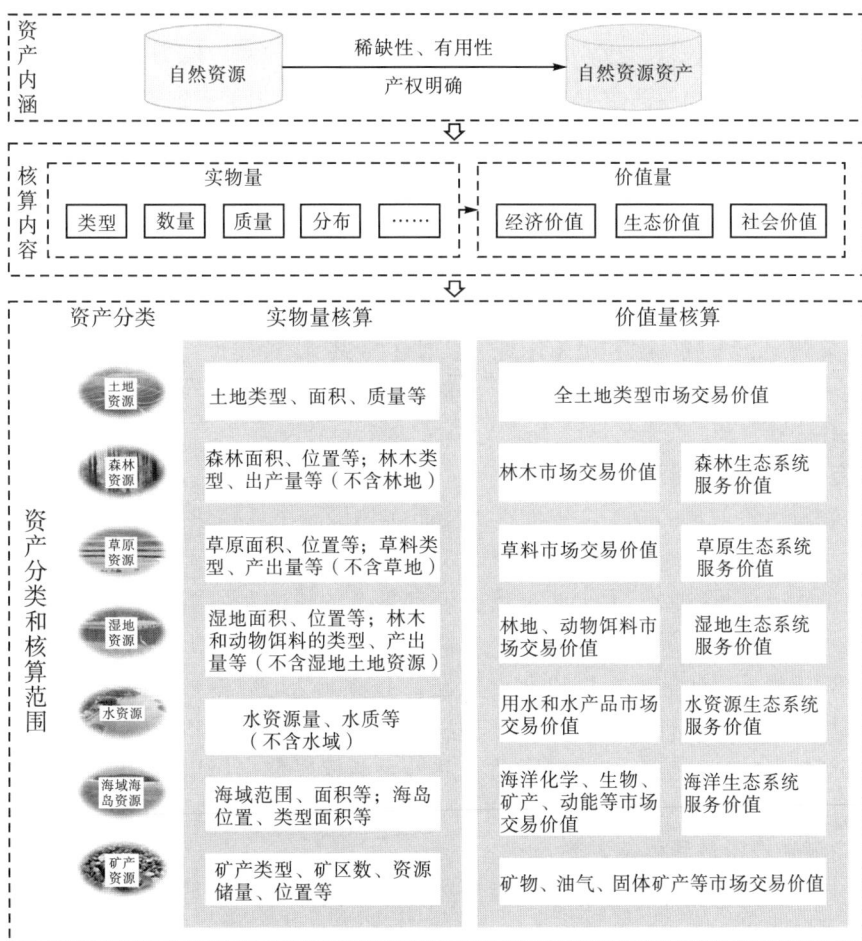

图1 自然资源资产核算体系

3 土地资源资产核算实例验证

3.1 研究区与数据源

3.1.1 研究区

珠海市位于珠江三角洲的最南端，地理坐标为北纬 21°48′~22°27′，东经 113°03′~114°19′。北与中山市相连，西面紧靠江门市，南临南海与澳门相接，扼珠江口要冲，东隔伶仃洋与香港遥相呼应。珠海市地理区位优越，自然资源种类丰富，拥有土地资源、森林资源、湿地资源、矿产资源、水资源和海域海岛资源 6 种类型。丰富的自然资源种类带来了复杂多样的土地功能类型，珠海市全市土地资源总面积为 1737.10 km²，其中林地 474.57 km²，湿地 102.47 km²，耕地 68.66 km²，草地 46.92 km²，水域 113.11 km²，建设用地 408.95 km²。基于建立的自然资源资产核算体系，在用地类型繁杂的珠海市开展土地资源资产核算，对于土地资源资产核算方法路径探索和自然资源资产核算体系完善具有一定参考价值。

3.1.2 数据源

本文所采用的数据主要有：①土地利用分类数据，该数据通过遥感影像的多尺度分割和实地调研获取，作为土地资源资产核算的底图数据，为研究提供土地资源实物量信息。②珠海市标定地价数据、基准地价数据，数据源自珠海市自然资源局官网，作为土地资源资产价值量核算时的公示地价。③建筑物屋面数据，该数据来自百度地图，用于土地资源资产价值量核算。

3.2 土地资源资产核算方法

在建立自然资源资产核算体系的基础上，对土地资源资产核算的方法路径进行深入探索。研究以第三次全国国土调查用地分类为参考，将土地资源资产按照功能用途分为湿地、耕地、园地、林地、草地、商业服务业用地、工矿用地、住宅用地、公共管理与公共服务用地、特殊用地、交通运输用地、水域、水利设施用地、其他土地共 14 种类型，以土地利用分类的每个均质地块为基本核算单元，建立中观尺度的土地资源资产核算方法体系，并实现土地资源资产核算的空间可视化表达。

3.2.1 土地资源资产实物量核算方法

按照先实物量后价值量的原则，土地资源资产实物量需核算每块土地的用途、面积、位置、质量和权属。目前的国土调查成果、土地分等定级成果和土地权属调查成果可作为土地资源资产实物量核算的重要依据，基于国土调查数据确定每个地块的利用类型、用地规模和地理位置信息；基于土地分等定级成果数据确定每个地块的质量等级；基于土地权属调查相关数据确定每个地块的产权归属。历年的国土变更调查数据、不动产登记数据，以及正在开展的自然资源资产清查和房地一体权籍调查等工作，将进一步提高土地资源资产核算的精准性，能够有效支撑土地资源资产核算的持续更新和时序对比。此外，当权属数据精度高于国土调查成果时，可以根据权属数据进一步细化基本核算单元，推动实现更细粒度的土地资源资产核算。

3.2.2 土地资源资产价值量核算方法

按照自然资源资产核算体系，土地资源资产价值量核算是对全类型土地开发利用产生的经济效益和生态系统的生态效益进行评估。

考虑数据的权威性和可获取性，方法的科学性和可操作性，研究基于公示地价修正系数法构建土地资源资产经济价值核算方法，基本核算思路是根据土地资源资产数量、相应的公示地价和修正体系，计算每个基本核算单元的价值量。具体计算公式如下：

$$A_i = S_i \times P_i = S_i \times P_i' \times \Sigma K \times T$$

式中，A_i 为基本核算单元 i 的价值量，S_i 为基本核算单元 i 的面积，P_i 为基本核算单元 i 对应的地价，P_i' 为基本核算单元 i 所属区位的公示地价，ΣK 为相应的修正体系，T 为期日修正系数。

　　当前政府公布的公示地价主要分为基准地价和标定地价两种类型，基准地价是一定均质区域的平均地价；标定地价是考虑微观因素的具体宗地地价。鉴于两种地价面向的土地利用类型不同，建设用地参照标定地价进行价值量核算，非建设用地参照基准地价进行价值核算，并结合基准地价修正体系和宗地地价修正体系对地价进行修正，以实现地块尺度的土地资源资产价值量核算。

3.3　结果分析

　　参照土地资源资产核算方法对珠海市全市土地资源资产进行核算，珠海市全市土地资源资产共划分为 14 种用地类型和 69754 个基本核算单元，经核算，珠海市全市土地资源资产实物量为 1737.10 km²，价值量为 55773.58 亿元。珠海市土地资源资产核算价值量总体呈现出东高西低、南高北低、滨海区域高于内陆地区的空间分布特征，土地资源资产单位价值量计算结果显示，香洲城区范围内的土地资源资产单位价值普遍较高，横琴新区、科教城、滨江城和金湾中心区域的土地资源资产单位价值量也相对较高。

　　按照镇街行政区划进行土地资源资产核算（图2、图3），三灶镇、唐家湾镇、白蕉镇的土地资源资产实物量（面积）较高；唐家湾镇的土地资源资产价值总量最高，为 12553.40 亿元，其次前山街道、横琴镇、南屏镇和吉大街道的土地资源资产价值总量也相对较高。从价值量空间分布看，东部镇街的土地资源资产价值量明显高于西部镇街。对比各镇街土地资源资产单位价值量（图4），梅华街道、翠香街道、吉大街道等城市中心区域的街道土地资源资产单位价值量相对较高。

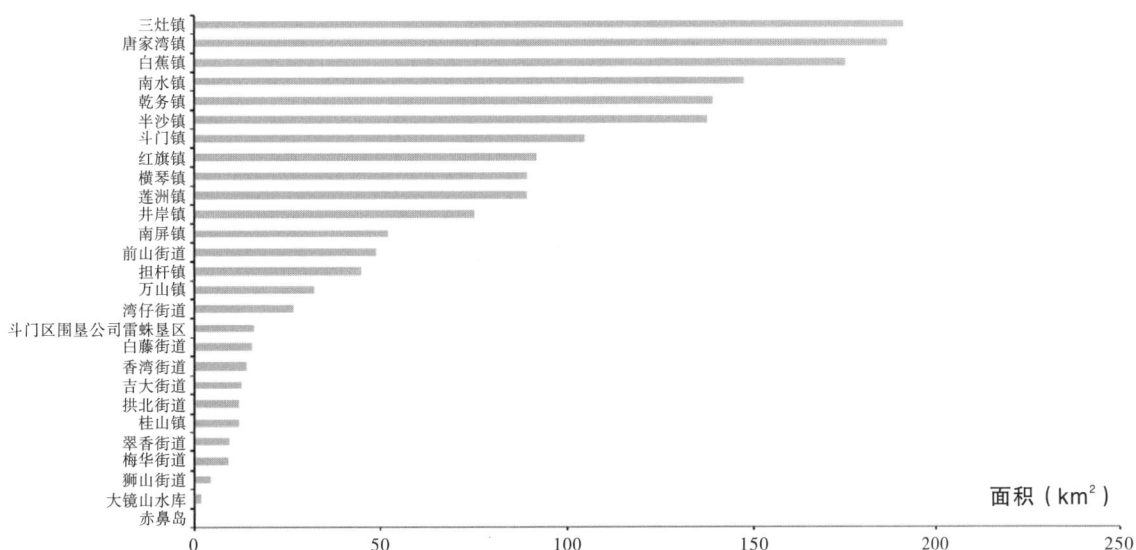

图2　各镇街土地资源资产实物量对比图

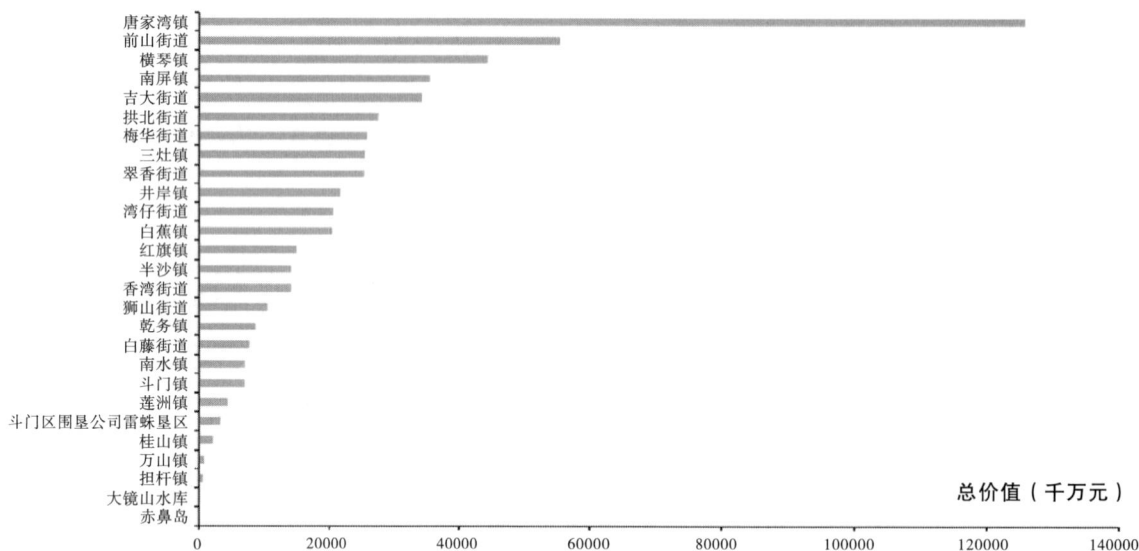

图 3　各镇街土地资源资产价值量对比图

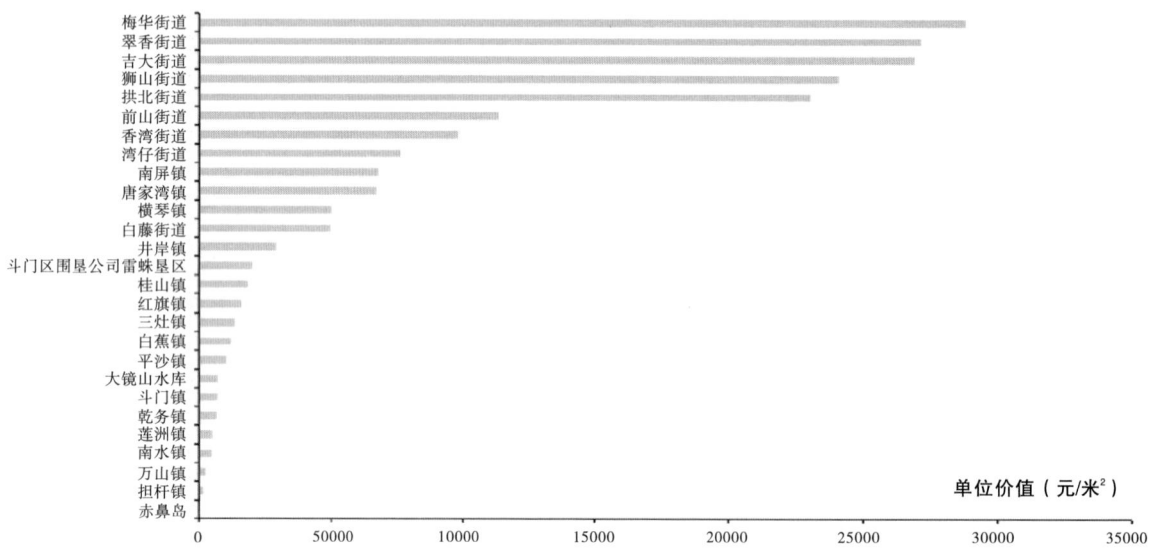

图 4　各镇街土地资源资产单位价值对比图

　　按土地三大类划分，建设用地资产总面积为408.95 km²，占珠海市土地资源资产总面积的23.54%，而建设用地资产总价值为54982.22亿元，占珠海市土地资源资产价值总量的98.58%；农用地资产总面积为1061.67 km²，价值量为649.24亿元；未利用土地资产总面积为266.48 km²，价值量为142.12亿元。从详细的土地用途分类看，林地的实物量最高，但林地的总价值量不高；住宅用地的总价值量和单位价值均为最高，其次是商业服务业用地；相比之下，湿地、林地、耕地等土地资源资产单位价值量相对较低，这与其本身的公示地价相对较低有关，同时这些承载其他自然资源的土地的价值更多地体现在生态和社会效益上。

表 1　珠海市不同类型土地资源资产核算表

用地类型	总面积（km²）	总价值（亿元）	单位价值（元/米²）
湿地	102.47	17.64	17.21
耕地	68.66	43.45	63.28
园地	100.33	65.58	65.37
林地	474.57	244.30	51.48
草地	46.92	30.46	64.92
商业服务业用地	36.23	6389.46	17600.31
工矿用地	91.27	2977.83	3227.66
住宅用地	132.42	40143.14	30314.30
公共管理与公共服务用地	40.14	3263.47	8130.20
特殊用地	4.52	373.22	8265.30
交通运输用地	89.22	1316.19	1475.29
水域	113.11	80.58	71.25
水利设施用地	400.11	370.24	92.53
其他土地	37.15	458.01	1233.04

4　结语

本研究探索性论述了自然资源资产内涵、分类、核算内容，建立了自然资源资产核算体系，并以珠海市为案例探讨了土地资源资产核算的方法路径。主要结论如下：

（1）建立一个系统完整的自然资源资产核算体系。研究通过厘清自然资源资产内涵、明确自然资源资产核算内容，进而界定自然资源资产分类和各类自然资源资产的核算范围，系统性搭建了全域全要素覆盖的自然资源资产核算体系，为各类自然资源资产核算指明方向，避免各类自然资源资产核算的交叉重叠。

（2）以土地资源为例，探索自然资源资产核算方法路径。土地资源作为其他自然资源的承载体，其资产核算具有典型性和代表性。研究考虑数据权威性和可获取性、方法普适性和可操作性，基于公示地价构建土地资源资产核算方法体系，实现了土地资源资产核算结果的空间量化，为自然资源资产核算提供一定参考。

（3）开展珠海市土地资源资产核算探索，结果表明：珠海市土地资源资产面积为1737.10 km²，价值量为55773.58亿元；价值量空间上呈现出东高西低、南高北低、滨海区域高于内陆地区的趋势。按照土地利用类型，面积占比为23.54%的建设用地价值量占全市土地资源资产价值量的98.58%，林地的面积最大，而住宅用地的总价值量和单位价值量最高。

在国家高度重视生态文明建设和自然资源保护与利用的背景下，研究建立了逻辑清晰简明的自然资源资产核算体系，构建了具有较强普适性和推广性的土地资源资产核算方法体系，实现了资产核算结果的空间量化表达，可为自然资源资产清查和监测监管等相关工作提供参考。但因数据基础和工作量等因素，其他自然资源资产核算成果尚未形成，后续将进一步探索完善，以期实现自然资源资产核算体系和方法全流程探索。

［参考文献］

[1] 安勇，赵丽霞.土地资源错配、空间策略互动与城市创新能力 [J].中国土地科学，2021 (4)：17-25.

[2] 董锁成，石广义，沈镭，等.我国资源经济与世界资源研究进展及展望 [J].自然资源学报，2010 (9)：1432-1444.

[3] 何利，沈镭，张卫民，等.我国自然资源核算的实践进展与理论体系构建 [J].自然资源学报，2020 (12)：2968-2979.

[4] 胡文龙，史丹.中国自然资源资产负债表框架体系研究：以SEEA2012、SNA2008和国家资产负债表为基础的一种思路 [J].中国人口·资源与环境，2015 (8)：1-9.

[5] 孔含笑，沈镭，钟帅，等.关于自然资源核算的研究进展与争议问题 [J].自然资源学报，2016 (3)：363-376.

[6] 李兆宜，苏利阳.绩效导向的自然资源资产管理与改革 [J].中国行政管理，2019 (9)：29-34.

[7] 马慧敏，刘娜.基于生态文明视角的自然资源资产负债表编制 [J].财会通讯，2020 (3)：17-22.

[8] 马晓妍，曾博伟，何仁伟.自然资源资产价值核算理论与实践：基于马克思主义价值论的延伸 [J].生态经济，2021 (5)：208-213.

[9] 时仅.土地资源价值核算与时空动态研究 [D].重庆：西南大学，2016.

[10] 石吉金，王鹏飞，李娜，等.全民所有自然资源资产负债表编制的思路框架 [J].自然资源学报，2020 (9)：2270-2282.

[11] 石薇，徐蔼婷，李金昌，等.自然资源资产负债表编制研究：以林木资源为例 [J].自然资源学报，2018 (4)：541-551.

[12] 谭荣.自然资源资产产权制度改革和体系建设思考 [J].中国土地科学，2021 (1)：1-9.

[13] 田亚亚，张永红，彭彤，等.全民所有自然资源资产清查理论基础与基本框架 [J].测绘科学，2021 (3)：192-200.

[14] 中共中央、国务院.中共中央　国务院印发《生态文明体制改革总体方案》 [N].经济日报，2015-09-22 (3).

[15] 朱道林，张晖，段文技，等.自然资源资产核算的逻辑规则与土地资源资产核算方法探讨 [J].中国土地科学，2019 (11)：1-7.

［作者简介］

马　星，硕士，城乡规划正高级工程师，广东省城乡规划设计研究院有限责任公司副总工程师、大数据中心主任。

梅梦媛，硕士，城乡规划工程师，任职于广东省城乡规划设计研究院有限责任公司。

李　俊，硕士，城乡规划助理工程师，任职于广东省城乡规划设计研究院有限责任公司。

杜　勇，硕士，城乡规划工程师，广东省城乡规划设计研究院有限责任公司低碳生态研究中心副主任。

潘俊钳，测绘工程师，任职于广东省城乡规划设计研究院有限责任公司。

基于时序遥感的永久基本农田"非粮化"问题监测与对策研究

□王　玮，陈婧汶，张秀鹏

摘要：粮食安全是国家安全的重要基础，作为粮食生产主要载体的永久基本农田，近年来其"非粮化"利用问题日益严峻。本研究基于"非粮化"利用在遥感监测中呈现的土地利用特征、光谱反射特征与光谱时序特征，使用植被指数序列进行物候特征提取与窗口期信息增强对珠三角地区永久基本农田进行监测，结果表明永久基本农田仍存在划定不实以及保护任务未按照人口规模分配，缺乏任务转移与经济补偿机制的问题。未来应加强永久基本农田常态化监测，建立以人口为导向的永久基本农田保护任务分配模式，同时探索永久基本农田"易地代保"经济补偿制度，从而守住耕地红线，拓展粮食生产空间。

关键词：永久基本农田；非粮化；常态化监测

1　引言

永久基本农田作为耕地的精华，对其划定保护功在当前、利及长远。全面对其实施特殊保护，是确保国家粮食安全，加快推进农业农村现代化的有力保障，是深化农业供给侧结构性改革，促进经济高质量发展的重要前提，是实施乡村振兴，促进生态文明建设的必然要求，是贯彻落实新发展理念的应有之义、应有之举、应尽之责，对全面建成小康社会、建成社会主义现代化强国具有重大意义。

1998 年的《中华人民共和国土地管理法》及《中华人民共和国土地管理法实施条例》均将控制农用地转为建设用地作为土地用途管制的核心和重点，对农用地之间的转化缺乏制度性的约束，导致实践中耕地转为林地、草地、园地等现象大量存在，严重影响国家粮食安全。2021年修编的《中华人民共和国土地管理法实施条例》专门有"国家对耕地实行特殊保护，严守耕地保护红线，严格控制耕地转为林地、草地、园地等其他农用地。耕地应当优先用于粮食和棉、油、糖、蔬菜等农产品生产"等相关规定。按照国家有关规定，需要将耕地转为林地、草地、园地等其他农用地的，应当优先使用难以长期稳定利用的耕地。此次修改，进一步拓展了土地用途管制的重点和内容。

现阶段永久基本农田中仍然存在将不符合要求的土地划入基本农田，重大项目建设占用后未按照要求合理补划，未经批准私自占用永久基本农田种树、挖塘养鱼，甚至从事非农建设等划定不实、补划不足、非法占用等问题。珠三角地区作为国家发展大局中重要的战略支撑区域，城镇化进程日益加快，对土地的需求逐渐旺盛，建设用地与耕地的矛盾日益加剧。随着耕地资源的减少，优质基本农田耕地资源更为紧缺，永久基本农田保护面临严峻的形势。因此，对该区域的永久基本农田进行常态化监测与监管机制的研究具有重要的意义。

2　研究区概况

珠江三角洲地区包括广州市、深圳市、珠海市、中山市、惠州市、佛山市、东莞市、江门市及肇庆市九市，陆地面积约为41698 km²，随着粤港澳大湾区腹地经济战略的稳步推进，珠三角地区迎来新一轮的发展机遇。近年来，珠三角地区人口、GDP 总量等社会经济指标均攀上历史高位。2005—2018 年间，珠三角地区常住人口从 4315 万人增至 6300 多万人，GDP 总量从 18372.88 亿元激增至 80410.60 亿元，城市发展空间与保障粮食安全空间的矛盾日益加剧。

以常住人口计算，广东省人均耕地为 0.3 亩（1 亩≈666.67 m²），仅为全国平均数的 1/4。永久基本农田作为耕地核心构成，在珠三角地区中均有分布。按永久基本农田规模分析，其主要分布在江门市（恩平、台山及开平片区）、惠州市（博罗、惠城以及龙门片区）、肇庆市（怀集、封开、四会以及高要片区）、广州市（南沙、增城、从化以及花都片区）、佛山市（三水和南海片区）、中山市（坦洲、民众以及三角片区）、珠海市（斗门以及高栏港片区）、东莞市（各镇区零散分布，主要集中在大岭山周边镇区）、深圳市（零散分布在宝安、光明及坪山片区）。

3　关键技术与研究方法

珠三角地区永久基本农田"非粮化"问题主要集中在农业结构转型引起的果园、苗木以及渔业养殖等农业活动现象。现行永久基本农田监测管理侧重于建设用地对其侵占的监测，而未对永久基本农田中开展的非粮化农业活动占用进行有效监测。基于农业类型在土地利用特征、光谱反射特征与光谱时序特征的不同，使用植被指数序列进行物候特征提取与窗口期信息增强，可实现全方位、全天候、全覆盖的永久基本农田监测工作。

3.1　关键技术

增强植被指数（Enhanced Vegetation Index，EVI）是在 NDVI（归一化植被指数）的基础上引入蓝色波段增强植被信号，再对土壤背景和气溶胶散射的影响进行矫正后，形成的能识别植被覆盖区域的指数。采用 EVI 指数可提高植被覆盖区的敏感度，探测能力优于 NDVI 指数，在植被退化监测、植被资源定量分析等领域有较好的适用性。本次研究使用 2005—2019 年 EVI 数据集（数据来自美国地质调查局），数据精度为 250 m，周期为 16 days。EVI 指数计算公式如下：

$$EVI = 2.5 \times \frac{\rho_{NIR} - \rho_{RED}}{\rho_{NIR} + 6.0\rho_{RED} - 7.5\rho_{BLUE} + 1} \tag{1}$$

其中，ρ_{NIR}、ρ_{RED}、ρ_{BLUE} 分别为近红外波段、红光波段、蓝光波段的反射率。

3.2　研究方法

（1）小波变换。

植被变化具有典型的季节性与趋势性特征，并且与短期的水热环境具有强相关性。EVI 序列能有效地监测区域植被覆盖变化情况，但多个特征变化的综合与叠加效应为监测研究带来不便。研究运用多次离散小波对 EVI 指数信号进行层次分解，可获得不同尺度下的高频与低频信号分量，再运用代数运算方法提取不同尺度下的变化特征，以解析地物类别，研究其变化规律。针对 EVI 指数序列具有有噪声、非平稳性、周期性等特征，采用离散小波分解后，通过趋势层次信号与细节层次信号能有效的重构原始信号，其计算方法为每一次离散小波分解获得的信号包括一个低频信号和一个高频信号，对某个信号对应的低频信号（表示为 A_m）和高频信号（表示为 D_m），则有：

$$D_m(t)=\Sigma_{k=-\infty}^{\infty}W_{m,k}\delta_{m,k}(t) \tag{2}$$

$$A_m(t)=\Sigma_{k=-\infty}^{\infty}V_{m,k}\varphi_{m,k}(t) \tag{3}$$

$$f(t)=A_m(t)+\Sigma_{j=1}^{m}D_j(t) \tag{4}$$

其中，m 为分解次数，$V_{m,k}$ 为尺度系数，$f(t)$ 为被重构的原始信号。

（2）特征统计变量。

研究中共使用了 4 个特征指标对研究区域植被覆盖空间格局进行描述，对应含义如表 1 所示。

表 1　EVI 特征指标含义对照表

指标	描述	含义
$\overline{EVI}$	观测点年际变化均值：$\overline{EVI}=\overline{A_5}$	研究时间内观测点的植被指数平均水平
V	年内变化信号序列的振幅：$\Delta EVI=R_{10,90}(V)$	植被指数序列振幅
A_5	离散小波变换的 A_5 分量	植被指数年际变化序列
S	观测点序列的年内变化特征	植被指数序列年内变化特征

4　永久基本农田现状典型利用方式识别

根据第三次全国土地调查成果显示，珠三角地区永久基本农田"非粮化"问题主要由于农业结构转型导致其表现为永久基本农田上开展"非粮化"的果园、苗木以及渔业养殖等农业活动。不同非粮利用的指标有固有特征，本文在研究区域内选择典型地物样本进行训练，耕地样本、园林地样本、坑塘水面样本和建设用地样本的 A_5 指标和 S 指标呈现出明显的差异性（图 1）。

图 1　永久基本农田中非粮化利用地类情况图

典型地物信号序列在 V 值序列和 A_5 值序列上具有显著差异，其中耕地样本 V 值序列呈现出典型的年内双峰波动，振幅约为 0.65 ± 0.05。通过 V 值的单峰和双峰特征可区分建设用地与林地样本。耕地样本受人为种植影响，A_5 序列年际变化趋势较小；坑塘水面样本 V 值序列基本维持在 0 值波动，监测数据中出现的坑塘水面样本 V 值的波动与水面投影物有关，可不计入分析。坑塘水面样本 A_5 值的年际变化基本维持在 0 附近。建设用地样本 V 值序列与园林地 V 值序列特征趋同，但振幅小于园林地样本；建设用地样本 A_5 值的年际变化与园林地样本相似，但变化趋势明显小于园林地样本。林地样本的 V 值序列呈现出典型的年内单峰波动，波动具有较大振幅，该特征与植物生长季节性有关，波动振幅约 0.75 ± 0.05；同时，园林地样本 A_5 序列年际变化趋势性明显，与园林地自然生长及水热环境影响有关（图 2）。

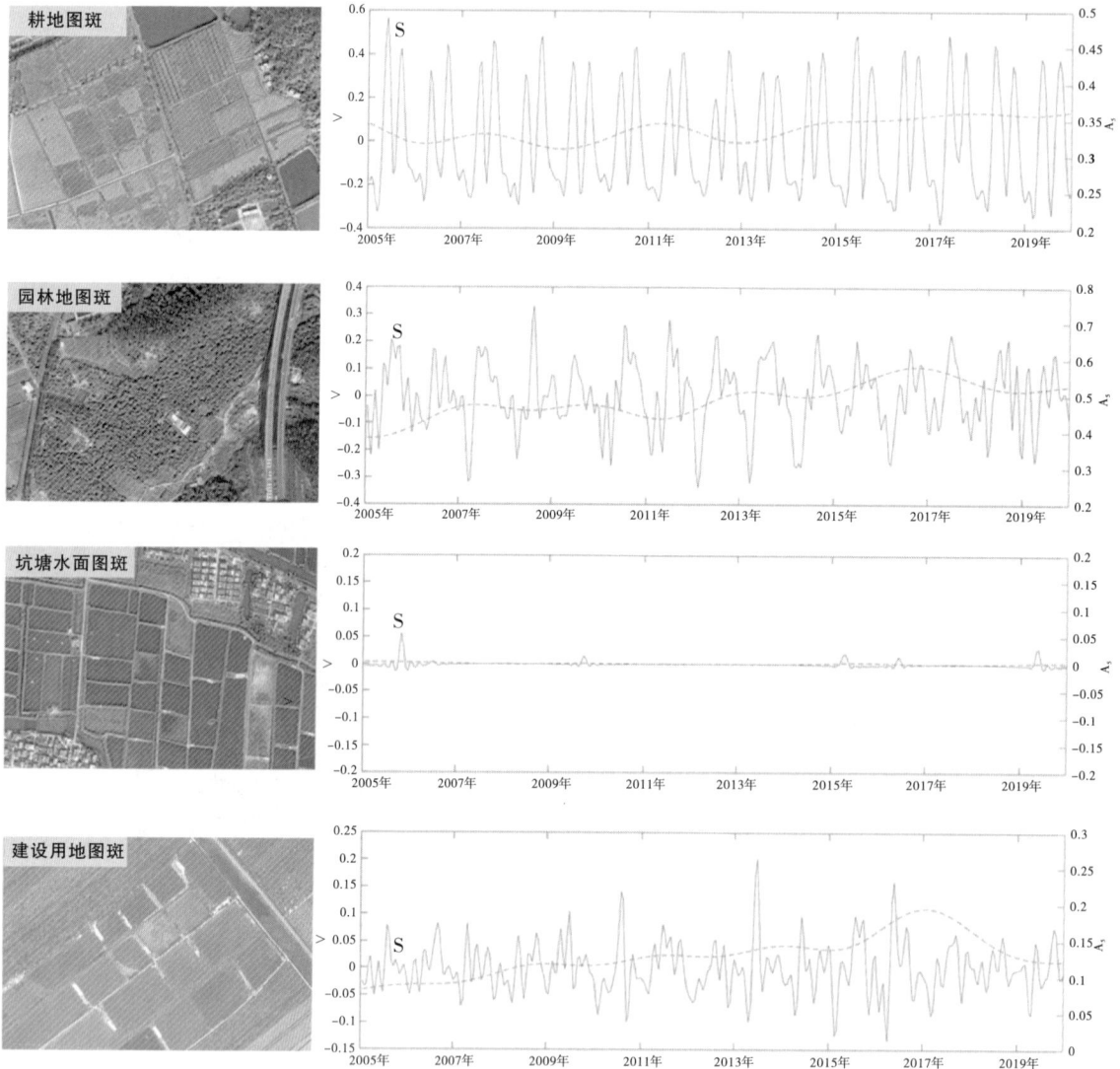

图2　永久基本农田中"非粮化"利用典型地物特征指标对比

5　永久基本农田现状利用特征及问题

通过特征指标对永久基本农田现状典型利用方式进行监测，经统计分析后可看出珠三角地区永久基本农田"非粮化"利用特征主要流转为水域、园林地以及建设用地，同时具有明显的地域分异特征。第一类永久基本农田中"非粮化"利用类型主要为水域，主要分布在中山市及珠海市，占该地区永久基本农田总比重均超过20%；第二类永久基本农田中"非粮化"利用类型主要为园林地，主要分布在肇庆市、东莞市，占该地区永久基本农田比重分别为26.7%和36.9%；第三类永久基本农田中"非粮化"利用类型主要为建设用地，主要分布在深圳市，占该地区永久基本农田比重较高（表2）。

表2 珠三角地区永久基本农田现状利用地类占比情况统计表

各类现状用地占比情况	耕地占比	水域占比	草地占比	建设用地占比	林地占比	未利用地占比
广州市	77.8%	6.8%	0.6%	4.4%	10.3%	0.0%
深圳市	37.1%	2.9%	1.2%	32.2%	26.5%	0.0%
东莞市	32.2%	13.3%	6.2%	11.4%	36.9%	0.0%
佛山市	71.2%	17.3%	0.3%	3.0%	8.2%	0.0%
惠州市	79.0%	1.0%	1.4%	3.9%	14.7%	0.0%
中山市	67.5%	28.2%	0.0%	1.9%	2.3%	0.0%
珠海市	75.2%	22.3%	0.0%	1.1%	1.4%	0.0%
江门市	74.2%	7.6%	1.7%	3.9%	12.5%	0.0%
肇庆市	63.7%	4.8%	2.7%	2.2%	26.7%	0.0%
总计	71.2%	8.3%	1.6%	3.7%	15.2%	0.0%

根据基于遥感的永久基本农田现状利用情况识别及监测成果可看出，珠三角地区永久基本农田的"非粮化"利用问题可归纳为两类：

①永久基本农田存在划定不实问题。新修订的《中华人民共和国土地管理法》中明确指出"禁止占用永久基本农田发展林果业和挖塘养鱼"。耕作层一旦遭到破坏则恢复困难，同时增加土壤有机质、提高土地肥力过程耗时，粮食安全基础会因此受到严重威胁，整体用地制约空间布局。而珠三角地区各市非粮利用占比总体较高，存在占用永久基本农田挖塘养鱼、发展林果业以及建设用地侵占的情况。

②永久基本农田任务未按照人口规模分配，缺乏任务转移与经济补偿机制。现行永久基本农田保护任务的安排多依托现状土地利用类型予以分配，导致发达地区保护任务远低于珠三角外围欠发达地区，未能建立"以人定保"的永久基本农田保护任务分配模式。同时未建立任务转移与经济补偿挂钩的协调机制，扩大了发达地区与欠发达地区的收入差距，进而导致永久基本农田"非粮化"问题的加剧。

6 永久基本农田"非粮化"问题监管对策

根据永久基本农田中"非粮化"方式不合规以及缺乏任务转移与经济补偿机制等情况，提出以下监管对策：

（1）加强永久基本农田常态化监测，守住耕地红线，拓展粮食生产空间。

基于时序遥感监测方法，建立面向稳定利用耕地及永久基本农田的常态化监测机制，重点监测稳定利用耕地及永久基本农田中开展挖塘养鱼、果木种植等"非粮化"问题，做到发现问题及时整改，守住粮食安全底线。同时，针对永久基本农田中已发生的"非粮化"利用问题的农业空间，细化永久基本农田保护规则。对永久基本农田属于稳定利用耕地空间的，进一步考虑"名、高、特、优"农产品的生产空间，允许园地、养殖坑塘等农业生产空间纳入永久基本农田，并实行严格保护，保障农产品供给的多样性。

（2）建立以人口为导向的永久基本农田保护任务分配模式。

以城市人口为基础，综合考虑区域经济发展程度、区域粮食生产率、城市农业生产适宜性以及人均粮食需求量，测算永久基本农田及耕地保有量保护任务，进而优化区域内耕地、永久基本农田布局，实现保护任务与人口需求相匹配的任务分配模式。

（3）探索永久基本农田"易地代保"经济补偿制度。

由省级自然资源管理部门统一制定"异地代保"经济补偿标准，参考建设用地指标，允许各地市竞价获取。由竞得方、代保方、省自然资源主管部门三方签订长期永久基本农田代保与监管合同，竞得方按年支付基本农田代保费用，省自然资源主管部门统一监管代保方基本农田代保工作。

按永久基本农田种植作物类型，建立分级永久基本农田保护经济补偿制度，降低市场经济对耕地"非粮化"影响。市场经济的需求刺激农业结构转型是近年来永久基本农田、耕地"非粮化"问题的主要诱因之一，果木种植与水产品养殖带来的经济效益远高于粮食作物种植，导致大量耕地流向果园与坑塘水面。建议通过建立各级财政向不同种植类型基本农田的保护经济补偿机制，经济补偿向粮食作物种植部分倾斜，减少不同利用类型带来的经济差异，以降低农民进行农业结构转型意愿，缓和耕地"非粮化"趋势。同时，优化永久基本农田保护补贴使用方式，允许永久基本农田保护补贴按一定行政单元统一规划、集中使用，按规划单元逐个完善农业基础设施建设。

［参考文献］

[1] 魏伟，巢佳玲，谢波. 永久基本农田占补平衡方法探讨 [J]. 规划师，2019，35（21）：38-44.

[2] 朱美青，黄宏胜，史文娇，等. 基于多规合一的基本农田划定研究：以江西省余江县为例 [J]. 自然资源学报，2016（12）：2111-2121.

[3] 董光龙，赵轩，刘金花，等. 基于耕地质量评价与空间集聚特征的基本农田划定研究 [J/OL]. 农业机械学报，2020（2）：133-142.

[4] 李国敏，卢珂，黄烈佳. 国家尺度下耕地功能占补平衡模式研究 [J]. 地域研究与开发，2017，36（6）：110-114.

[5] 孙蕊，孙萍，吴金希，等. 中国耕地占补平衡政策的成效与局限 [J]. 中国人口·资源与环境，2014，24（3）：41-46.

［作者简介］

王　玮，硕士，工程师，任职于珠海市规划设计研究院。

陈婧汶，硕士，工程师，任职于珠海市自然资源与规划技术中心。

张秀鹏，硕士，工程师，任职于珠海市规划设计研究院。

基于水安全的国土"三类空间"隐患区识别

——以花垣县为例

□阿合江·努尔哈力，周欣儒，黄紫嫣，杨靖怡，尹婧雯，焦 胜，金 瑞

摘要：水安全是国土空间安全的重要组成部分，也是实现城镇可持续发展的基础保障。降水及地形对城市水安全影响极大，当前研究多聚焦水体分布及污染状况、水系疏通及安全格局构建等方面，未系统考虑城市露天矿区污染物随水系、降水汇流扩散对国土空间的影响作用。本文利用空间分析、景观生态学相关理论、方法，创新提出"基础本底研究—安全隐患区识别—制定规划策略"的三步法研究框架，以花垣县为例，对资源型城市中的"三类空间"进行露天矿区识别、雨洪廊道构建、污染水系识别、最小阻力廊道建立、生态关键点识别、雨洪安全缓冲区建立、无源淹没区建立、双评价分析研究，从而通过叠加不同本底数据分别识别"三类空间"水安全隐患区域。研究识别出的三类空间水安全隐患区主要呈现以下特点：生态空间水安全隐患主要为露天矿区本身，多分布于山区；农业空间识别出安全隐患程度不同的居民点以及基本农田，隐患居民点主要分布在县域中部兄弟河两侧，隐患基本农田全域均存在且面积较大；城镇空间识别出不适宜进行建设的区域，主要集中在兄弟河以及花垣河交接处。本研究方法不仅对生态环境专项规划有一定的指导作用，而且对于宜居城镇建设有重要的意义。

关键词：水安全隐患；国土空间；"三类空间"；花垣县；空间分析

1 引言

矿产开发作为中西部城市 GDP 的重要来源，在给人们带来经济效益的同时也引发了一系列环境问题。在国家大力提倡产业转型的背景下，资源型城市虽然已经关转停大量污染企业，进行产业结构升级，但是大量露天矿区却成为后患，在开采完毕后，地块所含重金属通过降水等途径形成雨洪水系或者汇入主要河流，从而对国土空间安全造成影响。因此，对资源型城市"三类空间"隐患区域进行识别并制定规划策略有非常重要的意义。

目前，对于水安全的研究主要集中在水体本身的污染状况、雨洪水系的疏通与治理以及水安全格局的构建等三个方面。以《徐州市水生态安全格局构建》为例，此研究基于水生态安全，对城市空间管控以及分析出的重要生态廊道的相关防护规划措施进行了较为详细的说明和论证，同时制定了包括雨洪调蓄、水源保护、水土保持、水质净化等在内的规划目标，最后对于不同水平下的水生态格局区域建立了不同的城市规划导则。但研究仅仅局限于水系格局本身，并没有综合考虑国土空间其他要素与水系之间产生的关系。

因湖南省花垣县主要工业为采矿业，地形复杂且降水量丰富，具备资源型城市的共性特征，故本文选取花垣县作为研究案例。研究基于 GIS 平台，提出"基础本底研究—安全隐患区识别—制定规划策略"的三步法研究框架来展开研究。

2 研究区域概况与数据来源

2.1 研究区域概况

花垣县位于湖南省湘西土家族苗族自治州，地处湘黔渝三省（市）交界处，县域总面积达 1108.7 km²。花垣县位于武陵山脉中段，海拔400 m和700 m等高线将县域分成了高山台地、丘陵地带和沿河平川三个台阶型地貌带。全县平均每年水资源总量达到 16 亿立方米，平均径流深 865 mm，径流量 9.59 亿立方米，年径流系数 0.6。年平均降水量为1420.9 mm，较其他邻近县的平均水平多 22～108 mm。由于都属于山区河流，水流较急，再加上降水充沛，地下水也分布广泛，大多数河流终年不竭。

花垣县的经济在过去很长的时间内都依赖锰锌矿产开发，目前正处于产业转型期。因其地形复杂，降水充沛，流域面积较大，露天矿区作为污染源，由于雨水的冲刷，污染物质形成地表径流且汇入主要河道，从而对流经的"三类空间"造成水安全问题。因此，水安全问题治理是花垣县十分重要的工作。

本研究将花垣县国土空间分为城镇空间、农业空间以及生态空间来分别识别出水安全隐患区域。现状"三类空间"分布特征如图1，"三类空间"总面积达到1108.7 km²，其中农业空间383.61 km²，占比 34.6%；生态空间712.89 km²，占比 64.3%；城镇空间12.19 km²，占比 1.1%。城镇空间主要分布在花垣河附近，农业空间主要分布在县域东北部，生态空间主要分布于县域西南部。

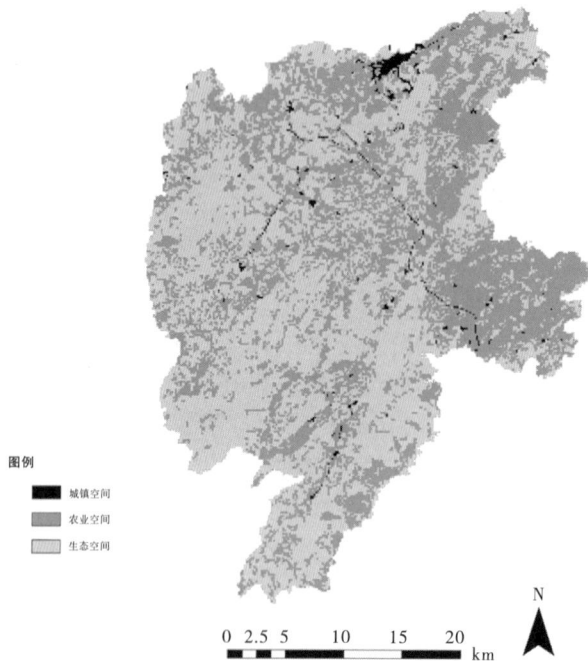

图例
■ 城镇空间
■ 农业空间
□ 生态空间

0 2.5 5 10 15 20 km

N

图 1　花垣县"三类空间"分布示意图

2.2　数据来源与处理

此次研究运用的各类数据，包括影像数据、大地信息以及矢量数据等分别来源于地理空间数据云、中国科学院资源环境科学与数据中心、土壤科学数据中心、中国气象数据网、地理空间数据云等，其他社会经济人口方面的数据来源于花垣县自然资源局以及花垣县人民政府官网（表1）。本研究主要运用的计算处理的软件平台为 ArcGIS、CAD。

表 1　数据来源

数据类型	具体种类	数据用途	数据来源
影像数据	DEM2500	分析地形、坡度	地理空间数据云
	大地污染插值数据	辅助用地质量评级	
	Landuse 2017	推演用地类型	中国科学院资源环境科学与数据中心
大地信息	土壤质量	水土保持质量评价	中国土壤数据库
	气象数据	辅助质量评级	中国气象数据网
	矿区数据	识别矿区污染点并划分特别修复区	花垣县人民政府门户网站
	水源保护区	水源涵养评价	
	区位数据	城镇适宜性评价	中国科学院资源环境科学与数据中心
	降水数据	城镇承载等级评价	中国气象数据网
	道路矢量	最小阻力面材料	中国科学院资源环境科学与数据中心
	水文水系	最小阻力面材料	
矢量与其他数据	建设用地信息	划分红线冲突斑块及污染区域识别	花垣县自然资源局
	基本农田信息		
	生态空间信息		

3　研究技术路线与研究方法

3.1　技术路线

研究主要从露天矿区的识别出发，构建雨洪廊道，识别污染水系，得出其流域并且将它对流经的生态空间、农业空间以及城镇空间的影响具体化。主要表现方式：生态空间即露天矿区本身；农业空间即叠加现状居民点以及基本农田，识别出不利于居住的居民点以及不利于耕作的基本农田；城镇空间即叠加现状土地利用，识别出不适宜进行建设活动的区域。在此基础上，提出相应的规划策略和管理办法，从而构建新的国土空间格局（图2）。

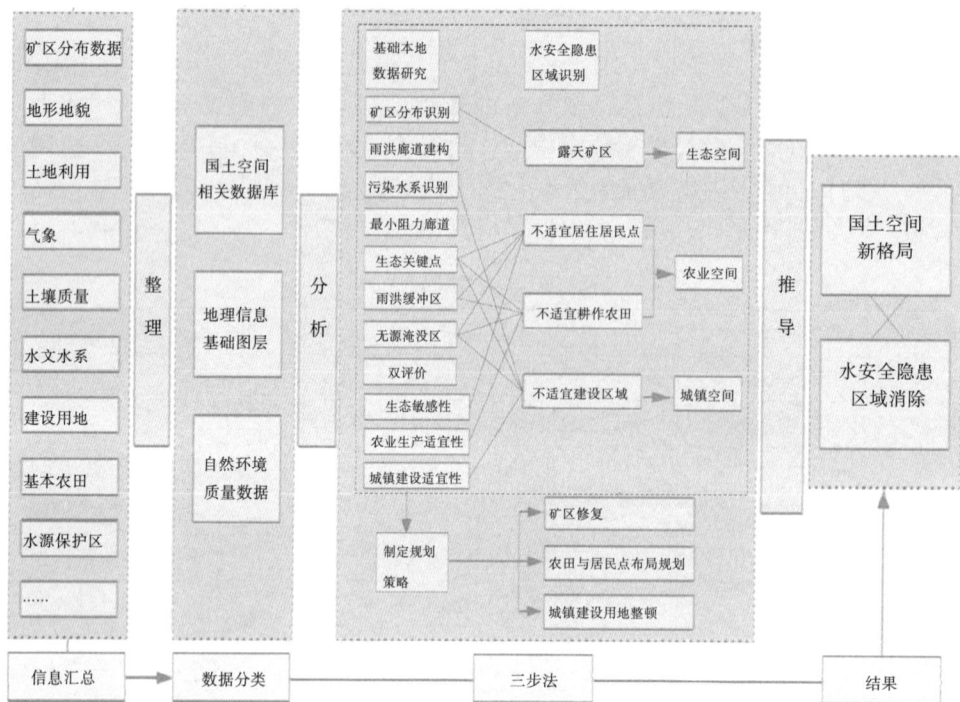

图2　总体技术路线图

3.2　研究方法

本研究主要用到的方法有矿区污染点识别方法、雨洪廊道构建方法、污染水系识别方法、最小阻力廊道构建方法、生态关键点识别方法、雨洪水系安全缓冲区构建方法、无源淹没区识别方法、双评价方法等八种本底数据研究方法和叠加不同本底识别三类隐患区的方法，贯穿整个研究过程。

3.2.1　基础本底数据研究

（1）露天矿区分布识别。

主要通过现状实地调研花垣县土地利用类型所得出的土地现状，结合最新的卫星遥感影像图来精确识别露天矿区的位置。

（2）雨洪廊道构建。

将地形图作为基础数据，运用 ArcGIS 平台的流向分析法来进行水文分析，从而获得自然雨水廊道。主要步骤为获取高程—填洼特殊凹陷处—D8 计算流向—计算流量—河网分级—栅格河网矢量化—雨洪廊道建立，得出潜在的雨水廊道。

（3）污染水系识别。

对露天矿区分布点进行识别，再叠加雨洪廊道，得出流经矿区的具有污染性的水系。

（4）最小阻力廊道构建。

选取道路、坡度、土地利用三个要素作为子阻力面，叠加生成最小阻力面（相关阻力系数见表2）。根据花垣县各个区域生态斑块的中心来确定生物迁徙廊道的起点。本次研究起点覆盖面比较广，在周围山体均有分布，共 22 处。依据花垣县生态板块的中心以及最小阻力面的分布特点，来确定生物迁徙廊道的终点。本次研究的终点有两处，分别为紫霞湖和城西两个点。最后

表2　三类相关阻力面阻力系数

阻力因子	类型	阻力系数
道路阻力	高速公路、国道	2000
	省道	1000
	县道、乡道	700
	无道路区域	1
坡度阻力	0～5°	1
	5°～10°	100
	10°～15°	200
	15°～20°	400
	20°～25°	600
	>25°	800
土地利用阻力	有林地	30
	灌木林	40
	疏林地	50
	其他林地，滩地	100
	旱地，高覆盖度草地	200
	中覆盖度草地	250
	水田	300
	沼泽地，裸土地，裸岩石质地	500
	河渠，水库，坑塘	100
	农村居民点，其他建设用地	1500
	城镇用地	2000

叠加基底最小阻力参考模型（最小阻力面），从而建立生物迁徙的最小阻力廊道，相关公式如下：

$$MCR = f_{\min} \sum_{j=n}^{i=m} (D_{ij} \times R_i')$$

式中：MCR 表示从生态源地扩散至某空间景观单元的最小累积阻力值；f 反映了 MCR 与景观生态过程的正相关关系，fmun 表示取累积阻力的最小值；D_{ij} 表示生态源地斑块 j 至景观单元 i 的空间距离；R_i' 表示景观单元 i 的生态扩张阻力系数值。

（5）生态关键点识别。

利用生物迁徙廊道叠加雨洪廊道得出生态关键点。

（6）雨洪水系安全缓冲区构建。

在 ArcGIS 平台上，根据不同研究对象的敏感性不同，从而确定不同距离的缓冲区：确定不适宜居住的居民点雨洪水系外缓冲区分为150 m、300 m、600 m三级缓冲距离；确定不适宜耕作的基本农田雨洪水系外缓冲区分为100 m、250 m、500 m三级缓冲距离。

（7）无源淹没区识别。

在 ArcGIS 平台上，根据花垣县历年洪水水位高度，确定淹没区等级分为5年一遇、10年一遇、50年一遇、100年一遇，水位分别为262 m、272 m、290 m、310 m。

（8）双评价。

①生态敏感性评价：将地形、水文、居住及道路四个要素对生态环境的影响程度分为五级，通过加权计算，得出生态敏感适宜性评价。

②城镇建设适宜性评价：依据城镇水土承载能力将城镇划分为三级，然后根据城镇地块集中度进行城镇适宜性评价，划分出三级区域，即城镇建设适宜区、城镇建设一般适宜区和城镇建设不适宜区。

③农业生产适宜性评价：依据农业承载能力将农业空间划分为三级，然后根据农业空间地块连片度进行农业生产适宜性评价，最后依据基本农田区域进行农业生产适宜区域划分。

3.2.2 水安全隐患区域识别

（1）生态空间：雨洪污染水系的污染源头，即露天矿区本身。

（2）农业空间：将花垣县现状居民点与雨洪水系安全缓冲区、无源淹没区、生态关键点、生态敏感性评价叠加得出不适宜居住的居民点，其基本识别逻辑为居民点在 5 年一遇淹没区范围内禁止分布，10 年一遇范围内不建议分布，50 年一遇范围内适度分布，100 年一遇范围内可以分布；居民点在雨洪水系150 m缓冲区内禁止分布，300 m缓冲区内不建议分布，600 缓冲区内适度分布，其他区域为安全区，可以分布；居民点在生态敏感性高和较高的区域内禁止分布，在生态敏感性中等的区域内不建议分布，生态敏感性较低和低的区域为安全区，可以分布；居民点在生态关键点附近禁止分布。将花垣县现状基本农田与雨洪水系安全缓冲区、无源淹没区、生态关键点、农业生产适宜性评价叠加得出不适宜耕作的基本农田，其基本识别逻辑为基本农田在 5 年一遇淹没区范围内禁止分布，10 年一遇范围内不建议分布，50 年一遇和 100 年一遇范围内为安全区，可以分布；基本农田在雨洪水系150 m缓冲区内禁止分布，300 m缓冲区内不建议分布，600 m及其以外区域为安全区，可以分布；基本农田在农业生产不适宜区域内禁止分布，在一般适宜区域内不建议分布或者可以少量分布，适宜区域内为安全区，可以分布；基本农田在生态关键点附近禁止分布。

（3）城镇空间：将现状土地利用与污染水系、淹没区、生态关键点、城镇开发适宜性评价叠加识别出不适宜建设的用地区域，其基本识别逻辑为建设活动在 5 年一遇淹没区范围内禁止进行，10 年一遇范围内不建议进行，50 年一遇和 100 年一遇范围内为安全区，可以进行；建设活动在污染水系沿线禁止进行；建设活动在城镇建设不适宜区域内禁止进行，在一般适宜区域内不建议分布或者可以少量分布，适宜区域内为安全区，可以进行；建设活动在生态关键点附近禁止进行。

4 研究结果

4.1 基础本底数据分析结果

4.1.1 露天矿区污染点识别结果

经过对花垣县 2020 现状用地和卫星影像的提取和识别，并且在 ArcGIS 平台上建立点要素确定矿区位置，发现主要露天矿区共44 处，在城西工业园区内有 9 处采矿点，其中 2 处临近花垣河；另有 35 处集中分布在团结镇和龙潭镇附近的山区。

运用 ArcGIS 点密度工具计算各个矿区集聚程度。花垣县露天矿区在地理空间上存在明显的集聚特征，以城西工业园、团结镇、道二乡、龙潭镇为中心，向四周递减（图 3）。其中，处理和规划重点应在高度集中区和集中区范围内的矿区。

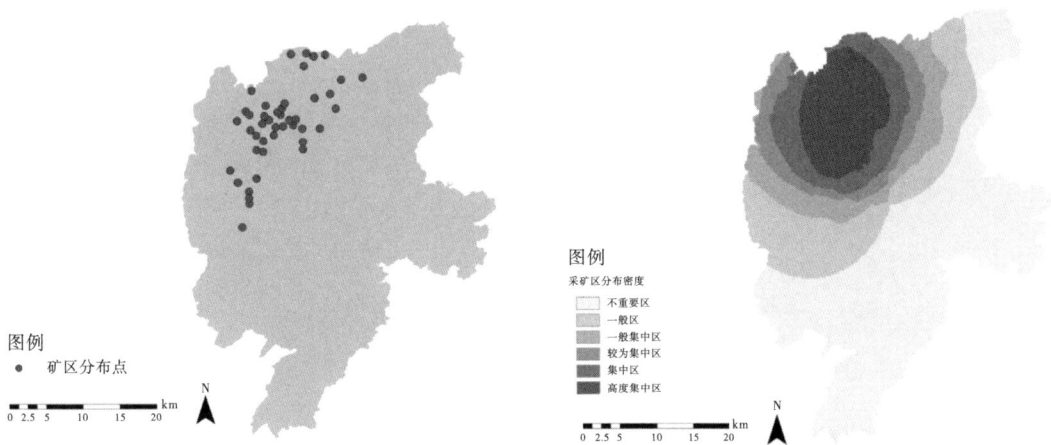

图3　露天矿区污染点分布示意图

4.1.2　雨洪廊道构建结果

利用上述雨洪廊道构建方法，将雨洪廊道共分为六级。花垣县雨洪廊道分布较广，地形起伏较大，导致河网分布密度较大，并且部分水系和现状河流呈现叠加的现象。通过 ArcGIS 线密度分析，便得到其雨洪水系分布密度。从雨洪廊道分布图可以看出，由于花垣县地势不像平原地区那样平坦，因此基于高程的雨洪水系就会分布得比较密集。主要的水系集中在紫霞湖、兄弟河、古苗河一带，这一带分布也是连续的，而其他区域分布就比较散乱，大大小小的水系比较多。其中，绿色区域为山区，是雨洪的发源地，多为流量较少的上游水系。蓝色区域为谷底或者地势相对较低的区域，多位于城区、村镇等人口较为集中的区域，也是雨洪影响较严重的区域。

4.1.3　污染水系识别结果

通过上述研究方法叠加矿区分布点和雨洪廊道，发现污染水系比较多，且都是源头污染，上游水系污染之后层层叠加导致干流污染量增加，最后都汇入花垣河（图4）。作为污染源头的露天矿区总共44处，其中与雨洪廊道重叠，成为重金属污染源头的矿区有24处，其污染情况较为严重。污染水系主要有三大流域：第一类为南部以猫儿乡为起点，花垣河为终点的流域；第二类为花垣镇老城区部分的流域；第三类为城西工业区以及团结镇附近的流域。主要污染片区情况：①团结镇附近污染河道共15条，分布较密集，是污染水系最多的区域，其中作为污染源头的矿区就有17处；②猫儿乡附近污染水系共2条，污染源头3处，污染情况较轻；③老城区污染水系3条，污染源头3处，污染情况较轻。

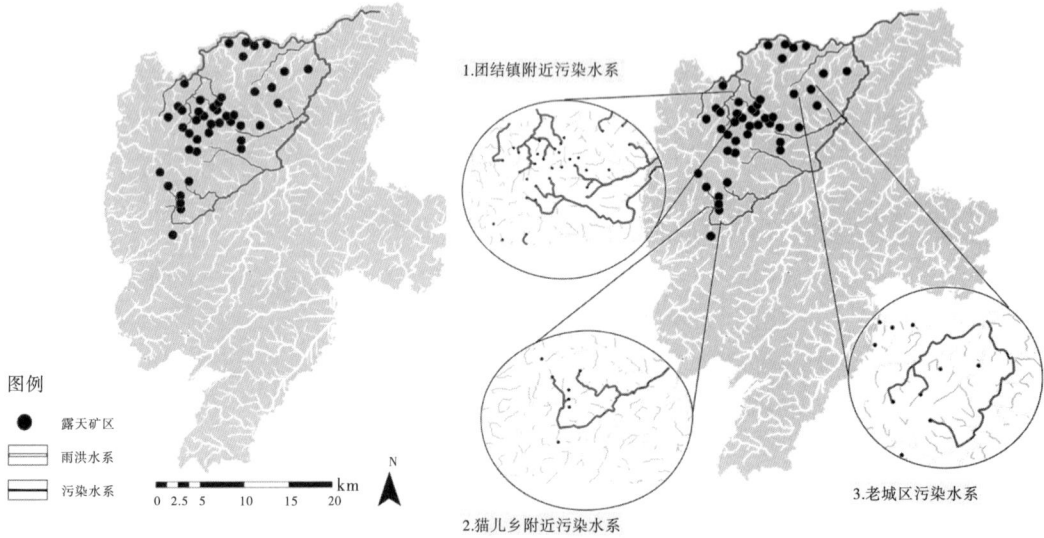

图 4　污染水系分布示意图

4.1.4　最小阻力廊道识别结果

运用 ArcGIS 的成本路径分析得到花垣县的最小阻力廊道分布（图 5）。廊道共 44 条，分布较密集，可以预测出生态关键点数量会偏多，并且廊道数量多也暗示着花垣县生物迁徙轨迹多，生物多样性复杂，更应该注重保护。

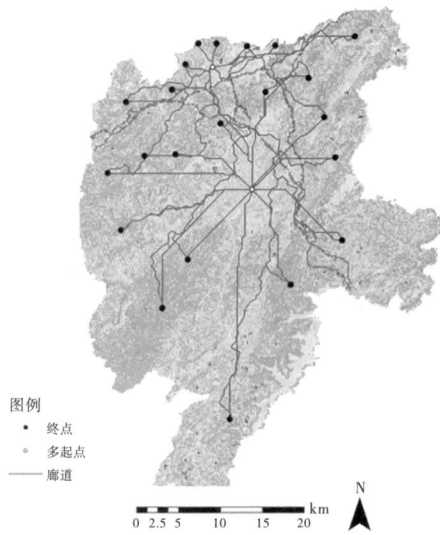

图 5　最小阻力廊道分布示意图

4.1.5　生态关键点识别结果

运用上述方法识别出生态关键点共有 30 处，分布比较分散，总量较多，其中紫霞湖周边和团结镇周边分布最为密集，保护任务繁重（图 6）。

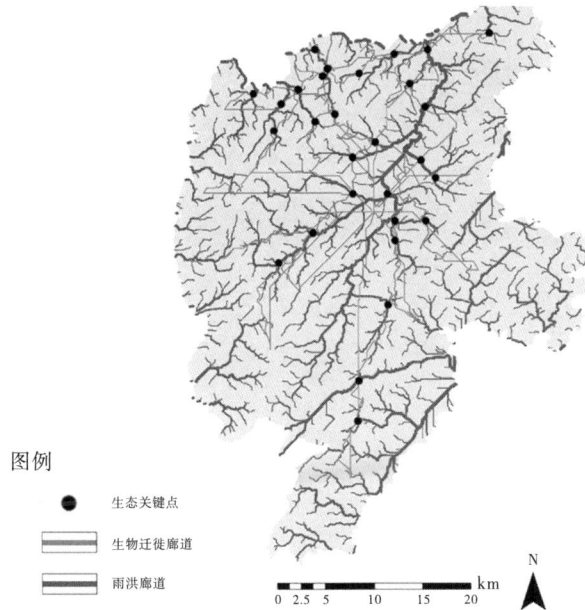

图例

● 生态关键点

▭ 生物迁徙廊道

▭ 雨洪廊道

0 2.5 5　　10　　15　　20 km

N

图6　生态关键点分布示意图

4.1.6　雨洪水系安全缓冲区建立结果

根据上述研究方法中提及的重金属污染水系以及洪水淹没水位确定的基本农田以及居民点缓冲距离等级分类，在 ArcGIS 平台上可以得到两类安全缓冲区分布情况。其中，基本农田三级分别对应禁止耕作区、不建议耕作区、适度耕作区，外部为安全区；居民点三级分别对应禁止居住、不建议居住、适度居住，外部为安全区。

4.1.7　无源淹没区建立结果

根据上述研究方法中提及的花垣县历年洪水水位高度确定的淹没区等级，运用 ArcGIS 平台可以得到无源淹没区分布情况，由此可以看出，淹没区主要沿着花垣河狭长分布，其中兄弟河与花垣河交汇处淹没频率较大，值得重视。

4.1.8　双评价分析

根据上述研究方法，分别得出花垣县生态敏感性评价、农业生产适宜性评价以及城镇建设适宜性评价（图7至图9）。

图例
低
较低
中等
较高
高
0 2.5 5 10 15 20 km

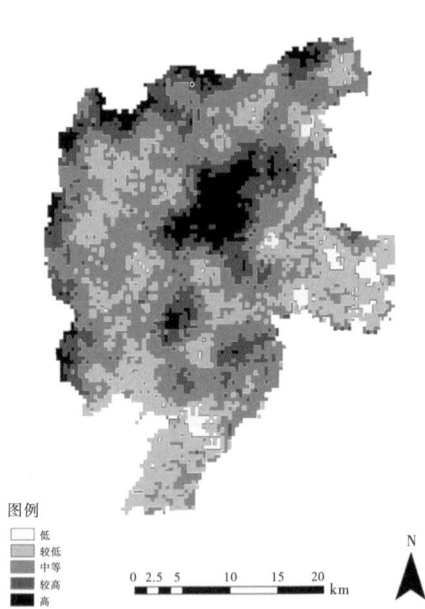

图 7　生态敏感性评价示意图

图例
不适宜区
一般适宜区
适宜区
0 2.5 5 10 15 20 km

图 8　农业生产适宜性评价示意图

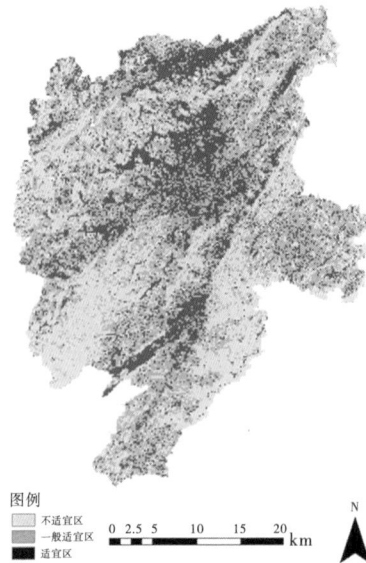

图例
不适宜区
一般适宜区
适宜区
0 2.5 5 10 15 20 km

图 9　城镇建设适宜性评价示意图

4.2　水安全隐患区域识别结果

4.2.1　生态空间

　　本研究对生态空间的水安全隐患区域主要聚焦于露天矿区，即已经识别出的所有裸露矿区，共有 44 处（图 10）。

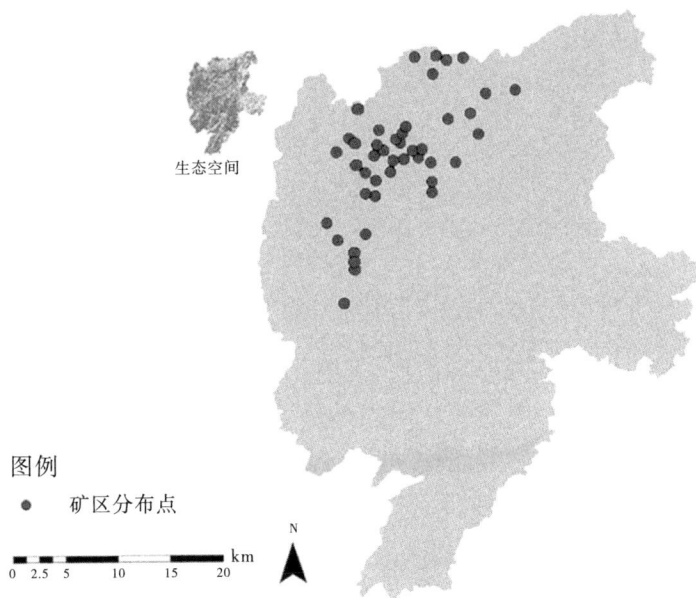

图 10　裸露矿区识别示意图

4.2.2　农业空间

（1）不适宜居住的居民点。

将现状居民点分布情况与前期基础本底数据分析得出的无源淹没区、雨洪水系安全缓冲区、生态敏感性评价、生态关键点叠加之后，便可将不适宜居住的居民点识别出来。

农业空间现状总共有 204 处居民点，位于污染水系附近的居民点有 24 处，占比 11.76%，主要分散布置在污染水系两侧；位于禁止居住区域内的居民点有 33 处，占比 16.18%，主要分布在花垣镇、团结镇及紫霞湖周边地块，县域南部分布较为稀少；位于不建议居住区域内的居民点有 32 处，占比 15.69%，在整个县域中均匀分布；位于适度居住区域内的居民点有 53 处，占比 25.98%，紫霞湖周边及团结镇分布较多，城区次之；位于安全区域内的居民点有 62 处，占比 30.39%，主要在城区外环及紫霞湖外环分布。

（2）不适宜耕作的基本农田。

将现状永久基本农田分布情况与前期基础本底数据分析得出的无源淹没区、雨洪水系安全缓冲区、农业生产适宜性评价、生态关键点叠加之后，便可将不适宜耕作的基本农田识别出来。

花垣县县域基本农田总面积为 185.53 km²，其中位于禁止耕作区域内的基本农田面积为 24.17 km²，占比 13.03%，全域零散分布；位于不建议耕作区域内的基本农田面积为 27.74 km²，占比 14.95%，主要位于县域南部地区以及正在修建的里耶机场附近；位于安全区域内的基本农田面积为 133.62 km²，占比 72.02%，主要分布在紫霞湖附近。

4.2.3　城镇空间

将现状主要中心城镇土地利用分布情况与前期基础本底数据分析得出的淹没区、污染水系、城镇建设适宜性评价以及生态关键点叠加之后，便可将不适宜建设的区域识别出来。

城镇总面积为 12.19 km²，其中禁止建设区域 4.30 km²，占比 35.27%，主要在花垣河与兄弟河交汇处附近、兄弟河沿岸、城内南北两条支流沿岸；不建议建设区域 1.65 km²，占比为 13.54%，主要分布在城区南部钟佛山、大竹山周边地块。生态关键点有 3 处，分别为花垣河与兄弟河交汇处、花果山森林公园和钟佛山、大竹山。

5 规划策略

5.1 总体规划策略

研究基于前期本底数据研究结果，通过叠加不同类型的本底来精确识别出相应的水安全隐患区域。识别结果：生态空间水安全隐患主要为露天矿区本身；农业空间识别出不适宜居住的居民点以及不适宜耕作的基本农田；城镇空间识别出不适宜进行建设的区域。针对"三类空间"不同的水安全隐患区域制定因地制宜的规划策略。

5.2 生态空间

露天矿区为花垣县雨洪水系污染的源头，应重点对其进行治理以及生态修复。需要建设严厉的监督制度体系，从源头预防开采破坏，定期安排专业技术人员对矿区进行巡视检查，针对不同矿区的实际情况制定合理的生态修复方案，明确具体工程安排及具体修复措施，并将矿山生态修复进展工作纳入政府工作报告的范畴，定期向花垣县居民公开矿山修复进展。

矿山生态修复分为宏观、中观、微观三个层面。宏观、中观层面主要通过矿区生态修复规划，对接花垣县国土空间规划，重点处理花垣县矿区集中区域，优化花垣县矿区国土空间格局。微观层面，通过对花垣县44处主要露天矿区进行定性定量评价，制定具体的生态修复方案，采用人工干预与自然恢复相结合的方法，通过土壤净化、植被修复、景观设计、污染治理等生态修复具体措施对裸露矿区进行修复。

5.3 农业空间

在保证农业空间耕地质量的基础上，对现状基本农田的空间布局进行合理的规划与整顿。保护位于安全区域内的基本农田；对位于不建议耕作区域内的基本农田进行改造，将其改造为绿化用地，种树种草，或不直接食用的农产品用地；而位于禁止耕作区域内的基本农田，存在水土流失、重金属污染严重等问题，应进行土地功能的置换，通过退耕还林还草，增加植被覆盖率，以实现该片区的功能提升。

针对农业空间分布的居民点，在接下来的村镇规划中，应当注意：污染水系附近以及禁止居住区域内的居民点需要尽可能地全部迁移至其他区域；不建议居住区域内的居民点，政府相关部门应当与村民进行协商，将大部分迁移至安全区域；适度居住以及安全区域内的居民点根据村民活动的分布范围进行适当整合，提高土地利用效率。

5.4 城镇空间

城镇空间主要依据不同的隐患等级，结合现状用地类型进行规划整治。为保障人民生命财产安全以及资源的合理利用，禁止建设区域内禁止一切建设活动的开展与进行，应实时监督禁止建设区域内现有的建设活动，对其进行叫停或整治。不建议建设区域内的建设活动或建设项目，应视区域内建设工程进展情况进行妥善安排，不建议在此区域内继续进行新项目或新工程的开发。

生态保护关键点不仅需要禁止一切建设活动的进行，并需要根据关键点实际状况，进行生态修复以及日常维护、监督、管理工作。主要路径是在生态关键点区域进行湿地建设及水源涵养，构建完善的雨水管理系统。生态关键点以人工干预为主，对该区域进行公园化处理及景观改造，通过建设良好的绿地景观公园，种植可治理污染的水生植物，发挥其水体净化功能，对污染水系起到净化、治理作用。同时，经过公园化处理的生态保护关键点也为市民提供了良好的开放景观空间。

6　结语

　　本文以花垣县为研究案例，针对资源型城市提出了"基础本底研究—安全隐患区识别—制定规划策略"的水安全"三类空间"隐患区的识别方法并展开研究。花垣县现状三类空间总面积1108.7 km²，其中农业空间383.61 km²，占比 34.6%；生态空间712.89 km²，占比 64.3%；城镇空间12.19 km²，占比 1.1%。城镇空间主要分布在花垣河附近，农业空间主要分布在东北部，生态空间主要分布于西南部。研究识别出生态空间隐患区为 44 处露天矿区；识别出农业空间具有安全隐患的居民点共 142 处，具有安全隐患的基本农田共51.91 km²；识别出城镇空间具有安全隐患的区域共5.95 km²。最后对识别出的"三类空间"隐患区因地制宜地制定相应的规划策略，以期为新一轮的国土空间规划工作提供借鉴，对于提升居民生活质量也有重要的意义。

［参考文献］

［1］杨波，张鸿键，唐攀科，等. 花垣县铅锌矿采矿用地时空变化特征及其驱动力分析［J］. 矿产与地质，2017（1）：179-186.

［2］王森. 徐州市水生态安全格局构建［D］. 徐州：中国矿业大学，2018.

［3］花垣县志编纂委员会. 花垣县志［M］. 北京：生活·读书·新知三联书店，1993.

［4］焦胜，周敏，戴妍娇，等. 基于雨水廊道的丘陵城镇多尺度海绵系统构建［J］. 城市规划，2019（8）：95-102.

［5］李航鹤，马腾辉，王坤，等. 基于最小累积阻力模型（MCR）和空间主成分分析法（SPCA）的沛县北部生态安全格局构建研究［J］. 生态与农村环境学报，2020（8）：1036-1045.

［6］秦钦兰，尹海伟，朱梓铭，等. 柳州市国土空间生态修复区划策略研究［J］. 规划师，2020（14）：56-62.

［作者简介］

阿合江·努尔哈力，就读于湖南大学建筑学院。

周欣儒，就读于湖南大学建筑学院。

黄紫嫣，就读于湖南大学建筑学院。

杨靖怡，就读于湖南大学建筑学院。

尹婧雯，硕士研究生，就读于湖南大学建筑学院。

焦　胜，教授，任职于湖南大学建筑学院。

金　瑞，助理教授，任职于湖南大学建筑学院。

2000—2020 年珠三角地区的土地利用时空变化研究

□谭俊敏，卢艳婷

摘要：本研究基于 GlobeLand30 的 2000、2010、2020 年的三期土地利用数据，通过 GIS（地理信息系统）技术及土地利用转移矩阵，对珠三角地区的土地利用变化进行时空特征分析，利用其统计数据与主要的社会经济指标进行相关性分析，浅析社会经济发展层面的土地利用变化驱动机制。结果表明：①2000—2020 年，珠三角地区土地利用发生剧烈变化，尤其是城镇用地（人造地表）的扩张最为明显，而城镇用地的变化也是引起其他土地类型变化的主要原因。②2000—2010 年，城镇用地主要来源于耕地，地区整体的农林格局基本不变；2010 年后，城镇用地扩张更为迅猛，其主要来源扩展到耕地、林地、草地及水体，城镇扩张已经对该地区的农林格局产生巨大影响。③城镇用地的扩张与人口、GDP 和三产总值等指标呈极强的正相关，而耕地、海洋水体、林地、草地、湿地和灌木丛等其他用地与上述等指标呈负相关，其中尤以耕地和海洋水体最为明显。基本可以确定，人口增长、经济发展和城镇化进程是造成 2000—2020 年间珠三角地区土地利用格局变化的重要驱动力之一。本研究还对 LUCC（土地利用/覆盖变化）相关研究理论和分析技术进行了探讨，研究结论可以给珠三角地区的国土空间规划、土地管理和决策提供参考及依据。

关键词：珠三角地区；LUCC；GlobeLand30；转移矩阵；相关性分析

1 引言

当前，人类改造自然环境的能力日益增强，社会经济的快速发展引起诸多问题，具体表现为人口高速增长、无序城市化、环境污染、生物多样性危机等。而这些问题引起的自然环境问题最终返还给人类，最明显的就是全球气候变暖及土地利用变化。这些变化由于其发生时间短、负面影响大、过程不可逆等特点，甚至会威胁到生态环境的平衡和人类的生存。因此，人类的发展与地球环境相互作用的结果，以及背后产生的原因及驱动机制的研究越来越受到重视。

在当前中国的国土空间规划和社会主义现代化建设的要求下，尤其是碳中和、乡村振兴等新的具体目标的要求下，梳理土地利用变化规律，研究其变化驱动原因，从而制定相关政策并采取措施，最终协调土地利用并提高土地利用效率，保证人类活动与自然界协调发展，尤显重要。因此，土地利用变化研究必将成为土地规划、管理决策的重要内容。

本文将珠三角地区作为研究区域，通过研究 2000—2020 年间该地区的 LUCC 情况，试图厘清作为中国社会经济发展最为迅速、土地利用变化最大地区之一的土地利用结构与演变特征，获取土地利用变化的内在规律与社会经济驱动因素，以期为珠三角地区的规划、建设及可持续发展提供科学依据。

2　相关研究综述

2.1　LUCC研究进展

土地利用是人类与自然耦合系统的核心环节，是人类与环境相互作用的主要形式。LUCC是国际地圈与生物圈计划和国际全球环境变化人文因素计划于1995年合作提出的纲领性交叉科学研究课题，该研究计划的根本出发点是通过人类驱动力—土地利用/覆盖变化—全球变化—环境反应之间相互作用机制的认识，从而预测土地利用/土地覆盖变化，进而评估生态环境变化的特点，使LUCC成为当今全球变化研究的核心领域之一。

人类与自然环境存在交互关系，人类为了自身的生存和发展需求，在对自然资源开发、经营和利用的同时，也剧烈地改变了地球表层的土地利用方式或土地覆盖。LUCC的生态、社会经济影响是明显的。大量研究表明，LUCC对气候变化、陆地生态系统、地球物理和地球化学循环过程、全球陆地—海洋相互左右等有重大影响，对区域乃至全球生态环境变化具有重要意义。

目前，国外土地利用变化主要研究土地利用变化过程及其驱动力机制和土地覆盖变化对环境的影响两个方面。国内方面，学者多集中在生态脆弱区、江河流域和人文驱动力活跃的热点地区（如珠三角、长三角等）进行相关研究，并对其驱动机制进行一定探讨。总的说来，当前LUCC研究的焦点问题集中在LUCC时空过程探测、LUCC时空过程驱动机理分析、LUCC时空过程刻画和模拟以及LUCC时空过程宏观生态效益评价。

2.2　LUCC驱动力研究

LUCC驱动机理研究是LUCC研究的核心之一。一般认为，土地变化驱动因素可分为环境和社会经济两大类。其中，环境因子包括土地的自身属性、土壤过程、植被演替、气候变化以及自然界发生的周期性干扰（如洪水、林火）等自然过程，主要在区域和全球尺度，常以百年计的时间尺度上发挥作用。社会经济因子作用的时间和地理尺度则小得多，主要分为直接和间接因素两类，IGBP和IHDP的研究报告认为，社会经济的间接因素包括人口变化、富裕程度、技术进步、经济增长、政治经济结构和价值观念六个方面。

由于当前国内的LUCC研究多集中在中小范围区域，研究时间尺度小，LUCC驱动力分析主要侧重从社会经济的角度进行分析。比如李晨曦等人认为，京津冀地区土地利用变化的社会驱动力主要是人口增长、经济发展、城镇化水平的提高；闫小培等人认为，影响珠三角城市区域土地利用变化的因子可以归为人口、经济发展水平、城镇化和工业化、农业产业结构调整、区域产业结构调整和外资等6个因子；史培军等人指出，深圳土地利用变化外在驱动力主要取决于人口增长、外资投入和第三产业的发展；等等。一般认为，中国近几十年的LUCC，尤其是城市用地的变化主要驱动力集中在人口、经济、城镇化等因素上。

2.3　研究LUCC的数据及技术

研究LUCC的数据主要是各个时期的土地利用数据，当前其获取主要依赖3S技术进行遥感影像获取及处理，通过持续的LUCC检测、评价和制图，并辅以现场勘测、抽样验证及多种数据的组合等方式提高数据精度。另外，其他辅助数据还包括了社会经济统计数据、地形图及调查土地利用数据等。

数据统计方面，除常见的数理统计方法外，转移矩阵可以描述不同的土地利用类型在不同年份发生变化的土地类别以及发生变化的位置和变化面积，因此可以分析地类的总量变化，也可以获得各个地类的面积转出以及末期各个地类面积的转入情况，从而了解土地利用变化总的变化趋势和土地利用结构的变化，是一种较为精细的统计方法。

驱动机制研究方面，当前常用的分析方法有定性分析和定量分析，而定量分析中较多采用相关性分析和多元回归分析等方法。

3 研究区域、数据来源及技术路线

3.1 研究区域

珠三角地区位于广东省中南部，珠江下游，毗邻港澳，包括以广州、深圳为核心，及珠海、佛山、东莞、惠州、中山、江门和肇庆共 9 个城市。珠三角是广东省平原面积最大、人口最为密集的地区，历史上是广府文化的核心地带和兴盛之地。改革开放以来，随着经济的快速发展，珠三角地区城镇化水平显著提高，特别是 2000 年后，珠三角地区更是逐步发展成为中国人口最为集聚、经济最发达、创新能力最强、综合实力最强、城镇化程度最高的城市群。当前，珠三角携手香港、澳门建设粤港澳大湾区，已经成为与美国纽约湾区、旧金山湾区和日本东京湾区比肩的世界四大湾区之一。

2000—2020 年 20 年高速发展的背后，珠三角城市人口剧增并高度密集，经济生产活跃，短时间内给自然和人文环境带来剧烈变化，明显直观地体现在土地利用变化上，尤其是居住及生产区域急速扩展，农田大量变为建设用地。但是，除建设用地和耕地外，诸如林地、草地、水体等其他土地变化特征，各类土地转变关系以及转变背后的驱动机制，依然需要我们进一步分析。

3.2 数据来源

本研究的数据主要来源于30 m GlobeLand30（全球地表覆盖数据），该数据是中国研制的30 m空间分辨率栅格数据。自然资源部于 2017 年启动对该数据的更新，当前一共发布了 2000、2010、2020 三版数据。

GlobeLand30 数据研制所使用的分类影像主要是 30 m多光谱影像，包括美国陆地资源卫星（Landsat）的 TM5、ETM+、OLI 多光谱影像和中国环境减灾卫星（HJ-1）多光谱影像，最新版数据还使用了16 m分辨率高分一号（GF-1）多光谱影像。该数据土地覆盖类型分为耕地、林地、草地、灌木地、湿地、水体、苔原、人造地表、裸地、冰川和永久积雪等一级类型。

GlobeLand30 数据的特点是公开、易获得，并且精度较高。经过评估，其总体精度在 83％以上，Kappa 系数为 0.78~0.82。

3.3 技术路线

本研究首先利用 GIS 工具，通过对不同时期的土地利用栅格数据进行两两叠置融合，生成土地利用空间格局变化图并进行矢量化，然后提取地类斑块变化属性及面积信息，利用 Excel 软件对数据进行透析分析，得到土地利用转移矩阵，在此基础上进一步统计、分析出不同时期、不同地类之间相互转化的情况。

因为研究年份的样本量有限，本次研究只研究变量之间是否存在联系，并不研究其因果性，因此采用较为简单的 Pearson 相关性分析，不建立回归模型。根据其他参考文献的结论，本研究最终采用的社会经济因子有常住人口、GDP、人均 GDP、一二三产业产值。对土地变化数据结果与选取的社会经济变化因子进行 Pearson 相关性分析，得出社会经济发展对区域土地利用变化的重要性排序。

具体方法是，首先对每个样本建立相关矩阵，每个样本 x（如人造地表）有 p 个潜在的相关因子 y（如人口、GDP 等），它们构成的矩阵为：

$$\begin{bmatrix} x_1 & y_1 & \cdots & y_p \\ x_2 & y_2 & \cdots & y_p \\ x_3 & y_3 & \cdots & y_p \end{bmatrix} \tag{1}$$

通过 Pearson 式计算其相关系数 r：

$$r = \frac{\sum(x-\overline{x})(y-\overline{y})}{\sqrt{\sum(x-\overline{x})^2 \sum(y-\overline{y})^2}} \tag{2}$$

另外，本研究分为两个时间段，分别是时期 1（2000—2010 年）和时期 2（2010—2020 年）。

4　结果分析

4.1　珠三角地区土地利用变化总体特征

通过统计研究发现（表 1、图 1），2000 年，珠三角地区主要的用地类型为林地、耕地、人造地表、水体及草地，这几类用地一共占了总用地的 98.04%。2000—2010 年的 10 年里，林地基本没有变化，但耕地减少了 7.8%，而人造地表（主要是城镇建设用地）增加了 21.5%，变化最为剧烈的为湿地（-89.3%）及海洋水体（-25.8%）。很明显，时期 1 内，耕地减少，人造地表快速增长，海洋水体及湿地急速减少。

2010—2020 年，土地利用变化更为剧烈。人造地表较 2010 年增长了 81.3%，几乎翻倍。其他用地基本上都是更加快速地减少：草地减少 18.8%，耕地减少 15.6%，灌木丛减少 10.2%，海洋水体继续减少 30.1%，林地也有 4.3% 的总量减少，唯一例外的是湿地，几乎增长了 110%。初步认为，时期 2 的土地利用变化程度是高于时期 1 的，城镇建设用地已经不仅仅是在耕地的基础上进行扩张，而是开始占用其他用地进行扩张，其他用地类型在本时期内基本都有 10% 以上的减少量。比较特殊的是湿地的增加，但它是在低基数的基础上增加的，相对于前一时期的大量减少，其面积总增加量是不多的。

表 1　2000—2020 年珠三角土地利用总量变化情况

	草地	耕地	灌木地	海洋水体	林地	裸地	人造地表	湿地	水体
2000 年土地利用总量（km²）	3579.03	13826.75	762.84	192.84	27240.26	15.18	4049.35	93.02	4442.59
时期 1 土地总量变化（km²）	101.48	-1075.43	31.39	-49.72	163.32	-3.57	870.27	-83.05	43.35
时期 1 变化比例（%）	2.8	-7.8	4.1	-25.8	0.6	-23.5	21.5	-89.3	1.0
2010 年土地利用总量（km²）	3680.51	12751.32	794.23	143.12	27403.58	11.61	4919.62	9.97	4485.94

续表

	草地	耕地	灌木地	海洋水体	林地	裸地	人造地表	湿地	水体
时期2土地总量变化（km²）	−692.58	−1991.47	−81.37	−43.04	−1175.46	−4.05	3999.37	10.94	−22.34
时期2变化比例（%）	−18.8	−15.6	−10.2	−30.1	−4.3	−34.9	81.3	109.7%	−0.5
2020年土地利用总量（km²）	2987.93	10759.85	712.86	100.08	26228.12	7.56	8918.99	20.91	4463.6

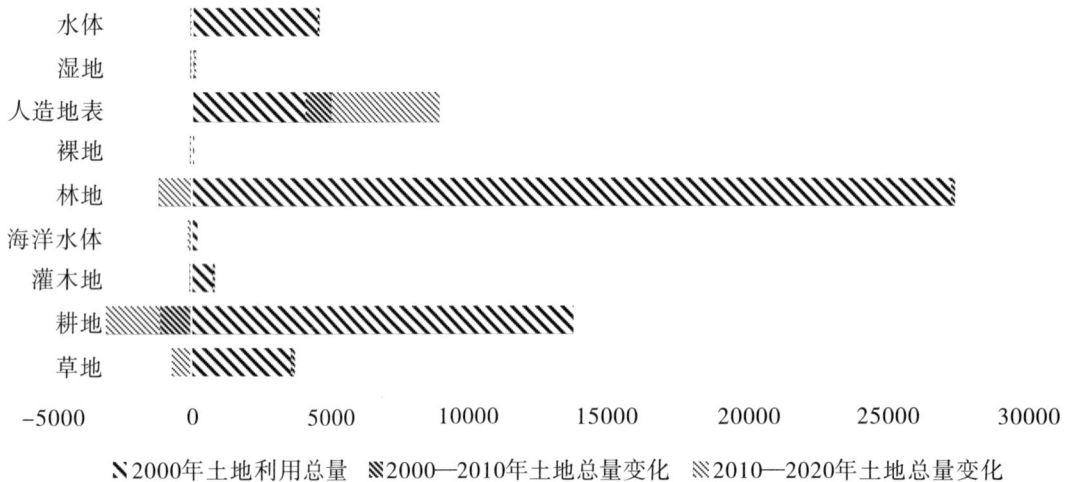

⊠2000年土地利用总量　⊠2000—2010年土地总量变化　⊠2010—2020年土地总量变化

图1　2000—2020年珠三角土地利用总量变化情况

4.2　珠三角地区土地利用转出及转入情况

利用珠三角土地利用转移矩阵（表2、表3）和土地利用转移图，进一步分析各类土地利用变化的来源及去向。

时期1，土地利用转移量超过300 km²的有草地转林地、耕地转林地、耕地转人造地表、耕地转水体、林地转草地、林地转耕地、水体转耕地等，可知城市扩张的土地基本来源于耕地，而耕地、林地、草地及水体（鱼塘）等土地类型之间的转换并没有过多改变该时期的农林用地格局。另外，值得注意的是湿地的损失，转为其他用地类型的主要为水体，为62.5 km²。在空间上，土地利用转移最为显著的区域位于珠江口的广州、深圳、珠海、佛山和东莞等几个城市，特别是大量靠近主城区的耕地被转为其他用地。而草地和林地的转出主要集中在远离珠江口的东部、北部及西部的山区中，水体的损失主要集中在佛山、中山、肇庆和深圳。

表 2　2000 和 2010 年珠三角土地利用转移矩阵

单位：km²

2000 年 2010 年	草地	耕地	灌木地	海洋水体	林地	裸地	人造地表	湿地	水体	总计
草地	2418.74	238.58	42.18	2.42	711.71	0.84	72.91	3.32	189.9	3680.6
耕地	115.4	11534.63	9.87	5.11	375.64	1.79	161.16	7.14	541.05	12751.79
灌木地	50.08	17.04	568.34	1.7	117.99	0.46	16.47	0.18	22.1	794.36
海洋水体	1.67	0.48	0.49	118.28	1.33	0.07	0.97	4.18	15.16	142.63
林地	741.12	497.04	116.1	4.71	25704.45	0.43	75.77	6.53	259.19	27405.34
裸地	0.17	1.58	0.11		0.07	7.02	0.4		2.26	11.61
人造地表	208.01	619.07	15.08	15.73	113.43	0.25	3679.87	2.37	265.57	4919.38
湿地	0.03	0.36		0.01	0.34		0.06	6.8	2.3	9.9
水体	43.81	917.97	10.67	44.88	215.3	4.32	41.74	62.5	3145.06	4486.25
总计	3579.03	13826.75	762.84	192.84	27240.26	15.18	4049.35	93.02	4442.59	

时期 2，土地利用转移量超过 300 km² 的有草地转林地、草地转人造地表、耕地转人造地表、耕地转水体、林地转草地、林地转耕地、林地转人造地表、水体转耕地、水体转人造地表等多种类型，特别要注意的是此时期人造地表的急速增加，城镇扩张的基本土地来源已经扩展到耕地、林地、草地及水体（鱼塘）等多种农林类土地类型。在空间上，土地利用转移最为显著的城市依然是广州、深圳、珠海、佛山和东莞等几个城市。除了深圳，各市主城区附近均有大量耕地被转为其他用地，草地和林地转出较为均衡，水体的损失主要集中在珠江口西岸的佛山、中山和江门。

表 3　2010 和 2020 年珠三角土地利用转移矩阵

单位：km²

2010 年 2020 年	草地	耕地	灌木地	海洋水体	林地	裸地	人造地表	湿地	水体	总计
草地	2437.35	50.17	62.67	5.94	375.01	0.63	28.48	0.01	27.67	2987.93
耕地	115.37	9660.39	16.85	0.52	408.33	0.78	88.95	0.15	468.51	10759.85
灌木地	61.3	14.85	407.14	1.28	208.97	0.4	10.74	0.07	8.11	712.86
海洋水体	2.6	0.4	1.21	91.39	1.64		0.55	0.01	2.28	100.08
林地	375.93	223.76	210.23	2.08	25304.71	0.34	67.9	0.04	43.13	26228.12
裸地	0.83	1.12	0.16	0.17	1.26	1.83	0.94		1.25	7.56
人造地表	600.69	2174.85	68.25	30.66	893.9	0.31	4693.88	0.12	456.33	8918.99
湿地	0.32	0.92	0.04	3.41	1.25		0.08	2.37	12.52	20.91
水体	86.12	624.86	27.68	7.67	208.51	7.32	28.1	7.2	3466.14	4463.6
总计	3680.51	12751.32	794.23	143.12	27403.58	11.61	4919.62	9.97	4485.94	

很明显，无论是时期1还是时期2，靠近各城市中心的人造地表的转入是珠三角地区最重要的土地利用变化特征之一，同时它也是引起其他土地利用变化的主要原因。时期1，转入人造地表的土地类型主要有耕地、水体、草地及林地，分别有619.07 km²、265.57 km²、208.01 km²和113.43 km²。时期2，转入人造地表的土地类型主要有耕地、林地、草地及水体，分别有2174.85 km²、893.9 km²、600.69 km²和456.33 km²。从空间而言，时期1与时期2的城市用地转入扩张基本都集中在珠江口两岸的广州、深圳、东莞及佛山等地区，呈现沿广深、广珠的反V型扩展特征。

4.3 珠三角地区土地利用变化与社会经济因素的关系

2000—2020年，珠三角地区常住人口，GDP，人均GDP，第一、第二、第三产业不断发展，增幅分别达82%、1066%、539%、219%、863%和1402%（表4）。

表4 2000—2020年珠三角地区相关社会经济指标变化

时间	常住人口（万人）	GDP（亿元）	人均GDP（万元/人）	第一产业总量（亿元）	第二产业总量（亿元）	第三产业总量（亿元）
2000年	4287.2	7681	1.8	492.2	3714.5	3474.2
2010年	5616.4	37574.4	6.7	786.8	18393	18394.7
2020年	7801.5	89523.9	11.5	1570.7	35770.2	52183.0

通过Pearson相关性分析可知（表5），各类土地利用变化中，人造地表与各社会经济指标呈正相关，相关性系数均高于0.93。耕地、裸地、海洋水体、林地、草地、湿地和灌木地等均与各社会经济指标呈负相关，其中相关系数较高的为耕地、裸地和海洋水体，耕地均高于0.98，裸地均高于0.97，海洋水体均高于0.95，其次是林地、草地和湿地等。

表5 珠三角地区土地利用变化与社会经济因子相关性系数矩阵

土地利用类型	常住人口	GDP	人均GDP	第一产业总量	第二产业总量	第三产业总量
草地	−0.868	−0.875	−0.787	−0.92	−0.819	−0.905
耕地	−1.000*	−1.000*	−0.984	−0.996	−0.993	−0.999*
灌木地	−0.713	−0.723	−0.604	−0.79	−0.646	−0.767
海洋水体	−0.984	−0.981	−0.999*	−0.956	−0.996	−0.966
林地	−0.872	−0.879	−0.791	−0.923	−0.823	−0.908
裸地	−0.994	−0.992	−0.999*	−0.975	−1.000*	−0.982
人造地表	0.977	0.98	0.935	0.995	0.953	0.991
湿地	−0.708	−0.697	−0.803	−0.621	−0.769	−0.649
水体	0.358	0.345	0.49	0.247	0.442	0.282

注：*代表极显著正相关。

因此，对于2000—2020年的珠三角地区而言，其社会经济的发展对土地利用变化影响最大的为城镇用地、耕地、裸地和海洋水体，与之相关性系数较高的社会经济因子中有常住人口、GDP、第一产业及第三产业总值。我们可以认为，珠三角地区这20年的社会经济发展，人民收入及生活水平提高，人口大量增长和聚集，而人口的居住、工作及休憩等对城镇用地的需求引起城市快速扩张，从而驱动其他用地向城镇用地转化。可以说，在短时间尺度内，人类的社会经济活动是引起中小地理单元的土地利用转变的主要原因。

5　结语

本研究有以下结论：

（1）2000—2020 年，珠三角地区土地利用发生剧烈变化，尤其是城市用地的扩张尤为明显，而城市用地的变化也是引起其他土地类型变化的主要原因。

（2）2000—2010 年，城市用地主要来源于耕地，地区整体的农林格局基本不变；2010 年后，城市用地扩张更为迅猛，其主要来源扩展到耕地、林地、草地及水体，城市扩张已经对该地区的农林格局产生巨大影响。

（3）城镇用地的扩张与人口、GDP 和一二三产总值等指标呈极强的正相关，而耕地、海洋水体、林地、草地、湿地和灌木地等其他用地与上述指标呈负相关，其中尤以耕地和海洋水体最为明显。可以说，人口增长、经济发展和城镇化进程是造成 2000—2020 年间珠三角地区土地利用格局变化的重要驱动力。

影响本研究结论准确度的主要有两点。一是源数据的精度：GlobeLand30 数据拥有较高的精度，但本研究发现，其数据细部依然存在瑕疵，需要进一步完善，更高精度的数据意味着更准确的分析结论。二是驱动力分析的因子定性选择和分析：LUCC 的驱动机制是非常复杂的，其影响因素包括了自然及人文的多重因素，学术界也已经做了大量研究，但至今依然没有最终驱动因子的定论，本研究采用的几个主要人文经济指标因子是远远不够的，应对其驱动机制进行更深入的研究。

值得肯定的是，一方面，本研究的 GlobalLand30 数据较易获得，精度较高，保证了最终结果的易操作性和可信性；另一方面，综合利用 GIS、土地利用转移矩阵及多元回归分析等技术方法，有效地通过定量方法获取精细化的数理结论，技术流程简单实用。在当前国土空间规划的背景下，需要对各个地区的 LUCC 进行历史溯源并找出驱动原因，为规划和建设提供依据，从这方面而言，本研究具有一定的启示意义。

［参考文献］

［1］马恩朴，蔡建明，林静，等. 远程耦合视角下的土地利用/覆被变化解释［J］. 地理学报，2019（3）：421-431.

［2］陈百明，刘新卫，杨红. LUCC 研究的最新进展评述［J］. 地理科学进展，2003（1）：22-29.

［3］唐华俊，吴文斌，杨鹏，等. 土地利用/土地覆被变化（LUCC）模型研究进展［J］. 地理学报，2009（4）：456-468.

［4］张新荣，刘林萍，方石，等. 土地利用、覆被变化（LUCC）与环境变化关系研究进展［J］. 生态环境学报，2014（12）：2013-2021.

［5］何凡能，李美娇，肖冉. 中美过去 300 年土地利用变化比较［J］. 地理学报，2015（2）：297-307.

［6］马彩虹，任志远，李小燕. 黄土台塬区土地利用转移流及空间集聚特征分析［J］. 地理学报，2013（2）：257-267.

［7］傅家仪，臧传富，吴铭婉. 1990—2015 年海河流域土地利用时空变化特征及驱动机制研究［J］. 中国农业资源与区划，2020（5）：131-139.

［8］胡昕利，易扬，康宏樟，等. 近 25 年长江中游地区土地利用时空变化格局与驱动因素［J］. 生态学报，2019（6）：1877-1886.

［9］胡盼盼，李锋，胡聃，等. 1980—2015 年珠三角城市群城市扩张的时空特征分析［J］. 生态学报，2021，41（17）：7063-7072.

［10］李进涛，刘彦随，杨园园，等. 1985—2015 年京津冀地区城市建设用地时空演变特征及驱动因素研究［J］. 地理研究，2018（1）：37-52.

［11］陈江实浩，杨木壮. 沿海经济发达地区土地利用转移特征及驱动因素：以深圳市南山区为例［J］. 国土与自然资源研究，2017（2）：41-44.

［12］刘纪远，张增祥，徐新良，等. 21 世纪初中国土地利用变化的空间格局与驱动力分析［J］. 地理学报，2009（12）：1411-1420.

［13］李晨曦，吴克宁，查理思. 京津冀地区土地利用变化特征及其驱动力分析［J］. 中国人口·资源与环境，2016（S1）：252-255.

［14］闫小培，毛蒋兴，普军. 巨型城市区域土地利用变化的人文因素分析：以珠江三角洲地区为例［J］. 地理学报，2006（6）：613-623.

［15］史培军，陈晋，潘耀忠. 深圳市土地利用变化机制分析［J］. 地理学报，2000（2）：151-160.

［16］刘纪远，邓祥征. LUCC 时空过程研究的方法进展［J］. 科学通报，2009（21）：3251-3258.

［17］吴左宾，李虹. 基于土地利用实施转移的陕南河谷城市空间布局研究：以山阳县城区为例［J］. 规划师，2020（18）：12-21.

［18］韩会然，杨成凤，宋金平. 北京市土地利用变化特征及驱动机制［J］. 经济地，2015（5）：148-154.

［作者简介］

谭俊敏，硕士，土地管理工程师，华阳国际设计集团规划设计研究院数据中心主任。

卢艳婷，助理工程师，任职于华阳国际设计集团规划设计研究院。